I0074418

WEGE
ZUR RAUMSCHIFFAHRT

VON

HERMANN OBERTH

MIT 4 TAFELN UND 159 ABBILDUNGEN

3. AUFLAGE
VON
„DIE RAKETE ZU DEN PLANETENRÄUMEN"

MÜNCHEN UND BERLIN 1929
VERLAG VON R. OLDENBOURG

DRUCK VON OSCAR BRANDSTETTER IN LEIPZIG.

THEA v. HARBOU

UND

FRITZ LANG

IN DANKBARKEIT

GEWIDMET

Vorwort.

Es wurde schon in verhältnismäßig kurzer Zeit eine dritte Auflage meines Buches „Die Rakete zu den Planetenräumen“ notwendig. Ich versuchte, diese Auflage etwas leichter zu fassen. Ich erklärte deshalb manches, was ich in den beiden ersten Auflagen einfach als bekannt voraussetzte. — Auch ließ ich haarspalterische und verwirrende Kleinigkeiten weg, wo sie nicht zum Beweise des Ganzen notwendig erschienen. Den Stoff ordnete ich aus demselben Grunde in etwas anderer Reihenfolge an. Während ich früher zuerst eine Raketentheorie ableitete und dann erst, fast nur zur Veranschaulichung dieser Theorie, gewisse konstruktive Einzelheiten näher besprach, möchte ich hier gerade zuerst dem Leser ein klares Bild von der ganzen Sache geben. — Schließlich kennzeichnete ich alles, was nur für Spezialfachleute bestimmt ist, mit einer Margolinie und faßte das übrige so ab, daß es für sich allein auch verständlich ist. Ich wählte diese etwas populäre Fassung, 1. um mein Buch dem Verständnis eines weiteren Leserkreises näher zu bringen. Als ich die erste Auflage schrieb, da glaubte ich nicht, daß der Stoff in so weiten Kreisen Interesse finden würde; 2. aber fühle ich mich zu dieser leicht verständlichen Fassung auch durch den Umstand veranlaßt, daß, wie ich noch zeigen werde, auch die Fachpresse mein Buch vielfach mißverstanden hat.

Ich hatte ursprünglich die Absicht, ein zweibändiges Werk zu schreiben. Der erste Band sollte die theoretischen Grundlagen der Raumschiffahrt und der Technik der Raketen für flüssige Brennstoffe entwickeln; der zweite Band sollte die Geschichte der Rakete, die bisherigen Verwendungsgebiete der Raketen, die bisher bekannt gewordenen Versuche und Untersuchungen anderer Autoren, die Ergebnisse meiner eigenen experimentellen Arbeiten, eine Übersicht der wichtigsten Raumfahrtromane und verwandter technischer Zukunftsromane, eine Patentschau, die Aufnahme des Raumfahrtgedankens in verschiedenen Berufszweigen und ähnliches enthalten. — Auf Anraten des Verlages entschloß ich mich dann, ein einbändiges Werk zu schreiben, welches ein abgeschlossenes Ganzes darstellt. Ich konnte das erreichen, indem ich aus dem zweiten Bande das zur Abrundung Nötige übernahm und mich im übrigen auf die theoretische Seite der Raumfahrtwissenschaft beschränkte. Das Buch ist daher in seiner Art ein abgeschlossenes Ganzes. — Ich gedenke aber auch das zweite Buch gelegentlich zu veröffentlichen, und habe bei Stellen, die mir im Hinblick auf das Thema dieses Buches nicht wichtig genug schienen, um sie hier aufzunehmen, der Vollständigkeit wegen bereits auf dies zweite Buch verwiesen, das ich der Kürze halber als II. Band bezeichnete. Die betreffenden Dinge sind übrigens sämtlich schon von den angeführten Autoren selbst irgendwo veröffentlicht worden und betreffen nicht die Grundprobleme der Raumschiffahrt.

Man darf im übrigen daraus, wie oft ich eine fremde Arbeit hier zitiere, nicht auf ihren Wert oder Unwert schließen. Es ergab sich eben, daß die eine Schrift mehr Stellen enthielt, an deren Hand ich die hier entwickelte Theorie illustrieren konnte, die andere weniger. So halte ich z. B. das Buch von Robert Esnault-Pelterie ,,L'exploration par fusées de la trés haute atmosphère et la possibilité des voyages interplanétaires“ für eines der bedeutendsten raumfahrttechnischen Bücher, obwohl ich im vorliegenden Band keine Gelegenheit fand, darauf einzugehen. Ebensowenig darf man etwa schließen, daß ich eine Reihe von Einwänden nicht entkräften könne, weil ich mir die Beantwortung einiger weniger ernstzunehmenden Einwände für den II. Band aufhob, wo ich im Anschluß an die Arbeiten, in denen sie vorkommen, darüber sprechen werde. Z. B.: Es sei sehr unsicher, daß sich bei einem Raumschiff der Fallschirm öffnen werde — (in Wirklichkeit herrscht vor dem Eintreten des Raumschiffes in die Atmosphäre Andruckfreiheit, und die Insassen können den Schirm dabei so zurechtrücken, wie sie ihn nachher brauchen) oder: Ein Raumschiff stelle für seine Umgebung eine ebenso große Gefahr dar, als ein gleichgroßes Pulvermagazin, in welchem man mit offenem Feuer hantiert (in Wirklichkeit haben wir hier ja gar keine Sprengstoffe, sondern einfach brennbare Flüssigkeiten, die in gesonderten Behältern mitgenommen werden, aber selbst wenn sie sich mischen würden, so würde das noch gar nicht gefährlich sein. Eine Mischung von Benzin und flüssiger Luft z. B. brennt überhaupt nicht an freier Luft); oder aber: Der Rückstoß könne deshalb nicht im luftleeren Raum wirken, weil die ausströmenden Gase hier unendlich dünn würden und folglich ihre Masse verlören und dergleichen mehr.

Ich mußte diese Ausgabe etwas erweitern. Es entstand inzwischen eine bemerkenswerte Literatur über die Raketentheorie, die ich nicht unberücksichtigt lassen wollte, auch brachte ich hier einiges über die Aussichten der Raumschiffahrt, über den gegenwärtigen Stand meiner Arbeiten und über die Einwände gegen meine Pläne. Dabei will ich noch erwähnen, daß keine der Grundvoraussetzungen dieses Buches: das Rückstoßprinzip, die Höhe der Auspuffgeschwindigkeit, die Tatsache, daß meine Rakete kosmische Geschwindigkeiten annehmen kann, die Möglichkeit, verflüssigte Gase in der angegebenen Weise zu behandeln u. a. nicht schon von irgendeinem Gelehrten als richtig bestätigt worden wäre. Da das Buch wesentlich umgestaltet worden ist, riet mir der Verlag, ihm einen anderen Namen zu geben. Ich folgte diesem Rate gerne und nannte die Neuauflage: „Wege zur Raumschiffahrt".

Endlich möchte ich an dieser Stelle allen jenen Lesern danken, die mir bei meiner Arbeit mit Rat und Tat zur Seite gestanden sind. Ich werde darauf im II. Bande zurückkommen. Auch dem Verlag Oldenbourg bin ich diesmal wieder zu hohem Danke verpflichtet. Nur das weitgehende Entgegenkommen meines Verlegers hat es mir ermöglicht, diese Auflage zu veröffentlichen. Herrn Alexander B. Scherschevsky, Berlin, danke ich für das Lesen der Korrektur. Herr Scherschevsky hat mich in liebenswürdiger Weise auf eine Reihe mißverständlicher Stellen aufmerksam gemacht und das Buch durch einige Zusätze bereichert.

Mediasch, im September 1928.

Prof. **H. Oberth.**

Aus dem Vorwort zur zweiten Auflage.

Ich hielt es für notwendig, die Aufmerksamkeit weiter Kreise auf meine Arbeit zu lenken, denn nur auf diese Weise durfte ich hoffen, Mittel und Gelegenheit zu weiteren Arbeiten zu erhalten. Im dritten Teil meiner Schrift stelle ich phantastische Behauptungen auf, die sich zwar heute wissenschaftlich nicht widerlegen lassen, die man aber sonst in wissenschaftlichen Werken nicht anzutreffen pflegt. Ich bitte zu bedenken, daß bei dem erwähnten dritten Teil ungewöhnliche Verhältnisse vorliegen.

Es sei mir gestattet, an dieser Stelle auf den didaktischen Wert des Raketenproblems hinzuweisen. Ich halte nämlich die hier aufgeworfenen Fragen für geeignet, auch nach anderen Richtungen hin anregend zu wirken, und zwar nicht nur auf den fertigen Ingenieur, Astronomen, Physiologen, Psychologen, sondern vor allen Dingen auf den Studierenden. Die Sache baut sich im großen ganzen auf einfachen Prinzipien auf, die uns eigentlich täglich entgegentreten, die wir aber gerade darum nicht beachten. Durch die eigentümliche Verknüpfung dieser Dinge kommen nun ganz neue und für den jungen Akademiker interessante Ergebnisse zustande, es wird das „ταυμάζειν“ des Aristoteles wachgerufen. Wenn ein Lehrer z. B. gewisse Probleme aufwirft, die sich aus meiner Arbeit ergeben, so kann er die Aufmerksamkeit seiner Hörer auf diese an und für sich elementaren Dinge lenken und jene dazu bringen, sich ihre Wissenschaft nach verschiedenen Seiten hin klarzumachen.

Es ist mir zum Schluß eine angenehme Pflicht, dem Verlag R. Oldenbourg meinen Dank auszusprechen für das mir bis jetzt gezeigte Entgegenkommen, das weit über das Maß dessen hinausging, was ein Autor von seinem Verlag erwarten kann.

Mediasch, im Mai 1925.

Hermann Oberth.

Inhaltsverzeichnis.

I. Teil.

Vorbemerkungen.

III. Teil.

Konstruktive Fragen.

IV. Teil.

Verwendungsmöglichkeiten.

I. Teil.

Vorbemerkungen.

1. Kapitel.

Einleitung.

1. Beim heutigen Stande der Wissenschaft und der Technik ist der Bau von Maschinen möglich, die höher steigen können, als die Atmosphäre reicht.
2. Bei weiterer Vervollkommnung vermögen diese Maschinen derartige Geschwindigkeiten zu erreichen, daß sie — im Ätherraum sich selbst überlassen — nicht auf die Erdoberfläche zurückfallen müssen und sogar imstande sind, den Anziehungsbereich der Erde zu verlassen.
3. Derartige Maschinen können so gebaut werden, daß Menschen (wahrscheinlich ohne gesundheitlichen Nachteil) mit emporfahren können.
4. Unter den heutigen wirtschaftlichen Bedingungen wird sich der Bau solcher Maschinen lohnen.

In der vorliegenden Schrift möchte ich diese vier Sätze beweisen.

Ich berichte zuerst hauptsächlich über mein Prinzip der Rakete mit flüssigen Brennstoffen, und zwar in physikalischer (II. Teil) und konstruktiver Hinsicht (III. Teil). Im IV. Teil werde ich die Verwendungsmöglichkeiten meiner Raketen erörtern, und zwar im 18. Kapitel die näherliegenden; die folgenden Kapitel werden dann über die Rakete als Raumschiff handeln und den Nachweis dieser vier eingangs aufgestellten Behauptungen erbringen. Ein zweites, mehr populäres Buch (Bd. II) wird dann über die Geschichte der Raumschiffahrt, über die bisherigen Arbeiten auf raketentechnischem Gebiet und über den heutigen Stand der Raumfahrtfragen berichten.

In den ersten Kapiteln werde ich theoretisch die Arbeitsweise und Leistungsfähigkeit dieser Maschinen untersuchen.

Ich befolge dabei den Grundsatz, zunächst Modelle zu beschreiben, die leicht zu verstehen und zu berechnen sind; von diesen ausgehend, werde ich dann allmählich auf eine für die Ausführung geeignete, aber in ihrer Wirkungsweise nicht so leicht verständliche Maschine zu sprechen kommen. Ich hielt dies Vorgehen für nötig, da den meisten Lesern der Stoff fremd sein dürfte. Natürlich habe ich nicht die Absicht, alle hier aufgezählten Konstruktionsvorschläge zu verwirklichen oder alle beschriebenen Modelle zu bauen. Besonders mit der Beschreibung meines Modells B verfolge ich lediglich Demonstrationsabsichten. Bauen werde ich nur das Modell C und allenfalls Modell A, wenn man dies von mir verlangt. Die Raumschiffe, die ich später zu bauen hoffe, werden vielleicht dem Modell E ähnlich sein, ihm aber wahrscheinlich nicht ganz entsprechen; sie werden vielleicht breit und flach oder mit Tragflächen ausgerüstet sein (vgl. S. 288), wenn auch die Maschinenteile im wesentlichen dieselben sein werden. Ich halte es aber für verfrüht, jetzt schon ein Raumschiff bis in alle Einzelheiten zu entwerfen. Ich möchte daher erst abwarten, was für Erfahrungen man mit unbemannten Raketen und mit Raketenflugzeugen machen wird. Ich habe mir in den zwei Jahrzehnten, die ich mich nun mit der Sache beschäftige, natürlich vielfach überlegt, wie ein solches Raumschiff aussehen müßte, wenn die Vorversuche so, und wie, wenn sie anders ausfallen sollten; ich halte es nur für unfruchtbar und langweilig, darüber jetzt schon zu schreiben. Ich will mich daher darauf beschränken, nur zu zeigen, auf was es hier im wesentlichen ankommt.

Ich muß auch deswegen manches für mich behalten, besonders anscheinend glückliche technische Lösungen, weil es sich hier nicht um geschütztes geistiges Eigentum handelt.

Ich war bestrebt, mich kurz zu fassen. Die mathematischen Ableitungen und Formeln konnte ich oft wesentlich vereinfachen, indem ich für gewisse Größen Näherungswerte einsetzte, die mathematisch leicht zu behandeln waren. Dies Verfahren wandte ich besonders dann an, wenn dadurch bei einer Diskussion der Formeln das Wesen der Sache klarer zutage trat. (Übrigens habe ich daneben oft auch den Wert des Resultates angegeben oder wenigstens gezeigt, wie er durch indirekte Rechnung aus dem Näherungswert zu bestimmen ist, zuweilen habe ich auch einfach den Fehler abgeschätzt.) Technische Probleme, deren Lösbarkeit niemand bezweifelt, habe ich nur kurz gestreift.

Wo die zahlenmäßigen Werte für die Formelgrößen noch unsicher sind, dort rechnete ich stets unter ungünstigen Annahmen. Indem ich bewies, daß meine Raketen unter diesen ungünstigen Voraussetzungen die geforderten Leistungen vollbringen können, habe ich natürlich auch bewiesen, daß sie hierzu in Wirklichkeit erst recht imstande sein werden.

2. Kapitel.
Das Rückstoßprinzip.

Ich will hier jeden Apparat als Rakete bezeichnen, der durch den Rückstoß ausströmender Gase nach vorwärts getrieben wird. Man macht sich das Rückstoßprinzip am besten folgendermaßen klar:

Jeder Wirkung steht eine gleich große Gegenwirkung gegenüber. Man kann es auch so ausdrücken: Jede mechanische Kraft greift zugleich an zwei verschiedenen Stellen an, an denen sie die entgegengesetzt gleiche Wirkung hervorzubringen sucht: Kein Körper setzt sich von selbst in Bewegung, es muß eine Kraft auf ihn wirken, und dieser Kraft setzt er dabei einen Widerstand entgegen, der so groß ist als die Kraft selbst. Wenn ich einen Stein stoße, so muß ich dazu eine Kraft aufwenden, und der Stein drückt auf meine Hand mit derselben Kraft zurück. Stehe ich dabei auf einem Kahn, so komme ich samt dem Kahn durch diesen Gegendruck in Bewegung. Lege ich zwischen zwei Kugeln eine elastische Feder, so werden beide mit derselben Kraft auseinandergetrieben. Springe ich aus einem Kahn, so erhält der Kahn einen Stoß nach rückwärts. Es ist unmöglich, einen Wagen nach vorwärts zu schieben, wenn man selbst darauf steht, selbst wenn man eine wesentlich größere Kraft anwendet, als zum Bewegen des Wagens nötig wäre, denn die Beine drücken ihn mit derselben Kraft zurück, mit der ihn die Arme nach vorwärts schieben, so daß die Gesamtwirkung gleich Null ist.

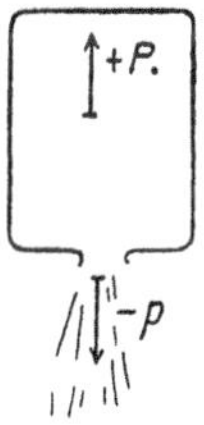

+P.

-P

Abb. 1.

Das Gas, welches in der Rakete entsteht (vgl. Abb. 1) entweicht mit beträchtlicher Geschwindigkeit, da ebensoviel Gas als entsteht, auch ausströmen muß. Es erhält diese Geschwindigkeit aber nicht „von selbst“, also ohne daß eine Kraft auf es wirken würde. Wenn keine Kraft auf die Gasmoleküle wirken würde, so würden sie ruhig im Ofen bleiben. Die Kraft, die sie hinaustreibt, kann nur der Gasdruck im Ofen sein. Es ist, als ob zwischen den einzelnen Gasmolekülen sowie zwischen Gas und Ofen elastische Federn gespannt wären, die das Auspuffgas und den Ofen voneinander zu entfernen suchen; dabei erhält die Rakete natürlich auch einen Antrieb.

Ich möchte bei dieser Gelegenheit gleich auch einen der häufigsten Einwände besprechen, der gegen meine Idee erhoben wurde (u. a. selbst von hervorragenden Gelehrten wie z. B. Prof. Dr. Riem in der „Umschau“). Er lautet: Der Rückstoß könne im luftleeren Raum nicht wirken, denn es gebe hier keine Luft, auf die sich die ausströmenden Gase stützen könnten.

Es braucht hier aber natürlich auch keine äußere Luft. Der Rückstoß „stützt“ sich auf das ausströmende Gas selbst. Die Kraft, die unten das Gas heraustreibt, stützt sich nach innen zu auf das im Ofen noch befindliche Gas und pflanzt sich hier von Gasmolekül zu Gasmolekül bis zur Raketenwand fort, die Folge ist natürlich die, daß (auch im luftleeren Raum) die Rakete mit derselben Kraft nach oben gedrückt wird, mit der das Gas nach unten fliegt. Übrigens hat der amerikanische Physiker Goddard (vgl. Bd. II) (ich verweise hier zum Teil auf später folgende Stellen, es ist zum Verständnis des Textes aber nicht nötig, sie aufzusuchen) an der Hand sinnreicher Versuche den Rückstoß im luftleeren Raum direkt gemessen und gefunden, daß er tatsächlich so groß ist, als nach dieser Theorie zu erwarten war. (Vgl. Goddard: A method of reaching extreme altitudes, Smithsonian Institution, Washington.)

Hieraus folgt übrigens ein bemerkenswerter Vorteil des Raketenraumschiffes: Die Rakete läßt sich im Ätherraum steuern. Läßt man z. B. nach vorne zu Gase ausströmen, so wird die Geschwindigkeit verzögert, läßt man das Gas nach rückwärts ausströmen, so wird das Raumschiff beschleunigt, strömen die Gase nach der einen Seite aus, so biegt sich die Fahrtrichtung nach der andern Seite.

Diese Steuerungsmöglichkeit ist nicht eben groß. Es kostet schon sehr viel Brennstoff, bis die Rakete überhaupt kosmische Geschwindigkeiten erreicht, und jede weitere Steuerung ist mit Brennstoffverlusten verbunden, so daß die Rakete bald an der Grenze ihrer Leistungsfähigkeit steht. Auch das Raketenraumschiff gleicht in dieser Beziehung weniger einem irdischen Fahrzeug als vielmehr einem Geschoß, das, einmal abgeschleudert, seine Wurfbahn einhalten muß. Glücklicherweise genügt diese Steuerungsmöglichkeit aber dennoch für die Zwecke der Raumschiffahrt. Sie gestattet 1. bei der Abfahrt begangene unvermeidliche Fehler in bezug auf Größe und Richtung der Bewegung später noch auszukorrigieren. Das Raketenraumschiff gleicht in dieser Beziehung einer Kugel, die ihr Ziel auch dann noch finden würde, wenn nicht richtig gezielt worden war. 2. Man kann eine Rakete in Bahnen hineinbringen, die ein von der Erde abgeschleudertes Geschoß nicht beschreiben könnte, z. B. eine Kreisbahn um die Erde oder um den Mond u. ä.

3. Kapitel.

Allgemeine Beschreibung.

Die gewöhnliche Feuerwerksrakete (vgl. Abb. 2) besteht aus einer festen Hülle, in die irgendein nicht zu rasch abbrennender Sprengstoff (der Treibsatz B) geladen ist. Wenn dieser verbrennt, so strömen die Gase nach unten aus, so daß der Rückstoß das Ganze bewegt. Bei *F* befindet sich ein schnell abbrennendes Pulver, der Zündsatz, bei *I* ist der Kunstsatz, es sind dies Leuchtkugeln oder sonstige Gegenstände, die die Rakete mit in die Höhe tragen soll. Der Stab *W* dient als Stuer, wenn er fehlt, so beschreibt die Rakete irgendeine unregelmäßige Zickzackkurve, ohne dabei längere Zeit in die Höhe zu fliegen.

Bei meinen Raketen nun gelangt nicht Schießpulver zur Verwendung, sondern eine Kombination von Sauerstoff und irgendeinem flüssigen Brennstoff.

Bei den einfachsten Modellen verdampft der Sauerstoff und der Dampf wird durch irgendeine Gasflamme, die in dem Sauerstoff verbrennt, über die Entflammungstemperatur des Brennstoffes gebracht, also etwa auf 700—900° C. In dieses heiße, noch immer stark sauerstoffhaltige Gas spritzt dann durch besondere Zerstäuberdüsen (ich nenne sie „Poren" im Gegensatz zur Raketendüse) der Brennstoff. Er verbrennt dann völlig und liefert so das ausströmende Gas, durch dessen Rückstoß der ganze Apparat fortgetrieben wird.

Abb. 2.

Bei den komplizierteren Formen lasse ich eine Flamme, die viel überschüssigen Dampf des Brennstoffes enthält, zuerst in ähnlicher Weise flüssigen Sauerstoff einspritzen; er verbrennt hier in ähnlicher Weise wie der Brennstoff im heißen Sauerstoff (ob der Brennstoff im Sauerstoffgas oder der Sauerstoff im Brennstoffdampf verbrennt, das ist ja im Grunde dasselbe). In dieses heiße, sauerstoffhaltige Gas lasse ich dann wieder flüssigen Brennstoff einspritzen. Bei noch größeren Maschinen kann man in dieser Weise mehrmal hintereinander abwechselnd Brennstoff und Sauerstoff einspritzen lassen.

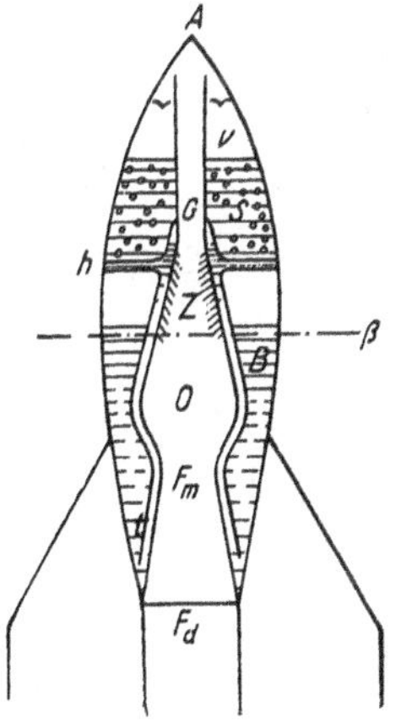

Abb. 3.

In seiner einfachsten Form würde der Apparat etwa folgendermaßen aussehen (vgl. Abb. 3). Das Ganze ist aus Blech, bei *S* befindet sich Sauerstoff, der durch Kälte verflüssigt worden ist. *B* ist irgendeine brennbare Flüssigkeit wie Benzin, Alkohol, flüssiges Leuchtgas, flüssiges Äthylen, flüssiger Wasserstoff oder dgl. Der Sauerstoff wird nun in *S* irgendwie zum Verdampfen gebracht. Er würde schon dadurch verdampfen, daß er sich in gut wärmeleitenden Behältern befindet, doch würde dies für unsere Zwecke nicht schnell genug vor sich gehen; man muß also noch künstlich nachhelfen, etwa indem man Brennstoff in den flüssigen Sauerstoff eintreten läßt und irgendwie anzündet, etwa unter Vermittlung eines glühenden Platingitters und mit Zuhilfenahme von Kieselgur oder Ottmannschem Kunstbims. Im flüssigen Sauerstoff ist die Verbrennung bekanntlich sehr lebhaft. Die Verbrennungsgase steigen sodann im flüssigen Sauerstoff hinauf und vergasen diesen auf dem Wege. Der Wärmeübergang zwischen diesen kleinen Gasblasen und umgebenden Flüssigkeit ist hinreichend gut. Der vergaste Sauerstoff tritt dann in das Rohr A, hier tritt auch Brennstoffdampf aus den Röhren m dazu, ein Schutzblech v hindert, daß größere Sauerstofftropfen mitgerissen werden, bei G verbrennen die Brennstoffdämpfe und erwärmen ihn dabei auf 700—900°. Bei Z (im Zerstäuber) spritzt dann durch feine in der Wand befindliche Düsen (Poren) der Brennstoff in dieses heiße, immer noch stark sauerstoffhaltige Gas. Abb. 4 zeigt etwas vergrößert diesen Teil der Wand von außen und bei d, d, durchschnitten. In diese Poren müssen unter Umständen schraubenähnliche Führungsbolzen eingebaut werden, doch läßt sich diese Frage erst nach umfangreichen Vorversuchen (siehe Bd. II) entscheiden.

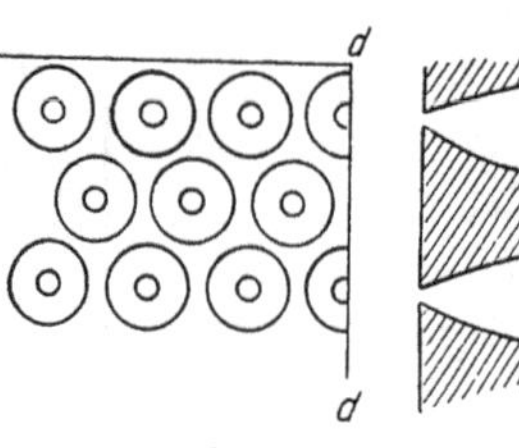

Abb. 4.

Abb. 5 zeigt den Zerstäuber im Querschnitt bei β. Der Brennstoff wird dort, wo er den 800° heißen Sauerstoff berührt, entflammt. Das Rohr bei Z soll so weit und der Druckunterschied zwischen B und Z sowie die Weite der Poren soll so bemessen sein, daß die aus B kommenden Flüssigkeitsmengen gerade verbrennen, bis sie die Mitte des Rohres Z erreicht haben. Dadurch erzielt man nämlich, daß das Brenngas, welches aus der Rakete ausströmt, überall ziemlich gleichmäßig zusammengesetzt ist. An der Wand des Zerstäubers sind die Flüssigkeitstropfen verhältnismäßig weit voneinander entfernt. Es ist ja noch nichts davon verbrannt. Es ist hier aber die Verbrennung stärker, 1. weil dieselben Tropfen noch dicker sind, 2. weil sie noch eine hohe relative Geschwindigkeit gegen den umgebenden Sauerstoff haben. In der Mitte dagegen sind die Tropfen klein und haben schon beinahe die Geschwindigkeit des umgebenden Sauerstoffes, doch sind sie hier wieder einander näher, so daß sich beide Umstände gegeneinander ausgleichen. Ausgenommen ist nur eine schmale Gasschicht am Rande. Und diese soll auch ausgenommen sein, damit sie verhältnismäßig kühl bleibt. Während so in der Mitte (infolge der Kompression) Temperaturen von 4000° erreicht werden, besteht gleichwohl keine Gefahr für die Wände.

Abb. 5.

Diesbezügliche Versuche haben gezeigt, daß an der Wand Lavalscher Düsen normalerweise keine Wirbel entstehen. Das Gas, welches am Rande entlang streicht, bleibt also auch am Rand. Es ist nun zwar vielleicht nötig, daß das Randgas etwas kühler ist, das Gas in der Mitte soll aber so heiß sein, wie es nur kann. Das können wir eben erreichen, wenn wir die Verbrennung mehr nach der Mitte zu dirigieren. Wir werden später bessere Mittel kennen lernen, um die Wand vor der Wärme zu schützen. Diese schützende Gaswand kann schmal sein. Sie hält sich keine 2 Sekunden im Ofen auf. Bis die Wärme also durch dieselbe hindurchdringen könnte, ist sie schon draußen. Ich möchte dies Prinzip das „Prinzip des dynamischen Wärmeschutzes“ nennen. „Dynamisch“ nenne ich es deshalb, weil die Rakete (eben weil sie arbeitet) gegen Wärme geschützt ist. Unter dem Zerstäuber befindet sich der Ofen O. Hier findet die stärkste Verbrennung statt. Sodann folgt eine Verengerung, der Hals F_m. Diese scheint mir notwendig, um im Ofen eine gewisse Stauung herbeizuführen. Dadurch erziele ich nämlich:

1. ein längeres Verbleiben der Brennstoffe im Ofen;
2. einen stärkeren Druck (d. h. eine höhere Sauerstoffdichte);
3. eine höhere Temperatur;

alles in allem also eine gründlichere Verbrennung.

An F_m schließt sich die Düse an. Sie ist nach Art der Lavalschen Düsen gebaut und erweitert sich bis zur Mündung F_d unter einem Winkel von 7—8°. Die Einzelheiten beschreibe ich später.[1])

Herr Oberstleutnant Reimer hat im Mai 1928 bestritten, daß eine Rakete im luftleeren Raum überhaupt brennen könne. Er meinte, der Feuerstrahl würde abreißen, d. h. das Gas würde so schnell ausströmen, daß die Flamme nicht Zeit hätte, den neu hinzukommenden Brennstoff zu erfassen. Dies ist nun bei meiner Rakete nicht möglich, wenn sie einmal brennt. Vermöge seiner Trägheit kann der Gasstrom durch die Düse F nicht sofort entweichen, es wird immer ein beträchtlicher Druck im Raume O notwendig sein, um das gesamte entwickelte Gas überhaupt hinauszupressen (5—20 Atmosphären).

Es bleibt also nur noch die folgende Frage übrig: Wenn die Rakete im luftleeren Raum zu brennen aufhört (etwa weil wir die Brennstoffzufuhr abgestellt haben), so entweicht alles Gas aus den Räumen Z und O, werden wir dann die Rakete im Bedarfsfalle wieder in Brand setzen können?

Bei der Gasflamme im Rohre G können wir dies ohne weiteres erreichen. Wir müssen diese Flamme ja bloß in einem geschlossenen Kessel brennen lassen, in welchen wir entsprechend viel Gas hineinführen, und aus dem wir entsprechend weniger Gas herauslassen (dies ist natürlich nur eine Lösungsmöglichkeit, es gibt auch noch andere). Wir haben also dann in diesem Kessel ein stark sauerstoffhaltiges Gas. Was geschieht nun aber mit dem Gasüberschuß, welcher in den jetzt luftleeren Raum Z entweicht?

---

[1]) Die mit der Margolinie ——— bezeichneten Stellen sind nur für den Leser bestimmt, der tiefer in den Stoff eindringen möchte und über die nötigen Fachkenntnisse verfügt. Die übrigen Leser können sie ohne Schaden überspringen.

Man liest oft, die Temperatur einer Gasmasse müsse bis zum absoluten Nullpunkt herabsinken, wenn sich diese Gasmasse beliebig ausdehnen könne. Dies ist aber nur bedingt richtig, denn hier ist die Temperatur eine reine Definitionssache, es kommt lediglich darauf an, ob wir den Thermometer still halten oder mit dem Gasstrahl mitführen. Die Temperatur einer eingeschlossenen Gasmenge beruht bekanntlich darauf, daß die einzelnen Gasmoleküle durcheinanderschwirren. Hält man einen Thermometer hinein, so stoßen die Gasmoleküle an dessen Moleküle an und erschüttern sie, diese Erschütterung äußert sich eben darin, daß der Thermometer warm wird. Die Wärme eines Gases beruht also in der unregelmäßigen Bewegung seiner Moleküle. Würden alle Moleküle mit derselben Geschwindigkeit und in derselben Richtung weiterfliegen, so würden wir nicht von Wärme, sondern von Geschwindigkeit sprechen.

Erhalten nun diese Gasmoleküle plötzlich Gelegenheit, sich unbegrenzt auszubreiten, so wird jedes Gasmolekül geradlinig weiterfliegen, mit der Geschwindigkeit, die es gerade inne hat. Die am schnellsten bewegten Moleküle werden also vorausfliegen, die am langsamsten bewegten werden natürlich zurückbleiben. Ist weiter der Raum, auf welchem sich die Gasmasse ausgebreitet hat, verhältnismäßig sehr groß, so ist die Wirkung annähernd so, als ob alle Gasmoleküle von einem Punkte herkämen, und als ob alle nebeneinanderfliegenden Moleküle dieselbe Geschwindigkeit hätten. Wir können mithin einen Thermometer so mitführen, daß er gar keinen Stoß mehr erhält, daß er also starke Kälte anzeigt. Würden wir den Thermometer dagegen still halten, so würde er natürlich von den Gasmolekülen mit ihrer ursprünglichen Geschwindigkeit getroffen werden und folglich auch die ursprüngliche Temperatur zeigen. (Es ist z. B. dem Erbauer von Gasturbinen unangenehm bekannt, daß sich die Turbinenschaufeln trotz der adiabatischen Ausdehnung der Gase in der Turbinendüse genau so stark erhitzen, als ob sie im Verbrennungsraum selbst wären.) Nun machen die Flüssigkeitsstrahlen bei Z die Bewegung des Sauerstoffstrahls nicht mit, die Wirkung ist hier also so, als ob dieser Sauerstoff noch seine ursprüngliche Temperatur von 800° C hätte. Es findet also trotz der starken Luftverdünnung eine kräftige Oxydation statt, denn die Anzahl der Sauerstoffmoleküle ist ja auch nicht geringer geworden, und wir haben daher eine kräftige Gasentwicklung, der Druck in O steigt, und nach einigen Sekunden spätestens ist der normale Zustand erreicht.

Wenn also Reimer als Beweis für seine Behauptung anführt, daß es unmöglich ist, bei einer Pulvermenge im Vakuum durch einmaliges Anzünden eine Verbrennung einzuleiten, so habe ich dem entgegenzuhalten, daß wir es hier nicht mit einer einmaligen Anzündung zu tun haben. Die Verhältnisse liegen eher so, als ob wir ein heißes Metall ständig gegen das Pulver pressen würden, bis daß es verbrannt ist, oder noch besser, als ob wir das Pulver auf eine Sternschnuppe gepackt hätten, die bereits in den oberen dünnsten Luftschichten verbrennt (vgl. hierzu auch Kap. 14).

Von anderer Seite wieder wurde mir entgegengehalten, daß der mit fast 100 m/sec vorbeiblasende Sauerstoffstrom die Flamme normalerweise selbst dann noch ausblasen müsse, wenn der Brennstoff wirklich Feuer gefangen hätte. — Dies wäre aber nur dann möglich, wenn seine Temperatur unter dem Entflammungspunkt liegen würde, sobald sie dagegen über dem Entflammungspunkt liegt, vermag er nur noch, den Körper zu verbrennen, und das um so mehr, je rascher er bläst. Der Vorgang ist hier der, daß der Sauerstoff die oberste Schichte des Tropfens vergast und wegführt, während der Tropfen vermöge seiner Trägheit zurückbleibt und stets mit neuem Sauerstoff in Berührung kommt. Den mitgeführten Dampf nun setzt der Sauerstoff in Brand, wobei wegen der geringen Entfernungen schon die durch den Tropfen selbst verursachten kleinsten Gaswirbel zur Vermischung hinreichen. Wir werden noch sehen, was es bedeutet, daß wir hier keine nennenswerte Wirbelbildung haben.

Zerstäuber und Ofen stecken in einem weiteren Rohr *t*, in welchem der Brennstoff hinaufsteigt, so daß Zerstäuber und Ofen stets von Flüssigkeit umgeben sind. — Im Brennstoffbehälter *B* entwickelt sich nämlich Dampf und treibt den Brennstoff (derselbe Vorgang wie bei der Sodawasserflasche) in das unten offene Rohr *t* hinein, welches ihn dann zum Zerstäuber und zu den Brennern *h* und den Dampf, der sich neben dem heißen Ofen bildet, zum Brenner *G* führt.

Wie der Dampf für den Raum über dem Brennstoff in *B* zu beschaffen ist, das ist eine Frage, die uns vorderhand wenig Kopfzerbrechen zu machen braucht. Man könnte nach *B* irgendeine Patrone bringen, die in so und so langer Zeit abbrennt. (Das Verhältnis zwischen Brennstoff und Sauerstoff würde sich dabei automatisch regeln, denn je größer der Druck in *B* ist, um so mehr Brennstoff spritzt aus dem Zerstäuber, aber um so stärker brennen auch die Flammen bei *h*, so daß auch entsprechend mehr Sauerstoff verdampft.)

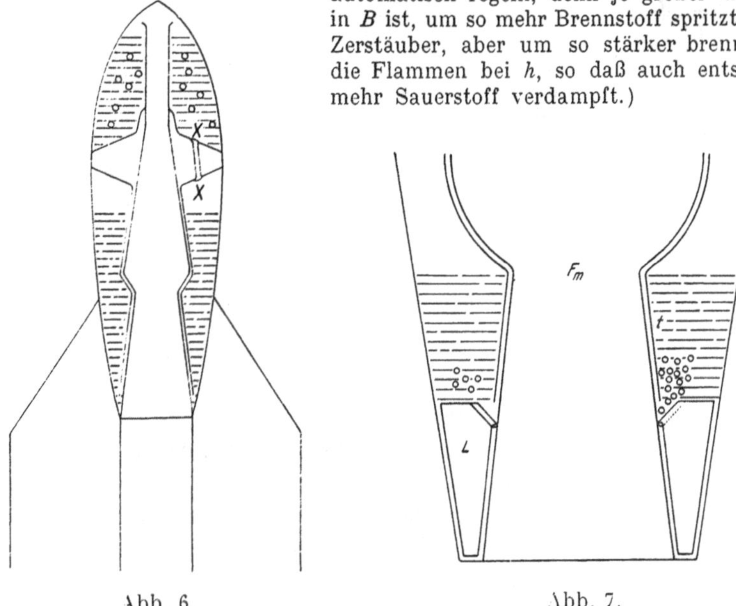

Abb. 6. Abb. 7.

Eine weitere Lösungsmöglichkeit wäre die, einen Teil des Dampfes (vgl. Abb. 6) statt nach *G* durch das Rohr *x* über den Brennstoff zu bringen.

Eine andere Lösungsmöglichkeit wieder wäre (vgl. Abb. 7), das Rohr *t* nur weiter oben beginnen zu lassen, so daß ein Teil des Brennstoffdampfes nicht nach *B*, sondern nach *t* geht. *L*, *L* sind dabei luftgefüllte Räume, denn bei dieser Konstruktion wäre an der Stelle von *L* befindlicher Brennstoff nur eine tote Last.

Ist die Rakete hinreichend lang und ist der Brennstoff im Verhältnis zum Sauerstoff sehr leicht, das wäre also z. B. der Fall, wenn als Brennstoff verflüssigter Wasserstoff dient (spez. Gewicht des flüssigen Wasserstoffes 0,06), so könnte man einfach aus dem Sauerstoffbehälter ein hinreichend gegen Wärmeübergänge isoliertes Rohr *i* bis *k* (vgl. Abb. 8) führen und hier den Sauerstoff verbrennen lassen (Sauerstoff verbrennt im Wasserstoff natürlich ebensogut als Wasserstoff im Sauerstoff), die erzeugte Wärme würde dann den Wasserstoff z. T. verdampfen und die gewünschte Wirkung haben. — Wären die Druckunterschiede hierzu nicht hinreichend, so müßte einfach eine Pumpe *m* nachhelfen. Man hat mir hier entgegengehalten, daß eine Pumpe im flüssigen Sauerstoff nicht arbeiten könnte, sie ließe sich hier auch nicht abdichten. Darauf ist zu antworten: 1. könnte man eine Schmierung mit Petroläther oder flüssigem Leuchtgas durchführen (wie dies G. Claude bei seinem Luftverflüssigungsapparat versucht; vgl. Kolbe: Flüssige Luft). 2. Wir haben aber nicht einmal dies nötig. Diese Pumpe braucht bei weitem nicht so exakt zu arbeiten, wie etwa eine Pumpe in einem Luftverflüssigungsapparat. Es tut hier gar nichts, wenn auch ein Drittel der ganzen Flüssigkeit wieder durchschlägt, und wenn durch die Reibung das Ganze um einige Grad erwärmt wird. — Wenn man hier an den Brennern *h* und an den Röhren *i* Hähne anbringt, so kann man durch diese den Verbrennungsvorgang während der Fahrt regulieren.

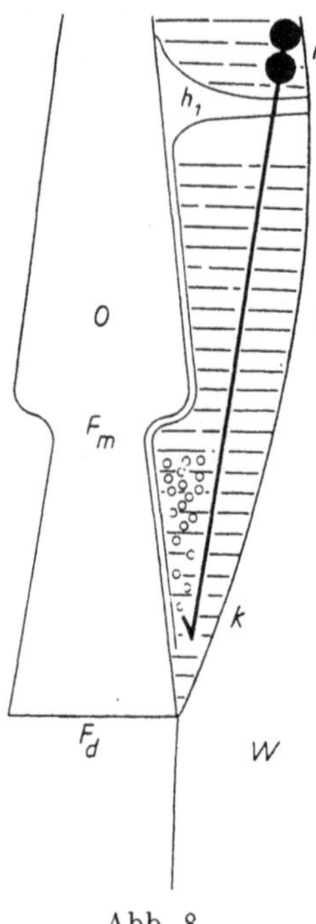

Abb. 8.

Die Blechwände sollen möglichst dünn sein, um wenig totes Material mitzuschleppen. Da nun aber der Treibapparat (das ist das Rohr *A*, der Zerstäuber, der Ofen und die Düse) unter einem geringeren Druck steht als die umgebende Flüssigkeit, so besteht hier, ebenso wie in geringerem Grade auch beim Rohr *t*, die Gefahr, daß er durch den äußeren Druck zusammengepreßt wird. Dem kann man vorbeugen, indem man (wie auf Abb. 35, S. 49 angedeutet) Blechstreben anbringt, die innen mit dem Treibapparat verlötet und außen mit der Raketenwand (der Mantelfläche) verschraubt oder sonstwie verbunden sind. Der Treibapparat erscheint dann im Querschnitt nicht rund, sondern polygonal oder sternförmig. Beim Rohr *A*, beim Rohr *t* und bei der Düse macht das weiter nichts. Beim Zerstäuber kann man es vermeiden, indem man den Zerstäuber mit mehreren Metallstreben mit dem Rohre *t* verbindet, wie das auf Abb. 36 zu sehen ist. Diese Streben müssen durchlocht sein, 1. um Material zu sparen, 2. damit die Flüssigkeit dazwischen hindurch kann. Die Öffnungen sollen zackig sein, um ein Fluten der Flüssigkeit zu verhindern.

Durch diese Blechstreben erreichen wir: 1. daß das Material nur auf Zug beansprucht wird, daß also alles dünner und leichter sein kann, 2. wirken diese Streben wie Rippenkühler. Es wird dadurch die Gefahr des Leidenfrostschen Zustandes vermindert. (Um so mehr, als die

Wände des Ofens dünn sind.) Wenn außerdem flüssiger Wasserstoff oder flüssiger Sauerstoff den Treibapparat umgibt, so steigt auch infolge der tiefen Temperatur das Wärmeleitvermögen des Metalls. Es gelingt z. B. mit unseren stärksten Wärmequellen nicht, ein dünnwandiges Bleigefäß zu schmelzen, in welchem sich flüssiger Wasserstoff befindet, weil das Metall sofort die ganze Wärme an den Wasserstoff weitergibt. (Vgl. hierzu auch S. 28 und Abb. 24.)

Die Außenwände können ebenfalls dünn sein, ohne daß der Luftwiderstand oder das durch die Flossen hervorgerufene Drehmoment den Apparat eindrückt. Sie sind ebenfalls nur auf Zug beansprucht. Da nämlich der Innendruck mindestens 5 Atmosphären beträgt, der Außendruck des Luftwiderstandes aber höchstens gleich dem Gewicht der Rakete dividiert durch ihre Bodenfläche sein soll, so hält der Innendruck das Ganze prall, ähnlich wie ein unstarres Luftschiff oder ein aufgepumpter Autoreifen dem Innendruck seine Festigkeit verdankt.

Zur Materialfrage möchte ich hier nur so viel sagen: Es werden hauptsächlich an die Zugfestigkeit des Materials hohe Anforderungen gestellt. Weniger hoch sind die Anforderungen an die Geschmeidigkeit, denn das Ganze besteht nur aus dünnen Blechplatten, die sich selbst dann noch weit biegen lassen, wenn sie aus verhältnismäßig sprödem

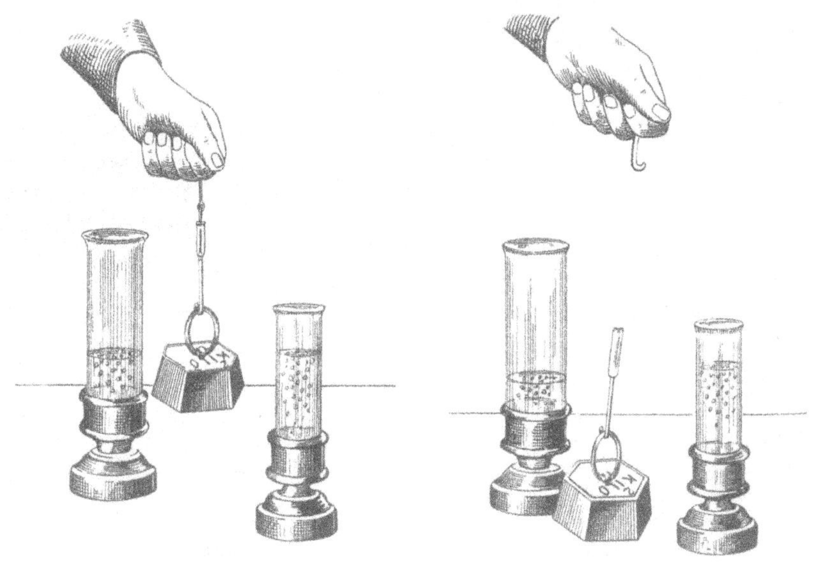

Abb. 9. Abb. 10.

Nach Kolbe: „Flüssige Luft“, Leipzig 1920.

Material bestehen. Dies ist besonders für Apparate von Wert, die mit flüssigem Wasserstoff und flüssigem Sauerstoff arbeiten, da bei Berührung mit diesen kalten Flüssigkeiten die meisten Stoffe wohl sehr fest, aber auch sehr spröde werden. Abb. 9—11 zeigen Versuche über die Zugfestigkeit und Sprödigkeit von Metallen bei tiefer Temperatur. Die kleine Glasröhre auf Abb. 9 ist mit flüssigem Stickstoff gefüllt und umgibt einen dünnen Bleidraht. Dieser wird dabei so fest, daß er das 2 kg schwere Gewicht trägt. Wenn der Stickstoff verdampft ist und der Bleidraht sich erwärmt, reißt er durch (Abb. 10). Abb. 11 zeigt eine gewöhnliche Ölkanne aus Eisenblech, in welche flüssiger Sauerstoff gefüllt wurde, sie wurde dabei so spröde, daß man sie mit dem Hammer zerschlagen konnte. (Nach Kolbe: „Flüssige Luft".)

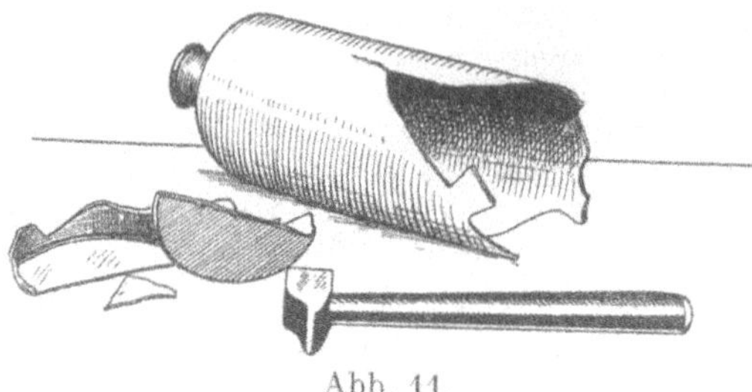

Abb. 11.
Nach Kolbe: Flüssige Luft.

Ich möchte trotzdem wenigstens beim Bau des ersten Modells auf die Geschmeidigkeit des Materials nicht verzichten. Ich würde daher die Teile, die mit dem Sauerstoff in Verbindung stehen, aus Kupfer machen, dem ich etwas Zink, Eisen, Nickel oder Mangan zusetzen könnte, um eine größere Zugfestigkeit zu erzielen. Die Zugfestigkeit des reinen Kupfers beträgt bei der Temperatur — 182° bis 30 kg/mm². Man könnte hier, was wir uns merken wollen, an einem Draht von 1 mm² Querschnitt 3,3 dm³ der Substanz anhängen. Durch Zinkzusatz könnte man diese Ziffer wesentlich verbessern. Die Maschinenteile wieder, die mit dem flüssigen Wasserstoff in Berührung kommen, würde ich aus Blei herstellen, dem man etwas Kupfer beimischen könnte (bis 40%). Reines Blei hat bei — 253° eine spezifische Belastung von 3—4 dm³/mm² und eine Biegsamkeit, die etwa zwischen der des Kupfers und des Eisens bei gewöhnlicher Temperatur steht. Bei Kupferzusatz erhöht sich dann seine Zugfestigkeit (allerdings auch seine Härte) so weit, daß es stahlähnlich wird.

Als Material, für die Maschinenteile, die nur mit Benzin, Alkohol usw. in Berührung stehen, würde ich Eisen mit 0,8—0,4% Kohlenstoffgehalt vorschlagen[1]).

[1]) Übrigens verdanke ich der Liebenswürdigkeit Herrn A. B. Scherschevskys die Kenntnis eines Materials, bei welchem man sowohl bei gewöhnlicher Temperatur, als auch bei der Temperatur des flüssigen Sauerstoffes ein Quadratmillimeter unbedenklich mit dem Gewicht von 9—12 dm³ belasten kann, und welches außerdem bei tiefen Temperaturen dem Kupfer an Geschmeidigkeit kaum nachsteht. Was das bedeutet, das wird man beim Lesen der folgenden Kapitel bald bemerken. — Ich habe indessen keine Veranlassung, dies Material bekannt zu geben. Wer Flüssigkeitsraketen bauen will, wird sowieso gut tun, sich an die Leute zu wenden, die unter größten persönlichen Opfern die Vorarbeiten geleistet haben.

Für das Zerstäuberrohr wäre das ideale Material Silber, da dies nicht oxydiert, schwer schmilzt und bei tiefen Temperaturen geschmeidig bleibt. Es ist hier allerdings zu bemerken, daß bei einer Wasserstoffrakete trotz der Nähe des Ofens während der Fahrt infolge der tiefen Temperatur der Wand keine Oxydation stattfinden kann, doch würde das Material leicht in der Zeit zwischen zwei Aufstiegen verderben, während eine Rakete mit silbernem Zerstäuberkranz bei sachgemäßer Behandlung viele 100 mal aufsteigen könnte. Die Sache wäre nicht allzu kostspielig. Es ist zu bedenken, daß das ganze Modell A nur etwa 2—3 m lang ist. Die Zerstäuberpartie ist dementsprechend 10—30 cm lang und 10—15 cm breit, und das Blech ist kaum 1 mm dick. Bei großen Alkoholraketen darf der Zerstäuber schon aus Kupfer, eventuell mit etwas Zinnzusatz, sein. Die Lötstellen zwischen geschmeidigem und sprödem Material dürfen nicht an den Grenzen der beiden Behälter liegen, sondern sie müssen sich schon über den wärmeren Stoffen befinden. Bis zur Lötstelle *a* muß das weiche Material am wärmeren Behälter seiner abnehmenden Zugfestigkeit entsprechend verdickt sein (vgl. Abbild. 12). Bei größeren Raketen müßte dann bei *b* noch irgendein Wärmeschutz, etwa Asbest oder Wolle, angebracht werden, damit der Wärmeübergang nicht zu plötzlich erfolgt. Ich möchte hier noch erwähnen, daß keine Rakete mit flüssigem Brennstoff aus einem Geschütz geschossen wird, sondern diese Raketen werden bloß angezündet und steigen dann aus eigener Kraft auf.

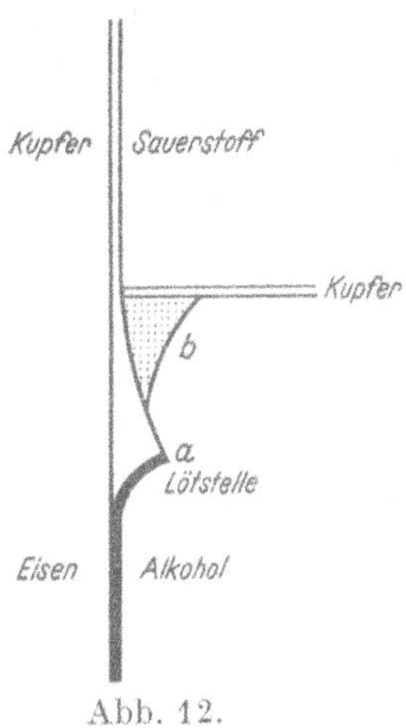

Abb. 12.

4. Kapitel.

Verbesserungen und Ergänzungen.

Unzuträglichkeiten, die sich (besonders bei den Wasserstoffraketen) aus einer ungleichmäßigen Erwärmung der Metallteile ergeben, kann man weitgehend vermeiden, wenn man dafür sorgt, daß alle ausgedehnteren Metallteile mit dem flüssigen oder verdampften Wasserstoff in Berührung stehen. Beim Modell von Abb. 13 befindet sich der Wasserstoff in einem ringförmigen Behälter, der inmitten des Wasserstoffbehälters frei schwebt. „Frei" das heißt hier: nur von den Metallstreben *q* gehalten. Durch geeignete Wahl des Materials könnte man es bei einer Wasserstoffrakete erreichen, daß sie sich bei der Temperatur des Sauerstoffs gerade so weit zusammenziehen, wie die Mantelfläche bei —253°.

Zwischen diesem Ring und der Mantelfläche befindet sich dann noch ein freier Raum *c*, der nur von Brennstoffdampf erfüllt ist. Hier steigt der Dampf empor und strömt bei *A* in den Treibapparat. Mit dem Ausdruck „Treibapparat" bezeichne ich die Rohre *t*, das Rohr *A*, die Zerstäuber, den Ofen und die Düse.

Die Wände des Sauerstoffringes sollen möglichst dünn sein (der Druck im Sauerstoffraum ist nämlich genau so groß als jener im Wasserstoffraum), außerdem sollen sie aus porösem Material (etwa Asbest) bestehen, und die Brenner *h* sollen an den Wänden höher hinaufreichen als bei Modell *A*. Der Zweck ist der: Der verdampfte Wasserstoff soll sich in den Asbest hineinziehen, und an dem Innenrand soll sich die Verbrennung zwischen Wasserstoff und Sauerstoff auf der ganzen Wand fortsetzen, dann wird der Sauerstoff am Rande durch das aufsteigende Heizgas erwärmt, so daß er an der Wand nicht erstarrt, sonst würde er nur noch eine tote Last darstellen.

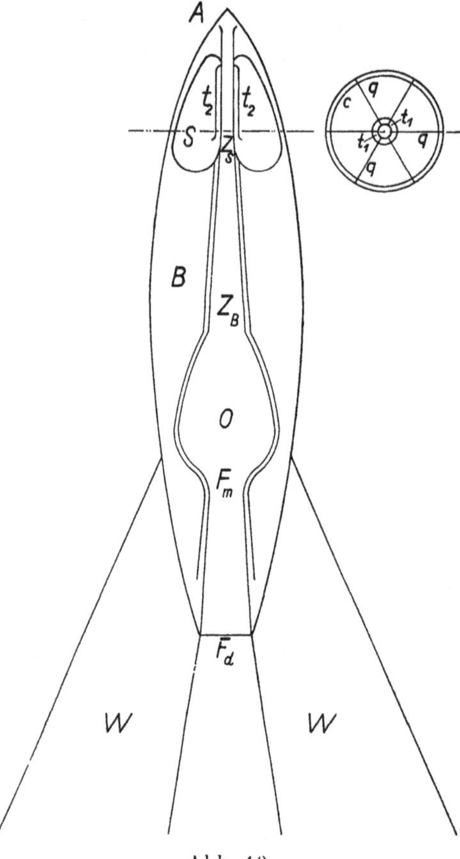

Abb. 13.

Die Vorteile dieser Anordnung liegen also darin, daß hier mit Ausnahme des Zerstäuberrohres, welches sowieso aus geschmeidigem Material sein muß und der Querstreben *q*, die hier nur wenig belastet sind und der Mantelfläche zu in Drähten auslaufen können, alle übrigen Metallteile gleichwarm sind, daß also Spannungen vermieden werden, wie sie bei ungleichmäßig erwärmtem Material oder bei der Abkühlung von Lötstellen sonst leicht auftreten. Es besteht hier also die Hoffnung, das Modell auch aus sprödem Material (etwa aus Eisen oder Aluminium) herzustellen. Während der Fahrt geschieht ihm nichts, da hier die Erschütterungen sehr gering sind. Es ist eine Landung im Wasser vorgesehen. Nach der Landung ist das Modell auch nicht mehr gefährdet. Ist noch flüssiger Wasserstoff darin, so überzieht es sich schnell mit einer Eisschicht, die es gegen Wellenschlag usw. schützt, ist kein Wasserstoff mehr darin, so wird das dünne Blech vermutlich bald wieder geschmeidig. Kritisch ist nur der Augenblick, in welchem der Apparat, der übrigens in leerem Zustand kaum 10 kg wiegt, am Fallschirm hängend die Wasserfläche berührt. Ob er den ersten Anprall aushalten wird, das kann nur der Versuch lehren.

Die Füllung einer eisernen Wasserstoffrakete wäre natürlich umständlich. Sie müßte erst durch verdampften Sauerstoff vorsichtig bis auf -253^0 abgekühlt werden, dann erst könnte der flüssige Wasserstoff (und erst wenn dieser darin wäre, bei teilweiser Ingangsetzung der Brenner *h*), der flüssige Sauerstoff hineinkommen. Auch die Befestigung des Treibapparates und seiner Streben an der Metallfläche wäre nicht einfach. Kupfer und Eisen dürften nirgends verlötet werden. Der Spalt zwischen Düsenwand und Mantelfläche bei F_d (vgl. Abb. 3, 6, 13) dürfte erst kurz vor der Füllung mit erstarrendem Leuchtgas abgedichtet werden.

Der Vorteil der Eisenkonstruktion dagegen läge in der ungeheuer verbesserten Zugfestigkeit. Bei der Temperatur des siedenden Wasserstoffes hat weiches Eisen eine Zugfestigkeit von 150—250 kg/mm². Da das spezifische Gewicht ungefähr 8 beträgt, so liegt seine spezifische Zugfestigkeit bei 25 dm³/mm². Wir werden später sehen, was das bedeutet. Hier möchte ich nur vorausschicken, daß dasselbe Modell, aus Blei gebaut, etwa 30 km hoch, aus Eisen hergestellt dagegen unter sonst gleichen Voraussetzungen 1500 km hoch gelangt. Fraglich ist nur, ob die Landung möglich ist. Nur in einem einzigen Falle wäre die Sache sicher möglich, nämlich wenn man nach diesem Prinzip ein weittragendes Projektil bauen wollte, welches bloß einmal fliegen und bis ans Ziel gelangen soll (vgl. dazu S. 202 ff.).

Eine weitere Verbesserung besteht beim Modell von Abb. 13 darin, daß auch der Sauerstoff z. T. als Flüssigkeit in das Zerstäuberrohr hineinspritzt (bei Z_s). Gewinn: 1. Das Sieden im Sauerstoffraum braucht nicht so heftig zu sein; es vermindert sich dabei die Gefahr, daß auch Flüssigkeitstropfen mitgerissen werden. 2. Die Verbrennungsgase, die durch den flüssigen Sauerstoff streichen, verwandeln sich in Schnee, der z. T. durch das siedende Gas in den Treibapparat geführt wird, z. T. aber auch bloß tote Last ist. Bei der Anordnung des Modells von Abb. 13 verringert sich die tote Schneemenge etwa auf ein $^1/_{10}$.

Eine weitere, wesentliche Verbesserung würde darin bestehen, daß nur der Treibapparat und seine nächste Umgebung unter Druck gesetzt wird, während die Brennstoffbehälter unter möglichst geringem Überdruck bleiben.

Ganz ohne Innendruck kommen wir auch bei den Brennstoffbehältern nicht aus, denn die ganze Maschine besteht ja nur aus dünnem Blech, und sie würde durch den Druck der vorderen Luft eingedrückt, wenn nicht der Innendruck sie wie einen unstarren Ballon prall erhalten würde.

Immerhin wäre die Gewichtsersparnis ganz bedeutend, zumal wenn als brennbare Flüssigkeit nicht eine so leicht zerstäubende und verbrennende Flüssigkeit, wie flüssiger Wasserstoff dienen soll, sondern sagen wir Benzin oder Petroleum, die unter einem Überdruck von mindestens 40 Atmosphären einspritzen müssen, wenn sie ordentlich verbrennen sollen. (Beim Wasserstoff scheint mir infolge seines geringen spez. Gewichtes und seiner geringen Viskosität schon ein Überdruck von 1—4 Atmosphären ausreichend. Leider konnte ich noch nicht mit flüssigem Wasserstoff experimentieren.) Dagegen genügt bei den Flüssigkeitsbehältern ein Druck von (je nach der Form des Behälters) 3—4 Atmosphären, um ihn prall zu erhalten. Dies Ziel läßt sich mit Hilfe der von mir erfundenen Pumpkammern erreichen (vgl. Abb. 14).

Der Apparat (ich bezeichne ihn als Modell D) ist in der Hauptsache dem Modell von Abb. 13 ähnlich. Er unterscheidet sich von diesem nur durch die Pumpkammern p_1, p_2, p_3, p_4. Dies sind starkwandige, ringförmige Kessel. Abb. 15 zeigt eine derselben (p_2) für sich allein. Ist er mit Flüssigkeit gefüllt, so wird dieselbe nach einer der Methoden, die wir auf Seite 9 kennengelernt haben, zum Verdampfen gebracht (vgl. hierzu auch Seite 240, 241).

Der Dampf treibt dann die unter ihm liegende Flüssigkeit durch die Röhren o_1 in das Rohr t. Alles andere ist von da weiter wie bei den

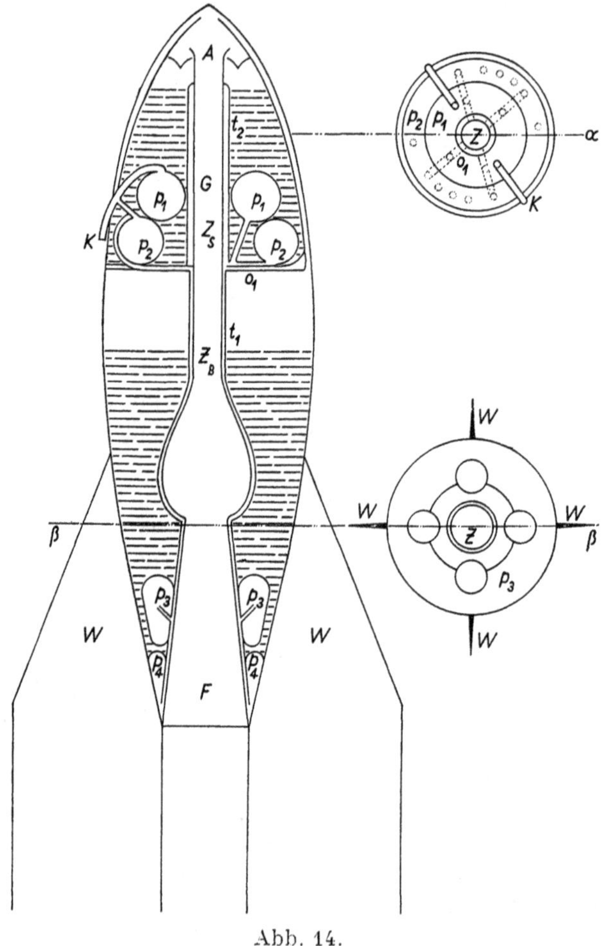

Abb. 14.

vorhin beschriebenen Modellen. Ist die Flüssigkeit aus p_2 draußen, so schließt sich ein Ventil gegen o_1 (auf Abb. 14 nicht dargestellt). Die Ansätze o_3 an o_1 auf Abb. 15 stehen mit p_1 in Verbindung. Hier strömt nun aus p_1 die Flüssigkeit nach t_2. Währenddessen öffnet sich ein Ventil und läßt das Gas durch die Auspufföffnung K ins Freie treten. (Auf

Abb. 14 und 15 etwas schematisiert.) Darauf treibt dann der im Brennstoffbehälter herrschende Druck durch das Ventil o_2 von neuem Flüssigkeit in den Ringkessel.

Ich kann es mir nicht versagen, hier einmal zu zeigen, was für Argumente Gegner meiner Ideen zuweilen ins Feld führen: Herr Dr. Weber (Sternwarte Leipzig) z. B. schreibt u. a.: „Man stelle sich die Tätigkeit der Pumpen vor, die imstande sein sollen, eine solche Menge flüssigen Brennstoffes (bei einer ganz großen Rakete in der ersten Sekunde 3000 kg) in den Ofen zu spritzen.“ Nun, es ist der hundertste Teil des Raketengewichts. Wer mein Buch nicht kennt, denkt beim Lesen dieses Aufsatzes natürlich an Kolben- oder Flügelpumpen u. dgl., die ja hierzu nicht imstande wären. In Wirklichkeit sind diese „Pumpen“ aber weiter nichts als Brennstoffbehälter mit etwas dickeren Wänden. Und es hält, glaube ich, nicht schwer, sich vorzustellen, daß die Dampfspannung aus einem Kessel mit 10 m³ Inhalt in einer Sekunde 3 m³ durch ein Sieb oder durch ein hinreichend weites Loch hinaustreiben soll.

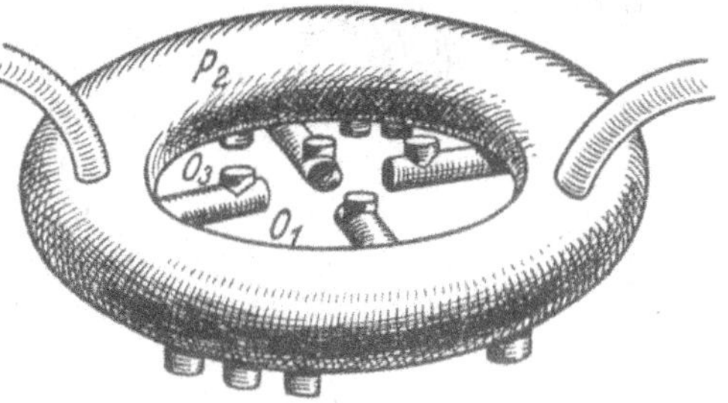

Abb. 15.

Weiter gibt Weber der Druck von 20—30 Atmosphären im Ofen größerer Raketen zu Bedenken Anlaß, wenn er an unsere Schiffsmaschinen denkt, deren Kessel nur bis zu 16 Atmosphären Druck beansprucht werden. Darauf ist nun aber zu antworten, daß man den Druck ganz ruhig auf 10 Atmosphären herabsetzen könnte, falls gegen einen Druck von 20 Atmosphären grundsätzliche Bedenken bestehen würden. Es sind nun aber die Teile des Kessels, die 20 Atmosphären aushalten sollen, nicht so groß wie Schiffskessel, sondern höchstens so groß wie Lokomotivkessel. Nun kann man aber einen Kessel um so mehr auf Druck beanspruchen, je kleiner er ist. — Außerdem ist hier noch etwas zu beachten. Die Hauptschwierigkeit liegt beim Dampfkessel darin, daß aus dem Ofen, der nicht unter Druck steht, die Wärme an das Wasser abgegeben werden soll, das unter Druck steht. Macht man hier bei hohem Innendruck die Wände zu dünn, so zerreißen sie, macht man sie zu dick, so geht nicht genug Wärme hindurch und das Feuer greift außerdem die Wände stärker an, so daß man die Maschine nicht lange brauchen kann. Aus diesem Grunde geht man mit der Druckbeanspruchung großer Dampfkessel nicht gern über 15—16 Atmosphären hinaus. — Hat man dagegen in einer Maschine ein Gas eingeschlossen, welches nicht von außen

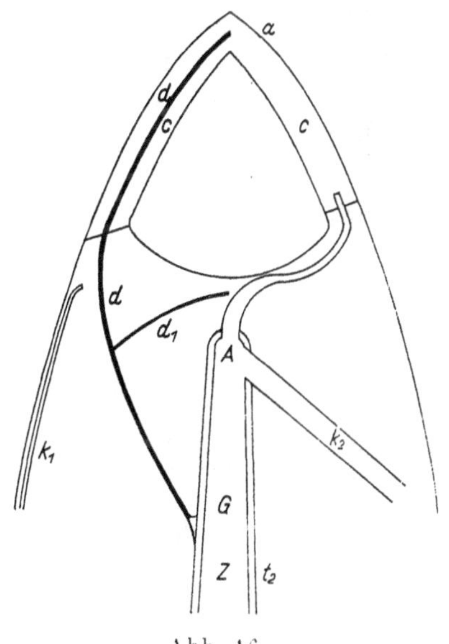

Abb. 16.

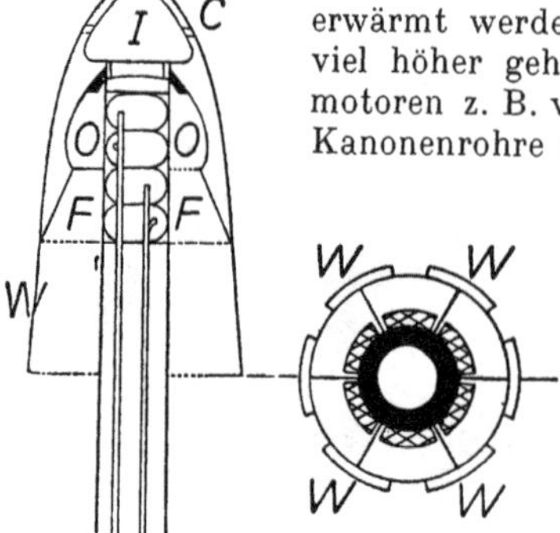

erwärmt werden soll, so kann man mit dem Druck natürlich viel höher gehen. Die Zylinder von Dieselmotoren und Gasmotoren z. B. vertragen einen Druck von 30—50 Atmosphären, Kanonenrohre sind während des Abfeuerns auf mehrere 100 Atmosphären beansprucht, und der 1854 gebaute Luftverflüssigungsapparat von Natterer war gar einem Druck von 2800 Atmosphären gewachsen. — Bei meinen Raketen liegen die Verhältnisse ähnlich wie bei den letztgenannten Maschinen, da der Ofen unter demselben Druck steht wie die umgebende Flüssigkeit.

Bei Modell D ist der Druck in den Brennstoffbehältern noch nahezu so groß wie im Ofen. Er läßt sich noch weiter herabdrücken, wenn man das Rohr oben schließt (Modell A). Abb. 16 zeigt den oberen Teil dieser Maschine. Die Skizze ist schematisiert, in Wirklichkeit sind aus Gleichgewichtsrücksichten alle Rohre mindestens paarweise vorhanden; ich zeichnete aber meist nur eines, um das Bild nicht zu verwirren.

Die Rohre *d* dienen dazu, den Brennstoff gegen die Spitze zu drücken, da sich diese bei höherer Geschwindigkeit zu stark erwärmen würde. Der Raum *c* steht unter höherem Druck als die Brennstoffbehälter. Die verdampfte Flüssigkeit geht durch ein Rohr zum Treibapparat (um die Kompressionswärme, die vor der Spitze entstanden ist, der Fortbewegung dienstbar zu machen). Die restliche Flüssigkeit fließt wieder in den Behälter zurück.

Man hat mir hier vorgehalten, die Rakete müsse beim Durchschneiden der höheren Luftschichten wie ein Meteorstein verbrennen. Es ist darauf zu antworten: Beim Aufstieg kommt es nicht nur auf die Temperatur der Luft vor der Spitze an, sondern auch auf ihren Wärmegehalt, denn nur wo ein großer Wärmegehalt ist, kann ein großer Wärmeübergang sein. Nun ist aber die Luft nur unten dicht, hier aber fliegt die Rakete verhältnismäßig langsam, und so erwärmt sich die Luft vor der Rakete wenig. Oben wieder, wo wir es mit großen Geschwindigkeiten und daher mit hohen Temperaturen zu tun haben, ist die Luft des geringen Barometerstandes wegen so dünn, daß infolge ihrer geringen Masse die Wärme, die sie enthält, auch bei den höchsten Temperaturen nur gering ist und daher leicht durch die Flüssigkeit aufgenommen werden kann, die bei *d* herausspritzt. Vgl. hierzu das 14. Kapitel.

Erwähnen möchte ich hier noch, daß bei den Modellen B, C, D, E auch die Flossen durch Flüssigkeit gekühlt werden müssen.

Abb. 17.

Im Brennstoffraume befinden sich die Rohre k_1, diese führen zu Sicherheitsventilen, die bei K (vgl. Abb. 14) ins Freie münden.

Ich sah diese Sicherheitsventile für alle Fälle vor, unbedingt nötig sind sie ja nicht, denn man kann die Zuführungsrohre für die Pumpen mit Hähnen absperren, die durch Manometervorrichtungen geschlossen werden, wenn der Druck im Behälter zu hoch steigt.

Wie man es macht, daß der über dem Sauerstoff schwimmende Schnee die Poren von G nicht verstopft und wie man den am Boden des Wasserstoffbehälters liegenden Schnee hinausbefördert, das will ich nicht weiter beschreiben. Das sind Aufgaben, die jeder halbwegs geschickte Konstrukteur lösen kann.

Modell A vermag bei guter Ausführung und bei Betrieb mit flüssigem Wasserstoff schon nahezu kosmische Geschwindigkeit zu erreichen.

Modell C (vgl. dazu Abb. 17): Die Grundgedanken sind dieselben wie bei Modell A. Ebenso bedeuten auf Abb. 17 die Bezeichnungen dasselbe wie bisher. Es ist hier aber nicht nur ein Treibapparat angebracht, sondern ein ganzer Kranz. In der Mitte desselben hängen die Treibstoffbehälter herab, wie ein Schwanz. Den übrigen Teil der Rakete will ich Kopf nennen. Natürlich ist auch im Kopf jeder verfügbare Raum mit Treibstoff angefüllt. Die Pumpkammern haben hier nicht die Form von Ringen, sondern die Form von Kugeln oder Ellipsoiden. Der Schwanz steht nur unter so hohem Druck, als notwendig ist, seine Form zu bewahren und die Brennstoffe durch die Röhren x und y bis zum Kopf zu treiben. Auch die Pumpkammern sind zu Beginn der Fahrt alle gefüllt, da jeder verfügbare Raum zur Brennstoffmitnahme benützt werden soll. Die Pumpen arbeiten, wie bei Modell A, abwechselnd, so daß stets eine die Hochdruckbehälter füllt, während die andere aus dem Niederdruckbehälter nachgefüllt wird.

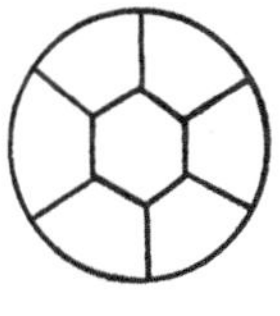

Modell B (vgl. hierzu Modell B, Tafel I und II und Modell E, Tafel IV):

Es stehen hier die Pumpkammern über dem Apparat und die Brennstoffbehälter über den Pumpen.

Abb. 18.

Dies läßt sich nur bei großen Apparaten durchführen. Hier empfiehlt es sich, den Zerstäuber und bei ganz großen Apparaten auch die Düse zu teilen. Abb. 18 zeigt eine siebenfach geteilte Düse von unten gesehen. Bei großen Apparaten münden also eine Reihe von Zerstäuberrohren in einen gemeinsamen Ofen, aus dem mehrere Düsen wieder herausführen. (Vgl. Tafel IV).

Düsen und Zerstäuberrohre dürfen trotzdem nicht zu eng und zu kurz werden, denn sonst ist die Reibung im Treibapparat zu groß und die Zeit, während welcher sich die Brennstoffe im Treibapparat aufhalten, zu einer völligen Verbrennung nicht ausreichend. Diese Konstruktion kommt also nur bei Apparaten von beträchtlicher absoluter Länge in Frage, aber diese Apparate müssen nicht nur lang, sondern sie müssen auch dick sein, wir müssen nämlich die Kraft des Rückstoßes P so ansehen, als ob sie etwas über dem Verbrennungsraum angreifen würde. Die Komponenten der Innenspannung der Behälter halten sich gegenseitig das Gleichgewicht, so daß wir diese Behälter als ein geschlossenes System ansehen können. Auf dieses System wirken nun die Drucke $p \cdot dF$ (Abb. 19). Ihren Angriffspunkt finden wir, wenn wir uns durch den Verbrennungsraum eine wagerechte Ebene gelegt denken und nach oben zu parallel der Achse Linien ziehen. Wo diese zum erstenmal auf Metall treffen, da haben wir den Punkt, von dem aus das Metall den Zug an die Mantelfläche weiter gibt. Wir können also die Drucke $p_0 \cdot dF$ so betrachten, als ob sie in derselben Ebene mit dem Zerstäuber und seitlich davon angreifen würden. Nun erhält zwar auch die Wand der Düse zwischen F_m und F_d einen Druck nach oben, dieser ist aber offenbar geringer als der Druck, den der Wulst W nach unten erfährt.

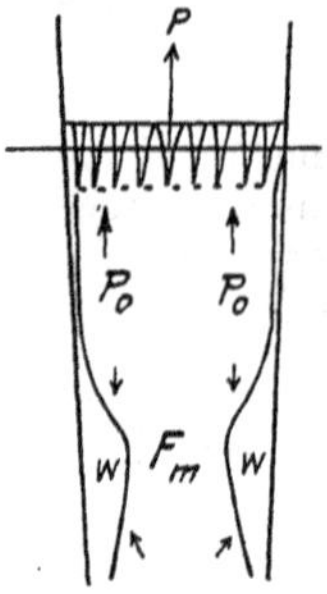

Abb. 19.

Nun greift der Luftwiderstand an der Spitze an, der Widerstand gegen die Beschleunigung $-(R + G)$ im Schwerpunkt, die Kraft P unten. Außerdem hat der Luftwiderstand die unangenehme Nebenwirkung, daß er bei der geringsten seitlichen Drehung die Rakete sofort ganz wagerecht stellen möchte und ein fortwäherndes Schlingern anstrebt. Dem kann man nur abhelfen, wenn man geeignete Schwanzflossen w anbringt. Diese wieder suchen das rückwärtige Ende festzuhalten, während der Luftwiderstand das vordere Ende verbiegt, so daß die auftretenden Kräfte ununterbrochen danach streben, die Rakete, wie Abb. 21 zeigt, zu knicken. Damit dies nicht geschieht, müßte bei einer langen und dünnen Rakete entweder der Überdruck sehr hoch sein, wodurch die tote Last groß würde, oder die Rakete müßte durch Metallstücke versteift sein, dadurch würde in unserem Falle die tote Last nun erst recht zu groß. Wollen wir hier die tote Last klein erhalten, so bleibt uns nichts anderes übrig, als daß wir auch den Durchmesser, also die Masse der Rakete entsprechend groß wählen, damit der Innendruck kleiner werden kann.

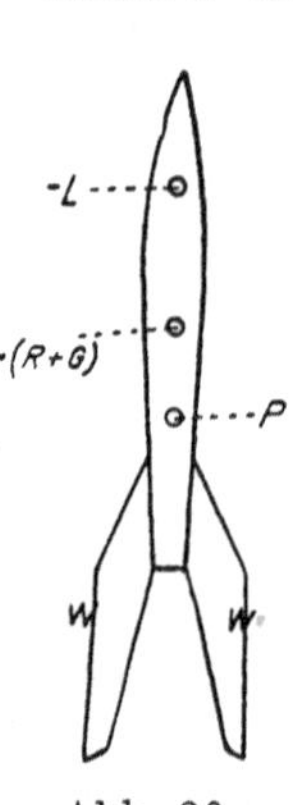

Abb. 20.

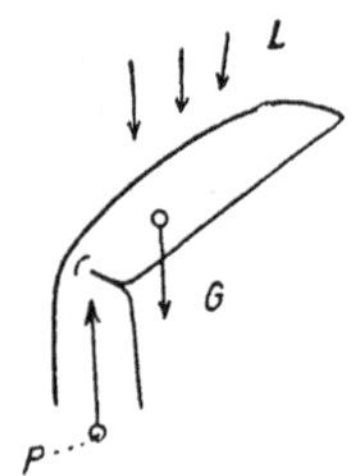

Abb. 21.

Modell B und C sind im Gegensatz zu den vorigen Modellen ziemlich komplizierte Maschinen. Die Inganghaltung der verschiedenen Ventile, Pumpen und Hähne, die Zündung usw. würde sich dabei am besten auf elektrischem Wege bewerkstelligen lassen.

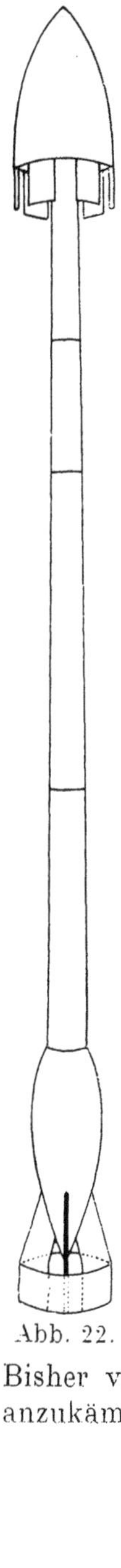

Eine weitere sehr wesentliche Verbesserung besteht darin, den Brennstoff in mehreren Behältern mitzunehmen und die leeren Behälter sogleich abzuwerfen, um die tote Last zu verringern. Ich werde später die Theorie dieser Apparate eingehend besprechen und zeigen, warum wir nach Verringerung der toten Last streben müssen. Dies läßt sich bei Modell C verhältnismäßig leicht erreichen. Es muß nur der Schwanz aus mehreren Behältern bestehen (Bandwurmrakete Abb. 22), wobei sich die untersten zuerst entleeren und abgeworfen werden (Abb. 23). Bei Modell B läßt es sich erreichen, wenn man mehrere Raketen auf oder ineinander stellt, vgl. Tafel 1 und IV, wobei stets die unterste schiebt und abgeworfen wird, sobald ihre Brennstoffe erschöpft sind. Es sind hier die Wasserstoffraketen (ich bezeichne sie abgekürzt mit H.R.) rot und die Alkoholraketen (ich bezeichne sie abgekürzt mit A.R.) schwarz dargestellt.

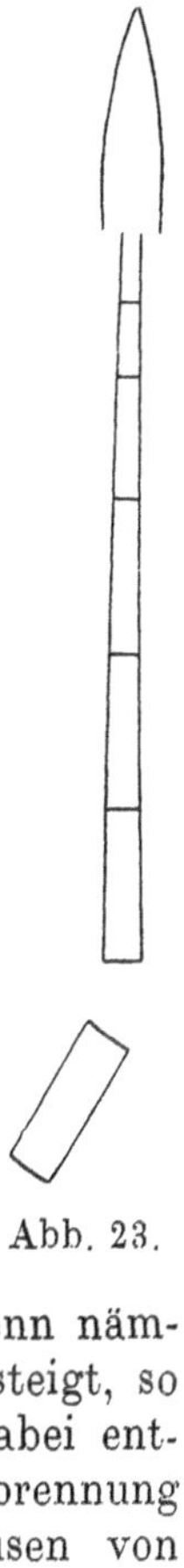

Sowohl Modell B als auch Modell C können so gebaut werden, daß sie imstande sind, aus dem Schwerefelde der Erde herauszufliegen. Tatsächlich würde ich aber nur dem Modell C ähnliche Registrierraketen und dem Modell A ähnliche Fernraketen bauen (vgl. S. 2 und S. 261ff.), die noch im Anziehungsbereich der Erde bleiben.

Abb. 23.

Unerwähnt ließ ich in diesem Kapitel Schutzvorrichtungen gegen plötzliche Drucksteigerung infolge von Ungleichmäßigkeiten der Verbrennung. Wenn nämlich der Druck im Ofen aus irgendeinem Grunde steigt, so wird dadurch eine stärkere Verbrennung bewirkt, dabei entsteht aber noch mehr Gas, so daß sich Druck und Verbrennung also gegenseitig steigern. Große „Gleichdruck"-Düsen von Gasturbinen stoßen mitunter ein heftiges Geheul aus, dabei können die Erschütterungen so stark sein, daß der Ofen explodiert oder wenigstens in kurzer Zeit unbrauchbar wird. Bisher versuchte man gegen diesen Umstand mit großen Windkesseln anzukämpfen, ein Weg, der für uns nicht in Frage kommt, wie wir

Abb. 22.

bald sehen werden, auch versuchte man wohl bei Explosionsstößen Kühlwasser oder Wasserdampf einzubringen, womit man aber bis heute auch noch keinen rechten Erfolg hatte, da alle derartigen Vorrichtungen zu langsam reagierten. Ich für meinen Teil habe, wie ich glaube, das Problem gelöst. Tatsächlich hat auch meine Gasdüse bei 20 Atmosphären Druck nicht geheult, und zwar ist die Lösung geradezu überraschend einfach. Da die Sache aber noch nicht patentiert ist, muß ich vorderhand noch darüber schweigen.

Andere konstruktive Details wieder kann ich erst später behandeln, da sie nur im Hinblick auf die Raketentheorie verständlich sind.

II. Teil.

Physikalisch-technische Fragen.

5. Kapitel.

Die Ausströmungsgeschwindigkeit.

Formelgrößen des 5ten Kapitels:

c: Ausströmungsgeschwindigkeit.
c_d: Ausströmungsgeschwindigkeit an der Düsenmündung. In den folgenden Kapiteln schreibe ich hierfür einfach c.
c_p: Spezifische Wärme des Gases bei konstantem Druck.
c_v: Spezifische Wärme des Gases bei konstantem Volumen.
p: absoluter Druck der ausströmenden Gase an der untersuchten Stelle, ebenfalls in kg/m².
p_d: Mündungsdruck.
p_o: absoluter Druck im Ofen in kg/m².
F: Querschnitt der Düse an der untersuchten Stelle.
F_d: größter Querschnitt der Düse (Düsenmündung).
F_m: kleinster Querschnitt der Düse (Düsenhals).
H: Wasserstoffgewicht.
N: Stickstoffgewicht.
Q: Wärmemenge.
S: Sauerstoffgewicht.
T: absolute Temperatur.
T_d: Temperatur an der Düsenmündung.
T_o: Ofentemperatur.
V: Volumen eines kg Gas in m³.
V_o: Volumen eines kg Gas in m³ im Ofen.
β: Druck der äußeren Luft.

$$\varkappa = \frac{c_p}{c_v}.$$

Von diesem Kapitel möge sich der Laie nur folgendes merken:

Die Gase strömen am besten aus trichterförmigen Düsen aus (vgl. hierzu Abb. 3, 6, 7, usw.), da hierbei die höchtsen Ausströmungsgeschwindigkeiten zu erreichen sind. Dies wird den Laien überraschen, beobachtet man doch, daß z. B. Wasser aus vorne zugespitzten Spritzenansätzen am raschesten ausströmt, ebenso kann man mit dem Mund aus vorne zugespitzten Röhren wesentlich schärfer blasen, als etwa aus einem mit dem dünnen Ende dem Mund zugekehrten Trichter.

Das abweichende Verhalten der Raketengase erklärt sich daraus, daß diese im Ofen stark zusammengepreßt sind und sich daher stark ausdehnen können, während die Luft in unserer Lunge nur wenig zusammengedrückt ist und sich daher auch nur wenig auszudehnen vermag, das Wasser vollends ist so gut wie völlig unzusammendrückbar.

Steht nämlich eine ausdehnungsunfähige Flüssigkeit in einem oben offenen Gefäß und strömt durch ein Loch am Boden aus, so strömt sie (abgesehen von der Reibung) mit derselben Geschwindigkeit, die ein Körper erhalten würde, wenn er von der Höhe des Flüssigkeitsspiegels bis zur Höhe des Loches fällt[1]). Steht diese Flüssigkeit in einem sonst völlig geschlossenen Gefäß unter Druck, so findet man die Ausströmungsgeschwindigkeit offenbar, wenn man frägt: Wie hoch müßte in einem oben offenen Gefäß der Flüssigkeitsspiegel über der Öffnung stehen, damit der Bodendruck so groß ist wie hier der innere Überdruck (Druckhöhe der Flüssigkeit). Die Ausströmungsgeschwindigkeit wird dann so groß sein wie die Fallgeschwindigkeit eines Körpers aus dieser Höhe. Da nun eine Flüssigkeit natürlich um so höher stehen muß, je leichter sie ist, um einen bestimmten Bodendruck ausüben zu können, so erteilt derselbe Überdruck einer leichteren Flüssigkeit eine höhere Ausströmungsgeschwindigkeit.

So weit die unzusammendrückbaren Flüssigkeiten. Bei elastischen Gasen ist nun noch etwas zu beobachten: Wenn diese einfach aus dem Loch in der Wand heraustreten, so strömen sie natürlich nahezu ebenfalls so schnell aus, als wenn sie unzusammendrückbar wären. Nun nimmt aber der Druck, unter dem sie während des Ausströmens stehen, ab, und Gase werden bei geringerem Druck spezifisch leichter. Wenn wir Trichterdüsen benützen, so haben wir die Möglichkeit, das Gas während des Ausströmens noch spezifisch leichter werden zu lassen, wodurch seine Ausströmungsgeschwindigkeit natürlich noch etwas wächst. Wenn wir nämlich das Gas während des Ausströmens durch eine Trichterdüse leiten, so wird gleichzeitig der Querschnitt und die Geschwindigkeit des

[1]) Diese Geschwindigkeit wird schon bei verhältnismäßig kleinen Öffnungen erreicht, wie man durch direkte und Rückstoßmessungen findet, man kann sich aber leicht darüber täuschen, wenn man nur die ausgeströmte Flüssigkeitsmenge mißt und diese durch Öffnungsquerschnitt und Zeit dividiert. Das Wasser erhält nämlich seine Geschwindigkeit nicht augenblicklich, sondern es wird noch während des Durchtretens beschleunigt. Der Wasserstrahl ist daher vor dem Loch dünner als das Loch selbst (erfahrungsgemäß etwa $^2/_3$).

Gasstromes größer, dadurch erreichen wir (je nachdem wie man es nennen will) entweder, daß der austretende Gasstrom am Ende der Beschleunigungsdauer spezifisch leichter ist, oder daß dasselbe beschleunigende Druckgefälle auf einer größeren Fläche wirkt, daß also die auf den Gasstrom wirkende beschleunigende Kraft größer ist. (Beides besagt ungefähr dasselbe.)

Theoretisch wäre der erreichbare Geschwindigkeitszuwachs unendlich, 1. wenn man das Gas bis auf den Druck *O* sich ausdehnen lassen könnte, 2. wenn das Gas bei jeder Ausdehnung gasförmig bliebe, 3. wenn es sich nicht an der Düsenwand reiben würde. Die Forderung 1 ist natürlich am Boden unseres Luftmeeres unerfüllbar, dagegen ließe sie sich in den Planetenräumen nahezu realisieren. Zu Punkt 2 ist aber zu sagen, daß die Gase sich bei der Ausdehnung abkühlen und daß sich daher im luftleeren Raum das ausströmende Gas schließlich zu feinen Nebeltröpfchen verdichten würde, wenn wir den Trichter genügend lang und weit nehmen.

Dies ist vom Energiestandpunkt betrachtet selbstverständlich, denn die Ausströmungsgeschwindigkeit erhält das Gas ja auf Kosten der in ihm steckenden Druck- und Wärmeenergie, und diese kann natürlich nicht unendlich sein. Die Reibung an der Düsenwand vollends läßt es sogar geraten erscheinen, das Gas gar nicht einmal so weit auszudehnen, bis daß es flüssig (oder fest) wird. Die Reibung ist nämlich bei stark verdünnten Gasen verhältnismäßig groß (was sich z. B. bei der Gaedeschen Molekularluftpumpe zeigt), und diese Reibung würde die Ausströmungsgeschwindigkeit zuletzt sogar herabdrücken.

Die Auspuffgeschwindigkeit hängt innerhalb gewisser Grenzen nur von der Form der Düse, von der Natur des Brennstoffes und von der Temperatur im Ofen, kaum aber vom Druck der Außenluft und vom Druck im Ofen ab.

Dies überrascht auf den ersten Blick ebenfalls. Die Unabhängigkeit vom Luftdruck folgt aber aus der Trichterform der Düse, diese bedingt nämlich einen ganz bestimmten dem Ofendruck proportionalen Mündungsdruck, auf den (solange er größer ist als eine Atmosphäre) der äußere Luftdruck keinen Einfluß hat. Die Unabhängigkeit vom Innendruck klingt noch unglaublicher. Spritzt doch z. B. das Wasser um so schneller aus dem Spritzenansatz, je höher der Druck im Schlauch ist, ebenso bewegt sich ein von uns geblasener Luftstrom um so schneller, je kräftiger wir blasen. Um das abweichende Verhalten der Raketengase zu verstehen, müssen wir uns wieder ihre Zusammendrückbarkeit vergegenwärtigen. Beim Raketenofen ist nämlich ceteris paribus die Gasdichte dem Druck proportional, so daß das Gas dem größeren Druck einen ebensoviel größeren Trägheitswiderstand entgegensetzt. (Anmerkung: Dies gilt genau genommen natürlich nur für gleiche Temperatur. Bei gleicher Brennstoffzusammensetzung dagegen kann eine Erhöhung des Innendruckes die Ausströmungsgeschwindigkeit erhöhen. Hier wächst nämlich die Innentemperatur mit dem Druck, unter welchem die Gase entstehen. Es ist dasselbe, als ließe man den Vorgang zuerst unter geringem Druck stattfinden und erwärmte das Gas nachher durch Kompression. Daß sich Gase bei der Zusammendrückung erwärmen, das ist eine Erscheinung, die wohl den meisten Rad- und Autofahrern vom Aufpumpen der Gummireifen her bekannt sein dürfte.

Die absolute Kraft des Rückstoßes wächst natürlich mit dem Ofendruck. Über die Grundsätze für die Benutzung von Brennstoffen werde ich auf S. 250ff. und 257ff. berichten. Hier will ich nur über die Ausströmungsgeschwindigkeit schreiben.

Von den mir bekannten Brennstoffzusammenstellungen liefert am Grunde unseres Luftmeeres (also beim Mündungsdruck von einer Atmosphäre) und beim Innendruck von 20 Atmosphären eine Zusammenstellung von 1 Gewichtsteil Wasserstoff und 2 Gewichtsteilen Sauerstoff die höchste Auspuffgeschwindigkeit, nämlich 4000 m/sec.

Dies wird nun wieder den Chemiker überraschen. Bei dieser Mischung bleibt nämlich ein großer Teil des Wasserstoffes unverbrannt und wirkt mithin als Ballast. Denn 2 kg Sauerstoff können nur $\frac{1}{4}$ kg Wasserstoff binden. Die höchste thermisch-chemische Energie pro kg enthält mithin eine Mischung von einem Gewichtsteil Wasserstoff und 8 Gewichtsteilen Sauerstoff, wenn wir es erreichen können, daß alles in Verbrennung geht. (Sogenanntes stöchiometrisches Verhältnis.)

Daß sich nun bei einer Atmosphäre Außendruck die erstgenannte Mischung besser bewährt, das liegt an der Dissoziation. Je höher die Temperatur ist, um so rascher schwirren bekanntlich die Moleküle durcheinander, und bei ganz hohen Temperaturen prallen sie dabei so heftig aneinander, daß die Anziehungskräfte zwischen den einzelnen Atomen nicht mehr ausreichen, um das Molekül zusammenzuhalten. Es tritt ein teilweiser Zerfall der Moleküle, die sogenannte Dissoziation (ein Ausdruck, welcher wörtlich übersetzt etwa „Entgesellschaftung" heißen würde), ein. Wasserdampf H_2O z. B. zerfällt oberhalb 2500 ° in $H+OH$, oberhalb 4000 ° vollends zerfällt er weiter in einatomigen Wasserstoff und Sauerstoff.

Bei dieser Dissoziation wird nun ein großer Teil der entstehenden Wärme wieder vernichtet, da dies Auseinanderreißen der Atome natürlich mit einem Energieverlust verbunden ist. Diese Wärme wird erst dann wieder frei, wenn wir das Gas so weit abgekühlt haben, daß die Atome wieder aneinander hängen bleiben. Dissoziiertes Gas ist daher verhältnismäßig schwer und kalt (allerdings kühlt es sich bei Ausdehnung nur wenig ab). Wenn es aber an der Mündung noch dissoziiert ist, so strömt es daher nur langsam aus.

Die Dissoziation wird aber kleiner, wenn man das eine Gas (z. B. den Wasserstoff) im Überschuß nimmt.

Beim Ausströmen aus einer Trichterdüse kühlt das Gas ab, wobei die Dissoziation wieder zurückgeht. Leider müßte sich gerade Wasserdampf sehr stark ausdehnen und abkühlen, wenn er bei der Düsenmündung nicht mehr dissoziiert sein soll. Dabei müßte der Innendruck mehr als 100mal größer sein, als der Mündungsdruck, dies läßt sich aber beim Außendruck von einer Atmosphäre natürlich nicht erreichen, denn wir können nicht mit einem Ofendruck von 200 Atmosphären arbeiten. Bei einer Rakete dagegen, die oberhalb der Erdatmosphäre arbeitet, können wir den Mündungsdruck beliebig klein annehmen, hier steht also der Verwendung des stöchiometrischen richtigen Verhältnisses H_2:O nichts im Wege. Ganz besonders kommt uns hier auch noch ein Umstand zu statten:

Der Mündungsquerschnitt muß hier im Verhältnis zum Raketengewicht sehr groß sein. Innerhalb der Atmosphäre muß nun allerdings die Rakete schwer und dünn sein, wenn sie sich aber in den Planetenräumen befindet, so hat sie bereits einen großen Teil ihrer Brennstoffe verloren, so daß nunmehr das Gewicht im Verhältnis zum größten Querschnitt klein genug ist. Außer dem Vorzug einer höheren Auspuffgeschwindigkeit (theoretisch bis 5000 m/sek, praktisch vermutlich 4500 m/sek) hat die stöchiometrische Zusammenstellung auch noch den Vorzug eines höheren spezifischen Gewichtes; man kann also in demselben Brennstoffbehälter mehr davon mitnehmen (flüssiger Wasserstoff hat nämlich das spezifische Gewicht 0,06; 1 Liter flüssiger Sauerstoff dagegen wiegt 1,13 kg). Hieraus folgt, daß wir die Rakete erst oberhalb des relevanten Teiles der Atmosphäre mit Wasserstoff werden arbeiten lassen, während wir uns für den Anfang der Fahrt nach anderen Brennstoffen umsehen werden.

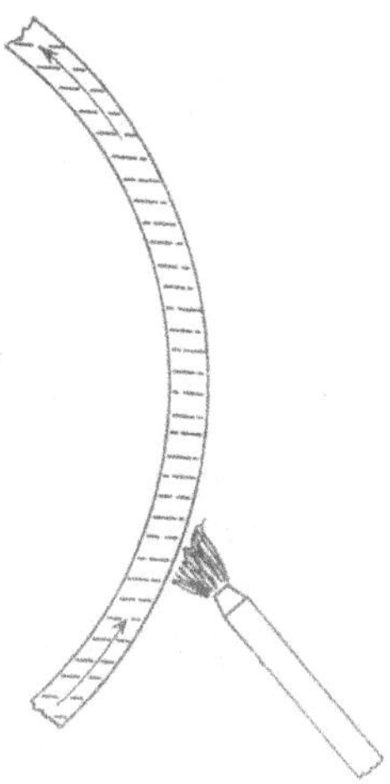

Abb. 24.

Die zweitbeste Zusammenstellung, die ich kenne, besteht aus 9 Teilen Äthylalkohol und 20 Teilen Sauerstoff. Bei dieser Mischung würden die Gase bei 20 Atmosphären theoretisch mit 2700 m/sek ausströmen. Praktisch wird man wohl bis 2000 m/sek kommen. Sie bestehen aus Kohlensäure und Wasser und etwas freiem Sauerstoff.

Die hohen Ofentemperaturen brauchen uns nach dem auf S. 6, 11 Gesagten keine Sorgen zu machen. Es ist z. B. unmöglich, eine dünnwandige Bleischale, in der sich flüssiger Wasserstoff befindet, über dem elektrischen Lichtbogen zu schmelzen.

Ein anderer lehrreicher Versuch ist folgender: Ein halbkreisförmiges Kupferrohr nähert sich, wie Abb. 24 zeigt, bei *A* einer Flamme. Fließt nun darin in der Pfeilrichtung Wasser, so ist es unmöglich das Rohr mit der Flamme eines überschüssigen Wasserstoff führenden Knallgasgebläses zu verbrennen. Die Bedenken des Herrn Dr. Weber von der Leipziger Sternwarte gegen die hohen Wärmegrade im Ofen sind also nicht begründet.

Trotzdem sah ich, um weniger hohe Ofentemperaturen zu erhalten, für das S. 232ff. beschriebene Modell B schwächere Zusammenstellungen vor, nämlich für die Alkoholrakete statt des rektifizierten nur gewässerten 13,4 prozentigen Alkohol, der nur eine Ofentemperatur von etwa 1400° C und eine Auspuffgeschwindigkeit von rund 1700 m/sek gibt, welche letztere ich (um etwaigen Einwendungen die Unvollkommenheiten der Verbrennung, die Reibung in der Düse usw. betreffend zu begegnen) nur mit 1400 m/sek in die Gleichungen einsetzte.

Dazu kommt dann bei Modell B und E auch noch die Isolierung der Wand durch den Dampf des Kühlstoffes, der sich in *t* befindet (vgl. Tafel II), so daß hier ein Verbrennen der Ofenwand erst recht ausgeschlossen ist. Bei den anderen Modellen sahen wir wenigstens, daß die Verbrennung in der Nähe der Wand weniger lebhaft ist. Es ist also einem Verbrennen der Wände gründlich vorgebeugt.

Bei den Modellen B und E läßt sich diese dynamische Kühlung vollends dadurch sehr wirksam gestalten, daß man an den Wänden des Ofens Gas von der chemischen Zusammensetzung des entstehenden Gases herabströmen läßt. Nach Kirchhoff absorbiert dies auch die vom Ofeninnern ausgehende Strahlung fast völlig.

Bei der Wasserstoffrakete sah ich eine Zusammenstellung von 1 Gewichtsteil Wasserstoff und 1,43 Gewichtsteilen Sauerstoff vor, die ebenfalls eine Temperatur von etwa 1400° C ergeben. Die Auspuffgeschwindigkeit würde rund 3700 m/sek betragen, ich setzte sie aus dem oben angegebenen Grunde nur als 3400 m/sek in die Rechnung. Wenn ich nun zeige, daß sich selbst unter diesen sicher zu ungünstig angenommenen Voraussetzungen immer noch Apparate bauen lassen, die bis zu den Planetenräumen vordringen, so habe ich doch hoffentlich auch bewiesen, daß die Rakete zu den Planetenräumen in Wirklichkeit erst recht keine Utopie ist.

Ich wählte diese ungünstigeren Brennstoffzusammenstellungen hauptsächlich mit Rücksicht auf etwaige Kritiker. Ich selbst weiß ja, daß der Raketenofen eine wesentlich höhere Temperatur vertragen wird, aber die Kritiker, die das Buch nur oberflächlich lesen, wissen das vielleicht nicht, und ich möchte hier auch den Anschein der Undurchführbarkeit, so weit als mir möglich, vermeiden. Ich werde übrigens nach der Beschreibung des Modells E auch angeben, was ein ähnlich gebauter, aber mit guten Brennstoffen betriebener Apparat m. E. leisten könnte.

Das Folgende ist nur für Fachleute bestimmt, die meine Angaben nachrechnen möchten.

Die Ausströmungsgeschwindigkeit von Gasen aus so weiten Düsen ($F_d = 705$ cm²) ist noch nicht direkt gemessen worden. Auf Grund des Ganges, den die bisherigen Untersuchungen zeigen, kann man (übereinstimmend mit den theoretischen Überlegungen) folgendes annehmen:

Je vollkommener die Form der Düse, je größer die Dichte der Gase und je weiter die Düse ist, um so mehr treten die störenden Einflüsse (Reibung und dgl.) zurück, und die Ausströmungsgeschwindigkeit nähert sich immer mehr demjenigen Wert, der bereits im vorigen Jahrhundert auf Grund thermodynamischer Überlegungen berechnet worden ist.

Zeuner (Turbinen, S. 261ff.) bringt eine übersichtliche Ableitung der Ausströmungstheorie. Bei meiner Rakete nähern sich die Verhältnisse seinen Formeln so weit, daß ich sie als Grundlage der Diskussion benutzen kann. Nach Zeuner (Turbinen) (155) ist für jede Stelle der Düse:

$$c = \sqrt{2 \cdot 9{,}81 \cdot \frac{\varkappa}{\varkappa - 1}\, p_o \cdot V_o \cdot \left[1 - \left(\frac{p}{p_o}\right)^{\frac{\varkappa - 1}{\varkappa}}\right]} \qquad (1)$$

solange $p \geqq \beta$.

V_o ist in m³ das Volumen von 1 kg der Auspuffgase bei den Verhältnissen im Ofen. Wenn die Temperatur im Verbrennungsraum einen bestimmten Höchstwert nicht überschreiten soll, so hängt $p_o \cdot V_o$ lediglich von der Zusammensetzung des Gases ab. Bezüglich p_o und p ist; zu bemerken: Nach Zeuner ist, wenn $p > \beta$, für jede Stelle der Zusammenhang zwischen dem Düsenquerschnitt F_p und dem Druck p gegeben durch die Formel:

$$\frac{F_p}{F_m} = \sqrt{\frac{\frac{\varkappa - 1}{\varkappa + 1} \cdot \left(\frac{2}{\varkappa + 1}\right)^{\frac{2}{\varkappa - 1}}}{\left(\frac{p}{p_0}\right)^{\frac{2}{\varkappa}} - \left(\frac{p}{p_0}\right)^{\frac{\varkappa + 1}{\varkappa}}}}. \qquad (2)$$

Hieraus lesen wir ab:

Das Verhältnis $\frac{p_d}{p_0}$ ist (in Wirklichkeit nur angenähert) konstant, wenn $\frac{F_d}{F_m}$ und $\varkappa$ (also die Zusammensetzung des Gases) konstant ist. Nun hängt nach (1) bei einem bestimmten Gas von bestimmter Temperatur c_d lediglich von $\frac{p_d}{p_0}$ ab. Ist nun $\frac{p_d}{p_0}$ konstant, so wird auch die Auspuffgeschwindigkeit (fast) konstant und unabhängig vom Innendruck.

Die genannten Formeln sind Nährungsformeln. Sie vernachlässigen die Reibung; aber selbst für ein ideales Gas wären sie höchstens dann richtig, wenn der Mündungsdruck dem Luftdruck gleich wäre, d. h. wenn $p_d = \beta$.

Beweis: Nach dem Rückstoßgesetz gilt exakt

$$P = \iint (p - \beta) \cdot dF = \iint p \cdot dF - \beta \cdot F .$$

Nach (2) wäre nun bei konstantem p_0 und T_0 (T_0 ist die absolute Temperatur im Verbrennungsraum) auch p_d, damit auch spezifische Volumen V_d der Auspuffgase an der Mündung, nach (1) auch die Auspuffgeschwindigkeit c, die in einer Sekunde ausgestoßene Masse $\frac{c_d \cdot F_d}{V_d}$ und deren Bewegungsmoment: $c_d \cdot \frac{c_d \cdot F_d}{V_d}$ konstant. Weiter wäre nach (1) und (2) aber auch $\iint p \cdot dF$ konstant und der Rückstoß wäre im luftleeren Raum um $\beta \cdot F$ größer als im Raum mit dem Luftdruck β.

Dem gleichen Bewegungsmoment des Auspuffgases würde also ein ungleicher Impuls auf die Rakete gegenüberstehen, das ist mit dem dritten Newtonschen Prinzip (dem Satz von der Erhaltung des Schwerpunktes) unvereinbar.

In Wirklichkeit liegt die Sache so, daß: 1. mit abnehmendem β eine teilweise Loslösung des Gasstromes von der Düsenwand eintritt; dabei wird scheinbar p und folglich auch $\iint p \cdot dF$ kleiner. Dabei muß 2. das Gas in der Düse von F_m angefangen eine stärkere Beschleunigung erfahren (c wächst), 3. schließlich strömt auch durch F_m etwas mehr Gas.

Bei der Alkoholrakete des Modells B, welches ich später beschreiben werde, wächst c von der Abfahrt angefangen theoretisch um 6—7 %. Der geringste Wert, den c annehmen kann, liegt nach meiner Schätzung zwischen 1530 und 1700 m/sek. (Diese Unsicherheit ist also größer als der ganze Betrag, um den c variieren kann. Sie ist deswegen so groß, weil ich den Zerstäuber bis jetzt nur noch theoretisch berechnen konnte, und noch nicht in der Lage war, seine Arbeitsweise experimentell zu untersuchen.)

Wird p (und damit p_0) so klein, daß aus dem Verhältnis $\frac{F_d}{F_m}$ nach (2) folgen würde $p_d < \beta$, so nimmt c rasch ab, und wir wollen in der Folge mit dem höchsten sicher erreichbaren Wert von c rechnen[1]). Nenne ich $p_0 - \beta = \ddot{u}$ den Überdruck, so soll:

$$\frac{F_d}{F_m} \leqq \sqrt{\frac{\frac{\varkappa-1}{\varkappa+1}\cdot\left(\frac{2}{\varkappa+1}\right)^{\frac{2}{\varkappa-1}}}{\left(\frac{\beta}{\ddot{u}+\beta}\right)^{\frac{2}{\varkappa}}-\left(\frac{\beta}{\ddot{u}+\beta}\right)^{\frac{\varkappa+1}{\varkappa}}}}.$$

Andernteils ist es nach (1) erwünscht, daß $\frac{p_d}{p_0}$ so gering als möglich sei. $\ddot{u}$ (und damit p_0) erreicht aus technischen Gründen bald eine obere Grenze, und wir müßten bei schwankendem p_d unsere Rakete mit Rücksicht auf den größten Wert p_d bauen. Dadurch würde erstens c im allgemeinen herabgesetzt, ein weiterer Übelstand wäre der, daß p_0 schwankt, also im allgemeinen geringer ist, als es bei der Festigkeit der Düse sein könnte.

Die folgende Vorrichtung wäre vielleicht geeignet, p_0 vom Rückstoß P unabhängig zu machen. Man könnte (vgl. Abb. 25) die Düse bei F eine längere Strecke weit zylindrisch oder schwach konvergent weiterführen und vom Verbrennungsraum aus einen

[1]) Ich möchte hier allerdings erwähnen, daß mir Herr Prof. Dr. Pröll, Hannover, vorgeschlagen hat, die Raketendüse als Diffusor zu bauen, das heißt also, sie weiter zu nehmen und eventuell mit Nebenkanälen zum Ansaugen von Luft zu versehen (sogenannten Venturidüsen). Es wird dann wohl die Auspuffgeschwindigkeit kleiner, dafür reißen aber die Auspuffgase ein größeres Luftquantum mit, auf welches sie sich stützen, so daß zur Rückstoßwirkung der Raketengase auch noch die Rückwirkung der angetriebenen Luftmasse hinzukommt.

Ich habe die Sache indessen bis heute noch nicht experimentell nachgeprüft, mehrere namhafte Gelehrte bezweifeln übrigens aus theoretischen Gründen eine Erhöhung des Rückstoßes auf diesem Wege. Ich lege daher, meinem in der Einleitung aufgestellten Grundsatz folgend, auch hier meinen Berechnungen den ungünstigsten denkbaren Wert des Rückstoßes, also jenen für den luftleeren Raum bis auf weiteres zugrunde, um zu beweisen, daß meine Ideen auch unter den denkbar ungünstigsten Voraussetzungen durchführbar sind.

Übrigens würde die hier abgeleitete Raketentheorie durch die Diffusordüsen nicht umgestoßen, sondern wir hätten dann bloß statt der wirklichen Ausströmungsgeschwindigkeit an die Stelle von c eine „effektive" Ausströmungsgeschwindigkeit einzusetzen, die dadurch gegeben wäre, daß bei demselben Massenverlust ohne Rücksicht auf die Luft derselbe Rückstoß erzeugt werden soll.

Regulierstift e (ähnlich wie bei den Peltonschen Wasserturbinen) nach Bedarf in die Düse hineinschieben. Die Modelle A—D brauchen diesen Regulierstift indessen nicht, denn hier ist für die Alkoholrakete der geforderte Rückstoß nahezu konstant. Die Wasserstoffrakete kann die Geschwindigkeit $\bar{v}$ aus technischen Gründen überhaupt nicht einhalten (was übrigens, wie wir sehen werden, S. 244 nicht viel schadet). Der Rückstoß ist hier völlig konstant. Hier sind also tatsächlich p_0 und c konstant zu setzen.

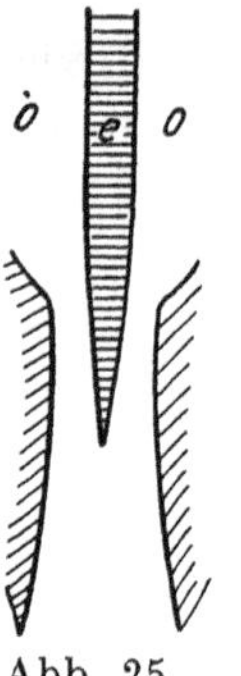

Abb. 25.

Die Größe der Mündung F_d ist bei der A.R. dadurch gegeben, daß an der Stelle, wo P/β am kleinsten ist, das Auspuffgas beim Druck β und der absoluten Temperatur:

$$T_d = T_0 \cdot \left(\frac{p_d}{p_0}\right)^{\frac{\varkappa-1}{\varkappa}},$$

in einer Sekunde den Raum $c \cdot F_d$ ausfüllen soll.

Die Wärmemenge, die durch die Oxydation erzeugt wird, ist gleich der Wärmemenge, die der Kühlstoff und die Verbrennungsprodukte aufnehmen müssen, denn man kann die Wärme, die der Ofen an die Umgebung abgibt, vernachlässigen, und zwar bei Modell B und D wegen der Größe des Ofens und der Schnelligkeit der Strömung, bei den übrigen Modellen deshalb, weil hier alle an den Brennstoff abgegebene Wärme wieder der Verbrennung zugute kommt. Bei der Alkoholrakete geht also nur die Wärme verloren, die der Alkohol durch die Mantelfläche abgibt, der steht übrigens eine ebenso große Wärmemenge entgegen, die der Sauerstoff durch die Mantelfläche aufnimmt, die Wasserstoffraketen geben überhaupt keine Wärme an die Umgebung ab, sondern sie nehmen von hier nur noch Wärme auf. Die thermochemischen Tabellen geben die Verbrennungswärme meist für den Fall an, daß die Verbrennung beim Druck von 1 Atmosphäre stattfindet und alle beteiligten Stoffe auf +15 °C gebracht sind. Wir müssen also folgendermaßen rechnen:

Die Wärmemenge, die durch die Oxydation geliefert wird, ist gleich der Wärmemenge, um den Brennstoff und Sauerstoff auf 15 ° C zu bringen plus der Wärmemenge, um die Verbrennungsprodukte auf die mit der Poissonschen Formel auf 1 Atmosphäre reduzierte Temperatur zu bringen.

Die reduzierte Temperatur berechnen wir für die zweiatomigen und die dreiatomigen Gase gesondert:

$$T_1 = T_0 \cdot \left(\frac{1\,\text{atm}}{p_0}\right)^{\frac{\varkappa-1}{\varkappa}},$$

wobei $\varkappa$ im ersten Falle gleich 1,406, im zweiten Fall gleich 1,30 und T_1 und T_0 absolut anzusetzen sind. Hieraus ist T_1 zu berechnen. In dem vorhergehenden Ansatz ist das Verhältnis zwischen Brennstoff und Sauerstoff durch die chemischen Beziehungen gegeben. So binden z. B. 46 g Äthyalkohol 96 g Sauerstoff, oder 8 g Sauerstoff 1 g Wasserstoff. Wir könnten also, wenn wir T_1 berechnet haben, mit dieser Formel das Verhältnis zwischen Brennstoff und Kühlstoff bestimmen.

Um H kg flüssigen Wasserstoff von $-253°$ C zu verdampfen und auf die reduzierte absolute Temperatur T_1 zu bringen, muß man ihm

$$H \cdot 3{,}400\,(T_1 + 12)\ \text{Kal.}$$

zuführen (wenn T_1 hoch über dem Siedepunkt liegt). Diese Zahl erhält man folgendermaßen:

T_2 sei die Temperatur, bei der die spezifische Wärme des Gases bei 1 Atmosphre Druck c_p konstant wird. Nun bestimmt man die Wärmemenge, die nötig ist, um 1 kg vom Siedepunkt bis T_2 zu bringen. Diese bei Q_2. Von T_2—T_1 bindet 1 kg die Wärme:

$$Q_1 = (T_1 - T_2) \cdot c_p,$$

im ganzen also

$$Q_1 + Q_2 = \left(T_1 + \frac{Q_2}{c_p} - T_2\right) \cdot c_p\,.$$

Beim Wasserstoff ist nun $c_p = 3{,}400$ Kal/kg und $\frac{Q_2}{c_p} - T_2 = 12°$, also bindet 1 kg. Wasserstoff: 3400 $(T_1 + 12)$ Kal. H kg binden H mal soviel Wärme.

Um S kg flüssigen Sauerstoff von -183 °C zu verdampfen und auf $T_1°$ abs. zu bringen, braucht man

$$S \cdot 0{,}218 \cdot (T_1 + 144)\ \text{Kal.}$$

Verwendet man statt des Sauerstoffes flüssige Luft, so wirkt der Stickstoff, den sie enthält, als Kühlstoff. N kg flüssiger Stickstoff von $-195{,}7°$ C braucht bis T_1 bei Atmosphärendruck:

$$N \cdot 0{,}244\ (T_1 + 121)\ \text{Kal.}$$

Es würde zu weit führen, hier auf weitere Einzelheiten der Rechnung einzugehen. Wer meine Angaben nachprüfen will, findet die noch fehlenden Daten am besten in den physikalisch-chemischen Tabellen von Landolt und Börnstein.

Kennt man die Zusammensetzung des Gases und T_1, so kann man $p_0 \cdot V_0$ leicht berechnen.

Von der Anwendung der Formeln (1) und (2) muß $\varkappa$ für das Auspuffgas im ganzen noch einmal berechnet werden. Bei der A.R. strömt Wasserdampf und Wasserstoff aus. Hier nimmt $\varkappa$ mit wachsendem Wasserdampfgehalt ab. Es ist für

$\frac{\text{Sauerstoffgewicht}}{\text{Wasserstoffgewicht}}$ =	0,8	0,9	1,0	1,1	1,2	1,3	1,4	1,5	1,6	1,7	1,8	1,9
$\varkappa$ =	1,400	1,398	1,396	1,394	1,393	1,391	1,389	1,388	1,386	1,385	1,384	1,38[illegible]

Für 3 Teile Wasserstoff und 16 Teile Sauerstoff wäre $\varkappa = 1{,}33$, doch wird bei meinen Raketen diese Zahl infolge der starken Dissoziation jedenfalls gestört sein. Wie stark, das kann nur die Erfahrung lehren.

Ich will hier allerdings nicht verschweigen, daß Herr Prof. Dr. Karl Wolf von der Wiener technischen Hochschule in einem Aufsatz geschrieben hat, es sei unmöglich, Ausströmungsgeschwindigkeiten über 2000 m/sek zu erreichen. Er geht dabei von theoretischen Überlegungen aus. Er überlegte etwa: Wasserstoff und Sauerstoff verbrennen zu Wasserdampf. Wasserdampf kann nicht wärmer sein als 3000° (nämlich wegen der Dissoziation). Dabei ist die Durchschnittsgeschwindigkeit, mit der die Moleküle durcheinanderschwirren, etwas über 2000 m/sek. Diese Geschwindigkeit stellt aber das Äußerste dar, was wir überhaupt erwarten dürfen. — Wolf hat hier nur das eine vergessen, daß wir hier einen Haufen überschüssigen Wasserstoff haben: Wir haben hier also gar nicht dissoziierten Wasserdampf, sondern ein 4000—5000° heißes Gemisch aus nicht dissoziierten Gasen, bei dem der leichte Wasserstoff überwiegt. Wenn man für dieses dieselbe Rechnung macht, so kommt man auf ungefähr $4^1/_2$ km/sek als obere Grenze, eine Zahl, die durch Reibungsverluste und sonstige Unvollkommenheiten der Maschine noch um 300—400 m/sek herabgesetzt werden dürfte. Tatsächlich konnte ich auch schon mit einem keineswegs vollkommenen Apparat 3800—4000 m/sek erzielen. Wenigstens war das Verhältnis zwischen Rückstoß und Substanzverlust so groß, als es bei 4000 m/sek hätte sein müssen (es war allerdings ein gewisser Trick dabei, den ich hier noch nicht mitteilen kann). Das ist also schon mehr, als ich den Berechnungen in diesem Buche zugrunde legte, und es besteht alle Hoffnung, daß ich, wie ich schon sagte, bei einer guten Versuchsanordnung, die sich allerdings teurer stellt, über 4000 m/sek erreichen werde.

Ich möchte auch noch bemerken, daß schon Goddard bei Verwendung von Nitrozellulosepulver bis 2400 m/sek erreicht hat und daß bei der Alkoholrakete das entstehende Gas noch leichter ist. Weiter ist zu bedenken, daß eine Lavalsche Düse niemals einen so hohen Wirkungsgrad ergibt, wenn sie nur stoßweise arbeitet, wie beim Goddardschen Experiment, als meine Raketendüse, wo das Gas gleichmäßig ausströmt, eine Tatsache, die sich z. B. bei der Holzwarth-Turbine ziemlich unangenehm bemerkbar macht.

Allerdings war nun mein Versuchsapparat ein Gasbrenner, nicht ein Zerstäuber, aber ich will hier ja nur beweisen, daß die Rakete zu den Planetenräumen überhaupt möglich ist, und wenn es mit der Zerstäubung in flüssigem Zustande nicht gehen sollte, dann würde ich es eben irgendwie mit der Vergasung versuchen. (Allerdings nicht mit der Erwärmung von außen, sondern mit der Erwärmung durch aufsteigende Gasblasen.) Übrigens berechtigen die Zerstäubungs- und Verbrennungsversuche, die ich bis jetzt anstellte, ebenfalls zu ganz guten Heffnungen.

Dopp (Zeitschrift d. Ver. Deutscher Ingenieure 1899, S. 752 und Eyermann-Schulz, Gasturbinen, 2. Auflage 1920. Verlag M. Krayn, Berlin W.) führte jede Einzelladung des durch eine Pumpe geförderten Petroleums kurz vor dem Einrtitt in den Misch- und Verbrennungsraum — unter möglichst vollkommenem Luftabschluß — in hochüberhitzten Dampf über, der alsdann durch siebartige Öffnungen in feine strahlenförmige Einzelströme geteilt wird.

Man hat mir aus Leserkreisen vorgeschlagen, dieses Prinzip auch bei meiner Rakete anzuwenden. Ich glaube aber, der Doppsche Zerstäuber würde für unsere Zwecke zu schwer ausfallen. Man darf nicht vergessen, daß die Treibstoffmenge, die bei unbemannten Raketen während der ganzen Antriebsdauer, bei bemannten wenigstens während der ersten Sekunde entweichen muß, 1,2 % des ganzen Raketengewichtes beträgt. So große Gasmengen würden auch zu weite Rohre erforderlich machen, was wieder das spezifische Gewicht und dadurch den Luftwiderstand sowie das Massenverhältnis ungünstig beeinflussen würde. Vgl. S. 53 und S. 65. Dazu wäre bei Gasgemischen bei der hohen Geschwindigkeit, die der Gasstrom in dem immerhin kleinen Ofen notwendig annehmen muß, auch ein Hinausblasen der Flamme (vgl. S. 8) tatsächlich zu befürchten. Ich möchte daher mein Glück lieber mit der Zerstäubung der Brennstoffe in flüssigem Zustande selbst versuchen, besonders, da wir es statt der zähen Kohlenwasserstoffe mit leicht beweglichen und schneller entflammbaren Flüssigkeiten zu tun haben, und da ich statt der atmosphärischen Luft hochprozentigen heißen Sauerstoff benutze. Meine ersten Versuche in dieser Richtung waren durchaus ermutigend, wenn auch noch nicht viel darüber zu berichten ist.

Auch sonst ist mir aus Leserkreisen noch allerhand vorgeschlagen worden. Z. B. einfach solche Zerstäuber zu benützen, bei denen die Flüssigkeit durch einen Gasstrahl angesaugt und zerteilt wird und bei denen man vom Benzinmotorenbau her die nötigen Erfahrungen hat. Vielen Lesern macht auch die Schnelligkeit Bedenken, mit welcher das Gas den Ofen verläßt. Bleibt doch das Gas kaum eine $^1/_{50}$ Sekunde lang im Ofen.

Ich möchte hierauf antworten, daß die Flüssigkeitstropfen selbst vermöge ihrer Trägheit wesentlich länger im Ofen bleiben, und zwar um so mehr, je dicker sie sind. Außerdem nimmt die Geschwindigkeit des Gasstromes von Z bis F_m wegen der starken Gasentwicklung ständig zu, der Tropfen wird also nicht gleich anfangs mit der vollen Geschwindigkeit vom Gasstrom getroffen und verbleibt dementsprechend noch länger im Ofen. Größere Tropfen werden vielleicht $^1/_{20}$ Sekunde lang im Ofen bleiben. Nun mache man sich aber einmal klar, was es bedeutet, wenn ein brennbarer Körper von der Größe eines Nebeltropfens $^1/_{20}$ Sekunde lang einem 20 Atmosphären dichten und 800° heißen Sauerstoffstrom bei einer Relativgeschwindigkeit von vielen Metern in der Sekunde ausgesetzt wird. Außerdem betrachte ich es als einen sehr glücklichen Umstand, daß die Verbrennungsdauer und die Relativgeschwindigkeit um so größer werden, je größer der Tropfen ist. — Dieser Vorteil würde nun wegfallen, wenn ich einen Zerstäuber verwenden wollte, bei dem die Flüssigkeit mit dem Gasstrom mitfliegt. Würde ich dagegen wieder einen von einem solchen Zerstäuber gelieferten Nebel von der Seite in einen heißen Sauerstoffstrom hineinblasen, so würde der Verbrennungsvorgang infolge seiner geringen Radialgeschwindigkeit und infolge des mitgeführten kalten Gases nur gestört. (Übrigens brauche ich natürlich nicht zu betonen, daß ich trotzdem für jede Anregung aus Leserkreisen sehr dankbar bin. Wir haben hier ja ein ganz neues Gebiet der Technik vor uns, und es muß natürlich alles reiflich überlegt werden. Dabei ist es nur zu leicht, irgendeinen wichtigen Umstand zu vergessen.)

6. Kapitel.

Der ideale Antrieb.

Formelgrößen:

c: Ausströmungsgeschwindigkeit.
e: Basis der natürlichen Logarithmen.
m: Masse der Rakete.
m_0: Anfangsmasse der Rakete.
m_1: Endmasse.
s: Weg.

t: Zeit.
v: Geschwindigkeit.
v_x: Idealer Antrieb.
P: Kraft des Rückstoßes
S: Weg.
V: Geschwindigkeit.
Δ: endlicher kleiner Teil.
μ: Masse einer Vorrichtung zur Erhöhung der Geschwindigkeit.
τ: $= \Delta t$.

Der Laie möge sich von diesem Kapitel nur so viel merken: Es gibt eine Zahl, die man in der höheren Mathematik mit e bezeichnet. Sie ist gleich 2,71828 . . . Durch das Brennen erhält die Rakete einen Antrieb (einen Geschwindigkeitszuwachs), v_x, und wird gleichzeitig natürlich leichter. Wenn dieser Antrieb v_x so groß sein soll, wie die Auspuffgeschwindigkeit des Raketengases (ich bezeichne sie mit c), so muß die Masse beim Start, also zusammen mit den Brennstoffen, $e$mal so groß sein als nach dem Brennen[1]). Wir bezeichnen die Anfangsmasse mit m_0, die Endmasse mit m_1 und schreiben:

$$m_0 = m_1 \cdot e.$$

Soll der Antrieb doppelt so groß werden wie die Auspuffgeschwindigkeit (wir schreiben: $v_x = 2 \cdot c$), so muß die Endmasse nochmals auf den $e$ten Teil abnehmen, es muß dann die Anfangsmasse $e \cdot e = e^2$ so groß sein wie die Endmasse. Soll $v_x = 3\,c$ betragen, so ist

$$m_0 = m_1 \cdot e^3$$

(e^3 das bedeutet bekanntlich $e^2 \cdot e$).

Für $v_x = 4\,c$ wird $m_0 = m_1 \cdot e^4$ usw.

Soll der Antrieb 2,5mal so groß sein wie die Auspuffgeschwindigkeit, so ist

$$m_0 = m_1 \cdot e^{2,5},$$

das ist mehr als e^2 und weniger als e^3, die genaue Zahl findet man mit Hilfe der höheren Mathematik. Auf der untenstehenden Tabelle gibt die obere Spalte die geforderte Endgeschwindigkeit an. Links stehen die Auspuffgeschwindigkeiten. Die Zahlen auf der Tabelle geben an, wievielmal die Anfangsmasse der Rakete größer sein muß als ihre Endmasse, wenn die Rakete bei der links von der Zahl stehenden Auspuffgeschwindigkeit den darüber stehenden Antrieb erhalten soll:

[1]) Bei den folgenden Berechnungen beziehe ich die Auspuffgeschwindigkeit c immer auf die Rakete. Es ist mir geradezu unverständlich, wie z. B. Baetz glauben konnte, ich hätte mit c die absolute Geschwindigkeit der Treibgase nach dem Ausstoßen gemeint.

Tafel für Grund-

$v_x =$	500	1000	2000	3000	4000	5000	6000	7000	8000
$c =$ 1000	1,64	2,72	7,39	20,0	54,5	148	405	1089	2987
2000	1,29	1,64	2,72	4,48	7,39	12,2	20,0	33,0	54,5
3000	1,18	1,39	1,94	2,72	3,78	5,29	7,39	10,25	14,35
4000	1,13	1,29	1,64	2,11	2,72	3,49	4,48	5,76	7,39
5000	1,10	1,22	1,49	1,82	2,22	2,72	3,32	4,06	4,95

Diese Ziffern gelten genau genommen nur für den luft- und schwerefreien Raum. In Wirklichkeit hemmen Luft und Schwere den Aufstieg, und die Endgeschwindigkeit ist bei gleichem Brennstoffverbrauch kleiner, als sie nach dieser Tabelle sein sollte. Ich nenne diese Zahl daher den „idealen Antrieb". Hoefft, Fuchs und Ulinski bezeichnen sie als „virtuelle Geschwindigkeit", Hoefft neuerdings ebenfalls als „ideale Geschwindigkeit" oder „idealen Antrieb". Noordung nennt sie „ideelle Geschwindigkeit". Bei Modell C z. B. ist die Endgeschwindigkeit, je nach der Größe des Apparates, nur $^1/_2$—$^3/_4$mal so groß, als der ideale Antrieb. Bei Modell E wird sie bis 0,95mal so groß. Es wird die Aufgabe der folgenden Kapitel sein, zu zeigen, wie Luftwiderstand und Schwere in die Rechnung einzusetzen sind und wie man ihren ungünstigen Einfluß nach Möglichkeit vermeiden kann.

Wir lernen aus der obenstehenden Tabelle, daß eine Rakete um so höhere Endgeschwindigkeiten erreicht, mit denen sie dann natürlich gleich einem geworfenen Stein um so höher und weiter fliegen kann, je größer das Verhältnis der Anfangs- zur Endmasse ist (d. h. also je leichter das Leergewicht der Rakete im Verhältnis zu den mitgeführten Brennstoffen ist), und je größer die Auspuffgeschwindigkeit c ist. Ganz besonders wichtig scheint mir dabei die Feststellung zu sein, daß raketenartige Flugmaschinen auch Geschwindigkeiten zu erreichen vermögen, die höher sind als die Auspuffgeschwindigkeiten der Treibstoffe, wenn nur das Verhältnis $\frac{m_0}{m_1}$ hinreichend groß ist.

Das Folgende ist nur für den Fachmann bestimmt:

Ich knüpfe an S. 3 an. Wir hatten da gesehen: Eine zwischen zwei frei beweglichen Massen m und Δm wirkende Kraft P bewegt alle beide, und die Bewegungen sind entgegengesetzt gerichtet.

Wirkt die Kraft P eine Zeitlang, sagen wir τ Sekunden lang, so erteilt sie der Masse m eine Geschwindigkeit Δv und der Masse Δm eine andere Geschwindigkeit c. Es zeigt sich nun, daß

gleichung (6): $\frac{m_0}{m_1} = e^{v x / c}$

9000	10000	11000	12000	13000	14000	15000 m/sek
8060	22070	60000	163100	444000	1200000	3290000
89,6	148,7	243,5	402	662	1091	1805
20,0	27,95	39,0	54,6	76,1	106,3	148,7
9,50	12,20	15,75	20,0	25,8	33,2	42,7
6,06	7,39	9,02	11,0	13,47	16,42	20,0

diese Geschwindigkeiten den Massen umgekehrt proportional sind, es ist also

$$|m|:|\Delta m| = |c|:|\Delta v| \quad \text{oder} \quad |m \cdot \Delta v| = |c \cdot \Delta m|. \tag{3}$$

Man nennt diesen Satz den „Satz von der Erhaltung des Schwerpunktes". Würden nämlich die Massen in einem bestimmten Augenblick ihrer Bewegung festgehalten und an einer gewichtslosen Stange befestigt (vgl.

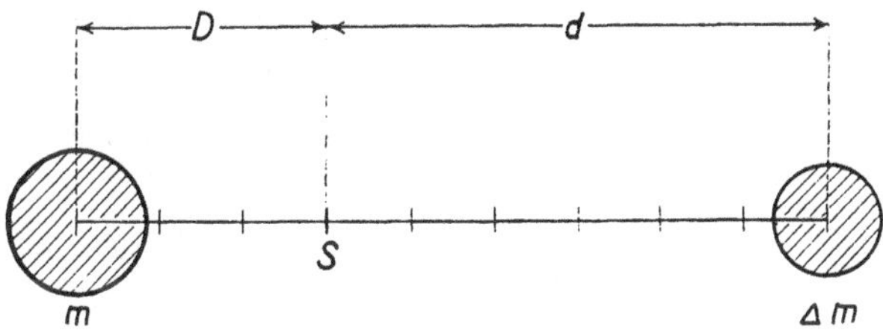

Abb. 26.

Abb. 26), so bekämen wir ein hantelähnliches Gebilde, dessen Schwerpunkt S zwischen m und Δm liegen würde. Wären D und d die Abstände der beiden Massen vom Schwerpunkt, so wäre nach den Regeln der Mechanik

$$|\Delta m \cdot d| = |m \cdot D|. \tag{a}$$

Während einer bestimmten Zeit t soll nun m den Weg $S = \Delta v \cdot t$; Δm dagegen den Weg $s = c \cdot t$ zurücklegen. Durch Multiplikation der Gleichung (3) mit t erhalten wir:

$$|m \cdot \Delta v \cdot t| = |\Delta m \cdot c \cdot t| \quad \text{oder} \quad |m \cdot S| = |\Delta m \cdot s|. \tag{b}$$

Ein Vergleich von (a) und (b) lehrt, daß d und D als Werte von s und S dienen können und umgekehrt; d. h. der Ausgangspunkt der Massen bleibt während jeder beliebigen Zeit t der gemeinsame Schwerpunkt. Legt man m und Δm auf die Mitte eines Wagebalkens und läßt zwischen beiden eine Kraft wirken, so bleibt der Balken wagerecht, solange m und Δm beide darauf laufen, denn der gemeinsame Schwerpunkt verläßt seinen Platz beim Drehpunkt des Wagebalkens nicht.

Falls man durch entgegengesetzte Vorzeichen von c und Δv ausdrücken will, daß die beiden Massen nach entgegengesetzten Seiten laufen, so schreibt sich Gleichung (3):

$$m \cdot \Delta v = -c \cdot \Delta m \quad \text{bzw.} \quad m \cdot \Delta v + c \cdot \Delta m = 0\,. \tag{4}$$

Ich bitte hier den Fachmann, auf einen Umstand ganz besonders zu achten, da die Gefahr eines Mißverständnisses vorliegt.

Der „Satz von der Erhaltung des Schwerpunktes" wird in den gebräuchlichen Lehrbüchern der Mechanik mit andern Zeichen geschrieben. Man bezeichnet hier die eine Masse mit m_1 und die andere mit m_2, die absolute Geschwindigkeit des ganzen Systems vor dem Wirken der Zwischenkraft (also vor dem Stoß) mit v_3, die Geschwindigkeit von m_1 nach dem Stoß mit v_1 und die Geschwindigkeit von m_2 nach dem Stoß mit v_2 und schreibt:

$$m_1 \cdot v_1 + m_2 \cdot v_2 = (m_1 + m_2) \cdot v_3\,. \tag{4a}$$

Nun hatten mehrere Leser die erste Auflage meines Buches so verstanden, als hätte ich gesagt:

$$m_1 \cdot v_1 + m_2 \cdot v_2 = 0\,,$$

und daraufhin meine ganzen Berechnungen von Grund auf für falsch erklärt. (Was sie ja auch wären, wenn ich von diesem Ansatz ausgegangen wäre.) Nun habe ich zwar mit m und Δm tatsächlich die beiden Massen bezeichnet, die in Formel (4a) mit m_1 und m_2 bezeichnet sind. c und Δv dagegen sind nicht die Geschwindigkeiten v_1 und v_2 selbst, sondern nur die Differenzen zwischen diesen und der gemeinsamen Anfangsgeschwindigkeit, und es wäre hier also

$$\Delta v = v_1 - v_3$$

und

$$c = v_2 - v_3$$

zu setzen; und was ich mit meinen Zeichen als Formel (4) geschrieben habe, das würde mit den gebräuchlichen Zeichen geschrieben so aussehen:

$$m_1 \cdot (v_1 - v_2) + m_2 \cdot (v_2 - v_3) = 0\,. \tag{4b}$$

Dies ist aber tatsächlich nur eine Umformung von (4), wovon man sich leicht überzeugen kann, wenn man in (4b) und in (4a) die Klammern auflöst.

Der Vorteil meiner Schreibweise liegt darin, daß ich dabei von der absoluten Geschwindigkeit unabhängig werde und in jedem Augenblick die Rakete als ruhend und alles andere als bewegt ansehen darf.

Ist Δm neben m verschwindend klein, wie etwa ein Gasmolekül neben der ganzen Rakete, so wird Δv neben der Auspuffgeschwindigkeit c ebenfalls sehr klein; man bezeichnet so kleine Größen, die wegen ihrer großen Anzahl gleichwohl nicht vernachlässigt werden dürfen, bekanntlich durch ein vorgesetztes kleines lateinisches d, also die Gleichung schreibt sich somit

$$c \cdot dm + m \cdot dv = 0\,. \tag{5}$$

Der Idealfall wäre, daß sich die Rakete im luft- und schwerefreien Raum geradlinig fortbewegt; in diesem Falle könnten wir alle dv zusammenzählen, das heißt über dv integrieren; über dm können wir sowieso integrieren, da m eine skalare Größe ist; wir würden dann erhalten:

$$\left.\begin{aligned} &c\cdot(\ln m_0 - \ln m_1) = v_x \\ &\text{oder} \\ &\frac{m_0}{m_1} = e^{v_x/c} \end{aligned}\right\} \qquad (6)$$

Der ideale Antrieb ist eine wichtige Größe bei der Raketentheorie, denn er gibt ein Maß für gewisse, an die Rakete gestellte Forderungen sowie für die Leistungsfähigkeit der Rakete und den Wert technischer Verbesserungen. Hier gleich ein Beispiel:

Bei hohen Geschwindigkeiten ist $\ln \frac{m_0}{m_1}$ der Auspuffgeschwindigkeit c ungefähr umgekehrt proportional. Da hier auch $\ln \frac{m_0}{m_1}$ groß ist, ist meist viel mehr gewonnen, wenn wir c, als wenn wir $\frac{m_0}{m_1}$ vergrößern können.

Wann erhöht nun eine Vorrichtung, die die Masse der leeren Rakete vermehrt, aber c vergrößert, die Steigkraft und wann nicht?

Es sei M_0 die Masse der vollen, M_1 die Masse der leeren Rakete, μ sei die Masse der Vorrichtung, die die Ausströmungsgeschwindigkeit vergrößern soll; C sei die höhere, c die geringere Auspuffgeschwindigkeit. Mit V_x bezeichne ich den idealen Antrieb im Falle C. Mit v_x den zu c gehörigen.

Nun sei $\bar{V} > \bar{v}$, wenn $V_x > v_x$.

$$c\cdot(\ln m_0 - \ln m_1) = v_x\,,$$

$$C\,[\ln(m_0 + \mu) - \ln(m_1 + \mu)] = V_x\,.$$

Ist $V_x > v_x$, so ist:

$$c\cdot(\ln m_0 - \ln m_1) < e\cdot[\ln(m_0 + \mu) - \ln(m_1 + \mu)]\,;$$

$$\frac{\log(m_0 + \mu) - \log(m_1 + \mu)}{\log m_0 - \log m} > \frac{c}{C}\,.$$

Bei geringem Massenverhältnis wieder ist v_x bei gleicher Auspuffgeschwindigkeit dem mitgeführten Brennstoff ungefähr proportional. Es ist nämlich nach (6):

$$\frac{m_0 - m_1}{m_1} = e^{v_x : c} - 1 = 1 + \frac{v_x}{c} + \frac{v_x^2}{2\,c^2} + \cdots - 1\,.$$

Das ist ungefähr $\frac{v_x}{c}$, wenn $v_x \ll c$. Hier ist also durch spezifisch schwere Füllung in der Regel mehr gewonnen, auch wenn dabei die Auspuffgeschwindigkeit etwas geringer wird.

Hohmann („Die Erreichbarkeit der Himmelskörper“, Oldenbourg 1925) gibt statt des idealen Antriebes gerne das Massenverhältnis an, das bei $c = 2000$ m/sek nötig wäre, ihn zu erreichen. Der Vorteil meiner Darstellung scheint mir darin zu liegen, daß 1. die idealen Antriebe addiert werden, während die Massenverhältnisse multipliziert werden müssen[1]), 2. darin, daß in der Beschreibung der gestellten Forderung c noch nicht enthalten ist, daß wir also (wie im 12. Kapitel) bequem einzelne Leistungen miteinander vergleichen können.

Es ist mir hier von Lorenz, Danzig, entgegengehalten worden, die Gleichung

$$c \cdot dm + m \cdot dv = 0$$

sei natürlich richtig, reiche aber zur Integration nicht aus, da sie die beiden Variabeln m und v enthält. Ich könnte hier einfach antworten, daß man auf der Hochschule im 3.—5. Semester bereits lernt, daß die Gleichungen zwischen zwei Variabeln und ihren Differentialen zur Integration ausreichen. Tatsächlich ist hier doch dm das Differential von m, dv ist das Differential von v. Und daß beide Variabeln in funktionalem Zusammenhange stehen, das erkennt man, wenn man die Formel (5) durch m dividiert.

$$dv_x = -c \cdot \frac{dm}{m}.$$

Wenn wir die Geschwindigkeitszuwächse der Reihe nach mit dv_1, dv_2, dv_3, dv_4 usw. bezeichnen und die sie bewirkenden Massenverluste mit dm_1, dm_2, dm_3, dm_4 usw., schließlich die zu dv_1 gehörige Masse mit m_1, die zu dv_2 gehörige Masse mit m_2 usw., so ist offenbar

$$dv_1 = -c \cdot \frac{dm_1}{m_1}; \qquad dv_2 = -c \cdot \frac{dm_2}{m_2}; \qquad dv_3 = -c \frac{dm_3}{m_3}.$$

Wenn man aber die einzelnen dv zusammenzählt, so bekommt man eben $\int dv = v_x$, und das ist dann natürlich auch gleich:

$$\int c \cdot \frac{dm}{m} = -c \int \frac{dm}{m} = c \cdot \ln \frac{m_1}{m_1},$$

denn es ist ja $-c \frac{dm}{m}$ eben nichts anderes als dv. Daraus folgt dann unmittelbar (6).

Die Kraftwirkung des Rückstoßes folgt bekanntlich auch aus dem Impulssatz. Es sei P die Kraft, $\frac{dm}{dt}$ die in der Zeiteinheit ausströmende Masse (dt soll so kurz sein, daß wir die Masse der Rakete und den Gasstrom als konstant ansehen können), c sei die Auspuffgeschwindigkeit. Dann ist

$$|P \cdot dt| = |c \cdot dm| \quad \text{oder} \quad P = -c \cdot \frac{dm}{dt}. \tag{7}$$

[1]) Vgl. S. 68.

Daher ist auch

$$\frac{P}{m} = \frac{dv}{dt} = b_x. \tag{8}$$

b_x will ich die ideale Beschleunigung nennen, es ist die Beschleunigung, die der Rückstoß der Rakete im luft- und schwerefreien Raum erteilen würde. Wirkt der idealen Beschleunigung eine Kraft Q gerade entgegen und liegt die Sache noch immer so, daß alle einzelnen Antriebe in derselben Richtung erfolgen, so wird die vergrößernde Wirkung der Kraft Q der Raketenmasse umgekehrt proportional sein. Ich will diese Verzögerung als $\frac{dq}{dt}$ bezeichnen, es ist mithin

$$b = b_x - \frac{Q}{m},$$

$$b = b_x - \frac{dq}{dt}; \qquad b \cdot dt = b_x \cdot dt - dq;$$

$b \cdot dt$, das ist hier der tatsächliche Geschwindigkeitszuwachs während des Zeitelementes dt. Ich will ihn hinfort mit dv bezeichnen.

$b_x \cdot dt$ das wäre der Geschwindigkeitszuwachs im luft- und schwerefreien Raum, er soll hinfort dv_x heißen. Es ist mithin

$$dv = dv_x - dq. \tag{9}$$

Die Addition der einzelnen Geschwindigkeitszuwächse dv wird offenbar die tatsächliche Geschwindigkeit v ergeben, falls alle dv gleichgerichtet sind. Wir bekommen dann durch Integration

$$v = v_x - q.$$

q ist hier offenbar die Summe aller einzelnen Verzögerungen, oder auch der Betrag, um welchen v hinter v_x zurückbleibt. Bildet der Geschwindigkeitszuwachs dv mit der Richtung von v einen Winkel ε (vgl. Abbild. 27), so dient bekanntlich nur die Komponente $dv \cdot \cos \varepsilon$ zur Änderung der Geschwindigkeit, der Teil $dv \cdot \sin \varepsilon$ wirkt nur richtungsändernd. Wenn uns nur die Geschwindigkeit interessiert, die Bewegungsrichtung dagegen nicht, so bekommen wir die Geschwindigkeit nach der Formel:

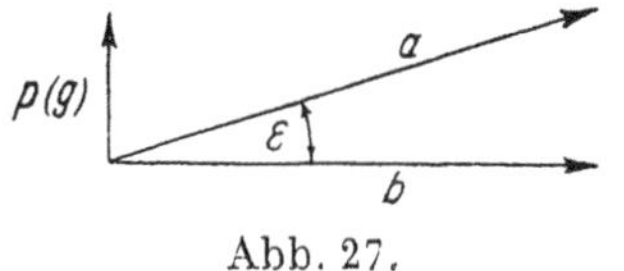

Abb. 27.

$$v = \int \cos \varepsilon \cdot dv. \tag{10}$$

Ein besonderer Fall, den wir bei der Berechnung der „Synergiekurve“ brauchen werden, ist der, daß dv_x in der Richtung von $\mathfrak{v}$

wirkt, q dagegen mit dieser Richtung einen Winkel (α) bildet. Setze ich fest, es soll $\alpha = 0$ sein, wenn dq und dv_x in gleichem Sinne wirken, so ist dann:

$$dv = dv_x + \cos\alpha \cdot dq\,,$$

$$v = v_x + \int \cos\alpha \cdot dq\,. \qquad (11)$$

7. Kapitel.

Das Massenverhältnis.

(Der Laie kann dies Kapitel nötigenfalls überspringen.)

Formelgrößen des 7. Kapitels.

d: Wandstärke (in cm).
l: Länge einer zylindrischen Scheibe oder Röhre.
p: Innendruck in Atmosphären.
r: Halbmesser.
v: Inhalt eines Behälters.
z: Zugfestigkeit in kg/cm^2.
F: Schnitt- oder Rißfläche.
S: Spezifisches Gewicht des Baumaterials.
V: Verhältnis zwischen dem Gewicht des Inhaltes und dem Leergewicht des Behälters.
Z: Spezifische Zugfestigkeit $Z - \frac{z}{5}$.
$\pi = 3,\ 14,\ 15$ usw.
σ: Spezifisches Gewicht der Füllung.

Der Ingenieur mag entschuldigen, wenn ich mich hier etwas weitläufig ausdrücke; ich möchte aber, daß diese Stelle auch vom Nichtingenieur verstanden wird. Es ist kaum glaublich, wie ratlos selbst Physiker meinen Berechnungen des Massenverhältnisses gegenüberstehen.

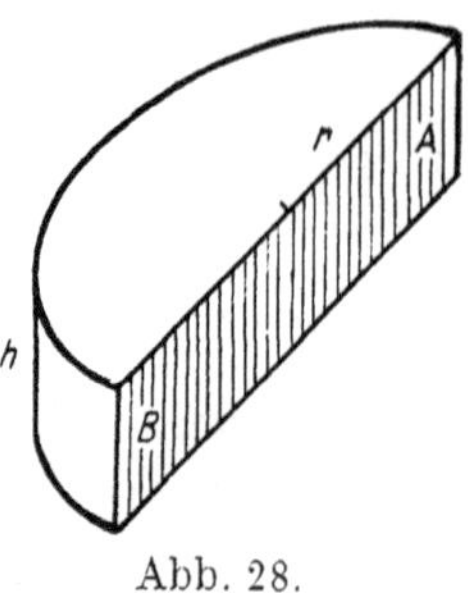

Abb. 28.

Wir nehmen an, wir hätten eine Scheibe von 2 cm Durchmesser und 1 cm Dicke (Abb. 28) in der Mitte durchschnitten, dann ist jede der beiden Zylinderhälften also 2 cm breit, 1 cm hoch und 1 cm dick. Sie berühren sich auf einem Rechteck, das 2 cm lang und 1 cm breit und 2 cm^2 groß ist. Legen wir zwischen beide Stücke eine Gummiblase, die gerade auf die Berührungsfläche paßt, und pumpen Wasser unter 10 Atmosphären Druck hinein, so sucht das Wasser die beiden Stücke mit einer Kraft von $2\ cm^2 \cdot 10\ kg/cm^2 = 20$ kg auseinanderzutreiben. Wir wollen das dadurch verhindern, daß wir bei *A* und *B* die beiden Stücke durch Metallstreifen zusammenhalten (Abb. 29), so müssen beide Streifen zusammen 20 kg tragen, auf einen entfallen somit 10 kg. Wäre der Innendruck nicht 10, sondern *p* Atmosphären, so entfielen auf jeden Streifen *p* kg. Die Länge der Streifen ist uns gleichgültig, dagegen wollen wir annehmen, sie seien so breit, wie die Scheibe dick war (hier also 1 cm).

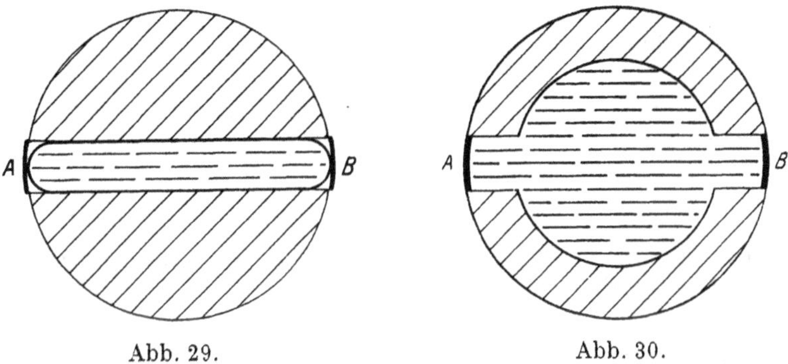

Abb. 29. Abb. 30.

Wenn der Halbmesser der Scheibe nicht 1, sondern *r* cm wäre, so wäre die Berührungsfläche *r* mal größer, es müßte also jeder der beiden Streifen $r \cdot p$ kg tragen. Wäre diese Scheibe nicht 1, sondern *l* cm dick, so wäre die Berührungsfläche wieder *l* mal größer, es wäre dann jeder der beiden Streifen auf $l \cdot r \cdot p$ kg beansprucht.

Ebensoviel müßten die Streifen *A* und *B* auch tragen, wenn die beiden Zylinderhälften nicht massiv, sondern rinnenartig ausgehöhlt wären (Abb. 30) wenigstens so lange, als sie dick genug wären, um sich nicht unter dem Einfluß des Innendruckes zu verbiegen. Wie dick müßten sie aber zu diesem Zweck sein? Nun nicht dicker als so dick, daß sie nicht zerreißen. Die Zylinderform würden sie unter dem Einfluß des Innendruckes zwangläufig annehmen, man kann das an jedem aufgeblasenen Gummischlauch beobachten. Sie brauchen also nur so stark zu sein wie die Bänder bei *A* und *B*, das Ganze wäre mithin eine gleichmäßig dicke Röhre.

Steht also in einer $2 \cdot r$ cm weiten Röhre das Wasser unter einem Druck von *p* Atmosphären, so ist die Wand quer zur Richtung des Rohres so stark gespannt, daß man, um sie längs eines bei *A* oder *B* geführten *l* cm langen Schnittes zusammenzuhalten, eine Kraft von $l \cdot r \cdot p$ kg aufwenden müßte.

Die Schnittfläche hätte dabei die Form eines Rechteckes, dessen Länge gleich der Länge des Schnittes und dessen Höhe gleich der Rohrdicke wäre, also $F = l d$ (*d* in cm gemessen).

Wäre z das Gewicht in kg, welches 1 cm² dicker aus dem Material der Röhre angefertigten Draht noch gerade tragen könnte, ohne zu zerreißen, so würde ein F cm² dicker Draht $F \cdot z$ kg tragen. Um die Röhre zu sprengen, müßte also die von innen wirkende Kraft größer sein als $F \cdot z = l \cdot d \cdot z$ kg. Das Rohr würde mithin dem inneren Überdruck standhalten, solange

$$l r p \leqq l z d .$$

Das Zeichen $\leqq$ heißt „höchstens gleich", $\geqq$ heißt „mindestens gleich".

Wenn wir beide Seiten dieser Gleichung durch $l \cdot z$ dividieren, erhalten wir

$$d \geqq \frac{r \cdot p}{z} . \tag{12}$$

Die Röhre hält also zusammen, solange die Wand stärker ist als die rechte Seite dieser Gleichung angibt. Die Wandstärke ist mithin von der Länge unabhängig.

Wie verhält sich nun das Gewicht einer zylindrischen Röhre zum Gewicht ihres Wasserinhaltes? (Das Wort „Gewicht" ist hier stets im landläufigen, nicht im astronomischen Sinne zu verstehen.)

In ein l cm langes und $2 \cdot r$ cm weites Rohr kann man $v = r^2 \cdot \pi \cdot l$ g Wasser füllen. Die Mantelfläche des Rohres wäre $2 \cdot r \pi \cdot l$ cm² und ist S das spezifische Gewicht eines Kubikzentimeters des Rohrmaterials, so wiegt die Mantelfläche $2 \cdot r \cdot \pi \cdot l \cdot d \cdot S$ g, wenigstens solange d neben r nur gering ist. Das Verhältnis zwischen Wasserinhalt und Rohrgewicht ist gleich:

$$V = r^2 \cdot \pi \cdot l : 2\, r\, \pi \cdot l \cdot d \cdot S ;$$

oder wenn wir aus (12) d einsetzen

$$V \leqq r^2 \cdot \pi \cdot l : z \cdot r \cdot \pi \cdot l \cdot S \cdot \frac{v p}{z} = \frac{1}{2} \cdot \frac{1}{p} \cdot \frac{z}{S} , \tag{13}$$

dabei ist das Volumen in cm³, das Wandgewicht in kg, der Druck in kg/cm² und die Zugfestigkeit ebenfalls in kg/cm² gemessen. Bei der Umrechnung auf andere Maßsysteme muß oft noch ein Faktor $\varkappa$ hinzukommen.

z gibt hier also an, wieviel kg man an einem Draht von 1 cm Querschnitt noch gerade anhängen kann, S ist auch die Anzahl der kg, die ein Kubikdezimeter der Rohrwand wiegt, $\frac{z}{S}$ ist mithin die Anzahl der Kubikdezimeter, die man an einen Quadratzentimeter anhängen kann. Wir nennen es die spezifische Zugfestigkeit und bezeichnen es mit Z. Es ist mithin

$$V \leqq \frac{1}{2} \cdot \frac{Z}{p}. \tag{13}$$

Ganz ähnlich liegen die Verhältnisse, wenn wir statt des beidseitig offenen Rohres einen geschlossenen Zylinder haben, sofern dieser nur so lang ist, das wir die Verhältnisse an den beiden Grundflächen neben jenen an der Mantelfläche vernachlässigen können.

Es kommt hier noch eine längsgerichtete Zugspannung hinzu, da der Innendruck die beiden Grundflächen wegzutreiben sucht, und da sich dieser Zug durch den ganzen Zylindermantel von einer zur anderen Grundfläche fortsetzt. Dieser Zug ist halb so groß wie der Zug quer zur Achse. Ist nämlich die Grundfläche gleich $r^2 \cdot \pi$ cm², so wird sie mit $r^2 \cdot \pi p$ kg weggetrieben. Diese Kraft verteilt sich längs des ganzen Umfanges gleichmäßig. Es muß also 1 cm des Umfanges:

$$r^2 \cdot \pi \cdot p : 2 \cdot r \cdot \pi = \frac{1}{2} \cdot r \cdot p \text{ kg} \tag{14}$$

tragen, während die Querspannung, wie wir sehen:

$$r \cdot p \cdot l : l = r \cdot p \text{ kg}$$

beträgt.

In einer Blechplatte beeinflussen zwci aufeinander senkrechte Zugspannungen einander bekanntlich nur wenig, und wenn das Blech so stark ist, daß es den Zug der stärkeren Kraft verträgt, so kann es dazu auch den Zug der geringeren Kraft aufnehmen, m. a. W.: das Blech muß nur so dick sein, daß es den Zug quer zur Zylinderachse verträgt, das ist also so stark, wie die Formel (12) angibt. Formel (13) gilt hier mithin ebenfalls. Das Interessante dabei ist, daß sich dabei Länge und Durchmesser des Zylinders wegheben. Das Verhältnis zwischen Inhalt und Wandgewicht ist (bei hinreichender Länge) nur vom Material und vom Innendruck abhängig, und zwar ist es der spezifischen Zugbeanspruchung direkt und dem Innendruck umgekehrt proportional.

Ähnliche Überlegungen kann man auch für kugelförmige Behälter anstellen. Pumpen wir in eine Gummiblase zwischen zwei massiven Halbkugeln (vgl. Abb. 29 und 30) Wasser, so werden diese ebenso auseinander getrieben, wie vorhin die beiden Zylinderböden, nämlich mit $r^2 \cdot \pi \cdot p$ kg. Soll eine Hohlkugel längs eines größten Kreises gesprengt werden, so ist dazu eine Kraft von $2 \cdot r \cdot \pi \cdot d$ kg erforderlich. Die Kugel hält also zusammen, solange

$$r^2 \, \pi \cdot p < 2 \, r \, \pi \, d \cdot z$$

oder

$$d \geqq \frac{r \cdot p}{2 \, z}.$$

In die Kugel gehen nun $\frac{4}{3}\cdot r^3\pi$ g Wasser hinein, die Hohlkugel selbst wiegt $4\cdot r^2\cdot\pi\cdot d\cdot S$ g, es ist demnach

$$V = \frac{4}{3}\cdot r^3\pi : 4r^2\pi\cdot d\cdot S \leqq \frac{4}{3}\cdot r^3\pi : 4r^2\pi\cdot\frac{r\cdot p}{2z}\cdot S\,.$$

mithin

$$V \leqq \frac{2}{3}\cdot\frac{z}{S}\cdot\frac{1}{p}$$

oder

$$V \leqq 66{,}7\cdot\frac{Z}{p}\,.$$

Also auch bei der Kugel ist dies Verhältnis von der Größe des Behälters unabhängig, und nur der spezifischen Zugfertigkeit direkt und dem Innendruck umgekehrt proportional. Es ist besser als beim Zylinder, das liegt daran, daß hier die Wand nur halb so dick sein muß.

Dies wird manchen überraschen, der niemals etwas vom Krümmungsmaß oder vom Normaldruck gehört hat. Es scheint sich doch auf den ersten Blick (vgl. Abb. 29 und 31) eine Kugelzone $A\ B$ genau so zu verhalten wie der Mantel einer zylindrischen Scheibe. Um aber ein Wandstück, sagen wir, bei E aus der Kugel herauszutreiben, ist nicht nur, wie

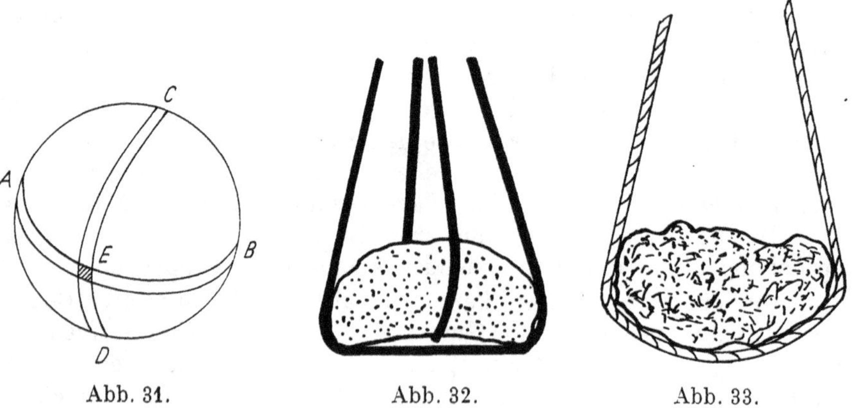

Abb. 31. Abb. 32. Abb. 33.

beim Zylinder der Widerstand der Zone $A\,B$, sondern auch jener der Zone $C\,D$ zu überwinden. Beide Spannungen stehen aufeinander senkrecht, das Blech bei E muß also nur so stark sein, wie eine einzige dieser Spannungen es erfordern würde. Diese Spannungen wirken hier so wie zwei Seile, die quer zueinander um ein Bündel geschlungen sind (vgl. Abb. 32). Die Zylinderfläche dagegen wirkt nur so wie ein einziges Seil (vgl. Abb. 33).

Dies wird aber dann natürlich doppelt so stark beansprucht wie eines von 2 Seilen.

Hätten wir es dagegen mit einer Sattelfläche zu tun, so wäre das so, als ob das eine Seil nach oben und das andere nach unten ziehen würde. Dabei müßte das tragende Seil also noch stärker sein als wenn das andere ganz fehlen würde (Abb. 34). Haben wir vollends Flächen, die gegen die Druckseite zu gewölbt sind, so werden diese überhaupt nur durch die Steifheit des Materials gehalten, sie können daher gar nicht aus dünnem Blech sein. Sattelflächen und Einbuchtungen sind daher nach Möglichkeit zu vermeiden. Ein ganz besonderer Vorzug des Modelles *C* ist der, daß hier die Pumpkammern P_{1-4} (vgl. Abb. 17) nahezu kugelförmig sein können.

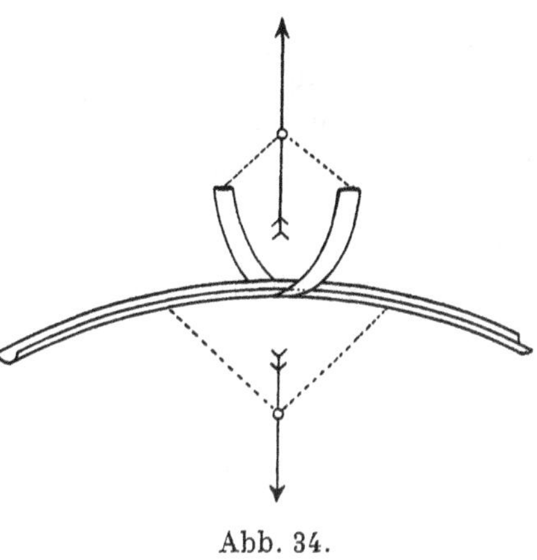

Abb. 34.

Haben wir einen Zylinder, der von 2 Halbkugeln abgeschlossen wird, so wird das Inhaltsverhältnis (vorausgesetzt natürlich, daß die Wand

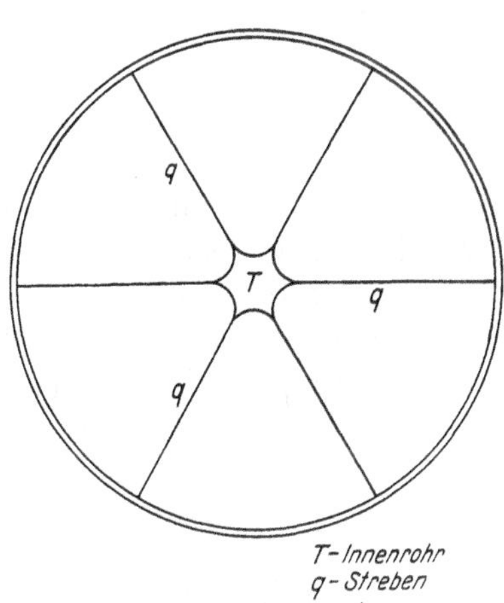

Abb. 35.

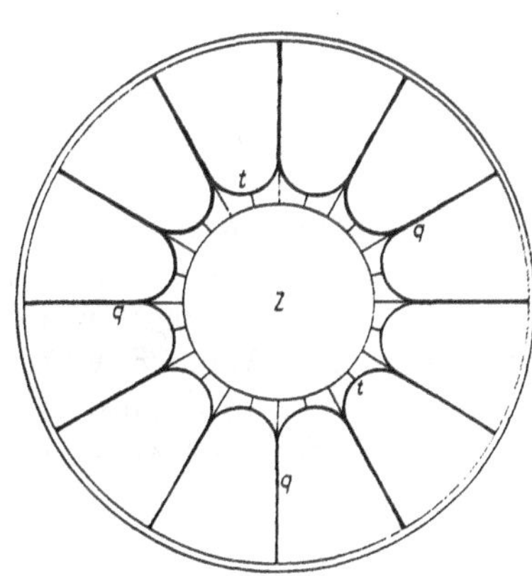

Abb. 36.

allenthalben so dünn als möglich ist) leicht zu berechnen sein und im ganzen zwischen jenem des Zylinders und der Kugel liegen. Weniger leicht zu berechnen, aber ebenfalls zwischen Zylinder- und Kugelzahl gelegen, ist es bei konischen Behältern und bei Behältern von der Form eines ovalen Rotationskörpers, denn der Zylinder stellt einerseits und die Kugel andererseits den Grenzfall der Ovale dar. Einen Konus wieder kann man sich aus Zonen von Ovalen zusammengesetzt denken. (Allerdings wird es hier aus technischen Gründen nicht bei jedem Material zu ereichen sein, die Wand (Abb. 35) überall so dünn als möglich zu machen. Glücklicherweise geht es aber gerade beim Kupfer und Blei verhältnismäßig leicht.)

Bei meinen Raketen kommen noch Behälter von den in Abb. 35 und 36, und schematisiert in Abb. 37 und 38, dargestellten Formen und verwandten Formen vor. Die Rinnen *a* und *b* würden hier aneinander gefügt vollständige Zylinder ergeben. Für diese haben wir V bereits berechnet. Sollen sie wie in Abb. 35, 36, 39 flacher stehen, so müssen sie natürlich stärker gespannt werden, dabei werden sie dann notgedrungen dicker und schwerer. Von

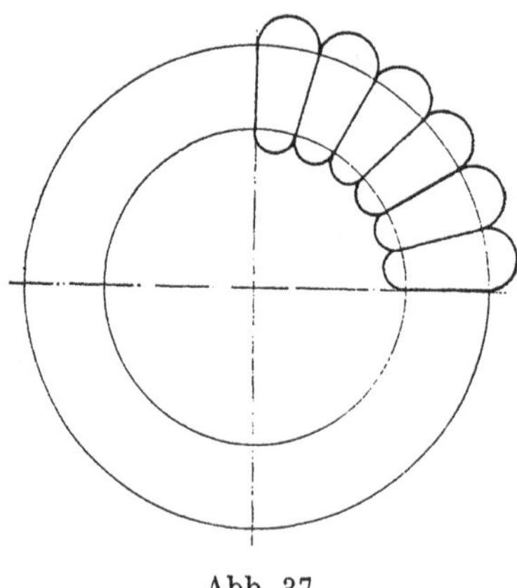
Abb. 37.

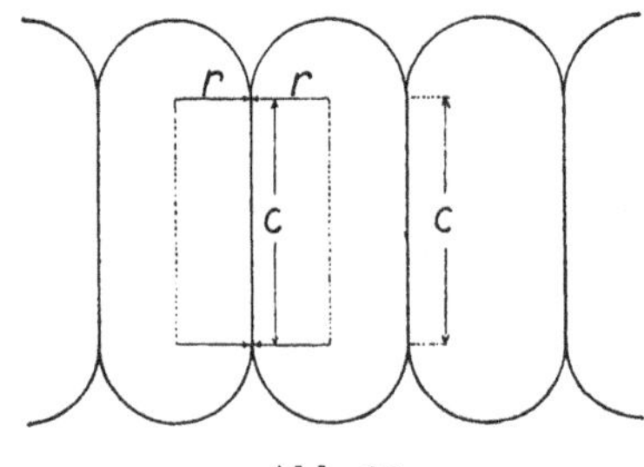

Abb. 38.

den Metallstreben c endlich hat jede den Zug auszuhalten, die der Innendruck p auf ein Rechteck ausüben würde, welches so lang ist wie die Rinnen und so breit wie die Entfernung zweier Rinnenachsen voneinander. Auf Abb. 38 wäre das also $2 \cdot r$, und die ganze Kraft wäre $2 \cdot r \cdot L \cdot p$. Ist z die Zugfestigkeit des Materials pro cm^2 und s das spezifische Gewicht desselben, so wiegt eine Querstrebe von der Länge c:

$$\frac{2 \cdot r \cdot L \cdot p \cdot S \cdot c}{z}.$$

Von der Flüssigkeit, die nicht in den Rinnen enthalten ist, entfällt auf jede Querstrebe ein quaderförmiges Volumen, welches $= 2 \cdot r \cdot l \cdot c$ ist. Das Verhältnis zwischen Volumen und Materialgewicht ist hier

$$V \leqq \frac{2 \cdot r \cdot L \cdot c}{2 \cdot r \cdot L \cdot p \cdot c \cdot S/z} = \frac{Z}{p}. \tag{15}$$

Das ist weniger als bei der Kugel, wir haben es hier aber nicht mit einer geschlossenen Form zu tun. Wenn wir den Kessel nach außen abschließen wollten, so müßten wir entweder quer zu diesem Streben (wie in Abb. 40 angedeutet) Drähte oder Platten *d* anbringen, oder aber wir müßten, wie ich es tat, die Wände so stark spannen (vgl. hierzu Abb. 39), daß hierdurch die ganze Sache zusammengehalten wird. Im ersten Falle wäre das Verhältnis zwischen Inhalt und Masse halb so groß wie beim

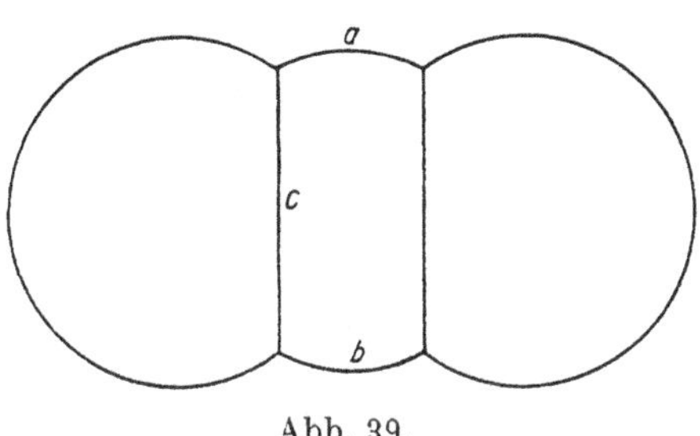

Abb. 39.

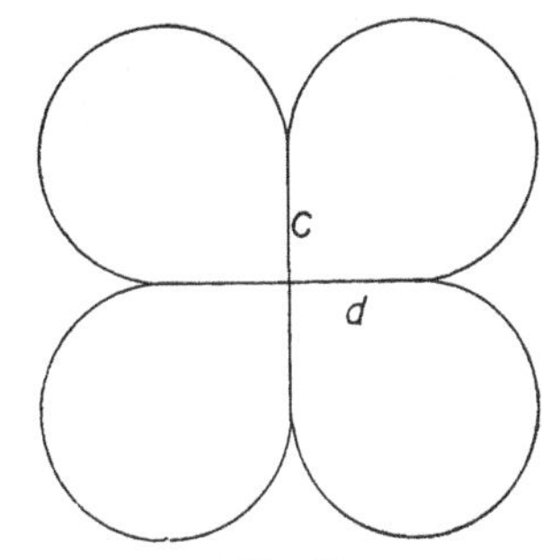

Abb. 40.

Zylinder. Im zweiten Falle wächst der Krümmungsradius der Rinnenachsen; daher werden ihre Wände dicker, und das Wandgewicht wird ebenfalls so groß wie beim Zylinder. Die genaue Berechnung erfolgt mit Hilfe des Normaldruckes und mit Hilfe der Überlegung, daß die Krümmungsachsen der Rinnen im besten Falle auf der mittleren Ebene liegen. Ich kann hier nicht näher darauf eingehen. Der Laie begreift die Sache ungefähr, wenn er sich vorstellt: Man habe die Querwand *d* von Abb. 40 in 2 Blätter geschnitten, und auf jede der Seitenwände *a* und *b* je ein solches Blatt zur Verstärkung aufgeschweißt.

Bei Abb. 37 endlich ist das Verhältnis aus folgendem Grunde ebenfalls so groß wie bei einem einfachen Zylinder.

Die äußere Wand liegt auf einem größeren Kreis und hat daher eine größere Fläche. Sie hat daher einen größeren Druck auszuhalten und muß entsprechend stärker sein. Der Laie versteht das ungefähr, wenn er sich denkt, man habe die Zwischenwand *d* von Abb. 40 fortgenommen und zur Verstärkung um die äußere Wand des Rohres *t* gelegt.

Auch beim Toroid (z. B. beim ringförmigen Pumpenkessel der Modelle *A* und *B* vgl. Abb. 15) ist das Verhältnis ebenso groß wie beim Zylinder. Der Laie versteht das, wenn er sich vorstellt, man habe die Querstreben *c* bei Abb. 37 durchschnitten und die eine Hälfte zur Verstärkung über die obere Wand des Rohres *t* gelegt und die andere über die untere.

Ganz besonders sollte man es vermeiden, das Material auf S c h e r u n g oder B i e g u n g zu beanspruchen. (Vgl. dagegen den Valierschen

Raketenofen, 2. Band.) Bei meinen Konstruktionen ist das Material (außer beim Modell B, welches ich aber, wie ich schon schrieb, eigentlich nicht bauen will) fast nur auf Zug beansprucht.

Den Laien wird bei diesen Berechnungen am meisten überraschen, daß sich bei der Berechnung des Verhältnisses zwischen Inhalt und Wandgewicht alle absoluten Maße (Länge, Breite, Höhe, Wanddicke usw.) wegheben. Außer von der spezifischen Zugfestigkeit Z und vom inneren Überdruck p hängt dies Verhältnis V nur noch von der Form des Behälters ab. Man kann es durch die Formel

$$V = k \cdot \frac{Z}{p} \tag{16}$$

ausdrücken, wobei k ein bestimmter Formfaktor ist. Am günstigsten schneidet dabei die Kugelform ab; es folgen die ovalen und konischen Formen, sodann folgen Zylinder, Toroid und die Matratzenformen. Andere Formen sollte man nach Möglichkeit vermeiden, wenn man in einen möglichst leichten Kessel unter einem gegebenen Druck möglichst viel Flüssigkeit hineinbringen will. Allerdings gilt dies alles nur, wenn die Wand nirgends dicker als nötig ist, dies ist beim Toroid besonders schwer zu erreichen.

In der Technik darf man nun das Material niemals bis zum Zerreißen beanspruchen. Man mutet z. B. bei eisernen Brücken dem Material höchstens $^1/_5$ dessen zu, was es der Erwartung nach gerade noch tragen könnte. Selbst bei Flugzeugen und Drähten geht man nicht gern über $^1/_3$ der tatsächlichen Festigkeitsgrenze hinaus. Je dünner die Stücke sind, um so näher kann man an die Festigkeitsgrenze herankommen; der Lauf der Jagdgewehre z. B. wird manchmal bis zur Hälfte seiner Zugfestigkeit beansprucht, desgleichen kupferne Heizröhren und Telephondrähte.

Bei meinen führerlosen Raketen würde ich das Material bis zur Hälfte seiner Zugfestigkeit beanspruchen, bei den bemannten Raketen bis zu $^1/_3$. Beim Modell B habe ich es, um nicht zu günstig abzuschätzen, nur zu $^1/_3$ beansprucht angenommen. Das wird genügen, denn wir haben es 1. in der Hauptsache nur mit dünnen Blechplatten zu tun, und 2. arbeitet die Rakete ja nur einige Minuten lang. Bei zylindrischen Röhren und bei Zylinderkonstruktionen wäre hier also

$$V = \frac{Z}{6\,p} \quad \text{bis} \quad \frac{Z}{4\,p}. \tag{17}$$

Bei kugelförmigen Behältern wäre es

$$V = \frac{Z \cdot 2}{9 \cdot p} \quad \text{bis} \quad \frac{Z}{3 \cdot p}. \tag{18}$$

Man sieht hieraus, wie wichtig es ist, Z möglichst groß und p möglichst klein zu wählen. Dies Verhältnis ist also wie gesagt bei allen Behältern meiner Raketen gewahrt, gleichviel, wie groß sie absolut genommen sind, und man wird mir nun hoffentlich nicht mehr den Vorwurf machen, ich hätte dies Verhältnis nicht für alle Behälter ausgerechnet. Tatsache ist: wenn ich es für einen Behälter ausgerechnet habe, so kann ich die betreffende Zahl ohne weiteres in die Rechnungen für alle ähnlichen Behälter einsetzen.

Ich möchte hier auch einiges über das Verhältnis zwischen dem Gewicht des Inhaltes und der Wand sagen. Hat der Inhalt das spezifische Gewicht σ, so ist

$$V_\sigma = k \cdot \frac{Z}{p} \cdot \sigma . \tag{19}$$

Nun wird $\frac{m_0}{m_1}$ natürlich um so größer, je größer V_σ ist, und es ist daher gut, spezifisch schwere Treibstoffe zu wählen.

Ich möchte hier noch ein paar Worte über gasgefüllte Kessel sagen, Man sollte sie bei der Rakete im allgemeinen möglichst vermeiden, denn ihr Inhalt ist spezifisch leicht. Bei einem Gas ist unter sonst gleichen Umständen $\frac{p}{\sigma} = R$, wobei R eine konstante Zahl ist. Es ist daher

$$\sigma = \frac{R}{p} \qquad \text{und} \qquad V_\sigma = k \cdot \frac{Z}{p} \cdot \frac{p}{R} = k \cdot \frac{Z}{R} .$$

Diese Formel gilt genau genommen natürlich nur, wenn außen kein Luftdruck herrscht, denn unter normalen Verhältnissen hilft ja schon der Druck der atmosphärischen Luft, das Gas zusammen zu halten. Ist aber entweder der Inndruck sehr hoch oder ist der äußere Druck oberhalb der Erdatmosphäre gleich 0, so kann er tatsächlich vernachlässigt werden und V ist dann vom Innendruck p ganz unabhängig; es hängt dann nur von der Temperatur und der chemischen Beschaffenheit des Gases ab. — Ich bekomme häufig Zuschriften, wo mir geraten wird, ich sollte doch statt flüssigen Wasserstoffes lieber gasförmigen Wasserstoff nehmen, ich sollte ihn nur gehörig zusammenpressen, dann würde er ja spezifisch schwerer, und die Wand würde verhältnismäßig leichter, weil sie nicht mehr ein so großes Volumen bedecken müßte. In Wirklichkeit ist aber das Verhältnis bei hohem Druck eher noch schlechter, denn dann fällt die zusammenhaltende Kraft des Luftdruckes nicht mehr so ins Gewicht. Es ist also schon das beste, man verflüssigt die Brennstoffe (wenn es schon sein muß, durch Kälte) und achtet darauf, daß beim Start nur wenig Räume übrigbleiben, die nicht mit Flüssigkeit gefüllt sind.

Die Festigkeit meines Apparates beruht hauptsächlich auf seinem inneren Überdruck, ähnlich wie die Festigkeit eines prall gefüllten Ballons. Ich ging bei ihrer Berechnung von den Formeln aus, die man theoretisch für die Prallfüllung aufgestellt hat, und prüfte meine Berechnungen durch das Experiment, indem ich über dünnwandige Gummiblasen Leinwandsäckchen von bestimmter Form zog und das Ganze auf dem auf Abb. 41 dargestellten Apparat prüfte. A war ein 1 cm weites Glasrohr, welches gleichzeitig als Manometer diente. B ist ein Trichter, C ein Lineal, welches am Faden D senkrecht herabhängt und den Wasserstand anzeigt. E ist ein durchbohrter Korkstopfen. F ist das Säckchen. Der Rand von E wird mit Talg oder Vaselin eingeschmiert, F wird umgekehrt und mit Wasser gefüllt. Dann wird E in F gesteckt und festgebunden. Sodann dreht man das Ganze und drückt dabei E zusammen, so daß A mit Wasser gefüllt wird; dann gießt man durch B so viel Wasser, daß das Ganze die nötige Spannung bekommt. H ist ein Glasrohr mit einem Quetschschlauch, durch welches man aus F Wasser herauslassen oder Luft hineinblasen kann. G ist ein Stück aus getrocknetem Lehm, das sich der Spitze von F anpaßt. Darauf ist ein Brett I geklebt, auf welches noch weitere Gewichte K gelegt werden können.

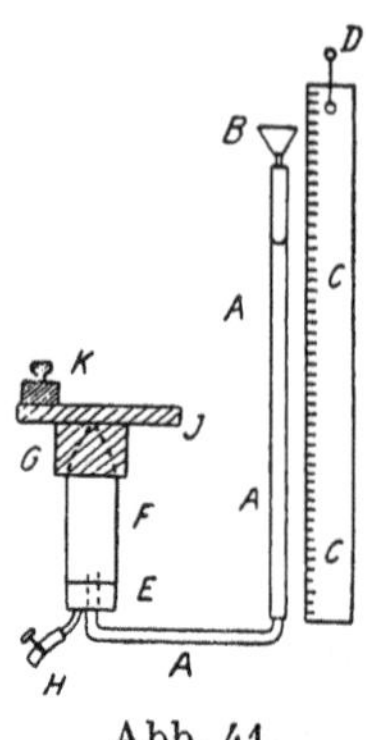

Abb. 41.

Es ist nun klar, daß die Festigkeit des Apparates und somit der Innendruck p um so größer sein muß, je höher der Luftwiderstand ist. Dies ist hauptsächlich in den untersten Luftschichten der Fall, wie ich noch zeigen werde. Gelingt es aber, einen Apparat (etwa innerhalb einer luftdicht schließenden Schutzhülle) vor dem Arbeiten hoch genug hinaufzuheben, so kann der innere Überdruck in diesem Apparat selbst natürlich kleiner sein, und es kann damit das Verhältnis zwischen Masse und Inhalt größer werden.

8. Kapitel.

Die günstigste Geschwindigkeit.

(Dies Kapitel ist, mit Ausnahme einzelner Stellen, lediglich für den Fachmann bestimmt.)

Formelgrößen des 8. Kapitels.

b: tatsächliche Beschleunigung.
b_i: ideale Beschleunigung.
c: Ausströmungsgeschwindigkeit.

e: Basis der natürlichen Logarithmen.
g: Fallbeschleunigung in der Höhe s.
g_0: Fallbeschleunigung auf der Erdoberfläche.
h: Höhe über der Erdoberfläche.
m: jeweilige Masse der Rakete.
m_0: Anfangsmasse der Rakete.
m_1: Endmasse der Rakete.
q: Antriebsverlust.
r: Beschleunigungsverlust.
r_0 : Erdradius.
$s - s_0$: zurückgelegter Weg.
v: tatsächliche Geschwindigkeit.
t: Zeit.
v_g : günstigste Geschwindigkeit.
v_x: idealer Antrieb.
$\bar{v}$: günstigste Geschwindigkeit für s und ds.
$\bar{v}_0$: günstigste Geschwindigkeit bei Beginn der Fahrt.
$\bar{v}_1$: günstigste Geschwindigkeit am Ende der Fahrt.
F: größter Querschnitt der Rakete.
G: Kraft (in kg), um welche das Gewicht der Beschleunigung entgegenarbeitet.
H': Konstante $\frac{1}{H} = \left(\frac{1}{H'} - \frac{2}{r}\right)$
H: Höhe, in der der Barometerstand auf den e-ten Teil abnimmt.
L: gesamter Luftwiderstand (in kg).
M, $\mathfrak{M}$: Massen übereinander gestellter Raketen.
P: gesamte Rückstoßkraft $P = Q + R$.
Q: Antriebhemmende Kraft $Q = P - R$.
R: Der auf die Beschleunigung der Rakete entfallende Anteil des Rückstoßes $R = P - Q$.
$S = H' \cdot \operatorname{cosec} \alpha$: Strecke, die die Rakete zurücklegen muß, um H' Kilometer zu steigen.
α: Winkel, unter dem die Rakete aufsteigt.
β: Luftdichte.
β_0: Luftdichte des Aufstiegsortes.
γ: Widerstandsziffer.
μ: Masse des obersten Teiles einer Serie von Raketen.

Wir hatten

$$m \cdot dv_x + c \cdot dm = 0 \qquad \text{[vgl. (4)]}.$$

Wir betrachten eine Rakete, die innerhalb der Atmosphäre aufsteigt. Hier wirken Luftwiderstand und Schwere der Aufwärtsbeschleunigung entgegen. Es ist also $dv_x > dv$, sagen wir

$$|dv_x| = |dv| + |dq|$$

und

$$|v| = |v_x| - |q| \qquad \text{[vgl. (8)]}.$$

Bezeichnet man mit Q die Kraft, die dem Aufstieg entgegenwirkt, so ist offenbar

$$\left|\frac{dq}{dt}\right| = \left|\frac{Q}{m}\right|,$$

und wenn wir beachten, daß Q nach rückwärts gerichtet ist, daß wir ihm also eine negative Zahl zuordnen müssen,

$$|dq| = -\frac{Q}{m} \cdot dt. \tag{20}$$

Es gibt nun für jede Rakete eine bestimmte Geschwindigkeit, ich will sie mit $\bar{v}$ bezeichnen, bei welcher q ein Minimum wird. Fährt nämlich die Rakete zu langsam, so muß sie zu lange gegen die Schwerkraft ankämpfen.

Wenn wir z. B. die Rakete nur so stark brennen ließen, daß sie sich gerade in der Schwebe halten könnte, so würde sie einige Minuten lang Gase nach unten stoßen und schließlich nach Erschöpfung ihrer Brennstoffe an Ort und Stelle zu Boden fallen. Sie hätte also gar nichts geleistet. Je schneller sie aber fährt, um so günstiger wird die Brennstoffausnützung von diesem Gesichtspunkt aus. Der Brennstoffverbrauch einer Rakete hängt nämlich nur davon ab, wie lange und wie stark sie gebrannt hat, die Arbeit dagegen, die der Rückstoß an der Rakete leistet, hängt offenbar auch davon ab, welchen **Weg** die Rakete während des Brennens zurückgelegt hat, denn die Arbeit ist ja gleich Kraft mal Weg. Es ergibt sich daraus, daß dieselben Brennstoffmengen an der Rakete offenbar eine um so größere Arbeit leisten werden, je schneller die Rakete während des Brennens schon fährt. Näheres werde ich im 12. Kapitel bringen.

Wenn wir wieder zu schnell fahren, so steht der Rakete die Luft alsbald wie eine undurchdringliche Wand gegenüber. Der Luftwiderstand wächst nämlich mit dem Quadrat der Geschwindigkeit, während die Arbeitsleistung der Brennstoffe an der Rakete nur mit der ersten Potenz der Geschwindigkeit wächst. Im Hinblick auf den Luftwiderstand wäre es also das beste, langsam zu fahren, im Hinblick auf die Schwerkraft wieder wäre es das beste, schnell zu fahren; zwischen beiden Forderungen ist ein Kompromiß möglich; es gibt eine Geschwindigkeit, bei der die Summe der Verzögerungen q ein Minimum wird, eben die günstigste Geschwindigkeit $\bar{v}$. Wir finden sie folgendermaßen:

Wir denken uns, daß die Rakete mit irgendeiner Geschwindigkeit v in der Höhe h über dem Erdboden durch eine Luftschicht von der Stärke dh in gerader Richtung hindurchfährt. Dabei soll sich das Bewegungsmoment der Rakete um einen vorgeschriebenen Betrag $[m \cdot dv]$ vergrößern. Sie erleidet dabei natürlich einen Substanzverlust dm.

Wenn die Rakete hindurchgedrungen ist, so holen wir sie in Gedanken wieder zurück, füllen den Brennstoff dm wieder nach und lassen sie von neuem mit einer etwas variierten Geschwindigkeit $v + \partial v$ durch die Luftschicht dh wieder hindurchdringen. Dabei wird der Brennstoffverbrauch offenbar ein etwas anderer sein, wenn der Aufstiegswinkel α, dh und $[m \cdot dv]$ konstant bleiben sollen. Wir variieren nun in Gedanken v noch weiter und fragen nach der Geschwindigkeit, bei der dm ein Minimum wird.

Aus (8) und (20) folgt:

$$-dv_x + dv + \frac{Q}{m} \cdot dt = 0$$

oder

$$-m\,dv_x + m \cdot dv + Q\,dt = 0,$$

und da nach (4)

$$-m\,dv_x = c \cdot dm\,,$$

so erhalten wir

$$c\,dm + m\,dv + Q\,dt = 0\,. \tag{21}$$

Nun ist

$$dt = \frac{dh}{v \cdot \sin\alpha} \tag{22}$$

und aus (21) und (22) folgt:

$$c\,dm + m\,dv + \frac{Q}{v} \cdot \frac{dh}{\sin\alpha} = 0\,. \tag{23}$$

c ist nun konstant. Ebenso soll laut unserer Bedingung dh, sinus α und $[m \cdot dv]$ nicht mit variieren. Es ist mithin

$$c \cdot \frac{\partial [dm]}{\partial v} + \frac{dh}{\sin\alpha} \cdot \frac{\partial}{\partial v}\left[\frac{Q}{v}\right] = 0\,. \tag{24}$$

Nun wird dm offenbar dann ein Minimum, wenn

$$\frac{\partial [dm]}{\partial v} = 0\,.$$

In diesem Fall muß auch gelten:

$$\frac{\partial}{\partial v}\left[\frac{Q}{v}\right] = 0 \tag{25}$$

Q setzt sich nun aus zwei Kräften zusammen, dem Betrage, um welchen der schädliche Luftwiderstand die Rakete aufzuhalten sucht L, und dem Betrage G, um welchen das Gewicht der Beschleunigung entgegenarbeitet. Wenn g die Fallbeschleunigung ist, die wir innerhalb der Atmosphäre der Einfachheit halber als konstant ansehen wollen (man kann genauer rechnen, das ist aber unter den heutigen Verhältnissen nicht nötig; vgl. hierzu S. 71—76), so ist das Gewicht der Rakete $m \cdot g \cdot$ Wenn die Rakete unter dem Winkel α aufsteigt, so zerlegt sich dies Gewicht, wie bei einer Last auf der schiefen Ebene in die zwei Komponenten $m \cdot g \cdot \sin \alpha$ in der Aufstiegsrichtung und $m \cdot g \cdot \cos \alpha$ quer dazu.

Die weitere Berechnung wird nun davon abhängen, was wir bezüglich α für Annahmen machen.

Bei automatischer Steuerung ist die Zielsicherheit am größten, wie wir in Kapitel 11 sehen werden, wenn die Rakete eine gerade Linie einhält, wenn also α konstant bleibt. In diesem Fall müssen wir die Komponente $m \cdot g \cdot \cos \alpha$ dadurch kompensieren, daß wir die Raketenachse etwas steiler nach aufwärts stellen, als das der Fahrtrichtung entsprechen würde; der Winkel zwischen Raketenachse und Fahrtrichtung möge δ heißen. — Durch dies Schrägstellen der Rakete entsteht zunächst ein Antriebsverlust, denn der Rückstoß wird nun nicht mehr mit dem Impuls $c \cdot dm$ in der Fahrtrichtung wirken, sondern nur noch mit $c \cdot dm \cdot \cos \delta$. Da aber der $\cos \delta$ sehr nahe bei 1 liegt, und da die Unsicherheit in der Bestimmung von c größer ist, als $1 - \cos \delta$, so können wir diesen Verlust vernachlässigen um so mehr, als ihm auch ein Gewinn $\sin \delta \cdot c \cdot dm/dt$ gegenübersteht. Im übrigen wird durch das Schrägstellen der Achse ein aerodynamischer Auftrieb entstehen, der die Komponente $m \cdot g \cdot \cos \alpha - \sin \delta \cdot c \cdot dm/dt$ bei geradliniger Fahrt gerade vernichten soll. Mit diesem verbunden ist ein Rücktrieb $k \cdot m \cdot g \cdot \cos \alpha$. Über das Verhältnis k zwischen Rücktrieb und Auftrieb bei Überschallgeschwindigkeiten werden gerade jetzt im aerodynamischen Institut in Göttingen systematische Versuche gemacht. Eine andere Art von Versuchen wird demnächst Herr Scherschevsky in Berlin beginnen. Auf Grund von Beobachtungen an Geschossen können wir aber heute schon sagen, daß k ungefähr $^1/_3$ bis $^1/_6$ betragen wird. Es ist mithin:

$$G = m \cdot g (\sin \alpha + k \cos \alpha). \tag{26}$$

Der schädliche Luftwiderstand L ist durch die Formel gegeben:

$$L = F \gamma \beta v^2 . \tag{27}$$

Dabei ist F der größte Querschnitt der Rakete, γ ist die ballistische Widerstandsziffer.

Die Form der Rakete, besonders der Spitze, ist der des deutschen S-Geschosses ähnlich, für dieses hat γ (nach Crantz und Becker) die folgende Kurve:

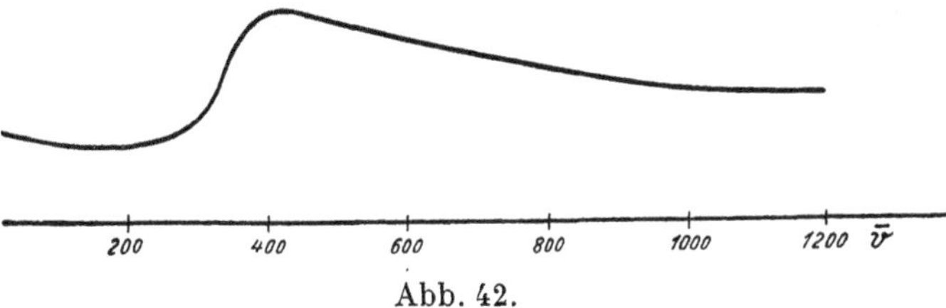

Abb. 42.

Die absolute Größe von γ interessiert uns noch nicht. γ ist bis 300 m/sek ungefähr konstant, steigt bei Erreichung der Schallgeschwindigkeit rasch an, erreicht bei 425 m/sek ein Maximum (ca. das 2,6 fache des Wertes für Unterschallgeschwindigkeiten) und nähert sich sodann asymptotisch einem Wert, der etwa $1^1/_2$ mal so groß ist wie der Wert für Unterschallgeschwindigkeiten. — Ähnliche Kurven erhalten Rothe, Krupp, O. v. Eberhardt u. a. für Artilleriegeschosse, Siacci als Mittel für verschiedene Geschosse. Andere Autoren kommen auf Grund theoretischer Überlegungen zu dieser Kurve.

Welchen Grund hat nun erst der Anstieg und dann der Abfall von γ?

Die Erklärung für den Anstieg zwischen 300 und 400 m/sek ist einfach. Bewegt sich das Geschoß langsamer als der Schall, so kann sich die Luftverdichtung vor der Spitze ausgleichen:

1. indem die Luft nach der Seite abströmt,
2. indem vermöge der Elastizität der Luft nach vorn zu ein Ausgleich stattfindet.

Ist v größer als die Schallgeschwindigkeit, so ist nur noch ein Abströmen nach der Seite möglich; dabei wächst natürlich die Luftverdichtung, vor dem Geschoß. Die Wirkung der Luftverdichtung, der Druck, ist sowohl bei den Unterschallgeschwindigkeiten einerseits als bei den Überschallgeschwindigkeiten andererseits proportional dem Quadrat der Geschwindigkeit.

Hinter dem Geschoß entsteht ein luftverdünnter Raum. Dessen Wirkung (der Sog) wächst anfänglich auch proportional dem Quadrate der Geschwindigkeit, erreicht aber bei der Schallgeschwindigkeit[1]) eine Grenze, denn weiter als bis zum absoluten Vakuum kann die Luft hinter

[1]) Genauer etwas oberhalb derselben, etwa bei 400 m/sek. Die Luft neben dem Geschoß erhält nämlich einen gewissen Antrieb nach vorn; in bezug auf diese bewegte Luft scheint aber v kleiner. Daher auch der stetige und differenzierbare, nicht sprunghafte Übergang.

dem Geschoß nicht verdünnt werden, und schneller als mit Schallgeschwindigkeit kann sie hinter dem Geschoß nicht zusammenschlagen. Bei hohen Geschwindigkeiten tritt also der Sog als Konstante immer mehr hinter dem Druck zurück, infolgedessen nähert sich der Ausdruck

$$\gamma = \frac{\text{Druck} + \text{Sog}}{F \cdot \beta \cdot v^2}$$

asymptotisch dem Wert

$$\frac{\text{Druck}}{F \cdot \beta \cdot v^2}.$$

Bei der brennenden Rakete nun fällt der Sog überhaupt fort, da der Raum hinter der Rakete durch die Auspuffgase ausgefüllt wird. γ verläuft also ähnlich wie in Abb. 43 die Kurve angibt. Sie ist also anfangs konstant, steigt zwischen 300 und 460 m/sek an und wird oberhalb dieser Geschwindigkeit wieder nahezu konstant. Unterhalb 300 m/sek und oberhalb 460 m/sek läßt sie sich also durch eine konstante Zahl ersetzen, dazwischen ist sie durch das mittlere Stück einer Parabel dritten Grades zu interpolieren. Nun muß bei guten Raketen $\bar{v}_0 > 500$ m/sek sein (vgl. hierzu S. 80). Wir können also hinfort γ als konstante Zahl betrachten.

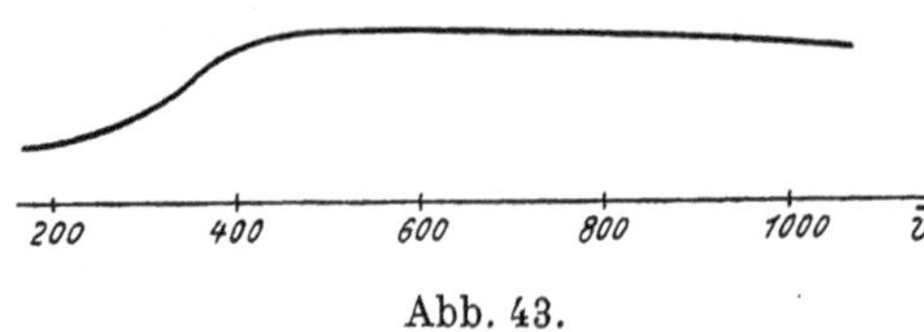

Abb. 43.

β ist die Luftdichte.

Da nun:

$$\frac{Q}{v} = \frac{L}{v} + \frac{G}{v},$$

so folgt hieraus unter Berücksichtigung von (26) und (27):

$$\frac{Q}{v} = F \gamma \beta v + \frac{m g}{v} (\sin \alpha + k \cos \alpha). \tag{29}$$

β soll laut unserer Bedingung nicht mitvariieren (wir haben es ja nur mit einer Vergleichung verschiedener Werte von v an Ort und Stelle zu tun. Die von der Höhe abhängige Luftdichte muß daher bei dieser Betrachtung konstant bleiben). Es ist mithin:

$$\frac{\partial}{\partial v}\left[\frac{Q}{v}\right] = F \gamma \beta - \frac{m g}{v^2} (\sin \alpha + k \cos \alpha), \tag{30}$$

ein Ausdruck, der offenbar gleich 0 ist, wenn

$$\bar{v} = \sqrt{\frac{m g (\sin \alpha + k \cos \alpha)}{F \gamma \beta}}. \tag{31}$$

In diesem Falle ist

$$G = L = \frac{Q}{2}. \tag{32}$$

Es ist in letzter Zeit oft vorgeschlagen worden (Valier, Gail und andere) eine Rakete dadurch höher hinaufzubringen, daß man sie mit Tragflächen versieht und unter einem geringen Winkel α ansteigen läßt. Dabei wird nämlich G gering und L könnte demnach auch gering sein. Es ist dagegen zu sagen:

Der Antriebsverlust ist nach (20)

$$|dq| = \left|\frac{Q}{m}\right| dt = \left|\frac{Q}{m}\,\frac{dh}{v \sin\alpha}\right|,$$

nun ist $\bar{v}$ für jeden Winkel α die günstigste Geschwindigkeit. Bei anderen Geschwindigkeiten schneidet die Rakete nur noch schlechter ab. Es ist mithin, wenn man Q nach (32) durch $2\,G$ ersetzt und v aus (31) einsetzt:

$$|dq_{\min}| = \left|\frac{2\,m\,g\,(\sin\alpha + k\cos\alpha)}{m} \cdot \frac{dh}{\sqrt{\dfrac{m\,g\,(\sin\alpha + k\cos\alpha)}{F\gamma\beta}} \cdot \sin\alpha}\right|$$

oder

$$\left|\frac{dq_{\min}}{dh}\right| = \left|2\sqrt{\frac{F\gamma\beta g}{m}} \cdot \frac{\sqrt{\sin\alpha + k\cos\alpha}}{\sin\alpha}\right|.$$

Dieser Ausdruck gibt nun offenbar an, wie groß die Geschwindigkeitsverluste dq beim Durchdringen der Schichte dh sind, und er zeigt, daß er bei der günstigsten Geschwindigkeit dann am kleinsten ist, wenn $\alpha = 90°$ ist, denn dann wird

$$\frac{\sqrt{\sin\alpha + k\cos\alpha}}{\sin\alpha} = 1,$$

während sonst

$$\frac{\sqrt{\sin\alpha + k\cos\alpha}}{\sin\alpha} > \frac{\sqrt{\sin\alpha}}{\sin\alpha} = \sqrt{\operatorname{cosec}\alpha} > 1.$$

(Es wirft übrigens ein eigentümliches Licht auf die Befähigung Valiers, der der geistige Urheber dieses Gedankens ist, daß er dies auch heute noch nicht begriffen hat, obwohl ich es ihm schon vor zwei Jahren in dieser Weise abgeleitet habe.)

Etwas besser schneidet eine Rakete ab, wenn sie anfangs steil aufsteigt und sich von der Schwerkraft allmählich mehr in die wagerechte Richtung ziehen läßt, vom Standpunkt der Durchdringung der Atmosphäre allein betrachtet, ist aber auch dieser Aufstieg nicht so günstig wie der senkrechte. Ich werde im Abschnitt über die „Synergiekurve" ausführlich darüber schreiben. Es fällt nämlich dann bei G der Term $k \cdot m \cdot g \cdot \cos \alpha$ fort, der lediglich durch das Einhalten der geraden Linie bedingt ist und es ist

$$Q = F \gamma \beta v^2 + m g \sin \alpha$$

und

$$\bar{v} = \sqrt{\frac{m g \sin \alpha}{F \gamma \beta}}. \qquad (31\,a)$$

Eine rechnerische Verfolgung dieser Formel ergibt, daß auch hier $Q = 2 \cdot G$, es ist aber kleiner wie bei der gradlinigen Fahrt, weil G hier kleiner ist. Außerdem ist es ein nicht zu unterschätzender Vorteil, daß die Rakete gerade anfangs in der dichtesten Luft viel steiler aufsteigt, als sie nach dem Aufhören des Brennens fliegen soll. Vom Standpunkt der Reichweite aus betrachtet, wäre diese Aufstiegsart also bei weitem vorzuziehen, bei großen Apparaten wird sie auch vermutlich allgemein zur Anwendung kommen. Für kleine Apparate aber erfordert sie, wie gesagt, zu komplizierte Steuerungsmittel.

Anmerkung: $\bar{v}$ ist die günstigste Geschwindigkeit an der Stelle s, wenn es sich einfach darum handelt, an dieser Stelle möglichst gut abzuschneiden, $\bar{v}$ muß aber nicht notwendig die günstigste Geschwindigkeit sein, wenn wir den Aufstieg als Ganzes ins Auge fassen.

$\bar{v}_0$ sei der Wert für $\bar{v}$ zu Beginn des Aufstieges in der Höhe s. Die Rakete soll diesen Antrieb durch eine fremde Kraft erhalten. $\bar{v}$ soll so groß und der Substanzverlust so gering sein, daß der äußere Luftdruck β und damit L rascher abnimmt als das Gewicht der Rakete; dann wird $\bar{v}$ wachsen, sagen wir bis die Rakete in der Höhe s die Geschwindigkeit $\bar{v}_1$ erreicht. Reichen die Brennstoffe gerade bis s_1 und $\bar{v}_1$, so kommt sie, wie sich durch indirekte Rechnung zeigen läßt, dann am höchsten, sagen wir bis s_2, wenn sie bei s_1 mit $\bar{v}_1$ m/sek fährt. Erreicht sie $\bar{v}_1$ früher, so hält sie der größere Luftwiderstand unterhalb s_1 so auf, daß sie bei s_1 nicht einmal mehr die Geschwindigkeit $\bar{v}_1$ hat und folglich auch nicht bis s_2 kommt. Hat sie $\bar{v}_1$ bei s_1 noch nicht erreicht, so muß sie zu lange gegen ihr eigenes Gewicht ankämpfen und kommt ebenfalls nicht bis s_2.

Sind $\bar{v}_0$, s_1 und $\bar{v}_1$ gegeben, so ist die günstigste Geschwindigkeit v_g zwischen $\bar{v}_0$ und $\bar{v}_1$ dadurch definiert, daß (vgl. S. 56)

$$\int_{\bar{v}_0}^{\bar{v}_1} P \cdot dt\,(v_g) = \int_{\bar{v}_0}^{\bar{v}_1} R \cdot dt + \int_{\bar{v}_0}^{\bar{v}_1} Q \cdot dt = \int_{\bar{v}_0}^{\bar{v}_1} m \cdot dv_g + \int_{\bar{v}_0}^{\bar{v}_1} Q \cdot dt$$

ein Minimum werden soll. Dabei soll $R = P - Q$ diejenige Kraft bezeichnen, die die Beschleunigung der Rakete besorgt, also das Stück, um welches P größer ist als Q.

Nun ist zwar $\int Q \cdot dt$ bei der Geschwindigkeit $\bar{v}$ ein Minimum, da dann ja alle $Q \cdot dt$ Minima werden [vgl. (23) und (25)], dagegen ist $m \cdot dv$ dann ein Minimum, wenn anfänglich die Beschleunigung Null ist und das Versäumte erst nachholt, wenn ein guter Teil der Brennstoffe gegen Schwere und Luftwiderstand verbraucht worden ist. Hierdurch wird bewirkt, daß v_g im unteren Teil des Weges gegen $\bar{v}$

zurückbleibt, den Unterschied sodann konstant beibehält, um bei s_1 plötzlich $\bar{v}$ wieder zu erreichen. $\bar{v} - v_g$ läßt sich als Funktion von s durch indirekte Rechnung finden. Für den Fall $\bar{v}_0 = 500$ m/sek und atmosphärische Verhältnis e z. B. beträgt der Unterschied im Maximum 200 m/sek (für $\bar{v}_1 = 2000$ m/sek). Er wird um so kleiner je größer c wird. Wächst v, so nimmt er relativ ab, absolut zu (für $\bar{v}_1 = 10000$ m/sek, z. B. wäre er beim obigen Beispiel 250 m/sek). Der Gewinn an Antrieb beträgt hier 10,3 bzw. 12,5 m/sek.

Nun sind die Ungenauigkeiten, die in meine Rechnung kommen, bedeutend größer (hauptsächlich weil ich c nicht genau genug angesetzt habe und derartig genau überhaupt nicht hätte ansetzen können). Eine weitere Abweichung von v_g wird durch die technischen Verhältnisse bedingt. Diese ist ebenfalls größer als $\bar{v} - v_g$, wenn sie uns auch im rein theoretischen Teil nicht interessiert.

Ich lege darum meinen Ableitungen zunächst den Fall zugrunde, daß die Geschwindigkeit allenthalben gleich $\bar{v}$ ist, denn dann werden die Formeln besonders einfach.

Aus (31) folgt beim geradlinigen Aufstieg

$$\ln m = \ln(F\gamma) + \ln\beta - \ln[g(\sin\alpha + k\cos\alpha)] + 2\ln\bar{v}\,. \tag{33}$$

Die Luftdichte β ist (nachdem die atmosphärischen Verhältnisse, wie Temperatur, Wetter u. dgl. gegeben sind) lediglich eine Funktion der Höhe s ($s = \int \bar{v} \cdot dt$).

Für die oberen Luftschichten kennen wir β nicht genau und brauchen es auch nicht genau zu kennen, wie ich später zeigen werde. Für die unteren Luftschichten läßt sich β aus den barometrischen Höhenformeln, wie sie die Lehrbücher der Meteorologie bringen, ziemlich genau berechnen. Es zeigt sich aber, daß wir auf unlösbare Integralgleichungen kämen, wenn wir diese Formel direkt einsetzen wollten. Wir müssen daher unsere Zuflucht zur indirekten Rechnung nehmen. Wir setzen

$$\frac{\beta_0}{\beta} = e^{\frac{h}{H}} = e^{\frac{s}{S}}\,. \tag{34}$$

Dabei ist e die Basis der natürlichen Logarithmen und H ist eine Strecke, die wir in erster Annäherung konstant und gleich 7,5 km setzen können. $S = H \operatorname{cosec}\alpha$. Es ist mithin:

$$\ln\beta = \ln\beta_0 - \frac{h}{H}$$

und

$$\ln m = \ln(F\gamma\beta_0) - \frac{h}{H} - \ln[g(\sin\alpha + k\cos\alpha)] + 2\ln\bar{v} \tag{35}$$

bzw. [durch Differentiation von (35)]

$$\frac{dm}{m} = -\frac{dh}{H} + \frac{2\,d\bar{v}}{\bar{v}} \tag{35a}$$

weiter folgt aus (23)

$$\frac{dm}{m} = -\frac{d\bar{v}}{c} - \frac{Q}{m\bar{v}c} \cdot \frac{dh}{\sin\alpha}.$$

Nun ist nach (32) und nach (26)

$$\frac{Q}{m} = 2g(\sin\alpha + k\cos\alpha) \tag{36}$$

und es folgt aus (36), (23) und (35a):

$$-\frac{dh}{H} + \frac{2d\bar{v}}{\bar{v}} + \frac{d\bar{v}}{c} + \frac{2 \cdot g(\sin\alpha + k\cos\alpha)}{\bar{v}c} \cdot \frac{dh}{\sin\alpha} = 0$$

oder wenn wir beachten, daß:

$$dh = v \cdot \sin\alpha \cdot dt$$

und daß $H : \sin\alpha = S$ weiter nichts ist, als der Weg, der zurückgelegt werden muß, bis daß der Luftdruck auf den e-ten Teil seines ursprünglichen Betrages sinkt; und wenn wir schließlich den Betrag, um den die Rakete in der Sekunde durch den Luftwiderstand oder durch die Schwere aufgehalten wird (beide sind sie ja einander gleich):

$$g(\sin\alpha + k\cos\alpha) = r$$

nennen, so schreibt sich diese Formel:

$$\frac{dt}{d\bar{v}} = \frac{\frac{1}{c} + \frac{2}{\bar{v}}}{\frac{\bar{v}}{S} - \frac{2r}{c}}. \tag{37}$$

Daraus finden wir durch Integration den Zusammenhang zwischen der günstigsten Geschwindigkeit und der Zeit t:

$$t = \left(\frac{c}{r} + \frac{S}{c}\right) \ln \frac{\bar{v}c - 2rS}{\bar{v}_0 c - 2rS} - \frac{c}{r} \ln \frac{\bar{v}}{\bar{v}_0}. \tag{38}$$

Anmerkung: Beim Rechnen mit dem Rechenschieber bilde man:

$$\frac{2rS}{c}; \quad \log \frac{\bar{v} - \frac{2rS}{c}}{\bar{v}_0 - \frac{2rS}{c}}; \quad \log \frac{\bar{v} - \frac{2rS}{c}}{\bar{v}_0 - \frac{2rS}{c}} \cdot \frac{\bar{v}}{\bar{v}};$$

es ist

$$t - t_0 = 2{,}3026 \cdot \left[\frac{c}{g} \cdot \log \frac{\bar{v} - \frac{2rS}{c}}{\bar{v}_0 - \frac{2rS}{c}} \cdot \frac{\bar{v}_0}{\bar{v}} + \frac{H}{c} \cdot \log \frac{\bar{v} - \frac{2gH}{c}}{\bar{v}_0 - \frac{2gH}{c}}\right].$$

Wenn wir in (38)

$$\bar{v}_0 \cdot c = 2 \cdot r \cdot S \text{ setzen,}$$

und wenn

$$\bar{v} \neq \bar{v}_0,$$

so wird t unendlich. Für $\bar{v} = \bar{v}_0$ wird t unbestimmt. Das bedeutet folgendes Die Luftdichte nimmt in dem Maße ab, in dem die Rakete nach oben dringt. Das Gewicht der Rakete nimmt aber infolge des Massenverlustes ebenfalls ab. Es sind nun drei Fälle möglich:

1. Wenn $\bar{v}_0 \cdot c = 2 \cdot r \cdot S$, so nimmt das Gewicht gerade so schnell ab wie die Luftdichte. Nun ist $\bar{v}_0$ durch das Verhältnis der Querschnittsbelastung zur Luftdichte gegeben [vgl. Formel (12)]. Dieses Verhältnis bleibt hier aber konstant und mithin bleibt auch der Wert für die günstigste Geschwindigkeit konstant.

2. Wenn $\bar{v}_0 \cdot c < 2 \cdot r \cdot S$, so kann t überhaupt nur dann positiv sein, wenn $\bar{v} < v_0$.

Im ersten Fall kann die Rakete nicht über die Erdatmosphäre hinausdringen, weil für $\beta = 0$ dann auch die Masse der Rakete gleich 0 wäre. Im zweiten Falle kann sie dies noch weniger, weil dann die Geschwindigkeit mit der Zeit sogar abnimmt. (Aus diesem Grunde werden z. B. auch die Raketenflugzeuge Valiers nicht, wie er hofft, in 50 km Höhe bis nach Amerika fliegen, sondern sie werden keine 5 km hoch empordringen, und nach Erschöpfung ihrer Brennstoffe 20—30 km vom Aufstiegpunkt wieder landen müssen.) Erst wenn

3. $\bar{v}_0 \cdot c > 2 \cdot r \cdot S$, kann gleichzeitig $\bar{v} - \bar{v}_0$ und t positiv sein. In diesem Falle wächst also der Betrag für die günstigste Geschwindigkeit mit der Zeit. Der Grund, warum die bisher gebauten Raketen so schlecht abschnitten, liegt darin, daß dieser Umstand in Fachkreisen unbekannt ist und daß bei allen diesen Apparaten $\bar{v} \cdot c$ viel zu gering ist. Ein Apparat, der über den relevanten Teil der Erdatmosphäre (ca. 50 km) hinausdringen soll, muß mindestens 5 m lang sein. Außerdem wurde bei diesen Apparaten auch zu wenig auf die Form geachtet. Die Luft bot ihnen einen viel zu großen Widerstand.

Ich habe diese theoretischen Überlegungen hauptsächlich deswegen gebracht, um das in Fachkreisen eben durch diese Mißerfolge hervorgerufene Vorurteil gegen Raketen zu zerstreuen. Weiter wollte ich einem Gutachter auch einige mathematische Anhaltspunkte geben, um das, was ich in der Folge zu sagen habe, leichter beurteilen zu können. Da wir nun nämlich die Formel (38) haben, macht die Berechnung der übrigen Formelgrößen keine Schwierigkeiten mehr.

Der ideale Antrieb einer automatisch gesteuerten, mit der günstigsten Geschwindigkeit geradlinig fahrenden Rakete beträgt:

$$v_x = \bar{v} - \bar{v}_0 + 2tr. \tag{39}$$

Das Verhältnis zwischen der vollen und der leeren Rakete beträgt nach (6)

$$\frac{m_0}{m_1} = e^{v_x/c} \tag{39a}$$

daraus folgt:

$$v_x = c \cdot \ln \frac{m_0}{m_1}. \tag{39b}$$

Aus den Formeln (38) bis (39b) findet man also auch den Massenverbrauch bei dieser Aufstiegsform.

Nun kann $\frac{m_0}{m_1}$ nach Kapitel 7 nicht ins Uferlose wachsen. Bei einer Petroleum- oder Alkoholrakete wird daher v_x höchstens gleich 4 km/sek, bei einer Wasserstoffrakete höchstens gleich 7 km/sek sein. Wir können uns hier aber so helfen:

Wenn eine Rakete gebrannt hat, so fährt sie 4—7 km in der Sekunde schneller, als sie vor dem Brennen fuhr. Ich stelle nun auf eine größere

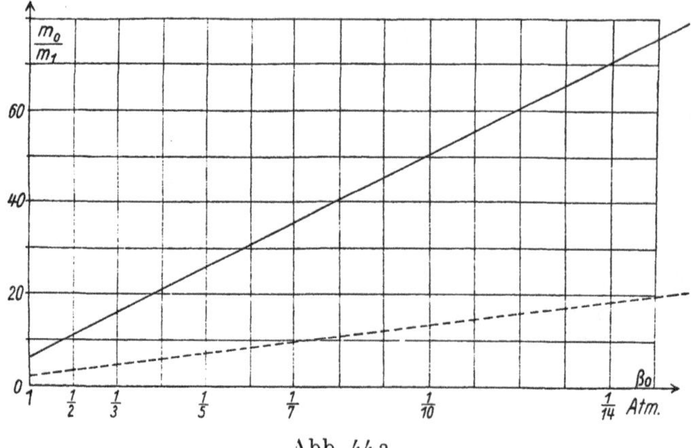

Abb. 44a.

Rakete statt der Nutzlast eine zehnmal kleinere. Wenn nun die Brennstoffe der größeren Rakete erschöpft sind, so möge das Ganze eine Geschwindigkeit von 4 km/sek haben. Lasse ich nun diese Rakete abfallen und die obere weiter arbeiten, so addiert sich ihre eigene Geschwindigkeit offenbar zur Geschwindigkeit, auf die sie von der unteren Rakete gebracht worden ist. Wir können also auf dem Wege der Übereinanderstellung von Raketen hohe Endgeschwindigkeiten erreichen, ohne in einer einzigen Rakete das 16. oder gar 1000fache ihres Leergewichtes an Brennstoffen unterbringen zu müssen. Wir können in diesem Falle von

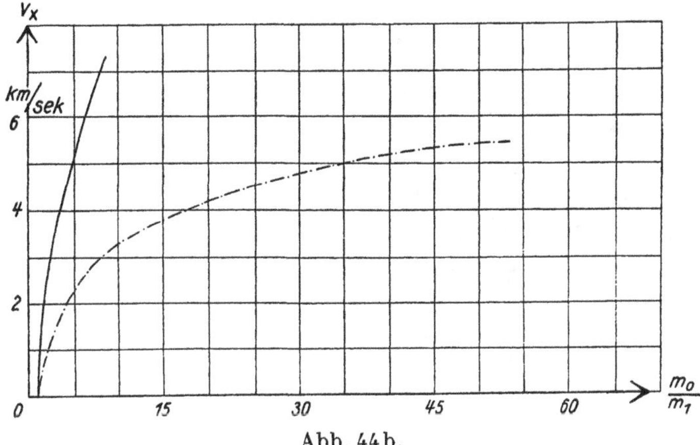

Abb. 44b.

einem Idealwert des Massenverhältnisses sprechen; dieser ist gleich dem Massenverhältnis, welches ein **einziger** Apparat aufweisen müßte, um

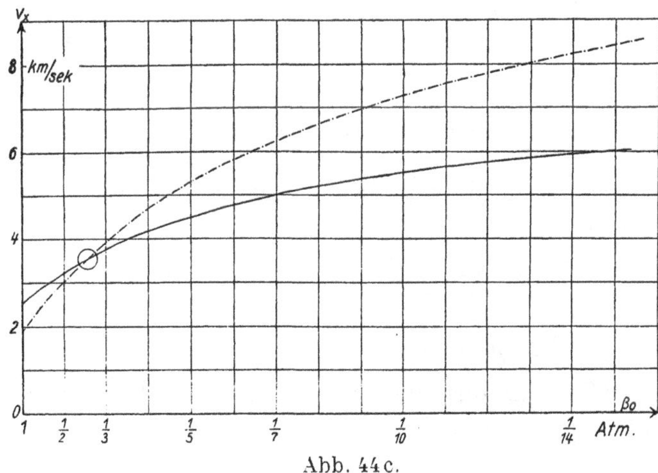

Abb. 44c.

dieselbe ideale Geschwindigkeit zu erreichen, wie diese Serie von Raketen. Wir finden ihn folgendermaßen.

Wir erhalten aus (6) und aus (39):

$$\ln \frac{m_0}{m} = \frac{1}{c} \cdot [\bar v - \bar v_0 + 2r(t - t_0)] . \tag{40}$$

Stelle ich nun mehrere Raketen übereinander (vgl. Abb. 45), so daß stets die unterste arbeitet und abgestoßen wird, sobald ihre Brennstoffe erschöpft sind, so addieren sich die Geschwindigkeitsgrenzen[1]). Sie ergeben sich der Reihe nach, wenn M, M, μ die Massen der einzelnen Raketen sind, aus

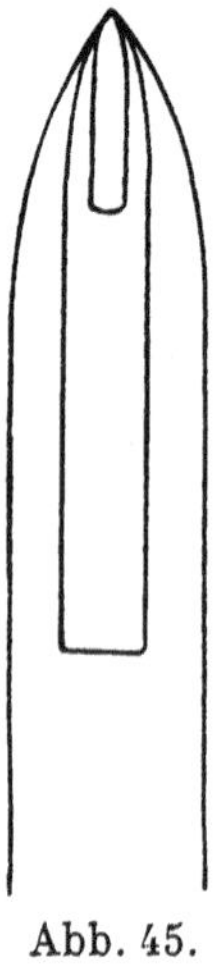

$$\ln\frac{M_0+\mathfrak{M}_0+\mu_0+\cdots}{M_1+\mathfrak{M}_0+\mu_0+\cdots};\quad \ln\frac{\mathfrak{M}_0+\mu_0+\cdots}{\mathfrak{M}_1+\mu_0+\cdots};\quad \ln\frac{\mu_0+\cdots}{\mu_1+\cdots}\cdots$$

und der ganze Geschwindigkeitszuwachs ergibt sich, wenn wir in (40) statt

$$\frac{m_0}{m_1}:\frac{M_0+\mathfrak{M}_0+\mu_0\cdots}{M_1+\mathfrak{M}_0+\mu_0\cdots}\cdot\frac{\mathfrak{M}_0+\mu_0+\cdots}{\mathfrak{M}_1+\mu_0+\cdots}\cdot\frac{\mu_0+\cdots}{\mu_1+\cdots} \tag{41}$$

einsetzen.

Es ist nämlich nach (40)

$$\ln\frac{M_0+\mathfrak{M}_0+\mu_0+\cdots}{M_1+\mathfrak{M}_0+\mu_0+\cdots}=\frac{1}{c}\cdot(\bar{v}_1-\bar{v}_0)+\frac{2\,r}{c}\cdot(t_1-t_0),$$

$$\ln\frac{\mathfrak{M}_0+\mu_0+\cdots}{\mathfrak{M}_1+\mu_0+\cdots}=\frac{1}{c}\cdot(\bar{v}_2-\bar{v}_1)+\frac{2\,r}{c}\cdot(t_2-t_1),$$

$$\ln\frac{\mu_0}{\mu_1}=\frac{1}{c}\cdot(\bar{v}_3-\bar{v}_2)+\frac{2\,r}{c}\cdot(t_3-t_2).$$

Abb. 45.

Durch Addition dieser Gleichungen erhalten wir:

$$\ln\frac{M_0+\mathfrak{M}_0+\mu_0+\cdots}{M_1+\mathfrak{M}_0+\mu_0+\cdots}+\ln\frac{\mathfrak{M}_0+\mu_0+\cdots}{\mathfrak{M}_1+\mu_0+\cdots}-\ln\frac{\mu_0+\cdots}{\mu_1+\cdots}$$

$$=\frac{1}{c}\cdot[(\bar{v}_1-\bar{v}_0)+(\bar{v}_2-\bar{v}_1)+(\bar{v}_3-\bar{v}_2)]+\frac{2r}{c}[(t_1-t_0)+(t_2-t_1)+(t_3-t_2)]$$

oder

$$\ln\left[\frac{M_0+\mathfrak{M}_0+\mu_0+\cdots}{M_1+\mathfrak{M}_0+\mu_0+\cdots}\cdot\frac{\mathfrak{M}_0+\mu_0+\cdots}{\mathfrak{M}_1+\mu_0+\cdots}\cdot\frac{\mu_0+\cdots}{\mu_1+\cdots}\right]=\frac{1}{c}(\bar{v}_3-\bar{v}_0)+\frac{2r}{c}(t_3-t_0). \tag{42}$$

Wenn eine einzige Rakete genau dasselbe leisten sollte, so müßte bei dieser nach (40)

$$\ln\frac{m_0}{m_1}=\frac{1}{c}(\bar{v}_3-\bar{v}_0)+\frac{2r}{c}(t_3-t_0) \tag{43}$$

sein. Ein Vergleich zwischen (42) und (43) zeigt, daß $\frac{m_0}{m_1}$ so groß ist, wie das Produkt aller einzelnen Massenverhältnisse. Vgl. hierzu auch S. 42.

Aus (41) folgt:

$$(\bar{v}_1-\bar{v}_0)=c\cdot\left[\ln\frac{m_0}{m_1}-2\,r\cdot(t_1-t_0)\right],$$

d. h. der Antrieb v_1-v_0 wird um so größer, je größer c oder $\frac{m_0}{m_1}$ oder je kleiner (t_1-t_0) wird.

---

[1]) Das hätte z. B. Lorenz bedenken sollen!

Nun ist c begrenzt, desgl. kann das Massenverhältnis bei einer Rakete nicht über V_σ (vgl. S. 53) hinausgehen. Das Produkt der Massenverhältnisse aber kann beliebig groß werden, und somit auch $(\bar{v}_1 - \bar{v}_0)$.

Auch für den Fall, daß $\bar{v}$ nicht eingehalten wird, erkennt man den Vorteil der Teilung, wenn man bedenkt, daß dabei weniger totes Material mitgeschleppt wird. Natürlich kann auch hier $\frac{v_1}{c}$ beliebig groß werden. Diese Überlegungen gelten schon für den idealen Antrieb v_x und mithin für jede Art des Aufstieges.

Es ist aber zu bedenken, daß $\frac{M_0 + \cdots}{M_1 + \cdots} \cdot \frac{\mathfrak{M}_0 + \cdots}{\mathfrak{M}_1 + \cdots} \cdot \frac{\mu_0 + \cdots}{\mu_1 + \cdots} > \frac{m_0}{m_1}$ und schon dieser Ausdruck wächst in bezug auf $\frac{\bar{v}_1 - \bar{v}_0}{c}$ nach der Art der Exponentialkurve. Wird nicht einmal die günstigste Geschwindigkeit eingehalten, so ist der Substanzverlust natürlich noch größer, und wir kommen bald zu ganz unmöglichen Zahlen. Es gibt also für v_1 schließlich doch eine Grenze. Bei der Teilung würde es sich empfehlen, daß jede Rakete größer ist als alle über ihr befindlichen zusammen, sonst würden die Nebeneinrichtungen, die durch die Teilung notwendig wären, zu viel wiegen. So muß z. B. bei Modell B und E jede Rakete einen besonderen Treibapparat haben u. a.

Ganz ähnlich wirkt das Abwerfen der leeren Brennstoffbehälter bei Modell C. Hier haben wir für M_0 die Masse des gesamten Apparates in gefülltem Zustande einzusetzen. M_1 ist der Apparat mit geleertem erstem Brennstoffbehälter. $\mathfrak{M}_0$ der Apparat ohne den ersten Brennstoffbehälter gefüllt; $\mathfrak{M}_1$ ist der Apparat mit geleertem zweitem Brennstoffbehälter usw. Modell C ist aus verschiedenen Gründen, wie ich schon sagte, die ideale Registrierrakete, doch dieser Apparat eignet sich nicht zur Personenbeförderung. Es ist nämlich nur ein Treibapparat da, der Rückstoß ist infolgedessen stets von derselben Größenordnung, und die Beschleunigung wird bei abnehmender Masse naturgemäß immer größer. Wenn Personen mitfahren sollen, so muß dagegen die Beschleunigung gleichmäßiger sein.

Auch als Fernrakete eignet sich dieses Modell nicht, da es nur senkrecht aufsteigen kann.

Die Beschleunigung beträgt nach (37):

$$b = \frac{d\bar{v}}{dt} = \frac{\bar{v}\,(\bar{v}\,c - 2\,r\,S)}{S\,(\bar{v} + 2\,c)}\,. \tag{44}$$

Die ideale Beschleunigung b_x, d. i. also die Beschleunigung, die die Rakete beim Abbrennen derselben Brennstoffmenge im luft- und schwerefreien Raum erhalten würde, beträgt:

$$b_x = b + 2r = \frac{c}{S} \cdot \frac{\bar{v}^2 + 4rS}{\bar{v} + 2c}. \tag{45}$$

Die Kraft des Rückstoßes P finden wir

$$P = m \cdot b_x = mb + 2rm. \tag{46}$$

Bei der Berechnung interessiert uns oft nicht so sehr die Masse selbst, denn $\bar{v}$ hängt ja nicht eigentlich von der Masse selbst, sondern von der Form und der Querschnittbelastung ab, daher ist die Größe $\frac{P}{m_0}$ für die allgemeine Erörterung besser zu brauchen.

$$\frac{P}{m_0} = \frac{m}{m_0} \cdot (b + 2r). \tag{46a}$$

Die Größe $\frac{P}{m_0}$ gibt eigentlich die Beschleunigung an, die der zur Einhaltung der günstigsten Geschwindigkeit erforderliche Rückstoß der Anfangsmasse der Rakete erteilen würde. — Die rechte Seite ist hier von der absoluten Masse unabhängig, sie hängt wie $\frac{m}{m_0}$ nur von $\bar{v}$ ab. Daher gelten die mit dieser Formel errechneten Werte in gleicher Weise für jede Registrier- und Fernrakete. — Gleichwohl geben sie uns ein Maß für das Steigen und Fallen des Rückstoßes, denn es ist

$$\frac{P_1}{m_0} : \frac{P_2}{m_0} = P_1 : P_2.$$

Endlich lehrt uns diese Formel, daß das Schwanken des Innendruckes im Ofen infolge des Steigens und Fallens des Rückstoßes nur von $\bar{v}$ und c abhängt, nicht aber von der absoluten Größe der Rakete.

Es trifft sich nun glücklich, daß bei Raketen mit Benzin- oder Petroleumantrieb die Beschleunigung ungefähr im selben Maß wächst, in dem die Masse abnimmt. Bei der Fahrt mit der günstigsten Geschwindigkeit ist P während der ganzen Brenndauer nahezu konstant, besonders wenn man die Rakete nicht künstlich auf einen Anfangswert der günstigsten Geschwindigkeit bringt, sondern sie aus eigener Kraft anfahren läßt.

Dabei bleibt die Geschwindigkeit anfangs etwas hinter der günstigsten Geschwindigkeit zurück, während der Rückstoß etwas größer sein muß. Der Rückstoß behält dabei während der ganzen Brenndauer nahezu denselben Wert, so daß die Düsen auf die höchstmögliche Leistung beansprucht werden können.

Der zurückgelegte Weg ist ebenfalls leicht zu bestimmen. Es ist

$$s_1 - s_0 = \int_{\bar{v}_0}^{\bar{v}_1} \bar{v} \cdot dt .$$

Wir können das intregieren, wenn wir unter Beobachtung von (21) dt durch $\bar{v}$ und $d\bar{v}$ ausdrücken. Wir erhalten dann:

$$s_1 - s_0 = \frac{S}{c}(\bar{v}_1 - \bar{v}_0) + 2S\left(1 + \frac{rS}{c^2}\right)\ln\frac{\bar{v}_1 \cdot c - 2rS}{\bar{v}_0 \cdot c - 2rS} . \tag{47}$$

Die erreichte Höhe h beträgt:

$$h = (s_1 - s_0) \cdot \sin\alpha . \tag{48}$$

Dies sind die wichtigsten Formeln für den schrägen, geradlinigen Aufstieg. Die entsprechenden Formeln für den senkrechten Aufstieg bekommen wir aus den Formeln (38) bis (48), wenn wir darin $\alpha = 90°$ setzen. Es wird dann

$$\sin\alpha = 1; \qquad \cos\alpha = 0; \qquad r = g; \qquad S = H .$$

Formel (38) z. B. schreibt sich dann:

$$t = \left(\frac{c}{g} + \frac{H}{c}\right)\ln\frac{\bar{v}c - 2gH}{\bar{v}_0 c - 2gH} - \frac{c}{g}\ln\frac{\bar{v}}{\bar{v}_0} . \tag{38a}$$

Wir wollen im folgenden Teil dieses Kapitels nun nur noch den senkrechten Aufstieg ins Auge fassen. Wir könnten zwar die bei geradlinigen Raketenaufstiegen geltenden theoretischen Grundgesetze ebensogut auch bei jedem anderen Aufstiegswinkel kennenlernen, ich werde aber ihre Auswirkung auf die Praxis an einem senkrecht aufsteigenden Modell zeigen und lege daher schon bei der Ableitung der Theorie diesen Aufstiegswinkel von 90° zugrunde, um die folgenden Ausführungen nicht zu verwirren.

Wir haben bei unseren Formeln einiges vereinfacht, und es wird gut sein, vorerst einmal die Fehlergrenze abzuschätzen.

Der auffälligste Fehler war der, daß ich in der Formel (34) H' konstant setzte. Die wirkliche Luftdichte könnte sich von diesem Wert um das Doppelte bis Dreifache unterscheiden.

Ich will nun zuerst an einem etwas schematisierten Beispiel die Wirkung dieses Fehlers bei hohen Endgeschwindigkeiten untersuchen. Es sei verlangt:

$$\bar{v}_1 = 11\,000 \text{ m/sek} .$$

Dabei wird $s_1 - s_0$ groß und β_1 wird nach (34) ganz besonders unrichtig.

Ich setze nun $H \sim H' = 6300$ m. Das ist viel zu wenig, und wenn β_0 richtig war, so wird β_1 sicher grundfalsch. Im Augenblick t_0, in welchem unsere Betrachtung beginnt, soll die Rakete die günstigste Geschwindigkeit $\bar{v}$ bereits erreicht haben und die Veränderlichen sollen so zusammenwirken, daß $\bar{v}_0 - 500$ m/sek. Dann ist nach (48):

$$s_1 - s_0 = H\left[\frac{\bar{v}_1 - \bar{v}_0}{c} + \left(2 + 2g\frac{H}{c^2}\right)\ln\frac{\bar{v}_1 - \frac{2gH}{c}}{\bar{v}_0 - \frac{2gH}{c}}\right].$$

Wir setzen weiter: $g = 9{,}70$ m/sek², $c = 3000$ m/sek.

$$\frac{2\cdot g\cdot H}{c} = \frac{2\cdot 9\cdot 70\cdot 6300}{3000} = 19{,}4\cdot 2{,}1 = 40{,}740 \text{ m/sek},$$

$$\frac{2g\cdot H}{c^2} = \frac{40{,}740}{3000} = 0{,}01358,$$

$$\log\frac{\bar{v}_1 - \frac{2gH}{c}}{\bar{v}_0 - \frac{2gH}{c}} = \log\frac{10959{,}260}{459{,}260} = 1{,}377721,$$

$$\ln'' = 2{,}3026\cdot\log'' = 3{,}17233,$$

$$\left(2 + \frac{2gH}{c^2}\right)\cdot\ln\frac{\bar{v}_1 - \frac{2gH}{c}}{\bar{v}_0 - \frac{2gH}{c}} = 2{,}01358\cdot 3{,}17233 = 6{,}37882,$$

$$\frac{\bar{v}_1 - \bar{v}_0}{c} = \frac{10500}{3000} = 3{,}5000,$$

$$\frac{s_1 - s_0}{H} = 3{,}5000 + 6{,}37822 = 9{,}87822,$$

$$s_1 - s_1 = H'' = 6300\cdot 9{,}87822 = \mathbf{62232{,}8}\ \boldsymbol{m}.$$

Brennstoffverbrauch:

$$\log\frac{m_0}{m_1} = [(\bar{v}_1 - \bar{v}_0)\cdot 0{,}4343 + 2g\cdot(t_1 - t_0)\cdot 0{,}4343]\,\frac{1}{c},$$

(wenn man nämlich (41) mit dem Modul der gemeinen Logarithmen multipliziert)

$$(t_1 - t_0)\cdot 0{,}4343 = \frac{c}{g}\cdot\log\frac{\bar{v}_1 - \frac{2gH}{c}}{\bar{v}_0 - \frac{2gH}{c}}\cdot\frac{\bar{v}_0}{v_1} - \frac{H}{c}\cdot\log\frac{\bar{v}_1 - \frac{2gH}{c}}{\bar{v}_0 - \frac{2gH}{c}}$$

(folgt aus der Anmerkung zu (38)):

$$\frac{c}{g} = 309{,}28\,\text{sek}\,,$$

$$\log \frac{\bar{v}_1 - \frac{2gH}{c}}{\bar{v}_0 - \frac{2gH}{c}} \cdot \frac{\bar{v}_0}{\bar{v}_1} = 1{,}37772 + 2{,}69897 - 4{,}04139 = 0{,}03530\,,$$

$$(t_1 - t_0) \cdot 0{,}4343 = 309{,}28 \cdot 0{,}03530 + 2{,}1 \cdot 137772 = 10{,}918 + 2{,}893$$
$$= 13{,}811\,\text{sek}\,,$$

$$2g \cdot \text{"} = 13{,}811 \cdot 19{,}4 = 267{,}93\ \text{m/sek}\,,$$

$$(\bar{v}_1 - \bar{v}_0) \cdot 0{,}4343 = 10{,}500 \cdot 0{,}4343 = 4560{,}15\,,$$

$$\log \frac{m_0}{m_1} (4560{,}15 + 267{,}93) : 3000 = 4828{,}08/3000 = 1{,}60936\,,$$

$$\frac{m_0}{m_1} = \mathbf{40{,}678}.$$

In der Höhe $s_1 - s_0 = 62233$ m wäre nach unserem Ansatz:

$$\frac{\beta_0}{\beta_1} = e^{\frac{s_1 - s_0}{H}} = e^{9{,}87882} = 10^{4{,}2907} = 19530.$$

Nun ist aber wie gesagt $\beta_1 > \frac{\beta_0}{19530}$, da $H > 6300$ m. Wäre z. B. $s = 5000$ m und $s_1 = 67233$ m, so wäre β_1 in Wirklichkeit 4—6 mal so groß. Hätte ich nun aber die Geschwindigkeit der Rakete so geregelt, daß auf alle Fälle $\bar{v}$ eingehalten wird (etwa durch eine Vorrichtung, die den Auspuff herabsetzt, wenn $L > G$, und umgekehrt), so wäre einfach $\bar{v}_1$ erst in größerer Höhe und etwas später erreicht worden. Der Apparat hätte länger gegen Luft und Schwere ankämpfen müssen und mehr Brennstoff verbraucht.

Ich will nun einmal annehmen, β sei für 67233 m Höhe nicht nur 4—6 mal, sondern 60 mal so groß, als ich vorhin ausgerechnet habe, es sei also:

$$e^{\frac{62233}{H}} = 10^{4{,}2907 - \log 60} = 10^{2{,}5125}\,,$$

dann ist

$$\frac{62233}{H} = 2{,}5125 \cdot \log e \quad . \quad . \quad . \quad . \quad . \quad . \quad . \quad . \quad . \quad . \quad (\text{I})$$

$$\frac{62233}{6300} = 4{,}2907 \cdot \log e \quad . \quad . \quad . \quad . \quad . \quad . \quad . \quad . \quad . \quad . \quad (\text{II})$$

und durch Division $\frac{(II)}{(I)}$:

$$H = 6300 \cdot \frac{4,2907}{2,5125} = 10758,4\,m\,,$$

$$\frac{H}{c} = 3,5863\,\text{sek}\,.$$

$$\frac{2\,g\,H}{c} = 19,4 \cdot 3,5863 = 69,574\,\text{m/sek}\,,$$

$$\log \frac{\bar{v}_1 - \frac{2\,g\,H}{c}}{\bar{v}_0 - \frac{2\,g\,H}{c}} = \log 10930,426 - \log 430,426 = 4,03864 - 2,63390$$

$$= 1,40473\,,$$

$$\log\left(\frac{'' \cdot \bar{v}_0}{\bar{v}_1}\right) = 1,40473 + 2,69897 - 4,04139 = 0,06231\,,$$

$$(t_1 - t_0) \cdot 0,4343 = 309,28 \cdot 0,06231 + 3,5863 \cdot 1,40473 = 24,309\,,$$

$$2\,g \cdot '' = 471.59\,,$$

$$\log \frac{m_0}{m_1} = (4560,15 + 471,59) : 3000 = 1,67724 \quad (\text{für } H = 10758,8\,m\,,)$$

$$\frac{m_0}{m_1} = 47,560\,.$$

Nun ist aber (selbst wenn wir dem auf S. 267 Gesagten Rechnung tragen wollen) sicher während der ganzen Dauer des Antriebs 6300 m $< H < 10759$ m, also ist sicher $40,678 < \frac{m_0}{m_1} < 47,560$.

Wenn ich also schreibe:

$$\frac{m_0}{m_1} = 44\,,$$

so weicht dieser Wert keinesfalls mehr als 7,5% von der Wahrheit ab, wenn nur alles übrige stimmt.

$$\frac{\ln \frac{m_0}{m_1}\ (\text{für } H = 10759)}{\ln \frac{m_0}{m_1}\ (\text{für } H = 6300)} = \frac{1,67724}{1,60936} = 1,0404\,.$$

Nun ist nach (40) $\ln \frac{m_0}{m_1}$ ungefähr $\frac{1}{c}$ proportional. Dieselbe Unsicherheit hätte ich also auch bekommen, wenn c auf 2,02% unbestimmt wäre. Nun ist aber c auf $\pm$ 7—8% unbestimmt und schwankt außerdem meist um mehr als 4% (vgl. S. 30). Also genügt heute dieser Ansatz für β vollauf. $\bar{v}_1 - \bar{v}_0$ ist bei hohen Geschwindigkeiten ebenfalls $\frac{1}{c}$ proportional. Wir werden also nach dem bisher Gesagten unsere wichtigste Aufgabe, nämlich $\bar{v}$ aus $\frac{m_0}{m_1}$ zu berechnen, bei hohen Geschwindigkeiten auf $\pm$ 7—8% sicher lösen können, denn die übrigen Formelgrößen beeinflussen die Beziehung zwischen m und $\bar{v}$ nur wenig.

Die Widerstandsziffer γ ist aus Messungen von Geschoßgeschwindigkeiten bis $\bar{v} = 1000$ m/sek leidlich genau zu ermitteln. Daß sie von da weiter konstant ist, ist eigentlich nur eine Hypothese, die aber sowohl durch die Theorie als auch durch die Messung des Widerstandes bewegter Körper im Wasser so gut wie bewiesen ist. Aber selbst wenn γ für hohe Geschwindigkeiten von diesem Wert um das Zwei- bis Dreifache abweichen würde, würde dies an der Leistungsfähigkeit nichts ändern. Wir ließen ja oben den Luftwiderstand um das 60fache schwanken, ohne daß das Resultat merklich ungenau wurde.

Noch geringer ist der Fehler, den wir begingen, als wir g einen konstanten Mittelwert gaben.

Der tiefere Grund, warum das Resultat so wenig geändert wird, wenn wir für die oberen Luftschichten β, γ, g, falsch einschätzen, liegt darin, daß dt von der Größenordnung $\frac{d\bar{v}}{\bar{v}}$ ist (vgl. 37). Bei wachsendem $\bar{v}$ tritt $d\bar{v}$ gegen dt immer mehr in den Vordergrund. In der Differentialgleichung, die die Leistungsfähigkeit beherrscht, verliert der Zuwachs

$$\frac{Q \cdot dt}{m \cdot c} = 2 \cdot \frac{g}{c} \cdot dt$$

um so mehr an Bedeutung, je größer $\bar{v}$ wird. β, γ und g stecken aber alle drei in Q drinnen und kommen in (31) nur in diesem Glied vor.

Bei geringen Geschwindigkeiten würden wir demzufolge weit größere Fehler bekommen, wenn wir hier Q ebenso falsch ansetzen wollten. Doch fällt hier ein Umstand (wenigstens bei meinem Apparaten) sehr ins Gewicht. Da nämlich $\bar{v}_0$ bereits 500 m/sek beträgt, so wird bei kleinem $\bar{v}_1 - \bar{v}_0$ auch $s_1 - s_0$ klein. Auf dieser kleinen Strecke weichen dann auch H und g viel weniger vom Mittelwert ab, können also viel besser durch Konstanten ersetzt werden, wodurch das Resultat (wenn c exakt bekannt wäre!) noch genauer würde.

Wir können für die Anwendung der Formeln aus all diesem den Grundsatz ableiten, für H, g, γ, auch wenn v groß werden soll (weiter für β usw.), diejenigen Werte einzusetzen, die sie in den tieferen Luftschichten haben. Kurz gesagt: Q muß anfangs stimmen.

Unsere wichtigste Aufgabe ist die Berechnung der Leistungsfähigkeit, d. h. wir wollen aus m_0 und m_1, $\bar{v}_0$ und $\frac{c}{\bar{v}_1}$ berechnen. Nun ist bei hohen Geschwindigkeiten $\bar{v}_1 - v_0$ ungefähr $\frac{1}{c}$ proportional. Da nun c heute auf $\pm$ 7—8% unbestimmt bleibt, so bleibt auch für $\bar{v}_1 - \bar{v}_0$ ein ebensolcher Spielraum, wozu noch eine von β herrührende Unsicherheit von 1—2% kommt. Im ganzen können wir heute $\bar{v}_1$ auf $^1/_{10}$ sicher angeben. Verbesserungsbedürftig sind dabei hauptsächlich unsere Kenntnisse der betreffenden Formelgrößen, zumal der Auspuffgeschwindigkeit.

Angenommen, die Formelgrößen seien durch das Experiment genau bestimmt, so könnten wir mit den Formeln (36) bis (48) bei indirekter Rechnung eine beträchtliche Genauigkeit erzielen. Wir könnten nämlich mit Hilfe von dm (40) und ds (47) eine Korrektur anbringen, falls c von L und von v in geringem Maße abhängig sein sollte.

Wir hätten zuerst: $\frac{\partial v}{\partial c}$ irgendwie als Funktion von v auszudrücken.

Sodann müßten wir $\frac{dm}{ds}$ bilden. Es ist angenähert:

$$dm = -\frac{m \cdot d\bar{v}}{c} - \frac{2\,m \cdot g}{c} \cdot dt, \qquad \text{Nach (40)}$$

$$ds = \bar{v} \cdot dt = \frac{H}{c} \cdot \frac{\bar{v} + 2\,c}{\bar{v} - 2 \cdot g \cdot \frac{H}{c}} \cdot d\bar{v}\,, \qquad \text{Nach (47)}$$

$$\frac{dm}{ds} = -\frac{m}{H} \cdot \frac{\bar{v}^2 + 4 \cdot g \cdot H}{\bar{v} \cdot (\bar{v} + 2\,e)}\,.$$

Wir erhielten sodann anstatt (25)

$$\frac{\partial}{\partial v}\left[\frac{Q}{v}\right] - \frac{\partial c}{\partial v} \cdot \frac{m}{H} \cdot \frac{\bar{v}^2 + 4 \cdot g \cdot H}{\bar{v} \cdot (\bar{v} + 2\,c)} = 0\,. \tag{49}$$

Hieraus könnten wir dann $\bar{v}$ bestimmen und mit diesem Wert für $\bar{v}$: t, m, s und P berechnen. Ich selbst würde allerdings die günstigste Geschwindigkeit meiner Maschinen auf andere Weise berechnen, denn das obige Verfahren wäre nur zu empfehlen, wenn:

$$\left|\frac{\partial c}{\partial v}\right| < \frac{1}{7000}\,.$$

Wir könnten sodann (besonders leicht für den Fall, daß c von P unabhängig ist) β und g als Funktionen von s genauer ausdrücken, hiermit die übrigen Größen genauer bestimmen. Die Formeln der zweiten Annäherung kämen der Wahrheit sicher schon auf einige Tausendstel nahe. Bei der dritten Annäherung würde es sich empfehlen, das Anwachsen von v in kleine Abschnitte zu zerlegen und jeden Abschnitt mit den Formeln der zweiten Annäherung auszurechnen. Dabei könnten wir für c, g, s usw. genaue Mittelwerte einsetzen und unter Umständen nachher für den betreffenden Abschnitt noch einige numerische Annäherungen vornehmen. Wir hätten dabei auch schon die Korrekturen anzubringen, die dem Umstand Rechnung tragen, daß $\bar{v} \neq v_g$. An dieser Stelle möchte ich übrigens auch bemerken, daß ich selbst die Leistungsfähigkeit meiner Maschinen nach anderen Methoden berechnet habe. Diese Methoden führen aber nicht zu so anschaulichen Formeln.

Wir wollen nun noch für β eine ähnliche Formel ableiten. Es ist

$$\beta = \beta_0 e^{-\frac{h}{H}}.$$

Das gibt mit Rücksicht auf (47) oder (48)

$$\beta = \beta_0 \cdot e^{\frac{\bar{v}_0 - \bar{v}}{c}} \cdot \left(\frac{\bar{v}_0 - \frac{2gH}{c}}{\bar{v} - \frac{2gH}{c}} \right)^{2 \cdot \left(1 + g \cdot \frac{H}{c^2}\right)} \tag{50}$$

$$\ln \frac{\beta_0}{\beta} = \frac{\bar{v} - \bar{v}_0}{c} + 2 \cdot \left(1 + g \frac{H}{c^2}\right) \cdot \ln \frac{\bar{v} - \frac{2gH}{c}}{\bar{v}_0 - \frac{2gH}{c}}. \tag{51}$$

Zusammenfassung:

Bei den Antriebsformeln lassen sich die genaueren Annäherungen, wie wir soeben sahen, mit Hilfe geringfügiger Korrekturen aus den Werten der ersten Annäherung berechnen. Da die Korrekturen so klein sind, daß sie das Wesen der Sache nicht mehr ändern, so können wir diese Formeln im Verein mit den Ausströmungs- und Wurfformeln verwenden, um an ihnen die Leistungsfähigkeit und Wirkungsweise von Raketen zu erörtern. Wir lesen daraus ab:

1. Soll eine bestimmte Rakete durch eine bestimmte dünne Luftschicht hindurchdringen und dabei einen bestimmten Impuls erhalten, so gibt es eine bestimmte Geschwindigkeit ($\bar{v}$), bei welcher der Brennstoffverlust ein Minimum wird. $\bar{v}$ ist aber noch nicht die günstigste Geschwindigkeit schlechthin, diese (v_g) bleibt vielmehr um einen gering-

fügigen Betrag hinter $\bar{v}$ zurück, der uns hier aber nicht weiter interessiert.

2. Aus der Formel (49) lesen wir ab, daß $\bar{v}$ sehr stark beeinflußt wird, wenn die Ausströmungsgeschwindigkeit c vom geforderten Rückstoß P abhängig ist. Die Formeln (25 ff.) gelten nur für konstantes c.

3. Die Formel (31) können wir schreiben:

$$\left(\frac{m \cdot g}{F} : \beta\right) \cdot \frac{1}{\gamma} = \bar{v}^2 .$$

Nun sind alle in Frage kommenden Apparate, besonders deren Spitzen, einander ähnlich, γ ist also bei allen gleich. $m \cdot g$ ist das Gewicht der Rakete, $\frac{m g}{F}$ ist also die Querschnittsbelastung, und wir können sagen:

Die günstigste Geschwindigkeit für s und ds wird lediglich vom Verhältnis der Querschnittsbelastung zur Luftdichte beeinflußt (dabei können Gewicht, Querschnitt, Querschnittsbelastung und Luftdichte selbst beliebig sein).

Aus (38a)

$$(t_1 - t_0) = \left(\frac{c}{g} - \frac{H}{c}\right) \cdot \ln \frac{\bar{v}_1 - \frac{2 g H}{c}}{\bar{v}_0 - \frac{2 g H}{c}} - \frac{c}{g} \cdot \ln \frac{\bar{v}_1}{\bar{v}_0}$$

folgt (da g und H als konstant gelten können): $(t_1 - t_0)$ hängt von c, $\bar{v}_0$ und $\bar{v}_1$, bei gegebenem $\bar{c}$ und $\bar{v}_0$ also lediglich von $\bar{v}_1$ ab. $\frac{m_0}{m_1}$ hängt bei gegebenem c und $\bar{v}_0$ ebenfalls nur von $\bar{v}_1$ ab. Desgleichen b; $\frac{P}{m_0}$; $(s_1 - s_0)$; $\frac{\beta_0}{\beta_1}$ usw. [vgl. (41), (46), (48), (51)]. Wenn wir eine Tabelle berechnen, die $\bar{v}$ als Argument und die angeführten Größen als Funktionen enthält, so gilt diese Tabelle für alle Raketen mit $\bar{v}_0$ und c, ohne Rücksicht darauf, wie $\bar{v}_0$ und c zustande kommen, d. h. ohne Rücksicht darauf, wie groß das Gewicht, der Querschnitt oder die Luftdichte im einzelnen ist, oder welches die Temperatur und die Zusammensetzung des Auspuffgases ist, oder wie groß $\frac{p_d}{p_0}$, β_0 usw. im einzelnen sind.

Noch mehr: die Differentialformeln enthalten $\bar{v}_0$, s_0 usw. noch nicht. Wir konnten bei der Integration statt von $\bar{v}_0$ von jedem anderen Wert von $\bar{v}$ ausgehen, sagen wir von $\bar{v}_a$, dann hätten wir die Formeln für $\bar{v}_b - \bar{v}_a$, $s_b - s_a$, $\ln \frac{m_a}{m_b}$ usw. bekommen. Nach den Regeln der Integration ist nun aber $\int_a^b dx = \int_c^b dx - \int_c^a dx$, d. h. die Tabelle gilt überhaupt für alle Raketen und jeden Brennstoff, wenn nur die Geschwindigkeit $\bar{v}$ und die Auspuffgeschwindigkeit c beträgt:

Ist die Anfangsgeschwindigkeit $\bar{v}_a$, die Endgeschwindigkeit $\bar{v}_b$, so ist die Zeit $(t_b - t_a) = (t_b - t_0) - (t_a - t_0)$. Der Brennstoffverlust folgt aus $\ln \frac{m_a}{m_b} = \ln \frac{m_0}{m_b} = \ln \frac{m_0}{m_0}$. Die Höhe $s_b - s_a = (s_b - s_0) - (s_a - s_0)$ usw. b (39) wird von dieser Rechnung gar nicht berührt, denn die Beschleunigung ist ja schon der Differentialquotient der Geschwindigkeit nach der Zeit.

Ich habe zur Veranschaulichung eine Tabelle beigelegt, die diese Größen für $c = 1400$ m/sek, $H = 7200$ m angibt.

$\bar{v}$	$t - t_0$	b	$\log \frac{m_0}{m}$	$\frac{m_0}{m}$	$\frac{P}{m_0}$
500	0,0	11,7	0,0000	1,000	31,4
600	7,3	17,0	0,0754	1,190	30,9
700	11,9	23,3	0,134	1,362	31,4
800	16,1	30,1	0,191	1,552	31,4
900	21,5	37,8	0,240	1,738	33,0
1000	21,5	40,0	0,286	1,931	34,1
1200	25,2	64,1	0,371	2,349	35,6
1400	27,7	84,3	0,448	2,803	37,0
1500	29,0	95,0	0,486	3,062	37,2
1700	31,2	117,1	0,560	3,631	37,8
2000	33,6	153,7	0,625	4,217	41,2
2200	35,0	179,5	0,735	5,434	36,7
2400	35,9	206,0	0,808	6,427	35,1
2600	36,5	234,0	0,872	7,446	34,1
3000	38,2	291,5	1,006	10,139	29,9
3400	39,3	351,0	1,138	13,74	26,9
3800	40,3	414,0	1,267	18,49	23,4
4000	40,7	447,0	1,330	21,38	21,8
m/sek	sek	m/sek²			m/sek²

Beträgt bei einer Rakete mit $c = 1400$ m/sek z. B. $\bar{v}_a = 800$ m/sek, $\bar{v}_b = 3000$ m/sek, und wollen wir wissen, wie groß $\log \frac{m_a}{m_b}$ ist, so müssen wir $\log \frac{m(500)}{m(800)}$ und $\log \frac{m(500)}{m(3000)}$ aufsuchen und den ersten vom

vom zweiten abziehen, es ist log $\frac{m_a}{m_b} = 0{,}815$, also $= 6{,}5$. Der Antrieb würde $38{,}2 - 16{,}1 = 22{,}1$ sek in Anspruch nehmen usf.

Wie schon erwähnt, muß

$$v_0 c > 2 r S = 2 g H .$$

Wir fanden (S. 65), daß $\bar{v}_0$ möglichst groß sein muß. Im besonderen kamen wir bei konstant angenommenem Widerstandsbeiwert (γ) und bei der Fahrt mit der Geschwindigkeit $\bar{v}$ zur Forderung

$$\bar{v} c > 2 r S$$

bzw.:

$$\bar{v} c > 2 g H .$$

Es ist hier allerdings der Hinweis darauf nicht überflüssig, daß (nach S. 62) $\bar{v} \neq v_g$. Der Unterschied wird bei so geringen Geschwindigkeiten schon ziemlich bedeutend und die Rakete kann tatsächlich theoretisch noch gerade über die Erdatmosphäre gelangen, wenn $\bar{v}_0 \cdot c = 2 \cdot g \cdot H$, wenn auch nur bei ganz phantastischem Brennstoffverbrauch. Einige 40—50 m/sek unterhalb dieser Zahl allerdings wird ein Durchdringen der Atmosphäre für Raketen überhaupt unmöglich.

Von 330—460 m/sek ist nun $\bar{v}$ zwar genau genommen gar nicht definiert. Da es uns hier aber nicht gerade auf Genauigkeit ankommt, so können wir auch hier unseren Berechnungen den Fall zugrunde legen, daß die Rakete mit der Geschwindigkeit fährt, bei der der Luftwiderstand gleich der Schwere wird. Es sei:

$$m \cdot g = v'^2 \cdot \gamma \cdot \beta \cdot F ; \qquad v'^2 = \frac{m \cdot g}{\gamma \cdot \beta \cdot F} .$$

Auch hier wird das Quadrat der Geschwindigkeit dem Verhältnis $\frac{m}{F} : \beta$ proportional. v' ist demnach so wie $\bar{v}$ der Wurzel des Verhältnisses zwischen Querschnittsbelastung und Luftdichte direkt proportional. Dabei wächst aber diese Geschwindigkeit noch langsamer, als v oberhalb 460 m/sek, denn infolge der bedeutenden Verzögerung ($b = b + 2 \cdot g$; $2 g$ ist konstant, b ist hier verhältnismäßig klein) nimmt die Masse und damit die Querschnittbelastung rasch ab, während die Luftdichte wegen der langsamen Aufwärtsbewegung nur langsam abnimmt. Und wenn nun das anfängliche Verhältnis zwischen Querschnittsbelastung und Luftdichte klein genug ist, so kommen wir eben zu jener Grenze, wo auch diejenige Geschwindigkeit, bei der die geringste Verzögerung stattfindet, nicht mehr zu, sondern abnimmt, weil die Querschnittsbelastung rascher abnimmt als die Luftdichte.

Daß hohe Querschnittsbelastung für eine Rakete von Vorteil ist, das kann man auch ohne höhere Mathematik verstehen. Man denke sich eine Rakete mit dem Querschnitt 1. Der Luftwiderstand betrage 1 kg und ihr Gewicht ebenfalls. Wenn ihre Aufwärtsbeschleunigung 30 m/sek² ist, so muß also der Rückstoß im ganzen 5 kg ausmachen, wovon der Luftwiderstand den 5. Teil vernichtet. Wäre dagegen das Gewicht der Rakete gleich 2 kg, und würde alles andere so bleiben wie beim ersten Beispiel, so wäre der gesamte Rückstoß 9 kg, und der Luftwiderstand würde nur noch $^1/_9$ des ganzen Antriebes vernichten. Wenn wir nun aber noch beachten, daß dabei auch $\bar{v}$ wächst, so wird die Rechnung noch günstiger. Es wird dann zwar der Luftwiderstand auf 2 kg erhöht, dafür dauert aber der ganze Antrieb entsprechend kürzere Zeit, so daß beim Durcheilen derselben Luftschicht bei derselben Beschleunigung die Verluste durch Luftwiderstand und Schwere von 40% auf 28% herabsinken würden. Und wenn man gar bedenkt, daß bei größerem $\bar{v}$ auch die Beschleunigung wächst, so werden die Verluste durch Luftwiderstand und Schwere noch geringer. Wenn nun der ideale Antrieb in beiden Fällen derselbe ist, so ist also die Endgeschwindigkeit im zweiten Falle jedenfalls wesentlich größer.

Voraussetzung ist dabei natürlich, daß der ideale Antrieb in beiden Fällen derselbe ist. „Hohe Querschnittsbelastung", das heißt demnach natürlich nicht, daß die Querschnittsbelastung so wie etwa bei einem Geschoß auch durch Vermehrung der Metallteile erfolgen dürfe. Es würde zwar auch in diesem Falle der Wert für $\bar{v}$ hinauf rücken, das wäre aber nur, weil die Rakete jetzt schneller fahren müßte, um im Kampf mit der größeren Schwere wenigstens zu retten, was noch zu retten ist. Zum geringeren Massenverhältnis $\frac{m_0}{m_1}$ käme also jetzt auch noch der Zwang, schneller zu fahren und stärker gegen den Luftwiderstand anzukämpfen.

Um dies deutlicher auszudrücken, hat Hoefft die Ausdrücke „dynamische" und „tote" Querschnittsbelastung geprägt. Ich bin nun aber gegen die Prägung neuer Ausdrücke, wenn ich glaube, das was ich sagen möchte, auch mit Hilfe der vorhandenen sagen zu können. Und ich glaubte schon, ich hätte dies in den ersten beiden Auflagen dieses Buches klar genug ausgedrückt, wenn ich schrieb, die Querschnittsbelastung müsse so hoch als möglich, das Leergewicht dagegen müsse so gering als möglich sein, und wenn ich ein Drittel des Buches mit Konstruktionsvorschlägen ausfüllte, um zu zeigen, wie das zu machen ist.

Trotzdem haben es zwei Autoren (ich will keinen Namen nennen) fertig gebracht, zu behaupten, ich wolle die Querschnittsbelastung durch Vermehrung des Totgewichtes vergrößern. Bei dem einen hat dabei wahrscheinlich ein gewisses Nichtverstehenwollen mitgespielt[1]), beim anderen dagegen kann ich nur annehmen, daß er mein Buch nicht ordentlich gelesen hat, wenn ich nicht annehmen soll, daß er beinahe die Hälfte davon nicht verstanden hat.

Jetzt kommt es also einfach darauf an, $\bar{v}_0$ im Verhältnis zu $2 \cdot g \cdot \frac{H}{c}$, oder was dasselbe bedeutet: Das Produkt $\bar{v}_0 c$, absolut genommen, möglichst groß zu machen. Mittel dazu sind lange und dünne Bauart, Verwendung spezifisch schwerer Flüssigkeiten, Verringerung der Luftdichte, z. B. indem man die Rakete vor dem Aufstieg durch Flugapparate emportragen läßt, oder endlich die Erhöhung der Auspuffgeschwindigkeit. Was in dem einen oder in dem anderen Falle vorzuziehen ist, das kann nur eine eingehende Durchrechnung lehren, bei Modell B z. B. überwiegen bei der unteren Rakete die Momente, die für die Wahl eines spezifisch schweren Brennstoffes, bei der oberen die Momente, die zugunsten einer hohen Auspuffgeschwindigkeit sprechen (vgl. S. 250ff). Dasselbe gilt in bezug auf die Füllung der Brennstoffbehälter des Modelles C.

Obwohl nun genau genommen keine Rakete mit der günstigsten Geschwindigkeit fahren kann, so sind diese Ableitungen doch von Wert. Denn sie sagen uns, was anzustreben ist und was wir bestenfalls erwarten dürfen. Daneben sagen sie uns auch noch etwas: Wenn wir uns nicht allzu weit von den Verhältnissen entfernen, die wir hier vorausgesetzt haben, so können wir die Abweichungen leicht abschätzen und in der Rechnung in Form von Korrekturen anbringen. Diese Formeln geben uns also ein Gerippe für eine umfassendere Raketentheorie.

Der bekannte Schriftsteller Valier hat mir vorgeworfen, ich hätte die Aufgabe zu vielrechnerisch angefaßt. Es ist darauf zu antworten:

Eine Theorie kann niemals zu exakt durchgearbeitet sein. Die Dinge, die ich aus den Formeln für die günstigste Geschwindigkeit herausgelesen habe (z. B. daß Zeit, Massenverhältnis, Kraft, Beschleunigung, Höhe, Luftdichte usw. Funktionen der günstigsten Geschwindigkeit allein sind, nicht aber daneben noch von der absoluten Größe usw. abhängen) sind überaus wichtig, und sie lassen sich doch nur aus diesen Formeln herauslesen. Etwas anderes wäre es dann freilich, wenn ich ein bestimmtes Modell bis in alle Einzelheiten berechnen wollte; dort liegt es dann aber ganz in meinem Belieben, wie weit ich diese Formeln vereinfachen und die eingesetzten Zahlen abrunden will. Daß ich es getan habe, sagte ich bereits auf S. 2. Ich meine, jede Näherungsrechnung muß in einer exakt ausgearbeiteten Theorie wurzeln, dann erst darf

[1]) Er möchte mir nämlich gerne einen Hieb versetzen, und da es bei ihm hierzu auf sachlichem Gebiete nicht reicht, so versucht er es wenigstens auf stilistischem.

man vereinfachen, denn man kann sich dann erst Rechenschaft über die Tragweite der Vereinfachungen geben. Nachher soll man freilich auch vereinfachen, denn es hat natürlich keinen Sinn, für Werte, die auf Zehntel genau sein können, Zahlen einzusetzen, die auf Hundertstel ausgerechnet sind.

Dem Vorwurf „Vielrechnerei" möchte ich hier auch noch etwas entgegen halten: Diese Formeln habe ich einmal berechnet und einigemale kontrolliert, seither habe ich sie und kann mit ihrer Hilfe im Laufe von wenigen Stunden jede beliebige Konstruktionsaufgabe befriedigend lösen. Wenn man dagegen z. B. die 1. Auflage von Goddards Buch „A method of reaching extreme altitudes" aufmerksam liest, kann man sich des Eindruckes nicht erwehren, daß er an manchen seiner Tabellen wochen- oder monatelang gearbeitet hat, bis er alles so weit durchstudierte und abänderte, daß er annähernd die beste Lösung fand. Dabei ist er aber erst recht noch nicht sicher, nun auch wirklich die beste Lösung zu haben. Ich glaube also, man rechnet gerade viel weniger, wenn man gute Formeln hat. — Übrigens hat Valier die Vielrechnerei oft nur dadurch vermieden, daß er sich seine Berechnungen und theoretischen Ableitungen — von mir machen ließ, wenn er nicht mehr weiter konnte.

9. Kapitel.

Der Andruck.

Formelgrößen des 9. Kapitels.

a: Andruck.
t: Zeit.
g: Fallbeschleunigung auf der Erdoberfläche.
h: Abstand vom Erdboden.
m: Raketenmasse.
r: Erdradius.
s: Bremsstrecke.
v: Geschwindigkeit.
z: Fliehkraft.
T: Umlaufzeit eines Karussels usw.
ϱ: Krümmungsradius der Bahn.

1. Erklärung.

Wir betrachten einen Mann, der ruhig dasteht. Die Schwerkraft greift an allen Atomen seines Körpers an und sucht sie hinabzuziehen. Wenn die Atome dem Zuge der Schwere folgen könnten, so würde jedes mit einer Beschleunigung von 9.81 m/sek^2 fallen, das heißt, es würde sich am Ende der ersten Sekunde 9,81 m/sek schnell, am Ende der zweiten $2 \cdot 9{,}81$ m/sek schnell, am Ende der n-ten $n \cdot 9{,}81$ m/sek schnell nach abwärts bewegen. Nun werden aber die Weichteile vom Knochengerüst festgehalten, dieses wieder stützt sich auf die Füße, und die Füße werden (wie wir auf S. 3ff. sahen) von der Erde mit derselben Kraft emporgestoßen, mit der der Körper nach unten drückt. Wir sagen: Der Körper kann nicht fallen, denn er ist unterstützt.

Daraus, daß die einzelnen Atome alle fallen möchten, daß sie aber durch eine Kraft daran gehindert werden, die nur außen am Körper angreift, folgen nun gewisse Zug- und Druckspannungen innerhalb des Körpers, wir können z. B. den Arm nicht ohne Muskelanspannung wagerecht halten, die Eingeweide werden nach unten gedrängt usf. Wir bezeichnen diesen Zustand indem wir sagen: Der Mann steht unter einem Andruck von 9,81 m/sek^2 gegen die Erdoberfläche.

Wäre die Schwere geringer, z. B. nur 3,72 m/sek^2, wie auf dem Mars, so wären natürlich auch alle diese Spannungen entsprechend kleiner, unser Mann könnte wie eine Primaballerina auf der großen Zehe stehen, die Seitenäste der Bäume könnten nach Laßwitz dreimal so lang sein, ohne abzubrechen, die Tiere könnten nach Gauß dreimal so groß wachsen, ohne zu plump zu werden, u. a. m. Wäre dagegen die Schwerebeschleunigung 271 m/sek^2, wie auf der Sonne, so wären alle diese Zug- und Druckspannungen $\frac{271}{9{,}81} = 28$ mal größer als auf der Erde; ein Mensch würde da blitzschnell zu Boden stürzen und auf dem Boden auseinanderspritzen, wie wenn er aus weichem Teig gemacht wäre.

Würde die Schwerkraft gänzlich fehlen, so würden auch diese Zug- und Druckspannungen aufhören: Die Füße würden nicht mehr gegen den Boden gedrückt, der Mensch würde einem Engel gleich in der Luft schweben, die Arme könnte er, ohne zu ermüden, wagerecht ausstrecken, oben und unten hätten ihren Sinn verloren usf.

Andruck entsteht also einmal, wenn alle Atome eines Körpers dieselbe beschleunigte Bewegung anstreben, wenn aber eine Kraft, die nur an einem Teile des Körpers angreift, das Zustandekommen dieser Bewegung verhindert. — Nach dieser Definition wäre der Mann auch dann einem Andruck ausgesetzt, wenn er hängt, sitzt, liegt oder auf dem Kopfe steht. Diese verschiedenen Stellungen wirken zwar auf dem Menschen ganz verschieden; wenn er am Reck hängt, so wird er müde, wenn er auf dem Kopf steht, wird er taumlig, wenn er liegt, so ruht er aus, usw. Aber diese verschiedenen Wirkungen beruhen nur auf der Verschiedenheit der Unterstützung; der Andruck beträgt in allen diesen Fällen, so lange sich der Mensch nicht bewegt, 9,81 m/sek^2.

Der Andruck kann aber auch auf andere Weise zustande kommen: Wird ein Wagen in voller Fahrt gebremst, so werden alle seine Insassen, und zwar jeder Teil ihres Körpers proportional seiner Masse, nach vorwärts gedrängt; fährt der Wagen schnell an, so werden sie nach rückwärts angedrückt.

Wenn unser Mann in einem Lift im schwerefreien Raum schweben würde, und dieser Lift würde sich in der Richtung von seinen Füßen nach seinem Kopfe hin in beschleunigte Bewegung setzen, so würde er auf den Boden gedrückt. Gegenstände, die in diesem Lift freigelassen würden, würden scheinbar mit gleichförmig beschleunigter Bewegung zu Boden fallen, im Körper des Menschen würden dieselben Zug- und Druckspannungen auftreten, als befände er sich auf einem anziehenden Weltkörper. Bei einer Beschleunigung von 9,81 m/sek^2 z. B. wäre sein Zustand in nichts von dem auf der Erde verschieden. (Andruck durch Trägheit.)

Beschreibt ein Wagen eine scharfe Kurve, so werden die Insassen durch die Fliehkraft seitlich geschleudert. Da die Fliehkraft auch nur eine Äußerung der Trägheit ist, so kann sie ebenfalls Andruck hervorrufen.

Definition: Ein Körper (oder ein System von Körpern) ist einem Andruck ausgesetzt, das heißt also: es wirkt auf einen Teil des Körpers eine äußere Kraft (die Unterstützung), die den Bewegungszustand des Schwerpunktes beeinflußt (die ihn also z. B. am Fallen hindert, von seiner Bahn abbringt, beschleunigt oder verzögert), so daß also zwischen den einzelnen Molekülen Zug- und Druckspannungen entstehen, die nicht vorhanden wären, wenn diese Kraft nicht wirken würde, d. h. wenn also der Körper dem Andruck nicht ausgesetzt wäre.

Wir wollen hier nur an Körper denken, die neben dem Wirkungsradius der Molekularkräfte groß, neben den wichtigeren Himmelskörpern aber verschwindend klein erscheinen. (Obwohl man auch die Erscheinung der Adhäsion, der Kapillarität usw. einesteils, sowie die Erscheinung der Ebbe und Flut und ähnliches anderenteils, auch unter dem Gesichtspunkt des Andruckes behandeln könnte.)

Der Ausdruck „Unterstützung" ist hierbei sehr weit zu fassen. Jede Kraft, die den Körper hält, kann als Unterstützung gelten, wenn sie nur nicht selbst jedem Massenteilchen dieselbe Beschleunigung erteilen möchte. Demnach ist ein Buch, welches auf dem Tisch liegt, ebensogut unterstützt, als eine hängende Lampe; die Flüssigkeit in einem Becher ist unterstützt, ebenso ein schwimmender Körper; unterstützt sind weiter die Papierschnitzel. die an einer elektrisierten Siegellackstange, oder Eisenstücke, die an einem Magneten hängen. Denn auch die elektrischen oder magnetischen Anziehungskräfte würden nicht jedem Molekül die gleiche Beschleunigung erteilen (wie etwa hier die Schwerkraft).

Nicht unterstützt ist dagegen nach unserer Definition etwa der Radfahrer in der unterbrochenen Schleife (Abb. 46).

Es ist wahr, der Artist kann nicht im Sinne der Erdanziehung herabfallen, da dies die Zentrifugalkraft verhindert. Die Zentrifugalkraft wirkt aber selbst auf jedes Teilchen in gleicher Weise beschleunigend ein. Schwere und Fliehkraft halten sich sicher schon in jedem Atom das Gleichgewicht, und der Körper bewegt sich (abgesehen vom Luftwiderstand) so, wie sich jedes Atom bewegen würde, wenn es frei beweglich wäre. Aus der Bewegung des Körpers folgen also keinerlei Zug- und Druckspannungen zwischen den einzelnen Atomen: Der Körper ist überhaupt keinem Andruck ausgesetzt. Wenn er aber „unterstützt" wäre, so müßte ein Andruck gegen die Stütze da sein, der nur aus Zug- und Druckspannungen zwischen den einzelnen Molekülen entstehen darf.

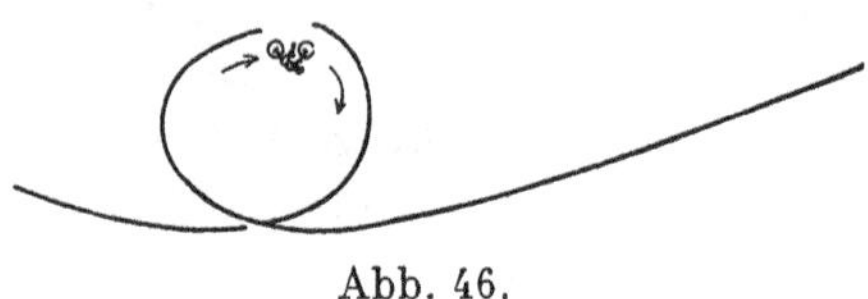

Abb. 46.

Der Andruck hat die Dimensionen einer Beschleunigung (im technischen Maßsystem also m/sek²) und ist wie diese eine Vektorgröße. Seine physikalische Wirkung hängt nur von seiner absoluten Größe, von der Natur des beeinflußten Körpers und der Art der Unterstützung, nicht aber von der erzeugenden Massenkraft ab.

2. Berechnung des Andruckes.

Andruck durch Trägheit: Der Andruck ist hier gleich der Beschleunigung oder der Verzögerung. Dazu muß dann gegebenenfalls die Erdschwere vektoriell addiert werden. Wird z. B. die Geschwindigkeit v auf der Strecke s gleichförmig erzeugt oder abgebremst, so finden wir den Andruck a aus den Formeln für die gleichförmig beschleunigte Bewegung (t: Zeitdauer der Beschleunigung):

$$v = a \cdot t; \quad s = \frac{1}{2} \cdot a \cdot t^2; \quad t = \frac{v}{a}; \quad s = \frac{v^2}{2a}; \quad a = \frac{v^2}{2s}. \tag{52}$$

Ändert sich die Geschwindigkeit ungleichmäßig, so gibt uns diese Rechnung natürlich nur einen Durchschnittswert für den Andruck während einer bestimmten Zeitspanne, während der Höchstwert ja größer wäre. Nun sind aber die meisten Körper (unter anderen auch der menschliche Körper, vgl. S. 92) so beschaffen, daß sie einen Andruck dauernd vertragen, wenn sie ihn nur überhaupt vertragen, und so gibt uns die Beobachtung einer ungleichförmigen Geschwindigkeitsänderung nur die untere Grenze der Andrucksfestigkeit, nicht die Andrucksfestigkeit selbst. Beispiel:

Wenn ein Mensch von einem 5 m hohen Sprungbrett in das Wasser springt, so kommt er auf dem Wasser mit einer Geschwindigkeit von $\sqrt{2 \cdot g \cdot h} = 10$ m/sek an. Nun dringt er etwa 2 m tief in das Wasser ein, der Durchschnittswert der Verzögerung wäre also $\frac{v^2}{2 \cdot s} = 25$ m/sek^2; dazu käme dann noch die Erdschwere mit rund 10 m/sek^2, so daß der Durchschnittswert des erlittenen Andruckes 35 m/sek^2 beträgt. Dies ist aber nur die untere Grenze für die Andruckfestigkeit dieses Menschen in der Richtung vom Kopf zu den Füßen. Als er mit voller Geschwindigkeit auf das Wasser traf, da war dessen Widerstand offenbar größer, als etwa zu der Zeit, da er schon bis an die Brust eingetaucht war und nun langsam und fast nur noch unter dem Einflusse der Erdschwere völlig untersank. Diese Beobachtung lehrt uns also nur, daß der Mensch mehr verträgt, als 35 m/sek^2, wieviel er mehr verträgt, das lehrt sie uns nicht.

Man kann diese Zahl genauer bestimmen, wenn man auf einer geeigneten Filmaufnahme (noch besser auf einer Zeitlupenaufnahme) die Geschwindigkeit mißt, mit der ein Springer in das Wasser taucht. Wenn man sich über das Vorrücken des Springers von einem Bilde bis zum nächsten eine Tabelle macht, und wenn man dann weiter die Zeit kennt, die zwischen den einzelnen Aufnahmen verstrichen ist, so kann man daraus leicht seine Geschwindigkeit und die im Wasser erlittene Verzögerung berechnen. Den Andruck erhält man dann, wenn man zur Verzögerung noch die Erdschwere hinzuzählt. Auf diese Weise fand ich Zahlen, die 1,4—2mal so groß waren als die, die ich hier als Mittelwerte angab. Leider erheben meine diesbezüglichen Messungen keinen Anspruch auf Genauigkeit. Ich mußte einfach ein paar Sportfilme nehmen, die ich gerade bekam, und auf denen ich den zurückgelegten Weg nur an der Körperlänge des Schwimmers abschätzen konnte. Es wäre eine dankbare Aufgabe, die Messung an genauer vorbereiteten Zeitlupenaufnahmen zu wiederholen.

Da der Andruck die Dimensionen einer Beschleunigung hat, so hängt seine Größe natürlich nicht nur von der absoluten Größe der Geschwindigkeit ab, die dabei abgebremst wurde, sondern es kommt auch auf die Zeitdauer der Geschwindigkeitsänderung, oder was damit zusammenhängt, auf die Bremsstrecke an.

Wenn z. B. Herr Dr. Weber schreibt, die sekundliche Geschwindigkeitsänderung, die man beim Absprung aus einem mit 120 km/st fahrenden Zug erleide, betrage 30 m/sek^2, so ist das ein Irrtum. Der Eilzug fährt zwar mit einer Geschwindigkeit von 33 m/sek, diese wird aber, sobald der Körper des Menschen den Boden berührt, fast augenblicklich auf 4—5 m/sek abgebremst. Mit dieser Geschwindigkeit läuft der Mensch dann noch einige Meter neben dem Zuge her. Die Geschwindigkeitsänderung des Menschen während der ersten Zehntelsekunde ist also bedeutend größer, sie würde, wenn sie eine ganze Sekunde lang wirken sollte, eine Verzögerung von mindestens 450 m/sek² hervorrufen, und das hält in der Tat kein Mensch aus. Die sekundliche Geschwindigkeitsänderung würde nur dann 30 m/sek² nicht übersteigen, wenn die Geschwindigkeit während einer hinreichend langen Zeit, oder was dasselbe bedeutet, auf einer hinreichend langen Strecke zum Stehen käme, d. h. wenn wir etwa auf einen 30—40 m hohen Haufen aus Federn oder ganz lockerem Stroh springen würden. Übrigens sollte es einem akademischen Lehrer nicht passieren, daß er Geschwindigkeit und Beschleunigung miteinander verwechselt. Ganz denselben Fehler hat auch Herr Dr. Hein in seinem bekannten Kosmosaufsatz gemacht, wo er schreibt, ein mit 40 m/sek auf einer Wasserfläche auffallender Schwimmer sei einem Andruck von 40 m/sek² ausgesetzt.

Auch Jules Verne begeht im bekannten Roman „Reise um den Mond" ein paar arge Sünden gegen die Andrucksrechnung. Ich nenne hier u. a. die Idee, daß die Insassen den Stoß beim Abfeuern des Projektiles überleben würden, wenn sie auf einem $2^1/_2$ m hohen Wasserpolster liegen würden. In Wirklichkeit müßte dieser Polster mindestens 1000 Km hoch sein: $a = \frac{v^2}{2s}$; die Formel ist unerbittlich.

Sehr hohem Andruck wird ein fester Körper für kurze Zeit beim Stoß ausgesetzt. Fällt z. B. eine elfenbeinerne Billardkugel aus 20 cm Höhe auf eine Marmorplatte, so kommt sie dort mit einer Geschwindigkeit von rund 2 m/sek an. Diese Geschwindigkeit wird während des Anpralles abgebremst, dabei beträgt die Bremsstrecke sicher für keinen Punkt der Kugel mehr als 1 mm. Den durchschnittlichen Andruck (a) während des Anpralles finden wir:

$$a = \frac{4}{0{,}002} = 2000 \text{ m/sek}^2 .$$

Der Höchstwert ist noch höher.

Der Andruck durch die Fliehkraft ist natürlich gleich der Zentripetalbeschleunigung, also falls v die Geschwindigkeit und ϱ der Krümmungsradius ist, so ist

$$a = \frac{v^2}{\varrho} \qquad (53)$$

vektoriell vermehrt um die Schwere. Wenn z. B. Pegoud mit einer Geschwindigkeit von 40 m/sek in einer wagerechten Spirale von 30 m Krümmungsradius fuhr, so war die Zentrifugalbeschleunigung gleich 53,3 m/sek², und im ganzen war er einem Andruck von

$$\sqrt{53{,}3^2 + 10^2} = 54{,}2 \text{ m/sek}^2$$

ausgesetzt. (Dies folgt aus dem pythagoraeischen Lehrsatz.)

3. Erscheinungen des Andrucks.

Der Zustand des Andrucks ist dadurch gekennzeichnet, daß sich jeder Teil des Systems so weit als möglich in der Lotrichtung verschieben möchte; die Kraft, mit der er dies anstrebt, ist dem Produkt seiner Masse mit dem Andruck gleich.

Beispiel: Das Lot zeigt genau die Richtung des Andruckes an. Die Stärke, mit der es am Faden zieht, ist dem Andruck direkt proportional. Der Andruck läßt sich somit durch den Zug messen, den ein bestimmtes Gewicht auf eine elastische Feder ausübt.

Solange die Rakete brennt, ist sie einem Andruck von der Spitze nach der Düsenmündung hin ausgesetzt; wenn das Feuer abgestellt wird, und die Rakete wie ein abgeschossenes Projektil weiterfliegt, fehlt überhaupt jeder Andruck. Auch das stärkste Schwerefeld kann dann kein Lot anziehen, weil der Aufhängungspunkt dem Zug ebenso folgt, wie das Gewicht selbst. Man kann also das Lot nicht gebrauchen um festzustellen, ob die Rakete senkrecht aufsteigt, da hier das Lot, wenn die Rakete nicht brennt, ohne bleibende Richtung, und wenn sie brennt, stets nach der Düsenmündung hinzeigt. Die Fahrtrichtung läßt sich am besten mit Hilfe von Kreiselkompassen regulieren (K 13). Dagegen kann man den erzeugten Andruck zur Messung der Beschleunigung benützen, etwa mit Hilfe einer Federwage oder mit Hilfe des nebenstehenden Apparates:

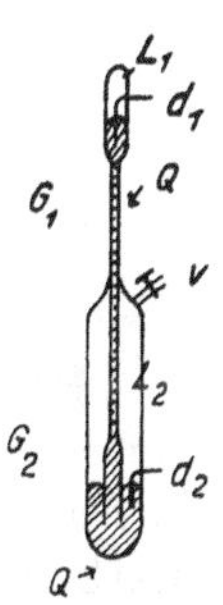

Abb. 47.

Das Glasrohr G_1, welches nicht zu weit sein darf, steckt luftdicht im Glasrohr G_2, und reicht hier nicht ganz bis auf den Boden. Die beiden Luftvolumina L_1 und L_2 sind voneinander durch Quecksilber Q getrennt, das dünn gezeichnete Stück von G ist aus Metall. Wächst der Andruck, so wird L_1 größer und L_2 kleiner, wodurch der Draht d_1 weiter aus dem Querksilber auftaucht, dadurch wird ein Strom, der durch d_1 d_2 geht, geschwächt. v ist ein Ventil, um nach L_2 Luft zu pumpen oder Luft abzusaugen, falls der Apparat nicht richtig zeigt. Der Dämpfungsfaktor der Schwingung soll 2,1 betragen, oder aber es muß die Schwingungsdauer sehr lang sein. Der Einfluß der Gravitationskomponenten kann dadurch in Rechnung gebracht werden, daß in den Strom durch d_1 d_2 regulierbare Widerstände eingeschaltet sind.

Flüssigkeiten suchen so weit als möglich lotwärts zu kommen. Werden sie hieran dadurch gehindert, daß sie in einen Behälter gefüllt sind, so suchen sie diesen Behälter zu sprengen (Seitendruck). Der Seitendruck ist dem Andruck auch proportional, was z. B. bei der Berechnung der Wandstärke meiner Rakete zu beachten ist. Flüssigkeiten in hohen dünnen Behältern suchen diese wohl auch zu knicken (vgl. Abb. 48).

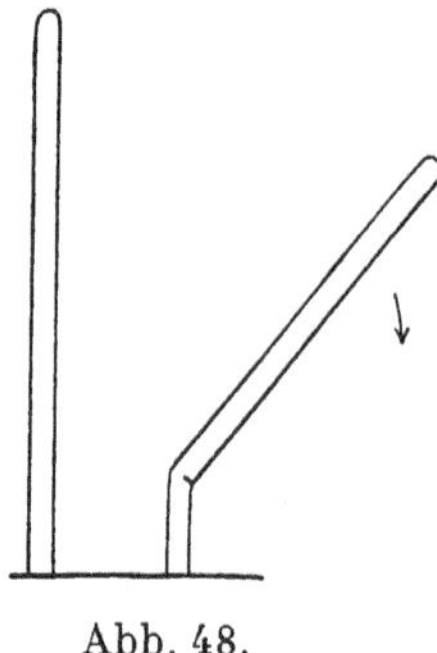

Abb. 48.

Wenn der Behälter hermetisch verschlossen ist, kann man dies u. a. durch Prallfüllung verhindern, also indem man den Innendruck größer macht als den Außendruck.

Im Wasser suspendierte Körper von anderer Dichte werden entgegen den Molekularkräften aus diesen gefällt, ceteris paribus um so schneller, je größer der Andruck ist. Durch den Gravitationsdruck wird z. B. die Milch in 24 Stunden entrahmt, in der Milchzentrifuge geht derselbe Vorgang in 5—6 Minuten vor sich. Ebenso schlagen sich bei den Modellen *A* und *D* im flüssigen Wasserstoff entstehenden Eiskristalle rasch in der Rinne zwischen der Mantelfläche und der Düse nieder und werden nicht so leicht in das Rohr *t* hineingerissen. In kochenden Flüssigkeiten steigen die Gasblasen um so schneller auf, je größer der Andruck ist, aber die mitgerissenen Flüssigkeitsteilchen fallen um so schneller wieder in die Flüssigkeit zurück, und da der Dampfwiderstand gegen mitgerissene Flüssigkeitsteilchen mit dem Quadrate der Geschwindigkeit wächst, so spritzen sie nicht einmal so hoch hinauf. Dies ist wichtig, um die Arbeitsweise der Raketen mit flüssigen Brennstoffen zu beurteilen.

4. Verhalten des Menschen erhöhtem Andruck gegenüber.

a) Physische Wirkung hohen Andruckes.

Bei allzuhohem Andruck müssen Zerreißungen oder Quetschungen der inneren Organe, Unterbrechungen gewisser Nervenbahnen im Gehirn und ähnliche innere Verletzungen eintreten. Wenn wir also in ein stark und anhaltend beschleunigtes Fahrzeug einen Menschen bringen wollen, so müssen wir untersuchen, was wir in dieser Beziehung dem Menschen gerade noch zumuten dürfen. Ich will das hier an ein paar Beispielen tun:

Beim Absprung auf eine Wasserfläche aus 8 m Höhe in gerader Haltung steigt der Andruck über 40 m/sek². Durch Andruck hat dieser

Sprung wohl noch nie einem gesunden Menschen geschadet. Bei Kopfsprüngen aus dieser Höhe wird allerdings Andrang des Blutes nach dem Kopfe, Ohnmacht, Schlagfluß beobachtet, obwohl hier die Bremsstrecke größer ist (Vorstrecken der Arme, Schlag nach rückwärts). Also verträgt der Mensch in der Richtung von dem Kopfe nach den Füßen mehr Andruck, als in umgekehrter Richtung. — Den größten Andruck verträgt der Mensch in der Transversal- und Sagittalrichtung, d. i. soviel wie „in liegender Stellung". Weil hier nämlich bei gleichem Andruck die Zug- und Druckspannungen am kleinsten sind, konnte ihm die Natur in dieser Richtung die größte Andrucksfestigkeit geben. Nun hätte die Natur aber ebensogut auch Material sparen und etwa das Bindegewebe in dieser Richtung schwächer lassen können. Dies letztere geschah wohl aus Zweckmäßigkeitsgründen nicht. Es kommt so oft vor, daß wir seitlich ausgleiten und hinfallen, daß wir nicht lebensfähig wären, wenn wir dabei jedesmal innere Verletzungen davon tragen würden, wie zu hoher Andruck sie mit sich bringt. Und der Andruck ist dabei der meist kurzen Bremsstrecke wegen hoch. — Bekannt ist der Kopfsprung nach rückwärts in das Wasser. Man stellt sich mit dem Rücken gegen das Wasser und läßt sich nach rückwärts fallen, während die Füße zunächst am Sprungbrett bleiben. Dadurch entsteht eine Drehbewegung, die gerade so groß sein soll, daß man den Kopf senkrecht nach unten, auf dem Wasser ankommt. Nimmt man die Füße zu früh vom Sprungbrett, so fällt man auf den Rücken (Abb. 49). War das Sprungbrett 2 m über dem Wasser, so hat dabei die Haut einen Andruck von bis 200 m/sek² (wegen der Härte des Wasserspiegels) auszuhalten. (Dafür wird sie aber auch krebsrot.)

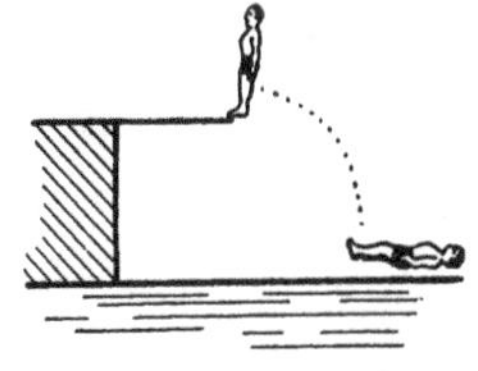

Abb. 49.

Der übrige Körper erleidet einen Andruck von 80 m/sek², Kopf und Beine bis 70 m/sek². Ist man so vorsichtig und legt die Arme so weit nach rückwärts, daß der Lendengegend der Anprall mit dem Wasserspiegel erspart bleibt, so steigt auch für die Nieren der Andruck nicht über 80 m/sek², und man hat außer einem roten Rücken keinerlei Nachteil. — Ich glitt einmal, als ich von einem 6 m hohen Gerüst in das Wasser absprang, aus, und fiel auf die Seite. Ich konnte nicht die geringste Schädigung durch Andruck feststellen.

Demnach scheint der menschliche Körper in der Richtung vom Kopfe nach den Füßen einen Andruck bis zu 60 m/sek², quer dazu einen solchen von 80—90 m/sek² ohne Schaden zu vertragen. Es ist nun die Frage, ob er diesen Andruck auch dauernd, d. h. wenigstens 200—600 Sekunden lang verträgt. Man könnte folgendermaßen argumentieren: Wenn ich an einem Dynamometer einen Faden anbinde und bringe den

Zeiger des Dynamometers mit einem kurzen scharfen Zug am Faden auf 100 g, so kann ich sagen, der Faden verträgt den Zug von 100 g dauernd, sicher verträgt er dauernd mehr als 80 g. Nehme ich aber statt eines Woll- oder Baumwollfadens etwa einen Draht, den ich mir aus Pech gedreht habe, so ist damit, daß er einen Zug von 100 g im Augenblick aushält, noch lange nicht gesagt, daß er auf die Dauer auch nur 10 g verträgt. In der Tat, schon bei der kleinsten Dauerbelastung, etwa durch sein eigenes Gewicht, wird er ununterbrochen länger und dünner, bis daß er schließlich abreißen muß. — Es gibt auch Zwischenstufen. Ist z. B. ein Schlauch aus starkem Papier mit Pech gefüllt, so haben wir ein Gebilde, welches nicht beim geringsten dauernden Zug zerreißen muß und welches ruckweise sehr hohen Zug verträgt, wenn es nur Zeit hat, nachher seine Form wieder zurückzugewinnen. Wirkt der Zug aber dauernd, so nimmt der Widerstand bedeutend ab. Nun könnte man weiter sagen, daß unser Körper eben solch ein System von starrer und plastischer Substanz ist und daß verschiedene unserer Organe (Leber, Nieren, Milz) geradezu die Festigkeit von Pech bei 30° C haben. Dies Argument ist jedoch nicht stichhaltig. Die flüssige Substanz unseres Körpers hat nirgends die Viskosität von 25° warmem Pech. (Allenfalls der in den Knochen und Faszien enthaltene Leim, aber gerade diese Gebilde vertragen aus anderen Gründen fortgesetzten Zug und Druck am besten (vgl. Abb. 50).

Abb. 50. „Die Beckengondel" veranschaulicht die Festigkeit des Bindegewebes am menschlichen Oberschenkelkopf. Aus Kahn, „Der Mensch".

Die augenblickliche Festigkeit des erwähnten Pechschlauches beruht aber lediglich auf der Vikosität des Pechs. Die flüssigen und breiigen Bestandteile unseres Körpers dagegen werden einer Formänderung nicht mehr Widerstand entgegensetzen als etwa der Wurstbrei. Die Festigkeit unseres Körpers hängt also mindestens zu $^{19}/_{20}$ von Stoffen ab, die sich so verhalten wie oben der Wollfaden.

Im Kriege wurde folgender Fall beobachtet: Ein Flieger fuhr mit einer Geschwindigkeit von ungefähr 216 km in der Stunde = 60 m/sek in einer Schraube von höchstens 140 m Durchmesser 4 mal herum, er war also über 29 Sekunden einem Andruck von 51,5 m/sek² ausgesetzt, ohne Schaden zu nehmen. Dieser Fall spricht natürlich sehr zugunsten meiner Annahme, der Mensch werde diesen Andruck auch 200—400 Sekunden aushalten (ohne sie schon völlig zu bestätigen).

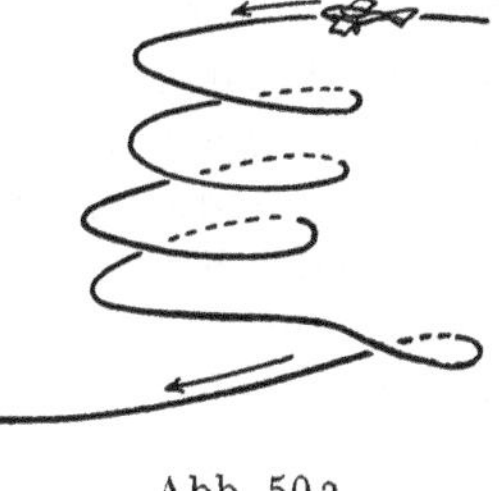

Abb. 50a.

Die hier angegebenen Zahlen von 60 bzw. 80 bis 90 m/sek² sind nun wohl nur gute Durchschnittswerte, wie sie von Menschen vertragen werden, die sich nie besonders im Ertragen hohen Andruckes geübt haben. Es hängt nun aber der Andruck nur von der Festigkeit des Bindegewebes in unserem Körper ab, und dieses läßt sich bekanntlich durch Übung kräftigen, während es bei Nichtgebrauch degeneriert. Es ist mir z. B. ein Fall bekannt, daß ein Feuerwehrmann aus 25 m Höhe absprang, in liegender Stellung am Sprungtuch ankam und dieses 1 m weit eindrückte, ohne bei diesem Sprung irgendwelchen Schaden zu nehmen. Der Andruck den er während des Anpralles auszuhalten hatte, stieg dabei sicher über 240 m/sek².

Die Hawaii-Insulaner sollen von einem 80 m hohen Felsen in aufrechter Haltung in das Meer springen. Sie müssen daher theoretisch mit 40 m/sek auf dem Wasserspiegel auftreffen. Selbst wenn man dem Umstand Rechnung trägt, daß die Fallbeschleunigung in Wirklichkeit etwas kleiner ist als 10 m/sek², und wenn man den Luftwiderstand berücksichtigt, so bleiben doch noch gute 35 m/sek für ihre Fallgeschwindigkeit übrig, und da hier der Andruck im ersten Moment mit dem Quadrate der Geschwindigkeit wächst, so hätten wir es mit einem Andruck von über 300 m/sek² zu tun. (Also mehr als die Sonnenschwerkraft!) In der „Woche" sah ich die Photographie eines Amerikaners, der aus 40 m Höhe per Kopf in das Wasser springt. Der Andruck ist hier wohl „nur" 150—200 m/sek², dafür wirkt er aber von den Füßen zum Kopf, er würde also einen ungeübten Menschen sicher töten.

Diese Fälle gehören wohl zu den Ausnahmen, immerhin sieht man aber aus den angeführten Beispielen, daß ich sehr vorsichtig geschätzt habe, als ich meinen Raketenberechnungen eine Andrucksfestigkeit des Menschen von 40 m/sek² zugrunde legte. Andere Beobachtungen über die Wirkung hohen Andrucks wurden gesammelt von Grimm, Winkler und Dr. Gillert. Vgl. hierzu auch „Die Rakete". Zeitschrift des Vereins für Raumschiffahrt, Breslau. (Besonders das Juliheft 1928 bringt wertvolle Beobachtungen.)

b) Psychologische Wirkungen abnormer Andruckverhältnisse.

Unsere Sinnesorgane für den Andruck ist der Vorhof des inneren Ohres. Dort schwebt im Gehörwasser, von elastischen empfindlichen Borsten in der Mitte des Raumes gehalten, ein Kalkkörper, der immer, wenn Andruck herrscht, auf ein paar Borsten gestützt sein muß und dadurch dessen Größe und Richtung (zum Kopfe) angibt. Ergänzt wird dies Organ durch die drei Bogengänge des inneren Ohres, die die Bewegung des Kopfes im Raume angeben, und durch das allgemeine Körperempfinden, besonders durch die Muskel-, Gelenk-, Tast- und Druckempfindungen sowie durch das Auge und das Urteil über Stellung, Lage und Bewegung. Die Zusammenhänge zwischen diesen Komponenten, d. h. die Verbindung dieser verschiedenartigen Eindrücke beruhen nur zum kleinsten Teil auf bewußter Überlegung, individueller Erlernung oder Übung; zum weitaus größten Teil beruhen sie auf ererbten Instinkten, daher die Raschheit, Zuverlässigkeit und Selbstverständlichkeit dieses Organes, solange die Bewegungen von einer Größenordnung sind, wie wir sie etwa noch durch eigene Muskelkraft hervorrufen können, daher aber auch sein auffallendes Versagen bei Bewegungen von anderer Größenordnung. Dafür zwei Beispiele:

Denken wir uns ein Karussel (vgl. Abb. 51). Der Durchmesser des Daches sei 8 m, die Sitzplätze sollen 2 m tief herabhängen. Selbst wenn es sich schnell dreht, wenn es in 6,5 sek einmal herumläuft, ist das Gleichgewichtsempfinden der Fahrenden nicht im geringsten gestört (wenn sie nicht schwindlig werden, davon später). Für $T = 6{,}5$ sek schieben sich die Sitzplätze 1,15 m nach außen, der Radius des Krümmungskreises ist also 5,15 m. Die Geschwindigkeit beträgt 5,1 m/sek, die Zentralbeschleunigung 5 m/sek^2. Der resultierende Andruck beträgt 11 m/sek^2 und ist gegen die Senkrechte um 26,6° geneigt. Trotz dieser bedeutenden Neigung des Lotes, die ja unser Körper und die Sitzplätze mitmachen, können wir einen Stab mit geschlossenen Augen wagerecht zur Erdoberfläche halten, wenigstens zeigen die Mittelwerte aus verschiedenen Stellungen des Stabes keinen systematischen Fehler. Fährt dagegen (Abb. 52) ein Flieger mit 190 km in der Stunde auf einer Kurve von 520 m Krümmungsradius, so setzt sich für ihn der Andruck aus den nämlichen Komponenten zusammen, hat also auch diesmal dieselbe Richtung und Größe. Dabei hat der Flieger aber nicht mehr das Gefühl, die Erde stehe fest, sondern er hat den Eindruck, sein Lot sei zur Senk-

Abb. 51.

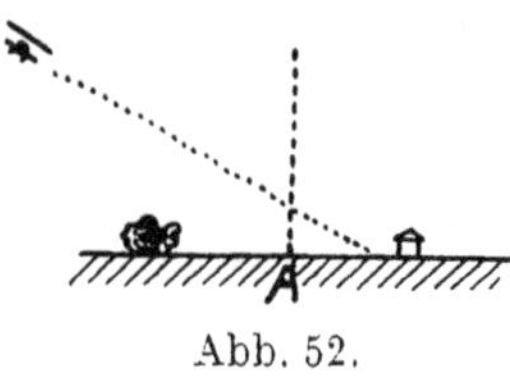

Abb. 52.

rechten etwa 10° geneigt, und die Erde habe sich um 16° gehoben, und drehe sich um die Achse seiner Bahn A (Abb. 53). Dabei fühlt er keinerlei Schwindel, solange er nicht über seine Lage nachdenkt. Der Flieger, von dem ich auf S. 93 sprach, hatte etwa den Eindruck von Abb. 54. Dabei wurde er auch nicht schwindlig, kam sich aber „merkwürdig dünn und schwer“ vor. Seine Geschwindigkeit kam ihm „eigentlich gar nicht so groß“ vor, ein Zeichen dafür, daß ihm die Zeit langsamer abzulaufen schien als normalerweise.

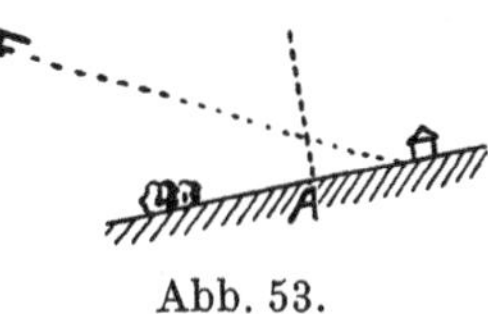

Abb. 53.

In ähnlicher Weise, wenn auch in geringerem Maße, meint man, daß die Telegraphenstangen schief stehen wenn man aus dem Fenster eines Schnellzuges hinausblickt, der auf einer Kurve fährt.

Wegen der engen Verbindungen verschiedenartiger Komponenten sind die psychischen Wirkungen desselben Andruckes unter verschiedenen Umständen verschieden. Am wenigsten unangenehm ist der Andruck infolge einer Kreisbewegung. Unangenehmer wirkt er schon bei wagerechter Beschleunigung, noch unangenehmer bei leichter Aufwärtsbeschleunigung (Lift, Bug eines Schiffes bei schwerem Seegang). Kräftigere Aufwärtsbeschleunigung wirkt dagegen keineswegs im selben Maße unangenehm. Fährt ein Lift mit 1 m/sek nach abwärts und wird auf 20 cm abgebremst, so war $^2/_5$ Sekunden lang $a = 2{,}5 + g$ m/sek^2, so wird das entschieden unangenehmer empfunden, als wenn $^2/_5$ Sekunden lang $a = 25 + g$ m/sek (etwa bei einem Sprung ins Wasser). (Eine Analogie haben wir bei der Kitzlichkeit. Leichtere Berührungen kitzeln stärker als kräftigere[1]). Sehr verschiedene Wir-

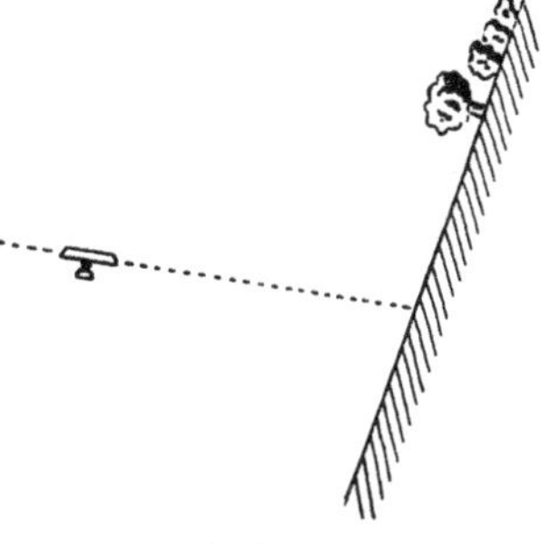
Abb. 54.

[1]) Diese Erscheinung tritt nur bei geradliniger Beschleunigung hervor. Sie ist heute durch einige hundert Beobachtungen zur Genüge erhärtet. Die tieferen Gründe dafür liegen wohl darin, daß unsere psychologischen Maßstäbe für eine leichte Geschwindigkeitsänderung noch ausreichen, bei schroffen Geschwindigkeitsänderungen dagegen versagen diese Maßstäbe, so daß wir diese Geschwindigkeitsänderung überhaupt nicht mehr begreifen.

Daß z. B. Opel und Volkhardt bei der Fahrt mit dem Raketenauto so angegriffen wurden, das liegt nicht daran, daß sie zu schnell, sondern man könnte fast sagen daran, daß sie zu langsam anfuhren. Die Beschleunigung betrug hier nämlich 8—10 m/sek^2, das gibt aber, da die Beschleunigung senkrecht zur Erdschwere stand, gerade jenen infamen Andruck von 13—14 m/sek^2, der sich beim

kungen scheint es weiter zu haben, ob wir uns schon in Bewegung wissen, oder wenigstens auf das Eintreten des Andruckes vorbereitet sind. Weiter trägt es sehr viel zur psychischen Wirkung bei, ob wir uns als Herrn der Beschleunigung fühlen, oder noch besser, ob wir uns suggerieren können, die betreffende Bewegung selbst zu wollen. Der freiwillige Sprung ins Wasser (besonders wenn wir einfach in aufrechter Haltung springen und die Knie leicht beugen, so daß wir im Unterbewußtsein den Eindruck bekommen, als wollten wir auf etwas hinabspringen), dieser Sprung meine ich, hat psychisch eine ganz andere Wirkung als ein unfreiwilliger Absturz.

Es scheinen übrigens nur solche Andrucke so verschieden zu wirken, bei denen die erzeugenden phoronomischen Größen denjenigen ähnlich sind, die wir unter günstigen Umständen noch durch bloße Muskelkraft ohne künstliche Hilfsmittel hervorrufen können. Kräftiger, anhaltender und gleichmäßiger Andruck dagegen scheint unabhängig von der Art seiner Entstehung dieselbe psychische Wirkung zu haben, man verliert den Sinn für die Stellung der Erde, und verlegt die Senkrechte in die Lotrichtung (auf Abb. 54 fast erreicht). Man verliert den Überblick über die wirklich ausgeführte Bewegung. Kurven werden unterschätzt. Die Zeit scheint langsamer zu verstreichen (vgl. auch S. 103). Die erwähnten angenehmen oder unangenehmen Nebenwirkungen verblassen um so mehr, je kräftiger und anhaltender der Andruck ist.

Die Schwindelgefühle sind im Grunde genommen recht verschieden. Allen Arten gemeinsam ist nur eines: das Mißtrauen gegen unser topisches Organ, also das Mißtrauen gegen unser Orientierungsvermögen im Raume und unsere Bewegungsapparate und der Wunsch uns irgendwo zu halten, oder uns so tief als möglich niederzuwerfen. Schwindlig werden wir, wenn unser topischer Sinnesapparat aus irgendeinem Grunde nicht normal arbeitet, also

1. wenn das Gehörwasser statt in Ruhe in Bewegung ist (wenn wir uns z. B. rasch drehen, schaukeln usw.) oder wenn unser inneres Ohr infolge Krankheit in Unordnung gerät (Meniersche Krankheit) und wir uns noch nicht an den neuen Zustand gewöhnt haben (wie etwa die Taubstummen an den Mangel des statischen Organes gewöhnt sind).

2. Wenn die eigentlich doch außerordentlich komplizierte Verbindung der topischen Eindrücke gestört ist, weil die betreffenden Gehirnpartien nicht richtig arbeiten (z. B. wegen Blutandrang, Blutleere, Fieber oder wegen Vergiftung etwa mit Alkohol oder mit Nikotin). Sei

Lift und beim schweren Seegang so unangenehm bemerkbar macht und der bei Raketenfahrzeugen unbedingt vermieden werden sollte. Wenn das Raketenauto mit 30 m/sek² angefahren wäre, so hätte das die Insassen vermutlich ebensowenig angegriffen, als etwa Wittkuhn in Breslau bei seinen Versuchen angegriffen wurde.

es endlich, weil gewisse Zwangsvorstellungen den normalen Ablauf der Assoziationen verhindern (Höhenschwindel, Lampenfieber, Platzangst u. dgl. m).

3. Entsteht Schwindel, wenn die einzelnen Komponenten unseres topischen Empfindens einander widersprechen, so daß es unzulänglich erscheint. Glücklicherweise tritt in diesem Falle der Schwindel fast nur bei intensivem Nachdenken über unsere Lage ein. Bei Kurven werden z. B. die Flieger erst schwindlig, wenn sie sich über die Bewegung der Erde Gedanken machen.

4. Wenn wir uns Mißtrauen gegen unser topisches Organ oder unsere Leistungsfähigkeit suggerieren. Wenn wir uns also sagen, wir seien der bevorstehenden Aufgabe nicht gewachsen. (Daher die alte Regel: Beim Dachdecken, Bergsteigen oder Fliegen nicht reflektieren!) — Arbeitet unser topisches Organ an sich normal, so kommt auch bei der tollsten topischen Täuschung kein Schwindelgefühl auf (vgl. Abb. 54).

Gleichmäßiger Andruck an sich erzeugt keinen Schwindel.

Die tieferen Ursachen der Seekrankheit sind bis heute eigentlich noch nicht erklärt. Sicher ist es nicht eine „Gehirnerschütterung" leichter Art (also eine mechanische Verletzung infolge abnormen Andruckes), wie in manchen medizinischen Büchern zu lesen steht, denn 1. sahen wir, daß das Gehirn ganz andere Erschütterungen verträgt als jene durch schweren Seegang; 2. werden Erwachsene leichter seekrank als Kinder. (Wer möchte sich z. B. stundenlang in einer Wiege schaukeln lassen?) Wirkliche Gehirnerschütterung tritt aber bei Kindern nachweislich schon bei geringerem Andruck auf als bei Erwachsenen. 3. Die Seekrankheit hört sehr rasch auf, sobald man festen Boden unter den Füßen hat. Eine Gehirnerschütterung, die zu ebenso bedrohlichen Symptomen geführt hat, kann tage-, wochen-, selbst monatelang dauern. 4. Seekrankheit läßt sich durch Suggestion in der Hypnose erzeugen und manchmal auch für einige Zeit heilen, Gehirnerschütterung nicht.

Es scheint sich bei der Seekrankheit um eine Reizung des parasympathischen Nervenapparates zu handeln. Interessant ist, daß es kein Mittel zu geben scheint, länger als $^1/_2$ Stunde lang Erwachsene schwindelig zu machen, ohne daß Seekrankheit folgen würde. Gleichviel ob nun der Schwindel durch Drehen, Schaukeln, Blutfülle oder Blutleere, Gehirnerschütterung (daher der erwähnte Irrtum), Nikotin oder etwas anderes hervorgerufen wird; halten die Schwindelgefühle nur lange genug an, so kommt auch die Seekrankheit. Umgekehrt kann aber anscheinend Seekrankheit auftreten, ohne daß Schwindelgefühle vorhergegangen wären. (Nachher ist natürlich Übelkeit und Erbrechen, wenn es einmal da ist, stets mit Schwindel verknüpft, weil dabei der normale Ablauf topischer Assoziationen gestört ist.) Bei meiner Rakete erzeugt der abnorme Andruck sicher kein Schwindelgefühl. Ob aber der Beobachter nicht dennoch seekrank wird, ist eine andere Frage. Ich persönlich möchte sie verneinen. Ich glaube, die Seekrankheit ist mehr durch den Wechsel von auf und ab erzeugt. Bei noch so abnormen aber gleichmäßigem Andruck, wenn z. B. das Schiff während der ganzen Fahrt nur über eine einzige riesige Welle gehen müßte, würde keine Seekrankheit auftreten.

Der folgende Apparat könnte dazu dienen, unsere Festigkeit gegen lang anhaltenden und starken Andruck experimentell zu erforschen und uns daran zu gewöhnen. Um eine Achse A (vgl. Abb. 55) dreht

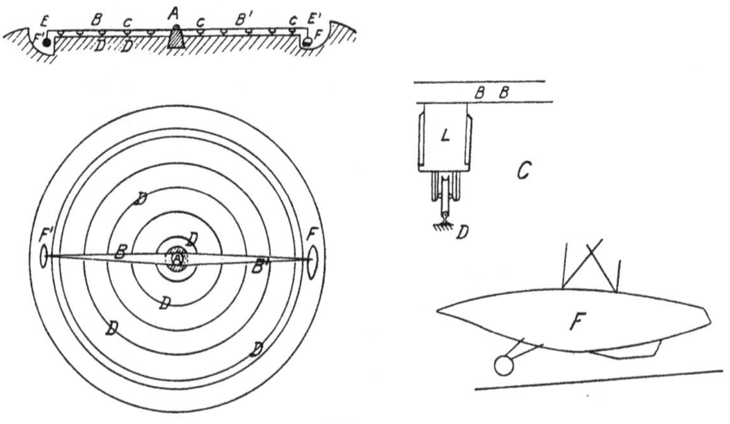

Abb. 55.

sich ein langgesteckter Metallarm B, B', der durch die Räder C gestützt wird, die auf den Schienen D laufen. Am Ende von B' hängt an Scharnier E' der Wagen F. F berührt den Boden nicht, ist unten vorne mit Rädern, hinten mit Schlittenkufen versehen, kommt also, falls B' bricht, rasch zum Stehen. Am Ende von B' hängt in E ein Ausgleichgewicht F'. Der ganze Apparat soll möglichst stoßfrei gehen, bei c sollen elastische Federn, die nicht allzu kräftig sind (noch besser: mit Luft gefüllte Kammern L) die Erschütterung aufnehmen. Die Schwingungsperiode dieser federnden Vorrichtung soll mindestens eine Sekunde betragen. Die Versuchsperson hat ihren Platz in F, von hier aus wird auch die Schnelligkeit des Wagens geregelt. Natürlich wird die Schnelligkeit der Umdrehung genau registriert. Da F im Graben G läuft und rings herum die Erde aufgeworfen ist, ist der Versuch weiter nicht gefährlich. Wegen des langsamen Anfahrens, der Größe des Krümmungskreises (der Krümmungsradius soll nicht unter 60 m betragen) und der stoßfreien

Bewegung glaubt die Versuchsperson, der Andruck stehe fast senkrecht, und wir haben so ein Mittel, neben der physiologischen die psychische Wirkung hohen Andrucks zu beobachten[1]).

Noordung schlägt eine Zentrifuge vor, bei der der Versuchswagen von einem Turm anfangs nahezu senkrecht herabhängt, und erst während der Drehung nahezu bis zur Höhe des Turmes gehoben wird. Ich will bei dieser Gelegenheit verraten, daß mein erster Entwurf dem seinigen durchaus ähnlich war. Ich kam indessen von diesem Plan wieder ab, weil dieser Apparat bei halbwegs diskutabler Armlänge viel zu kostspielig wäre. Außerdem würde dieser Turm bei der geringsten Verlagerung des Schwerpunktes ins Schwingen kommen (Funktürme führen z. B. schon infolge des Windes Schwingungen bis zu 1 m aus). Die Versuche wären daher auch nicht ungefährlich.

Gegen meinen Plan wurde nun vor allen Dingen von Eisenbahningenieuren das Bedenken geltend gemacht, daß die Räder bei C eine solche Randgeschwindigkeit schwerlich aushalten würden, und daß bei solchen Geschwindigkeiten vor allen Dingen eine Führung auf Schienen ausgeschlossen sei. — Ich möchte dem aber entgegenhalten, daß hier erstens die Schienen gar nicht zur Führung dienen. Selbst wenn nämlich diese Räder von den Schienen in die Höhe springen würden, so könnten sie doch nur wieder auf die Schienen zurückfallen, denn der starke Unterbau bei A gestattet so gut wie keine Schwingungen, und der Arm B kann in seiner Längsrichtung auch nur einige Zentimeter weit schwingen. Es wäre also auch gar nicht nötig, die Räder mit Radkränzen zu versehen, die über die Schienen greifen. Aus diesem Grunde sind auch die Schienen trotz der Kurve keiner Seitenkraft ausgesetzt. Da wir es nun gar nicht mit Eisenbahnrädern zu tun haben, so könnten beim Bau dieser Räder die Grundsätze des Lavalschen Turbinenrades zur Anwendung kommen, so daß uns auch ihre Randgeschwindigkeit keine Sorgen zu machen braucht.

[1]) Es sind schon zahlreiche Versuche über die Andruckfestigkeit des Menschen auf Apparaten mit kleinem Krümmungsradius gemacht worden. Diese sind insofern wertvoll, als sie uns zeigen, daß der Mensch tatsächlich einen Andruck von vier Erdschweren und mehr verträgt. Sie sind aber nach allem, was hier gesagt worden ist, ungeeignet, die psychologische Wirkung eines Andrucks zu studieren, bei dem die Bewegungsrichtung weniger rasch oder gar nicht wechselt. Wir wollen nun die psychologische Seite der Sache gewiß nicht überschätzen, wir dürfen sie aber auch nicht unterschätzen. — Ich regte deshalb auf der Tagung der W. G. L. in Danzig am 4. Juni 1928 den Bau dieses Apparates an. Derselbe wäre auch weit davon entfernt, ein fressendes Kapital darzustellen. Wenn er im Wiener Prater oder an einem ähnlichen Orte stehen würde, so würden sich immer Leute finden, die ein paar Groschen zahlen, um darauf herumzufahren.

5. Andrucklosigkeit.

Das Fehlen von Andruck beobachten wir auf der Erde nur dann, wenn nur die Trägheit eines Körpers seiner Schwere das Gleichgewicht hält, d. h. wenn der Körper dem Zuge der Schwere frei folgen kann, also bei nicht unterstützten (geworfenen oder fallenden) Körpern. Und auch da fehlt der Andruck eigentlich nur dann ganz, wenn der Körper sich nicht bewegt, und das kann überhaupt nur einen Augenblick lang der Fall sein (ein bewegter Körper ist ja durch den Luftwiderstand unterstützt).

Im Kosmos ist natürlich fehlender Andruck das Häufigere. Sei es, daß auf das System (wie auf den ganzen Kosmos) von außen keine Andruck erzeugenden Kräfte einwirken, sei es, daß (wie z. B. Seeliger annimmt) die Anziehungskräfte der einzelnen Fixsternsysteme nicht bis zueinander reichen, sei es, daß sie zwar einander noch anziehen, daß aber die verschiedenen Anziehungskräfte, die von außen auf das System einwirken, sich gegenseitig aufheben (das dürfte z. B. bei den Fixsternen im Innern des Milchstraßensystemes der Fall sein). Sei es endlich, daß der Körper jedem Gravitationszug frei folgen kann (Sterne am Rande der Milchstraße, Planeten usw.).

Fehlender Andruck ist dadurch gekennzeichnet, daß keinerlei von außen kommende Kräfte die Teile des Systemes gegeneinander zu verschieben trachten. Bewegliche Teile ordnen sich daher im Sinne der Kräfte an, die dem System innewohnen. Springe ich z. B. von genügender Höhe ins Wasser und halte in der Hand eine Flasche mit Quecksilber, so bildet das Quecksilber in der Mitte der Flasche eine Kugel, die nur an einer Stelle am Glase haftet (vgl. Abb. 56). (Zur Kompensierung des Luftwiderstandes halte ich die Flasche erst etwas über meinen Kopf und bewege sie dann mit zunehmender Beschleunigung nach abwärts, auch muß man sie oft etwas seitlich verschieben.) Benetzende Flüssigkeit dagegen (z. B. Wasser) sucht an den Wänden hinaufzusteigen und die Luft in die Mitte der Flasche zu drängen (Abb. 57). (Dieser Versuch gelingt übrigens nur, wenn die Wände der Flasche feucht sind. Andernfalls hat das Wasser nicht genug Zeit zum Emporsteigen.) Liegen am Boden der Wasserflasche Kieselsteine, so werden diese vom Boden weg ins Wasser hineingezogen usw.

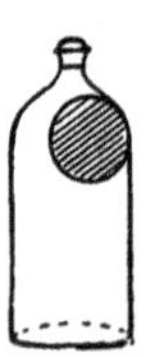
Abb. 56.

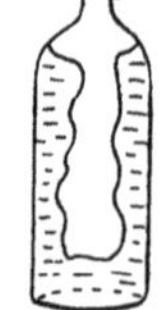
Abb. 57.

Es ist dies z. B. für die Wiederingangsetzung eines Raumschiffes wichtig. Hat man das Feuer abgestellt, so steigen die Flüssigkeiten an den Wänden empor und drängen den Dampf nach der Mitte. Es dürfen also die Rohre, durch die man Flüssigkeiten abzapft, nicht nach der

Mitte ragen. Sind dagegen Rohre vorgesehen, durch die man Dampf abzapfen will (beim Modell E konnte ich diese allerdings vermeiden), so müssen diese von oben nach der Mitte laufen und oben (für den Fahrtbeginn) und in der Mitte (für den Fall der Wiederingangsetzung) je eine verschließbare Öffnung tragen.

Können wir die Kräfte, die aus dem System stammen, vernachlässigen, so bleiben alle frei beweglichen Teile eines Systems zueinander in derselben Lage oder halten gegeneinander dieselbe gleichförmige Bewegung ein. Halte ich beim oben erwähnten Sprung einen Stein in der Hand, so kann ich ihn freilassen, und er wird zu meinem Körper in derselben Lage bleiben. Stoße ich ihn an, so bewegt er sich, von mir aus gesehen, gleichförmig weiter. Seine Querschnittbelastung muß dabei des Luftwiderstandes wegen jener meines Körpers gleich sein, er muß also ziemlich groß sein.

6. Die Wirkung geringen oder gänzlich fehlenden Andruckes auf den Menschen.

a) Physische Wirkung.

Eine Herabsetzung des Andruckes für einige Stunden oder Tage kann uns keinerlei physischen Schaden zufügen. Alle Lebensbedingungen sind sowohl in aufrechter als in liegender Stellung möglich, und es ist dabei gleichgültig, ob wir auf dem Rücken, auf der Seite oder auf dem Bauche liegen. Schon diese Tatsache beweist, daß wir nicht auf irgendeinen Andruck aus einer bestimmten Richtung angewiesen sind, wie z. B. die Pflanzen, die bei abnormen Andrucksverhältnissen ganz spaßig wachsen (dies hat Frl. Dr. R. Stoppel, Hamburg, an der Hand sinnreicher Versuche nachgewiesen).

Etwas anderes wäre es, wenn der Andruck tage- oder gar wochenlang fehlen sollte; denn unsere Muskeln und Faszien würden in diesem Falle durch den Nichtgebrauch degenerieren, und bei der Rückkehr auf die Erde würden wir durch den Andruck schwer geschädigt werden (wie z. B. die Natalka in Gails Roman „Der Schuß ins All“).

Wenn also ein Raumschiff wochenlange Fahrten unternehmen soll, so wird es gut sein, die Beobachterkammer so einzurichten, daß sie mit dem übrigen Raumschiff nur durch ein Seil verbunden ist und so schnell um dasselbe rotiert, daß infolge der Fliehkraft in der Beobachterkammer ein der Erdschwere ähnlicher Andruck herrscht. (O. W. Gail gibt in seinem Roman „Der Stein vom Mond“ eine anschauliche Schilderung einer solchen rotierenden Beobachterkammer. Allerdings hätte ich das Verbindungsseil aus psychologischen Gründen wesentlich länger bemessen.)

b) Psychische Wirkung.

Wenn also die Herabsetzung des Andruckes keine nennenswerte physische Wirkung hat, so bringt doch die Verminderung des Andruckes bedeutende psychische Wirkungen hervor. Obwohl wir nun den Menschen heute nur für Bruchteile einer Sekunde dem Andruck wirklich entziehen können (nämlich beim Absprung von einem hochgelegenen Punkt), so können wir durch Verminderung des Andruckgefühles (nämlich durch entsprechende Beeinflussung des statischen Organs) die psychologischen Wirkungen fehlenden Andruckes hervorrufen, denn für diese ist ja nicht der tatsächliche Zustand maßgebend, sondern nur der Bericht unserer Sinnesorgane. Wie die Psychologie lehrt, wirkt die Vortäuschung irgendeines Ereignisses durch Irreführung der Sinnesorgane psychologisch so, wie das betreffende Ereignis selbst.

Vergleicht man die so entstandenen Empfindungen mit denen, die man etwa hat, wenn man von einem hochgelegenen Punkt abspringt oder abstürzt, so erhält man ein Bild von der psychischen Wirkung fehlenden Andruckes, welches anfangs sicher richtig ist; bei den späteren Etappen bleibt eine gewisse Unsicherheit, da sie nicht mehr durch den Sprung nachzuprüfen sind.

Sicher ist der Zusammenhang zwischen unserem Bewußtsein und dem statischen Organ (damit bezeichne ich, wie schon erwähnt, den Kalkkörper im Vorhofe des Ohres) während des Schlafes unterbrochen. Sonst wäre es z. B. nicht möglich, daß wir im Traum andere Erlebnisse haben als solche, wo wir in liegender Stellung sind. Dabei aber müssen normalerweise zuerst die Urteilsfunktionen und erst später die Ganglien der Sinnesnerven einschlafen. Andernfalls entsteht der bekannte Traum, daß man kurz vor dem Einschlafen von irgendwo herunterfällt. Man kann diesen Eindruck auch durch Hypnose oder durch Autosuggestion hervorrufen (auf die Einzelheiten kann ich hier nicht näher eingehen). Wird das statische Organ genügend tief eingeschläfert, so wirkt der erste Schreck nicht mehr als Weckreiz, und man kann nachher die psychischen Wirkungen fehlenden Andruckes beobachten. Es gibt auch Alkaloide, die das Gleichgewichtsorgan betäuben, z. B. Skopolamin von 0,002 (!) g aufwärts, leider ist es in dieser Dosis bereits gefährlich. Skopolamin allein genügt übrigens noch nicht, um das Fehlen von Andruck vorzutäuschen, es muß noch der allgemeine Muskel- und Gelenksinn unterdrückt werden (etwa durch Alkohol), desgleichen der Hautsinn (etwa indem man sich ins Wasser begibt oder indem man die Haut an den unterstützten Stellen mit anästhesierenden Stoffen [Kokain] einstreicht). — Auch die berüchtigte Hexensalbe des Mittelalters hatte u. a. die Wirkung, das Gefühl des Andruckes zu betäuben. — Gewisse

Bromverbindungen wirken ebenfalls in diesem Sinne auf das statische Organ, stören aber die psychischen Nebenwirkungen fehlenden Andruckes. — Ebenso kann das statische Organ durch Elektrisieren irritiert werden; wir glauben nach der Kathode hin zu fallen.

Fehlender Andruck erzeugt in der ersten Fünftelsekunde Schrecken. Der Schreck ist um so geringer: 1. je öfter wir schon das Fehlen des Andruckes erlebt haben; 2. je mehr wir auf ein Eintreten vorbereitet waren. Erlischt das Andrucksempfinden nicht plötzlich, wie beim Absprung oder bei der Hypnose, sondern allmählich, wie bei Anwendung von Giften, so bleibt dieser Schreck ganz aus.

Dem Schrecken folgt eine eigentümliche ziehende Empfindung in der Gegend der Speiseröhre, welche — nach $^1/_2$ Minute etwa — allmählich wieder verlischt. Ebenfalls in der ersten Sekunde beginnen Gehirn und Sinnesorgane außerordentlich intensiv zu arbeiten, die Aufnahmefähigkeit für Sinnes- und Tasteindrücke steigt, das Gehirn kombiniert unglaublich rasch, die Gedanken und Entschlüsse sind auf konkrete Dinge gerichtet, leidenschaftslos und logisch. Die Zeit scheint sich auszudehnen. Die beiden ersten Minuten kommen einem so vor wie sonst vier Stunden, dabei hat man aber doch das Gefühl dafür, wieviel Zeit in Wirklichkeit verstrichen ist. Damit geht Hand in Hand eine eigentümliche Unempfindlichkeit gegen Schmerzen und Unlustgefühle, die über den Zustand des Fehlens von Andruck hinausreicht, falls er nicht zu lange dauert. Dies mag auch der Grund dafür sein, daß ein Sprung ins Wasser als Vergnügen und nicht als Tortur empfunden wird. An und für sich wäre ja weder die Bastonnade, die man bekommt, wenn man mit den Füßen voran am Wasser ankommt, noch der Blutandrang nach dem Kopf, wenn der Kopf vorangeht, ein Vergnügen. Eine Vorstellung von oben und unten bleibt erhalten, muß aber bei geschlossenen Augen nicht mit der Wirklichkeit übereinstimmen. Diese Beobachtung liefert m. E. das objektive Kennzeichen dafür, daß das Andruckempfinden tatsächlich erloschen ist[1]). Das Herz

---

[1]) In Raumfahrtromanen wird oft in bewegten Farben das immense innere Erlebnis geschildert, welches Menschen haben müssen, wenn sie die Erde nicht mehr als den Unterbau alles Seienden, sondern nur noch als Stern unter Sternen sehen. Hier nur ein Beispiel:

„Plötzlich stieß Lindner einen lauten Schrei aus und deutete mit ausgestrecktem Arme hinunter. Westlich und östlich, südlich und nördlich, neben und hinter der Erde sahen sie den Raum, sahen sie die Sterne flimmern. Als sie jetzt die gewaltige Kugel frei im Raum schweben sahen (als *Kugel* kann man die Erde überhaupt niemals sehen, höchstens als Scheibe am Himmel, ebensowenig könnte man die Sterne *hinter* der Erde sehen, denn das menschliche Auge reicht nicht mehr aus, um derartige Entfernungen abzuschätzen. H. O.), die Kugel, auf der sie gefußt, die ihnen bei aller physikalischen und mathematisch-geographischen Bildung im

arbeitet schneller als gewöhnlich. Alle diese Symptome mögen teleologisch zu erklären sein. In der Natur fehlt der Andruck dann, wenn wir von irgendwo abstürzen, und dann kommt alles darauf an, daß wir nicht wehleidig sind, klar und scharf beobachten und jede Möglichkeit zu unserer Rettung erfassen.

Später lassen diese Erscheinungen nach. Das Herz, offenbar ermüdet, arbeitet langsamer als gewöhnlich[1]), auch das Gehirn arbeitet

Unterbewußtsein stets ein festes, unverrückbares, ebenes Fundament gewesen war, da erlitten sie im Inneren eine Erschütterung, dem Schlage der Kanonenkugel vergleichbar, der dem Soldaten im Schlachtengewühl den Arm wegreißt und um so begreiflicher macht, es fehle ihm etwas, und er könne und müsse leben ohne diesen Teil seines Körpers, den er als untrennbaren Teil seiner Person betrachtet hatte." (Aus Ludwig Antons „Brücken über dem Weltenraum", Verlag Johann Georg Holzwarth.)

Dr. Karl Debus fragt sogar, ob der Mensch diese seelische Erschütterung überhaupt wird überleben können (Ley, „Die Möglichkeit der Weltraumfahrt", Hachmeister und Thal, Leipzig).

Ich möchte zur Klärung dieser Frage bemerken: „Oben" und „unten" sind Anschauungsformen oder Kategorien, also uns angeborene Betrachtungsfächer, in die wir die Meldungen unserer Sinnesorgane hineinlegen. Man kann auch sagen, „oben" und „unten" sind Vorstellungselemente, die infolge der Arbeitsweise unseres Gehirns in jeder unserer Empfindungen nnd Vorstellungen unbedingt mit drinnen sein müssen. (Beide Bezeichnungsweisen sagen im Grunde dasselbe.)

Die Empfindung „oben" und „unten" wird also natürlich auch der Raumschiffer haben, einfach weil er kein einziges Erlebnis haben kann, wo diese Vorstellungselemente nicht mit drinnen wären. Im übrigen erblickt aber schon der Hochflieger die Erde nicht mehr als den Unterbau alles Seienden, sondern als Kessel, der die unteren vier Zehntel der großen leeren Kugel bedeckt, in deren Zentrum er sich befindet. Das Erlebnis des Raumschiffers wird sich von jenem des Hochfliegers nur dadurch unterscheiden, daß bei ihm der untere Teil dieser Kugel nicht mit einer Landkarte, sondern mit einer Sternkarte bemalt ist.

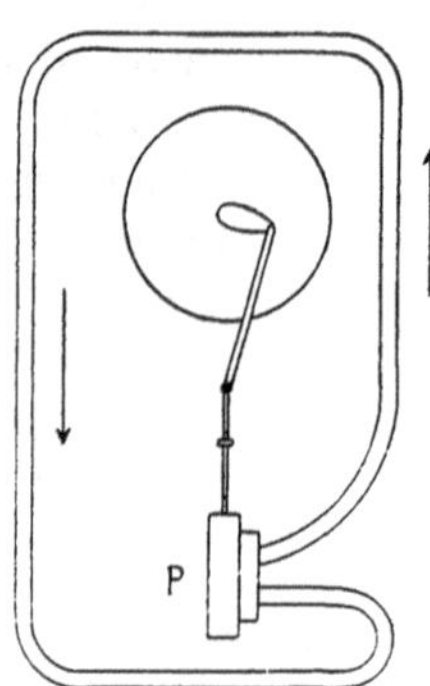

Abb. 57a.

[1]) Diese Alteration des Herzens durch abnorme Andruckverhältnisse ist ein rein psychologischer Vorgang. In physiologischer Beziehung wächst die Arbeit, die das Herz zu leisten hat, auch beim stärksten zulässigen Andruck höchstens um $^1/_{10}$.

Wenn wir nämlich, wie auf Abb. 57a skizziert, in einer kreisförmigen Röhre durch eine Pumpe *P* das Wasser in Umlauf versetzen, so wird die Arbeit dieser Pumpe vom Andruck nahezu unabhängig sein. Es ist wohl wahr, daß die Flüssigkeit in dem einen Schenkel schwerer zu heben ist, dafür drängt sie aber in dem anderen Schenkel auch stärker herunterzu, und beide Wirkungen heben einander auf.

Es wäre höchstens noch der Umstand zu beachten, daß eine wirkliche Flüssigkeit im unteren Teil des Rohres unter höherem Druck steht und sich daher etwas stärker an der Wand reibt.

In unseren kleinsten Blutgefäßen, den sogenannten Kapillaren, ist die Reibung stärker, wenn der Blutdruck höher ist. Dabei wächst die Reibung aber nicht ein-

langsamer, die Empfindlichkeit gegen Nadelstiche, Druck und Zwicken steigt, wird aber nicht so groß wie gewöhnlich. Nur die eigentümliche Freiheit von Unlustgefühlen scheint unvermindert fortzubestehen, solange das Andruckempfinden fehlt. Seekrankheit wurde niemals beobachtet, auch nachher nicht. Übrigens tritt bald Schlafbedürfnis auf; die Träume sind meist angenehm.

Alle diese Erscheinungen nehmen bei Wiederholung eines bestimmten Versuches ab. Jeder Flieger wird z. B. bestätigen, daß das ziehende Gefühl in der Brust und Magengegend bei seinen ersten raschen Abstiegen viel größer war als bei den späteren. Es ist überhaupt die Frage, wie viele der beobachteten Symptome wirklich auf Rechnung des fehlenden Andruckes zu setzen sind. Sie sind ja von der Art, wie sie überhaupt bei Aufregung über eine ungewohnte Situation eintreten. Möglicherweise hätte das Fehlen von Andruck, wenn es uns einmal kein ungewohnter Zustand mehr ist, gar keine psychischen Wirkungen mehr. Wenn ein Taubstummer, dessen statisches Organ zerstört ist, im Wasser die Augen schließt, so weiß er nicht mehr, wo oben oder unten ist und wird erst ängstlich. Wiederholt er den Versuch öfters (dabei nimmt er vorteilhaft einen Luftschlauch in den Mund), so schwindet schließlich jede Spur von Ängstlichkeit.

---

mal proportional mit dem Druck (der Druck der äußeren Luft von 1 atm ist dabei zum Blutdruck hinzuzuzählen), denn die Kapillarenwand ist ja elastisch und dehnt sich etwas aus, wenn der Blutdruck wächst, bekanntlich strömt aber eine Flüssigkeit durch weite Röhren leichter als durch enge.

Rechnen wir nun den Druck der Außenluft gleich dem Druck einer Wassersäule von 10 m Höhe und den normalen Blutdruck in den Kapillaren (der Druck in den größeren Adern interessiert uns hier nicht) im Durchschnitt gleich jenem einer Wassersäule von 60 cm Höhe. Wenn nun der Mensch den Andruck in liegender Stellung erfährt, so ist der Zuwachs des Blutdruckes in den am tiefsten liegenden Kapillaren gleich dem Druck einer Wassersäule unter normalen Verhältnissen, deren Höhe dem Durchmesser des Menschen mal dem Andruck in Erdschweren entspricht. Im Durchschnitt ist der Druckzuwachs natürlich nur halb so groß. Die Arbeit des Herzens ist mithin jedenfalls noch nicht $1^1/_{12}$ mal so groß als die Arbeit, die es normalerweise in liegender Stellung zu leisten hat. Nun kann es aber das 4—8fache dieser Arbeit bewältigen.

Man könnte also höchstens daran denken, daß das Herz aus psychologischen Gründen stehenbliebe. Es wird mir aber jeder Arzt bestätigen, daß aus psychologischen Gründen allein niemals etwas erfolgen kann, was den Tod herbeiführt. Übrigens geht aus meinen Untersuchungen zur Genüge hervor, daß ein sehr hoher Andruck überhaupt keine psychologischen Wirkungen mehr hervorruft. Wenn also Valier schreibt, daß bei hohem Andruck das Herz seiner Aufgabe nicht mehr gewachsen wäre, so ist das ein kompletter Unsinn. Übrigens haben die Versuche Wittkuhns in Breslau (vgl. hierzu Rakete, Jahrgang 1928—29, S. 100) gezeigt, daß hoher Andruck das Herz in keiner Weise alteriert.

Diese letztere Beobachtung spricht dafür, daß der Mensch auch ohne Andruckempfinden ganz so leben kann wie mit ihm. Aber wenn das auch nicht der Fall wäre, so würde das dem Aufstieg des Menschen mit der Rakete kein Hindernis in den Weg legen. Denn 1. haben wir ja, wie wir sahen, Mittel, um unser Andrucksempfinden zu täuschen, so daß wir die abnormen Andrucksverhältnisse normal empfinden würden[1]; 2. könnte wohl durch Gewöhnen wie bei Taubstummen die Wirkung abnormer Andrucksverhältnisse behoben werden; 3. endlich hätten wir immer noch die Möglichkeit, Beobachterkammer und Rakete nur durch Drahtseile zu verbinden und umeinander rotieren zu lassen.

Anmerkung: Unsere Kenntnis über die physiologische Wirkung abnormer Andrucksverhältnisse ist heute noch ziemlich lückenhalt. Ich wäre daher für jede Mitteilung auf diesem Gebiete aufrichtig dankbar. Ich wollte hier eigentlich nur beweisen, daß auch auf diesem Gebiet Vorarbeit möglich ist.

7. Kritische Bemerkungen.

Zum Schlusse möchte ich hier einige Fehler zeigen, die in der Literatur über Raumschiffahrt sehr häufig gemacht werden.

1. Man findet oft die Ansicht vertreten, der Andruck höre nur dann auf, wenn sich das Raumschiff im schwerefreien Raum befindet. Jules Verne z. B. läßt seine Mondfahrer im Inneren des Projektils nur so lange schweben, als es die schwerefreie Zone zwischen Erde und Mond passiert. Wie ich schon sagte, ist das falsch. Wenn wir (Abb. 58) einen Gegenstand in einem Rahmen aus Latten *b* hineinhalten und beides gleichzeitig fallen lassen, so bleibt die Figur in der Mitte des Rahmens, ohne auf den Boden desselben zu „fallen“, denn der Rahmen fällt natürlich ebenso schnell wie die Figur.

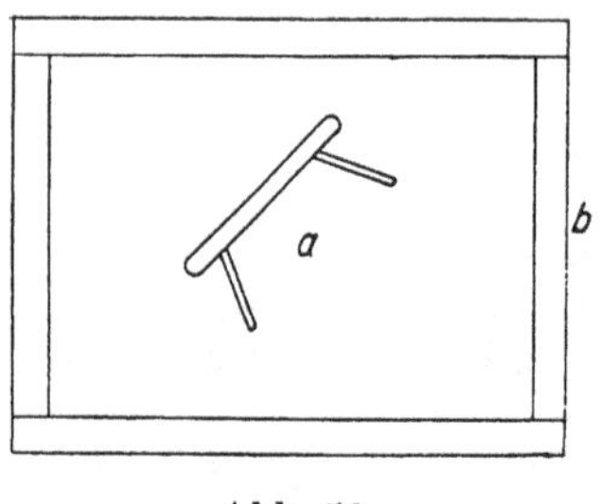

Abb. 58.

Die Rakete ist eben nur so lange einem Andruck ausgesetzt, als sie brennt, bei freier Fahrt dagegen kann auch das stärkste Schwerefeld den Beobachter nicht mehr zu Boden ziehen (vgl. S. 89). Dagegen dürfen natürlich Schriftsteller, die von Raumschiffen aus schwerefreien Stoffen träumen (wie Dominik, Laßwitz oder Ludwig Anton), ihre Helden während der Fahrt den Andruck empfinden lassen, denn hier folgt wohl der Körper dem Zuge der Schwere, nicht aber das Raumschiff, auf dem er steht.

Ebenso falsch ist es natürlich, wenn Jules Verne schreibt, das Projektil kehre stets seine schwere Bodenfläche dem anziehenden Weltkörper zu. Die Schwere-

[1]) Ich habe diese Wirkung des Skopolamins bereits 1916 erkannt und es als Mittel gegen Seekrankheit vorgeschlagen. Heute findet es denn auch tatsächlich zusammen mit Atropin (um gewisse unangenehme Nebenwirkungen des Skopolamins aufzuheben) in den Vasanotabletten diese Anwendung. Deren Wirkung beruht aber meines Erachtens nicht, wie ihr Entdecker, Prof. Dr. Starkenstein, Prag, glaubt, auf einer primären Beruhigung des sympathischen Nervenapparates. diese ist vielmehr nur eine Folgeerscheinung dessen, daß das Andruckgefühl teilweise unterdrückt wird.

beschleunigung der Spitze ist im luftleeren Raum natürlich genau so groß wie jene des Bodens, und die Stellung des Projektils ist daher ganz willkürlich. Und durch Herumgreifen an den Wänden (Abb. 59) könnten die Insassen dem Projektil jede beliebige Stellung im Raume erteilen, sie hätten also auch ihre Raketen jederzeit in Tätigkeit setzen können[1]).

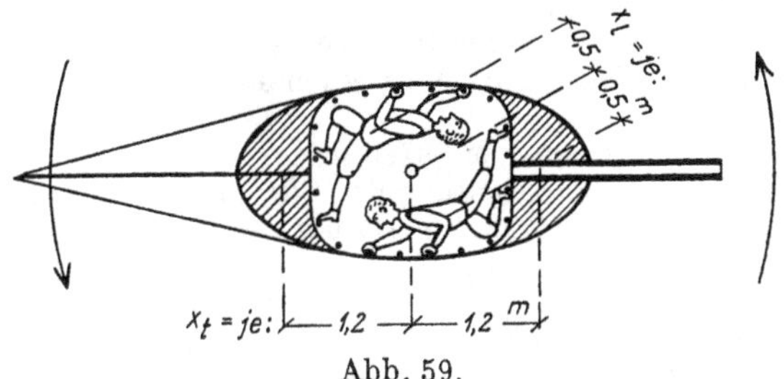

Abb. 59.
Nach Hohmann, „Die Erreichbarkeit der Himmelskörper".
(Oldenbourg, München 1925.)

2. Eine weitere Sünde gegen das Andruckproblem hat die Ehre, unter andern sogar von einem Dr.-Ing. begangen worden zu sein. Es handelt sich hier um folgendes:

Ein Körper, der in etwa 500 km Höhe über der Erdoberfläche (also gerade so hoch, daß von der Atmosphäre nichts mehr zu spüren ist) sich mit einer Geschwindigkeit von 7,8 km/sek in wagerechter Richtung bewegt, der kann nicht mehr auf die Erde fallen, denn die Fliehkraft hält der Schwerkraft gerade das Gleichgewicht. Beweis:

$$Z = \frac{v^2}{r + h} \cdot m , \qquad G = m \cdot g \frac{r^2}{(r + h)^2} . \tag{54}$$

Die erste Formel folgt aus (53), die zweite folgt aus dem Newtonschen Gravitationsgesetz. Bei Einsetzung der obenstehenden Ziffern wird

$$Z = G .$$

Dieser Körper wiegt natürlich gar nichts, er ist keinem Andruck ausgesetzt. Nun stellen sich viele Leute vor, man brauche diesem Körper bloß einen Nasenstüber nach aufwärts zu erteilen, dann würde er, da er ja doch „nichts wiegt", von der Erde wegfliegen. Man kann auf zwei Arten zeigen, daß das falsch ist. 1. steht dieser Gedanke mit dem Satze von der Erhaltung der Energie auf Kriegsfuß. Wir können uns nämlich an irgendeinem Weltkörper einen hohen Turm angebracht denken, und nun lassen wir einen Körper in der vorgeschlagenen Weise in einer

[1]) Ich bringe diese Abbildung auch als Beispiel für das eigenartige Talent Hohmanns, mit einfachen Mitteln zu erreichen, was er erreichen will. Bei einem Ingenieur gewiß eine Fähigkeit, die nicht hoch genug eingeschätzt werden kann.

Da de facto Schwerefreiheit herrscht, so hat dies Herumkrabbeln an den Wänden auch weiter nichts auf sich. Hoefft hat Hohmann u. a. auch dieserhalb kritisiert; wie mir scheint, sehr mit Unrecht. Da sich Hoefft bei diesen Ausführungen oft auf mich berief, so erkläre ich hiermit, daß ich die Arbeiten Hohmanns in manchen Punkten für grundlegend halte und daß ich vieles daraus gelernt habe. Es wäre gut, wenn Hoefft etwas der Hohmannschen Leistung annähernd Gleichwertiges schaffen würde, bevor er über Hohmann schimpft.

Schraubenlinie auffliegen, und wenn er ganz oben ist, soll er die Spitze des Turmes treffen, dort fangen wir ihn ab und verwenden seine kinetische Energie zur Arbeitsleistung. Dann lassen wir ihn einfach im Turme hinabfallen und verwenden die Wucht, mit der er unten ankommt, ebenfalls zu Arbeitszwecken. Ist nun der Turm unendlich hoch, so kommt der Körper unten mit der parabolischen Geschwindigkeit an, dabei enthält er doppelt so viel Energie als notwendig ist, um ihm später von neuem die zirkuläre Geschwindigkeit zu geben. Die Hälfte seiner kinetischen Energie könnte also auch hier zu Arbeitszwecken dienen, und wir hätten das schönste Perpetuum mobile.

Als ich dies aber einem jungen Physikstudenten schrieb, da antwortete er mir, wir hätten den Satz von der Erhaltung der Energie nur noch unter irdischen Verhältnissen als richtig befunden, und es sei daraus noch nicht zu schließen, daß er nun auch überhaupt gelten müsse.

Dagegen kann der Philosoph ja nichts einwenden, der Physiker aber kann zeigen, daß der Satz von der Erhaltung der Energie auch diesmal nicht gefährdet ist: Wenn der Körper nämlich auf einer Schraubenlinie aufsteigen soll, so ist es ähnlich, als wenn man ihn auf einer schiefen Ebene hinaufschieben wollte (vgl. Abb. 79 und 63). Jetzt wirkt aber die Schwerkraft der Erde bremsend (sie bremst nur so lange nicht, so lange sie senkrecht zur Bewegungsrichtung wirkt, in diesem Falle wirkt sie bloß ablenkend). Sobald aber die Bewegungsrichtung mit der Schwerkraft einen Winkel bildet, da bremst sie eben, und der Körper kann die Steigung doch nur auf Kosten seiner Bewegungsenergie überwinden.

3. Ziolkowski (vgl. hierzu auch den zweiten Band und den Artikel von Lademann in der Zeitschrift für Flugtechnik) denkt daran, die Insassen seines Raketenraumschiffes in eine Flüssigkeit zu legen, die ungefähr das spezifische Gewicht des menschlichen Körpers hat, um sie so gegen die Wirkung des Andruckes zu schützen. Er hofft dabei, die Beschleunigung bis auf 100 m/sek^2 und mehr erhöhen zu können. Dem ist aber entgegenzuhalten, daß der andruckempfindlichste Teil des menschlichen Körpers das Gehirn ist, und daß man gerade dem Gehirn auf diese Weise nicht helfen kann. Dr. Garsaux brachte Hunde auf rotierende Scheiben und stellte fest, daß die Hauptschädigung durch starken lang anhaltenden Andruck in einer Pressung des Gehirns gegen die Schädelwand bestand. Seltner kam es zur Zerreißung von Blutgefäßen im übrigen Körper. Diese Ursachen führten bereits zum Tode, bevor es überhaupt zu anderweitigen Schädigungen gekommen wäre.

4. Valier schlägt vor, den Andruck allmählich aufhören zu lassen, damit sich die Insassen an den neuen Zustand gewöhnen können, ebenso will er ihn auch nur allmählich beginnen lassen. Dies bedeutet nun erstens eine ungeheure Brennstoffverschwendung, wie wir im 12. Kapitel noch sehen werden. Zweitens ist es auch aus physiologischen Gründen ganz unnötig, denn wir erleben täglich ohne Schaden die schroffsten Andruckänderungen (z. B. beim Springen, Fahren usw.). Wenn wir z. B. auf einem holperigen Weg auf einem schlechten Wagen fahren, so kann der Andruck im Laufe einer Sekunde 10mal vom Werte 0 bis zu 2—3 Erdschweren wechseln. Was aber die psychologische Seite der Frage anbetrifft, so kommt mir das im Hinblick auf S. 95 so vor, als ob man ein Ferkel vorsichtig und behutsam am Bauch anfaßt, um es nicht durch plötzliche Berührung zu stark zu kitzeln.

5. Der Laie stellt sich einen Andruck von n Erdschweren vielfach so ähnlich vor, als ob auf der Versuchsperson eine Last liegen würde, die $n$mal so viel wiegt als sie selbst. Das stimmt nun aber nicht. In Wirklichkeit liegt die Sache vielmehr so, daß nur die zu unterst liegenden Körperteile mit dieser Kraft zusammengepreßt werden, während die oben liegenden Körperteile eine wesentlich geringere Last

zu tragen haben. Im Durchschnitt ist der Zustand von n Erdschweren also eher jenem zu vergleichen, in dem sich der Mensch befindet, wenn nur das $^1/_2 n$fache seines Körpergewichtes auf ihm liegt. Hiermit hängt es auch zusammen, daß sich Leute unter einem Andruck von 30—40 m/sek noch aufrichten und bewegen können, während dies den meisten unmöglich wäre, wenn sie das 3—4fache ihres Körpergewichtes tragen müßten.

10. Kapitel.

Tragweite, Überwindung der Erdschwere.

Es wird gut sein, hierüber schon in diesem allgemeinen Teil einiges zu sagen. Später werde ich übrigens über eine Reihe näherliegender Verwendungsmöglichkeiten meiner Raketendüse sprechen, z. B. zum Antreiben von Flugzeugen usw.

Der Laie möge sich von diesen Ausführungen nur so viel merken: Es gibt zwei Möglichkeiten, einen Körper in die Höhe zu bringen. 1. man hebt ihn hinauf, 2. man wirft ihn hinauf.

Heben kann man ihn aber nur, solange etwas da ist, worauf sich die hebende Kraft *stützen* kann, sagen wir der Erdboden oder ein Stützpunkt für einen Hebel oder eine Rolle, umgebende Luft (z. B. beim Flugzeug), eine brennende Rakete wieder stützt sich auf die ausgestoßenen Gasteilchen. Als gehoben können wir weiter Körper ansehen, die durch elektrische oder magnetische Abstoßungskräfte in der Höhe gehalten werden usw.

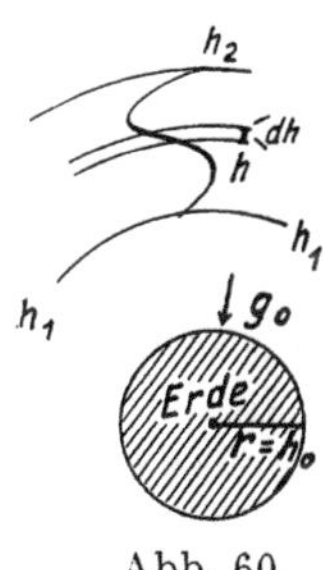

Abb. 60.

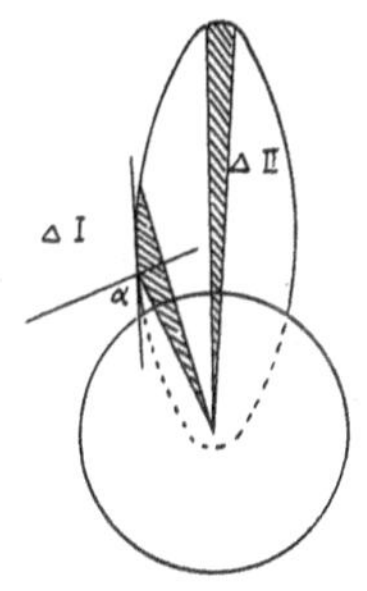

Abb. 61.

Alle diese Mittel würden aber versagen, wollten wir einen Körper aus dem Anziehungsbereich der Erde wegheben. Stützpunkte für Hebel oder Flaschenzüge gibt es im Weltall nicht, Luft gibt es da ebenfalls keine, und eine Rakete kann nicht ewig brennen, sondern *höchstens* 8—10 Minuten lang. Ebensowenig könnten wir mit allen Mitteln der Erde elektrische oder magnetische Abstoßungskräfte erzeugen, die imstande wären, einen Körper aus dem Anziehungsbereich der Erde herauszuheben.

Dagegen ist es theoretisch möglich, einen Körper so hoch zu *werfen*, „daß er nicht mehr zurückfällt". Die Astronomie lehrt nämlich, daß ein Körper nicht mehr auf die Erde zurückfallen kann, wenn er mit einer Geschwindigkeit von 11,2 km/sek weggeschleudert wird. Mit einer etwas geringeren Geschwindigkeit kann man ihn beliebig hoch werfen, doch fällt er nachher wieder auf die Erde zurück.

Um die Rakete wiederzusehen, ist es also nicht unbedingt nötig, daran einen Bindfaden anzubinden, wie mir 1919 ein sehr bekannter Astronom etwas ironisch vorschlug.

Diese Geschwindigkeit von 11,2 km/sek ist nun ungefähr 6mal so groß als die höchste bisher erreichte Geschoßgeschwindigkeit, und es ist überhaupt nicht wahrscheinlich, daß einer Kanonenkugel jemals eine derartige Geschwindigkeit erteilt werden kann. Wir kennen aber heute doch drei Vorrichtungen, die man theoretisch so weit vervollkommnen könnte, daß sie diese Geschwindigkeit zu erreichen gestatten, nämlich das elektromagnetische Geschütz, das elektrische Windrad (vgl. Kapitel 22) und die Rakete.

Das elektromagnetische Geschütz: Wenn man (vgl. Abb. 62) einen Magneten *m* mit den Polen *n* und *s* in einer magnetisierbaren Röhre *M* gleiten läßt und wenn man es erreichen kann, daß diese Röhre stets vor dem Nordpol des Magneten bei *S* südpolar und vor dem Südpol desselben bei *N* nordpolar ist, so wird der Magnet herausgeschleudert

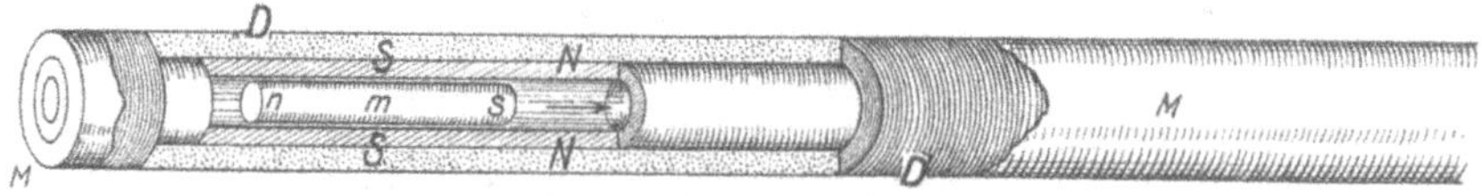

Abb. 62.

(*D* soll auf Abb. 62 die Bewicklung andeuten). Theoretisch hat die Leistungsfähigkeit dieses Geschützes keine Grenzen, nur würden solche Geschütze bald unerschwinglich groß und teuer werden. Ich rechnete einmal der Kuriosität halber die Dimensionen eines solchen Geschützes aus, welches imstande wäre, Menschen in den Weltraum hinauszuschleudern. Es müßte (unter den günstigsten Annahmen) aus einem über 10000 km langen Tunnel bestehen. Der Tunnel könnte (wie es ja auch nicht anders möglich wäre) wagerecht liegen, doch müßte er luftleer gepumpt und vorn durch einen zerbrechlichen Deckel und durch Schottentüren verschlossen sein. Dabei müßten die geschleuderten Raumschiffe mindestens 20000000 kg schwer sein, sonst wäre wenig Aussicht, daß sie wohlbehalten durch die Erdatmosphäre hindurchkämen. Aus diesem Grunde wäre es auch möglich, das Projektil aus einem ganz horizontalen Tunnel abzuschießen, der am Ende nicht hinauf zu gebogen ist, wie Pirquet dies für notwendig erklärte. (Vgl. hierzu Ley: „Die Möglichkeit der Weltraumfahrt", S. 302ff.) Im übrigen unterschreibe ich aber alles, was Pirquet über das elektromagnetische Geschütz gesagt hat. Die Elektrizitätserzeuger und Sammler müßten dann natürlich auch von entsprechendem Format sein.

Das elektrische Windrad würde nicht weniger gigantische Mittel erforderlich machen[1]).

Unvergleichlich einfacher erscheint dagegen heute die Erreichung der Planetenräume durch Raketen.

Tragweite. Raketen können bei hohen Anfangsgeschwindigkeiten natürlich nicht nur hoch, sondern auch weit fliegen (Fernraketen). Wie die Astronomie lehrt, kann eine Fernrakete bei richtigem Abschuß jeden Punkt der Erde erreichen.

Verzeichnis der wichtigsten Formelgrößen:

A: Energie.
a: Halbe große Achsen der Bahnellipse.
α: Winkel der Bahnkurve mit der Wagerechten.
α_1: Winkel der Bahnkurve mit der Wagerechten an der Stelle, wo die Rakete zu brennen aufhört.
e: Lineare Exzentrizität der Bahn.
ε: Numerische Exzentrizität der Bahn.
F: Die vom Radiusvektor bestrichene Fläche.
g: Fallbeschleunigung.
g_0: Fallbeschleunigung auf der Erdoberfläche.
g_1: Fallbeschleunigung am Punkte, wo die Rakete zu brennen aufhört.
p: Parameter der Bahnellipse.
r: Abstand der Rakete vom Erdmittelpunkt (Radiusvektor, Fahrstrahl).
r_0: Erdradius.
r_1: r beim Aufhören des Brennens.
r_2: r an der Stelle, wo die Bahn wagerecht verläuft.
r_{max} Höchster Punkt der Flugbahn.
r_{min} Tiefster theoretischer Punkt der Bahnellipse.
t: Zeit.
v: Geschwindigkeit bezogen auf den Erdmittelpunkt.
v_1: v beim Aufhören des Brennens.
$x = \frac{v_1^2}{g_1 r_1}$.
$w = \operatorname{tg}\frac{\varphi}{2}$.
φ: Richtungswinkel.

Sobald die Fernrakete zu brennen aufhört, fliegt sie gleich einem abgeschossenen Projektil weiter. Sie hört bei Verwendung

[1]) Außerdem wären dies in finanztechnischer Beziehung „unteilbare Einheiten". Vgl. Kap. 18.

von Benzin und bei konstantem Rückstoß erst oberhalb des relevanten Teiles der Atmosphäre zu brennen auf, bei Anwendung von Petroleum verläßt sie ihn wenigstens binnen weniger Sekunden nach Aufhören des Brennens. Schließlich legt sie den größten Teil ihrer freien Fahrt im luftleeren Raum zurück.

Die Flugbahn vom Punkt, an welchem sie aus der Atmosphäre heraustritt bis zum Punkt, an dem sie wieder in die Atmosphäre eintaucht, läßt sich mit astronomischer Genauigkeit berechnen, dabei eignen sich aber die gewöhnlichen ballistischen Formeln nicht, denn die Endgeschwindigkeit ist von einer Größenordnung, bei der man schon berücksichtigen muß, daß die Erdanziehung mit der erreichten Höhe abnimmt und auch nicht sich selbst parallel ist (wie das bei ballistischen Rechnungen der Einfachheit halber angenommen wird). Weiter fällt natürlich auch der Luftwiderstand weg, so daß die Bahn also nicht eine ballistische Kurve, sondern eine reine Kegelschnittlinie darstellt.

Bei Abfahrtgeschwindigkeiten bis zu 11180 km/sek ist die Bahnkurve — wie die Astronomie lehrt — eine Ellipse, in deren einem Brennpunkt der Erdmittelpunkt steht.

Nach dem zweiten Keplerschen Gesetz bestreicht der vom Erdmittelpunkt zur Rakete gezogene Fahrstrahl r in gleichen Zeiten gleiche Flächen. Ist v die Anfangsgeschwindigkeit (bezogen auf den Erdmittelpunkt) und α der Winkel zwischen der Flugbahn und der Horizontalen beim Verlassen der Erdatmosphäre und ist t die Zeit und F die vom Leitstrahl bestrichene Fläche, so ist bekanntlich:

$$dF = \frac{1}{2} v \cos \alpha \, dt. \tag{55}$$

Da diese Zahl bei konstantem dt ebenfalls konstant bleiben soll, so ist für zwei verschiedene Punkte der Bahn

$$\frac{v_1}{v_2} = \frac{r_2 \cos \alpha_2}{r_1 \cos \alpha_1}. \tag{55a}$$

Vgl. hierzu auch Abb. 61, 67 und 130. Bezüglich der Arbeit A, die nötig ist, um einen Körper im Schwerefeld der Erde zu heben, kann man sagen: Ist m die Masse des Körpers, g die Fallbeschleunigung und soll der Körper um das Stück dr gehoben werden, so ist (unabhängig von der Richtung der Bahn — vgl. Abb. 60):

$$dA = m g \, dr. \tag{56}$$

Hier ist natürlich

$$dr = dh.$$

Weiter ist

$$g = g_0 \left(\frac{r_0}{r}\right)^2 = g_1 \left(\frac{r_1}{r}\right)^2, \tag{57}$$

$$dA = m g_0 r_0^2 \frac{dr}{r^2} = m g_1 r_1^2 \frac{dr}{r^2}.$$

$$A = \int_{r_1}^{r_2} dA = m g_0 r_0^2 \left(\frac{1}{r_1} - \frac{1}{r_2}\right) = m g_1 r_1^2 \left(\frac{1}{r_1} - \frac{1}{r_2}\right). \tag{56a}$$

Hat der Körper die Steigung auf Kosten seiner Geschwindigkeit, d. h. also auf Kosten seiner kinetischen Energie überwunden, so ist auch

$$A = \frac{1}{2} \cdot m (v_1^2 - v_2^2) \tag{58}$$

und aus (58) und (56a) folgt:

$$v_1^2 - v_2^2 = 2 g_1 r_1^2 \left(\frac{1}{r_1} - \frac{1}{r_2}\right). \tag{59}$$

Den höchsten (r_{max}) und den tiefsten (r_{min}) theoretischen Punkt der Flugbahn finden wir, wenn wir bedenken, daß hier die Flugbahn wagerecht verläuft, daß wir also hier $\cos \alpha_2 = 1$ zu setzen haben. Wir bekommen dann aus (55a), (57) und (59):

$$v_1^2 \left(1 - \frac{r_1}{r_2} \cos^2 \alpha_1\right) = 2 g_1 r_1^2 \left(\frac{1}{r_1} - \frac{1}{r_2}\right),$$

daraus finden wir dann

$$r_2 = r_1 \cdot \frac{g_1 r_1 \pm \sqrt{(g_1 r_1)^2 - (2 g_1 r_1 - v_1^2) v_1^2 \cos^2 \alpha_1}}{2 g_1 r_1 - v_1^2}. \tag{60}$$

Wenn wir hier das Pluszeichen der Wurzel wählen, so erhalten wir r_{max}, mit dem Minuszeichen erhalten wir r_{min}.

Wenn wir hier

$$v_1 = \sqrt{2 g_1 r_1}$$

setzen, wird $r_{max} = \infty$. Ein Körper, der mit dieser Geschwindigkeit von der Erde abgeschleudert wird, fällt nicht mehr zurück, er beschreibt eine Parabel, deren zweiter Scheitelpunkt in der Unendlichkeit liegt. Wenn die Geschwindigkeit noch größer wird, so kann die Erde den Körper natürlich noch weniger zurückholen. Die Werte für r_{max} erscheinen hier mit negativem Vorzeichen, das bedeutet nichts anderes, als daß dieser Bahnpunkt überhaupt nicht durchlaufen wird, denn der Fahrstrahl muß bei unserer Fragestellung stets positiv sein.

Wir führen nun der Einfachheit halber eine neue Größe x ein

$$x = \frac{v_1^2}{g_1 r_1}, \tag{a}$$

dann erhalten wir aus (60):

$$r_2 = r_1 \cdot \frac{1 \pm \sqrt{1 - (2 - x)\, x \cos^2 \alpha_1}}{2 - x}, \tag{b}$$

die große Achse der Ellipse ist gleich der Summe von r_{max} und r_{min}. Die halbe große Achse a ist:

$$a = \frac{r_{max} + r_{min}}{2} = \frac{r_1}{2 - x}, \tag{c}$$

die lineare Exzentrizität e ist gleich:

$$e = a - r_{min} = \frac{r_1 \sqrt{1 - (2 - x)\, x \cos^2 \alpha_1}}{2 - x} \tag{d}$$

und die numerische Exzentrizität:

$$\varepsilon = \frac{e}{a} = \sqrt{1 - (2 - x)\, x \cos^2 \alpha_1}\,. \tag{e}$$

Nun ist, wie die analytische Geometrie lehrt:

$$r = \frac{p}{1 - \varepsilon \cos \varphi}, \tag{f}$$

sofern wir mit p den Parameter der Ellipse bezeichnen und den Richtungswinkel $\varphi = 180°$ für r_{min} und $\varphi = 0$ für r_{max} setzen. Es ist mithin:

$$r_{max} = \frac{p}{1 - \varepsilon}; \qquad r_{min} = \frac{p}{1 + \varepsilon}, \tag{g}$$

aus beiden Gleichungen finden wir dann unter Beachtung von (e) und (b):

$$p = r_1 x \cos^2 \alpha_1\,. \tag{h}$$

Um nun die Schußweite auf der Erdoberfläche zu bestimmen, müssen wir den Winkel $\varphi_2 - \varphi_1$ bestimmen, den die vom Erdmittelpunkt nach der Rakete gezogenen Leitstrahlen miteinander einschließen. Die Schußweite S ist gegeben durch die Formel

$$S = 2 \cdot r_0 \varphi_1, \tag{i}$$

da nämlich

$$\varphi_2 - \varphi_1 = 2\, \varphi_1\,.$$

Dies gilt, wenn wir φ im Bogenmaß ausdrücken, wenn wir φ in Graden messen, so ist bekanntlich

$$S = \frac{2 r_0 \pi \varphi_1^0}{180^0}. \tag{j}$$

Nun ist nach (f):

$$\varphi = \arccos\left[\frac{1}{\varepsilon}\left(1 - \frac{p}{r_1}\right)\right] \tag{k}$$

und hieraus sowie aus (e), (h) und (i) folgt

$$S = 2 r_0 \arccos \frac{1 - x\cos^2\alpha}{\sqrt{1 - (2 - x)\, x \cos^2\alpha}}. \tag{l}$$

Die Schußweite hängt hier außer von x auch noch von $\cos\alpha$ ab. Sie wird am größten, wenn φ ein Maximum ist. Dies Maximum können wir unter anderem bestimmen, wenn wir

$$\frac{\partial[\log\cos\varphi]}{\partial[\cos^2\alpha]} = 0 \tag{m}$$

setzen. Nun ist nach (k), (e) und (h):

$$\log\cos\varphi = \log(1 - x\cos^2\alpha) - \frac{1}{2}\log[1 - (2 - x)\, x\cos^2\alpha],$$

$$\frac{\partial[\log\cos\varphi]}{\partial[\cos^2\alpha]} = \frac{-x}{1 - x\cos^2\alpha} + \frac{1}{2}\cdot\frac{(2 - x)\, x}{1 - (2 - x)\, x\cos^2\alpha}, \tag{n}$$

und dieser Ausdruck wird Null, wenn

$$\cos^2\alpha = \frac{1}{2 - x}. \tag{o}$$

Ich lege hier zur Veranschaulichung auf Abb. 63 eine Kurve bei, die den Zusammenhang zwischen $\cos\alpha$ und x darstellt.

Es ist dann im Bogenmaß

$$S = 2 r_0 \arccos \frac{2\sqrt{1 - x}}{2 - x}, \tag{p}$$

und wenn wir beachten, daß

$$\cos^2\varphi = 1 - \sin^2\varphi,$$

$$S = 2 r_0 \arcsin \frac{x}{2 - x}, \tag{q}$$

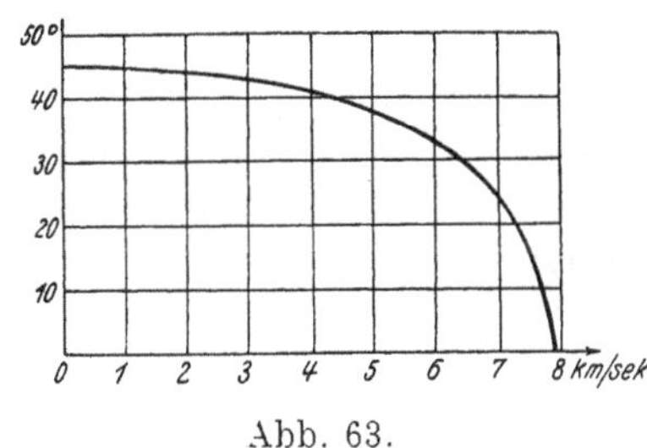

Abb. 63.

und im Winkelmaß

$$S = \frac{r_0 \pi}{90^0} \arcsin \frac{x}{2 - x}, \tag{r}$$

dieser Ausdruck wird imaginär, wenn $x > 1$, denn dann umfährt bei wagerechtem Schuß die Rakete die ganze Erde und kehrt zum Ausgangspunkt zurück (sofern nicht $x > 2$, in diesem Fall verläßt sie die Erde überhaupt), und es ist sinnlos, hier noch nach dem günstigsten Schußwinkel zu fragen.

Fahrtdauer bei Fernraketen.

Bei Fernraketen kann man die Fahrtdauer näherungsweise rasch berechnen, wenn man den Weg auf der Erdoberfläche durch die Horizontalkomponente der Fahrtgeschwindigkeit beim Aufhören des Brennens dividiert[1]).

Exakt findet man die Fahrtdauer nach dem zweiten Keplerschen Gesetz. Man kennt nämlich das konstante Flächenstück $\frac{dF}{dt}$, welches der Fahrstrahl in einer Sekunde bestreicht. Daraus folgt

$$dt = \frac{dF}{v_1 \cos \alpha_1} \tag{s}$$

und

$$t = \frac{F}{v_1 \cos \alpha_1}, \tag{t}$$

nun ist

$$F = \frac{1}{2}\int_{\varphi_1}^{\varphi_2} r^2\, d\varphi = \frac{p^2}{2}\int_{\varphi_1}^{\varphi_2} \frac{d\varphi}{(1 - \varepsilon\cos\varphi)^2}\,. \tag{u}$$

Vgl. hierzu auch Abb. 67.

Diesen Ausdruck können wir integrieren, wenn wir eine neue Veränderliche

$$w = \operatorname{tg}\frac{\varphi}{2}\ ^{2)}$$

einsetzen. Es wird dann (unter Beachtung, daß $\int_{\varphi_1}^{\varphi_2} dF = 2\cdot\int_0^{\varphi_1} dF$)

$$F = \frac{2\,p^2}{1-\varepsilon^2}\left\{\frac{w_1\,\varepsilon}{(1+\varepsilon)\,w_1^2 + (1-\varepsilon)} + \frac{1}{\sqrt{1-\varepsilon^2}}\operatorname{arc\,tg}\left[\sqrt{\frac{1+\varepsilon}{1-\varepsilon}}\,w_1\right]\right\}. \tag{v}$$

---

[1]) Etwas genauer rechnet man, wenn man φ durch den mittleren Wert der Winkelgeschwindigkeit dividiert und $\sqrt{1-x}$ nach dem binomischen Lehrsatz entwickelt und die höheren Potenzen von x unterdrückt. Z. B.:

$$t = \frac{S\,(4 - 3\,x)}{v_1 \cos\alpha\,(2 - x)^2}$$

oder ausführlicher:

$$t = \frac{S\cdot(8 - 6\,x + x^2)}{2\,v_1 \cos\alpha_1\,(2 - x)^2}\,.$$

[2]) w ist bekanntlich

$$w = \operatorname{tg}\frac{\varphi}{2} = \sqrt{\frac{1-\cos\varphi}{1+\cos\varphi}}\,.$$

11. Kapitel.

Weitere Aufstiegberechnungen.

Formelgrößen zu S. 13 bis 126.

a: Andruck.
b: Beschleunigung.
c: Auspuffgeschwindigkeit.
e: Basis der natürlichen Logarithmen.
g: Fallbeschleunigung in der untersuchten Höhe.
g_o: Fallbeschleunigung auf der Erdoberfläche.
h: Höhe über dem Erdmittelpunkt.
ln: natürlicher Logarithmus.
m: Masse im allgemeinen.
m_0: Anfangsmasse.
m_1: Endmasse.
m_l: Durch den Luftwiderstand bedingter Massenverlust.
r: Erdradius.
s: Höhe der Rakete über dem Erdboden.
t: Zeit.
v: Geschwindigkeit in bezug auf den Aufstiegsort.
$\bar{v}$: Günstige Geschwindigkeit nach (26).
v_p: Parabolische Geschwindigkeit.
F: Größter Querschnitt der Rakete.
G: Gewicht der Rakete.
H: Höhe, in welcher der Luftwiderstand auf $\frac{1}{e}$ abnimmt. H als Index bezieht sich auf den größten absoluten Luftwiderstand.
L: Luftwiderstand.
M: Endmasse, wenn wir vom Luftwiderstand absehen könnten.
P: Geforderter Rückstoß.
Q: $L + G$.
β: Luftdichte.
γ: Ballistische Widerstandsziffer.
δ: Winkel zwischen der Beschleunigungsrichtung und der Wagerechten.
μ: Was sich auf die stärkste Verzögerung durch den Luftwiderstand bezieht.

1. Der senkrechte Aufstieg einer bemannten Rakete ist dadurch gekennzeichnet, daß dabei mit Rücksicht auf die Mitfahrenden der Andruck einen bestimmten Höchstwert nicht überschreiten darf. Die Querschnittsbelastung ist dabei ziemlich groß, denn

es handelt sich durchwegs um große Apparate mit hoher Querschnittsbelastung. Mithin liegt nach (31) der Wert $\bar{v}$ auch sehr hoch, so daß er der verlangten geringen Beschleunigung wegen meist überhaupt nicht erreicht werden kann. Aus (21) folgt durch Umformung und Integration:

$$c \cdot \ln \frac{m_0}{m} = v + \int \frac{Q}{m} dt. \tag{61}$$

Wir wollen nun möglichst viel Brennstoff zur Erhöhung der Geschwindigkeit v und möglichst wenig zur Arbeit gegen Luftwiderstand und Schwere verwenden. Nun ist bei senkrechtem Aufstieg

$$\int \frac{Q}{m} \cdot dt = \int \frac{G}{m} \cdot dt + \int \frac{L}{m} \cdot dt = \int g \cdot dt + \int \frac{L}{m} \cdot dt.$$

Auf das $\int g \cdot dt$ nun haben wir bei senkrechtem Aufstieg keinen Einfluß. Die Fallbeschleunigung g ist gegeben, die Fahrtdauer t können wir mit Rücksicht auf die Insassen nicht beliebig abkürzen. Dagegen ist $\int \frac{L}{m} dt$ um so kleiner, je kleiner $\frac{L}{m}$ wird, d. h. je höher die Querschnittsbelastung ist. Wir streben daher auch hier nach hoher Querschnittsbelastung, obwohl $\bar{v}$ nicht erreicht wird.

Ähnliche Überlegungen gelten auch für den schrägen Aufstieg (vgl. S. 137ff.). Man kann die Sache so verstehen, daß man sagt: je größer die Querschnittsbelastung ist, desto weniger fällt der Luftwiderstand relativ ins Gewicht.

Natürlich können so große Apparate auch vom Meeresspiegel aufsteigen (vgl. S. 255), denn wenn nur $\frac{F}{m}$ groß ist, dann ist auch bei größerem Luftdruck $\frac{F}{m} : \beta$ und somit $\bar{v}_0$ hinreichend groß.

Modell E steigt also mit dem höchsten zulässigen Andruck auf. a ist hier während des Brennens konstant.

Bildet b mit der Wagerechten einen Winkel δ, so ist

$$b + g \cdot \sin \delta = a.$$

(Vgl. Abb. 65.)

Bei senkrechtem Aufstieg (vgl. Abb. 64) ist $\sin \delta = 1$ und wir erhalten:

$$b = a - g. \tag{62}$$

Innerhalb der Atmosphäre ist also die tatsächliche Beschleunigung so gut wie konstant, dagegen ist die ideale Beschleunigung

$$b_x = a + \frac{L}{m} \tag{63}$$

variabel, denn es sind ja nicht Rücksichten auf die Maschine und den geforderten Rückstoß, die der Beschleunigung eine Grenze setzen, sondern lediglich Rücksichten auf den menschlichen Organismus. Wenn L steigt, so steigern wir einfach auch P, so daß der Andruck konstant bleibt.

Die Durchdringung der Luft: Wegen der geringen Beschleunigung muß das Modell E einen großen Weg zurücklegen, bis es die volle Geschwindigkeit inne hat. Dabei können wir innerhalb der Atmosphäre g mit großer Annäherung als konstant betrachten. Bei senkrechtem Aufstieg ist dann auch b konstant, und wir haben:

$$v = b \cdot t \qquad dv = b \cdot dt \qquad s = \frac{1}{2} b t^2 \tag{64}$$

$$c\,dm + m\,dv + Q\,dt = 0 \tag{21}$$

$$c\,dm + m\,b\,dt + G\,dt + L\,dt = 0 \tag{65}$$

$$G = mg\,.$$

Aus (27) folgt weiter:

$$L = F \gamma \beta v^2$$

und dies ergibt unter Beachtung von (34) und (64)

$$L = F \cdot \gamma \cdot (b^2 t^2) \left(\beta_0 \cdot e^{-\frac{s}{H}}\right) = F \cdot \gamma \cdot b^2 \cdot t^2 \cdot \beta_0 \cdot e^{-\frac{b t^2}{2H}} \tag{66}$$

Wenn wir dies in (65) einsetzen, so erhalten wir:

$$c \cdot dm + m b \cdot dt + m \cdot g \cdot dt + F \cdot \beta_0 \cdot b^2 \cdot \gamma \cdot t^2 \cdot e^{-\frac{b t^2}{2H}} \cdot dt = 0\,. \tag{67}$$

Das ist eine lineare Differentialgleichung zwischen m und t. Es folgt daraus:

$$m = e^{-\frac{b+g}{c} \cdot t} \cdot \left[C - \int \frac{F \cdot \beta_0 b^2}{c} \cdot \gamma \cdot t^2 \cdot e^{\frac{b+g}{c} \cdot t - \frac{b t^2}{2H}} \cdot dt \right].$$

Die Integrationskonstante C finden wir, wenn wir $t = 0$ ansetzen. Wir erhalten dann $C = m_0$. Es ist mithin

$$m = e^{-\frac{b+g}{c} \cdot t} \cdot \left[m_0 - \int \frac{F \cdot \beta_0 b^2}{c} \cdot \gamma \cdot t^2 \cdot e^{\frac{b+g}{c} \cdot t - \frac{b t^2}{2H}} \cdot dt \right]. \tag{68}$$

Eine Änderung der Faktoren, die den Luftwiderstand bedingen, ändert offenbar nur den Ausdruck unter dem Integralzeichen. Dieser stellt also den Massenverlust durch den Luftwiderstand dar, d. h. natürlich in seiner Auswirkung auf die Endmasse der gehobenen und beschleunigten Rakete. Wenn m_L der durch den Luftwiderstand bedingte Massenverlust ist, so folgt aus (68):

$$m_L = e^{-\frac{b+g}{c}\cdot t} \cdot \frac{F\cdot\beta_0 b^2}{c} \cdot \int \gamma\cdot t^2\cdot e^{\frac{b+g}{c}\cdot t - \frac{bt^2}{2H}}\cdot dt. \tag{70}$$

Dabei kommt auch die Größe $e^{\frac{b+g}{c}\cdot t}$ vor. Wir verstehen das, wenn wir bedenken, daß der Luftwiderstand eine leere Rakete verhältnismäßig stärker aufhält als eine volle, und daß die ganze Formel nach dem Impulssatz orientiert ist.

In der Formel (70) ist m_0 nicht enthalten. Das muß auch so sein. Der Substanzverlust durch den Luftwiderstand beeinflußt zwar die Masse der Rakete, er hängt jedoch nur von der Größe, der Gestalt und der Geschwindigkeit ab, nicht aber von der Anfangsmasse oder vom spezifischen Gewicht.

Wenn wir die Wirkung des Luftwiderstandes auf den Massenverlust untersuchen wollen, so dividieren wir am besten (68) durch die Gleichung

$$M = m_0\cdot e^{-\frac{b+g}{c}\cdot t}$$

die wir aus (68) bekommen, wenn wir vom Luftwiderstand absehen, wenn wir also z. B. β_0 oder γ gleich 0 setzen. Wir bekommen dann:

$$\frac{m}{M} = 1 - \frac{F\cdot\beta_0\cdot b^2}{c\cdot m_0}\cdot\int \gamma\cdot t^2\cdot e^{\frac{b+g}{c}\cdot t - \frac{bt^2}{2H}}\cdot dt. \tag{71}$$

Daraus ersehen wir ohne weiteres: m kann nur dann positiv bleiben, d. h. die Rakete kann nur dann durch die Atmosphäre hindurchdringen, wenn das zweite Glied der rechten Seite kleiner als 1 ist. Das heißt, es muß

$$\frac{c\cdot m_0}{F\cdot\beta_0\cdot b^2} > \int \gamma\cdot t^2\cdot e^{\frac{b+g}{c}\cdot t - \frac{bt^2}{2H}}\cdot dt. \tag{72}$$

Wir müssen also c und m_0 möglichst groß, F möglichst klein wählen, bezüglich β bleibt uns kaum eine Wahl, große Raketen müssen von einer Wasserfläche aufsteigen, und das wird in den meisten Fällen nur das Meer sein können.

Eine Verringerung der Beschleunigung b wirkt, wie die Formel zeigt, wenigstens anfangs auf den Luftwiderstand günstig ein. Es kommt da aber nur zum Ausdruck, daß der Luftwiderstand um so geringer ist, je langsamer die Rakete fährt. Später aber wird durch das Wachsen der Integrationsgrenzen der anfänglich günstige Einfluß natürlich wieder aufgehoben, denn je langsamer die Rakete fährt, desto unangenehmer macht es sich mit der Zeit fühlbar, daß sie nicht so schnell aus der Luft herauskommt. Aber ganz abgesehen hiervon werden wir unterhalb der günstigsten Geschwindigkeit die Beschleunigung b stets so groß wählen, als wir dies mit Rücksicht auf den menschlichen Organismus überhaupt können. Neben dem Massenverlust durch den Luftwiderstand ist ja noch jener durch die Schwere da, und der überwiegt beim senkrechten Aufstieg des Modells E den Luftwiderstand.

Der Luftwiderstand ist anfangs der geringen Geschwindigkeit wegen klein, später wächst er, zuletzt nimmt er wieder ab und hört schließlich ganz auf, denn die Luftdichte nimmt zuletzt schneller ab, als die Geschwindigkeit zunimmt. Das Maximum des Luftwiderstandes (L_H) finden wir, wenn wir aus (66) L oder noch besser $\ln L$ nach t differenzieren. Wenn L ein Maximum ist, dann muß natürlich auch $\ln L$ eines sein, und wir erhalten:

$$\ln L = \ln(F \cdot \gamma \cdot \beta_0 \cdot b^2) + 2 \cdot \ln t - \frac{b\,t^2}{2H}.$$

Der Maximalwert von L (wir wollen ihn L_H nennen) wird nun, wie wir gleich sehen werden, bei konstantem γ erreicht, es ist mithin:

$$\frac{d}{dt}[\ln L] = \frac{2}{t} - \frac{b \cdot t}{H},$$

daraus folgt:

$$t_H = \sqrt{\frac{2H}{b}}, \tag{73}$$

$$v_H = b \cdot t_H = \sqrt{2 \cdot b \cdot H}, \tag{74}$$

$$s_H = \frac{1}{2} \cdot b \cdot t_H^2 = H. \tag{75}$$

Diese Zahlen interessieren uns insoweit, als die bemannte Rakete in dieser Höhe am ehesten Gefahr läuft, vom Luftwiderstand zerdrückt zu werden. Der Innendruck ihrer Behälter muß also so groß sein, daß sie hier den Luftwiderstand aushalten. Halten sie den Luftwiderstand hier aus, so halten sie ihn überhaupt aus.

Da es erwünscht ist, die Behälter der Wasserstoffrakete unter einen geringeren Druck zu setzen und so dünn zu machen, daß sie diesem äußeren Luftwiderstande nicht gewachsen wären, so muß (vgl. S. 54) die Wasserstoffrakete in einem hermetisch schließenden, starkwandigen Überzug stecken, der nur dann auseinanderklappt, wenn die Brennstoffe der Alkoholrakete erschöpft sind und der Luftwiderstand geringer geworden ist.

Für $H = 7300$ m und $b = 30$ m/sek² wird $t_H = 22{,}0$ sek und $v_H = 661$ m/sek. Die Kraft des Luftwiderstandes beträgt hier (γ zu $\frac{1}{24}$ angesetzt)

$$L_H = 6690 \text{ kg/m}^2 = 0{,}669 \text{ kg/cm}^2.$$

Die Verzögerung durch den Luftwiderstand, also den durch den Luftwiderstand bedingten Antriebsverlust, findet man, wenn man die Kraft des Luftwiderstandes durch die Raketenmasse oder, was dasselbe ist, den auf den Quadratzentimeter entfallenden Anteil des Luftwiderstandes durch die Querschnittsbelastung dividiert und mit dem Umrechnungsfaktor 9,81 multipliziert. Die Querschnittsbelastung des Modells E beträgt in dieser Höhe noch 0,925 kg/cm². Die Verzögerung ist also

$$\frac{L}{m} = \frac{0{,}669}{0{,}925} \cdot 9{,}81 = 7{,}1 \text{ m/sek}^2.$$

Sie wird in den nächsten Sekunden noch etwas größer, denn der Nenner m des Bruches $\frac{L}{m}$ nimmt hier ständig ab, während der Zähler L in der Nähe seines Maximums natürlich annähernd konstant ist. Das Maximum der relativen Verzögerung liegt bei

$$t = \sqrt{\frac{2H}{b}} + \frac{b+g}{c} \cdot \frac{H}{b}. \tag{76}$$

(Bei der Konstruktion ist also darauf zu achten, daß zu dieser Zeit $\frac{L}{m} \leqq g$). Die direkte Ermittlung dieses Wertes ist so schwierig und umständlich, daß es mir nicht lohnend erscheint, hier darauf einzugehen. Man kann sich ja in jedem bestimmten Falle von der Richtigkeit der Formel (76) überzeugen, wenn man für die relative Verzögerung eines bemannten Raumschiffes bei senkrechtem Aufstieg eine Tabelle oder ein Schaubild anfertigt.

Bei der Ausrechnung von

$$\frac{F \cdot \beta_0 \cdot b^2}{c} \cdot \int \gamma \cdot t^2 \cdot e^{\frac{b+g}{c} \cdot t - \frac{b t^2}{2H}} \cdot dt \tag{77}$$

kommt es hauptsächlich darauf an, was für eine Funktion von v, also von $b \cdot t$ wir für γ einsetzen. Ich halte es aber für verfrüht, sich darüber heute schon den Kopf zu zerbrechen. Erstens werden wohl noch einige Jahre vergehen, bis daß das Modell E aufsteigt, und zweitens wird man den genauen Wert von γ doch erst nach einem Aufstieg wirklich kennen. Die Kurve für γ verläuft nämlich, wie Rothe gezeigt hat, nicht für alle Geschosse gleich, und es ist zu erwarten, daß das Modell E bei seiner Größe und bei seinen großen Flossen eine etwas andere Widerstandsziffer aufweisen wird als ähnlich geformte Artilleriegeschosse. Wenn man den Verlauf der Widerstandskurve genau kennt, so wird man dann dafür eine ähnlich verlaufende Funktion von v einzusetzen haben, die γ hinreichend nahekommt. Die Interpolation muß namentlich für $v = 800$ m/sek genau stimmen, da hier die relative Verzögerung durch den Luftwiderstand am größten wird (vgl. (76)). Es wäre außerdem anzustreben, daß durch das Einsetzen dieser Funktion die Integration in geschlossenem Ausdruck möglich wird. (Wenn man nicht die Integration auf graphischem Wege vorzieht, die hier besonders bequem ist.)

Ich für meinen Teil habe sowohl graphische als auch rechnerische Methoden benützt. Dabei verzichtete ich auf geschlossene Ausdrücke und setzte einfach γ von 0 bis 300 m/sek konstant, desgleichen oberhalb 460 m/sek. Darauf führte ich eine neue Veränderliche

$$x = t \cdot \sqrt{\frac{b}{2H}} - \frac{b+g}{c} \cdot \sqrt{\frac{H}{2b}}$$

ein, wodurch das Integral (77) auf die Form

$$A \cdot \int x^2 \cdot e^{-x^2} \cdot dx + B \cdot \int x \cdot e^{-x^2} \cdot dx + C \cdot \int e^{-x^2} \cdot dx$$

gebracht wird. Dieser Ausdruck ist in der Form

$$(Dx + E)\, e^{-x^2} + F + G \int e^{-x^2} \cdot dx$$

darstellbar. Die großen Buchstaben A bis G bedeuten dabei konstante Zahlen.

Das Integral $\int e^{-x^2} \cdot dx$ läßt sich in geschlossenem Ausdruck nicht darstellen, es läßt sich aber in einer gut konvergierenden Potenzreihe entwickeln und für $x > 1$ auf die noch schneller konvergenten Integrale

$\int \frac{e^{-x^2}}{x^2} \cdot dx$ und $\int \frac{e^{-x^2}}{x^4} \cdot dx$ zurückführen. Wenn man nämlich setzt:

$$\int e^{-x^2} \cdot dx = -\int \left\{\frac{1}{2x}\right\} \cdot \left\{e^{-x^2} \cdot (-2x \cdot dx)\right\} = -\frac{e^{-x^2}}{2x} - \int \frac{e^{-x^2}}{2x^2} \cdot dx,$$

weiter wird

$$-\int \frac{e^{-x^2}}{2x^2} \cdot dx = \int \frac{e^{-x^2}(-2x \cdot dx)}{4x^3} = \frac{e^{-x^2}}{4x^3} + \frac{3}{4} \int \frac{e^{-x^2}}{x^4} \cdot dx.$$

Zwischen 300 und 400 m/sek benützte ich für γ eine Parabel dritter Ordnung von der Form $H + I \cdot x + K \cdot x^2 + L \cdot x^3$, wobei die Integration ganz ähnlich erfolgt.

Ich fand auf diese Weise den Antriebsverlust infolge des Luftwiderstandes

$$\int_{t=0}^{t=\infty} \frac{L}{m} \cdot dt \sim 300 \text{ m/sek}. \tag{78}$$

Beim senkrechten Aufstieg des Modells E muß also der ideale Antrieb v_x um 300 m/sek größer sein, als wenn die Luft unendlich dünn oder das Raumschiff unendlich schwer wäre.

In der Formel (68) hatten wir b und g stillschweigend als konstant angenommen, doch ist genau genommen nur die Summe $b + g = a$ konstant. Dagegen ist

$$g = g_0 \left(\frac{r}{r+s}\right)^2. \tag{79}$$

Für die Berechnung des Aufstieges innerhalb der Erdatmosphäre ist eine solche Genauigkeit (besonders in diesem Buch) unnötig. Mit der Formel (68) brauchen wir ja nur bis 150 km Höhe zu rechnen, von da weiter können wir den Luftwiderstand vernachlässigen und dadurch wesentlich vereinfachte Formeln benützen. In 150 km Höhe über dem Erdboden aber ist die Fallbeschleunigung:

$$g = 0{,}95 \cdot g_0.$$

Da die Schwere bis zu dieser Höhe einen Antriebsverlust von 100 m/sek bedingt, so machen wir hier einen Fehler von weniger als $0{,}05 \cdot 100 = 5$ m/sek, wenn wir $g = g_0$ setzen. Wenn wir gar einen geeigneten Mittelwert von g verwenden, so wird der Fehler verschwindend klein, für $g_m = 0{,}98 \cdot g_0$ z. B. sinkt er unter 1 m/sek.

Etwas anderes dagegen wäre es, wenn wir beim senkrechten Aufstieg eines Raumschiffes g bis zu jenem Augenblick konstant annehmen wollten, in welchem das Raumschiff etwa die parabolische Geschwindigkeit erreicht hat. Hier wäre der Fehler von der Größenordnung eines km/sek. Wir müßten in diesem Falle also die Veränderlichkeit der Fallbeschleunigung unbedingt berücksichtigen.

Die Aufgabe läßt sich rechnerisch lösen, die Ergebnisse haben aber bloß theoretischen Wert, denn wir werden im nächsten Kapitel sehen, daß ein bemanntes Raumschiff am besten gar nicht senkrecht aufsteigt.

sondern daß es mit dem geringsten Energieverlust anfährt, wenn es beim Brennen flach über dem Luftmeer dahinfliegt. Da nun beim senkrechten Aufstieg die Formeln, die der Veränderlichkeit von g Rechnung tragen, ziemlich kompliziert sind, möchte ich mich hier darauf beschränken, einfach die Grenzen zu zeigen, zwischen denen der Antriebsverlust durch die Schwere liegt.

Es soll die Aufgabe gestellt sein, dem Raumschiff die parabolische Geschwindigkeit zu erteilen. Wir machen die vereinfachende Annahme, g sei konstant. Dann wird auch die Beschleunigung konstant anzunehmen sein ($b = a - g$).

Wenn v_p die parabolische Geschwindigkeit und r den Erdradius bezeichnet, und wenn s die Strecke ist, auf welcher die Rakete brennen muß, bis sie die parabolische Geschwindigkeit erreicht hat, so ist nach (57), (60) und (58):

$$v_p = \sqrt{2 \cdot g_0 \cdot \frac{r^2}{r+s}}.$$

Weiter ist nach den Gesetzen der Beschleunigung (bei konstantem b)

$$v_p = \sqrt{2 \cdot b \cdot s}.$$

Durch Gleichsetzung beider Werte von v_p erhält man

$$s = \frac{r}{2} \cdot \left(\sqrt{1 + \frac{4 g_0}{b}} - 1 \right). \tag{80}$$

A. Wir machen nun die sicher zu ungünstige Annahme, es sei während der ganzen Brenndauer $g = g_0 = 10$ m/sek gewesen. Dann hätten wir nach (80) erhalten:

$$s = 1970 \text{ km}; \; v_p = 9850 \text{ m/sek};$$

der ideale Antrieb wäre in diesem Falle:

$$v_x = v_p + \int g_0 \cdot dt + \int \frac{L}{m} \cdot dt = 14080 \text{ m/sek}.$$

B. Nun war aber bei der Erreichung der parabolischen Geschwindigkeit die Fallbeschleunigung nur noch 5,75 m/sek². Einen Andruck von 35 m/sek² vorausgesetzt, wäre also die Beschleunigung b in der letzten Sekunde gleich 29,25 m/sek² gewesen. Hätten wir unseren Berechnungen diesen Wert der Beschleunigung zugrunde gelegt, so hätten wir ein zu günstiges Ergebnis bekommen. Wir hätten dann erhalten:

$$v_p = 10040 \text{ m/sek};$$

(und wenn wir auch bezüglich des Geschwindigkeitsverlustes durch die Schwere diesen zu kleinen Wert von g zugrunde gelegt hätten)

$$v_x = v_p + \int_0^\infty \frac{L}{m} dt + \int 0{,}585\, g_0 \cdot dt = 12320 \text{ m/sek}.$$

Es ist mithin bei einem Andruck von 35 m/sek²

$$12300 \text{ m/sek} < v_x < 14080 \text{ m/sek}.$$

Dabei liegt der ideale Antrieb nicht etwa in der Mitte zwischen diesen beiden Grenzen, sondern wesentlich näher an der oberen (etwa 13700 m/sec), denn das Raumschiff steht während des Aufstieges wesentlich länger unter dem Einfluß des stärkeren Schwerefeldes.

Bei einem Andruck von 40 m/sek hätten wir erhalten:

$$12720 \text{ m/sek} < v_x < 13630 \text{ m/sek}.$$

Bei dem (bereits hypothetischen) Andruck von 70 m/sek² wäre:

$$12300 \text{ m/sek} < v_x < 12500 \text{ m/sek}.$$

Den Unterschied zwischen der Geschwindigkeit zum Erdmittelpunkt und der Geschwindigkeit zur Erdoberfläche können wir hier vernachlässigen.

2. Wirkung des Luftwiderstandes bei freifliegenden Registrier- und Fernraketen.

$\bar{v}$ soll hier die Geschwindigkeit zur umgebenden Luft, alle anderen Formelgrößen sollen dasselbe bezeichnen wie auf S. 117.

a) Wirkung bei senkrechtem Aufstieg:

Wie schon auf S. 111 gesagt wurde, hört der Antrieb bei unbemannten Raketen bereits dann auf, wenn sie sich noch innerhalb der Erdatmosphäre befinden. $\bar{v}_1$ sei die Geschwindigkeit zur umgebenden Luft im Augenblick, wo der Antrieb aufhört, L_1 sei der Luftwiderstand, β_1 der Luftdruck an dieser Stelle. Nach $t_2 - t_1$ Sekunden sei $\bar{v}_2$ die Geschwindigkeit, L_2 der Luftwiderstand, β_2 der Luftdruck. Es ist:

$$L_2 = L_1 \cdot \frac{\bar{v}_2^2}{\bar{v}_1^2} \cdot \frac{\beta_2}{\beta_1} = L_1 \cdot \frac{\bar{v}_2^2}{\bar{v}_1^2} \cdot e^{-\frac{\int \bar{v} \cdot dt}{H}}.$$

Mit Rücksicht darauf, daß $\bar{v}$ sich nur wenig ändert, soweit wir es noch mit einem nennenswerten Luftwiderstand zu tun haben, können wir auch schreiben

$$\bar{v}_1 \approx v_2; \quad L_1 \approx L_2 \cdot e^{-\frac{\bar{v}_1 \cdot t}{H}}.$$

Die Verzögerung durch den Luftwiderstand ist:

$$\int_{t_1}^{t_2} \frac{L}{m_1} \cdot dt \approx \frac{L_1}{m_1} \cdot \frac{H}{\bar{v}} \cdot \left(1 - e^{-\frac{\bar{v}_1 (t_2 - t_1)}{H}}\right).$$

Die Gesamtverzögerung:

$$\int_{t_1}^{\infty} \frac{L}{m_1} \cdot dt \approx \frac{L_1}{m_1} \cdot \frac{H}{\bar{v}_1}. \tag{82}$$

War v_1 die günstigste Geschwindigkeit an der Stelle s_1, so ist (vgl. S. 54ff.) $\frac{L}{m_1} = g$, die Gesamtverzögerung also gleich $\frac{H}{\bar{v}} \cdot g$. Blieb die Geschwindigkeit (v_n) hinter v_1 zurück, so ist die Gesamtverzögerung durch den Luftwiderstand entsprechend kleiner, nämlich:

$$\int_{t_2}^{\infty} \frac{L'}{m_1} \cdot dt \sim \frac{H}{v_n} \cdot \frac{L_1}{m_1} \cdot \frac{v_n^2}{\bar{v}_1^2} = \frac{H}{\bar{v}_1} \cdot \frac{L_1}{m_1} \cdot \left(\frac{v_n}{v_1}\right), \tag{83}$$

also nur $\frac{v_n}{v_1}$. mal so groß.

Für $v_1 = 1000$ m/sek und die entsprechenden übrigen Größen erhalten wir z. B.

$$\int \frac{L}{m_1} \cdot dt \approx 73 \text{ m/sek}$$

(genau 69 m/sek. Der Unterschied ist zum Teil auch deswegen so gering, weil sich verschiedene Fehler, die wir machten, kompensieren).

Für $\bar{v}_1 = 10000$ m/sek; $\frac{L_1'}{m_1} = 3$ m/sek² (hier ist s und daher der Wasserstoffgehalt der Luft, mithin H größer) beträgt die Gesamtverzögerung 2,2 m/sek; also ein verschwindender Betrag.

b) Bei schrägem Aufstieg müssen wir $\int \frac{L}{m} \cdot dt$ noch durch den Sinus des Neigungswinkels δ im Augenblick, wo der Antrieb aufhört, dividieren. Ich wähle den Neigungswinkel zu Beginn der freien Fahrt aus denselben Gründen, aus denen ich auf S. 76 zum Ergebnis kam, Q müsse anfangs stimmen.

Beim Wiedereintreten von Raketengeschossen in die Erdatmosphäre wäre der Luftwiderstand so zu berechnen wie bei Artilleriegeschossen. Ich muß hier auf die Lehrbücher der Ballistik verweisen.

Es wären hier noch einige Worte über die Landung von Fernraketen zu sagen, die mit einem Fallschirm versehen sind[1]).

Sie treten mit einer Geschwindigkeit von 2—7 km/sek unter dem zu dieser Geschwindigkeit nach Formel (o) des vorigen Kapitels zugeordneten Winkel α_{opt} in die Lufthülle ein. Dann breitet sich der Fallschirm aus, die Geschwindigkeit wird abgebremst, und schließlich landet der Apparat mit gleichförmig gewordener Geschwindigkeit v_e.

Über den letzten Teil der Fahrt ist nicht viel zu sagen. Die Geschwindigkeit ist dadurch gegeben, daß der Luftwiderstand gleich dem Gewicht ist. Es ist also nach (27)

$$F \gamma \beta v_e^2 = m_1 g . \tag{a}$$

Die Formelgrößen bedeuten hier dasselbe wie im 8. Kapitel.

In größerer Höhe ist v_e des geringeren Luftwiderstandes wegen größer, es ist

$$\frac{v_e}{v_{e0}} = \sqrt{\frac{\beta_0}{\beta}} . \tag{b}$$

Die Bremsfahrt dagegen müssen wir hier etwas näher untersuchen. Wir können uns dabei die Rechnung wesentlich vereinfachen, indem wir nach einem von Pirquet für ähnliche Fälle angegebenen Verfahren die Fallbeschleunigung g in erster Annäherung vernachlässigen. Wir dürfen das tun. Anfangs verhält sich die Rakete nämlich beinahe wie ein im Raum sich selbst überlassener Körper, und die Geschwindigkeitsänderungen durch die Schwerkraft spielen während dieser kurzen Zeit neben Geschwindigkeiten von Kilometern in der Sekunde keine nennenswerte Rolle. Später wieder wird der Andruck so bedeutend, daß wir daneben die Schwere erst recht vernachlässigen dürfen, zumal da auch jetzt noch der Andruck lediglich durch den Luftwiderstand bestimmt wird. Erst gegen Ende des Bremsens wäre dies Rechungsverfahren theoretisch unzulässig, doch dieser Teil der Fahrt interessiert uns bei den folgenden Untersuchungen nicht. Weiter können wir uns die Rechnung dadurch vereinfachen, daß wir diese kurze Strecke als Gerade ansehen.

Wir setzen also die Verzögerung:

$$b = -\frac{dv}{dt} = -\frac{L}{m_1} = -\frac{1}{m_1} \cdot F \gamma \beta_0 \frac{\beta}{\beta_0} v^2 . \tag{c}$$

[1]) Diese Berechnungen gelten nur für Fernraketen. Für Raumschiffe, die mit mehr als zirkulärer Geschwindigkeit wagerecht in die Atmosphäre eintreten, gelten sie dagegen nicht.

Dabei ist β_0 die Luftdichte an der Erdoberfläche, die übrigen Formelgrößen bezeichnen dasselbe wie im 8. Kapitel. Weiter ist

$$\frac{\beta}{\beta_0} = e^{-\frac{s}{S}} \quad \text{(vgl. (34))}. \tag{d}$$

Dabei ist s der Abschnitt der geraden Fahrtlinie von der Rakete bis zum Erdboden, S ist die Strecke, die die Rakete zurücklegen muß, bis daß der Luftwiderstand auf das e-fache seines Wertes wächst. Weiter ist

$$ds = -v \cdot dt. \tag{e}$$

Wir erhalten nun aus (c) durch Multiplikation mit $\frac{dt}{v}$ und unter Beachtung von (d) und (e):

$$\frac{dv}{v} = \frac{1}{m_1} \cdot F \gamma \beta_0 e^{-\frac{s}{S}} \cdot ds.$$

Hieraus folgt dann durch Integration und unter Beachtung von (d):

$$\ln \frac{v_1}{v} = S \cdot \frac{F \gamma \beta_0}{m_1} \left(\frac{\beta}{\beta_0} - \frac{\beta_1}{\beta_0} \right). \tag{f}$$

Hier ist v_1 die Geschwindigkeit oberhalb der Atmosphäre, v ist die Geschwindigkeit am untersuchten Bahnpunkt, β_1 wäre der Luftdruck oberhalb der Atmosphäre, diese Zahl ist aber natürlich gleich Null. Wir erhalten also zuletzt:

$$v = v_1 \cdot e.^{-S \cdot \frac{F \gamma \beta}{m_1}} \tag{g}$$

Nun ist die Verzögerung unter Beachtung von (c) und (e):

$$b = -\frac{dv}{dt} = \frac{v \cdot dv}{ds}. \tag{h}$$

$v \cdot dv$ finden wir aus (g):

$$v \cdot dv = -v_1^2 \frac{S F \gamma}{m_1} \cdot e^{-\frac{2 S F \gamma \beta}{m_1}} \cdot d\beta,$$

während nach (d):

$$ds = -S \frac{d\beta}{\beta}.$$

Es ist mithin

$$b = v_1^2 \frac{F \gamma \beta}{m_1} e^{-2 S \frac{F \gamma \beta}{m_1}}. \tag{i}$$

Hieraus kann man dann b leicht berechnen. Abb. 71a zeigt den Verlauf von b.

Sobald man aber einmal die Zusammenhänge zwischen Weg, Geschwindigkeit und Beschleunigung kennt, bietet die Berechnung der übrigen Formelgrößen natürlich keine Schwierigkeiten mehr[1]). Ich kann jedoch aus Raumgründen hierauf leider nicht mehr eingehen und muß dem Leser selbst die Erforschung der weiteren theoretischen Zusammenhänge überlassen, wenn er sich dafür interessiert. Das Buch wird ohnehin schon wesentlich umfangreicher, als ich ursprünglich wollte.

Ich will hier nur noch die Maximalwerte der Verzögerung angeben, um zu untersuchen, wie stark die Fallschirmseile sein müssen und welchem Andruck, wenn auch nur für wenige Sekunden, die Fracht dabei ausgesetzt ist.

Die Luftdichte, bei welcher der Andruck seinen Höchstwert erreicht, finden wir, wenn wir in (i) b nach β differenzieren:

$$\beta_{\max} = \frac{m_1}{2 S F \gamma}. \tag{k}$$

Wenn man diesen Wert für β in (i) einsetzt, so erhält man den Maximalwert der Verzögerung:

$$b_{\max} = \frac{v_1^2}{2 e S}. \tag{l}$$

Hier heben sich interessanter- aber logischerweise F, γ und m_1 fort. Da nämlich die Luftwiderstandslinie eine Exponentialkurve ist, so wird einfach derselbe Bremsvorgang etwas später eintreten, wenn die Bremskraft des Fallschirms im zweiten Falle auf ein Mehrfaches gestiegen ist ($\beta_{\max}$ zeigt sich denn auch ganz folgerichtig abhängig von der Bremskraft), der Bremsvorgang an sich wird aber in beiden Fällen gleich verlaufen. Vgl. Abb. 71b. Man sieht also, die Größe des Fallschirms beeinflußt die Höhe des Bremsandruckes nicht. Allerdings muß hier noch bemerkt werden, daß wir einen einfachen Fallschirm angenommen haben, bei dem $\frac{F\gamma}{m_1}$ konstant gedacht ist. Die Kurve für b würde dagegen ganz anders verlaufen, wenn wir etwa am Fallschirm Sicherheitsklappen angebracht hätten, die sich öffnen, wenn die Druckdifferenz zwischen der inneren und äußeren Seite zu groß wird (vgl. Abb. 71c).

Nun ist nach Kap. 8 $S = H \cdot \operatorname{cosec} \alpha$, wenn α den Winkel zwischen der Bahn und der Horizontalen bezeichnet. Bei einer senkrecht auf-

[1]) Die Berechnung der Zeit führt allerdings auf das $\int \frac{e^x}{x} dx$, für welches heute noch keine geschlossene Bezeichnung eingeführt ist (wie etwa für sin, log usw.).

steigenden Registrierrakete z. B. wäre $\alpha = 90°$ und

$$b_{max} = \frac{v_1^2}{2\,e\,H} \tag{m}$$

ein Wert, der z. B. für $v_1 = 100$ m/sek : 25,8 m/sek² oder 2,6 Erdschweren beträgt.

Fernraketen steigen am besten unter dem aus Formel (o) des vorigen Kapitels folgenden Winkel auf. Selbstverständlich treten sie dann auch unter diesem Winkel wieder in die Atmosphäre ein. Es folgt dann aus der genannten Formel (o) des vorigen Kapitels:

$$\operatorname{cosec} \alpha_{opt} = \sqrt{\frac{2-x}{1-x}},$$

wobei nach Formel (a) des 10. Kapitels

$$x = \frac{v_1^2}{g_1 r_1}.$$

Wir finden dann

$$b_{max} = \frac{g_1 r_1 x}{2\,e\,H} \cdot \sqrt{\frac{1-x}{2-x}}. \tag{n}$$

Für eine Schußstrecke von 1000 km z. B. wäre $v_1 = 3160$ m/sek und b_{max} wäre gleich 18 Erdschweren, für eine Schußweite von 2000 km wäre b_{max} nicht ganz doppelt so groß, also etwa 36 Erdschweren.

Welches ist nun aber überhaupt der größte Andruck, der bei einem ordnungsgemäßen Fernschuß im ungünstigsten Falle eintreten kann, und welches sind die zugehörigen Werte für Schußweite und Endgeschwindigkeit?

Wir können diese Frage exakt beantworten, indem wir in Formel (n) b nach x differenzieren[1]). Wir erhalten dann für $\frac{d(\ln b)}{dx} = 0$,

$$x = 0{,}74923\ldots$$

Die zugehörige Endgeschwindigkeit wäre nach Formel (a) des 10. Kapitels $v_1 = 6830$ m/sek, die zugehörige Schußweite würde 8150 km betragen. Die Verzögerung würde dabei $53^1/_2$ Erdschweren erreichen.

Eine 50 kg schwere Rakete würde dabei mit einer Kraft von $50 \cdot 53^1/_2 = 2675$ kg an den Fallschirmseilen ziehen, und die 30 kg

[1]) Selbstverständlich macht man alle die hier angedeuteten Extremberechnungen bequemer, wenn man nicht die Größe selbst, sondern ihren Logarithmus differenziert. Wenn eine Funktion ihr Extrem erreicht, so erreicht an derselben Stelle auch ihr Logarithmus sein Extrem.

schwere Briefpost würde mit 1605 kg auf die Unterlage drücken. Wenn die Bodenfläche des Briefkastens 0,1 m² beträgt, so würde mithin 1 cm² einen Druck von $1\,{}^1/_2$ kg erleiden. Die untersten Briefe müßten also pro cm² etwa den zehnten Teil des Druckes aushalten, den sie erleiden, wenn wir sie kräftig mit Daumen und Zeigefinger anfassen. Bei den obenliegenden Briefen wäre der Druck natürlich noch geringer. Es ist mir daher nicht recht verständlich, wie einzelne Autoren behaupten können, die Briefe würden diesen Andruck nicht aushalten. Ja man könnte wahrscheinlich auch noch ganz andere Sachen als Briefe mit solchen Raketen befördern. Man müßte sie nur nicht zu unterst packen. Außerdem gelten diese Andrucksverhältnisse nur für die ungünstigste Schußweite von 8150 km, bei geringeren Schußweiten werden sie günstiger, weil die abzubremsende Geschwindigkeit nicht so groß ist, bei größeren ebenfalls, weil die Rakete flacher in die Atmosphäre eintaucht und die Bremsstrecke größer wird. Beim 1000-km-Schuß z. B. wären sie nur den dritten Teil so groß. Und dabei ist noch gar nicht einmal in Betracht gezogen, daß wir den Maximalwert des Andrucks mit Hilfe der schon einmal erwähnten Fallschirmklappen unter ¼ des hier errechneten Maximalwertes herabdrücken können.

Nun noch einige Worte über die Fallschirmklappen. Zunächst möge der Leser entschuldigen, daß ich über die Konstruktion derselben aus den in der Einleitung erwähnten Gründen noch nichts mitteile. Ihre Wirkungsweise läßt sich angenähert so verstehen:

Der Fallschirm läßt einfach keinen größeren Luftwiderstand als sagen wir $b_2 \cdot m_1$ zu. Sobald nach Formel (i) der Luftwiderstand größer sein würde, drückt die Luft einfach elastische Klappen am Fallschirm auf und tritt durch dieselben teilweise hindurch, so daß dessen Bremskraft dadurch entsprechend verringert wird. Die Verzögerung bleibt also so lange konstant b_2, bis daß infolge der ständigen Geschwindigkeitsabnahme wieder:

$$\frac{F\gamma\beta}{m_1} \cdot v^2 < b_2 .$$

Dies möge eintreten, wenn die Geschwindigkeit auf v_3 herabgesunken ist.

Solange also die Bremsklappen in Tätigkeit sind, ist der konstanten Verzögerung wegen die Geschwindigkeit

$$v = v_2 - b_2 t . \qquad \text{(o)}$$

Der seit Beginn der Klappentätigkeit zurückgelegte Weg beträgt:

$$\sigma = v_2 t - \frac{1}{2} b t^2 , \qquad \text{(p)}$$

und für die zugehörige Luftdichte erhalten wir

$$\frac{\beta}{\beta_2} = e^{\frac{\sigma}{S}} = e^{\frac{2 v_2 b t - b^2 t^2}{2 b S}}. \tag{q}$$

β_2 ist dabei aus (i) auf graphischem Wege oder mit Hilfe der Regula falsi zu ermitteln, da alle übrigen Formelgrößen gegeben sind. Hat man β_2, so kann man v_2 berechnen, es ist

$$v_2^2 = \frac{b_2 m_1}{F \gamma \beta_2}. \tag{r}$$

Nun machen wir folgendes Gedankenexperiment:

Wir denken uns eine Rakete mit einfachem Fallschirm (ich will sie die virtuelle Rakete nennen, weil mir kein besseres Wort dafür einfällt). Die Massen der beiden Raketen seien gleich, und der Fallschirm der reellen Rakete soll bei geschlossenen Klappen dieselbe Bremskraft haben als jener der virtuellen Rakete. Schließlich soll diese virtuelle Rakete durch irgendeine angenommene Kraft neben der reellen Rakete mit gleicher Geschwindigkeit mitgeführt werden. Der Luftwiderstand wird nun bei der virtuellen Rakete offenbar gleich sein:

$$L_i = F \gamma \beta v^2 .$$

Das gibt dann nach einigen Umformungen (unter Berücksichtigung von (q))

$$L_i = F \gamma \beta_2 v^2 e^{\frac{v_2^2}{2bS}} \cdot e^{-\frac{v_2^2 + 2 v_2 b t - b^2 t^2}{2 b S}} = F \gamma \beta_2 v_2^2 e^{\frac{v_2^2}{2bS}} \cdot e^{-\frac{v^2}{2bS}}$$

oder unter Beachtung von (r):

$$\frac{L_i}{m_1 b_2} = e^{\frac{v_2^2}{2bS}} \cdot v_2^{-2} \cdot e^{-\frac{v^2}{2bS}} v^2 . \tag{s}$$

Der Punkt, wo sich die Sicherheitsklappen wieder schließen, ist dadurch gegeben, daß hier L_i dem wirklichen Luftwiderstand $m_1 \cdot b_2$ gleich wird. Es wird hier also:

$$\frac{L_i}{m_1 b_2} = 1 .$$

Wir finden diesen Punkt am besten auf zeichnerischem Wege. Wir setzen etwa

$$\frac{L_i}{m_1 b_1} = z$$

und

$$v^2 = y .$$

Sodann zeichnen wir die Kurve

$$z = e^{\frac{v_2^2}{2b S}} \cdot v_2^{-2} \cdot e^{-\frac{y}{2b S}} \cdot y \tag{t}$$

und suchen die Stelle, an der $z = 1$ wird.

Nun interessiert uns noch die Frage, wann die Sicherheitsklappen bei einer bestimmten Geschwindigkeit und einer bestimmten noch gestatteten Maximalverzögerung b_2 am stärksten gebraucht werden.

Das wird offenbar dann der Fall sein, wenn L_i im Vergleich zum höchsten gestatteten Luftwiderstand ein Maximum erreicht.

Aus (t) folgt nun:

$$\ln z = \frac{v_2^2}{2 b_2 S} - 2 \ln v_2 - \frac{y}{2 b S} + \ln y .$$

$$\frac{d (\ln z)}{d y} = - \frac{1}{2 b S} + \frac{1}{y} .$$

Dieser Ausdruck wird offenbar dann gleich 0, wenn

$$y = v^2 = 2 b S .$$

Nachdem dann die Geschwindigkeit den Wert v_3 unterschritten hat, werden sich die Klappen schließen, und der Fallschirm wird sich wieder wie ein einfacher Fallschirm verhalten. Wir werden bei den weiteren Berechnungen demnach wieder von der Formel (f) ausgehen, nur daß wir jetzt als Anfangswerte für Geschwindigkeit und Luftdruck v_3 und β_3 einsetzen. Wir erhalten:

$$\ln \frac{v_2}{v} = S \frac{F \gamma}{m_1} (\beta - \beta_3) .$$

Anmerkung: Ich habe im allgemeinen den Grundsatz, keine Formel zu veröffentlichen, mit der ich nicht schon wenigstens ein Jahr lang gearbeitet habe, ohne auf Widersprüche zu stoßen. Bei den durch Buchstaben bezeichneten Formeln des 10. und 11. Kapitels bin ich von diesem Grundsatz abgegangen. Sie stammen aus einer Arbeit, die ich etwa vor 4 Monaten angefangen und vor 2 Monaten beendet habe. Ich veröffentliche sie schon jetzt, weil ich mit ihrer Hilfe meine Idee der Postrakete besser vertreten kann[1]). Unter den durch eingeklammerte Ziffern bezeichneten Formeln dieses Buches dagegen ist keine einzige, mit der ich nicht schon wenigstens 2 Jahre lang arbeite, und ich glaube daher für ihre Richtigkeit bürgen zu können.

---

[1]) Inzwischen sind weitere 9 Monate vergangen. Ich hatte inzwischen mehrfach Gelegenheit, die Formeln anzuwenden und nachzuprüfen. Die Rechnung ist

Formelgrößen zu S. 135 bis 137.

$k = \frac{\text{Rücktrieb}}{\text{Auftrieb}}$.

$\bar{v}$: Günstigste Geschwindigkeit.

$R = P - Q$.

δ: Winkel zwischen der Aufstiegsrichtung und der Wagerechten.

Alle andern Formelgrößen bedeuten dasselbe wie auf S. 117.

3. Einiges über die schräge Fahrt von Rückstoßflugzeugen innerhalb der Atmosphäre.

Ich will hier solche Flugzeuge „Rückstoßflugzeuge" oder „Rückstoßflieger" nennen, die gleich Aeroplanen mit Tragflächen versehen sind, die aber statt von Propellern von Raketendüsen nach vorwärts geschoben werden. Wir setzen wieder wie in Kap. 8

$$P = R + Q. \qquad (84)$$

Dabei ist P die gesamte Rückstoßkraft, Q ist die Kraft, die zum Tragen und Halten des Apparates und zur Überwindung des Luftwiderstandes erforderlich ist. R ist der Überschuß, der dazu dient, die Rakete zu beschleunigen.

Q finden wir aus (26) und (27):

$$Q = F \cdot \gamma \cdot \beta \cdot v^2 + m \cdot g \cdot (\sin \delta + k \cos \delta). \qquad (85)$$

Die Formeln für den Aufstieg mit der günstigsten Geschwindigkeit haben wir bereits im 8. Kapitel abgeleitet und dabei gesehen, daß eine Rakete am günstigsten arbeitet, wenn sie senkrecht aufsteigt. Es können aber, wie ich im folgenden Kapitel zeigen werde, andere Umstände bewirken, daß trotzdem bei schrägem Aufstieg Brennstoff erspart wird.

Auch beim Aufstieg von bemannten Raketenflugzeugen, die des Andrucks wegen nicht mit der günstigsten Geschwindigkeit fahren können, ist der Verlust durch Luftwiderstand und Schwere an sich

---

an sich richtig. Die Formeln vernachlässigen aber den Umstand, daß sich die Flugbahn während des Bremsens etwas nach abwärts biegt. Dadurch wird ein etwas rascheres Eintauchen in die Atmosphäre und eine Erhöhung des maximalen Bremsandruckes hervorgerufen. Der Unterschied ist aber sehr gering. Im Höchstfall z. B. beträgt die Verzögerung 54 Erdschweren statt $53^1/_2$. Relativ am größten ist der Unterschied beim 1000-km-Schuß, wo der Maximalandruck nicht ganz 19 Erdschweren trägt (statt etwas über 18). Man kann also die obigen Formeln ruhig akzeptieren.

innerhalb der Atmopshäre bei senkrechtem Aufstieg stets am kleinsten. Es ist hier nämlich für $\delta \neq 90^\circ$:

$$Q \cdot \frac{dt}{dh} = \frac{mg \cdot (\sin\delta + k \cdot \cos\delta) + L}{v \cdot \sin\delta}$$

$$= \frac{mg}{v}(1 + k \cdot \operatorname{cotg}\delta) + \frac{L}{v}\operatorname{cosec}\delta \geqq \frac{mg}{v} + \frac{L}{v}.$$

Man muß nämlich bei $\delta \neq 90^\circ$ die Summanden dieses letzten Ausdruckes mit Zahlen multiplizieren, die größer als 1 sind, wenn man die Summanden des ersteren Andruckes erhalten will. Dabei ist noch gar nicht mit der Reibung der Luft an den Tragflächen gerechnet, die ja bei tragflächenlosen Apparaten wegfällt. Ein Schrägabfahren mit Tragflächen kann also niemals das Eindringen in die Planetenräume erleichtern. (Wie es z. B. Valier und Gail annehmen, offenbar dadurch getäuscht, daß Q für sich allein betrachtet bei schrägem Aufstieg tatsächlich kleiner ist.) Auch ein Raketenflugzeug mit Tragflächen wird gut tun, zunächst ganz steil aufzusteigen.

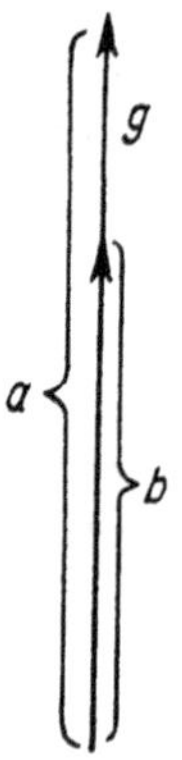

Abb. 64.

Beim Abstieg freilich können solche Flächen die Tragweite von Raketenflugzeugen und Fernraketen ganz wesentlich vergrößern. Fährt z. B. eine tragflächenlose Fernrakete unter einem Winkel von 45° mit einer Geschwindigkeit von 2 km/sek ab, so kommt sie nach Kap. 10 400 km weit. Wenn sie dagegen wagerecht fährt, und wenn der Abstieg aus 50 km Höhe mit Tragflächen erfolgt, so gelangt sie 1350 km weit. (Ich werde im 18. Kap. angeben, wie ich diese Zahl bekommen habe.)

Man muß eigentlich geradezu staunen, wie weit die Raketentheorie heute noch zurück ist. Der erste Grund hierfür scheint mir in ihrer Schwierigkeit zu liegen. Die Raketentheorie ist nämlich eines der schwierigsten Kapitel der gesamten theoretischen Mechanik. Die Bewegung der Rakete steht in gewisser Hinsicht im Gegensatz zu jeder anderen Fortbewegungsart.

Erstens ist nämlich bei allen andern Fortbewegungsmaschinen (auch bei den Geschosse schleudernden Kanonen) die Masse unbegrenzt, auf die sich der Fortbewegungsmechanismus stützen kann. Wenn z. B. eine Lokomotive einen Zug in Bewegung setzt, so suchen ihre Räder den ganzen Erdball nach rückwärts zu drücken und finden daran ihren Widerhalt. Ebenso werfen Propeller im Vergleich zur Fahrzeugmasse ungeheure und vor allen Dingen beliebig große Mengen von Luft und Wasser nach rückwärts. Bei einer Rakete dagegen kann die Masse, die nach rückwärts geworfen wird, niemals so groß sein als das Anfangsgewicht des Fahrzeuges[1]).

Zweitens ist die Stützmasse zu allen anderen Fahrzeugen während der Fahrt relativ in Bewegung. Bei der Rakete dagegen werden die Brennstoffe mitgeführt, sie haben also stets dieselbe Bewegung wie die Rakete selbst[2]).

Der Raketentheoretiker muß sich also stets die ganz verschiedenen Voraussetzungen, unter denen die Rakete arbeitet, vor Augen halten und darf keine der Schablonen ungeprüft übernehmen, die sich bei der Berechnung anderer Bewegungsvorrichtungen bewährt haben. Ich selbst habe z. B. über 10 Jahre gebraucht, bis ich die Raketentheorie geschaffen hatte. Eine solche Arbeitsweise ist nun nicht jedermanns Sache, und dies ist der eine Grund, warum es bis vor 15 Jahren überhaupt noch keine Raketentheorie gab.

Der zweite Grund ist der, daß man infolge der geringfügigen Verwendungsmöglichkeiten der bisher gebauten Raketen das ganze Gebiet als wenig fruchtbringend ansah und sich daher nicht sehr um seine Erforschung kümmerte (wie auch heute noch die meisten Ballistiker von Fach es noch gar nicht für nötig halten, die Schriften zu lesen, die sich mit der Theorie und der Anwendbarkeit der Rakete beschäftigen).

4. Der schräge geradlinige Aufstieg des Modells E.

Formelgrößen zu S. 137 bis 139.

s: Zurückgelegte Bahnstrecke.
y: Höhe über dem Erdboden.
α: Winkel der Bahn zur Horizontalen.
β: Winkel der Raketenachse zur Horizontalen.
Die übrigen Formelgrößen sind auf S. 135 erklärt.

Wir denken uns (vgl. Abb. 79, 27, 65 und 79a) ein Raumschiff in gerader Linie unter einem Winkel α zur Horizontalen aufsteigend. Die Raketenachse soll dabei etwas steiler stehen, damit durch den Rückstoß und den aerodynamischen Auftrieb die Schwerkraft kompensiert wird, andernfalls würde sich sonst die Fahrrichtung allmählich

[1]) Dies haben z. B. Valier und Gail vergessen. Sie haben einfach vom Flugzeug auf das Raketenflugzeug geschlossen.

[2]) Hieraus folgt z. B. die eigentümliche Tatsache, daß der Energiebegriff mit Hilfe dessen wir sonst die Leistung von Fahrzeugen so gut beurteilen können, bei der Rakete nur mit äußerster Vorsicht angewendet werden darf, denn bei gleicher Tätigkeit kann derselbe Raketenmotor je nach dem Bewegungszustand der Rakete gar nichts bis Millionen von Pferdestärken leisten. Näheres im 12. Kapitel.

gegen die Wagerechte neigen (Abb. 65). Im luftleeren Raum müßte die Achse mit der Fahrtrichtung einen ziemlich großen Winkel bilden. In der Luft kommt infolge des Winkels zwischen Achse und Fahrtrichtung ein aerodynamischer Auftrieb zustande, die Neigung könnte hier also wesentlich geringer sein. Der Winkel zwischen der Achse und der Wagerechten soll β betragen. Die Rakete soll also auf dieser Bahn unter einem Andruck von a m/sek² aufsteigen. Die tatsächliche Beschleunigung d finden wir dann nach dem Beschleunigungsparallelogramm von Abb. 65.

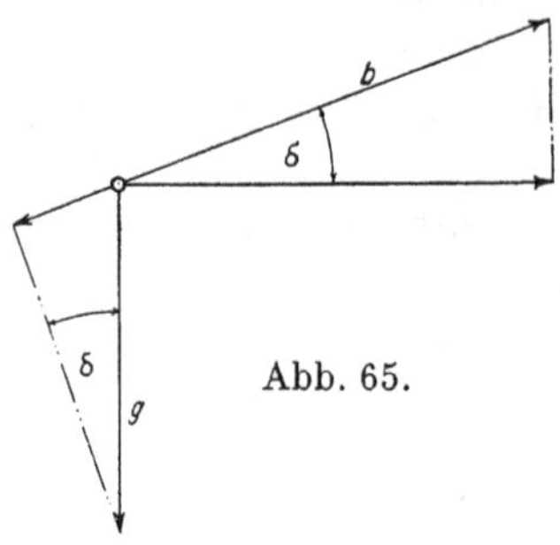

Abb. 65.

Wir gehen von Formel (61) aus. Es ist hier

$$Q = L + g \cdot \sin \beta \cdot m .$$

Daraus folgt analog zu (61) bis (65) und (85)ff.:

$$P = \frac{d v_x}{dt} \cdot m = -c \cdot \frac{dm}{dt} = b\,m + g \cdot \sin \beta \cdot m + L . \tag{96}$$

Nun ist

$$b + g \cdot \sin \beta = a ,$$
$$L = F \gamma \beta \cdot v^2 .$$

Und wenn man mit y die Höhe über dem Erdboden und mit s die zurückgelegte Wegstrecke bezeichnet, so ist

$$v = b t ,$$
$$s = \frac{1}{2} \cdot b t^2$$
$$y = s \cdot \sin \alpha ,$$
$$\beta = \beta_0 \cdot e^{-\frac{y}{H}} = \beta_0 \cdot e^{-\frac{s}{H} \cdot \sin \alpha} .$$

Aus alledem folgt:

$$\frac{dm}{dt} + \frac{a}{c} \cdot m + \frac{F \beta_0 b^2}{c} \cdot \gamma \cdot t^2 \cdot e^{-\frac{b t^2}{H} \cdot \sin \alpha} = 0 , \tag{97}$$

$$m = e^{-\frac{a}{c} \cdot t} \cdot \left[m_0 - \frac{F \beta_0 t^2}{c} \cdot \int \gamma\, t^2 \cdot e^{\frac{a}{c} t - \frac{b t^2}{2 H} \cdot \sin \alpha} \cdot dt \right] . \tag{98}$$

Wegen des gleichen Aufbaues entspricht die Anwendung und Diskussion dieser Formel durchaus den Formeln (68) ff. Ich brauche daher nicht weiter darauf einzugehen.

Interessanterweise ist auch bei schrägem Aufstieg, sofern er nur in gerader Linie erfolgt, der Luftwiderstand in H km Höhe absolut am größten, während die relative Verzögerung 3—5 km höher ihren Höchstwert erreicht.

Wenn nun das Raumschiff auf einer gebogenen Kurve aufsteigt, so müssen wir aus (96) die Gleichung bilden:

$$\frac{dm}{dt} + \frac{a}{c} \cdot m + \frac{F \beta_0 \gamma}{c} \cdot v^2 \cdot e^{-\frac{y}{H}} = 0. \tag{99}$$

Dies gibt integriert:

$$m = e^{-\frac{a}{c} \cdot t} \cdot \left[m_0 - \frac{F \cdot \beta_0}{c} \cdot \int \gamma \, v^2 \cdot e^{\frac{a}{c} \cdot t - \frac{y}{H}} \cdot dt \right]. \tag{100}$$

Bei der Auswertung des Integrals wären dann natürlich v, t und y durch ein gegebenes Argument auszudrücken.

12. Kapitel.

Energetische Betrachtungen.

Formelgrößen zu S. 139 bis 157.

A: Gesamte thermisch-chemische Energie der Brennstoffe.
B: Energiebezeichnung (bei falschen Ansätzen).
K: Energiebezeichnung bei richtigen Ansätzen.
E: Kinetische Energie der leeren Rakete.
c: Auspuffgeschwindigkeit.
e: Basis der natürlichen Logarithmen.
m, m_1: Raketenmasse.
v: Geschwindigkeit.
v_x: Idealer Antrieb.
$x = \frac{v}{c}$ beziehungsweise $\frac{v_x}{c}$.

Ich kann hier nur einzelne, scheinbar wenig zusammenhängende Stücke aus diesem Kapitel herausgreifen. Erst eine ausführlichere Bearbeitung würde die tieferen Zusammenhänge zeigen. Ich werde vielleicht einmal ausführlicher in einer Arbeit über das Dreikörperproblem und über eine von mir anscheinend zuerst gebrauchte wechselweise Näherungsrechnung von diesen Dingen berichten. Ob ich bei meinem ewigen Geldmangel und der dadurch bedingten Unmöglichkeit, mich viel mit wissenschaftlichen Studien zu befassen, freilich jemals dazu kommen werde, diese umfangreiche Arbeit zu beendigen oder gar drucken zu lassen, das ist eine andere Frage.

Bezüglich der Dreikörperaufgaben z. B. will ich hier überhaupt nur so viel sagen: Wir befinden uns da in einer ähnlichen Lage wie bei den Gleichungen von höherem als 4. Grad, sie lassen sich im allgemeinen mit den Hilfsmitteln unserer Mathematik nachgewiesenermaßen nicht lösen, was uns aber nicht daran hindert, jede zahlenmäßig gegebene Aufgabe auszurechnen, sofern nur überhaupt Lösungen existieren. Bei Dreikörperaufgaben darf sogar ein Teil der Zahlen durch Buchstaben ersetzt sein. Ich besitze außerdem die Pläne zu Apparaten, mit denen man auf graphischem Wege in kürzester Zeit Dreikörperaufgaben lösen kann.

Ich bleibe in diesem Kapitel auf dem Boden der klassischen Mechanik und sehe vollkommen von der Relativitätstheorie Einsteins ab. Was ich hier nachgewiesen habe, läßt sich aber leicht auf das Einsteinsche System umrechnen.

1. Impuls und Arbeit.

Wenn man den Energiebegriff auf Probleme der Raketentechnik anwendet, so wird man die eigenartigsten Überraschungen erleben. Nicht daß der Satz von der Konstanz der Energie im Weltall nicht mehr gelten würde; er gilt natürlich nach wie vor, aber da wir im Kosmos keine absolute Ruhe kennen, so ist es auch nicht möglich, hier von Bewegung und damit von Bewegungsenergie schlechtweg zu sprechen. Man muß immer auch angeben, in bezug auf welchen Fixpunkt der Körper die genannte Bewegungsenergie hat.

Ein Eisblock z. B., der ruhig am Nordpol der Erde liegt, hat in bezug auf den Erdmittelpunkt gar keine kinetische Energie. In bezug auf den Sonnenmittelpunkt dagegen hat er eine Geschwindigkeit von 29,7 km/sek und eine kinetische Energie von $\frac{1}{2} \cdot m \cdot 29700^2$ mkg.

Ebensowenig können wir von potentieller Energie schlechtweg reden. Bei unserem Eisblock bekommen wir sogar drei verschiedene Werte dafür. Nämlich 1. den Wert in bezug auf den Nordpol der Erde; 2. den Wert in bezug auf den Sonnenmittelpunkt, wenn man sich den Körper von der Erde weggetragen und zur Sonne hingebracht denkt; 3. endlich den Wert seiner potentiellen Energie in bezug auf den Sonnenmittelpunkt, wenn man sich denkt, die ganze Erde würde mitsamt dem Eisblock auf die Sonne gebracht. In diesem Falle würde die Arbeit wegfallen, die notwendig wäre, um den Körper von der Erde wegzubringen. An den übrigen Teilen der Erde kommt es bei Energieberechnungen und bei Abschätzungen der kinetischen Energie auch noch darauf an, ob man die Bewegung des Körpers zur Erdoberfläche oder zum Erdmittelpunkt ins Auge faßt.

Unbedingt gilt im Raum der Satz von der Erhaltung des Schwerpunktes (natürlich im Rahmen der klassischen Mechanik), d. h. also ohne Rücksicht auf den tatsächlichen Bewegungszustand des Systems. Anderenfalls würden wir nämlich auf der Erde beträchtliche und anders nicht zu erklärende Abweichungen von diesem Satz feststellen können. Das ganze Milchstraßensystem bewegt sich ja nach Courvoisiers Untersuchungen, die heute als gesichert gelten können, mit einer Geschwindigkeit von rund 500 km/sek auf einen Punkt zu, der kaum 25° über der Ebene der Ekliptik liegt. Da sich nun aber die Erde selbst mit 29,7 km/sek um die Sonne dreht, so besteht zwischen ihrer absoluten Geschwindigkeit im Frühjahr und im Herbst ein Unterschied von $2 \cdot 29{,}7 \cdot \cos 25° = 45$ km/sek, d. i. fast $^1/_{10}$ absolute Geschwindigkeit, und wir würden hieraus folgende Unstimmigkeiten des Impulssatzes jedenfalls bemerken. Vgl. hierzu auch S. 38ff.

Auch der Satz von der Konstanz der Energie im Weltall scheint gesichert, und man kann den Satz von der Erhaltung des Schwerpunktes daraus herleiten.

Hat z. B. ein System von zwei Massen m und dm keine Bewegung und wirkt zwischen beiden eine Kraft, die der Masse m die Geschwindigkeit dv und der Masse dm die Geschwindigkeit c erteilt (man wolle sich hier die Differentiale als zwar kleine, aber endliche und meßbare Größen vorstellen), so ist die Arbeit, die diese Kraft leistet:

$$A_1 = \frac{1}{2} \cdot m \cdot dv^2 + \frac{1}{2} \cdot dm \cdot c^2. \tag{101}$$

Bezieht man dagegen dasselbe System auf einen Koordinatenmittelpunkt, der relativ zum System mit der Geschwindigkeit v geradlinig und gleichförmig fortschreitet, so hat nach dem Wirken der Zwischenkraft die Masse m die Geschwindigkeit $v + dv$, die Masse dm hat die Geschwindigkeit $v + c$ (wenn wir nämlich c relativ ansetzen, d. h. dem Buchstaben c eine negative Zahl zuordnen). Die von der Kraft geleistete Arbeit ist dann

$$A_2 = \frac{1}{2} m (v + dv)^2 - \frac{1}{2} m v^2 + \frac{1}{2} dm (v + c)^2 - \frac{1}{2} dm v^2. \tag{102}$$

Ausgeführt ergibt das:

$$A_2 = \frac{1}{2} m v^2 + m v\, d v + \frac{1}{2} m\, d v^2 - \frac{1}{2} m v^2 + \frac{1}{2} d m\, v^2 + v\, c\, d m$$

$$+ \frac{1}{2} d m\, c^2 - \frac{1}{2} d m\, v^2$$

$$= \frac{1}{2} m\, d v^2 + \frac{1}{2} d m\, c^2 + v\,(m\, d v + c\, d m)\,. \qquad (103)$$

Nun folgt aus dem Satz von der Konstanz der Energie und aus jenem von der Relativität der Bewegung, daß es für die absolute Größe der Arbeit, die die Kraft geleistet hat, gleichgültig sein muß, wie groß die Geschwindigkeit des Bezugsystems v ist. Mit andern Worten, es muß

$$A_1 = A_2$$

sein. Daraus folgt dann

$$A_2 - A_1 = 0.$$

D. h. (nach (101) und (103))

$$v \cdot (m \cdot d v + c \cdot d m) = 0 \text{ oder } m \cdot d v + c \cdot d m = 0\,. \qquad (104)$$

In bezug auf das System, wo $v = 0$ war, erhält dabei die Masse m den Energiezuwachs $\frac{1}{2} m\, d v^2$, in bezug auf das bewegte System dagegen den Energiezuwachs

$$\frac{1}{2} \cdot m \cdot (v + d v)^2 - \frac{1}{2} \cdot m \cdot v^2 = \boldsymbol{m \cdot d v} + \frac{1}{2} \cdot m \cdot d v^2\,. \qquad (105)$$

Das ist also bedeutend mehr. Trotzdem wird die Summe der Energie im Weltraum dabei nicht größer, denn es wird einfach der Masse dm in bezug auf dieses System eine Arbeit entzogen, nämlich der Betrag $c \cdot d m$.

Diesen größeren Energieumsatz hat natürlich nicht der Mechanismus geleistet, der das Auseinanderschnellen der beiden Massen verursachte. Dieser leistete nach wie vor

$$\frac{1}{2} m\, d v^2 + \frac{1}{2} d m\, c^2 \text{ mkg}\,.$$

Diese Mehrarbeit leistete vielmehr (sit venia verbo) ausschließlich die theoretische Mechanik durch die Wahl des Bezugsystems. Wir entzogen einfach in Gedanken der zurückfliegenden Masse einen bedeutenden Betrag von kinetischer Energie $(c \cdot d m)$ und gaben ihn der vorwärtsdrängenden Masse in der Form $m \cdot dv$. Das ist das sogenannte Prinzip der relativen Arbeit.

Wenn ich auf einem Kahn stehe, mit dem ich zusammen 196 kg wiege, so zählt das System: Mensch + Kahn bekanntlich 20 technische Masseneinheiten. Habe ich nun auf dem Kahn irgendeinen 19,6 kg schweren Stein (das sind also 2 technische Masseneinheiten) und werfe ihn mit einer Geschwindigkeit von 1 m/sek weg, so erhält der Kahn einen Antrieb von 0,1 m/sek im Gegensinne.

In bezug auf die Erdoberfläche habe ich dabei die Arbeit

$$\frac{1}{2} \cdot 2 \cdot 1^2 + \frac{1}{2} \cdot 20 \cdot 0{,}1^2 = 1{,}1 \text{ mkg}$$

geleistet. In bezug auf die Sonne soll der Ort, an dem das geschah, eine Geschwindigkeit von 29 km/sek innehaben, und der Stein soll in derselben Richtung geworfen sein, in der sich die betreffende Gegend bewegte. Ich habe dann in bezug auf dieses System am Stein eine Arbeit von

$$\frac{1}{2} \cdot 2 \cdot (29001^2 - 29000^2) = 58001{,}0 \text{ mkg}$$

geleistet. Dem Kahn entzog ich dabei eine Energie von

$$\frac{1}{2} \cdot 20\,(29000^2 - 28999{,}9^2) = 57999{,}9 \text{ mkg}.$$

Man sieht hieraus, als was für einen guten, leichten, leistungsfähigen und billigen Motor man den Menschen betrachten kann — wenn man sich beim Prinzip der relativen Arbeit nicht auskennt. In Wirklichkeit war der Energieumsatz durch die Muskeln des Menschen nämlich nur $58001{,}1 - 57999{,}9 = 1{,}1$ mkg.

Bisher handelte es sich, wie wir sehen, um reine Definitionssachen. Das wird jedoch anders, sobald wir es mit einem Körper zu tun haben, der sich zwischen verschiedenen Bezugsystemen bewegt. Wir wollen uns das an einem Gedankenexperiment klarmachen.

Ein Asteroid soll in einer Entfernung von 900 Erdbahnhalbmessern im Kreise um die Sonne fliegen. Dann ist seine Geschwindigkeit nach den Regeln der Astronomie gleich 1 km/sek, seine Umlaufszeit beträgt dabei 27000 Jahre. Auf diesem Asteroiden befinde sich ein sehr langlebiger Raketenführer. Dieser will nach einem 10^{15} (also eine Billiarde) km weiten Fixstern fahren (das ist etwa die Entfernung des Regulus im Löwen). Der Fixstern soll zur Sonne keine relative Bewegung haben und in der Bahnebene des Asteroiden liegen. Der Asteroid soll gerade auf den Punkt A' (vgl. Abb. 66) zwischen der Sonne und dem Fixstern stehen (A gibt die Richtung nach dem Fixstern an), die verfügbaren Brennstoffe der Rakete sollen einem idealen Antrieb von 6 km/sek entsprechen. Die parabolische Geschwindigkeit in bezug auf die Sonne ist hier $p = 1{,}4$ km/sek. Ich werde noch in diesem Kapitel zeigen, daß wir diese Größe bei der folgenden Rechnung völlig vernachlässigen können, die parabolische Geschwindigkeit in bezug auf den Asteroiden soll ebenfalls zu vernachlässigen sein. Ich frage nun: Wie kommt unser Raketenfahrer am schnellsten zum fremden Fixstern?

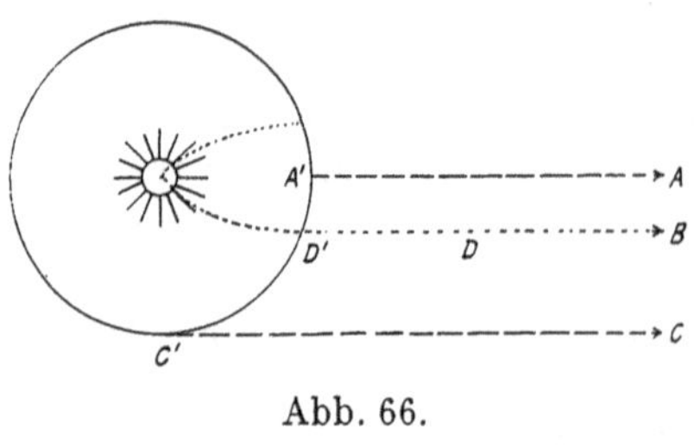

Abb. 66.

Einige Laien werden sagen: Er soll jetzt gleich wegfahren, 1. verliert er dabei keine Zeit mit dem Warten, 2. ist jetzt sowieso die beste Zeit zur Abfahrt, denn der Asteroid steht dem Fixstern am nächsten, dann kommt er in $\frac{10^{15}}{6 \cdot 3 \cdot 10^7} = 5556000$ Jahren an (vgl. hierzu die Antwort des astronomischen Observatoriums in Jules Vernes Roman „Von der Erde zum Mond“ Punkt 4).

Andere wieder werden sagen: Nein, er wartet noch 20000 Jahre, dann hat der Planet $^3/_4$ seines Umlaufes vollendet, und seine Bewegung zielt gerade auf den Fixstern hin. Wenn die Rakete dann (also auf der Linie $C'C$) abfährt, so addiert sich zu ihrer eigenen Geschwindigkeit noch die Geschwindigkeit des Asteroiden von 1 km/sek. Sie legt die Strecke in $\frac{10^{15}}{7 \cdot 4 \cdot 10^7} = 4760000$ Jahren zurück und bringt die 20000 Jahre des Wartens wieder ein. — Wer hat nun recht?

Keiner. Die Rakete fährt am besten einige Jahrhunderte nach diesem Zeitpunkt ab, und zwar mit einer Geschwindigkeit, die der Geschwindigkeit des Asteroiden genau entgegengesetzt und nicht ganz so groß ist. Dabei verbraucht sie eine Antriebskraft von 1 km/sek und beschreibt eine langgestreckte Ellipse um die Sonne, die sie bis zum Rande der Sonnenkorona bringen soll. Im Perihel (d. i. der Bahnpunkt, der der Sonne am nächsten steht) habe sie eine Geschwindigkeit von 500 km/sek. Nun läßt der Raketenführer die restlichen 5 km/sek zu dieser Geschwindigkeit hinzutreten und fährt mit der hyperbolischen Geschwindigkeit von 505 km/sek auf der Bahn $D'D$ dem Fixstern zu. Die Geschwindigkeit von 500 km/sek entspricht der kinetischen Energie, die verbraucht wird, um die Rakete wieder bis zur Bahn des Asteroiden hinaufzubringen. Dazu wäre also die Energiemenge von $\frac{1}{2} \cdot m \cdot 500^2$ erforderlich. Was die Rakete bei 505 km/sek an kinetischer Energie mehr enthält, das äußert sich darin, daß sie beim Anlangen in der Entfernung des Asteroiden nicht stillsteht, sondern weiterfliegt, und zwar mit einer Geschwindigkeit, deren zugehörige kinetische Energie gleich ist dem Unterschied zwischen der zu 505 km/sek und der zu 500 km/sek gehörigen Energie. Ist diese Geschwindigkeit x, so ist also

$$\frac{1}{2} \cdot m \cdot x^2 = \frac{1}{2} \cdot m \cdot 505^2 - \frac{1}{2} \cdot m \cdot 500^2 .$$

Daraus folgt dann

$$x = 70{,}9 \text{ km/sek} .$$

Mit dieser Geschwindigkeit kommt dann unser Raketenführer in 470000 Jahren zum fremden Fixstern. Das ist also in $^1/_{12}$ bzw. in $^1/_{10}$ der oben angegebenen Zeit.

Das Merkwürdigste dabei ist, daß die kinetische Energie der Rakete bei 70,9 km/sek größer sein kann als die gesamte chemische Energie der mitgeführten Brennstoffe. Bestand die Füllung z. B. aus Wasserstoff und Sauerstoff, die eine Auspuffgeschwindigkeit von ca. 4000 km/sek ergeben, und setzen wir die Masse der leeren Rakete gleich m, so war die Masse der vollen Rakete (nach Formel (6)) gleich $e^{6/4} = 4{,}48$ m, und die Masse der mitgeführten Brennstoffe betrug dabei 3,48 m. Das mechanische Äquivalent der Verbrennungswärme betrug dabei 30,5—35,9 Millionen mkg/kg. Bei der Rückkehr von der Sonne dagegen betrug die kinetische Energie der Rakete, als sie so weit von der Sonne entfernt war als der Asteroid,

$$\frac{1}{2} \cdot m \cdot 70900^2 = \frac{5}{2} 10^9 \cdot m \text{ mkg} ,$$

das ist also 70—100mal mehr als die chemische Brennstoffenergie!

Als ich zum erstenmal diese Berechnung machte, da glaubte ich in der ersten Minute nichts anderes, als daß hier das Gesetz von der Erhaltung der Energie durchgebrochen wäre, oder zum mindesten, daß man hier auf Kosten einer das Schwerefeld erregenden Energie Arbeit gewinnen könne, ähnlich wie etwa die Arbeit, die ein Elektromagnet leistet, in einer Schwächung des erregenden Stromes ihr Gegengewicht findet. Doch beides ist nicht der Fall. Die Brennstoffe haben schon die ganze Arbeit allein geleistet. Sie enthielten nämlich neben ihrer Verbrennungsenergie noch eine Energie der Lage, da sie sich anfangs so hoch über der Sonne befanden.

Durch den Sturz wurde diese in kinetische Energie umgewandelt, die nun durch die Auspuffgeschwindigkeit von 4 km/sek bedeutend abgeschwächt wurde. Die Gase, die hinter der Rakete herfliegen, fliegen zwar noch immer von der Sonne weg, sie kommen aber gar nicht mehr bis zur Höhe des Asteroiden, und dadurch, daß wir sie der Sonne nähergebracht haben, wurde die Energie frei, die jetzt in der rascheren Bewegung der Rakete wieder zutage tritt.

Um zwei verschiedene Bezugsysteme haben wir es auch bei der brennenden Rakete zu tun. Das Auspuffgas erhält nämlich die Geschwindigkeit c in bezug auf die Rakete, die Rakete aber erhält ihren Antrieb in bezug auf die Erde. Damit kommen wir nun aus dem Reich dieser Gedankenexperimente in den Bereich des Greifbaren.

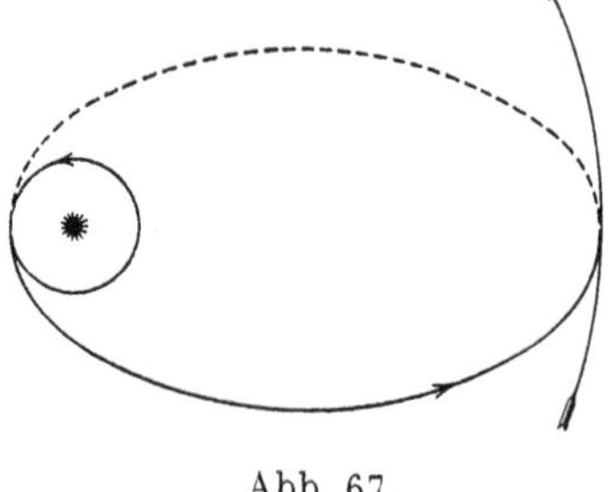

Abb. 67.

In den Arbeiten über die Raketentheorie findet man häufig den folgenden Fehler:

Wenn die Auspuffgeschwindigkeit der Brennstoffe c m/sek beträgt, dann beträgt die kinetische Energie eines Massenteilchens dm:

$$dA = \frac{1}{2} \cdot c^2 \cdot dm \,.$$

(Das stimmt schon, aber nur in bezug auf die Rakete, nicht in bezug auf die Erde.) Wenn die Geschwindigkeit der Rakete durch das Ausstoßen dieses Massenteilchens auf den Wert $v + dv$ wächst, so wächst die kinetische Energie (wenn wir von dv^2 absehen) um

$$dB = m \cdot v \cdot dv \,.$$

Das stimmt auch, aber diesmal nur in bezug auf die Erde.

Nun werden aber dA und dB gleichgesetzt. (Man wird ja doch noch mit dem Satz von der Erhaltung der Energie rechnen dürfen!) Man erhält auf diese Weise

$$\frac{1}{2} \cdot c^2 \cdot dm = m \cdot v \cdot dv$$

oder

$$\frac{dm}{m} = \frac{2 v \, dv}{c^2} \,.$$

Das gibt integriert

$$\frac{m_0}{m_1} = e^{\frac{v^2}{c^2}} \,.$$

Das gibt dann natürlich bald ganz fürchterliche Ziffern. Für $v = 4\,c$ z. B. bekommt man

$$\frac{m_0}{m_1} = e^{16} = 8900000\,.$$

Man wird begreifen, daß diese Gelehrten zur Ansicht kommen mußten, die Rakete zu den Planetenräumen sei undurchführbar.

Ganz ähnlich diesem ist der folgende Fehler: Wenn eine Masseneinheit des Brennstoffes die thermisch-chemische Energie B hat, so kann durch das Abbrennen der Masse dm die kinetische Energie der übrigbleibenden Raketenmasse m (angeblich) nicht um mehr als um $dm \cdot B$ erhöht werden. Wenn man

$$m \cdot v \cdot dv < B \cdot dm$$

ansetzt, so kommt man ebenfalls zu einem phantastischen Wert, nämlich:

$$\frac{m_0}{m_1} > e^{\frac{v^2}{2B}}\,.$$

In Wirklichkeit gilt für das Auseinanderschnellen der Massen m und dm, wie wir schon sahen, unabhängig vom Bewegungszustand der Rakete der Satz von der Konstanz der Auspuffgeschwindigkeit und der Satz von der Erhaltung des Schwerpunktes, der die Formel (6) liefert. Oder wie ich 1925 an Valier, der u. a. auch diesen Fehler gemacht hatte, schrieb: Die Rakete ist in bezug auf sich selbst stets in Ruhe.

Ich korrespondierte im Vorjahr u. a. auch mit Herrn Geh. Rat H. Lorenz, Danzig, über dies Thema, und es brauchte meinerseits drei Briefe, bis ich ihn davon überzeugt hatte, daß dieser Ansatz mit dem Satz von der Erhaltung des Schwerpunktes im Widerspruch steht[1]).

Wenn man schon vom Energiesatz ausgehen will, so muß man eben bedenken, daß die Brennstoffe einer schnellfliegenden Rakete nicht nur thermisch-chemische Energie enthalten, sondern auch eine beträchtliche kinetische Energie, die beim Zurückwerfen bedeutend vermindert wird. Ist z. B. $\frac{1}{2} \cdot c^2 \cdot dv$ der Teil der chemischen Energie B, der sich in Bewegung umsetzen läßt, so verlieren die Brennstoffe beim

[1]) Dies nur als Beispiel dafür, wie schwierig die Fragestellung hier gerade für Physiker ist, die viel mit dem Energiebegriff gearbeitet haben.

Ausströmen nicht nur den Energiebetrag

$$\frac{1}{2} \cdot dm \cdot c^2,$$

sondern dazu noch den Betrag

$$dm [v^2 - (v - c)^2].$$

Wenn z. B. eine mit 12 km/sek fahrende Rakete mit einer relativen Geschwindigkeit von 4 km/sek eine technische Masseneinheit an Treibstoffen ausstößt, so verlieren diese nicht nur

$$\frac{1}{2} \cdot 1 \cdot 4000^2 = 8 \cdot 10^6 \text{ mkg},$$

sondern daneben auch noch

$$\frac{1}{2} \cdot 1 \cdot [12000^2 - (12000 - 4000)^2] = 40 \cdot 10^6 \text{ mkg}.$$

Im ganzen geben sie also $48 \cdot 10^6$ mkg ab.

Das ist 6mal so viel wie die bloße thermisch-chemische Energie. Irgendwohin muß diese Energie natürlich kommen, und sie äußert sich eben darin, daß der Energiezuwachs der Rakete 6mal größer ist, als man nach den oben angeführten Ansätzen erwarten sollte. Ich brauche es Mathematikern und Physikern natürlich nicht zu erklären, was das heißt, wenn wir ein logarithmisches Inkrement mit 6 multiplizieren dürfen.

Ein weiterer Fehler gegen den Energiesatz findet sich besonders in den Erstlingsschriften Valiers. Er nahm in seinen ersten Schriften etwa an, die Energie der Brennstoffe werde zwischen Auspuffenergie und Energiezuwachs der Rakete christlich geteilt, so daß die Auspuffgase genau so viel Energie mitbekommen wie die vorwärtsfahrende Rakete; oder auch, die gesamte Energie komme der vorwärtsfahrenden Rakete zugute.

In diesem Zusammenhange möchte ich auch erwähnen, daß man mir unter anderem vorgerechnet hat:

Wenn ein Spiegel aus Natriumblech pro Hektar 100 kg wiegt und bei einer relativen Geschwindigkeit von 7 km/sek senkrecht zur Spiegelfläche in eine Wolke aus kosmischem Staub gerät, die auch nur 1,2 g Masse im Kubikkilometer enthält, so müsse der Spiegel mit 6,4 m/sek^2 gebremst werden. Der Spiegel durchmißt hier nämlich in der Sekunde einen

Raum von $\frac{0,07}{100}$ km³, die Materie, die diesen Raum erfüllt, zählt $0,07 \cdot \frac{1,2}{9810}$ technische Masseneinheiten, und ihre Bewegungsenergie ist demnach

$$\frac{1}{2} \cdot 0,07 \cdot \frac{1,2}{9810} \cdot 7000^2 = 210 \text{ mkg}.$$

Um ebensoviel mkg muß aber auch die Bewegungsenergie des Spiegels (nach diesem Ansatz) abgeändert werden; diese Bewegungsenergie würde aber beim Spiegel eben einer Geschwindigkeit von 6,4 m/sek entsprechen.

In Wirklichkeit wäre natürlich auch hier nur der Impuls auf beiden Seiten gleich. Wenn die Beschleunigung des Spiegels x beträgt, so wäre sie durch die Formel

$$0,07 \cdot \frac{1,2}{9810} \cdot 7000 = x \cdot \frac{100}{9,81}$$

gegeben. Daraus würde folgen $x = 0,59$ mm/sek².

Die Verzögerung eines elektrischen Raumschiffes, welches mindestens 10000 kg pro Hektar wiegt, wäre vollends noch 10000mal geringer.

(Von allen übrigen Fehlern, die in diesem Gedankengange liegen' will ich in diesem Kapitel überhaupt absehen, 1. kommt ja in den Planetenräumen sicher nicht 1,2 g Staub auf den km³; 2. schlagen diese Staubteilchen ein 0,005 mm dickes Natriumblech ja einfach durch und verlieren dabei höchstens $\frac{1}{100}$ ihrer Geschwindigkeit, der Stoß, den sie dem Spiegel zu erteilen vermögen, wird dabei ja auch nur $\frac{1}{100}$ so groß u. a. m.)

Der Energiebegriff ist für unsere Zwecke im großen ganzen überhaupt zu allgemein und daher nichtssagend. Wenn eine Rakete durch den Raum fliegt, so haben wir bei Antriebsberechnungen eine Gleichung zwischen 5 verschiedenen Energiemengen, deren jede sich nur mit Hilfe anderer Formeln berechnen läßt. Es sei die Bewegungsenergie der Rakete vor dem Abstoßen einer bestimmten Gasmenge E_1 nach dem Abstoßen E_3, und es sei die chemische Energie dieser Gasmenge E_2, es sei weiter die kinetische Energie des fortfliegenden Gases in bezug auf die Erde (also nicht in bezug auf die Rakete) E_4, und die Wärme, die das Auspuffgas noch behält, E_5. Der Satz von der Erhaltung der Energie sagt uns dann nur

$$E_1 + E_2 = E_3 + E_4 + E_5.$$

Wie groß nun aber diese Energiemengen im einzelnen sind, darüber erfahren wir aus dem Satz von der Erhaltung der Energie rein nichts.

Auch für die Dreikörperaufgaben ist dieser Satz zu allgemein, denn er sagt nur: Die Summe der kinetischen Energie der drei Körper in bezug auf irgendein gleichförmig bewegtes Koordinatensystem ist ständig so und so groß. Er sagt uns aber nicht, wieviel nun auf den einen oder andern Körper entfällt.

Nur für das Gravitieren eines sehr kleinen Körpers im Schwerebereich eines sehr großen kann man den Satz von der Erhaltung der Energie anwenden, wenn der Körper nur dem Zug der Schwere (also keinen Druck oder Stoß) ausgesetzt ist, wenn er diesem Zuge der Schwere frei folgen kann, und wenn man vom Einfluß aller übrigen Gestirne absehen darf.

Wenn wir z. B. das System Rakete + Erde vor der Abfahrt der Rakete als ruhend betrachten und annehmen, die Erde habe diese Masse M und erhalte bei der Abfahrt der Rakete durch den Druck der Pulvergase die Geschwindigkeit V, und die Rakete habe die Masse m und erhalte bei der Abfahrt die Geschwindigkeit v, so ist offenbar:

$$M \cdot V = m \cdot v . \tag{103}$$

Dabei ist die kinetische Energie A der Erde nachher:

$$A = \frac{1}{2} \cdot M \cdot V^2 . \tag{104}$$

Diejenige der Rakete beträgt

$$a = \frac{1}{2} \cdot m v^2 , \tag{105}$$

$$A : a = V : v = m : M . \tag{106}$$

[Man erhält das unter Berücksichtigung von (103), wenn man (104) durch (105) dividiert.] Da nun $m \ll M$, so kann man A tatsächlich neben a vernachlässigen. Ebenso liegt die Sache, wenn wir die freie Fahrt der Rakete im Schwerefeld der Erde betrachten. Hier ist einfach statt dem Druck der Gase der Zug der Schwere einzusetzen. Wäre dagegen die Rakete von der Größenordnung der Erde, so dürfte man das natürlich nicht mehr tun. Jeder Astronom wird mir z. B. bestätigen, daß der Mond einen Umlauf um die Erde in $\frac{80}{81}$ der Zeit vollendet, die eine Rakete brauchen würde, deren Schwerpunkt vom Erdmittelpunkt denselben Abstand hätte wie der Mondmittelpunkt.

Auch wenn wir die Fahrt eines Raketenraumschiffes zwischen zwei Planeten erfassen wollen, so kommen wir mit dem Satz von der Erhaltung der Energie nicht aus. Zwischen Erde und Mars z. B. würde das Raumschiff nur dann eine Keplersche Ellipse beschreiben, wenn man vom Einfluß der Erdschwere absehen könnte. Nun läuft es aber anfangs der Erde voraus, denn es hat bei der Abfahrt in bezug auf die Sonne eine größere Winkelgeschwindigkeit als die Erde (vgl. Abb. 67). Später aber sinkt seine Winkelgeschwindigkeit unter jene der Erde, so daß die Erde noch einmal daran vorüber kommt. Die Folge davon ist eine Geschwindigkeitskomponente von ca. 300 m/sek, deren Energiewert der Bewegung der Erde um die Sonne zugute kommt. Diese Bahnstörung würde natürlich vollkommen genügen, den Mars zu verfehlen, wenn man nicht mit ihr rechnen würde.

Ich bin sehr oft nach der Wärmetönung, also nach dem thermischen Wirkungsgrad meiner Raketendüse gefragt worden. Das ist natürlich eine Frage, auf die man nur sehr bedingt antworten kann. Die kinetische Energie des Auspuffgases $\frac{1}{2} \cdot dm \cdot c^2$ wird bei guten Düsen und richtiger Brennstoffzusammensetzung 50—70% der thermisch-chemischen Energie der Brennstoffe ausmachen. Goddard hat bei seinen Experimenten bis 67% erreicht. Das ist um 30% mehr als bei einem Dieselmotor. Es rührt dies daher, daß hier alle übertragenden, bremsenden, abkühlenden usw. Maschinenteile fortfallen.

Auf diese Antwort bekomme ich dann meistens den teils höhnischen, teils wohlmeinenden Rat, die Raketendüse auf ein Auto zu montieren, da das doch ein glänzender Antriebsmotor sei (u. a. hat mir dies anfangs auch Valier geraten. Später hat sich dann aus unserem Briefwechsel das Raketenflugzeug herauskristallisiert).

Darauf pflege ich zu antworten, man müsse mir dazu erst einen Wagen beistellen, der 1000—4000 m/sek laufen kann. Es genügt nämlich nicht, daß diese kinetische Energie entwickelt wird, es ist auch nötig, daß sie dem Fahrzeug zugute kommt, und nicht einfach von den Auspuffgasen fortgetragen wird. Wenn das Fahrzeug still steht, so ist die Energieausnützung unendlich schlecht, denn jetzt wird alle Energie nur zum heftigeren Herausblasen der Treibgase verwandt. Je größer nun die Geschwindigkeit des Fahrzeuges wird, um so geringer ist die Geschwindigkeit, die den Treibgasen nach dem Herausblasen noch bleibt. Wenn $v = c$, dann ist die Energieausnutzung am besten, denn dann kommen die Treibgase hinter dem Fahrzeug zum Stehen und geben dabei von der thermisch-chemischen Energie, die die Brennstoffe enthalten, 50—70% und von der kinetischen Energie der Brennstoffe alles an das Fahrzeug ab. Fährt das Fahrzeug noch schneller, als die Gase ausströmen, so leisten die Auspuffgase pro Masseneinheit scheinbar noch eine größere Arbeit. Es ist jedoch in diesem Falle zu bedenken, daß sie hierzu nur dadurch befähigt worden sind, daß man die Brennstoffe vorher auf diese hohe Geschwindigkeit gebracht hat. Hierzu war natürlich Energie erforderlich. Diese Energie erhalten wir nicht mehr in vollem Ausmaße zurück, denn die Auspuffgase behalten hinter dem Fahrzeug noch eine Geschwindigkeit nach vorn; damit hängt zusammen, daß ein Teil der Treibstoffenergie noch in kinetische Energie der Auspuffgase überführt wird. Der Wirkungsgrad wird also bei hohen Geschwindigkeiten wieder schlechter.

Von der thermisch-chemischen Energie B der Brennstoffe läßt sich pro Masseneinheit der Anteil $K_1 = \frac{1}{2} \cdot c^2$ in kinetische Energie überführen (K_1 ist hier natürlich in bezug auf die Rakete gerechnet). Die kinetische Energie in bezug auf die Erde, die vor dem Brennen in den Brennstoffen enthalten war, beträgt pro Masseneinheit $K_2 = \frac{1}{2} \cdot v^2$. Die gesamte, in einer Masseneinheit des Treibstoffes enthaltene Energie beträgt mithin in bezug auf die Erde:

$$K_3 = K_1 + K_2 = \frac{1}{2} \cdot (c^2 + v^2) .$$

Dabei ist die Wärmeenergie, die sich nicht in Bewegung umsetzen läßt, wie man sieht, nicht gerechnet; diese interessiert uns hier nicht.

Die Energie, die die Masseneinheit der Brennstoffe nach dem Ausströmen noch behält, beträgt (natürlich auch hier ohne die Wärme, die die Gase noch mitführen)

$$K_4 = \frac{1}{2} \cdot (|v| - |c|)^2 .$$

Demnach kommt der Rakete zugute die Energie

$$K_5 = K_3 - K_4 = \frac{1}{2} \cdot [v^2 + c^2 - (|v| - |c|)^2] = |v \cdot c| \text{*)} .$$

*) Dies hätte z. B. Kappelmayer bedenken müssen, als er seinen vielbeachteten, aber von Fehlern wimmelnden Aufsatz über die Unmöglichkeit der Raumschiffahrt schrieb, in welchem er unter anderem den Wirkungsgrad des Opelschen Raketenautos einfach auf das bis 200 mal schneller fahrende Raumschiff übertrug.

Einen ganz eigenartigen Fehler macht hier Noordung. Er stellt sich die Frage, wie lange die kinetische Energie einer Rakete wächst, und ob sie nicht später trotz der zunehmenden Geschwindigkeit wieder abnimmt, weil ja die Masse wieder geringer wird. Dabei faßt er die ganze kinetische Energie der vorwärtsstürmenden Rakete einschließlich ihrer Brennstoffe ins Auge und untersucht nicht nur den auf die leere Rakete entfallenden Anteil, wie ich es oben getan habe. Das

Ich habe hier nur nach der Absolutgröße dieser Energiemenge gefragt, ihr Vorzeichen finden wir, wenn wir beachten, daß nur dann eine Energiezunahme stattfinden kann, wenn v und c entgegengerichtet sind, denn wenn v und c in demselben Sinne wirken, wenn also das Auspuffgas nach vorn zu strömt, so wird die Rakete ja gebremst; dabei verliert sie Energie. Wir haben also zu setzen

$$K_5 = -v \cdot c. \quad (107)$$

Abb. 68 bringt den Verlauf dieser Funktion auf der durchgezogenen Kurve. Für konstantes c ist es eine gerade Linie, K_5 wird an sich beliebig groß, wenn nur die Geschwindigkeit entsprechend groß ist. Die gestrichelte Linie auf Abb. 68 entspricht der thermisch-chemischen Energie einer Masseneinheit der Brennstoffe, die in Bewegung überzuführen ist. Man sieht also, um wieviel mehr 1 kg der Brennstoffe bei bedeutender Geschwindigkeit leisten kann.

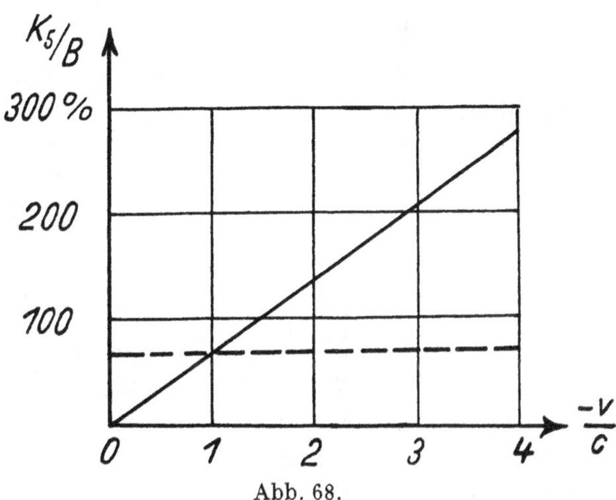

Abb. 68.

---

darf man natürlich untersuchen, wenn auch die Frage vorderhand nur akademisches Interesse bietet, denn tatsächlich interessiert uns ja die gesamte kinetische Energie nicht einmal beim Raketengeschoß.

Um nun die Frage zu klären, überlegt Noordung ganz richtig, daß die ausgestoßenen Brennstoffe noch die kinetische Energie

$$\frac{1}{2} \frac{dm}{dt} (v - c)^2$$

enthalten. (Ich schreibe hier die Formel mit meinen Bezeichnungen.) Dann setzt er die Arbeit der Masseneinheit an der Rakete einfach gleich

$$\frac{1}{2} \frac{dm}{dt} c^2,$$

wobei er natürlich zu völlig falschen Werten kommt.

Im besonderen ist die Schlußfolgerung falsch: ein Raketenflugzeug müsse danach streben, mit der Geschwindigkeit $v = c$ zu fliegen. Vgl. auch „Autotechnik“, 18. Jahrgang.

Dabei ist das Allermerkwürdigste, daß er einige Seiten weiter unten die Formel (109a) auffindet (und zwar, wie hervorgehoben sein soll, unabhängig von Ziolkowsky oder mir). In der Folge arbeitet er dann mit beiden Formeln ohne zu merken, daß sie sich widersprechen.

Wenn wir dagegen nach dem Teil y der gesamten kinetischen und thermisch-chemischen Energie der Brennstoffe fragen, der in einem bestimmten Augenblick der Rakete zugute kommt, so müssen wir K_5 durch K_3 dividieren. Wir erhalten dann:

$$y = -\frac{2\,v\,c}{v^2 + c^2}, \text{ oder wenn wir } -\frac{v}{c} = x \text{ setzen: } y = \frac{2\,x}{x^2 + 1}. \quad (108)$$

Abb. 69 gibt den Verlauf dieser Kurve. Man sieht also, für $v = +c$ ist die Brennstoffausnützung relativ (aber nicht absolut) am besten.

Diese Formeln und Kurven nun geben uns bloß an, welche Menge der Brennstoffenergie in einem bestimmten Augenblick der Fortbewegung der Rakete zugute kommt. — Wichtiger ist die folgende Frage: Wenn die Rakete soundso lange gebrannt hat, wieviel von der gesamten umsetzbaren Energie der verausgabten Brennstoffe kommt dann im ganzen der kinetischen Energie der Endmasse der Rakete wieder zum Vorschein, und wieviel haben die Auspuffgase weggetragen? Auf diese Frage kann man zunächst keine bestimmte Antwort geben. Wir wollen einmal eine Rakete betrachten, die im luft- und schwerefreien Raum fliegt, und wollen unser Koordinatensystem so wählen, daß die Rakete vor dem Brennen in bezug auf dasselbe gerade stillstand. Ist nämlich A die die gesamte in den Brennstoffen enthaltene Energie, die sich in eine Bewegung der Auspuffgase umwandeln läßt (die also nicht nur zur Erwärmung der Auspuffgase dient), E die kinetische Energie, die die Rakete nach dem Antrieb v (v ist hier also der ideale Antrieb) innehat, so ist

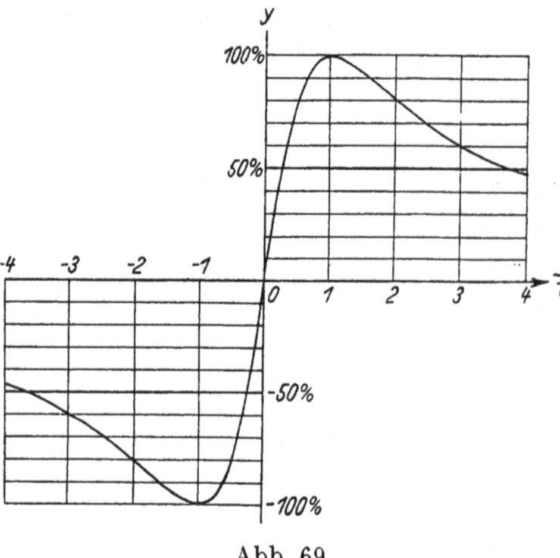

Abb. 69.

$$A = \frac{1}{2}\cdot(m_0 - m_1)\,c^2 = \frac{1}{2}\cdot m_1\left(e^{\frac{v}{c}} - 1\right)c^2. \qquad \text{(Nach (6))}$$

Daraus folgt

$$\frac{E}{A} = \frac{\frac{1}{2}\cdot m_1\,v^2}{\frac{1}{2}\cdot m_1\cdot\left(e^{\frac{v}{c}} - 1\right)} = \frac{\left(\frac{v}{c}\right)^2}{e^{\frac{v}{c}} - 1}. \qquad (109)$$

Wir wollen $\frac{E}{A}$ mit y; $\frac{v}{c}$ mit x bezeichnen, dann lesen wir aus der Gleichung

$$y = \frac{x^2}{e^x - 1} \tag{109a}$$

unmittelbar ab, daß y mit wachsendem x (wenn wir c als konstant ansehen, also mit wachsendem v) dem Grenzwert O zustreben muß, denn der Nenner wächst dabei schneller als der Zähler. Daß y für x (oder v) $= 0$ auch gleich O wird, das können wir an unserer Gleichung nachweisen, wenn wir die Methode der unbestimmten Formen darauf anwenden.

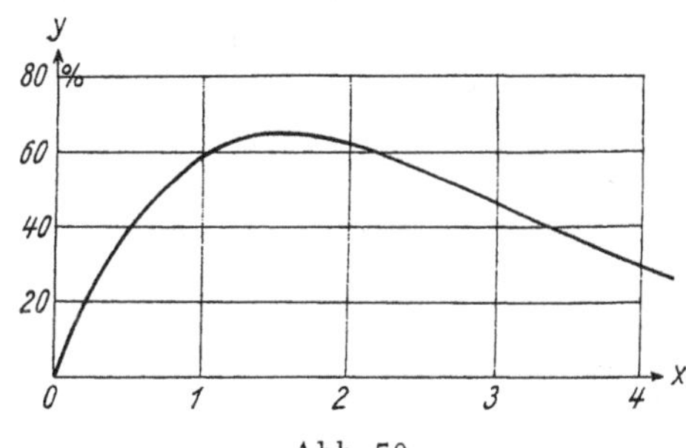

Abb. 70.

Abb. 70 zeigt den Verlauf der Kurve für Formel (109a). Das Optimum können wir unter anderem durch Differentiation genau bestimmen. Es ist

$$\frac{dy}{dx} = \frac{(e^x - 1) \cdot 2x - x^2 \cdot e^x}{(e^x - 1)^2}.$$

Dabei muß für x_{opt} der Zähler 0 sein. Daraus folgt (durch Weglassen des Nenners, der ja überall endlich ist, und durch Division des Zählers durch $2x \cdot e^x$):

$$\frac{x}{2} + e^{-x} = 1.$$

Daraus kann man dann x_{opt} nach der Regula falsi gut berechnen. Man findet es zu 1,593 .... Ist also $v = 1{,}593 \cdot c$, dann steht die kinetische Energie am Schlusse des Antriebs zur Brennstoffenergie im günstigsten Verhältnis. Es ist dann $m_0 = 4{,}94 \cdot m_1$, und der Brennstoffverlust wäre gleich $m_0 - m_1 = 3{,}94 \cdot m_1$. Von der thermisch-chemischen Energie wurde dabei

$$\frac{1}{2} \cdot (m_0 - m_1) \cdot c^2 = 1{,}956\, c^2 \cdot m_1$$

in kinetische Energie überführt. Die Rakete dagegen hat zuletzt die kinetische Energie

$$E = \frac{1}{2} \cdot m_1 \cdot v^2 = 1{,}270\, m_1 \cdot c^2.$$

Mithin ist $\frac{E}{A} = 64{,}7\,\%$. Mehr kann also eine Rakete in bezug auf den Ausgangspunkt bei konstanter Ausströmungsgeschwindigkeit nicht leisten, selbst wenn der Treibapparat 100% liefern würde. Rechnet man nun, daß die kinetische Energie der Auspuffgase höchstens 70% der chemischen Energie der Brennstoffe ausmacht, so findet man, daß die Rakete bei konstanter Auspuffgeschwindigkeit auch unter den günstigsten Voraussetzungen nur die Hälfte der Brennstoffenergie in Bewegungsenergie der Endmasse überführen kann.

Das Verhältnis $\frac{E}{A}$ gestaltet sich besser, wenn c veränderlich ist und gleichzeitig mit v wächst; am besten, wenn dauernd $c = v$ bleibt, so daß die Brennstoffe hinter der Rakete gerade zum Stehen kommen. Dann kommt natürlich die gesamte erzeugte kinetische Energie der Rakete zugute, und es geht nur diejenige Energie verloren, die zur Erwärmung der Auspuffgase gebraucht wird, und jene, die dazu verwandt wurde, die Brennstoffe bis auf ihre jetzige Höhe hinaufzuheben. Bei senkrechtem Aufstieg würde auch in diesem günstigsten Falle hinter der Rakete eine hohe Gassäule entstehen, zu deren Errichtung natürlich Arbeit nötig ist wie zum Aufrichten einer jeden hohen Säule. Wir werden bald sehen, daß das verhältnismäßig nicht wenig ist. Allerdings ist der Zustand, daß $v = c$, erst von einem gewissen Mindestwert der Geschwindigkeit an möglich und hört auf, wenn Geschwindigkeiten erreicht werden sollen, die höher sind als die höchstmögliche Auspuffgeschwindigkeit. Für die ebengenannte Art der Fahrt gelten dann folgende Formeln:

$$c = v; \qquad m \cdot dv + v \cdot dm = 0,$$

$$m \cdot v = m_0 \cdot v_0 . \tag{110}$$

Die Masse ist hier also nur der Geschwindigkeit selbst umgekehrt proportional. Sie ist aber natürlich dennoch größer, als wenn die Auspuffgeschwindigkeit dauernd den höchsten erreichbaren Wert gehabt hätte. Falls die Fahrtgeschwindigkeit wenig von der Auspuffgeschwindigkeit abweicht, ist der Energieverlust verhältnismäßig gering, denn er wächst erst mit der Differenz der Quadrate. Wenn z. B. $v = \frac{c}{2}$, so führen die Auspuffgase nur $\frac{1}{2} dm \cdot \frac{c^2}{4}$ der erzeugten Energie weg, während die Energie der Rakete selbst um den Betrag

$$p \cdot v \cdot dt = v \cdot (p \cdot dt) = \frac{c}{2} \cdot (c \cdot dm) = \frac{1}{2} dm \cdot c^2$$

wächst. Das ist also das Vierfache der kinetischen Energie der Auspuffgase und vergleichsweise genau so viel, als sich von der thermisch-chemischen Energie in kinetische Energie der Auspuffgase umwandeln läßt.

Anmerkung: Der Umstand, daß die Rakete dann am rationellsten arbeitet, wenn ihre Fahrtgeschwindigkeit in der Nähe der Ausströmungsgeschwindigkeit liegt, trägt zum Teil auch dazu bei, daß sich die Alkoholraketen besser für geringere Geschwindigkeiten, also für die unteren Luftschichten, und die Wasserstoffraketen besser für hohe Geschwindigkeiten eignen. Sie kommen hier (obwohl flüssiger Wasserstoff heute 5 mal teurer ist als Alkohol) als obere Raketen im Betrieb doch billiger, weil die Brennstoffe besser ausgenützt werden. Weiter oben wird dann auch der Wirkungsgrad der Wasserstoffrakete wieder schlechter. Hier wird man vielleicht später einmal versuchen, dem ausströmenden Material durch Zuhilfenahme von elektrischen Kräften eine größere Geschwindigkeit zu erteilen. Als Basis dagegen werden sich vermutlich die Wasserstoff- und Alkoholraketen lange halten, denn sie verwerten bis zu 7000 m/sek die ihnen zugeführte thermisch-chemische Energie besser als andere Wärmekraftmaschinen.

Ich spreche hier übrigens rein akademisch. Heute steht die ganze Erfindung etwa dort, wo die Eisenbahn um 1805, der Motorwagen um 1850 und der Aeroplan um 1900 stand. Man wird sich freuen müssen, wenn die Sache überhaupt geht, und wird nach dem thermischen Wirkungsgrad gar nicht fragen. Ich erwähnte dies hier nur, weil Valier im Buch „Der Vorstoß in den Weltenraum" diese Fragen angeschnitten hat und weil seine diesbezüglichen Ausführungen zu zahlreichen Mißverständnissen Anlaß gegeben haben.

Zu ähnlichen Mißverständnissen führen auch von Valier geprägte Schlagworte, wie: „Die Raumschiffahrt ist eine Energiefrage", „Die Raumschiffahrt ist eine Motorenfrage" u. a. Ich weiß natürlich auch, daß das Wichtigste die Erzielung hoher Auspuffgeschwindigkeiten ist, und das ist mit anderen Worten die Schaffung eines guten Treibapparates und die Auffindung hinreichend energiehaltiger Treibstoffe. Aber 1. hängt die Auspuffgeschwindigkeit nicht nur vom Treibapparat und vom Energiegehalt des Brennstoffes ab, es spielt dabei noch allerhand mit. Die Brennstoffzusammenstellung z. B., die von allen heute bekannten im Vergleich zu ihrem Volumen den größten Energiegehalt hat, nämlich 8 Teile Sauerstoff auf 7 Teile Silizium, gibt überhaupt keine Auspuffgeschwindigkeit, und die im Vergleich zu ihrem Gewicht energiehaltigste Substanz, die wir heute überhaupt kennen, nämlich einatomiger Wasserstoff, kommt aus anderen Gründen als Raketentreibstoff nicht in Frage. Vgl. hierzu auch Kapitel 17, Punkt 14. Dann sahen wir weiter, daß man schlechterdings nicht von einer absoluten Arbeit reden kann, die der Treibapparat an der Rakete leistet, und daß die ganze Raketentheorie überhaupt nur auf der Lehre vom Stoß und nicht auf dem Energiegesetz aufgebaut werden kann. Der Anfänger in diesen Dingen wird also gut tun, zunächst einmal die Dinge so zu betrachten, als ob der Satz von der Erhaltung der Arbeit für ihn noch gar nicht erfunden werden wäre.

2. Das Synergie-Problem.

Formelgrößen zu S. 158—167.

a: Andruck.
b: Beschleunigung.
c: Ausströmungsgeschwindigkeit.
g: Fallbeschleunigung.
g_0: Fallbeschleunigung auf der Erdoberfläche.
m: Erdmasse.
p: parabolische Geschwindigkeit.
r: Abstand vom Erdmittelpunkt.
r_0: Erdradius.
t: Zeit.
v: Geschwindigkeit.
v_x: idealer Antrieb.
A: an der Rakete geleistete Arbeit.
E: Energie.
P: Rückstoß.
α: Winkel zwischen Fahrtrichtung und Raketenachse.
δ: Winkel zwischen der Wagerechten und der Fahrtrichtung.
φ: Richtungswinkel.

Alle anderen Formelgrößen beziehen sich nur auf die Abschnitte, in denen sie erklärt worden sind.

„Syn" heißt auf griechisch „zusammen" und „ergon" heißt das Wirken oder die Arbeit. „Synergie" heißt soviel wie richtiges Zusammenarbeiten. Ich wähle dieses Wort für den Komplex aller jener Untersuchungen, die sich darauf beziehen, wie man es bei gegebener Ausströmungsgeschwindigkeit erreichen kann, daß die Rakete von der im Treibapparat erzeugten kinetischen Energie möglichst viel erhält, und die Auspuffgase möglichst wenig. (Die Untersuchungen über den Treibapparat selbst und über die Voraussetzungen für hohe Ausströmungsgeschwindigkeiten gehören also nicht zum Thema.)

Wenn die Richtung des Rückstoßes mit der Fahrtrichtung der Rakete den Winkel α bildet, so beträgt die Komponente des Rückstoßes in der Fahrtrichtung:

$$P \cdot \cos \alpha.$$

Bekanntlich dient diese Komponente allein dazu, die Energie eines bewegten Körpers zu erhöhen, während die Komponente senkrecht dazu ($P \cdot \sin \alpha$) nur die Bewegungsrichtung ändert.

Während des Zeitteilchens dt legt die Rakete den Weg $v \cdot dt$ zurück, und die an der Rakete geleistete Arbeit, die gleich dem virtuellen Energiezuwachs ist (virtuell nenne ich ihn, weil wir hier vom Luftwiderstand absehen), beträgt:

$$dA = P \cdot \cos\alpha \cdot v \cdot dt. \tag{111}$$

Der Substanzverlust dm dagegen ist nach (7)

$$dm = \frac{P \cdot dt}{c}.$$

Wenn wir dA durch dm dividieren, so bekommen wir das Verhältnis zwischen dem erkauften Energiezuwachs und der verausgabten Masse. Es ist:

$$\frac{dA}{dm} = \cos\alpha \cdot v \cdot c. \tag{112}$$

1. Der Faktor c in dieser Formel bedeutet weiter nichts als daß die Rakete beim Ausstoßen derselben Treibstoffmenge einen größeren Energiezuwachs erfährt, wenn die Treibstoffe schnell ausströmen[1]).

2. Interessant ist dagegen der Faktor v. Er sagt uns: Der Energiezuwachs ist cet. par. um so größer, je schneller die Rakete fliegt. Es ergibt sich daraus, eine Forderung, die ich so ausdrücken möchte: Wir sollen nach schneller Geschwindigkeit der brennenden Rakete streben. Ich will an einigen Beispielen zeigen, was das bedeutet.

a) Ob ich einen Körper im Laufe von Jahren aus dem Anziehungsbereich der Erde herausheben würde, oder ob ich ihm im Laufe von Minuten eine Geschwindigkeit erteile, die ihn aus dem Anziehungsbereich der Erde hinausschleudert, das ist, vom Standpunkt der Erhaltung der Energie betrachtet, ganz gleichgültig. Im einen wie wie im andern Falle muß ich ihm 6370000 mkg für das kg erteilen. — Steigt dagegen eine Rakete mit konstanter Geschwindigkeit oder geringer Beschleunigung auf und benützt sie den Rückstoß nur dazu, die Erdschwere zu kompen-

---

[1]) Hierbei ist allerdings nur nach dem absoluten Energiezuwachs der Rakete gefragt und nicht nach der Ausnützung der dem Brennstoff innewohnenden Energie.

Die in kinetische Energie umsetzbare Energie der Brennstoffmenge dm ist bekanntlich

$$dE = \frac{1}{2} \cdot dm \cdot c^2,$$

und wir finden hieraus und aus (112)

$$\frac{dA}{dE} = 2\cos\alpha \cdot \frac{v}{c}.$$

Wir werden die Konsequenzen dieser Tatsache aber erst auf S. 409, Formel (235) ff. zu besprechen haben, denn vorläufig wollen wir ohne Rücksicht auf die Wirtschaftlichkeit bloß hohe Leistungen erzielen.

sieren, so braucht sie unvergleichlich mehr Brennstoff, als wenn sie rasch eine Geschwindigkeit zu erreichen trachtet, unter deren Einfluß sie dann (ähnlich wie eine abgeschossene Kugel) ohne weitere Brennstoffabgabe weiterfliegt. Um dieselbe Steighöhe zu erreichen, muß sie nämlich im letzteren Falle beim Aufhören des Antriebs eine viel höhere Geschwindigkeit haben, da sie der Erde ja noch näher ist. Eine höhere Geschwindigkeit hatte sie dann natürlich auch schon während eines guten Teiles der Antriebsdauer, und während dieser Zeit trugen die ausgestoßenen Brennstoffe mehr zum Energiezuwachs bei, als im vorher genannten Falle der langsamen Vorwärtsbewegung.

An dieser Stelle möchte ich übrigens auch darauf hinweisen, daß außer der aus den Differentialen gewonnenen Formel (112) auch noch eine Integralformel existiert, die es uns gestattet, den Energiesatz auf Antriebsprobleme der Rakete anzuwenden. Es handelt sich dabei um die Energieberechnung, die sich nur auf den Energiezuwachs der Endmasse beziehen.

Ist m_1 der Teil der Rakete, der nach dem Antrieb übrig bleiben soll, und ist b die ideale Beschleunigung der Rakete, so entfällt von der gesamten Kraft des Rückstoßes auf die Masse m_1 der Anteil: $m_1 b$, das übrige entfällt auf die Beschleunigung der Brennstoffe, die nachher ausgestoßen werden, und im Laufe des Zeitteilchens dt erfährt die Endmasse den Energiezuwachs $m_1 \cdot v \cdot b \cdot dt$, so daß die Rakete am Ende des Antriebs die kinetische Energie $m_1 \cdot \int b \cdot v \cdot dt$ mit sich führt. Diese Formel gilt unbedingt, wir sehen aber auch hieraus, daß wir dabei b oder wenigstens das Verhältnis $\frac{m}{m_1}$ und den tatsächlichen Rückstoß kennen müssen. Mit Energieberechnungen allein dagegen ist bei der brennenden Rakete, wie gesagt, rein nichts zu machen.

Von der Richtigkeit der Forderung, die Rakete zu werfen, anstatt sie zu heben, kann man sich natürlich auch durch andersartige Überlegungen überzeugen. Je größer die Beschleunigung ist, um so rascher kommt man aus dem Bereich der Erdschwere heraus und um so weniger lange muß man gegen die Fallbeschleunigung ankämpfen.

b) Aus der Forderung nach schneller Fahrt während des Brennens ergibt sich weiter die Forderung nach niedergelegten Bahnkurven während des Antriebes, es liegt dabei der Punkt, an welchem der Antrieb aufhört tiefer, und die notwendige Erdgeschwindigkeit ist daher cet. par. größer. Man begreift den Vorteil schrägliegender Bahnen auch ohne die Formel (112), wenn man bedenkt, daß bei senkrechtem Aufstieg die Schwerkraft der Beschleunigung gerade entgegen wirkt, während sie bei schrägem Aufstieg nur den Betrag $g \cdot \sin \alpha$ vernichtet. Vgl. Abb. 63. (Diese Forderung steht natürlich in einem gewissen Gegensatz zur Forderung nach senkrechter Durchdringung der Luft, wir werden uns daher mit dieser Frage noch auseinandersetzen müssen.)

c) Aus der Forderung nach schneller Fahrt während des Brennens ergibt sich auch die Forderung nach Benützung der Erdrotation oder die Forderung der Neigung der Bahn gegen Osten. Wenn die Rakete z. B. vom Äquator aufsteigt, so hat sie schon eine Geschwindigkeit von 460 m/sek infolge der Erddrehung. Cet. par. erreicht sie mehr, wenn der Rückstoß in dieser Richtung wirkt.

d) Aus der Forderung nach höherer Geschwindigkeit während des Brennens ergibt sich auch eine Forderung, die ich als „Zusammenlegung der Stöße" bezeichnen möchte. Hier ein Beispiel: Hohmann beschreibt in seinem Buch „Die Erreichbarkeit der Himmelskörper" (Oldenbourg, München 1925) eine Reise zum Mars folgendermaßen[1]):

Das Raumschiff soll erst mit nahezu parabolischer Geschwindigkeit mittags der Sonne entgegen aufsteigen, und zwar bis zu einer Höhe von 800000 km. Dieser Aufstieg würde etwa 15 Tage dauern. Dabei käme das Raumschiff praktisch aus dem Schwerebereich der Erde heraus. Trotzdem der Mars weiter von der Sonne steht als die Erde, ist Hohmann für einen Aufstieg in der Sonnenrichtung, damit der Raumschiffer die Erde in vollem Lichte vor sich hat und danach bequemer und sicherer seine Ortsbestimmungen machen kann. (Ich kann hier Hohmann nicht beipflichten. Die Ortsbestimmungen dürften meines Erachtens mindestens ebenso leicht und sicher durchzuführen sein, wenn die Erde als Sichel zu sehen ist. Selbst dann dürften sie wegen der Klarheit des Äthers nicht nur nicht unmöglich, sondern wegen der fehlenden Überstrahlung vielleicht auch noch zuverlässiger sein, wenn die Rakete völlig im Erdschatten fährt, dann wäre die Erde entweder als dunkle Scheibe vor dem Tierkreislicht zu sehen oder als mondbeschienene Scheibe

---

[1]) Ich muß in dieser Schrift wiederholt Ausführungen Hohmanns kritisieren. Um Mißverständnissen vorzubeugen, erkläre ich aber gleich von allem Anfang an, daß ich sein Buch als einen sehr **wertvollen Beitrag** zur Raketentechnik und zur Kosmonautik ansehe. Ich betrachte es bloß als meine Aufgabe, auch meinen Teil dazu beizutragen, daß die theoretischen Grundsätze der Raumschiffahrt so gut als möglich geklärt werden. Es ist ein ganz neues Gebiet, auf dem wir selbstverständlich noch nichts Vollkommenes haben, und auf dem daher fortwährend alles geprüft und verbessert werden muß. Ich selbst bin ebenfalls jedem dankbar, der mich auf irgendeinen Fehler bei meiner Arbeit aufmerksam macht. Ich habe keineswegs den Ehrgeiz, in jeder Debatte Sieger zu bleiben und mir nachher mit der ersten bemannten Rakete den Hals zu brechen. Da stecke ich lieber den einen oder andern Klaps ein und fahre nachher in einem richtig ausgeführten Raumschiff.

Inzwischen hat Hohmann übrigens andernorts (Ley, Die Möglichkeit der Weltraumfahrt. Leipzig, Hachmeister & Thal 1928) auf die Vorteile der Zusammenlegung der Stöße ebenfalls hingewiesen.

etwas heller als der Hintergrund. Man könnte die Ortsbestimmungen auch dann leicht ausführen, wenn das Raumschiff schon so weit steht, daß die Atmosphäre bereits als lichter Saum sichtbar wird.) — Wenn dann nach Hohmann das Raumschiff in 800000 km Höhe in bezug auf die Erde ungefähr stillsteht, so hat es in bezug auf die Sonne noch dieselbe seitliche Bewegung wie die Erde, nämlich 29,7 km/sek. Mit dieser Geschwindigkeit nun würde das Raumschiff im Jahre einmal um die Sonne gelangen und dabei dauernd so weit von der Sonne bleiben wie die Erde. Die erwähnten 800000 km kann man hier vernachlässigen. Um es in die Entfernung des Mars von der Sonne zu bringen, braucht es einen neuerlichen Anstoß. Er ist nach den Untersuchungen Hohmanns dann am kleinsten, wenn er gerade in der Bewegungsrichtung erfolgt und so groß ist, daß das Raumschiff infolge der Geschwindigkeitszunahme eine Elipse beschreibt (ähnlich wie ein selbständiger Komet Hohmann spricht deshalb auch von „Kometenfahrt"), deren Perihel die Erdbahn und deren Aphel die Marsbahn berührt (vgl. Abb. 67). Dieser Antrieb muß nun 3 km/sek betragen. Es muß natürlich zur Reise ein Zeitpunkt gewählt werden, wo der Mars so steht, daß das Raumschiff ihn auch wirklich trifft und nicht nur den mathematischen Ort der Marsbahn erreicht, während der Planet selbst anderswo steht.

Weiter muß das Raumschiff für $v_x = 320$ m/sek Treibstoffe ausstoßen, um die auf S. 151 erwähnte Bahnstörung auszugleichen. Nun rechnet Hohmann so: Zuerst erfolgt der erste Stoß mit $v_x = 12$ bis 14 km/sek, nach 15 Tagen erfolgt ein zweiter Antrieb mit $v_x = 3000$ m/sek und im Laufe der Fahrt erfolgen dann noch einige kleinere Antriebe mit zusammen $v_x = 320$ m/sek. Das würde also zusammen eine Brennstoffmitnahme für $v_x = 15\,320$ bis $17\,320$ m/sek erforderlich machen.

Ich verkenne nun keineswegs, daß dieser klare und einfache Ansatz im Verein mit den eleganten und leichtverständlichen Durchrechnungen die Schrift (zumal für den Dilettanten) wertvoll macht, aber ein geschickter Raumschiffer wird nicht 3mal hintereinander bei verhältnismäßig geringer Geschwindigkeit Gas geben, sondern er wird sein Ziel mit einem einmaligen Antrieb zu erreichen suchen, damit der Antrieb bei höherer Geschwindigkeit erfolgt. Ist nämlich p die parabolische Geschwindigkeit in der Höhe, in der der Antrieb aufhört, und fährt die Rakete mit der hyperbolischen Geschwindigkeit v_1, so behält sie außerhalb des Schwerefeldes der Erde noch die Geschwindigkeit:

$$v_2 = \sqrt{v_1^2 - p^2}. \tag{113}$$

Zwischen der kinetischen Energie E_p, die zur Überwindung des Erdschwerefeldes erforderlich ist, und zwischen der parabolischen Geschwindigkeit besteht bekanntlich die Beziehung

$$E_p = \frac{1}{2} m p^2,$$

und nach Überwindung der Erdschwere besitzt die Rakete noch die kinetische Energie E_2, für die natürlich gelten muß

$$E_2 = \frac{1}{2} m v_1^2 - E_p.$$

Daraus folgt dann (113).

Der Vorteil dieser Führungsart kommt darin zum Ausdruck, daß

$$\sqrt{v_2^2 + p^2} < v_2 + p\,.$$ [1]

In ähnlicher Weise können wir die Bahnstörungsgeschwindigkeit behandeln. Bezeichnen wir sie mit x, so werden wir in einer etwas

---

[1]) Wir erkennen hier gleichzeitig ein wichtiges Grundgesetz der Raumschiffahrt:

Auf der freiliegenden Rakete summieren sich die Geschwindigkeitswerte der Energieeinwirkungen nach Maßgabe des pythagoräischen Lehrsatzes. Ist nämlich die Anfangsgeschwindigkeit der Rakete v_1, so ist ihre Anfangsenergie:

$$E_1 = \frac{1}{2} m v_1^2\,. \tag{114}$$

Tritt eine zweite Energieeinwirkung $\pm E_2$ hinzu, die einen ruhenden Körper eine Geschwindigkeit v_2 erteilen würde, so ist offenbar

$$\pm E_2 = \pm \frac{1}{2} m v_2^2\,; \tag{115}$$

tritt noch eine dritte und vierte hinzu:

$$\pm E_3 = \pm \frac{1}{2} m v_3^2\,, \tag{116}$$

$$\pm E_4 = \pm \frac{1}{2} m v_4^2\,, \tag{117}$$

so ist die kinetische Restenergie der Rakete offenbar

$$E_r = E_1 \pm E_2 \pm E_3 \pm E_4\,; \tag{118}$$

ihre Restgeschwindigkeit v_r wird dadurch gegeben sein, daß

$$E_r = \frac{1}{2} m v_r^2\,; \tag{119}$$

aus (114) bis (119) folgt dann:

$$v_r = \sqrt{v_1^2 \pm v_2^2 \pm v_3^2 \pm v_4^2}\,. \tag{120}$$

Dies gilt aber nur von Energieeinwirkungen, die unabhängig von der Bewegung des beeinflußten Körpers sind, z. B. von den Hubarbeiten, die notwendig sind, um den Körper aus einem in das andere Schwerefeld zu bringen usw.

andern Richtung zielen und v so ansetzen müssen, daß

$$v_1^2 \sim v_2^2 + x^2 + p^2 . \qquad (121)$$

(Ganz genau stimmt die Sache für x allerdings nicht, denn wir haben es hier mit einer Dreikörperaufgabe zu tun, die man auf dem Satz von der Erhaltung der Energie nur bedingt aufbauen darf. Die Bahnstörung hängt nämlich auch von der Geschwindigkeit der Rakete ab. In Wirklichkeit muß v_1 um 100 m/sek größer sein, als wenn diese Bahnstörung nicht da wäre, aber wenigstens nicht um 320 m/sek, wie Hohmann annahm.)

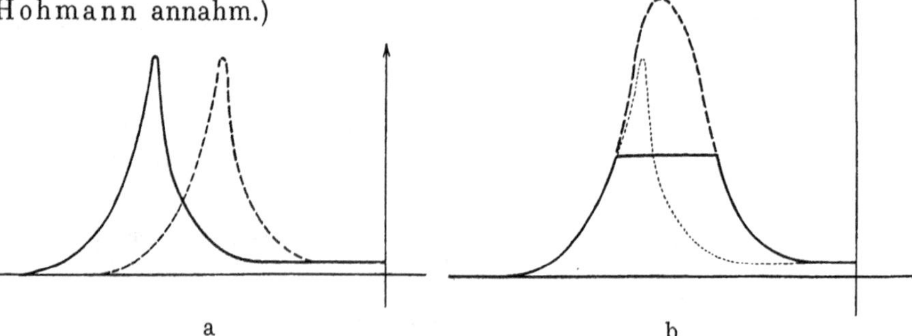

Abb. 71. Andruckverlauf beim Wiedereintritt unbemannter, mit Fallschirm versehener Raketen in die Erdatmosphäre. Die Ordinaten entsprechen dem Andruck, die Abszissen entsprechen einer in diesem Buch nicht näher beschriebenen monotonen Funktion der Zeit.

Abb. 71 a zeigt den Andruckverlauf bei einer Rakete mit sehr starkem (durchgezogen) und bei einer mit sehr schwach bremsendem (gestrichelt) Fallschirm. Es ist in beiden Fällen ganz derselbe Vorgang, er tritt nur in einem Falle später ein.

Abb. 71 b zeigt in denselben Koordinaten den Andruckverlauf bei einem einfachen Fallschirm (punktiert) und bei einem Klappenfallschirm (durchgezogen), dessen Luftwiderstand sich bei geöffneten Klappen bis auf 44% vermindert. Der höchste hier auftretende Andruck beträgt nur 57% des Andrucks bei einfachem Fallschirm.

Der Vorteil der Zusammenlegung der Stöße wird uns klar, wenn wir überlegen, daß nach diesem Ansatz

$$v_1 = \sqrt{v_2^2 + p^2} + 100$$

ist. Das sind also für $v_x = 12$ km/sek : 12470 und für $v_x = 14$ km/sek 14470 m/sek; das ist also 2850 m/sek weniger, als Hohmann für nötig erklärt hat.

e) Zum Thema „Brennen bei hoher Geschwindigkeit" gehört auch das überraschende Gedankenexperiment auf S. 145[1]). Die Forderung a),

[1]) Dieser Fall wird vielleicht einmal realisiert werden, wenn es zum Besuch eines Jupitermondes kommen sollte. Dabei wird das Raumschiff nahe am Jupiter

b) und e) kann man als besondere Gruppe durch den Satz charakterisieren: „Die Rakete soll während des Brennens möglichst tief unten bleiben.“ Dann tritt nämlich ein größerer Teil der Energie als kinetische Energie zutage, die Rakete brennt mithin bei höherer Geschwindigkeit.

3. In der Formel (112) kommt auch noch der Faktor $\cos \alpha$ vor. Wir lesen daraus ab, $\frac{dA}{dm}$ ist dann ein Maximum, wenn $\cos \alpha$ ein Maximum ist, das heißt wenn $\alpha = 0$[1]). Wenn die Rakete in bezug auf den Erdmittelpunkt senkrecht aufsteigen würde, so würde sie dabei eine gerade Linie beschreiben. Bewegt sie sich dagegen schräg, bildet ihre Bahn demnach an irgendeiner betrachteten Stelle mit der Wagerechten den Winkel δ und wirkt der Stoß in der Fahrtrichtung, so tritt zu der Beschleunigung durch den Rückstoß noch die Komponente der Schwerkraft:

$$g \cdot \cos \delta$$

hinzu, die senkrecht zur Fahrtrichtung wirkt. Sie bewirkt eine Krümmung der Bahn.

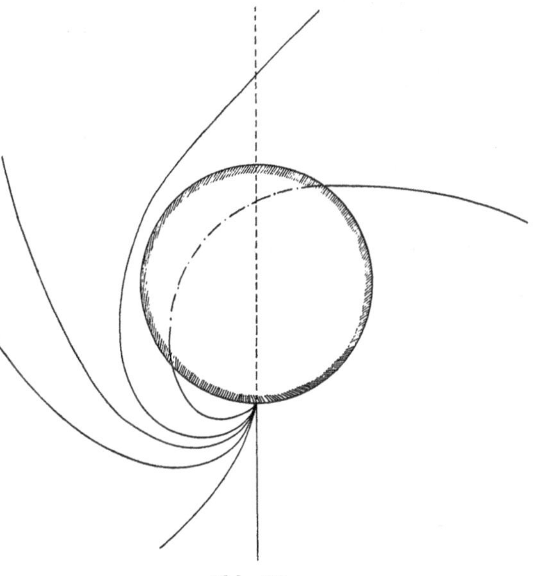

Abb. 72.

Die Kurven, die dergestalt beschrieben werden, habe ich Raketenlinien genannt, weil nämlich eine mit kurzen breiten Flossen (also nicht mit Steuerruten) versehene Rakete bei schrägem Aufstieg sich selbst überlassen ebenfalls eine Raketenlinie beschreibt. Abbild. 72 zeigt eine Schar von Raketenlinien. Die Beschleunigung ist dabei als konstant angenommen und etwas kleiner als bei Modell E. Ich wählte diese geringere Beschleunigung, weil dabei die Natur dieser Kurven anschaulicher zum Ausdruck kommt. Ein Teil derselben führt, wie man sieht, wieder auf die Erde zurück. Ein anderer dagegen trifft die

---

vorbeifahren, und der Antrieb wird in zwei Stößen erfolgen, deren einer nur das Schwerefeld des Trabanten überwindet, während der eigentliche Antrieb in der Nähe des Jupiter erfolgt.

[1]) Man wollte aus diesem Grunde auch bei Raketen mit mehreren Düsen vermeiden, die Düsen in einem Winkel zueinander anzubringen.

Erde nicht mehr. Da keine nach rechts oder nach links ablenkende Kraft auftritt, liegen solche Kurven stets in einer Ebene, die durch den Erdmittelpunkt hindurchgeht.

Im luftleeren Raum ist das Einhalten der Raketenlinien schwierig. Es erfordert bei automatischer Steuerung einen ziemlich komplizierten Steuerungsmechanismus, andernfalls wird eine Lenkung durch den Raketenführer notwendig. Die Fahrt auf einer Raketenlinie kommt daher für unbemannte Registrier- und Fernraketen nicht in Betracht, sondern nur für große bemannte Apparate von 10 km aufwärts. Hier ist der Andruck konstant zu halten, ich will ihn mit a bezeichnen und wie eine Beschleunigung in die Gleichung einsetzen. Vom Luftwiderstand wollen wir vor der Hand absehen. δ sei wieder der Winkel mit der Wagerechten, r sei der Abstand vom Erdmittelpunkt und φ sei der Winkel zwischen Aufstiegspunkt, dem Erdmittelpunkt und dem betrachteten Ort, g sei die Fallbeschleunigung am betrachteten Ort, g_0 die Fallbeschleunigung auf der Erdoberfläche, r_0 der Erdradius. Es ist dann die Aufwärtsbeschleunigung:

$$\frac{d^2 r}{dt^2} - r\left(\frac{d\varphi}{dt}\right)^2 = a \cdot \sin\delta - g\,. \tag{122}$$

Für die Horizontalbeschleunigung gilt:

$$2\frac{dr}{d\varphi}\frac{d\varphi}{dt} + r\frac{d^2\varphi}{dt^2} = a \cdot \cos\delta\,. \tag{123}$$

Die Vertikalkomponente der Geschwindigkeit v beträgt:

$$\frac{dr}{dt} = v \cdot \sin\delta\,. \tag{124}$$

Die Horizontalkomponente

$$r\frac{d\varphi}{dt} = v \cdot \cos\delta\,. \tag{125}$$

Es folgt daraus:

$$v = \sqrt{\left(\frac{dr}{dt}\right)^2 + r^2\left(\frac{d\varphi}{dt}\right)^2}\,, \tag{126}$$

$$\left.\begin{aligned} \frac{d^2 r}{dt^2} - r\left(\frac{d\varphi}{dt}\right)^2 &= \frac{a\frac{dr}{dt}}{\sqrt{\left(\frac{dr}{dt}\right)^2 + r^2\left(\frac{d\varphi}{dt}\right)^2}} - g_0\frac{r_0^2}{r^2} \\ 2\frac{dr}{dt}\frac{d\varphi}{dt} + r\frac{d^2\varphi}{dt^2} &= \frac{a\,r\frac{d\varphi}{dt}}{\sqrt{\left(\frac{dr}{dt}\right)^2 + r^2\left(\frac{d\varphi}{dt}\right)^2}}\,. \end{aligned}\right\} \tag{127}$$

Wir haben hier also zwei Differentialgleichungen zwischen den drei Veränderlichen r, φ, t. Die Integration gelingt nach einigen naheliegenden Umformungen in Form von unendlichen Reihen unter Zuhilfenahme der Methode der unbestimmten Koeffizienten. Die funktionalen Zusammenhänge zwischen r und t, φ und t, s ($s =$ Länge der Fahrtstrecke) und t, v und t sind im allgemeinen transzendent. Ob sie sich als geschlossene Ausdrücke zwischen Funktionen darstellen lassen, für welche die Mathematik bereits kurze Zeichen gebraucht, das konnte ich noch nicht feststellen.

Diese Funktionen sind auch für die näherungsweise Dreikörperrechnung wichtig. Ich werde daher in der schon erwähnten Schrift über Dreikörperrechnung mehr darüber schreiben.

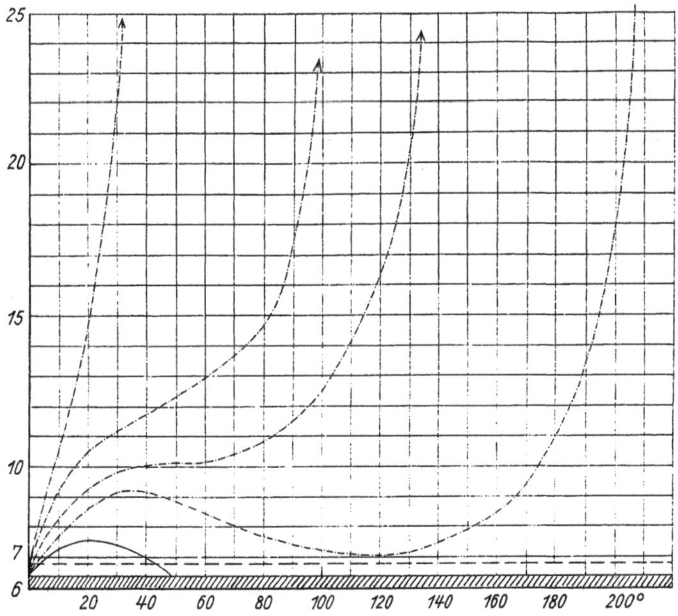

Abb. 73. Abstand der Raketenlinien von der Erdoberfläche, in rechtwinkligen Koordinaten dargestellt. Abszissen in Graden des Erdumfangs, Ordinaten in je 1000 km über dem Erdmittelpunkt.

Die Kurven verlaufen natürlich ähnlich wie auf Abb. 72; es ist nur, wenn man sie auf ein rechtwinkliges Koordinatensystem bringt wie in Abb. 73, das Stück bis zum Inflexionspunkt kürzer.

3. Die Synergiekurve.

Formelgrößen von S. 168 bis S. 184.

a: Andruck.
b: Beschleunigung.
$f = \frac{g}{a}$.
g: Fallbeschleunigung.
g_m: Mittelwert für g auf dem vierten Abschnitt.
h: Höhe des Raumschiffs über dem Erdboden (beim vierten Abschnitt).
h': Vertikalkomponente der Geschwindigkeit (beim vierten Abschnitt).
k: Erklärung S. 175.
$p = g - z$.
r: Abstand vom Erdmittelpunkt.
s: Bahnlänge.
t: Zeit.
v: Geschwindigkeit.
v_1, v_2, v_3, v_4, Geschwindigkeiten am Ende des ersten, zweiten, dritten und vierten Abschnitts.
v_m: Mittelwert für die Geschwindigkeit auf der gebogenen Kurve.
v_x: Idealer Antrieb.
v_x bis v_{x4}: Idealer Antrieb auf dem ersten bis vierten Abschnitt.
v_{xk}: Durch die Differenz zwischen α und β bedingter Antriebsverlust.
v_z: Zirkuläre Geschwindigkeit.
w: Horizontalkomponente der Geschwindigkeit.
x: Horizontalkoordinate des Bahnpunktes.
x': Horizontalkomponente der Geschwindigkeit.
$\frac{dx'}{dt}$: Horizontalkomponente der Beschleunigung.
y: Vertikalkoordinate des Bahnpunktes.
y': Vertikalkomponente der Geschwindigkeit.
$\frac{dy'}{dt}$: Vertikalkomponente der Beschleunigung.
z: Zentrifugalbeschleunigung.
A: Aerodynamischer Abtrieb.
$B = \operatorname{tg} \alpha_0 + \operatorname{sek} \alpha_0$.
C: Integrationskonstante von (142) und (152).
α: Neigungswinkel der Bahn.
β: Neigungswinkel der Raumschiffachse.

$\Delta\alpha$: Richtungsdifferenz, die durch den aerodynamischen Abtrieb auszugleichen ist.
ε: Winkel zwischen der Raumschiffachse und der Fahrtrichtung.
ε_1: Anfangswert von ε.
τ: Dauer der Fahrt mit mehr als zirkulärer Geschwindigkeit.

Nachdem wir die Forderung des Brennens bei hoher Geschwindigkeit aufgestellt haben, liegt die Untersuchung nahe, wie das Raumschiff arbeitet, wenn es (wenigstens oberhalb der Erdatmosphäre) wagerecht fährt. Die Düse müßten wir dabei um einen bestimmten Winkel ε (vgl. Abb. 27) nach abwärts richten, damit das Fahrzeug durch die Aufwärtskomponente des Antriebs gerade getragen wird (d. h., damit entgegen der Schwerewirkung das Raumschiff seine horizontale Fahrtrichtung beibehält, die Horizontalkomponente des Antriebs b dient dann zur Beschleunigung).

Ich schreibe hier absichtlich nur über Raumschiffe; eine unbemannte Registrierrakete fährt unter allen Umständen am rationellsten, wenn sie mit der günstigsten Geschwindigkeit $\bar{v}$ senkrecht nach oben steigt, sie kann irgendeine Geschwindigkeit fast augenblicklich erreichen, sobald nur der Luftwiderstand das zuläßt. Eine Neigung der Bahn und ein längeres Verweilen in der Atmosphäre wäre hier widersinnig. Auch eine unbemannte Fernrakete erreicht ihre höchste Geschwindigkeit noch innerhalb der Erdatmosphäre, Untersuchungen über den günstigsten Aufstiegwinkel erübrigen sich auch hier. — Anders dagegen das Raumschiff, welches bei senkrechtem Aufstieg seine höchste Geschwindigkeit erst in 1700—2000 km Höhe erreichen würde. Hier kann man durch Schrägstellung der Bahn offenbar die Energie sparen, die zum Errichten einer 2000 km hohen Gassäule notwendig ist. Die Fahrtkurve soll sich möglichst wenig über die Erdatmosphäre erheben, damit rasch hohe Geschwindigkeit erreicht wird.

Bei der Fahrt oberhalb der Atmosphäre wollen wir $\alpha = 0$; $\beta = \varepsilon$ nehmen.

Wir finden:

$$z = \frac{v^2}{r}, \tag{128}$$

$$p \leqq g, \tag{129}$$

$$\varepsilon = \arc\sin\frac{p}{a} \leqq \arc\sin\frac{g}{a}, \tag{130}$$

$$b = a \cdot \cos\varepsilon \geqq a \cdot \cos\varepsilon_1, \tag{131}$$

$$b \geqq \sqrt{a^2 - g^2}, \tag{132}$$

$$v_x = a t, \tag{133}$$

$$v = \int b \cdot dt \geqq a \cdot \cos \varepsilon_1 \cdot t = v_x \cdot \cos \varepsilon_1 . \tag{134}$$

Wenn wir z. B. $a = 35$ m/sek²; $r = r_0 + 140$ km ansetzen (r_0 Erdradius), so wird $g = 9{,}5$ m/sek², $\varepsilon_1 = 15{,}5°$, und wir finden dann:

$$v < v_x < v \cdot \text{sek } 15{,}5^0 = 1{,}035\, v.$$

Es kommt hier also fast der gesamte ideale Antrieb der Geschwindigkeit des Raumschiffes zugute. Wenn die Bahn gegen Osten geneigt war, so kommt uns hier außerdem noch die Erddrehung zu Hilfe, die in unseren Breiten rund 300 m/sek, in den Tropen sogar 460 m/sek beträgt, während sie beim senkrechten Aufstieg fast gar nichts zur Erhöhung der Endgeschwindigekeit beiträgt. Für die Raumfahrt ist natürlich die Geschwindigkeit in bezug auf den Erdmittelpunkt allein maßgebend, und dieser Antriebsgewinn durch die Erdrotation würde sogar die Verluste durch das Schrägstellen der Düse bis zur zirkulären Geschwindigkeit überkompensieren, so daß für diesen Teil der Fahrt $v_1 > v_x$.

Andernteils steht mit der Forderung nach wagerechter Anfahrt die Forderung nach rascher Durchdringung der Atmosphäre im Widerspruch. Weiter bedeutet eine Krümmung der Fahrtkurve, wie wir sie hier haben (vgl. weiter unten) einen Energieverlust, und schließlich ist die parabolische Geschwindigkeit näher am Erdboden größer als weiter oben. Ein abschließendes Urteil über die beste Form des Aufstieges können wir daher erst abgeben, wenn wir wissen, wie diese wagerechte Anfahrt zu bewerkstelligen ist, und wie groß die Antriebsverluste bei der Überführung der anfänglich steil nach aufwärts gerichteten Bewegung in eine Horizontale sind.

Das Raumschiff wird also zunächst geradlinig und steil ansteigen. Große Raumschiffe mit hoher Querschnittsbelastung etwas flacher als kleinere. In einigen Kilometern Höhe, bei großen vielleicht beim 3. bis 4. km, bei kleinen beim 20. bis 30. km, werden wir dann die Düse des Fahrzeuges zur Bewegungsrichtung parallel stellen. Die Schwerkraft wird nun eine Biegung der Bahn nach unten zu bewirken, und wenn wir die Düse stets in der jeweiligen Bewegungsrichtung halten, so wird die Bewegung schließlich in wagerechter Richtung erfolgen. Dies soll in einer Höhe von 120—140 km und bei einer Geschwindigkeit von 2—6 km/sek geschehen. Kleinere Raumschiffe würden bei steiler Anfahrt nicht so rasch in die Wagerechte kommen. Hier können wir uns helfen, indem wir die Raketenachse flacher stellen, als die Fahrtrichtung geneigt ist. Es entsteht dann (vgl. Abb. 74) ein aerodynamischer Abtrieb A, der die Fahrtrichtung rascher zur Wagerechten hinbiegt (infolge des Umstandes, daß die wahre Fahrtrichtung wegen der Erddrehung flacher steht als die scheinbare, muß diese Neigung selbst nicht einmal mit Arbeitsverlust verbunden sein. Im ganzen fährt aber natürlich ein Raumschiff wirtschaftlicher, welches so groß ist, daß es nicht erst steil ansteigen und dann seine Bahn durch Luftdruck ändern muß). — Es folgt sodann bis zur zirkulären Geschwindigkeit wagerechte Fahrt. Bei der zirkulären Geschwindigkeit ($v = \sqrt{gr}$) ist die Schwere durch die Zentrifugalkraft gerade aufgehoben. Von da weiter überwiegt die Zentrifugalbeschleunigung die Zentripetale; das Raumschiff wird sich allmählich unter dem Einflusse der Fliehkraft von der Wagerechten abheben.

Die Kurve, die das Raumschiff bei dieser Art des Aufstieges beschreibt, will ich „Synergiekurve" nennen. Sie zerfällt naturgemäß in vier Abschnitte: 1. Geradliniger schräger Aufstieg, 2. Umbiegung der schrägen Fahrtrichtung in die Wagerechte, 3. wagerechte Fahrt bis zur Erreichung der zirkulären Geschwindigkeit. 4. Von da bis zur Erreichung der Grundgeschwindigkeit Fahrt auf einer Raketenlinie.

Berechnungen:

1. Für den ersten Teil der Synergiekurve gilt die Formel (98).

2. Beim zweiten Teil wollen wir zunächst den Fall setzen, daß die Biegung der Fahrtkurve nur unter dem Einfluß der Schwerkraft erfolgt, da hierbei die Berechnungen einfacher sind. Die Fahrtkurve ist hier, genau genommen, eine Raketenlinie, für die die Formeln (127) anzuwenden wären. Es handelt sich aber um eine verhältnismäßig kurze Strecke, und wir können daher von der Wölbung der Erdoberfläche absehen, g konstant setzen und der vorläufig noch geringen Horizontalkomponente der Geschwindigkeit wegen die Zentrifugalkraft vernachlässigen. (Den Fehler können wir später abschätzen und auskorrigieren.) Wir erleichtern uns damit die Arbeit ganz wesentlich. Wir führen für diesen Teil der Synergiekurve folgende Bezeichnungen ein:

x: Horizontalkoordinate des Bahnpunktes.

y: Vertikalkoordinate des Bahnpunktes.

t: Zeit.

$x' = \frac{dx}{dt}$: Horizontalkomponente der Geschwindigkeit.

$y' = \frac{dy'}{dt}$ Vertikalkomponente der Geschwindigkeit.

α Neigungswinkel der Bahnkurve.

$\frac{dx'}{dt}$: Horizontalkomponente der Beschleunigung.

$\frac{dy'}{dt}$ Vertikalkomponente der Beschleunigung.

Es ist:

$$\frac{dy'}{dt} = a \sin \alpha - g, \tag{135}$$

$$\frac{dx'}{dt} = a \cos \alpha; \tag{136}$$

wenn wir (135) durch (136) dividieren, erhalten wir:

$$\frac{dy'}{dx'} = \operatorname{tg} \alpha - \frac{g}{a} \sec \alpha. \tag{137}$$

Für $\frac{g}{a}$ wollen wir einen neuen Buchstaben einführen, sagen wir

$$f = \frac{g}{a}. \tag{138}$$

Weiter gilt, da Düse und Fahrtkurve gleichgerichtet sind:

$$\operatorname{tg} a = \frac{dy}{dx} = \frac{y'}{x'}; \quad \sec \alpha = \sqrt{1 + \left(\frac{y'}{x'}\right)^2}. \tag{139}$$

(139) und (138) in (137) eingesetzt ergibt:

$$\frac{dy'}{dx'} = \frac{y'}{x'} - f \sqrt{1 + \left(\frac{y'}{x'}\right)^2}. \tag{140}$$

Dies ist eine homogene Differentialgleichung zwischen den Veränderlichen y' und x'. Die Lösung heißt:

$$x'^f \left(\frac{y'}{x'} + \sqrt{1 + \left(\frac{y'}{x'}\right)^2}\right) = C. \tag{141}$$

wobei:

$$C = x_0'^f (\operatorname{tg} \alpha_0 + \sec \alpha_0) \tag{142}$$

eine Integrationskonstante ist.

Mit Rücksicht auf (139) kann man dies auch schreiben:

$$x'^f (\operatorname{tg} \alpha + \sec \alpha) = C. \tag{143}$$

Diese Gleichung gibt uns den Zusammenhang zwischen der Horizontalkomponente der Geschwindigkeit und der Neigung der Bahn. Daraus finden wir auch leicht den Zusammenhang zwischen y' oder v und α. Es ist:

$$x' = v \cos \alpha \quad \text{oder} \quad v = x' \sec \alpha, \tag{144}$$

$$y' = x' \operatorname{tg} \alpha. \tag{145}$$

Da
$$\operatorname{tg}\alpha + \sec\alpha = \frac{\sin\alpha + 1}{\cos\alpha} \quad \text{und da}$$
$$\sin\alpha = \sqrt{1 - \cos^2\alpha}\,, \quad \text{so folgt aus (143):}$$
$$\frac{\sqrt{1 - \cos^2\alpha} + 1}{\cos\alpha} = \frac{C}{x'^f}.$$

Dies ist in bezug auf $\cos\alpha$ eine gemischt quadratische Gleichung. Den Wert $\cos\alpha = 0$ können wir ausschließen. Es bleibt uns dann:

$$\cos\alpha = \frac{2}{\frac{C}{x'^f} + \frac{x'^f}{C}} = \frac{2}{C\cdot x'^{-f} + C^{-1}\cdot x'^f}, \tag{146}$$

Aus (143) folgt weiter:
$$\operatorname{tg}\alpha + \sqrt{1 + \operatorname{tg}^2\alpha} = C\cdot x'^{-f},$$
das heißt:
$$\operatorname{tg}\alpha = \frac{1}{2}(C\,x'^{-f} - C^{-1}\cdot x'^f). \tag{147}$$

Aus (145) und (147) folgt:
$$y' = \frac{1}{2}x'(C\,x'^{-f} - C^{-1}x'^f). \tag{148}$$

Aus (136) und (146) folgt
$$dt = \frac{dx'}{a\cos\alpha} = \frac{1}{2a}(C\,x'^{-f} + C^{-1}x'^f)\,dx' \tag{149}$$
$$t = \frac{1}{2a}\left(\frac{C}{1-f}x'^{1-f} + \frac{C^{-1}}{1+f}x'^{1+f}\right)\Bigg|_{x_0'}^{x'}$$

das ist mit Rücksicht auf (138):
$$t = \frac{1}{2}\left(C\frac{x'^{1-f} - x_0'^{1-f}}{a-g} + C^{-1}\frac{x'^{1+f} - x_0'^{1+f}}{a+g}\right), \tag{150}$$
$$y - y_0 = \int_{x_0'}^{x_1'} y'\cdot dt = \frac{1}{4a}\int_{x_0'}^{x_1'} x'(C^2 x'^{-2f} - C^{-2}x'^{2f})\cdot dx'$$
$$= \frac{1}{8}\left[\frac{C^2}{a-g}(x'^{2-2f} - x_0'^{2-2f}) - \frac{C^{-2}}{a+g}(x'^{2+2f} - x_0'^{2+2f})\right]. \tag{151}$$

Sobald die Fahrt wagerecht ist, wird $\operatorname{tg}\alpha = 0$. Es folgt dann nach (147)
$$x_1'^f = C. \tag{152}$$

Wenn wir dies in (151) einsetzen, so erhalten wir die Gleichung, die uns angibt, in welcher Höhe die Bahn wagerecht wird. — Wenn wir darin C und x_1' nach (152) und (142) durch x_0' und α_0 ersetzen und schließlich für $x_0 = v_0 \cos \alpha_0$ einsetzen und der Kürze halber für $\operatorname{tg} \alpha_0 + \sec \alpha_0 = B$ schreiben, so erhalten wir die Gleichung:

$$v_0 = 2 \sqrt{\frac{2(a^2 - g^2)(y_1 - y_0)}{2gB^{\frac{2}{f}} + (a-g)B^{-2} - (a+g)B^2}} \cdot \sec \alpha_0 , \qquad (153)$$

die uns angibt, wie groß bei einem bestimmten Fahrtwinkel (α_0) die Geschwindigkeit v_0 sein muß, wenn $(y_1 - y_0)$ m höher die Bahn lediglich unter dem Einfluß der Schwere wagerecht werden soll.

Ich bringe hier eine Tabelle für $y_1 - y_0 = 100$ km und $a = 35$ m/sek²

$\alpha_0 =$	60°	50°	40°	30°	20°	10°
$v_0 =$	170	300	600	1140	2340	5700 m/sek

Nun wird bei einem Andruck von 35 m/sek² und einem Aufstiegswinkel $\alpha_0 = 60°$ die Geschwindigkeit $v_0 = 170$ m/sek schon in $y_0 = 485$ m Höhe erreicht, da $y_0 = \frac{v_0^2}{2b} \sin \alpha$, wobei b gemäß S. 137ff. abzuschätzen ist; bei $v_0 = 600$ m/sek und $\alpha_0 = 40°$ wird $y_0 = 5{,}7$ km. Man erkennt bereits hieraus, wie flach das Raumschiff aufsteigen muß, um auf diese Weise an der Luftgrenze in die Wagerechte zu kommen.

Nun ist allerdings noch eines zu bedenken: Wir hatten $(y_1 - y_0)$ einfach gleich 100 km gesetzt; in Wirklichkeit liegt uns aber nichts daran, daß $(y_1 - y_0)$ einen bestimmten Wert haben soll; wir fragen in Wirklichkeit nur nach y_1. Wir können dementsprechend in (153) y_0 durch v_0, $\sin \alpha_0$ und b ausdrücken, dann bekommen wir nach einigen Umformungen:

$$v_0 = \frac{2\sqrt{y_1}}{\sqrt{\frac{\cos^2 \alpha_0 \left[2gB^{\frac{2}{f}} + (a-g)B^{-2} - (a+g)B^2\right]}{2(a^2 - g^2)} - \frac{2}{b}}} \qquad (154)$$

Gegenüber (153) zeigt uns diese Formel aber nichts grundsätzlich Neues. Es folgt (die Atmosphäre $y_1 = 120$ bis 140 km hoch angenommen) sowohl aus (153) als auch aus (154), daß diese Aufstiegart nur für Raumschiffe in Frage kommt, die die Zone zwischen 7 und 12 km Höhe unter einem Winkel von weniger als 35° zu durchfliegen vermögen. Nun soll eine Rakete niemals schneller als mit der aus (31) folgenden günstigsten

Geschwindigkeit fliegen, diese müßte hier sehr hoch liegen; d. h. der Apparat müßte (nach S. 80) sehr groß und schwer sein. Eine rechnerische Verfolgung der Frage ergibt, daß beim Start die Querschnittsbelastung $\frac{mg}{F} > 8\,\mathrm{kg/cm^2}$ sein müßte. Nun wird man aber bei sehr großen Apparaten als Brennstoff nur Wasserstoff benützen, und Wasserstoffraketen haben ein spezifisches Gewicht von ca. 0,293. Um eine Querschnittsbelastung von 8 kg/cm zu erreichen, müßte ein solcher Apparat über 280 m lang sein. Solche Maschinen wird man in absehbarer Zeit nicht bauen. Es ist überhaupt fraglich, ob man sie jemals wird bauen können.

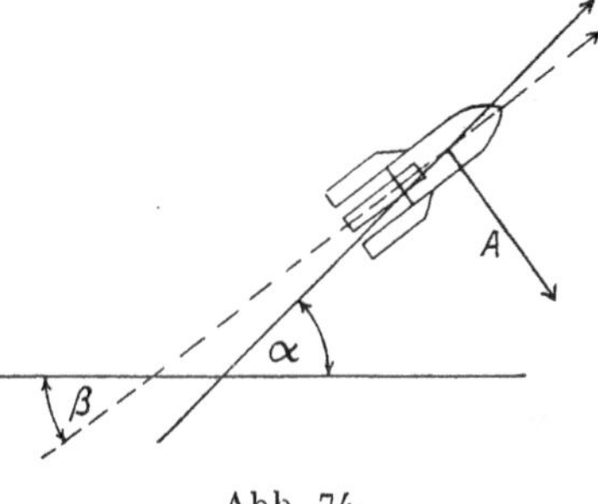

Abb. 74.

Es bleibt uns bei Modell E mit seiner Querschnittsbelastung von 1 bis 1,5 kg/cm² also nur übrig, erst steil aufzusteigen und dann den Luftwiderstand zum Niederbiegen der Bahnkurve zu benützen, wie Abb. 74 angibt. Wir steigen 14 km hoch unter 60°, dann neigen wir die Achse 55° zur Wagerechten und halten sie in der Folge stets um einige Grad flacher als die Fahrtrichtung, bis diese gegen 20° geneigt ist. Von da geht der Aufstieg dann in einer Raketenlinie bis zur Wagerechten weiter, wobei das Raumschiff völlig aus der Atmosphäre heraustritt.

Durch diese Neigung der Achse nach unten entsteht ein aerodynamischer Abtrieb A. Dieser muß aufkommen für eine Richtungsdifferenz $\Delta\alpha$, die kleiner ist als der Unterschied zwischen dem Winkel von 20° und dem Winkel, unter welchem das Raumschiff nach derselben Zeit gefahren wäre, wenn es seinen Weg vom Ende des ersten Abschnittes (wo es unter 60° fuhr) angefangen auf einer Raketenlinie fortgesetzt hätte und größer als die Differenz zwischen 60° und dem Winkel, unter dem das Raumschiff zur selben Zeit hätte fahren müssen, um zu einem bestimmten Zeitpunkt den Fahrtwinkel von 20° auf einer Raketenlinie zu erreichen. Im allgemeinen liegt für 300—5000 Tonnen schwere Raumschiffe $\Delta\alpha$ zwischen 33° und 20°; beim Modell E können wir setzen:

$$\Delta\alpha = 0{,}524 \tag{155}$$

(im Bogenmaß ausgedrückt).

Die Kraft k, die ein Körper von der Masse m bei der Geschwindigkeit v einer Änderung seiner Bewegungsrichtung entgegensetzt, beträgt bekanntlich:

$$k = m\,v\,\frac{d\alpha}{dt}. \tag{156}$$

Bei der Schrägstellung der Achse wächst nun der Luftwiderstand um einen bestimmten Betrag L, der nach den bisherigen aerodynamischen Untersuchungen zwischen $\frac{A}{10}$ und $\frac{A}{6}$ liegt. Dadurch wird ein Verlust an idealem Antrieb bedingt (v_{xk}), der offenbar durch die Formel gegeben ist:

$$v_{xk} = \int \frac{\varDelta L}{m} dt, \tag{157}$$

wenn wir hier $A \sim k$ und $\varDelta L = \frac{k}{8}$ setzen und mit v_m einen Mittelwert zwischen der Anfangs- und Endgeschwindigkeit auf dieser Kurve bezeichnen, so folgt aus (156) und (157):

$$v_{xk} = \int \frac{v}{8} d\alpha = \frac{v_m}{8} \varDelta \alpha, \tag{158}$$

das gibt z. B. für $v_m = 1200$ m/sek und $\varDelta\alpha = 0{,}524$

$$v_{xk} = 79 \text{ m/sek}. \tag{159}$$

Ich berechnete für diesen Teil der Kurve zunächst den Massenverlust ohne Rücksicht auf v_{xk} nach der Formel (100). Dabei bediente ich mich bei der Darstellung von v und y durch t graphischer Methoden, desgleichen bei der darauffolgenden Integration. Sodann berechnete ich hieraus den idealen Antrieb und zählte schließlich v_{xk} dazu:

$$v_x = c \cdot \ln \frac{m_0}{m} + v_{xk}. \tag{159a}$$

Bei der Fahrt von $\alpha = 20°$ bis zur Wagerechten bestimmte ich den Massenverlust wieder nach (100). Dabei ersetzte ich v nach (144) und (146) durch x, desgleichen t nach (150) und y nach (151). Schließlich integrierte ich das Ganze wieder auf graphischem Wege.

Ich habe auf diese Weise zwölf verschiedene Fälle untersucht. Dabei fand ich beim Modell E ziemlich übereinstimmend, d a ß v_x a m E n d e d e s z w e i t e n A b s c h n i t t e s d e r S y n e r g i e k u r v e 700 b i s 1100 m / s e k (bei den dreistufigen Raumschiffen 300—400 m/sek) g r ö ß e r w a r a l s v_2. Wie groß man den ersten und zweiten Abschnitt genommen hat, spielt dabei nur wenig mit, desgleichen die tatsächliche Endgeschwindigkeit (2—4 km/sek). Auch von der Größe des Andruckes hing das Ergebnis weniger ab, als ich erwartet hatte. Das liegt vielleicht daran, daß bei hohem Andruck der Aufstieg anfangs steiler erfolgen muß und daß dann auch beim Umbiegen Antriebsverluste auftreten[1]).

3. Beim dritten Abschnitt der Synergiekurve ändert sich der Abstand vom Erdmittelpunkt nicht. Wir benützen dieselben Formelgrößen wie auf S. 169 Formel (128) bis (134) und knüpfen an (128) an. Wir finden:

$$-p = \frac{v^2}{r} - g,$$

$$v = \sqrt{r(g-p)},$$

$$dv = \frac{\sqrt{r} \cdot dp}{2\sqrt{g-p}}, \tag{160}$$

weiter ist analog zu (132):

$$dv = b \cdot dt = \sqrt{a^2 - p^2} \cdot dt. \tag{161}$$

Aus (160) und (161) folgt durch Elimination von dv und durch Integration nach t und p:

$$t = -\frac{\sqrt{r}}{2} \int \frac{dp}{\sqrt{(g-p) \cdot (a^2 - p^2)}}. \tag{162}$$

Da die Fahrt im luftleeren Raum vor sich geht und a konstant ist, so ist hier:

$$v_x = \text{at} = -\frac{a}{2} \sqrt{r} \int \frac{dp}{\sqrt{(g-p)(a^2-p^2)}}. \tag{163}$$

---

[1]) Man hat mir hier entgegengehalten, daß das Raumschiff am besten auf einer reinen Raketenlinie aufsteigen würde, weil dabei dauernd $\cos \alpha = 1$ sei, während bei der Synergiekurve die Düse wiederholt einen Winkel mit der Fahrtrichtung bilden müsse.

Die Frage ist leicht zu klären, wenn wir uns die Synergieformel (112) vergegenwärtigen. Wie wir sehen, hängt die Ausnützung der Brennstoffe nicht nur von $\cos \alpha$, sondern auch von v ab, und v wächst (besonders anfangs, und das ist hier die Hauptsache) schneller, wenn wir das Fahrzeug flacher aufsteigen lassen. Es beruht dies darauf, daß sich für kleine Werte von α der Kosinus nur wenig von 1 unterscheidet, während die Schwereverzögerung bei gegebenem Andruck mit dem Sinus des Aufstiegwinkels wächst (also wesentlich stärker).

Etwas würde die idealste Aufstiegslinie auf diesem Wegteil allerdings von einer Wagerechten abweichen, und zwar im Sinne einer reinen Raketenlinie. Die Abweichung ist aber so gering, wie ich auf graphischem Wege feststellen konnte (größter Höhenunterschied 8 km, Geschwindigkeitsgewinn 1,2 m/sek), daß ich das Wegstück kurzerhand als Horizontale annahm, um die Sache rechnerisch durchführbar zu machen.

Bezüglich des scheinbar unlogischen Umlenkens mit Hilfe des Abtriebes habe ich schon S. 170 das Nötige gesagt. Es ist deswegen in Wirklichkeit gar nicht mit Verlusten verbunden, weil dabei der $\cos \alpha$ wesentlich größer wird.

Dies Integral läßt sich leider nicht in geschlossener Form ausrechnen, es läßt sich aber sehr leicht auf zeichnerischem oder rechnerischem Wege auswerten. (Bei Potenzreihenentwickelung führt man mit Vorteil ein neues Argument $\zeta = \sqrt{g - p}$ ein.)

Ich fand je nach dem Andruck und der Anfangsgeschwindigkeit (v_2) den idealen Antrieb auf dem dritten Abschnitt der Synergiekurve um 80—140 m größer als den tatsächlichen. Ist v_3 die Endgeschwindigkeit, so ist also:

$$(v_3 - v_2) + 80 < v_{x3} < (v_3 - v_2) + 140 \text{ m/sek}\,.$$

4. Der vierte Abschnitt der Synergiekurve ist wieder eine Raketenlinie. Sie unterscheidet sich aber, wie wir bald sehen werden, nur wenig von einem Kreisbogen, und wir begehen keinen großen Fehler, wenn wir von folgender Überlegung ausgehen: Wir bezeichnen mit h die Höhe des Raumschiffes über dem Erdboden, mit $h' = \frac{dh}{dt}$ die Vertikalkomponente seiner Geschwindigkeit, mit w seine Horizontalgeschwindigkeit und setzen im Anschluß an (128)

$$\frac{dh'}{dt} = |z - g_m|, \tag{164}$$

wobei g_m ein Mittelwert der Fallbeschleunigung sein soll. Wir bezeichnen nun mit v_z die zirkuläre Geschwindigkeit, mit b die Horziontalbeschleunigung und mit τ die Zeit, die verstrichen ist, seit die zirkuläre Geschwindigkeit erreicht wurde.

Wir können nun b als ungefähr konstant ansehen, dann wird:

$$w = v_z + b\tau\,; \tag{165}$$

weiter ist

$$z = \frac{w'^2}{r}, \tag{166}$$

und wir erhalten aus (164) bis (166)

$$\frac{dh'}{dt} = \left|\frac{v_z^2}{r} + \frac{2 v_z b \tau}{r} + \frac{b^2 \tau^2}{r} - g_m\right|.$$

Nun ist:

$$\frac{v_z^2}{r} \sim g_m$$

und $dt = d\tau$, mithin ist:

$$dh' \sim \left|(2 v_z b \tau + b^2 \tau^2) \frac{d\tau}{r}\right|.$$

Nun sind die einzelnen dh nicht alle zueinander parallel (wenn auch der Kosinus des Winkels, den sie miteinander bilden, stets nahe bei 1 bleibt). Es ist mithin:

$$h' < \int (2 v_z b \tau + b^2 \tau^2) \frac{d\tau}{r} = \frac{b}{r}\left(v_z \tau^2 + \frac{b}{3}\tau^3\right). \tag{167}$$

Bezeichnen wir mit h_3 die Höhe, in der die zirkuläre Geschwindigkeit erreicht wurde, so finden wir:

$$h - h_3 = \int_0^\tau h' \cdot d\tau < \frac{b}{3r}\left(v_z \tau^3 + \frac{b}{4}\tau^4\right). \tag{168}$$

Wenn wir hier in erster Annäherung $b = 35$ m/sek² setzen (das ist a) und bis zur parabolischen Geschwindigkeit integrieren, so erhalten wir:

$$\tau = (\sqrt{2gr} - \sqrt{gr}) : a = 94 \text{ sek},$$
$$h_4 - h_3 = 12{,}99 \text{ km}.$$

Hätten wir $b = 34$ m/sek² angenommen, was entschieden zu wenig ist, so hätten wir erhalten:

$$\tau = 96{,}7 \text{ sek},$$
$$h_4 - h_3 = 14{,}4 \text{ km},$$

für $b = 39$ m/sek² hätten wir als Höhendifferenz gar nur 9,5 km bekommen.

Die Endgeschwindigkeit wäre infolge dieser Steigung um 12,6 m/sek (bei 14,4 km Steigung) bzw. 9,3 m/sek (bei 9,5 km) geringer geworden, als wenn die Rakete auf der Horizontalen geblieben wäre, doch ist dieser Geschwindigkeitsverlust an sich nicht mit einem Energieverlust verbunden. Das kommt darin zum Ausdruck, daß 14,4 km höher auch die parabolische Geschwindigkeit um 12,6 m/sek geringer ist. Es ist indessen nach (112) infolge der Geschwindigkeitsverringerung dennoch ein Energieverlust da, der zuletzt etwa $\frac{1}{1000} \cdot \frac{dA}{dm}$ beträgt. Im ganzen ist der hierdurch bedingte Arbeitsverlust aber noch wesentlich geringer, so daß der Antriebsverlust von der zirkulären bis zur parabolischen Geschwindigkeit kaum 1 m/sek beträgt.

Bei Endgeschwindigkeiten von 15—17 km/sek, wie sie bei Fahrten auf fremde Weltkörper vorkommen könnten (wenn auch nicht müßten, vgl. hierzu Kap. 21), dagegen dürfte dieser Antriebsverlust nicht mehr vernachlässigt werden. Wir können hier aber die Forderung nach dem Brennen bei hoher Geschwindigkeit durch folgenden Kunstgriff erfüllen:

Wenn die Rakete etwa 10 km/sek fährt, sperren wir die Brennstoffe ab. Dann beschreibt sie eine langgestreckte Ellipse, deren erdnaher Punkt nicht weit von der Stelle entfernt ist, an welcher die zirkuläre Geschwindigkeit erreicht wurde. Wenn sie nun nach ihrer Rückkehr noch etwa 1000 km vom erdnahen Punkt entfernt ist, geben wir zum zweitenmal Gas. Nun erfolgt auch der zweite Stoß in größter möglicher Erdnähe. Ich habe auf graphischem Wege gefunden, daß der Antriebsverlust zwischen der zirkulären und der Endgeschwindigkeit auf diese Weise bei einem Andruck von 35 m/sek² unter 8 m/sek bleibt; er ist also jedenfalls zu vernachlässigen.

Es ist nun noch zu untersuchen, ob wir ein Recht hatten, die Horizontalbeschleunigung bei der Fahrt bis zur parabolischen Geschwindigkeit konstant und gleich a zu setzen. Wir finden für $b = 35$ m/sek² und $\tau = 95$ sek nach (167)

$$h_1' = 446 \text{ m/sek}.$$

Bezeichnen wir den Neigungswinkel der Bahnkurve mit α und den Wert, den α zuletzt hatte, mit α_1, so ist offenbar

$$\alpha \leqq \alpha_1, \tag{169}$$

$$a > b = a - g \sin \alpha > a - g \sin \alpha_1.$$

Nun ist

$$g_m \cdot \sin \alpha_1 = \frac{g_m h'}{v_4}.$$

Dies ergibt für $h_1' = 450$ m/sek

$$a > b > a \cdot 0{,}990.$$

Wir durften b also tatsächlich als konstant annehmen.

Nunmehr sind wir in der Lage, die Frage nach der günstigsten Aufstiegskurve für Raumschiffe zu beantworten. Auf dem ersten und zweiten Abschnitt der Synergiekurve betragen die Antriebsverluste zusammen 700—1100 m/sek; auf dem dritten 80—140 m/sek; zusammen also 780—1240 m/sek. Da die Bahn bei den meisten Fahrten gegen Osten geneigt sein kann, kommt hiervon ein Antriebsgewinn von 250 bis 460 m/sek in Abzug; v_x muß also 320—1000 m/sek größer sein als die Endgeschwindigkeit[1]). Diese ist nun allerdings für dasselbe Fahrt-

[1]) Noordung, der diese Frage auch untersucht hat, kommt zu einem um rund 800 m/sek höher liegenden Wert. Dies dürfte daran liegen, daß er von der Möglichkeit, die Fahrtkurve mit Hilfe des Luftwiderstandes umzubiegen, keinen Gebrauch gemacht hat. Nach seinen Ausführungen zu schließen, scheint er angenommen zu haben, das Raumschiff steige zunächst einmal senkrecht auf und erteile sich dann oberhalb des relevanten Teiles der Atmosphäre einen neuen Antrieb quer zum bisherigen.

ziel so nahe an der Erde höher als weiter oben. Die parabolische Geschwindigkeit z. B. wäre in 138 km Höhe 11140 m/sek, während sie in 1400 km Höhe nur noch 10010 m/sek, in 1850 km Höhe gar nur noch 9800 m/sek beträgt.

Gleichwohl ist die Brennstoffersparnis außerordentlich. Um die parabolische Geschwindigkeit auf der Synergiekurve zu erreichen, braucht ein Raumschiff einen idealen Antrieb von 11500—12040 m/sek; um sie in senkrechtem Aufstieg zu erreichen, ist nach (70) und (80) bei einem Andruck von 40 m/sek^2 ein idealer Antrieb von 12700 m/sek, bei einem Andruck von 35 m/sek^2 gar ein idealer Antrieb von 13500 m/sek erforderlich. Beim Aufstieg auf der Synergiekurve ersparen wir hier also 960—2020 m/sek. Noch bedeutender wird die Ersparnis bei hyperbolischen Geschwindigkeiten.

Ein weiterer Vorteil der Synergiekurve besteht darin, daß wir hier mit dem Andruck viel weiter herabgehen können. Wir können ihn besonders stellenweise (z. B. in der Nähe der zirkulären Geschwindigkeit und auf dem zweiten Abschnitt stark vermindern), während beim senkrechten Aufstieg jede Sekunde, die der Aufstieg länger als nötig dauert, einen Antriebsverlust von 3—8 m/sek mit sich bringt.

Zwei wesentliche Vorteile sind weiter die, daß bei elliptischen Geschwindigkeiten das Perigäum, d. i. der erdnahe Punkt der Bahn, dicht über der Atmosphäre liegt. Im Apogäum (Erdferne) genügt dann ein geringer, kaum zu verfehlender Bremsschuß, um das Perigäum so weit in die Atmosphäre zu verlegen, als das für die Landung nötig ist (vgl. das 14. Kap.). Bei senkrechtem Aufstieg dagegen muß man für wesentlich größere Geschwindigkeitsunterschiede aufkommen, was vom Standpunkt der Sicherheit ebenso nachteilig ist als vom Standpunkt des Brennstoffverbrauchs. Wird dagegen im Apogäum ein Beschleunigungsschuß gegeben, so kann man hier mit einem Minimum von Brennstoffverbrauch das Raumschiff in die zirkuläre Geschwindigkeit bringen. (Wichtig für die Erreichung um die Erde rotierender Ätherstationen Aus all diesem folgt auch, daß es nicht mit Antriebsverlusten verbunden ist, wenn man Brennstoffe auf der Synergiekurve auf eine um die Erde rotierende Station bringt und hier im Sinne der Rotation weiterfliegende Raumschiffe nachfüllt. Vgl. S. 181.)

Als weiteren Vorteil der Synergiekurve erwähne ich, daß dabei das Raumschiff leicht in eine Bahn zu bringen ist, die ihm eine beliebig langes Umkreisen der Erde und Verweilen im Äther gestattet. Bei steilem Aufstieg dagegen fällt es entweder bald zurück, oder es muß weit weg fliegen oder aber, es muß im Apogäum ganz bemerkenswerte Richtschüsse abgeben. (Außerdem werden wir im 14. Kap. sehen, daß man bei jedem steilen Aufstieg im Apogäum Richtschüsse abgeben muß, um nicht bei der Landung zu hohem Andruck ausgesetzt zu sein.)

Bei den zukünftigen Fahrten auf fremde Weltkörper wird endlich noch der folgende Vorteil der Synergiekurve stark ins Gewicht fallen. Der Aufstiegsort darf hier in der gemäßigten Zone liegen, während man bei senkrechtem Aufstieg in den Tropen starten müßte. — Wenn man nämlich bei Erreichung der zirkulären Geschwindigkeit das Brennen unterbricht, so fährt das Raumschiff ohne weiteren Brennstoffverlust auf einem größten Kreis um die Erde, der den geographischen Breitekreis des Aufstiegortes berührt. Die Ebene dieses größten Kreises nun schneidet die Ebene der Ekliptik in zwei Punkten. Für jeden Ort der gemäßigten Zone tritt also im Laufe von 24 Stunden zweimal der Fall ein, daß ein in der Nähe der Ekliptik befindliches Gestirn in der Ebene dieses größten Kreises liegt. Wenn man nun in diesem Augenblick startet und dann mit $v = 7890$ m/sek auf dem größten Kreis fährt, bis man den Erdmittelpunkt ungefähr zwischen sich und dem Ziele hat, und wenn man dann den restlichen Antrieb gibt, so gelangt man zu diesem Stern. Ich habe von dieser Eigenschaft der Synergiekurve z. B. bei den rechnerischen Vorarbeiten für den Film „Die Frau im Mond“ Gebrauch gemacht. Es war hier ein Start in Mitteldeutschland und eine Landung auf dem Mond verlangt.

Diese zwischen dem senkrechten Aufstieg und dem Aufstieg in der Synergiekurve gezogenen Vergleiche gelten auch für die schrägen Aufstiege, wenn auch nicht in so hohem Maße. Die schrägen Aufstiege werden um so rationeller, je mehr sie sich dem Aufstieg in der Synergiekurve nähern; dieser stellt den Idealfall dar.

Ich habe das Synergieproblem hier angeschnitten, weil verschiedene Kritiker vom synergetischen Standpunkt ungeschickte Annahmen über den Aufstieg machen und nachher behaupten, ich hätte die Sache zu optimistisch abgeschätzt.

Einer z. B. sagte: Um eine Rakete dazu zu bringen, daß sie im Kreise um die Erde läuft, braucht man 1. den Antrieb, der sie senkrecht zur gewünschten Höhe emporträgt (sagen wir 650 km hoch). Dieser erste Stoß würde dann 3100 m/sek erfordern[1]). 2. Schwere und Luftwiderstand vernichten hierbei weitere 1200 m/sek, und wenn die Rakete in 650 km Höhe zum Stehen gekommen ist, dann braucht man 3. noch einen seitlichen Stoß von 7800 m/sek. Zusammen sind das also 12100 m/sek. In Wirklichkeit aber kann man dasselbe Ziel auch mit einem idealen Antrieb von 8600 m/sek erreichen, wenn man auf

[1]) Ich bringe hier die Zahlen so, wie sie der Kritiker angab.

der Synergiekurve aufsteigt, bis man auf einer Ellipse fährt, deren Apogäum 650 km hoch liegt, und wenn man im Apogäum noch einen Beschleunigungsschuß gibt.

Ich brauche wohl nicht erst zu erwähnen, daß dieser Kritiker mit dem Urteil gleich bei der Hand war, ich sei wissenschaftlich nicht ernst zu nehmen, denn ich wüßte ja nicht einmal, was für ein Antrieb notwendig sei, um einen Körper bis zu 1000 km Höhe zu bringen und ihm nachher die zirkuläre Geschwindigkeit zu erteilen. Ich glaube aber, mit der Vermutung, ich sei wissenschaftlich nicht ernst zu nehmen, war es diesmal wieder nichts.

Ähnliche Fehler hat der bekannte Ballistiker H. Lorenz, Danzig, gemacht.

Dallwitz-Wegner wieder führt in der „Umschau" aus:

Um ein Fahrzeug aus dem Schwerebereich der Erde herauszuheben, müßte man ihm 6370000 mkg pro kg erteilen. Nun enthalten aber unsere wirksamsten Sprengstoffe und Brennstoffe (wenn man hier den zum Verbrennen nötigen Sauerstoff mitrechnet) kaum eine Million m/kg thermisch-chemische Energie im kg. Ein Fahrzeug, welches sich seine Brennstoffe selbst mitnehmen muß, ist also nach Dallwitz-Wegner unmöglich imstande, den Anziehungsbereich der Erde zu verlassen.

In Wirklichkeit liegt die Sache aber doch so, daß die Rakete ihre Brennstoffe gar nicht mitnimmt. Sie stößt sie doch in der Nähe der Erde aus und nimmt nur einen Teil von deren Energie, die durch den Rückstoß in Bewegungsenergie umgesetzt worden ist, mit. Diese Bewegungsenergie wiegt aber (selbst nach Einstein und Hasenörl) so gut wie nichts. Spätestens von der 8. Minute angefangen fliegt die Rakete wie ein abgeschossenes Projektil in die Planetenräume. Wenn man ihr nur anfangs die nötige Brennstoffmenge mitgeben kann (diese muß natürlich ein Vielfaches der Endmasse betragen), so kann sie die Reise zu den Planetenräumen ausführen.

Holzhausen dagegen versucht im „Maschinenkonstrukteur" durch ähnliche Überlegungen nachzuweisen, daß die Endgeschwindigkeit einer Rakete niemals größer als $2 \cdot c$ sein könne. Wenn nämlich die Anfangsmasse gleich m und die Endmasse gleich Null wäre, so wäre die Masse im Durchschnitt $\frac{1}{2} m$. Wenn die Masse mit der Geschwindigkeit c nach unten geschleudert wird, so ist der Impuls nach unten $m \cdot c$. Ebenso groß muß auch der Impuls nach oben sein, und $2\, c \cdot \frac{1}{2} m$ das ist eben $m \cdot c$. Dabei vergißt er aber nur, daß man dies nicht so summarisch machen darf, sondern daß man hier schon die Formel $c \cdot dm = m \cdot dv$ integrieren muß und daß die Arbeitsleistung des zuletzt ausgestoßenen

Brennstoffes nicht mehr nur gleich $\frac{1}{2} \cdot dm \cdot c$ ist, sondern daß sie mit der zuletzt ins Unendliche wachsenden Geschwindigkeit relativ ebenfalls unendlich wird.

Es ist keineswegs Haarspalterei, wenn ich mir hier so genau über jeden m/sek Rechenschaft zu geben suche, den man vielleicht noch ersparen könnte. — Ich habe auf Abb. 75 zwei Kurven gezeichnet, die Abszissen bedeuten die Geschwindigkeit beim Aufhören des Brennens. Die Ordinaten der strichpunktierten (—·—·—·) Kurve entsprechen dem Massenverhältnis $\frac{m_0}{m_1}$, welches notwendig ist, damit das Modell E beim Abstellen des Brennens die betreffende Geschwindigkeit erreicht. Die Ordinaten der durchgezogenen Kurve (————) entsprechen der Höhe (in Erdradien vom Erdmittelpunkt aus gemessen), bis zu welcher die betreffende Geschwindigkeit das Raumschiff emporzuschleudern vermag. Die strichpunktierte Kurve ist eine Harfenlinie, die durchgezogene Kurve ist eine Hyperbel dritten Grades, die die Senkrechte $v = \sqrt{2\,gr}$ (gestrichelt: - - - -) zur Asymptote hat. Wir sehen aus dem immer rascheren Wachsen der Steighöhe mit der Geschwindigkeit, daß die letzten km/sek die lohnendsten sind. Addiere ich z. B. einer Geschwindigkeit von 500 m/sek noch 200 m/sek, so wächst die erreichte Höhe von 12,8 km auf 25,6 km, also auf das Doppelte. Lasse ich dagegen die Geschwindigkeit von 11 km/sek auf 11,2 km/sek anwachsen, so steigere ich die erreichte Höhe auf das Unendlichfache, denn sie wächst dabei von einem endlichen Wert auf einen unendlichen. Wir

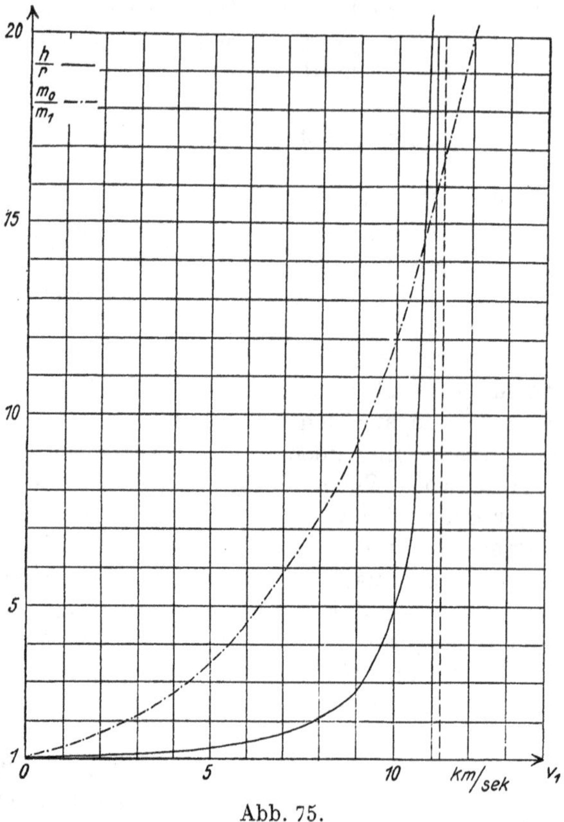

Abb. 75.

sehen aber aus dem raschen Anwachsen der strichpunktierten Linie bei höherer Geschwindigkeit, daß hier die Geschwindigkeitszunahme durch einen stark steigenden Substanzverlust erkauft ist, wir müssen also um die letzten km/sek auch am schwersten kämpfen.

Gewiß kann ich in Wirklichkeit das Massenverhältnis oder die Endgeschwindigkeit nicht so genau berechnen, als es nach diesen Formeln scheinen sollte. Die Auspuffgeschwindigkeit ist uns nicht genau bekannt, und sie brauchte nur um 10% zu variieren, so würden sich beim selben Massenverhältnis schon Antriebsunterschiede ergeben, die größer wären als der hier berechnete Antriebsunterschied zwischen dem senkrechten Aufstieg und dem Aufstieg auf der Synergiekurve.

Die exakte Ausbildung der Theorie hat aber einen hohen relativen Wert: Ich kann die einzelnen Aufstiegsarten miteinander vergleichen und mir so Rechenschaft geben, wie ich, ganz abgesehen von der „inneren Ballistik der Rakete", d. i. von der Auspuffgeschwindigkeit und dem Treibapparat, eine solche Fahrt am besten bewerkstelligen kann.

13. Kapitel.

Steuerungsfragen[1]).

Buchstabenverzeichnis zu Kap. 13.

g: Anziehungskraft.
h: Höhe über dem Erdmittelpunkt.
m: Raketenmasse.
r: Erdradius.
s: Schwerpunkt.
x, y, z: Raumkoordinaten.
A: Rückstoß.
L: Zentrum des Luftwiderstandes (Widerstandszentrum).
P: Rückstoßzentrum.
α: Fahrtwinkel.

1. Die Stabilität des Pfeiles.

Ich betrachte die Rakete zunächst als starren Körper, bei dem man sich die Wirkung angreifender Kräfte in einem Punkt vereinigt denken kann. Ich bezeichne mit dem Buchstaben L und mit dem Worte Widerstandszentrum den Punkt, in welchem die Resultante des Luftwiderstandes angreift, mit S bezeichne ich das Trägheitszentrum oder den Schwerpunkt, und mit dem Buchstaben P und dem Worte

[1]) Ich brachte dies Kapitel in normalem Druck, da es an sich leicht verständlich ist. Der Laie kann es indessen auch überspringen.

Rückstoßzentrum bezeichne ich den Punkt, in dem man sich eine Kraft angreifend denken kann, die so groß ist und so wirkt wie der Rückstoß.

Wir legen einen starren leichten Stab (etwa einen Rohrstengel) auf die Sehne eines Bogens und schießen ihn ab. Er wird seine Richtung nicht beibehalten, sondern eigentümliche Schleifen beschreiben ähnlich einem trudelnden Blatte. Diese Kurve würde er auch beschreiben, wenn wir ihn nicht abschießen, sondern aus genügender Höhe herabfallen lassen.

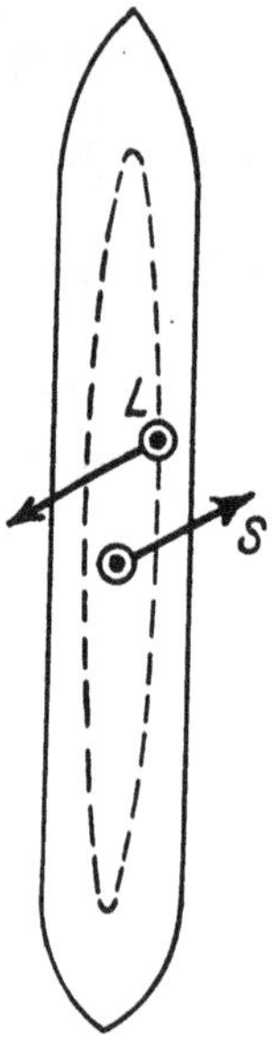

Abb. 76.

Die Aerodynamik erklärt dies folgendermaßen: (wir können dabei von der Einwirkung der Fallbeschleunigung absehen): Der Trägheitsmittelpunkt S liegt in der Mitte des Stabes (vgl. hierzu Abb. 76). Ich habe auf dieser Abbildung den Stab der Anschaulichkeit halber übertrieben kurz und dick gezeichnet. Das Widerstandszentrum L liegt dagegen im ersten Fünftel, wenn der Stab in der Richtung seiner Achse fliegt, und wandert auf der punktierten Linie weiter herab, je größer der Winkel zwischen der Stabachse und dem Gegenwind wird. Wenn der Stab quer zur Fahrtrichtung steht, so liegt das Widerstandszentrum in der Mitte und vor dem Trägheitsmittelpunkt. Die vorwärtsdrängende Kraftg reift nun bei S an, die rückwärtsdrängende Kraft kann man sich in L vereinigt denken. Der ganze Stab befindet sich also, wie man sieht, stets in labiler Lage und gerät daher in Drehung. Um dies zu verhindern, gibt es grundsätzlich zwei Mittel:

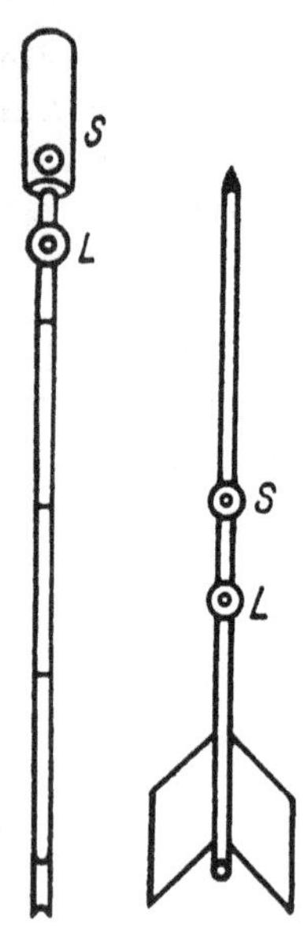

Abb. 77a. Abb. 77b.

1. Wir verlegen den Schwerpunkt vor den Widerstandsmittelpunkt. Wir machen den Stab vorne schwerer. Etwa indem wir vorn eine schwere Metallspitze oder ein Stück Holunder befestigen (vgl. Abb. 77a).

2. Wir verlegen den Widerstandsmittelpunkt hinter den Schwerpunkt, indem wir am rückwärtigen Ende geeignete leichte Flossen anbringen (vgl. Abb. 77b).

Würden wir den Schwerpunkt des Stabes etwas nach vorwärts verlegen, aber nicht so stark wie hier angegeben, so kann sich der Fall ereignen, daß der Widerstandsmittelpunkt bei der Fahrt in der Achsenrichtung vor dem Schwerpunkt, bei der Fahrt quer dazu hinter dem Schwerpunkt liegt. In diesem Fall wäre es nicht möglich, den Stab von einer Sehne freizuschießen, dagegen würde er, wenn wir ihn fallen ließen, unter einem bestimmten Winkel nach unten zu gleiten, und zwar um so steiler, je weiter der Schwerpunkt nach vorn liegt. In dieser Lage befindet sich ein Aeroplan. Die Grundvoraussetzung für stabilen Flug ist hier also die, daß sein Schwerpunkt vor der Mitte und hinter dem ersten Fünftel der aerodynamischen Unterstützungsfläche liegt.

Hätten wir den Pfeil im luftleeren Raum abgeschossen, so wäre seine Neigung eine ganz zufällige, da hier der Luftwiderstand wegfällt. Er würde einem beim Abschuß erhaltenen Drehimpuls mit konstanter Tourenzahl folgen, hätte er keinen Drehimpuls erhalten, so würde er unabhängig von Form und Gewichtsverteilung seine Achsenrichtung beibehalten.

Hätten wir ihn in einem lufterfüllten, aber schwerefreien Raum abgeschossen, so würde er geradlinig weiterfliegen, und die Richtung seiner Achse würde sich nicht ändern.

Schießen wir dagegen einen Pfeil im luft- und schwereerfüllten Raum ab, so stellt er seine Achse stets in die Flugrichtung, er wird mithin anfangs mit der Spitze nach aufwärts und zuletzt mit der Spitze nach abwärts fliegen.

2. Die Stabilität der Rakete.

Bezüglich der nichtbrennenden Rakete gilt das über den Pfeil Gesagte. Bei der brennenden Rakete ist noch einiges zu beachten. Wenn die Rakete absolut starr wäre, und wenn man sich die Resultante des Rückstoßes in einem und demselben Punkt angreifend denken könnte, so hätten wir unseren Ausführungen über den Pfeil nichts hinzuzufügen. Der Rückstoß würde dann nur die jeweilige Bewegung in der Achsenrichtung verstärken.

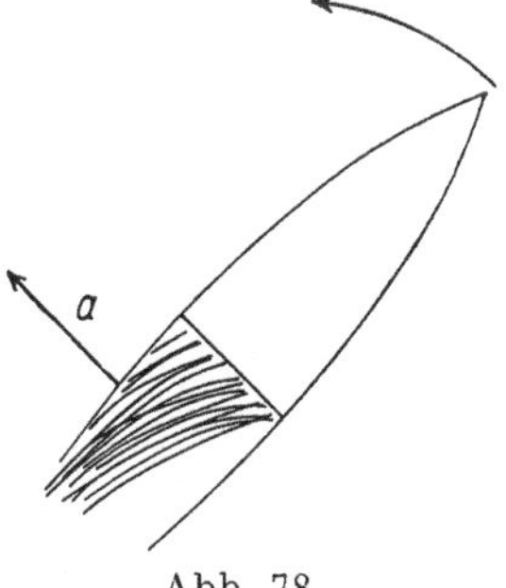

Abb. 78.

Nun strömen die Gase aber aus Düsen aus, und wenn sich die Rakete auf Abb. 78 in der Richtung des Pfeiles dreht, so schlägt der Gasstrom bei *a* an und erzeugt einen Druck, der der Drehung entgegenarbeitet. Dieser Druck hört aber natürlich sofort auf, sobald die Drehbewegung aufhört, und wollte man die Rakete aus der neuen Lage in die alte zurückdrehen, so würden hier die Düsen nicht nur nicht helfen, sondern sogar noch hindern, während z. B. Luftflossen die Raketenachse von selbst wieder in die Fahrtrichtung stellen würden.

In dieser Hinsicht wirken also die Düsen stabilisierend oder wenigstens drehungerschwerend, und das um so mehr, je länger sie sind. (Am meisten also bei den Modellen A und D, am wenigsten bei den Modellen B und E.)

Andernteils wird das Gas in den Düsen niemals ganz gleichmäßig brennen. Es werden also hieraus Drehimpulse entstehen, so daß wir sogar im luftleeren Raum noch Sicherungsvorrichtungen vorsehen müssen, obwohl diese bei theoretisch richtig arbeitenden Düsen natürlich überflüssig wären.

Trotz dieser Wirkung der Düse ist aber der Unterschied zwischen einer starren Rakete und einem Pfeil nicht wesentlich. Ich will daher

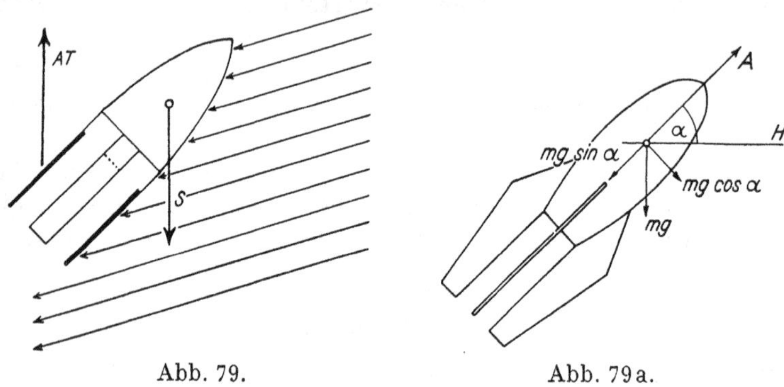

Abb. 79. Abb. 79a.

eine solche Rakete als „Pfeilrakete“ bezeichnen. Wenn eine solche Pfeilrakete schräg fliegt, so wird sie von der Schwerkraft parallel zu sich selbst abgelenkt und aus ihrer Fahrtrichtung herausgezogen. Abb. 79a gibt als Pfeilstrecken die Kräfte an, die auftreten, wenn die Rakete de facto in horizontaler Richtung *H* fliegt. Die Buchstaben sind am Eingang dieses Kapitels erklärt. Der Gegenwind trifft sie daher nicht mehr in axialer Richtung (vgl. Abb. 79). Nun wird der aerodynamische Auftrieb der Flossen stärker sein als jener der Spitze. Die Spitze wird sich also (ganz wie beim Pfeil) immer weiter nach abwärts kehren, bis daß die Rakete steil nach unten schießt, d. h. falls sie nicht früher die Erdatmosphäre verlassen hat. Würde diese Rakete plötzlich durch eine äußere Kraft nach unten gedreht werden, so würde zwar sofort eine Gegenkraft eintreten, die die Achse wieder in die Fahrtrichtung zu stellen sucht,

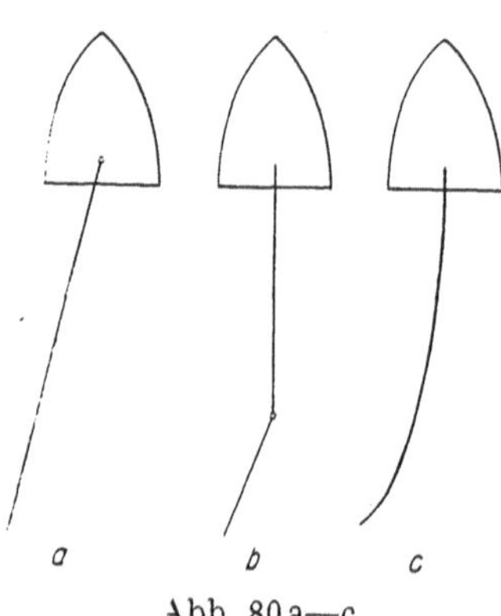

Abb. 80a—c.

aber diese Fahrtrichtung selbst wird sich eben mit der Zeit nach unten biegen, und wenn wir dies verhindern wollen, so müssen wir hier besondere Steuerungsmechanismen anbringen, die so auf die Flossen einwirken, daß diese bei einer Neigung der Rakete dieser Neigung entgegen steuern. (Vgl. Abb. 80a—c.)

Grundlegend wird nun der Unterschied zwischen Rakete und Pfeil, wenn die Rakete **kein** starres System darstellt und wenn sie bis zur Erschöpfung ihrer Brennstoffe unter **Beschleunigung** fährt. (Was ich jetzt vorzubringen habe, das scheint den Raketenfabrikanten im großen ganzen unbekannt zu sein. Der Grund dafür dürfte darin liegen, daß die gebräuchlichen Raketen meist nur einige Zehntel Sekunden lang unter Beschleunigung aufsteigen. Vgl. hierzu auch „Die Rakete", Jahrgang 1928, S. 3.) Eine solche Rakete wird nämlich auch dann noch senkrecht aufsteigen, wenn wir an das Ende des Führungsstabes *w* eine Kette oder gar ein schweres Gewicht *G* (Abb. 81) anbinden. Wenn nun diese Bindung hinreichend biegsam ist, so gibt einfach das vordere starre Stück die Bahn an, und das rückwärtige Stück wird nachgezogen, ähnlich wie bei einem Wagen, der 1 bis 2 Anhängewagen an der Deichsel mitzieht. Dabei kann das Gewicht *G* schwerer sein, als die ganze übrige Rakete. Sobald freilich die Bindung starr wäre, wäre hier ein geradliniger Aufstieg aus aerodynamischen Gründen unmöglich, ebenso wie bei einer Schwanzrakete kein pfeilartiger Flug mit der Spitze nach vorne mehr möglich wäre, sobald sie nicht mehr brennt. Wir unterscheiden mithin bei der Schwanzrakete auf Abb. 81 den Kopf *K*, den starren Führungsstab *w*, die biegsame Bindung *B* und das Schwanzgewicht *G*.

K
W
B
G

Abb. 81.

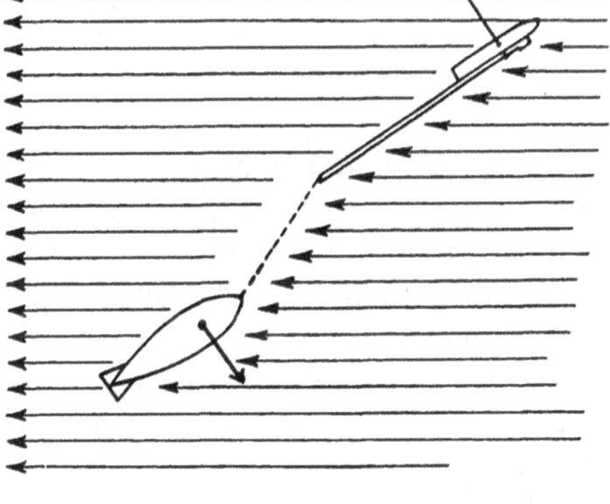

Abb. 82.

Bei der Schwanzrakete ist nun die Neigung, die Spitze nach unten zu kehren, nicht so ausgeprägt wie bei der Pfeilrakete. Wenn sie einmal schräg fliegt, so daß sie vom Gegenwind nicht mehr in axialer Richtung getroffen wird, und wenn das Gewicht schwerer ist als der Kopf *K*, so entsteht offenbar ein Drehmoment, welches die Rakete senkrecht zu stellen sucht (Abb. 82)[1]). Falls natürlich der obere starre Teil plötzlich aus der Fahrtrichtung herausgedreht wird, so kehrt er wie ein Pfeil in seine vorige Lage zurück; vgl. hierzu Abb. 83.

Ich halte es nach diesem nicht für ausgeschlossen, Schwanzraketen zu bauen, welche auf plötzliche Ablenkungen des vorderen Teiles wie ein Pfeil, auf lange andauernde aber umgekehrt reagieren (besonders wenn der Schwanz selbst ebenfalls pfeilartig konstruiert, aber größer und schwerer als der Kopf und das Führungsstück ist). Ich glaube auch bei einigen selbst angefertigten Pulverraketen, bei denen lange biegsame Weidenruten als Schwanz dienten, diese Erscheinung beobachtet zu haben[2]). Ich möchte aber vor dem Abschluß exakter experimenteller Untersuchungen darüber nichts sagen. Auch theoretisch möchte ich die Sache an dieser Stelle nicht mehr weiter verfolgen, denn die bloße Theorie scheint mir hier etwas grau zu sein. Es handelt sich nämlich darum, eine exakt gegebene und dauernd wirkende Größe einem Durchschnittswert aus verschiedenen momentanen Abweichungen entgegenzustellen. Das ist eine Aufgabe von der Art des Petersburger Problemes, bei welchem die Wahrscheinlichkeitsrechnung noch nicht ihr letztes Wort gesprochen hat.

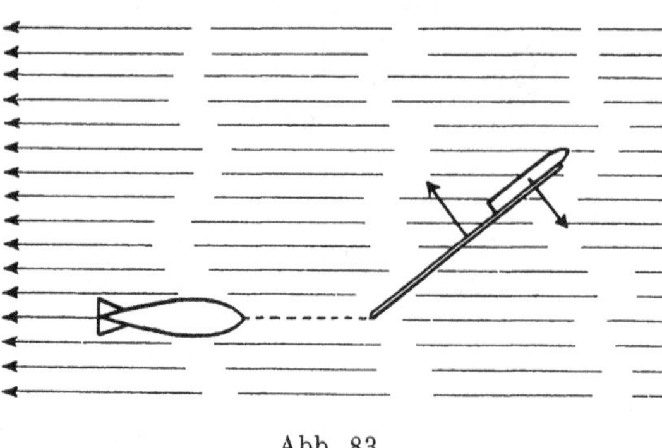

Abb. 83.

Wenn sich diese meine Vermutung bestätigen sollte, so wäre das ein äußerst günstiger Umstand für den Bau meteorologischer Registrierraketen nach Art meines Modells C, weil man dabei auf die gleich zu besprechende und jedenfalls ziemlich kostspielige aktive Kreiselsteuerung verzichten könnte.

3. Die aktive Steuerung (Steuerung durch Kreiselkompaß).

Bei der Pfeilrakete muß nun die Steuerung jedenfalls aktiv sein, wenn dieselbe länger als einige Sekunden lang brennen soll, d. h. die Flossen müssen je nach der Stellung der Achse von selbst zweckmäßige Bewegungen ausführen etwa in der auf 80a—c angedeuteten Weise.

---

[1]) Ich habe deshalb bei meinem Modell C auch nur ganz kleine Steuerungsflossen vorgesehen.

[2]) Ich bin auch dadurch erst auf diesen Gedanken gekommen.

Vielleicht wird man hier einwenden, ein Aeroplan fliege doch ziemlich stabil unter demselben Winkel, wenn nur das vordere Ende etwas stärker belastet sei und steiler stehe als das rückwärtige. Es sind ja unter anderem die Papierschwalben der Kinder bekannt, ebenso die Segelflugzeuge und ähnliche Vorrichtungen, die ganz von selbst fliegen, ohne sich mit der Spitze nach unten zu drehen. Das stimmt. Aber erstens fliegen die genannten Modelle mit nahezu gleichmäßiger Geschwindigkeit, während bei einer Rakete die Geschwindigkeit außerordentlich stark wechselt, und es ist ein Irrtum, zu glauben, der Aufstiegswinkel eines Aeroplans sei von der Geschwindigkeit (d. h. in diesem Fall vom Propellerzug) unabhängig. Zweitens haben wir es bei der Rakete wohl meist mit einem runden Körper zu tun, der sich um seine Achse drehen kann, dies erschwert den aeroplanartigen Flug noch mehr. Drittens muß beim Aeroplan der Schwerpunkt in bezug auf die theoretische aerodynamische Unterstützungsfläche nahezu dieselbe Lage beibehalten; dies wird sich aber bei einer brennenden Rakete aus konstruktiven Gründen schwer realisieren lassen. Hier ist nur dann für die Flugsicherheit gebürgt, wenn der Widerstandsmittelpunkt von vornherein soweit nach rückwärts verlegt wird, daß sich bei einer möglichen Verlagerung desselben der Schwerpunkt noch nicht ändert, dies ist aber nur bei pfeilartigem Bau möglich; in diesem Falle steht dem geometrischen Ort des Schwerpunktes nämlich $^1/_5$ der ganzen theoretischen Achsenlänge zur Verfügung, ohne daß sich der Gleitwinkel dabei ändern würde. Viertens endlich wird es aus konstruktiven Gründen kaum möglich sein, den Rückstoß anders als in der Raketenachse wirken zu lassen. In diesem Fall ist aber bei einem Rückstoß, der ein Mehrfaches des Gewichtes betragen kann, die Stabilität natürlich nur bei pfeil- oder wetterfahnenartiger Gewichtsverteilung gewährleistet. Ich bin aus diesen Gründen bei Flossenraketen für pfeilartige Gewichtsverteilung und aktive Flossensteuerung.

Wir können diese aktive Steuerung auf automatischem Wege erreichen, wenn wir auf der Rakete einen Kreiselkompaß anbringen, nach dessen Stellung sich die Stellung der Flossen richtet. Ein Kreisel, dessen Achse sich zur Rakete frei einstellen kann, wird ja, auch wenn die Rakete schlingert, seine Stellung im Raume beizubehalten suchen. Die Steuerapparate des Modell E und der größeren Formen von Modell B z. B. könnten folgendermaßen aussehen:

(Für den Fall, daß ein Leser im Maschinenzeichnen nicht bewandert ist, gebe ich an: Die obere Abb. zeigt den Apparat so, als ob wir ihn von oben nach unten in der Mitte durchschnitten hätten und nun von der Seite betrachteten, die untere Abb. zeigt den Apparat von oben gesehen, wenn man sich den oberen Deckel der Kreiselkammer abgehoben denkt.)

Der Kreisel K dreht sich in einer wagerechten luftleeren Hülle H, diese kann sich um die Achse $g_1\,g_2$ drehen; bei Drehung um diese Achse wird ein elektrischer Strom ausgelöst; g_1 und g_2 hängen in einem Ring, der selbst um die Achse $g_3\,g_4$ drehbar ist und bei schräger Stellung elektrische Ströme auslöst; diese Ströme beeinflussen die Stellung der Flossen, dabei kann auch gleich registriert werden, wie weit die Steuerung gebraucht wurde. M ist ein Elektromotor, der den Kreisel dreht.

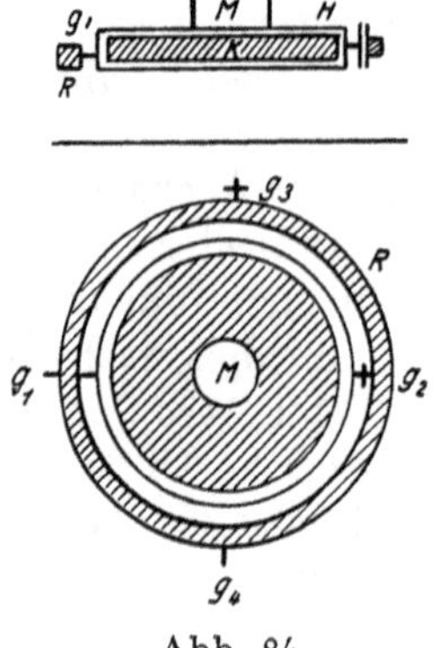

Abb. 84.

Beim senkrecht aufsteigenden Modell B braucht man nur einen solchen Kreisel, bei den Modellen, die schräg aufsteigen sollen, dagegen braucht man zwei Kreisel, deren Achsen zueinander senkrecht stehen müssen.

Die Regelung des elektrischen Stromes durch den Kreisel ist hier so gedacht, daß bei g_2 und g_3 ein Draht je nach der Stellung der Kreiselachse oder des Ringes verschieden weit in eine Röhre mit Quecksilber taucht (vgl. Abb. 85a). Die äußeren Kräfte, die auf den Kreisel einwirken, sind dabei jedenfalls minimal, so daß der Kreisel kaum irgendwelche Präzessionsbewegungen ausführen wird. Eine andere

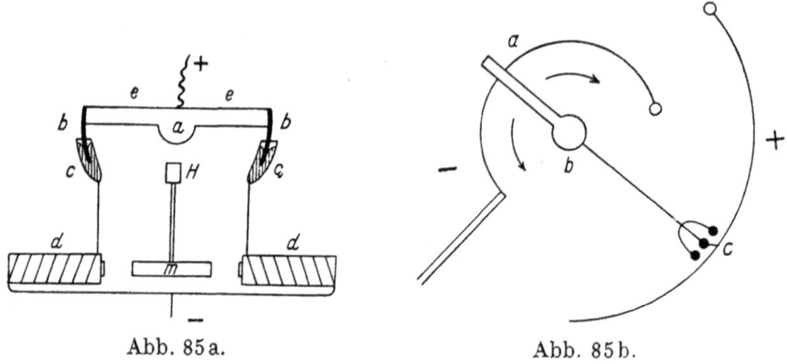

Abb. 85a. Abb. 85b.

Lösungsmöglichkeit wäre die (vgl. Abb. 85b), den Strom durch einen mit der Rakete starr verbundenen, schlechtleitenden Draht a zu schicken, wo er dann durch den mit dem Kreisel verbundenen Kupferbügel b weiterfließt. Hier würden die Reibungswiderstände und die Präzessionsbewegungen schon merklicher sein. Man könnte indessen die Reibungswiderstände dadurch kompensieren, daß man außer dem festen Bügel b noch irgendeinen beweglichen Bügel c anbringt, der, je nachdem, ob sich der Bügel im einen oder im anderen Sinne dreht, im einen oder im anderen Sinne einen elektrischen Strom schließt. Dieser Strom könnte auf elektromagnetischem Wege auf den Kreisel eine Kraft ausüben, die den Reibungswiderständen entgegengesetzt und gleich ist.

Diese Steuerungsmechanismen lassen sich vorher prüfen, indem man ein geeignetes Raketenmodell mit eingestelltem Steuerapparat labil unterstützt und in den Windkanal bringt (vgl. Abb. 85c).

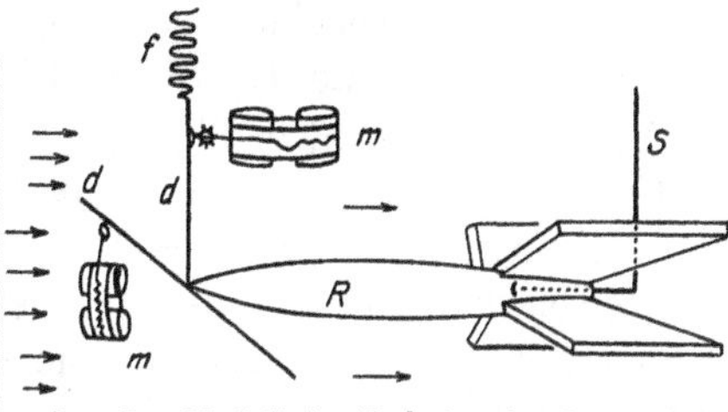

R = Modell der Rakete; d = dünne Stahlstäbe; S = Stütze, die P ersetzt; f = Spiralfeder, um den vorderen Teil auszubalanzieren; m = Registrierapparate.

Abb. 85c.

Die Kritik hat mich hier vielfach mißverstanden. Man glaubt, ich wolle einen großen schweren Kreisel mit der Rakete fest verbinden, so daß hierdurch die Achse der Rakete im Raum festgehalten würde. Wie man schon von ähnlichen Versuchen mit Flugzeugen her weiß, geht das nicht. 1. wäre hier ein solcher Kreisel, wenn er die Schlingerbewegungen der Rakete wirklich merklich verzögern soll, zur Mitnahme zu schwer, 2. würde ein solcher Kreisel fortwährend Präzessionsbewegungen ausführen und eine exakte Steuerung unmöglich machen. Nun, ich habe dies auch nicht gewollt und empfehle den betreffenden Herren, die Bücher, die sie besprechen, etwas genauer zu lesen.

Auch Gail sieht in der Frage der Steuerkreisel nicht klar. Im „Stein vom Mond" (Bergstadt-Verlag, Breslau, 1.—6. Auflage) schreibt er wörtlich (das gesperrt Gedruckte habe ich selbst unterstrichen): „Die Anlegemanöver standen unmittelbar bevor. Die Richtkreisel begannen zu summen und zu pfeifen, langsam drehte sich das Raumschiff, bis die Raketendüse genau auf Astropol zeigte. Dann einige kurz dauernde Entladungen — Bremsschüsse, welche die Fahrt des Schiffes mehr und mehr veringerten und der Eigenbewegung von Astropol anpaßten."

Abgesehen davon, daß ich die Richtkreisel überhaupt niemals hätte stillstehen lassen, daß ich aus verschiedenen Gründen die Düse niemals genau gegen Astropol gestellt hätte, daß die Entladungen Beschleunigungsschüsse hätten sein müssen und daß meine Kreiselkompasse hoffentlich nicht summen und pfeifen werden, möchte ich hierzu vor allen Dingen bemerken, daß Richtkreisel allein das Raumschiff überhaupt noch nicht drehen können. Drehen kann es sich nur, wenn entweder die Insassen nach Hohmann an den Wänden im Kreise herumklettern (vgl. Abb. 59) oder wenn sonst ein Gegenstand im Inneren gedreht wird oder wenn die Düse bereits arbeitet. Die Kreiselkompasse dagegen befinden sich in kardanischer Aufhängung und können also den Raumschiffskörper durch den Gegendruck überhaupt nicht drehen.

Die betreffende Stelle hätte also richtig heißen müssen: „Die Kreisel arbeiteten, es folgten einige kurze Entladungen, die Düse drehte sich während derselben gegen Astropol. Schließlich war wenige 100 Meter vor dem Ziel der Ausgleich vollkommen erreicht usw.“ Stimmungsvoller ist natürlich die Gailsche Darstellung.

Im übrigen ist aber die Idee nicht schlecht, das Raumschiff durch die Gegenwirkungen in eine neue Lage zu drehen, die auftreten, wenn man Räder in Drehung versetzt. Sofern das Raumschiff einmal keine Drehbewegungen mehr ausführt, ist diese Drehmethode der Drehung durch Düsen, wie z. B. Hoefft sie vorschlägt, entschieden vorzuziehen, denn diese hinterlassen leicht eine bleibende Rotation, wenn der Stoß nicht restlos ausgeglichen wird, und arbeiten außerdem stets mit Substanzverlust. — Diese Methode ist auch besser als die von Hohmann vorgeschlagene Methode des Herumkletterns an den Wänden (vgl. Abb. 59), denn bei dieser wäre eine Feineinstellung nur möglich, wenn die Raumfahrer so lange an der richtigen Stelle hängen bleiben, bis die Düsen gearbeitet haben. (Wenn es ihrer zwei sind, so wäre es ja theoretisch möglich, daß sie beide in die Hängematte gelangen, ohne das Raumschiff zu drehen, wenn sie zuletzt gegeneinander kriechen; praktisch wird sich dies aber kaum restlos durchführen lassen.) In unserem Falle aber können sie sich von vornherein postieren, wie sie wollen.

Ich würde aber diese Räder nicht so schwer machen, wie Gail dies vorschlägt, sondern ich würde sie nur aus einem Metallreif und Fahrradspeichen herstellen, und durch eine Kurbel mit Zahnradgetriebe vom Führer mit der Hand in Bewegung setzen lassen. Bei der geringen Masse des Raumschiffes wird dies genügen. Rasche Drehungen, wie sie vielleicht in der Nähe von Weltkörpern notwendig werden könnten, wird man ja auf diese Weise nicht erreichen, aber in diesem Falle hat man ja die Gasflossen und die Düsenstifte[1]).

4. Gasflossen.

Nach auswärts verlaufende Flossen, wie z. B. bei Abb. 79a, können nur in der Luft wirken. Im luftleeren Raum dagegen helfen nur Flossen, wie jene auf Abb. 78 oder Abb. 80, die flach zum Gasstrom stehen, und bei einer Drehung auf den Gasstrom selbst drücken. Flossen dieser Art kommen hauptsächlich bei Wasserstoffraketen vor, die in den höchsten

[1]) Im Film: „Die Frau im Mond“ erhielt das Raumschiff auf meine Anregung hin solche Räder.

Luftschichten oder in völlig luftleerem Raum arbeiten sollen. Zur Frage, ob diese Flossen nicht verbrennen, ist folgendes zu bemerken:

Würden sie dauernd zu weit auf das Gas drücken, so würden sie verbrennnen, würden sie dagegen zu weit vom Gasstrom abstehen, so würden sie sich an der Luft reiben, und würden daher in den obersten Luftschichten, wo die Rakete schon sehr schnell fährt, ebenfalls verbrennen. Nun ist aber in der Verlängerung der Mantelfläche der Rakete (wie Untersuchungen an fliegenden Geschossen gelehrt haben) nur wenig Luft anzutreffen, und der Gasstrom wieder breitet sich auch erst weiter hinter der Rakete so weit aus, daß er die Luft berührt. Die Flosse liegt für gewöhnlich zwischen Gas und Luft in einem verhältnismäßig kühlen, stark luftverdünnten Raum. Zudem ist bei dynamisch gekühlten Düsen (vgl. S. 6, 28) die oberste Decke des Gasstromes kühl und auch etwas weniger bewegt. Immerhin wird man solchen Gasflossen schon eine gewisse Menge Kühlflüssigkeit zuführen müssen, zumal da sie ja zuweilen auch in das Gas oder in die Luft tiefer eintauchen sollen.

Die Alkoholrakete des Modells B hat auch in den höchsten Luftschichten, etwa in 100 km Höhe, erst eine Geschwindigkeit von 2440 m/sek. Hier ist ein Verbrennen gut gekühlter Luftflossen noch wenig zu befürchten, doch wären Luftflossen allein des geringen Luftwiderstandes wegen schon wirkungslos, ich sah hier deshalb ein kastenartiges Gestell vor, ähnlich den früheren Kastendrachen, welches auch auf den Gasstrom drücken kann.

Über die a k t i v e Steuerung durch Gasflossen ist nichts Besonderes zu sagen. Wenn sie gegen den Gasstrom gedrückt werden, so rufen sie in der Tat willkürliche Drehbewegungen hervor.

Bezüglich der p a s s i v e n Steuerung durch Gasflossen in völlig luftleerem Raum ist zu sagen, daß sie eigentlich eine Verlängerung der Düsenwand darstellen. Was auf S. 187 über die Stabilisierung des Fluges durch die Düsenwand gesagt wurde (vgl. hierzu auch Abb. 78), das gilt also von den Gasflossen noch in höherem Maße.

Im luftleeren Raum gibt es nun auch keine so starken ablenkenden Kräfte als innerhalb der Atmosphäre. Hier genügen daher die Gasflossen in Verbindung mit einem Steuerkreisel. Völlig fehlen werden auch hier die ablenkenden Kräfte nicht (vgl. hierzu S. 188). Zudem werden sich ja die Insassen wohl niemals ganz ruhig verhalten. Auch liegt bei dem Modellen B und E der Schwerpunkt über dem Rückstoßmittelpunkt, es folgt hieraus[1]) eine gewisse Tendenz zum Schlingern, die nur durch Gasflossen bekämpft werden kann.

---

[1]) Natürlich nur wegen der erwähnten Unregelmäßigkeiten der Verbrennung

5. Andere Steuerungsmöglichkeiten.

Hoefft schlug seinerzeit vor, ganz auf die Flossen zu verzichten und statt dessen vier oder mehr schwenkbare Düsen an der Rakete anzubringen und die übrigen mittels der auf S. 32 beschriebenen verschieden weit vorstreckbaren Regulierstifte verschieden weit zu öffnen oder zu schließen. Diese Regulierstifte wären durch den Kreiselkompaß zu bedienen. Wird eine Düse etwas geschlossen, so muß sich die Rakete nach dieser Seite drehen, ähnlich wie ein Kahn, der auf der einen Seite schwächer gerudert wird.

Für Raketen, die von Anfang an im luftleeren Raum fahren können, wie z. B. die Wasserstoffrakete des Modells E, wird diese Steuerung wohl ausreichen. Zudem haben wir hier sowieso viele durch Stifte verschließbare Düsen und können diese tatsächlich zur aktiven Steuerung heranziehen. Ich habe sie deshalb bei dem 1923 vorgschlagenen bemannten Raumschiff Modell E ebenfalls vorgesehen.

Es ist dabei aber einiges zu bemerken: Erstens würde die Rakete wohl kaum so ruhig brennen, wenn die Regulierstifte bald hier, bald da verschieden weit vorgeschoben werden müssen. Zweitens sind meine Gasflossen nichts weniger als ein Ballast. Sie stellen ja eine Verlängerung der Düsenwand dar, und wenn wir sie schräg nach außen stellen, so können wir mit ihrer Hilfe das Kunststück fertig bringen, die Düsenmündung größer zu machen als den größten Querschnitt der Rakete (der natürlich beim Aufstieg mit Rücksicht auf den Luftwiderstand begrenzt bleiben muß). Drittens endlich ist auch daran zu denken, daß die Fallschirmlandung auf einer Wasserfläche, wie wir sie heute voraussetzen müssen, bevor wir bezüglich des Wärmeüberganges infolge der Reibung an der Luft (vgl. hierzu Kapitel 14) klar sehen, wohl ganz wesentlich gefahrloser sein dürfte, wenn die dünnen elastischen Gasflossen zuerst in das Wasser stoßen. Wesentlich gefährlicher dagegen wird das Auftreffen auf einer Wasserfläche sein, wenn die Rakete sofort mit der ganzen breiten Düsenfläche auf das Wasser aufsetzt.

Nicht befreunden kann ich mich mit dem Gedanken, diese Steuerung auch bei Raketen anzuwenden, die noch innerhalb der Atmosphäre brennen sollen. Der Kreisel kann nämlich immer nur wirken, wenn die Rakete bereits aus ihrer Lage gedreht worden ist. Eine Rakete würde also fortwährend nach allen Seiten geschleudert werden, wenn sie auch immer wieder in die Fahrtrichtung zurückkehrt, und ich fürchte, daß dies in einem Tempo geschehen wird, welches dem Raumschiff kaum zuträglich sein wird. Es werden z. B. die Flüssigkeiten in den Behältern so heftige Wellen schlagen, daß dadurch die Arbeit der Pumpen ernstlich gefährdet wird. Auch für die Insassen wird ein solches Schlingern sicher nicht das höchste der Gefühle sein.

Es ginge noch eher, wenn man zur Regelung der Düsen außer einem Kreisel auch ein pendel- oder seismometer-ähnliches Instrument zu Hilfe nimmt, welches bereits dann die Düse beeinflußt, wenn sich die ersten Ansätze zu einer Schlingerbewegung zeigen. Allerdings würden bei der Durchrechnung eines solchen Instrumentes und bei diesbezüglichen Vorversuchen ganz unglaubliche Schwierigkeiten zu überwinden sein. Ich weiß das zufällig, da ich mich selbst lebhaft für die Theorie des Seismographen interessiere. Es sollte mich natürlich aufrichtig freuen, wenn diese Art der Steuerung gelingt. Besonders schön finde ich die Luftflossen an meiner Rakete ja auch nicht[1]).

Sonstige Stabilisierungsvorschläge.

Unge und Goddard dachten daran (vgl. hierzu auch Band II), die Rakete erst aus einem Geschütz heraustreiben zu lassen. Dabei lassen sich natürlich Flossen schwer anbringen. Ebenso dürften komplizierte Steuerkreisel weder den hohen Andruck während des Schusses aushalten, noch auch überhaupt in der Absicht der betreffenden Artilleristen liegen. Sie denken daher daran, dem Geschosse selbst (Goddard) oder einem in die Düse eingebauten Turbinenrad (Unge) eine Drehung um seine Achse zu erteilen. Natürlich kann eine solche Drehung, ebenso wie bei Kanonenkugeln, eine Bewegung der Achse nicht verhindern, sondern bloß verlangsamen. Der Luftwiderstand sucht nämlich die Rakete quer zur Schußrichtung zu stellen, und der Kreiseleffekt bewirkt ja nur, daß die Achse seitlich ausweicht und verhältnismäßig langsam einen Kegel beschreibt. Dabei wird dann wenigstens die Flachstellung der Rakete bedeutend verlangsamt. Wie groß die Treffgenauigkeit solcher Geschosse sein kann, das können natürlich erst zahlreiche Versuche lehren. Ich bin in der Sache nicht auf dem laufenden; die letzten Versuche, die mir bekannt sind, waren jene in Meppen im Jahre 1907. Diese Versuche kann ich aber nicht als ermutigend bezeichnen.

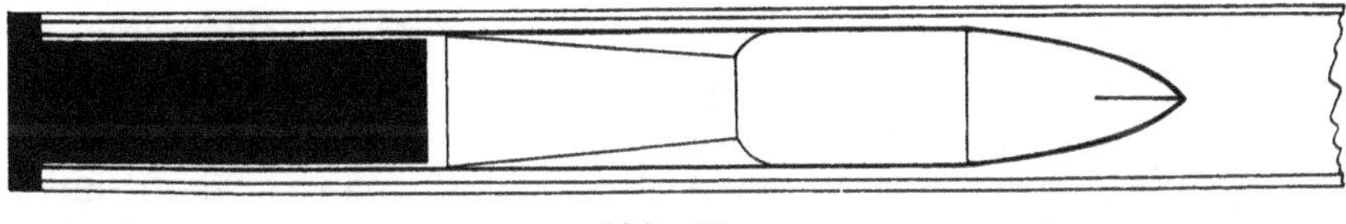

Abb. 86.

Flüssigkeitsraketen kommen aus Festigkeitsgründen für einen Schuß aus der Kanone nicht in Betracht. Ich würde übrigens, selbst wenn ich

[1]) Übrigens hat Hoefft neuerdings Modelle vorgeschlagen, die außer mit Regulierdüsen auch mit Flossen versehen sind; leider sind aber auch diese unrealisierbar. Vgl. Bd. II.

eine Sprengstoffrakete aus einem Geschütz zu schießen hätte, nicht den Weg der Rotationsstabilisierung wählen, sondern ich würde selbst hier das Geschoß durch ein flossenartiges Angehängsel zu stabilisieren versuchen. Ich würde am Mantel der Rakete ein Rohr anbringen, so weit, daß es in das Kanonenrohr hineinpaßt, und viermal so lang wie die Rakete. Das zum Schuß nötige Pulver würde ich auch in dieses Rohr hineinpacken, es würde also gleichzeitig auch als Patrone dienen, den Rest des Raumes würde ich durch einen vom Geschützboden hervorzuschiebenden Metallbolzen ausfüllen. Ich würde die Rakete aus einem glatten Lauf feuern (Abb. 86).

6. Steuerung der Geschwindigkeit.

Wie ich schon auf S. 89 sagte, läßt sich die Beschleunigung durch den erzeugten Andruck direkt messen, und der Andruck wieder ist proportional dem Zug oder Druck, den irgendein Körper gegen seine Unterstützung ausübt.

Bei einfachen, senkrecht aufsteigenden Registrierraketen, z. B. bei Modell C, brauchen wir den Andruck bloß zu registrieren. Hier hat der Andruck nichts mit der Regelung der Geschwindigkeit oder mit der Steuerung zu tun. Hier werden wir einfach ein Gewicht an einer elastischen Feder befestigen, und seine jeweilige Stellung durch einen Zeiger auf eine Walze aufzeichnen lassen, die durch ein Uhrwerk gedreht wird. Nach der Rückkehr kann man aus der Kurve für die Beschleunigung leicht die Kurve für die Geschwindigkeit und aus dieser die Höhe ermitteln. Hier entsteht dadurch ein Fehler, daß sich die Bahn bald nach links, bald nach rechts biegt, so daß wir bei dieser Messung die Fahrtstrecke und nicht nur die Höhe berechnen. Wollte man diesen Fehler beseitigen, so könnte man diesen Beschleunigungsanzeiger an einem Kreisel befestigen, dessen Achse sich frei drehen kann. Wenn dieser Kreisel genau wagerecht eingestellt würde, so bekämen wir tatsächlich nur die Vertikalkomponente der Beschleunigung. Vor der Ermittlung der Geschwindigkeit müßte man natürlich von dieser Beschleunigung die Schwere in Abzug bringen, in erster Annäherung kann man sie gleich 9,81 m/sek^2 setzen. Hat man unter Annahme dieser Gravitationsverzögerung die erreichte Höhe ermittelt, so wird man sie dann hieraus genauer berechnen usw. Bei Fernraketen und bei bemannten Raketen werden wir nicht nur die Vertikalbeschleunigung aufnehmen, sondern auch die Beschleunigung in der Nordsüd- und die Beschleunigung in der Ostwestrichtung. Weiter werden wir die Angaben der Beschleunigungsanzeiger nicht nur registrieren, sondern wir werden sie auch zur automatischen Steuerung der Rakete benützen. Wir bringen zu diesem Zweck drei Quecksilberbeschleunigungsanzeiger (vgl. Abb. 47), die zueinander senkrecht stehen, an einem Kreisel in Cardanischer Aufhängung an. Diese Beschleunigungsanzeiger liefern dann Ströme, die der Beschleunigung in der betreffenden Richtung proportional sind und durch Stromzähler registriert werden können. Die Beschleunigungsanzeiger müssen sehr genau arbeiten, glücklicherweise lassen sie sich vorher auf einem Rundlauf kontrollieren. Diese Ströme können dann nebenbei Zeiger beeinflussen, die die Beschleunigung auf einen gleichmäßig bewegten Papiersteifen aufzeichnen. Die Angabe des Stromzählers wieder wäre der Geschwindigkeit proportional. Würde dieser Stromzähler seinerseits wieder einen Strom so beeinflussen, daß dessen Stärke der Geschwindigkeit proportional ist, so könnte ein zweiter Stromzähler in gleicher Weise den Weg integrieren. Die verschiedenen Stromzähler und Elektritätsquellen müssen natürlich nicht mehr am Kreiselapparat selbst hängen. Es könnten zwischen ihnen und den Quecksilberapparaten bloß dünne leichte Drähte laufen.

Wir erhalten also hier zuerst die einzelnen Wegkoordinaten (ich nenne sie x, y, z), sie könnten wieder aufgezeichnet werden. Außerdem ließen sich auf Rollen r (vgl. Abb. 47) 3 Blechstreifen vorwärtsziehen, die Vorrückung könnte x, y, z entsprechen. Der untere Rand der Blechstreifen ist wagerecht, der obere bildet irgendeine Kurve, und es wird die Achse des Rades z, welches auf diesem oberen Rande läuft, gegen denselben gezogen. Da dies Rad sich nur in der Vertikalen auf und ab bewegen kann, so wird der Abstand seiner Achse vom unteren wagerechten Rande eine ganz bestimmte Funktion des Weges x, y, z darstellen. Die Rolle z könnte wieder Stromregler beeinflussen usw. Natürlich ließen sich auf diese Weise auch Funktionen der Geschwindigkeit und der Beschleunigung bilden u. a.

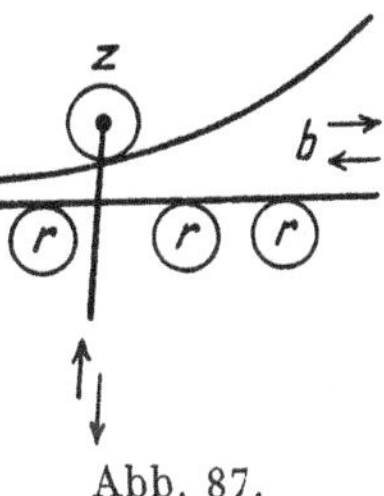

Abb. 87.

Diese Streifen könnten sehr verschiedenen Zwecken dienen. Unter anderem könnte z. B. mit ihrer Hilfe ein Apparat konstruiert werden, der ganz genau angibt, wo sich die Rakete befindet. Es könnte nämlich auf diese Weise die Schwerebeschleunigung ermittelt und zur Korrektur der Angaben der Beschleunigungsanzeiger gebraucht werden. Angenommen, wir haben die drei Raumkoordinaten, bezogen auf den Erdmittelpunkt (x, y, z) auf irgendeine Weise erhalten, so lassen wir x^2, y^2, z^2 bilden. Das können wir z. B., wenn wir im richtigen Verhältnis zu x, y, z Blechstreifen unter einer Rolle verschieben lassen. Dann addieren wir mechanisch diese Wirkungen (etwa, indem wir drei Ströme von der Stärke x^2, y^2 und z^2 durch einen gemeinsamen Stromzähler schicken $(x^2 + y^2 + z^2 = h^2)$ und lassen der Gesamtwirkung entsprechend eine gleichseitige Hyperbel unter einer Rolle laufen, das gibt die Wirkung.

$g = g_0 \cdot r^2 \frac{1}{h^2}$. Diese Wirkung ist dann im Verhältnis der drei Richtungscoss, alo im Verhältnis $x : y : z$ zu teilen; wir können z. B. einen g proportionalen Strom in drei Äste teilen und $\frac{1}{x}$; $\frac{1}{y}$; $\frac{1}{z}$ proportionale Widerstände einschalten, die einfach durch die Raumkomponenten bedient werden. Damit ist die Aufgabe auch schon gelöst, denn die drei Ströme können an den drei Gewichten leicht g_x, g_y, g_z proportionale Kraftwirkungen ausüben. Natürlich sind auch zahlreiche andere Lösungen möglich. Dieser Apparat wäre natürlich nur in der Nähe der Erde zu gebrauchen. Wesentlich komplizierter wird der Apparat, wenn auch die Änderung des Schwerefeldes durch die Bewegung der Erde und der übrigen Himmelskörper dazu kommen soll. Aus der allgemeinen Relativitätstheorie Einsteins und der Theorie der Riemannschen Krümmungen kann man schließen, daß in diesem Fall zehn verschiedene Funktionsstreifen notwendig werden.

Das Zielen mit Fernraketen.

Natürlich ließen sich derartige Apparate auch zur automatischen Steuerung von Raketen verwenden. Mit Hilfe eines ähnlichen Apparates könnte man z. B. bei Fernraketen eine bemerkenswerte Treffgenauigkeit erzielen. Es müßte da die Rakete so gesteuert werden, daß sie in gerader Linie unter einem bestimmten Winkel aufsteigt (also nicht in der Synergiekurve; ein Apparat, der dies letztere ermöglichte, ließe sich zwar herstellen, er ist aber für kleinere unbemannte Raketen zu kompliziert und zu schwer).

Vor einem schräglinigen geraden Aufstieg müßten vor der Fahrt die Beschleunigungsanzeiger so gestellt werden, daß eine der Raumkoordinaten x, y, z genau in die Fahrtrichtung fällt. Die beiden anderen müßten senkrecht dazu stehen. Wenn die hierzu gehörigen Zeiger eine von 0 verschiedene Wegangabe machen, so müßte das Steuer durch den erzeugten Strom so beeinflußt werden, daß die Rakete wieder in die 0-Stellung zurückkehrt. Ich möchte hier einem Mißverständnis vorbeugen. Man könnte nach dem, was ich über die Flossen gesagt habe, annehmen, nur aeroplanartige Raketen mit Tragflächen könnten in geradliniger Bahn schräg aufsteigen. In Wirklichkeit kann natürlich jede Rakete mit Flossen eine lineare schräge Bahn einhalten; es darf in diesem Falle nur die Raketenachse nicht in der Fahrtrichtung liegen, sondern sie muß etwas nach aufwärts weisen, so daß eine Komponente senkrecht zur Bahn entsteht, welche die Schwerekomponente gerade aufhebt (vgl. Abb. 74, 80). Das läßt sich bei einer Kreiselsteuerung, wie ich sie eben beschrieb, leicht erreichen. Natürlich läßt sich aber auch der Niederfallsort einer Rakete mit Tragflächen durch einen derartigen Kreiselapparat ziemlich genau regeln. Man könnte bei solchen Fernraketen außerdem noch zwischen dem der Gsechwindigkeit proportionalen Strom und dem der Höhe entsprechenden eine Art elektromagnetischer Wage einrichten, die je nach ihrem Stande die Zuführungshähne zwischen Treibapparat und Brennstoffbehältern öffnet und schließt, so daß der Antrieb wächst, wenn die Geschwindigkeit in einer bestimmten Höhe einen vorgeschriebenen Betrag noch nicht erreicht hat, und sinkt, wenn die Geschwindigkeit in der betreffenden Höhe zu groß ist, und endlich ganz aufhört, wenn eine bestimmte Geschwindigkeit erreicht worden ist. Wenn man diese Wage einbauen würde, so könnte man es erreichen, daß diese Rakete in einer bestimmten Höhe mit einer ganz bestimmten Geschwindigkeit nach einer bestimmten Richtung weiter fliegt. Die Treffsicherheit dieser Rakete wäre beliebig groß, wenn nur die Exaktheit dieser Steuerapparate hinreichend groß wäre.

Man kann es auch so machen, daß die Brennstoffe etwas früher abgestellt werden, wenn weiter unten bereits eine höhere Geschwindigkeit erreicht wurde und umgekehrt. Jedenfalls kann man auf diese Weise erreichen, daß die Rakete in der vorgeschriebenen Höhe unter dem vorgeschriebenen Fahrtwinkel mit der vorgeschriebenen Geschwindigkeit ihre freie Fahrt beginnt. Bei dieser Steuerung von Raketen trifft nun eine Reihe glücklicher Umstände zusammen, die bei Aeroplanen und Torpedos fehlen. Zunächst ist bei meinen Flüssigkeitsraketen die Anfahrt stoßfrei. Weiter dauert das Brennen einer unbemannten Rakete nur zwei Minuten, die Apparate haben also nicht Zeit, in Unordnung zu geraten (daß z. B. derartige Apparate auf Aeroplanen versagen, das beruht erstens auf der Dauer der Fahrt, und zweitens hängt es am Schütteln des Apparates, wodurch die Nebenbeschleunigungen im Vergleich zur nützlichen Beschleunigung sehr groß sind[1]).

Bei der R ü c k k e h r entstehen jedenfalls Abweichungen infolge der Luftbewegung. Wie groß sie sind, das hängt hier natürlich in erster Reihe von der Art der Landung ab. Sie sind auch bei Fallschirmlandung kleiner, als mancher Flieger erwarten sollte. Erstens dauert nämlich der Abstieg aus 100 km Höhe nicht wesentlich länger als der Abstieg aus 10 km Höhe, denn die oberen Luftschichten können der Rakete nur einen geringen Widerstand bieten und werden von ihr rasch durchlaufen. Zweitens dürfte die Bewegung dieser obersten Luftschichten überaus gleichmäßig sein. Man wird sie schon kennen, wenn wenige meteorologische Raketen

[1]) Ich rechne daher (abgesehen von den durch die Landung verursachten Ungenauigkeiten) mit einer Streuung von 5 Promille in der Fahrtrichtung und von 2 Promille quer dazu.

aufgestiegen sind, und danach wird man eine Korrektur vornehmen können. Ich rechne also aus diesen Gründen bei der Fallschirmlandung selbst nicht mit einer größeren Streuung als höchstens 5 km.

Noch viel geringer ist die Abweichung des Raketengeschosses bei der Landung, schon weil es den relevanten Teil der Atmosphäre in weniger als 15 Sekunden durchläuft, und weil es jedenfalls größer und schwerer sein wird als eine Postrakete. Weiter kommt hier aber noch ein ganz besonderer Umstand dazu: Wenn die Nutzlast des Raketengeschosses im Kopf untergebracht ist, so wirken nach Erschöpfung der Brennstoffe die leeren Brennstoffbehälter und die Flossen wie der Schwanz eines Pfeiles. Wenn die Rakete von einem starken seitlichen Luftstrom getroffen wird, so treibt dieser hauptsächlich den Schwanz ab. Sie kehrt daher den Kopf etwas dem Luftstrom zu, und der hierdurch erzeugte aerodynamische Abtrieb kompensiert die Einwirkung zum Teil. Die Abweichung ist nicht einmal so groß, als die eines Körpers von der Größe und dem spezifischen Gewicht der Nutzlast allein wäre, und wird auch im stärksten Orkan höchstens nach Zehnern von Metern zählen. Den rechnerischen Nachweis für diese Angabe könnte ich nur nach einer gründlichen Entwicklung der Pfeiltheorie erbringen, und das möchte ich hier aus Raumgründen unterlassen.

Das Raketenprojektil wird also in dem Augenblick möglich sein, wenn es uns gelingt, beim Abschuß selbst genau genug zu zielen.

7. Das Raketengeschoß.

Hiermit komme ich nun auf eine Sache zu sprechen, über die man nicht viel redet, an die man aber um so mehr zu denken scheint. Man hat schon von verschiedenster Seite bei mir angefragt, ob ich eine Rakete für möglich halte, die so 2000—3000 kg Blausäure oder sonst ein Giftgas im Kriegsfalle in die feindlichen Städte oder Stellungen zu tragen in der Lage sei.

Ich persönlich wäre dem Zustandekommen einer solchen Waffe nicht ganz abgeneigt. Und zwar gerade, weil ich die Gerechtigkeit und den Frieden wünsche.

1. Bei der heutigen Kriegstechnik ist es ja meist so, daß diejenigen, die den Krieg erklären oder die Regierung zur Kriegserklärung veranlassen, selbst weit vom Schuß bleiben (Ehre den Ausnahmen!), und ich glaube, es würde sicher nicht so leicht zu Kriegen kommen, wenn die Betreffenden wüßten: „Der erste, den es trifft, bist du selbst.“ Und sie wären die ersten. Der Feind würde natürlich lieber Raketen sparen, und sich an die Regierungen und Finanziers des feindlichen Landes selbst halten, ohne welche das betreffende Volk in kurzer Zeit eine führerlose

und den Frieden wünschende Masse wäre. Jedenfalls würde der Feind nicht Millionen von Raketen auf die in den Schützengräben weit verteilte und meist noch mit Gasmasken ausgerüstete Armee verschwenden. Ebenso würde er seine Raketen lieber gegen die Munitionsfabriken, Eisenbahnknotenpunkte usw. schicken.

Ein Kommunist hat mir hier entgegengehalten, eine Krähe hacke der andern die Augen nicht aus, und die 200—300 Leute, die nach Rathenau die Welt beherrschen sollen, würden sich doch nicht gegenseitig umbringen. Es sei doch auch sicher, daß sie sich, falls irgendwo eine Revolution ausbrach, gegenseitig noch stets Hilfe gewährt hätten. — Ich bin nicht genügend Politiker, um über diesen Ausspruch ein Urteil abgeben zu können. Doch ich für meinen Teil glaube jedenfalls nicht, daß die Solidarität der Führenden (wenn überhaupt eine solche da ist) sie daran hindern könnte, sich selbst wechselseitig umzubringen. Das mag ja noch sein, daß führende Kreise eine Revolution in ähnlich regierten Ländern, von wo sie auch auf ihr eigenes übergreifen könnte, nicht gerne sehen. In unserm Falle aber handelt es sich ja nicht um eine Revolutionsgefahr, sondern nur um die Vermehrung ihrer eigenen Macht.

Man hat mir auch entgegengehalten, eine solche Waffe könne gemäß der Genfer Konvention nicht gebraucht werden. Ich glaube aber, die Erfahrung hat zur Genüge gelehrt, daß sich Staaten sehr wenig um die Genfer Konvention kümmern, wenn sie nur selbst im Besitze einer durch das Völkerrecht nicht gestatteten Waffe sind. (Deutschland allenfalls ausgenommen, aber auch das nur sehr „allenfalls". Der deutsche Reichskanzler selbst war es, der 1914 die Worte sprach: „Verträge sind Fetzen Papier, wenn es sich um Sein und Nichtsein eines Volkes handelt.")

2. Zudem hat schon John C. Livens nachgewiesen, daß der Krieg mit Metallwaffen keineswegs humaner ist als der Gaskrieg.

a) Beim Angriff feindlicher Armeen hat man beim letzteren mehr Gelegenheit, die feindlichen Soldaten nur zu betäuben.

b) Der Gaskrieg verursacht weniger Wunden und Schmerzen als der Waffenkrieg und macht weniger Invaliden. Die meisten Gase machen überhaupt niemanden zum lebenslänglichen Krüppel.

c) Ein Gaskrieg wird vermutlich sehr rasch entschieden sein. Er wird den Völkern weniger Entbehrungen auferlegen als ein Stellungskrieg, und es werden der kürzeren Dauer wegen auch nicht so viel Werte vernichtet werden und nicht soviel Menschen zugrunde gehen.

3. Wie ich die politische Situation heute sehe, besteht eine gewisse Wahrscheinlichkeit, daß es in 10—20 Jahren zu einem neuen Weltkrieg kommt, wobei die Westmächte (Frankreich, England, Amerika, vielleicht auch Deutschland und Skandinavien) auf der einen Seite und Rußland, Japan, China und eventuell Indien auf der anderen Seite

kämpfen werden. Dabei würde es bei den bisherigen Methoden der Kriegsführung für die mitteleuropäischen Staaten nur die Wahl geben, sich einer der beiden Parteien anzuschließen und damit ihnen als Aufmarschgebiet und Kriegsschauplatz zu dienen, denn um neutral zu bleiben und sich beide Parteien vom Leibe zu halten, dazu sind sie zu schwach. (Zu dieser Ansicht kam ich auf Grund des Studiums der Hefte für Geopolitik.)

Um nun die betroffenen Staaten vor diesem Schicksal zu retten, scheint es mir nun nur ein Mittel zu geben, nämlich den Krieg auf eine Basis zu stellen, auf der man zur Kriegführung überhaupt keine Armee und kein Aufmarschgebiet mehr braucht. — Ein solches Mittel wäre nun zum Beispiel das Raketenprojektil, sei es weil die mitteleuropäischen Staaten es selbst besitzen, so daß die anderen sich fürchten, ihre Neutralität zu verletzen; sei es auch nur, daß die kriegführenden Parteien es selbst besitzen und damit ihre Streitigkeiten bereits ausgetragen haben, bevor ihre Armeen überhaupt aufmarschiert und zum Schuß gekommen sind.

4. Ich wünsche diese Waffe, weil ich den Frieden wünsche. Den Krieg kann man meines Erachtens nur dadurch verhindern, daß man Waffen schafft, vor denen die Allgemeinheit Respekt hat und mit denen sie nicht Bekanntschaft machen will.

Nun hängt der Kriegführung mit Feuerwaffen leider eine gewisse Romantik an. (Die heutige Generation hat nun allerdings vom verflossenen Weltkrieg genug. Die kommende aber wird den Krieg nur noch aus den Büchern und Kinostücken kennen und wieder in der Stimmung zum Kriegführen sein.) Nun ist es aber zweierlei, ob man auf einem edeln Pferde oder auf einem meisterhaften Aeroplan den Feind angreift und sich dabei Tapferkeitsmedaillen verdient und Heldentaten verrichtet, oder ob man zu Hause in irgendeinem Keller wartet, ob das feindliche Giftgas wohl eindringen wird oder nicht. Diese Form der Kriegführung entbehrt jeder Romantik und wird daher nicht gepriesen und nicht gewünscht werden.

5. Außerdem würde ich auch die Verdrängung der heutigen kostspieligen Armeen durch den immerhin billigeren und nicht so viele Leute von einer produktiven Arbeit fernhaltenden Raketenbau nur begrüßen.

Im übrigen muß ich aber auf solche Anfragen immer wieder antworten, daß ich selbst vorderhand die Verwendung meiner Rakete als Ferngeschoß für a u s g e s c h l o s s e n halte. Wenn auch ein großes Gasgeschoß lange nicht so genau treffen muß wie ein Schrapnell oder eine Granate, so ist heute die Feinmechanik doch n o c h n i c h t i n d e r L a g e, die S t e u e r a p p a r a t e i n d e r n ö t i g e n E x a k t h e i t auszuführen. Die Sache läßt sich, glaube ich, überhaupt nicht mehr durch Vervollkommnung der bisherigen Methoden erreichen, sondern es müßten da gänzlich neue Erfindungen gemacht werden, was die Exaktheit der Stromzählung und der Kreiseleinstellung anbetrifft. Selbst wenn das Problem einer exakten Aufnahme der Beschleunigungskomponenten schon restlos gelöst wäre, so muß doch noch immer der ganze Beschleunigungsanzeiger an einem Kreisel befestigt werden, und ich werde froh sein, wenn ich auf Schußweiten von 1000—2000 km bei Fernraketen eine Treffsicherheit von 10—20 km erreichen kann.

Man hat mir hier entgegengehalten, daß heute doch schon Kreiselkompasse existierten, die sich genauer einstellen lassen (z. B. der Anschützsche) und daß große Werke mit der fabrikmäßigen Herstellung von Kreiselkompassen in großem Maßstabe beschäftigt sind. Die wirtschaftlichen Erfolge dieser Industrie ermöglichen ihr die Einrichtung von gut ausgestatteten Fabrikslaboratorien und die Besoldung tüchtiger Kräfte, die sich Verbesserungen auf diesem Gebiete ausschließlich widmen können.

Wer außerhalb dieser Kreise steht und daher nur einen kleinen Bruchteil seiner Zeit auf das Studium des Kreiselkompasses verwenden kann, vermag darin nicht leicht den Wettbewerb mit den Fachmännern aufzunehmen. Es fehlt auch mir die Kenntnis vieler Einzelheiten und praktischer Erfahrungen, die damit gemacht wurden. Ich vermag daher nicht anzugeben, ob und auf Grund welcher physikalischer Gesetze sich hinreichend exakte Steuerkreisel bauen ließen. Ich kann da auch nichts erfinden, weil mir die nötigen Vorkenntnisse fehlen. Ich kann nur so viel mit Sicherheit sagen, daß sich der hier beschriebene Steuerkreisel für derartige Genauigkeiten jedenfalls nicht eignet. Ich halte also vorderhand meine Rakete für artilleristische Zwecke für ungeeignet.

Möglich, daß es in 1—2 Jahrzehnten anders sein wird. Ich möchte das, wie gesagt, wünschen.

8. Orientierung des Ätherschiffes im Raum.

Zu diesem Thema brauche ich den Astronomen natürlich nichts zu sagen. Der Laie kann sich die Sache folgendermaßen klarmachen: Man lege irgendeinen runden Körper, z. B. einen Apfel, auf den Tisch, das soll die Erde sein, die Gegenstände weiter im Zimmer sollen die übrigen Sterne vorstellen. Bückt sich nun der Beobachter, so sieht er den Apfel, weil er ihm näher ist, im Vergleich zu den übrigen Gegenständen höher, und das um so mehr, je tiefer er sich gebückt hat. Stellt er sich auf die Zehenspitzen, so sieht er ihn tiefer. Beugt er sich nach rechts, so wandert der Apfel scheinbar nach links. Kommt er näher, so erscheint ihm der Apfel größer usw.

Ganz in derselben Lage nun befindet sich der Raumschiffer gegenüber der Erde und den nahen Planeten. Die Fixsterne wandern scheinbar mit dem Raumschiffer mit wie der Mond mit den Spaziergängern, denn sie sind so weit, daß die „geringfügige“ Verschiebung des Standortes im Sonnensystem noch keine sichtbare Verschiebung ihres scheinbaren Standortes hervorrufen kann.

Der Astronom kann nun vor der Fahrt ganz genau ausrechnen, wo und wie groß man die Erde in einem gegebenen Augenblick sehen muß (vgl. hierzu Abb. 88). Sieht man sie größer, so ist man zu nahe,

Abb. 88. Richtig.

Abb. 89. Zu weit westlich.

Man beachte die Größe der Erdscheibe und ihre Stellung zu den Fixsternen.

Abb. 88—90. Nach dem Fritz-Lang-Flim der Ufa „Frau im Mond“.

die Geschwindigkeit war also zu klein. Sieht man dagegen die Erde kleiner, so ist man schon zu weit, man muß also bremsen. Sieht man sie nach einer Seite verschoben, so ist man nach der anderen Seite von der Fahrtrichtung abgekommen usw. Daraus, wie stark man die Erde verschoben oder vergrößert sieht, kann man genau sagen, wie groß der Fehler ist.

9. Die automatische Einhaltung der günstigsten Geschwindigkeit läßt sich folgendermaßen erreichen:

Die Rakete fährt, wie ich schon auf S. 60 zeigte, mit der günstigsten Geschwindigkeit, wenn der Luftwiderstand gleich Hangabtrieb ist. Nun können wir den gesamten Luftwiderstand dem Druck proportional setzen, mit welchem ein bewegliches Blechstück *b* an der Spitze nach abwärts gedrängt wird. Das Gewicht wieder hängt hauptsächlich von der Füllung

Abb. 90. Zu nahe und zu weit nördlich.

der Brennstoffbehälter ab. Bringen wir nun einerseits in Flüssigkeitsbehältern Schwimmer an, welche einen elektrischen Widerstand so bedienen, daß ein dem Gewicht proportionaler Strom entsteht, und lassen wir andererseits das Blechstück *b* in ähnlicher Weise einen elektrischen Widerstand beeinflussen, so daß hier ein Strom entsteht, der dem Luftwiderstand proportional ist, und lassen wir die beiden Ströme auf zwei [illegible] dient, so können wir erreichen, daß das Feuer stärker brennt, wenn die Geschwindigkeit geringer ist als die günstigste Geschwindigkeit, d. h. also wenn die Schwere größer ist als der Luftwiderstand, und daß die Brennstoffzufuhr abgedrosselt wird, wenn der Luftwiderstand größer ist als die Schwere.

Bei den bemannten Apparaten ließe sich die Beschleunigung in ähnlicher Weise durch den Beschleunigungsanzeiger regulieren, damit der Andruck niemals zu groß und die Beschleunigung niemals zu klein wird. Es ist überhaupt auch bei den bemannten Apparaten anzustreben, daß sie möglichst automatisch arbeiten, so daß der Führer höchstens von Zeit zu Zeit eingreifen muß. 1. Wäre so viel zu tun (Brennstoffregulierung, Steuerung, Höhenbestimmung usw.), daß auch zwei Führer nicht alles bewältigen könnten, sondern daß der größte Teil doch automatisch vor sich gehen müßte. Also läßt man lieber das Ganze automatisch vor sich gehen, dann bekommt der Führer die Hände frei und kann ungestört seine Beobachtungen machen. Natürlich müssen die Mechanismen aber doch so sein, daß der Führer jeder Zeit und in jeder Weise den Gang seiner Maschine beeinflussen kann. 2. Möge man hier nicht außer acht lassen, daß die Maschine im allgemeinen, zumal in den dem Menschen wenigstens anfangs ungewohnten Situationen, wahrscheinlich wesentlich exakter und kaltblütiger arbeiten wird als der Mensch.

14. Kapitel.

Die Landung.

Formelgrößen des 14. Kapitels.

e: Basis der natürlichen Logarithmen.
h: Dicke der für die Bremsfahrt brauchbaren Luftschicht.
p: Parameter der vom Raumschiff beschriebenen Kurve.
p: Luftdruck nach der Kompression.
p_0: Luftdruck vor der Kompression.
r: Erdradius.
s: Höhe über dem Erdboden.
t: durch die Bewegung verursachte scheinbare Lufttemperatur.
v: Geschwindigkeit.
H: 7300—7400 m. Vgl. (34).
L: Luftwiderstand.
Q: durch Leitung aufgenommene Wärmemenge.
S: durch Strahlung abgegebene Wärmemenge.
T: absolute Temperatur überhaupt.
T_1: absolute Temperatur nach der Kompression.

T_0: absolute Temperatur vor der Kompression.
β: Barometerstand.
β_s: Luftdruck in der Höhe s.
ϑ: absolute Temperatur eines durch Reibung an der Luft erhitzten Körpers.
$\varkappa$: Verhältnis zwischen der spezifischen Wärme bei konstantem Druck und bei konstantem Volumen.
μ: technische Masse eines m^3.
ϱ: Radiusvektor (bezogen auf den Erdmittelpunkt).
σ: Stefan-Boltzmannsche Strahlungskonstante.
τ: wahre Lufttemperatur.
φ: Richtungswinkel (bezogen auf den Erdmittelpunkt).

Beim Fallen von Meteorsteinen beobachten wir:

1. Das Meteor trifft die Erde nicht mehr mit kosmischer, sondern nur noch mit irdischer Geschwindigkeit. Der Luftwiderstand wächst nämlich mit dem Quadrat der Geschwindigkeit und ist so groß, daß kleine Körper die Erdoberfläche höchstens mit Geschwindigkeiten erreichen können, die nach einigen 100 m/sek zählen.

2. Das Meteor glüht in der Zone zwischen 100 und 75 km Höhe auf. (Wahrscheinlich eine Folge dessen, daß seine Geschwindigkeit durch den Widerstand der Luft in Wärme umgewandelt wurde.) Gefallene Meteore sind an der Oberfläche glühend heiß, im Innern eiskalt. Die Oberfläche zeigt deutliche Spuren, daß die äußerste Schicht geschmolzen und von der Luft weggeblasen ist. Größere Meteore bilden stets einen glänzenden Schweif, der oft noch sichtbar bleibt, wenn das Meteor selbst schon lange nicht mehr zu sehen ist. In einem Falle wurde ein Schweif beobachtet, der über eine Stunde lang sichtbar blieb. Die Farbe des Schweifes ist die von glühendem Eisendampf oder von glühenden Erdmetallen. Dies läßt vermuten, daß er aus denselben Stoffen besteht wie das Meteor selbst, daß es also wirklich die weggerissene oberste Schicht des Meteors ist. Spektroskopische Untersuchungen des Schweifes sind natürlich äußerst schwierig, da er meist nur wenige Sekunden zu sehen ist. Es liegen daher meines Wissens auch noch keine einwandfreien spektroskopischen Untersuchungen vor.

3. Auf Grund der direkten Beobachtung läßt sich sagen, daß die Temperatur glühender Meteore zwischen 10000° und 30000° liegen muß. Wäre nämlich ihre Temperatur niedriger, so könnten wir sie nur dann hell leuchten sehen, wenn sie sehr groß wären. In diesem Falle aber müßten größere Stücke zur Erde fallen. Insbesondere wäre nicht zu er-

klären daß bei oft recht lebhaften Sternschnuppenfällen meist kein einziges Stück auf die Erde gelangt. Wäre dagegen ihre Temperatur höher als 30000°, so müßte ein Stück, von dem noch etwas übrig bleiben soll, noch wesentlich heller leuchten, als man es tatsächlich an gefallenen Meteoren beobachtet hat. In einem Falle allerdings fiel ein Meteor von 63 kg, welches so hell leuchtete, daß man es am hellen Tage sah. Es hatte sicher über 40000°.

Diese Temperaturen sind sog. „effektive" Temperaturen. Das bedeutet: Ein schwarzer, fester Körper müßte so heiß sein, um ebenso hell zu leuchten wie das Meteor. Wie heiß das Meteor nun in Wirklichkeit ist, das wissen wir eigentlich nicht. Wir können nur sagen: es ist etwas heißer. Glücklicherweise brauchen wir es aber bei den folgenden Berechnungen auch nicht zu wissen.

Vielleicht wird dem Laien eine solche Genauigkeit der Angaben trügerisch vorkommen. Wie soll man denn bei Dingen, die man zufällig einmal einige Sekunden lang sieht, so genaue Angaben machen können?

Dem ist entgegen zu halten, daß bei so hohen Temparaturen die Leuchtkraft des absolut schwarzen Körpers mit der 4.—6. Potenz der Temperatur steigt. Bei der doppelten absoluten Temperatur leuchtet er also 16—64mal so stark, bei der dreifachen 81—729mal; und so genau kann man Meteore schon beobachten, daß man nachher sagen kann: es war nicht hundertmal heller oder dunkler.

Bei etwas tieferen Temperaturen wächst die Leuchtkraft verhältnismäßig sogar noch mehr, bei 1000° herum z. B. wächst sie mit der 10. bis 12. Potenz. Bei 2000° leuchtet ein Körper z. B. mehrere 100mal so hell wie bei 1000°.

Wie die Thermodynamik lehrt, muß sich ein schnell fliegender Körper in der Luft erwärmen; wie stark er sich aber erwärmt, darüber können wir heute nur wenig sagen. Die Ansätze und Formeln, die ich bis jetzt in der wissenschaftlichen Literatur darüber finden konnte, halten einer ernsthaften Kritik nicht stand.

a) Bei der Berechnung begegnet man oft dem folgenden Ansatz: Wenn man in einer Windbüchse oder in einem pneumatischen Feuerzeug die Luft zusammendrückt, so steigt die Temperatur. Wäre T_0 die absolute Temperatur vor der Kompression, p_0 der Druck vor der Kompression, und bezeichnen wir mit $\varkappa$ das Verhältnis zwischen der spezifischen Wärme der Luft bei konstantem Druck und bei konstantem Volumen, so ist bekanntlich

$$T_1 = T_0 \left(\frac{p_1}{p_0}\right)^{\frac{\varkappa - 1}{\varkappa}}. \qquad (172)$$

Nun wird die Luft vor einem rasch fliegenden Körper verdichtet. Der Staudruck beträgt

$$p = \frac{1}{2} \mu v^2 \beta .$$

Dabei bedeutet v die Geschwindigkeit, und μ gibt an, wieviel technische Masseneinheiten 1 m³ Luft bei Atmosphärendruck enthält. Das ist für atmosphärische Luft in der Nähe der Erdoberfläche z. B. $\mu = 0{,}132$. Der tatsächliche Druck p_1 kann 0 bis zweimal so groß sein wie der Staudruck. Man bekommt nach diesem Ansatz

$$\frac{p_1}{p_0} \leqq \varrho v^2$$

und

$$T \leqq T_0 \varrho^{\frac{\varkappa - 1}{\varkappa}} v^{2 \cdot \frac{\varkappa - 1}{\varkappa}} . \tag{173}$$

Es ist aber leicht einzusehen, daß man nach diesem Ansatz für die Lufttemperatur zu wenig bekommen muß: Wenn wir im abgeschlossenen Raum A (vgl. Abb. 91) durcheinanderschwirrende Moleküle haben, so erhöht sich die Geschwindigkeit, mit der sie den Stempel treffen, nur wenig, wenn wir den Stempel im Zylinder langsam verschieben. Die Kompressionswärme steigt hier nur um den Wert der Arbeit, die notwendig war, den Stempel vorzuschieben. Würden wir dagegen den Stempel in einen Raum mit frei schwebenden Moleküle schleudern (Abb. 92), bis daß sie vor dem Stempel so stark verdichtet sind wie vorhin im Kolben, so werden sie diesen Stempel offenbar mit einer wesentlich größeren Geschwindigkeit treffen; die Erwärmung ist also grundsätzlich größer.

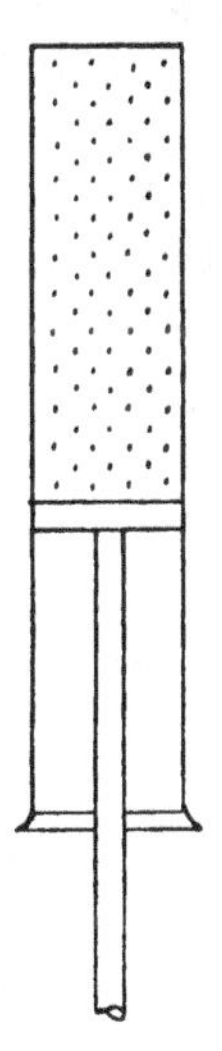

Abb. 91.

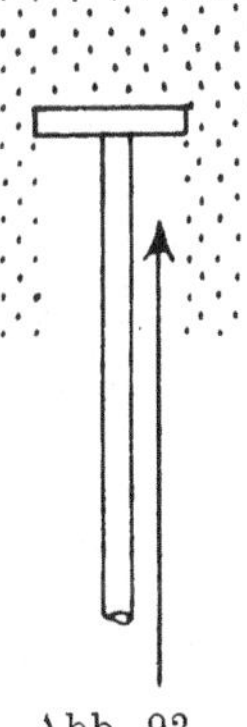

Abb. 92.

Weiter kann die Erwärmung des Meteors aber auch wieder ganz bedeutend hinter der errechneten Erwärmung der Luft zurückbleiben. Die Luft enthält nämlich wegen der außerordentlichen Verdünnung trotz der hohen Temperatur quantitativ nur wenig Wärmeenergie, sie vermag daher auch nicht so viel Wärme abzugeben, als nötig wäre, um das Meteor bis zur scheinbaren Lufttemperatur zu erwärmen.

b) Vollkommen unzulässig ist im Grunde der folgende Ansatz: Die Wärmemenge, die auf das Meteor übergeht, wird irgendeinem bestimmten

Bruchteil der entstehenden Reibungswärme gleichgesetzt, sodann wird aus der Tatsache, daß die Meteore im Durchschnitt 20000° warm sind, dieser Faktor zu bestimmen gesucht. Wir wissen natürlich 1. nicht, wieviel von der totgelaufenen Bewegung überhaupt in Wärmeenergie überführt wurde, und wieviel als kinetische Energie (Luftwirbel usw.) fortexistiert. 2. Wissen wir nicht, wieviel von dieser erzeugten Wärme der Luft bleibt, und wieviel auf das Meteor übergeht, das sind jedenfalls Zahlen, die sich mit der Geschwindigkeit des Meteors sehr stark ändern, und für die man keineswegs konstante Zahlen einsetzen darf.

c) Bei der Berechnung der Temperatur, die die Luft in der hohlen Fläche eines Fallschirmes annimmt, ging ich früher von folgendem Ansatz aus. Ich sagte mir: die ganze den Fallschirm treffende Luft müsse so stark erwärmt werden, daß der Arbeitswert dieser Wärme gleich sei der Differenz zwischen der der Rakete durch die Bremsung entzogenen Energie und der der Luft durch Mitreißen und Wirbelbildung erteilten Energie samt der von der glühenden Luft nach vorwärts gestrahlten Licht- und Wärmeenergie. Wenn nun der Luftstrom durch diesen Fallschirm vollständig aufgehalten und nicht glühen würde, so könnte man seine Temperatur leicht berechnen, nun strahlt aber die derartig erhitzte Luft jedenfalls viel Wärme aus, außerdem wissen wir tatsächlich nicht, ein wie großer Teil der Bewegungsenergie verloren geht. Ich nahm an, daß das etwa 99% seien. Diese Annahme ist aber natürlich äußerst willkürlich. Auf wissenschaftliche Exaktheit erhebt diese Rechnung natürlich nicht den geringsten Anspruch.

d) Ein anderer Ansatz geht davon aus, daß ein Luftstrom, der einem Körper entgegen kommt, an den Stellen, wo er den Körper trifft, so wirken müsse, als sei daselbst die Luft so viel wärmer, wie sie wäre, wenn sie statt der Bewegungsenergie Wärmeenergie enthielte.

Eine technische Masseneinheit enthält bekanntlich 9,81 kg. Um 1 kg Luft 1° zu erwärmen, braucht man 0,24 cal, und eine Kalorie entspricht einer Arbeit von 426 mkg. Um also eine technische Masseneinheit um 1° zu erwärmen, etwa durch Reibung, braucht man 1000 mkg. Bewegt sich die Luft mit der Geschwindigkeit v, so enthält jede Masseneinheit an kinetischer Energie $\frac{v^2}{2}$ mkg. Die entgegenkommende Luft wird dem Körper also so begegnen, als sei sie um $\frac{v^2}{2000}$ Grad Cels. wärmer. Für schwach bewegte Körper ist dieser Ansatz sicher zu hoch. Es müßten danach Schleuderthermometer, die man rasch an einem Faden im Kreis herumdreht, einige zehntel Grad mehr zeigen als beim ruhigen Herabhängen. Daß dies nicht eintritt, führe ich darauf zurück, daß die Thermometerkugel von rückwärts her von den Luftmolekülen verhältnismäßig langsamer getroffen wird, daß also der Raum hinter dem Thermometer wieder entsprechend abkühlend wirkt. Es wäre übrigens ein lehrreicher Versuch, bei drei gleichempfindlichen Thermometern die Kugel des einen vollkommen frei zu lassen, die Kugel des zweiten rückwärts mit einem Wärmeschutz zu versehen, etwa durch Überkleben mit Pech, und die Kugel des dritten in das Innere einer Kugelschale zu bringen, die dem Winde zugekehrt ist (vgl. Abb. 93—96), und dann die Thermometer in einen Luftstrom von bekannter Stärke zu bringen und ihre Angaben zu vergleichen. Ich habe mich bis jetzt nicht sehr angestrengt, diesen Versuch zu machen, denn wir werden bald sehen, daß eine bei gewöhn-

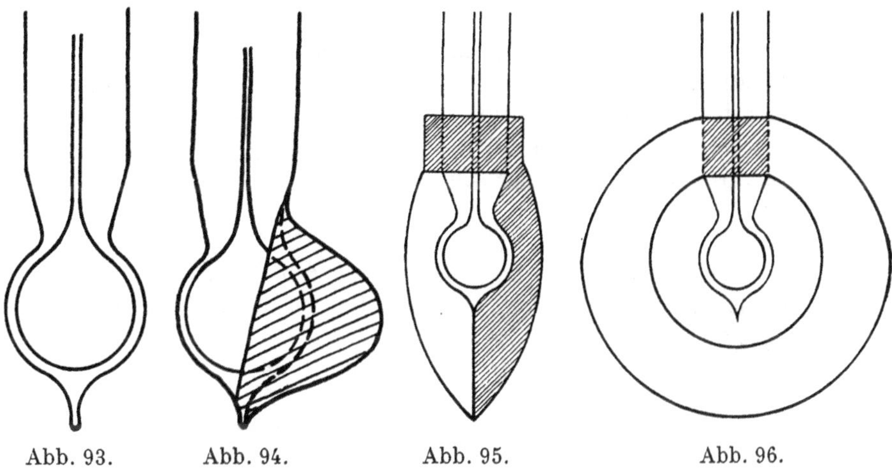

Abb. 93. Abb. 94. Abb. 95. Abb. 96.

licher Temperatur gewonnene Formel sich für den Wärmeübergang bei schnellfliegenden Körpern sehr wenig eignet.

J e schneller sich ein Körper bewegt, um so stärker wird die Luft hinter dem Körper verdünnt werden, und um so weniger wird eine Abkühlung durch die rückwärts befindliche Luft möglich sein. Man findet, daher in der wissenschaftlichen Literatur oft den Ansatz

$$T = \tau + \frac{v^2}{2000}. \tag{175}$$

Dabei ist T die Temperatur des Geschosses oder des Meteors, τ ist die Temperatur der Luft. Auf Meteore angewendet gibt nun dieser Ansatz aber wieder viel zu hohe Werte. Die entgegenkommende Luft verhält sich nämlich nur bezüglich der R e i b u n g und der L e i t u n g s ü b e r g ä n g e so, wie wenn sie $\left(\tau + \frac{v^2}{2000}\right)^0$ warm wäre. Bezüglich der Aufnahme der strahlenden Wärme dagegen verhält sie sich natürlich wie kalte Luft von der Temperatur τ. Bezeichnen wir die Temperatur des Meteors mit ϑ, dann ist nach dem Stefan-Boltzmannschen Gesetz der Wärmeübergang pro cm^2 bekanntlich

$$S = \sigma(\vartheta^4 - \tau^4)\,. \qquad (176)$$

Vorausgesetzt ist jetzt natürlich wieder einmal, daß das Stefan-Boltzmannsche Gesetz für die Metalldämpfe bei ϑ^0 stimmt. Aber nehmen wir einmal einen absolut schwarzen Körper an, für den es stimmt. Nach Kurlbaum beträgt σ für den absolut schwarzen Körper

$$\sigma = 5{,}32 \cdot 10^{-12}\,\mathrm{Watt} \cdot \mathrm{cm}^{-2} \cdot \mathrm{Grad}^{-4}\,.$$

Wir können bei unserer Rechnung mit hinreichender Genauigkeit $\sigma = 5 \cdot 10^{-12}$ setzen, auch wenn die Farbe wesentlich heller ist, denn dafür sind die ausstrahlenden Flächen größer als ihre Projektion in der Bewegungsrichtung, und beide Fehler dürften einander ausgleichen. Da τ^4 neben ϑ^4 verschwindet, behalten wir schließlich

$$S = 5 \cdot 10^{-12} \cdot \vartheta^4\,\mathrm{Watt} \cdot \mathrm{cm}^{-2}\,. \qquad (177)$$

Den Wärmeübergang zwischen einer senkrechten Metallwand und ruhender Luft haben Wamsler und Hinlein bei geringen Temperaturunterschieden zu

$$Q = 3{,}5 \cdot 10^{-4}(t - \vartheta)\,\mathrm{Watt} \cdot \mathrm{cm}^{-2} \qquad (178)$$

gefunden. Dabei soll t die Temperatur der Luft, in unserem Falle also $\left(\tau - \frac{v^2}{2000}\right)^0$ bedeuten. Wenn v sehr groß ist, können wir übrigens τ neben $\frac{v^2}{2000}$ vernachlässigen und $t = \frac{v^2}{2000}$ setzen. Außerdem erweist sich nach der „Hütte" der Wärmeübergang der Wurzel aus der Luftdichte proportional, d. h. also er ist der Wurzel aus der absoluten Temperatur[1]) umgekehrt und der Wurzel aus dem Luftdruck direkt proportional. Bei großen Temperaturdifferenzen kommt dann noch ein Faktor dazu, der nach Nusselt etwa $\sqrt[4]{\vartheta - \tau}$ proportional ist. Ich glaube aber, dieses Glied hat seinen Ursprung nur in gewissen Strömungserscheinungen, die uns nicht weiter interessieren, da sie hier jedenfalls fehlen. Daß der Wärmeübergang cet. par. der Wurzel aus der absoluten Temperatur umgekehrt proportional ist, versteht man, wenn man bedenkt, daß bei gleichem Druck die Luftdichte der absoluten Temperatur proportional abnimmt, während gleichzeitig die Geschwindigkeit der Moleküle nur mit der Wurzel aus der absoluten

[1]) Der Leser möge hier absolute Temperatur und Temperaturdifferenz scharf auseinanderhalten!

Temperatur wächst. Die Anzahl der Stöße durch herumfliegende Moleküle, die die Blechwand erfährt, und durch die sie erwärmt wird, ist nun aber cet. par. der durchschnittlichen Geschwindigkeit der Moleküle proportional. Sie wächst also nur mit der Geschwindigkeit, d. h. mit der Wurzel der Temperatur, nimmt aber gleichzeitig im Verhältnis der Temperatur ab, und nun ist bekanntlich

$$\frac{\sqrt{a}}{a} = \frac{1}{\sqrt{a}}.$$

Daß der Wärmeübergang nur der Wurzel aus der Dichte proportional sein soll, überrascht auf den ersten Blick. Man sollte annehmen, daß die Wand auch von a-mal mehr Molekülen getroffen wird, wenn sich a mal mehr Moleküle vor der Wand befinden. Nun dürfen wir aber nicht vergessen, daß die Wärme nur dann übergehen kann, wenn die dem Metall anliegende Luft eine andere Temperatur hat als das Metall. Es muß also immer wieder die Kälte vom Metall weggeleitet werden und die Wärme hinzuströmen, wenn die Luft ihre Wärme an das Metall abgegeben hat, und diese Leitungs- und Strömungserscheinungen gehen nun offenbar in dichter Luft verhältnismäßig langsamer vor sich.

Bei der Berechnung der Erwärmung des Meteors durch entgegenkommende Luft werden wir statt des tatsächlichen Barometerstandes nur die Wurzel aus dem Barometerstand einzusetzen haben, dagegen werden wir aber im übrigen den Wärmeübergang proportional der Anzahl der Moleküle setzen müssen, die das Meteor tatsächlich treffen. Ist s die Höhe des Meteors über dem Erdboden und β der Luftdruck in der betreffenden Höhe und β_0 der Luftdruck von einer Atmosphäre, so ist nach (94) $\frac{\beta}{\beta_0} = e^{-\frac{s}{H}}$, wobei wir für $H = 7{,}4$ km einzusetzen haben. Es wird demnach sein:

$$\sqrt{\frac{\beta}{\beta_0}} = e^{-\frac{s}{2H}}.$$

Die Anzahl der getroffenen Moleküle wächst mit der Geschwindigkeit. Die Durchschnittsgeschwindigkeit der Luftmoleküle können wir gleich der Schallgeschwindigkeit setzen. Es wird sich demnach die Anzahl der bei der Geschwindigkeit v getroffenen Moleküle zu der Anzahl der auf eine ruhende Wand auftreffenden Moleküle so verhalten wie $\sqrt{330 + v^2} : 330$. Für $v \gg 330$ m/sek beträgt dieses Verhältnis $\frac{v}{330}$. Mit diesem Faktor müssen wir die Gleichung noch multiplizieren. Endlich müssen wir den Wärmeübergang der Wurzel aus der absoluten

Temperatur umgekehrt proportional setzen, wir müssen also unsere Gleichung noch mit $\sqrt{\frac{288}{\tau}}$ multiplizieren, und erhalten mithin:

$$Q = \sqrt{\frac{288^0}{\tau}} \cdot 3{,}50 \cdot 10^{-4} \cdot e^{-\frac{s}{2H}} \cdot \frac{v}{330}\left(\frac{v^2}{2000} - \vartheta\right)$$

$$= \sqrt{\frac{288}{\tau}} \cdot 1{,}06 \cdot 10^{-6} \cdot e^{-\frac{s}{2H}} \cdot v \cdot \left(\frac{v^2}{2000} - \vartheta\right). \tag{179}$$

ϑ soll hier die absolute Temperatur des Meteorsteins sein.

Wenn wir nun wissen wollen, wie stark sich der Meteorstein erwärmt, so müssen wir aus dieser Formel Q und aus Formel (177) S einander gleichsetzen. Wir erhalten dann

$$\vartheta^4 = \sqrt{\frac{288}{\tau}} \cdot 2 \cdot 10^5 \cdot v \cdot e^{-\frac{s}{2H}} \cdot \left(\frac{v^2}{2000} - \vartheta\right). \tag{180}$$

Wenn wir diese Formel auf ein Meteor anwenden, welches mit 36 km/sek fliegt, so bekommen wir allerdings Werte für ϑ, die um das 5—7fache zu klein sind. Es muß also der Wärmeübergang wesentlich größer sein als wir angenommen hatten, ungefähr tausendmal so groß. Wir müssen die rechte Seite unserer Formel also noch mit einem Faktor multiplizieren, der bei 0° gleich 1 und bei $\vartheta = 20000°$ gleich 1000 ist. Der einfachste derartige Faktor wäre $(\vartheta - 253^0)\frac{1}{20}$. Dieser Faktor ist allerdings für Zwischenwerte wahrscheinlich zu groß. Besser geeignet wäre ein Faktor, der anfangs so wie die Formel von Nusselt mit der 4. Wurzel von t proportional verläuft, und später stärker wächst, so daß er für $t = 20000°$ den Wert 1000 annimmt. Ich glaube aber, diese ganze Rechnerei ist eine solche Genauigkeit nicht wert.

Anmerkung: Man könnte hier auch denken, der Fehler von 1000 läge bei der Ausstrahlung. Das Stefan-Boltzmannsche Gesetz gilt für glühende Metall- oder Gesteindämpfe von 20000° vielleicht nicht. Nun kommt aber ϑ auf der rechten Seite der Gleichung (180) nur neben $\frac{v^2}{2000}$ vor- und hier spielt es bei Meteorsteinen jedenfalls keine große Rolle mehr. Wir können es etwa zu $^1/_{25}$ von t annehmen. Der springende Punkt ist hier, daß die Strahlungsmenge und mithin die effektive Temperatur selbst etwa 1000mal so groß ist als sie nach unserem Ansatz sein sollte, und das kann (wie groß die wahre Temperatur auch immer sein mag) nur dann eintreten, wenn eben 1000mal so viel Wärme bei der Reibung an der Luft aufgenommen wurde, als wir annahmen.

Daraus, daß wir tatsächlich nur über die beobachtete Strahlung etwas sagen können, und über die eigentliche Temperatur des Meteorsteines keine Annahmen gemacht haben, folgt, daß ϑ nur die effektive

Temperatur des Meteorsteines ist, das ist also die Temperatur, die ein absolut schwarzer Körper haben müßte, um ebenso hell zu glühen wie der Meteorstein. Tatsächlich brauchen wir aber nur diese Temperatur, denn wir wollen ja nur wissen, welche Wärme ausgestrahlt wird, oder besser, welche aufgenommen wurde. Wir bekommen also

$$\vartheta^4 = 10^4 \cdot 1{,}06 \sqrt{\frac{288}{\tau}}\, v\, e^{-\frac{s}{2H}} \left(\frac{v^2}{2000} - \vartheta\right)(\vartheta - 253). \qquad (181)$$

Bei der geringen Genauigkeit, mit der wir hier rechnen, können wir

$$\sqrt{\frac{288}{\tau}} \cdot 1{,}06 \left(\frac{v^2}{2000} - \vartheta\right)(\vartheta - 253) \sim \frac{v^2\, \vartheta}{2000} \qquad (182)$$

setzen. Wir erhalten dann

$$\vartheta^4 \sim 10^4\, e^{-\frac{s}{2H}} \cdot \frac{v^3\, \vartheta}{2000}$$

oder

$$\vartheta \sim e^{-\frac{s}{6H}}\, v \sqrt[3]{5}. \qquad (183)$$

Wie ich schon sagte, ist der Faktor $(\vartheta - 253)\frac{1}{20}$ für Raketengeschwindigkeiten etwas zu groß. Wir können diesen Fehler ausgleichen, wenn wir die $\sqrt[3]{5}$ weglassen. Dann behalten wir:

$$\vartheta \sim e^{-\frac{s}{6H}} \cdot v. \qquad (184)$$

Da ϑ die effektive Temperatur ist, so ist die Wärmeabgabe durch Strahlung $S = \sigma \vartheta^4$ und die Wärmeaunahme durch Reibung Q muß dieser ungefähr gleich sein.

Steht die Fläche schräg zum Luftstrom, und ist α ihr Neigungswinkel zur Fahrtrichtung, so wird die Zahl der auftreffenden Moleküle bei einem Winkel zwischen 45° und 90° etwa dem sin α proportional sein, desgleichen natürlich die Wärmeaufnahme, wir müssen also dann $Q = \sigma \vartheta^4 \sin \alpha$ nehmen. Den Fehler, den wir vielleicht bezüglich σ gemacht haben, können wir hier vernachlässigen. Wenn sich eine Fläche gerade in der Fahrtrichtung bewegt, so wird sich die Zahl der Luftmoleküle, von denen sie jetzt noch getroffen wird, zur ursprünglichen Zahl so verhalten, wie die Schallgeschwindigkeit zu v. Wir finden hier den Wärmeübergang $Q' = Q\frac{330}{v}$ (ich setze hier die Schallgeschwindigkeit gleich 330, wie groß sie in den höchsten Luftschichten in Wirklichkeit ist, das können wir nur aus Versuchen mit der Registrierrakete schließen; groß ist der Fehler aber wenigstens in seinen Auswirkungen nicht). Für Winkel zwischen 0 und 45° können wir setzen:

$$Q' = Q \sin\left(\alpha + \arcsin\frac{330}{v}\right). \tag{185}$$

Das ist, wenn wir α im Bogenmaß angeben, ungefähr

$$Q' = Q \sin\left(\alpha + \frac{330}{v}\right).$$

Drücken wir dagegen α im Winkelmaß aus, so bekommen wir:

$$Q' = Q \sin\left(\alpha + \frac{19000}{v}\right)^0. \tag{186}$$

Es ist mithin

$$Q' \sim 5 \cdot 10^{-12} e^{-\frac{2s}{3H}} v^4 \sin\left(\alpha + \frac{19000}{v}\right)^0 \frac{\text{Watt}}{\text{cm}^2}. \tag{187}$$

Dies ist nun allerdings eine sehr rohe Schätzung, die ganz gut um das Zehnfache zu groß oder zu klein sein kann; sie gibt uns aber wenigstens einen Fingerzeig dafür, von welcher Größenordnung die Wärmeübergänge beiläufig sein können, mit denen wir es hier zu tun bekommen.

Die Temperatur einer ungekühlten Fläche, die vom Luftstrom unter dem Winkel α getroffen wird, dürfte dabei zwischen 5000 und 15000 m/sek durch die Formel gegeben sein

$$\vartheta = e^{-\frac{s}{6H}} v \sin^{\frac{1}{3}}\left(\alpha + \frac{19000}{v}\right)^0. \tag{188}$$

e) Ich leitete diese Formeln so genau ab, weil sie von allen mir bekannten Ansätzen der Wahrheit am nächsten zu kommen scheinen. — Es gibt außerdem noch einen Ansatz, der, von thermodynamischen und physikalisch-chemischen Überlegungen ausgehend, aus der Zahl und Stärke der Molekülzusammenstöße die eintretende Erschütterung der Meteormoleküle zu berechnen sucht. Das Resultat ist aber gegen hundertmal zu groß. Auch unter der Annahme einer reinen Wasserstoffatmosphäre wäre es noch viel zu groß, wahrscheinlich weil bei so hohen Geschwindigkeiten die Gesetze der klassischen Mechanik für die Elektronen nicht mehr gelten. (Genau genommen gelten sie ja schon normalerweise für das Bohrsche Atommodell nicht mehr so recht.)

Diese Temperatur liegt nun bei Raketen weit über 5000°. Wollen wir es verhüten, daß sich die betreffende Fläche so stark erwärmt, so müssen wir so viel Kühlstoff zuführen, daß er die Wärmemenge Q' wegträgt.

Der Wärmeübergang ist nun trotz der hohen Temperatur ϑ nicht sehr bedeutend. Man kann z. B. durch Kühlwasser einer Metallwand bedeutend mehr Wärme entziehen. Wir haben es hier, wie der Wärmeingenieur sagt, nur mit einer qualitativ hochwertigen, nicht mit einer quantitativen Erwärmung zu tun. Bezüglich des Kühlstoffverbrauches möchte ich folgendes sagen:

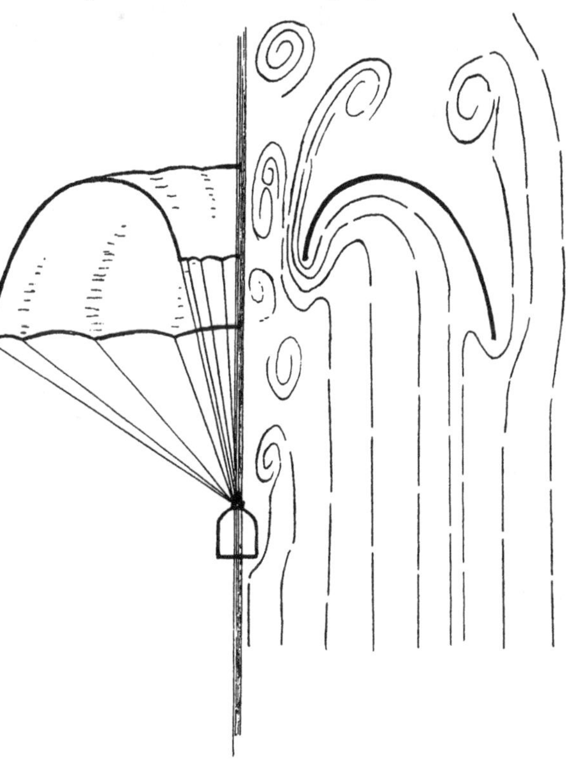

Abb. 97.

Wenn wir Kühlstoff sparen wollen, so müssen wir darauf ausgehen, dem Luftstrom hohle Flächen entgegenzustellen (vgl. Abb. 97). Wenn wir nämlich dem Luftstrom schräge oder gewölbte Flächen entgegenstellen, so wird die nächste Luftschicht, die sich bis auf die Temperatur der Wand abgekühlt hat, immer wieder weggeblasen; ebensowenig gelingt es uns, den Kühlstoff auf eine Temperatur erwärmen zu lassen, die der Wand nicht mehr zuträglich ist. Angenommen, wir nehmen als Kühlstoff Eis mit, leiten über dieses das schon erhitzte Kühlwasser hinüber, so daß es auftaut, und bringen schließlich das ganze Kühlwasser zum Verdampfen und lassen schließlich den Dampf auch noch an den zu kühlenden Wänden entlang streichen und entlassen ihn dann ins Freie, wenn er die für die Wände zulässige Höchsttemperatur hat. Dann können wir mit 1 kg Eis ca. 750 Kal. binden. Lassen wir dagegen (vgl. Abb. 97) diesen Dampf in den Hohlraum einer schirmartig ausgehöhlten Fläche treten, so wird er sich hier weiter durch den Aufprall der Moleküle erhitzen. Wenn der Luftstrom diesen Schirm in genügend axialer Richtung trifft, so wird er nicht imstande sein, den Dampf wegzublasen. Es wird sich also vor dem Schirm immer ein Dampfpolster befinden, das nur durch den nachdringenden Dampf schließlich zum Überfließen über die Ränder des Schirmes gebracht wird. Dabei wird die Temperatur des überfließenden Dampfes kaum kleiner sein als die Temperatur, die die Luft in einem solchen Hohlschirm annehmen muß. Das sind bei 10000 m/sek sicher über 15000°. Wahrscheinlich aber auch über 20000°. Bis zu dieser Erwärmung nimmt dann aber 1 kg Wasserdampf, die Dissoziation mitgerechnet, über 9000 Kal. auf, das ist also 12mal so viel als bei schrägen oder konvexen Flächen. Die kolossale Erwärmung des Dampfes im Hohlraum des Fallschirmes braucht uns dabei keine Sorgen zu machen. Der dahinter befindliche, noch kühle Dampf bildet selbst den wirksamsten Schutz gegen Wärmeaufnahme durch Leitung oder durch Strahlung. Es ist z. B. fast unmöglich, ein Modell meines Fallschirmes von der konkaven Seite her mit einem (wirbelfreien) Gasbrenner zu verbrennen.

Nachdem wir dieses festgestellt haben, wollen wir nun sehen, ob sich die Bremsung durch den Luftwiderstand bei unsern Apparaten für Landungszwecke benützen läßt.

Es handelt sich hier zunächst nicht um eine Kernfrage. Man könnte nämlich auch Apparate bauen, die ihre Geschwindigkeit zum Teil noch außerhalb der Erdatmosphäre nur durch den Rückstoß abbremsen, und nur noch mit irdischer Geschwindigkeit in die Erdatmosphäre eindringen. Es müßte dann aber (die Gewichtszunahme durch die Teilung mitgerechnet) $\frac{m_0}{m_1}$ = 20- bis 40mal so groß sein, d. h. wenn die Apparate dieselbe Nutzlast mitführen sollen, so müssen sie vor dem Aufstieg 20- bis 40mal so groß und so schwer sein, als wenn wir die Luft zu Bremszwecken heranziehen.

Unbemannte Raketen können in jeder Richtung niedergehen. Bemannte Raketen aber sollen natürlich die Erde nicht in senkrechtem Fall treffen, da dann die Bremsstrecke zu kurz wäre. Da nun aber die bemannte Rakete sowieso eine Seitenbewegung hat, zumal wenn sie in der Synergiekurve aufgestiegen ist, so nähert sie sich der Erde auf irgendeiner Kurve zweiter Ordnung, die man leicht so beeinflussen kann, daß ihr erdnaher Punkt in die oberen Luftschichten fällt. Selbst wenn die Schicht, innerhalb derer der Fallschirm wirken kann, nur zu 7 km angenommen wird (darüber wird die Luft zu dünn, darunter gefährdet die starke Verzögerung die Reisenden), und wenn sich die Rakete der Erde in parabolischer Bahn nähert, so beträgt die Bremsstrecke, genauer der in der angenommenen Schicht zurückgelegte Weg, über 800 km.

Beweis: Polargleichung der Parabel:

$$\varrho = \frac{p}{1 + \cos\varphi}; \qquad \cos\varphi = \frac{p}{\varrho} - 1\,. \tag{189}$$

(ϱ: Radiusvektor, φ: Richtungswinkel, h: Dicke der für die Bremsfahrt in Betracht kommenden Luftschicht, r: Erdradius, p: Parameter der Parabel.)

$$r = \frac{p}{2}\,.$$

Für $\varrho = r$ erhalten wir $\cos\varphi = 1$; $\varphi = 0$.

Für $\varrho = r + h$:

$$\cos\varphi = \frac{p}{r+h} - 1 = \frac{\frac{p}{r}}{1 + \frac{h}{r}} - 1 = \frac{2}{1 + \frac{6}{6370}} \approx 2\cdot(1 - 0{,}0011 - 1) = 0{,}9978.$$

$\varphi = \pm\, 3{,}8°$.

Bremsstrecke: $s = 2\cdot\varphi\cdot r = 840$ km.

Auf diesem ganzen Wege brauchte aber nur so viel erreicht zu werden, daß die parabolische Geschwindigkeit in eine elliptische übergeführt wird. Dann würde die Rakete in der zweiten Erdnähe wieder an derselben Stelle durch die Atmosphäre hindurchgehen, wobei die Bremsstrecke noch länger wäre, da sich die Ellipse dem Kreise noch mehr anschmiegt usf. Der erdnahe Punkt würde dabei der Erde aber nicht wesentlich näher rücken. Das würde so lange währen, bis daß die zirkuläre Geschwindigkeit erreicht wäre. Dann wäre die Bremsstrecke sozusagen unendlich, und das Raumschiff würde in einer hinreichend langen Spirale niedergehen.

Um dieses Ziel zu erreichen, war es mein hauptsächlichstes Bestreben, den Apparat so einzurichten, daß dem Luftstrom (ein paar Verspannungsseile ausgenommen, die natürlich besonders wirksam gekühlt werden müßten) nur Hohlflächen entgegengestellt werden, die überall von einem wirbelfreien Luftstrom getroffen werden. Die Raketenoberfläche selbst zeigt nun nur eine derartige konkave Fläche, nämlich den Boden mit den Düsen. Wir brauchen es also nur zu erreichen, daß dieser Boden vorangeht. Wir können das erreichen, wenn wir an der Spitze, wie Abb. 97 zeigt, einen Fallschirm anbringen. Dieser Fallschirm soll natürlich erst in zweiter Linie bremsen, in erster Linie soll er bewirken, daß der Boden der Rakete bei der Landung vorangeht. (Ich nannte die Vorrichtung einfach darum „Fallschirm“, weil mir gerade kein besseres Wort dafür einfiel. Besser wäre vielleicht „Richtschirm“ oder „Einstellschirm“ gewesen. Die letzten 80 m/sek vermag dieser Fallschirm überhaupt nicht abzubremsen, sondern diese müssen durch Raketenantrieb vernichtet werden. Es ist aber ein Unterschied, ob wir 80 m/sek oder 11 km/sek durch Raketenantrieb abbremsen müssen[1].) Die Hohlfläche des Fallschirmes muß natürlich durch Eis, Wasser oder Wasserdampf gekühlt werden. Hinter der Rakete nun entsteht ein Raum mit Luftwirbeln. Diese Luftwirbel würden den Wasserdampf vor dem Fallschirm natürlich leicht beiseite blasen, so daß der Fallschirm bald hier bald dort von dem in der Wirkung über 20000° heißen Luftstrom direkt getroffen würde. Um dies zu verhindern, mache ich den Fallschirm ringförmig, so daß ihn die Luftwirbel nicht treffen. Die gestrichelten Linien auf Abb. 97 sollen die Bewegung der Luft veranschaulichen. Ich sah bei meinen ersten Raketen, besonders bei den Registrierraketen, diesen Fallschirm vor. Registrierraketen können 1. überhaupt nicht auf eine bessere Art landen als mittels Fallschirm, 2. aber kennen wir den tatsächlichen Wärmeübergang bei aeroplanartigen Tragflächen noch zu wenig; wie ich schon sagte, könnte er leicht 100mal so groß sein, als unsere Formel angibt, und damit wäre die Tragflächenlandung überhaupt in Frage gestellt, wie ich noch zeigen werde. Dann sah ich auch für das Modell E eine bloße Fallschirmlandung vor. Falls unsere Registrierraketen den Wärmeübergang in günstigerem Lichte erscheinen lassen, als ich hier erwartete (ich arbeite hier ja stets mit den ungünstigsten Voraussetzungen), so könnte man auch andere Landungsmöglichkeiten in Erwägung ziehen.

Valier, Hohmann, Gail, Zander und Ziolkowski denken sich die Landung in der Weise, daß das Raumschiff einem Aeroplan ähnlich gebaut ist und bei der Rückkehr im Gleitflug landet. Hohmann und Gail wollen dies Ziel durch aeroplanartige Tragflächen erreichen. Hohmann will dieselben an der Beobachterkammer anbringen, die bei seinem System zuletzt allein übrigbleibt, während die ganze Rakete verbrennt. Gail denkt sich die Tragflächen am spindelförmigen Raketenrumpf angebracht. Valier denkt daran, der ganzen Rakete eine mehr breitgedrückte, flache, an einen Vogel mit dicken Flügeln erinnernde Form zu geben (vgl. Abb. 118, 119). Hohmann hat außerdem auch an die Landung in Bremsellipsen gedacht, wie ich sie S. 221 beschrieb.

[1]) Noordung hat die Fallschirmlandung schon deshalb grundsätzlich abgelehnt, weil hier der ideale Antrieb um diesen Betrag erhöht wird. Um aber die Frage von diesem Gesichtspunkt aus zu klären, muß man nur nachrechnen, zu welchem Zweck man mehr Masse mitführen muß: Um diese Geschwindigkeitsänderung von 80 m/sek zu erzielen oder um die Tragflächen hinreichend kühl zu halten.

Die zweckmäßigste Höhe s des erdnahen Punktes über dem Erdboden findet man dabei durch folgende Überlegung:

Angenommen, der Gleitflug gehe bei normalem Luftdruck und bei ruhiger Luft bei 108 km/st = 30 m/sek am rationellsten vor sich. (Bekanntlich verbraucht derselbe Aeroplan für den km Wegstrecke nicht stets gleichviel Energie. Fährt er zu langsam, so braucht er mehr, um sich in der Schwebe zu halten; wenn er zu schnell fährt, so wächst der Stirnwiderstand mit dem Quadrate der Geschwindigkeit. Dazwischen gibt es eine gewisse günstigste Geschwindigkeit.) Dringt nun das Raumschiff statt mit 30 m/sek mit 9000 m/sek in die Atmosphäre ein, dann gilt bezüglich des Luftwiderstandes unsere Formel (27). Es ist mithin:

$$\frac{L_{9000}}{L_{30}} = \frac{\gamma_{9000}}{\gamma_{30}} \frac{\beta_s}{\beta_0} \left(\frac{9000}{30}\right)^2 = \frac{\beta_s}{\beta_0} 135000 .$$

Dabei soll β_s der Luftdruck in der fraglichen Höhe, β_0 der normale Luftdruck sein. Am zweckmäßigsten fährt nun der Aeroplan offenbar dann mit 9000 m/sek, wenn $L_{30} = L_{9000}$, woraus dann folgt

$$\frac{\beta_0}{\beta_s} = 135000 .$$

Nun ist nach (34) die Höhe s, in welcher der Luftdruck auf den 135000 Teil sinkt

$$s = 87 \text{ km} .$$

Dies ist natürlich nur eine rohe Überschlagsrechnung, da H in Wirklichkeit nicht konstant ist. Den genauen Zusammenhang zwischen β und s müßte man vor dem Bau der ersten Raumschiffe durch Registrierraketen oder durch Rückstoßflugzeuge ermitteln.

Um das Fahrzeug dabei länger in der erwünschten Höhe zu halten, könnte man nach Hohmann die Tragflächen zunächst auch so stellen, daß sie das Fahrzeug anfangs hinabdrücken, so daß es sich nicht infolge der Zentrifugalkraft wieder von der Erde freireißt.

Die Idee einer Landung im Gleitflug hat nun manches Bestechende an sich:

1. Der Niedergang im Gleitflug sichert dem Raketenführer eine weitgehende Freiheit in der Wahl des Landungsortes. Wenn das Raumschiff beispielsweise mit parabolischer Geschwindigkeit in die Erdatmosphäre tritt, so muß es nachher im Gleitflug gegen 20000 km zurücklegen, bis daß seine Geschwindigkeit totgelaufen ist. Nun kann es auf seiner Gleitbahn auch Kurven beschreiben, und der Führer kann dabei an jedem Punkte landen, an welchem er nur landen will. Bei parabolischer

Geschwindigkeit ist wohl die Fähigkeit Kurven zu beschreiben nur gering, da der Andruck infolge der Zentrifugalkraft bei Kurven mit Krümmungsradien unter 6000 km eine unerträgliche Höhe erreichen würde. Doch der Radius dieses Krümmungskreises nimmt mit dem Quadrate der Geschwindigkeit ab. Bei 5 km/sek z. B. beträgt der Krümmungsradius nur noch 1240 km. Zuletzt kann das Raumschiff daher immer engere Schrauben beschreiben, und daher kann es ganz genau am vorgesehenen Ziele landen. Es gibt keinen Ort auf der Erde, der ihm nicht zugänglich wäre, gleichviel, wo es in die Atmosphäre eintrat. Dabei ist dann noch etwas zu bedenken: Als wir diese Zahl von 20000 km ausrechneten, haben wir angenommen, die zirkuläre Geschwindigkeit werde in derselben Höhe durchlaufen, in der der erdnahe Punkt der kosmischen Bahn lag. Das ist genau genommen aber nicht gerade nötig. Man könnte es auch so einrichten, daß das Raumschiff kurz vor der Erreichung der zirkulären Geschwindigkeit infolge seiner Zentrifugalkraft wieder etwas ansteigt und nun in einer wesentlich dünneren Luft mit der zirkulären Geschwindigkeit gravitiert. Die Bahn, die es dabei zurücklegt, könnte theoertisch unendlich sein; jedenfalls kann es auch um die Erde herumfahren und hinter dem Punkt landen, über dem es in die Erdatmosphäre eingetreten ist.

In Ludwig Antons Roman „Brücken über dem Weltenraum" steht, das Raumschiff habe nach dem Eintritt in die Venusatmosphäre infolge seiner enormen Geschwindigkeit dem Steuer nicht gehorcht, so daß die Insassen es nicht querstellen oder wenden und Gegendampf geben konnten, um ihm die kosmische Geschwindigkeit schneller auszutreiben, eher wäre das Steuer abgebrochen. So sieht die Sache in Wirklichkeit nicht aus: Wenn die Luft nicht zu dicht ist, so dreht sich das Steuer nicht schwerer, als bei einer Fahrt unter normalem Luftdruck und bei normaler Geschwindigkeit, und man kann ein solches Flugzeug drehen wie man will. Aber bei der geringen Luftdichte und beim Schwung, den es hat, läßt es sich trotzdem nur allmählich in eine andere Bahn hineinziehen. Es ist etwa in der Lage eines Rodelschlittens auf einer vereisten Bahn: man kann es sehr leicht drehen, doch es läuft nicht gleich in der Richtung, in die man es gedreht hat.

Bei Fallschirmlandungen hat man in bezug auf den Niedergangsort grundsätzlich keine so große Auswahl. Man kann zwar auf der einen Seite die Seile des Fallschirmes etwas anziehen, so daß man den Landungsort noch in einem Umkreis von 1000—2000 km wählen kann, freilich weit weniger genau, als bei der Tragflächenlandung. Das genügt ja natürlich auch vollkommen, zumal da man ja (wie bei der Landung mit Tragflächen auch) noch die Möglichkeit hat, durch richtige Wahl der Bahn in den Planetenräumen den Landungspunkt zu verlegen.

wohin man will. Wenn man z. B. eine elliptische Fahrt unternimmt, so muß man nur die Ellipse etwas anders stellen, um zu einer anderen Zeit und an einem anderen Orte niederzugehen. Man kann also in beiden Fällen landen, wo man will, aber bei der Tragflächenlandung ist eben doch noch eine Möglichkeit mehr, sie ist also von diesem Gesichtspunkt aus grundsätzlich vorzuziehen. Die Vorteile würden besonders dann ins Gewicht fallen, wenn bei der Bahn im Weltraum nicht richtig gezielt war, wenn das Raumschiff aus irgendeinem Grunde von seiner Bahn abgekommen ist, oder wenn das Raumschiff nach seinem Eintritt in die Atmosphäre sich wider Erwarten noch einmal freireißen sollte, so daß es eine Bremsellipse mehr beschreibt, als man vorausgesehen hatte, und mit dem Fallschirm nur in einer Gegend niedergehen könnte, die auf mehr als 1000 km im Umkreis zur Landung ungeeignet oder wenigstens nicht durchwegs geeignet ist (hier ist ein feineres Lenken ja ausgeschlossen), sagen wir im südlichen Teile des Stillen Ozeans, auf dem Hochlande von Tibet, oder in den Polargebieten. Die Vorteile würden endlich noch dann zur Geltung kommen, wenn bezüglich der Lage des Landungsortes auf dem Gradnetz der Erde nicht völlig freie Wahl besteht. (Ich will einmal annehmen, das Raumschiff sei um den Mond herumgefahren, oder es komme von einem fremden Planeten.)

2. Der Niedergang mit Tragflächen stellt im allgemeinen nicht derartige Anforderungen an die mathematisch-physikalische Kombinationsgabe des Raumschiffers und an seine Fähigkeit zu schnellen Entschlüssen, wie die Fallschirmlandung. Mit einem Tragflächenapparat kann er die meisten Punkte des Landungsbereiches bei einfachem Gleitfluge erreichen, nur bei den Grenzgebieten sind Überlegungen und Steuerstellungen notwendig, die sich nicht aus dem normalen Instinkt ergeben. Hat weiter der Führer anfangs falsch gelenkt, so kann er zuletzt den Fehler meist korrigieren, da ja die Steuerbarkeit immer mehr zunimmt. Er fährt bei dieser Landung einfach wie mit einem Aeroplan nach der Richtung, nach der er hinkommen will; da er einen großen Teil der Erde unter sich sieht, so sieht er natürlich ganz genau, wo der beabsichtigte Landungsort liegt. Über demselben angekommen, geht er dann in Schrauben nieder.

Bei der Fallschirmlandung dagegen muß er scharf kombinieren; eine geringe Unachtsamkeit kann den Erfolg der ganzen Fahrt auf das Spiel setzen, der Zusammenhang zwischen Fallschirmlandung und Fahrtrichtung ist nicht so evident, wie der Zusammenhang zwischen Steuerung und Niedergangsort. Auch die Bahn in den Planetenräumen muß schon im Hinblick auf die Landung sorgfältiger berechnet werden. Natürlich läßt sich auch dies alles erreichen, nur wäre die Landung mit Tragflächen auch hier grundsätzlich vorzuziehen.

3. Bei der normalen Tragflächenlandung sucht das Raumschiff bei bestimmter Steuerstellung bei Geschwindigkeiten, die unterhalb der zirkulären liegen, passiv diejenige Höhe auf, in welcher es am zweckmäßigsten fährt. Falls es z. B. zu tief gerät, so wächst der Luftwiderstand und damit der Auftrieb; dabei wird es wieder emporgehoben. Überhaupt kann man bei Tragflächenlandung daran denken, die Steuerung während des Totlaufens zum größten Teil automatischen Maschinen zu übertragen, während bei Fallschirmlandung der Führer (noch dazu unter hohem Andruck) fortwährend selbst auf alles achten muß.

4. Die Tragflächenlandung ist im allgemeinen für die Insassen angenehmer. Wenn nicht gerade die Grenzgebiete des Landungsbereiches erreicht werden sollen, so sind die Reisenden niemals einem wesentlich höheren Andruck als der normalen Erdschwere ausgesetzt.

Bei der Fallschirmlandung geht die Sache anfangs wohl auch ganz glatt. Zwischen 6000 und 2000 m/sek aber muß der Andruck hier unter allen Umständen hoch sein. Anfangs hält die Zentrifugalkraft den Apparat in der Schwebe; unterhalb 6000 m/sek aber läßt sie merklich nach, der Apparat kommt trotz der Schrägstellung des Fallschirmes (dabei ist übrigens auch schon ein bedeutenderer Andruck vorausgesetzt) bald in dichtere Schichten. Wenn der Apparat noch 2000 m/sek inne hat, fliegt er in 50 km Höhe. Erst von da an kann er dem Zug der Schwere frei folgen.

5. Die eigentliche Landung ist bei Tragflächen wesentlich einfacher. Ein Fallschirmapparat fällt zuletzt mit etwa 80 m/sek, und der Führer muß kurz vor dem Berühren der Erde (genauer der Wasserfläche, auf der der Apparat niedergeht) 100—150 m über dem Erdboden noch einmal Gas geben, um dem Apparat auch diesen letzten Rest der Geschwindigkeit auszutreiben, dem mittels Fallschirm nicht beizukommen ist. Die Rakete kann dabei nur auf dem Wasser niedergehen. Springt der Treibapparat nicht an, oder versäumt der Führer aus irgendeinem Grunde, den Treibapparat in Gang zu setzen (man darf hier nicht außer acht lassen, daß der Führer nach einer anstrengenden und aufregenden Raumfahrt und am Ende der Bremszeit unter 40 m/sek^2 Andruck vielleicht nicht mehr seine normale Spannkraft und Entschlußfähigkeit aufweisen wird), so kostet es die Reisenden zwar nicht das Leben, aber die Brennstoffbehälter der Rakete werden zusammengedrückt und zugrunde gerichtet. Die Landung eines Tragflächenapparates dagegen geht wie die Landung eines Flugzeuges vor sich[1]).

[1]) Dies wären meine Bedenken gegen den letzten Teil der Fallschirmlandung. Nicht teilen kann ich dagegen das Bedenken von Gerhard Pusch-Heidewilxen, die am Fallschirm hängende Rakete werde zu trudeln beginnen, wenn sie brennt. Die virtuelle Verzögerung, die der Fallschirm für sich allein durch den Luftwider-

6. Was die Höhe des erdnahen Punktes der kosmischen Bahn anbetrifft, so muß bei Fallschirmlandung auf 5 km genau gezielt werden, wenn man am vorbezeichneten Punkte landen soll. Begnügt man sich damit, nur überhaupt zu landen, so muß bei hyperbolischer Bahn etwa auf 15 km genau gezielt werden. Falls in den obersten Luftschichten der Wasserstoff überwiegen sollte, so wird diese Zahl bedeutend günstiger sein. Außerdem würde Wasserstoff die getroffenen Flächen nicht so stark erhitzen. Läge der erdnahe Punkt noch zu hoch, so könnte die Luft das Fahrzeug nicht genügend bremsen, und es würde sich wieder von der Erde freireißen. Läge er zu tief, so würde zu schnell gebremst, und der gewaltige Andruck würde die Insassen zerquetschen. Bei elliptischen Geschwindigkeiten genügt es zwar, wenn das Raumschiff die Erdatmosphäre überhaupt streift und nicht zu tief eindringt. Es wird dann immer engere Bremsellipsen beschreiben und schließlich irgendwo landen. Wo es freilich landen wird, wenn auch nur 20 km zu hoch gezielt war, das wissen die Götter.

Die Tragflächenlandung dagegen gelingt auch noch bei hyperbolischer Geschwindigkeit ganz glatt, wenn man auch aufwärts bis zu 22 km oder nach abwärts um 20 km falsch gezielt hat. Eine Tragfläche kann nämlich bei starker Schrägstellung noch das 5 bis 8fache dessen tragen, was sie bei günstigster Stellung zu tragen vermag. Sollte man also in eine achtmal so dünne Luftschicht geraten, wenn also 15 bis 16 km zu hoch gezielt war, so kann man durch starkes Neigen der Spitze nach unten doch noch erreichen, daß die Rakete in der Atmo-

stand erleiden würde (Kraft des Luftwiderstandes durch Masse des Fallschirmes) ist nämlich unter allen Umständen größer, als die virtuelle Verzögerung des Raketenkörpers durch den Rückstoß. Der Fallschirm zieht die Rakete also auch noch beim Brennen nach oben. Nun halten die Fallschirmteile den Raketenkörper an der Spitze, bei einer Schrägstellung desselben würde des langen Hebelarmes wegen ein großes Drehmoment die Rakete wieder in die richtige Lage zu bringen suchen. Das Rückstoßzentrum dagegen liegt nahe beim Schwerpunkt, bei Schrägstellung ist also sein die Stabilität gefährdendes Drehmoment nur gering. Trudeln könnte das Raumschiff aber nur, wenn dies letztere Drehmoment größer wäre, als das erstere. Außerdem hat man hier noch die Möglichkeit der aktiven Stabilisierung durch die Steuerkreisel und die Regulierstifte.

Noordung wieder hat mir entgegengehalten, daß bei der Fallschirmlandung beim Brennen der Rakete Rakete und Fallschirm verbrennen müßten, weil ja der Gasstrom durch die Luft umgebogen wird und daher den Apparat trifft.

Daß die Rakete beim Brennen hier durch ihre eigenen Feuergase fahren muß, das gebe ich natürlich zu. Mit dem Verbrennen geht es aber, wie wir gesehen haben, bei Flüssigkeitsbehältern und bei der oben angegebenen Fallschirmkonstruktion nicht gerade so leicht. Dagegen empfehle ich Noordung meinerseits einmal eine Wärmeübergangsberechnung für die von ihm vorgeschlagene durch Tragflächen erzwungene Kreisbahn bei parabolischer Geschwindigkeit.

sphäre festgehalten wird, und nicht wieder herausfliegt. Dabei ist der Rücktrieb freilich fast ebenso groß wie der Abtrieb, aber das macht uns ja weiter nichts. Wir erreichen dabei im Gegenteil eine starke Bremsung, so daß die hyperbolische Geschwindigkeit bald in eine elliptische übergeführt wird, und die Rakete kann selbst dann noch im Bereich der Erdschwere zurückgehalten werden (und hier genügt das, um am vorbezeichneten Punkte zu landen), wenn noch um weitere 7 km zu hoch gezielt wird. Die Ladung gelingt also auch dann noch, wenn der erdnahe Punkt bereits so hoch lag, daß der Abtrieb allein nicht mehr imstande gewesen wäre, die Rakete im Bereiche der Erdanziehung festzuhalten. (Ich habe hier natürlich nur an solche hyperbolische Geschwindigkeiten gedacht, wie sie bei Raumfahrten vorkommen könnten und die zwischen 12 und 17 km/sek liegen.) Hat man dagegen zu weit nach abwärts gezielt, so wird man die Achse so stellen, daß kein Abtrieb mehr stattfindet. Die Verzögerung durch den Luftwiderstand würde in der richtigen Höhe ca. 2 m/sek sein. Der Mensch verträgt aber einen Andruck von mehr als 40 m/sek. Das Raumschiff könnte also in einer mehr als 20mal so dichten Luft fahren, ohne daß der Andruck den Menschen gefährden könnte, d. h. der erdnahe Punkt könnte auch über 20 km tiefer liegen. Das gibt einen Spielraum von 40 km und mehr, in welcher Höhe der erdnahe Punkt liegen darf. Dabei ist infolge der Lenkbarkeit auch bei einmaligem Freireißen die Aussicht vorhanden, den vorgesehenen Landungsort zu erreichen.

Natürlich läßt sich die Fallschirmlandung trotz alledem erreichen, sonst hätte ich sie ja nicht in einem Buche vorgeschlagen, in welchem ich nachweisen wollte, daß die Rakete zu den Planetenräumen keine Utopie ist. Die Fallschirmlandung wird nur bedeutend unangenehmer und schwieriger sein als die Tragflächenlandung. Der Grund, warum ich trotzdem die Fallschirmlandung vorschlug und nicht die Tragflächenlandung, ist folgender:

Ich wollte hier zeigen, daß mein Projekt unter allen Umständen durchführbar ist, und dies gilt nur bezüglich der Fallschirmlandung. Bei der Tragflächenlandung dagegen besteht die Gefahr, daß der Wärmeübergang zu groß wird. Dies ist zwar nicht gerade wahrscheinlich. Wollte man beispielsweise meine Formel auf den Wärmeübergang anwenden, so bekäme man durchaus erträgliche Zahlen, aber wie ich schon sagte, ist diese Formel auch überaus ungenau und unsicher, und der Wärmeübergang könnte leicht 100mal so groß sein. In diesem Falle wäre die Tragflächenlandung eben ein Ding der Unmöglichkeit. Selbst wenn es uns gelingen sollte, so viel Wärme durch das Kühlwasser wegzuführen (auch das ist nicht sicher), ohne daß der Leidenfrostsche Zustand eintritt und das Blech trotz des Kühlwassers durchbrennt oder bei Wasserstoffkühlung infolge der einseitigen starken Erwärmung Risse und Sprünge erhält, so würden wir dann der Masse nach mehr Kühlwasser brauchen, als die Brennstoffmenge ausmachen würde, die notwendig wäre, die kosmische Geschwindigkeit durch Rückstoß abzubremsen.

Vollständig ablehnen muß ich Hohmanns Idee, ganz darauf zu verzichten, den Dampf des Kühlwassers ausströmen zu lassen. Hohmann schlägt vor (Die Erreichbarkeit der Himmelskörper), das Kühlwasser einfach, nachdem es die Wärme aufgenommen, an kühlere Stellen des Raumschiffes zu leiten, wo es seine Wärme „durch Leitung und Strahlung wieder abgibt". Dagegen bemerke ich: Durch „Leitung" ist hier gar keine Wärme abzugeben, sondern nur aufzunehmen. Die Kühlrippen, die Hohmann vorschlug, nützen hier auch nichts, und was endlich die Strahlung anbetrifft, so müßte eben die Temperatur des ausstrahlenden Körpers so hoch steigen, daß die aufgenommene Wärmemenge durch Strahlung abgegeben werden kann, und solche Temperaturen hält kein Baumaterial aus.

Hohmann scheint weiter der Meinung zu sein, wenn nur die Tragflächen hinreichend flach ständen, so müßte der Wärmeübergang auf dieselben hinreichend klein werden. Ich glaube dem entgegen [vgl. hierzu Formel (185ff.)], daß auch bei einer Fläche, die völlig in der Fahrtrichtung steht, sich der Wärmeübergang zu jenem einer senkrecht getroffenen Fläche mindestens noch so verhalten muß, wie die Schallgeschwindigkeit zur Fahrtgeschwindigkeit, und das kann noch immer eine ganz beträchtliche Zahl geben. Auch eine von anderer Seite gemachte Bemerkung, das Raumschiff verliere seine Geschwindigkeit ja nur langsam, während das Meteor sie in 10 Sekunden verliere, kann mich nur wenig beruhigen. Wenn das Meteor seine Geschwindigkeit in 2 Sekunden verliert, so erwärmt es sich auf 30000°. Wenn das Raumschiff dagegen erst in 1200 Sekunden zu stehen kommt, so wird die Energieaufnahme vielleicht 600mal geringer sein. Man sieht, ich habe hier einen ziemlich großen Unterschied eingeräumt, in Wirklichkeit wird das Meteor aber erst in 5—6 Sekunden abgebremst, und das Raumschiff vielleicht schon in einigen 100 Sekunden. Ich schreibe „vielleicht", denn auch dies ist nicht sicher. Ich glaube, anfangs wird die Wärmeaufnahme keineswegs wesentlich kleiner sein. Da nun die Strahlung mit der 4. Potenz der Temperatur wächst, so müssen wir mithin 30000° durch $\sqrt[4]{600}$ dividieren, dann bekommen wir also 6000°, das würde aber natürlich auch noch bei weitem hinreichen, das Raumschiff zu vernichten. Auch wenn man dem Umstand Rechnung tragen will, daß das Raumschiff dreimal langsamer fährt, wodurch die scheinbare Wärme der Luft auf den 9. Teil fällt, so müßte man die Zahl 6000° nur noch durch $\sqrt[4]{9} = \sqrt{3}$ teilen und bekäme immer noch 3500°.

Sehr aussichtsreich scheint mir dagegen der Vorschlag Hohmanns, am Schwanz des mit Tragflächen versehenen Raumschiffes noch einen Fallschirm anzubringen. Der erdnahe Punkt der kosmischen Bahn braucht da nicht so tief zu liegen, der Fallschirm bremst bereits in größerer Höhe hinreichend stark, und die Tragflächen erwärmen sich daher der dünnen Luft wegen nur wenig. Ich glaube, daß es möglich sein wird, den Wärmeübergang beim Raumschiff auf diese Weise auf $^1/_{100}$ des Wertes herabzudrücken, den er hätte, wenn das Raumschiff ohne Fallschirm fliegen würde. Es müßte zu diesem Zwecke der Fallschirm einen verhältnismäßig 100mal so starken Luftwiderstand erfahren als das in der Form eines Stromlinienkörpers gebaute Raumschiff, und das läßt sich unschwer erreichen.

Bis zur zirkulären Geschwindigkeit bremst hier also hauptsächlich der Fallschirm, unterhalb der zirkulären Geschwindigkeit könnten dann auch die Tragflächen benützt werden, um das Raumschiff länger oben zu halten. In der Nähe der zirkulären Geschwindigkeit werden sie nur sehr wenig beansprucht, denn das Raumschiff hat dabei scheinbar kein Gewicht. Unterhalb der zirkulären Geschwindigkeit dagegen werden sie in steigendem Maße beansprucht, aber nun nimmt auch der Wärmeübergang rasch ab. Hohmann schlägt vor, den Fallschirm zuletzt ganz zu opfern und im Gleitflug zu landen. (Sein Vorschlag geht dahin, ihn so wenig abzukühlen, daß er schließlich von selbst verbrennt. Dem kann ich mich allerdings nicht anschließen; man wäre da nämlich zu wenig Herr über den Zeitpunkt, zu welchem dies geschieht. Ich würde es da schon vorziehen, den Fallschirm ordentlich zu kühlen und im gegebenen Augenblick irgendwie frei zu koppeln, aber dies ist natürlich nur eine nebensächliche Frage.) Auch der von Hohmann vorgeschlagenen konvexen Form der Bremsscheiben kann ich nach dem hier Gesagten nicht zustimmen.

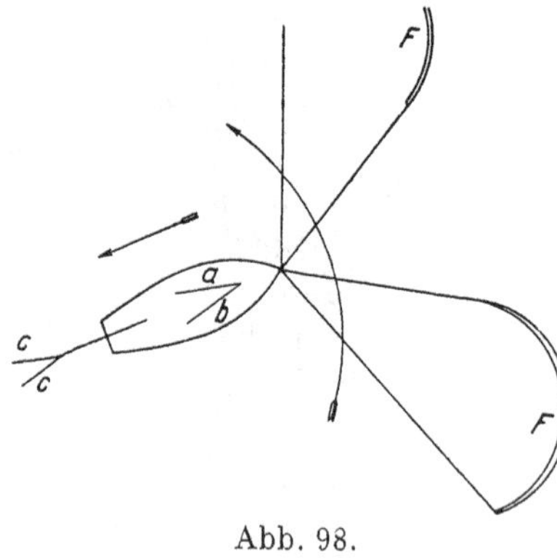

Abb. 98.

Diese Art der Landung würde höchstwahrscheinlich möglich sein, und die hauptsächlichsten Vorteile der Fallschirm- und der Tragflächenlandung miteinander vereinigen. Etwas Ähnliches ließe sich auch bei meinem Modell E durchführen. Man könnte nämlich die Beobachterkammer mit Tragflächen versehen und so anbringen, daß sie sich zuletzt von der Rakete trennt und allein im Gleitflug weiter fährt, während die Rakete mit dem Fallschirm landet. Eine weitere Möglichkeit, die Vorteile beider Landungsarten miteinander zu verbinden, stellt Abb. 98 dar. Der letzte Raketenkörper ist verhältnismäßig lang, Tragflächen *a*, *b* und Schwanzflossen *c*, *c* sind doppelt. Beide Hälften sind an einer Kante durch ein luftdicht schließendes Gummiband miteinander verbunden. Beim Eintritt in die Atmosphäre hängt der ovale Fallschirm, der hier verhältnismäßig klein sein darf, an der Spitze, so daß die Düse vorangeht. Tragflächen und Schwanzflächen sind auseinander geklappt und bieten dem Luftstrom hohle Flächen. Wenn die Geschwindigkeit unter 7000 m/sek gesunken ist, so opfert man den Fallschirm, legt die Schwanzflossen *c* und *d* zusammen und legt *b* auf *a*. Dann kippt das Raumschiff im Sinne des Pfeiles um und fährt mit der Spitze voran als Gleitflugzeug weiter.

So viel über die Landung bemannter Apparate. Bei unbemannten kommt natürlich nur die Fallschirmlandung in Frage.

Ich halte es eigentlich noch für verfrüht, hierüber viel zu schreiben. Das beste wäre, man erforscht die Wärmeübergangsverhältnisse bei Registrierraketen und Raketenflugzeugen. Wenn man dann die betreffenden Zahlen hat, dann ist es immer noch Zeit, darüber nachzudenken, wie man bei bemannten Raketen die Landung am besten bewerkstelligen kann. Ich schrieb dies Kapitel eigentlich nur, um den Stand unserer Kenntnisse auf diesem Gebiete zu zeigen und nachzuweisen, daß die Bremsung durch die Atmosphäre unter allen Umständen möglich ist.

III. Teil.

Konstruktive Fragen.

15. Kapitel.

Die Alkoholrakete des Modells B[1]).

(Vgl. hierzu Tafel I und II.)

Verzeichnis der wichtigsten in den Kapiteln 15—17 benützten Formelgrößen und Abkürzungen.

A: Gesamtvolumen des Gases, welches während einer Sekunde ausströmt.
A.R.: Alkoholrakete.
b: wirkliche Beschleunigung.
b_0: b in der ersten Sekunde des Antriebes.
β: diesen Buchstaben habe ich als Bezeichnung für den Luftdruck und auch als Bezeichnung für die Luftdichte gebraucht. Verwechslungen sind nicht möglich.
β_0: Luftdruck in kg/m^2 zu Beginn des Antriebs der A.R.
br: Brennstoffgewicht.
β_1: Luftdruck zu Beginn des Andruckes der H.R.
γ: ballistische Widerstandsziffer.
d: Mündungsdurchmesser; d als Index, z. B. F_d, r_d, c_d: was sich auf die Mündung bezieht.
e: Basis der natürlichen Logarithmen.
F: größter Querschnitt der Rakete.
F_d: Mündungsweite.
F_m: Düsenhals.
G: Gewicht der Rakete als Kraft.
g: Fallbeschleunigung in der Höhe h oder s.
g_0: Fallbeschleunigung auf der Erdoberfläche.

---

[1]) Ich brachte die Kapitel 15—17 in normalem Druck, da sie nicht gerade schwer verständlich sind. Der Laie kann sie indessen ohne Schaden überspringen, wenn sie ihm zu langweilig werden sollten.

H.R.: Wasserstoffrakete.

$\varkappa$: $\frac{\text{spez. Wärme bei konstantem Druck.}}{\text{spez. Wärme bei konstantem Volumen.}}$

L: Kraft des Luftwiderstandes.

L': Kraft des Luftwiderstandes, wenn die Geschwindigkeit geringer ist als $\bar{v}$.

ln: natürlicher Logarithmus.

log: gemeiner Logarithmus.

m: Masse der Rakete im allgemeinen.

m_0: Masse der gefüllten Rakete im allgemeinen.

m_1: Masse der leeren Rakete im allgemeinen.

m: als Index: z. B. F_m, p_m, c_m, d_m, zum Düsenhals gehörig.

$\mathfrak{M}$: Masse der A.R.

$\mathfrak{m}$: Masse der H.R.

O: Ofen; o als Index: z. B. T_o, p_o, d_o, zum Ofen gehörig.

P: gesamter geforderter Rückstoß.

p: Druck.

p_0: Druck im Ofen.

p_d: Druck an der Mündung.

q: gibt an, wievielmal ein Brennstoff schwerer ist als der andere.

Q: gesamte Kraft, die den Aufstieg hemmt.

r: Erdradius.

s: Höhe, bis zu welcher eine bestimmte Rakete aufsteigen müßte, damit eine geforderte Geschwindigkeit günstigste Geschwindigkeit wird.

T: Temperatur; wenn nicht ausdrücklich etwas anderes bemerkt wird, wird T immer auf den absoluten Nullpunkt bezogen.

T_d: absolute Mündungstemperatur.

T_0: absolute Ofentemperatur.

t: Zeit.

v: Geschwindigkeit im allgemeinen.

v_x: ideale Geschwindigkeit.

$\bar{v}$: günstigste Geschwindigkeit für s und ds.

$\bar{v}_0$: v zu Beginn des Antriebs.

$\bar{v}_1$: v am Ende des Antriebs.

V_0: spezifisches Volumen des Gases im Ofen.

1. Vorbemerkungen.

Ich will kurz die hauptsächlichsten das Modell B betreffenden Forderungen wiederholen, zu denen wir auf Grund unserer Formeln gekommen sind.

a) möglichst hohe Querschnittsbelastung.
b) möglichst hoch gelegener Aufstiegsort.
c) möglichst dünne Wände, möglichst wenig Metallteile, möglichst hoher Wert $\frac{m_0}{m_1}$, nicht zu hoher Innendruck, besonders nicht in den Flüssigkeitsbehältern, Vermeidung stoßartiger Beschleunigungen.
d) Kombination mehrerer Raketen.
e) Die Ausströmungsgeschwindigkeit so hoch als möglich, die Temperatur im Verbrennungsraum möglichst hoch, spezifisch leichte Treibgase verwenden, kleiner Wert für $\frac{p_a}{p_0}$, dieser Wert ist möglichst konstant zu halten.
f) kleine Apparate sollen senkrecht aufsteigen.
g) Die Geschwindigkeit muß sich regeln lassen, die günstigste Geschwindigkeit muß möglichst genau eingehalten werden.

Diese Forderungen stehen vielfach zueinander im Gegensatz. Sache der Konstruktion ist es, zwischen allen das Optimum zu finden.

Im 8. Kapitel haben wir die Theorie des Modells B abgeleitet. Sie gilt für den Fall, daß 1. c konstant ist; 2. daß die Rakete mit der Geschwindigkeit fährt, bei der der Luftwiderstand gleich der Schwere wird, und daß die Widerstandsziffer konstant ist; 3. daß die Rakete senkrecht aufsteigt; 4. daß flüssige Brennstoffe verwendet werden und 5. endlich, daß die Rakete ihre Festigkeit hauptsächlich durch Prallfüllung erhält. Wir durften diese einschränkenden Voraussetzungen machen, da diese Forderungen bei Modell B alle erfüllt sind.

Um zu zeigen, daß die Rakete zu den Planetenräumen möglich ist, wird es zweckmäßig sein, einen derartigen Apparat zu beschreiben. Wie ich schon eingangs sagte, werde ich dabei nicht auf Einzelheiten eingehen. Bei meinen Zeichnungen habe ich nur das Notwendigste angegeben. Ich zeichnete einfach einen Längsschnitt durch beide Raketen von der Schnittfläche aus gesehen und zwei Querschnitte; die wagrechten strichpunktierten (· — · — · — · — ·) Linien zwischen Längs- und Querschnitt, die mit griechischen Buchstaben bezeichnet sind, geben an, wo der Querschnitt liegt. Was zur Alkoholrakete (A.R.) gehört, habe ich mit schwarzer Tusche, was zur Wasserstoffrakete (H.R.) gehört, mit roter Tusche gezeichnet.

Das Modell B hat den Zweck, die Höhe, Zusammensetzung und Temperatur der Erdatmosphäre zu erforschen, die Kurve für γ genauer kennenzulernen und unsere Berechnungen über c, T, p usw. (besonders für die H.R.) zu bestätigen und zu verbessern.

Der eigentliche Apparat besteht, wie schon erwähnt, aus der A.R. und der H.R. Er ist 5 m lang, 55,6 cm dick und wiegt 544 kg. Davon kommen 6,9 kg auf die H.R. Dazu kommt noch eine Hilfsrakete (vgl. S. 247).

Bezüglich der Materialfrage habe ich auf S. 11 ff. das Nötige gesagt. Ich legte den Festigkeitsberechnungen in diesem Abschnitt ein Material zugrunde, bei welchem ein Draht von 1 mm² Querschnitt mit 6,7 dcm³ derselben Substanz belastet werden darf. (Unter Benützung des Begriffs der spezifischen Reißlänge ausgedrückt, heißt das also: das Material darf so stark angespannt sein werden wie ein 6700 m langer Draht von gleichbleibendem Querschnitt, der senkrecht herabhängt, am oberen Ende durch sein eigenes Gewicht angespannt ist.) Eisen und Stahl könnte man, wie ich schon ausführte, bei so tiefen Temperaturen bis fünfmal so stark anspannen; daraus würde dann nach unseren Ausführungen im 7. Kapitel ein fünfmal so gutes Massenverhältnis folgen; bei der Sprödigkeit des Eisens bei tiefen Temperaturen ist aber seine Verwertbarkeit fraglich. Ich wollte nun hier in diesem Abschnitt nachweisen, daß die Rakete zu den Planetenräumen unter allen Umständen ausführbar ist. Darum legte ich meinen Berechnungen weiche, aber zähe Kupfer- und Bleilegierungen zugrunde.

Um zu zeigen, daß sich meine Rakete unter allen Umständen bauen läßt, wähle ich als Treibstoff eine Mischung, die im Ofen nur eine Temperatur von 1400 bis 1500° C bis 1700° absolut ergibt, während wir in Wirklichkeit (vgl. S. 27 ff.) bis nahe an 4000° herangehen dürfen.

Ich beschreibe hier den Apparat komplizierter, als er in Wirklichkeit gebaut werden müßte. 1. will ich hier zeigen, was für Maschinenteile hier prinzipiell möglich sind, welches ihre Wirkungsweise, ihr Zweck und ihr Nutzen ist. Ich werde nachher zeigen, wie weit sich auch diese Apparate vereinfachen lassen. 2. beschrieb ich hier das umständliche Modell *B* und nicht Modell *C* (welches, wie der Leser wohl schon gemerkt haben wird, ganz wesentlich einfacher und zweckmäßiger ist), denn es handelt sich hier nicht um geschütztes geistiges Eigentum, und ich möchte daher die genauen Pläne zu meinem Modell C nicht aus der Hand geben.

Es war in diesem Buch überhaupt mein Bestreben, zu zeigen, daß ich etwas von der Sache weiß, und dennoch nicht so viel zu sagen, daß ich selbst dadurch entbehrlich werde. Ich sah es nämlich voraus, daß bald nach dem Erscheinen dieses Buches Fachleute und auch Nichtfachleute kommen und sofort allerhand Verbesserungen anbringen würden. Und wenn ich alles gesagt hätte, was ich weiß, so wäre das Ende vom Lied gewesen, daß sie sagen, sie seien nun weiter in die Materie eingedrungen, und man solle sich daher lieber an sie halten.

Aus diesem Grunde hielt ich die Pläne absichtlich so, daß man danach meine Maschine noch nicht so recht bauen kann. (Ich bitte daher, mich nicht nach meinen Konstruktionszeichnungen zu beurteilen. Vielleicht wird mir der unbefangene Leser ja auch glauben, daß jemand, der diese Dinge alle technisch durchdenken konnte, gegebenenfalls auch eine vorschriftsmäßige Zeichnung machen kann.) Ich sagte auch in dieser Auflage nur etwa den dritten Teil von dem, was ich sagen konnte, beschrieb unnötig komplizierte und wenig zweckmäßige Apparate usw.

Wie recht ich mit dieser Taktik hatte, erkennt man, wenn man etwa mein Modell C Abb. 17 (welches genau nach dem hier mitgeteilten Plan allerdings auch noch aus einem vorläufig nur mir bekannten Grunde nicht gebaut werden kann) mit R. H. I, Bd. II, oder meinen zusammengesetzten Rückstoßflieger Tafel III mit dem R.H. VII Bd. II und mit dem Valierschen Raumschiff Abb. 116 bis 120 oder meinetwegen auch das von mir angegebene einfache Raketenflugzeug Abb. 121 bis 123 mit R.H. V Bd. II vergleicht.

Besonders Hoefft ging sogleich daran, sich zum durchführenden Praktiker aufzuschwingen. In allen, ihm nahestehenden Zeitungen (das sind ziemlich viele, denn er ist technischer Zeitungsberichterstatter) kann man's lesen, daß er meine Entwürfe so ziemlich in jedem Punkt „verbessert" hat. — Dabei fehlt ihm allerdings eines: die 20-jährige gründliche, von der nötigen Kombinationsgabe unterstützte Durchdringung dieses heute über alle Disziplinen der Technik verbreiteten Stoffes. Er hat sich in den Grundlagen doch nur sklavisch an das gehalten, was ich ihm mitgeteilt habe. Beim R. H. I z. B. besteht die Verbesserung gegenüber meinem Modell B darin, daß er seinen Apparat nicht von 2 Luftschiffen in die Höhe tragen läßt, sondern von einem einzigen Registrierballon. — Gewiß eine kolossale Verbesserung, nur schade, daß mein schon 1912 erfundenes Modell C beim selben Brennstoffverbrauch und bei gleicher Masse ganz dieselbe Leistung vollbringt, wobei es aber vom Erdboden aufsteigen kann! Und dazu ist es auch noch wesentlich einfacher und billiger als der R. H. I. Über die übrigen Beispiele werde ich später das Nötige sagen. Ich könnte noch sehr viele solcher Beispiele anführen, ich würde dabei nur Gefahr laufen, zuviel mitzuteilen. Ich hoffe aber, daß das hier Gesagte im Verein mit dem, was ich noch über Valier und Hoefft mitteilen werde, genügen wird, um zu zeigen, daß ich auch jetzt noch nicht so ganz entbehrlich bin.

2. Die Alkoholrakete.

Allgemeines: $s_0 = 7700$ m (bis 5500 m wird der Apparat durch Luftballons (vgl. Abb. 110) gehoben, 2200 m braucht die Hilfsrakete, um die Geschwindigkeit v_0 zu erreichen.

$$16{,}5 \text{ cm/sek}^2 < p_0 \leqq 20 \text{ kg/cm}^2.$$

Brennstoffe: 341,5 kg Wasser, dem 45,8 kg Alkohol beigemischt sind; 1,67 kg rektifizierter Alkohol; 98,8 flüssiger Sauerstoff oder die entsprechende Menge stickstoffhaltiger flüssiger Luft. In diesem Falle braucht es weniger Wasser. Was die Zündfähigkeit dieses Gemenges anbetrifft, so ist zu bedenken, daß es unter 16 bis 20 Atmosphären Druck brennen soll. Beim Anzünden tritt übrigens vgl. S. 238 reiner Alkoholdampf zum Sauerstoff.

$$1700^0 C < T_0 < 1750^0 C,$$
$$p_d \sim \beta_0 \sim 0{,}39 \text{ kg/cm}^2.$$

Düsenverhältnisse:

$$\frac{F_d}{F} = 0{,}329; \quad \frac{F_d}{F_m} = 5{,}86; \quad \frac{d}{d_m} = \sqrt{5{,}86} = 2{,}42,$$

$$d = 55{,}6 \sqrt{0{,}329} = 29{,}9 \text{ cm}; \quad d_m = \frac{29{,}9}{2{,}42} = 12{,}35 \text{ cm}.$$

Auspuffgeschwindigkeit: Wir würden nach Kap. 5 (1) etwas mehr als 1800 m/sek finden. Durch die Unvollkommenheiten der Ausführung wird c wahrscheinlich auf etwas über 1600 m/sek herabgesetzt. Um für die Leistungsfähigkeit eine untere Grenze zu finden, setzte ich c zunächst nur gleich 1400 m/sek, in Wirklichkeit ist aber c und damit die Leistungsfähigkeit bestimmt größer.

Größter Durchmesser der Rakete: 55,6 cm. Der Alkoholwasserbehälter steht unter einem Überdruck von 3 Atm. Ebenso der in diesem ausgesparte Raum für die H.R. Der Sauerstoffbehälter steht unter einem Druck von $p_0 + 1{,}5$ Atm. Der Druck wird bei Flüssigkeitsentnahme dadurch aufrechterhalten, daß ein Teil der Flüssigkeit verdampft.

Gewicht des Treibapparates 16,2 kg, Gewicht der Flossen 4 kg, Gewicht des Sauerstoffbehälters 10 kg, Gewicht der Pumpen 8 kg, Gewicht der Spitze usw. 6 kg, Wandstärke ungefähr 0,4 mm Gewicht des Zerstäubers 3 kg. Alle übrigen Teile wiegen zusammen 4 kg.

$$\mathfrak{M}_1 + \mathfrak{m}_0 = 56{,}2 \text{ kg}.$$
$$\frac{\mathfrak{M}_0 + \mathfrak{m}_0}{\mathfrak{M}_1 + \mathfrak{m}_0} = \frac{544}{56{,}2} = 9{,}7.$$

Wir wollen dies Verhältnis aber nur gleich 9 setzen.

Querschnittsbelastung der gefüllten Rakete: 0,225 kg/cm².

$$\bar{v}_0 = 500 \text{ m/sek}; \quad \bar{v}_1 = 2800 \text{ m/sek bis } 2900 \text{ m/sek}.$$

Querschnittsbelastung am Ende: 0,0232 kg/cm².

Die Brenndauer beträgt 36 bis 40 Sekunden; während der ersten 15 bis 20 Sekunden wird $\bar{v}$ genau eingehalten, später bleibt der Apparat hinter diesem Wert zurück, und zwar so, daß $p_0 \leqq 20$ Atm. bleibt. Daraus folgt (für $c = 1400$ m/sek): $P/M_0 = 34$ m/sek. In einer Sekunde wird die Masse ausgestoßen:

$$12{,}01 \text{ kg/sek} < \frac{dm}{dt} < 13{,}21 \text{ kg/sek}.$$

Die Verbrennung geschieht auf folgende Art (vgl. Tafel II): Im Raume A reichen Rohre C, die unten 2,5 oben 3,6 cm weit sind, nicht ganz bis zur Decke. Zwischen diesen Rohren befindet sich rektifizierter Alkohol, der dadurch zum Sieden gebracht wird, daß die Pumpe, die ich mit $m\ n$ andeutete, in ein geeignetes Röhrennetz heißes, sauerstoffhaltiges Gas pumpt, das im Alkohol in feinen Bläschen aufsteigt. Der Alkoholdampf entweicht durch die Rohre C. In diese ragen aus dem Sauerstoffraum zapfenartige Rohre D, deren Wand durchlocht ist, wie ich dies S. 6 angegeben habe. Der Druck in A beträgt etwas über p_0 Atm., im Sauerstoffraum beträgt er $p_0 + 1{,}5$ Atm., so daß der Sauerstoff in feinen Strahlen oder Tropfen ausspritzt[1]). Am Ende tragen diese Rohre einen Zündkörper G, so daß die Mischung in Brand gerät. Da viel mehr Sauerstoff ausströmt, als zur Verbrennung notwendig ist, so erhalten wir ein Gas, welches 95% Sauerstoff enthält und bei 20 Atm. etwa 700° warm ist. Die Rohre C setzen sich im Raum B fort (E). Hier umgibt sie von außen das Alkoholwasser, welches durch enge Poren in dünnen Strahlen hineingepreßt wird und hier verbrennt.

Beschreibung der Alkoholrakete (vgl. Tafel I): Die Spitze a bildet einen besonderen Teil des Apparates, sie ist wie ein Hut über die beiden Raketen gestülpt und wird durch elastische Federn (die Dynamometer b, b') festgehalten. Sie besteht aus zwei oder mehr Teilen, die in der Form an die Schalen einer aufgeschnittenen Orange oder an die Lappen, aus denen ein Lederball zusammengenäht ist, erinnern (vgl. Abb. 99). Sie sind mittels Kollodium zusammengeklebt. Wenn die Brennstoffe der A.R. erschöpft sind, wird das Kollodium durch denselben Funken, der die Zündung der H.R. besorgt, angezündet (wie, das braucht uns hier nicht zu interessieren); darauf fällt die Spitze auseinander (besser gesagt, die Gase, die die H.R. umgeben,

Abb. 99.

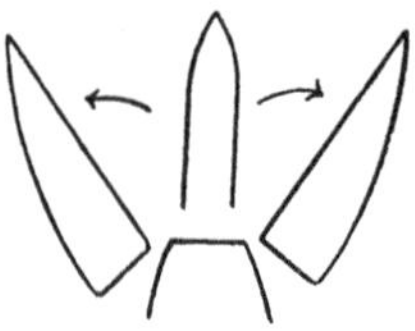

Abb. 100.

[1]) Dies steht mit dem auf S. 254 Gesagten im Widerspruch. Die Brennstoffporen müßten genau im Windschatten der Sauerstoffporen liegen. Diese Idee war aber noch nicht patentiert, als ich das Modell B zum erstenmal beschrieb.

treiben sie auseinander; sie würden auch einen hier untergebrachten Fallschirm ausbreiten können), und die H.R. tritt ins Freie (vgl. Abb. 100).

Auf der Innenseite tragen diese Blechschalen luftgefüllte Hohlräume (*c*), die die Spitze vor dem Untersinken schützen sollen, falls sie ins Wasser fällt. Da sich die Luft vor der Spitze bei 2000 bis 3000 m/sek schon stark erwärmt, muß im Raum *c* auch irgendeine einfache Kühlvorrichtung (etwa ein Windrad) sein (nicht gezeichnet). Ihre Arbeit wird dadurch erleichtert, daß die Lufträume innen von eben verdampftem Wasserstoff berührt werden, der von der Düse der H.R. aus an der H.R. aufsteigt, hier um die dünne Wand umbiegt und bei *K* durch eine Art Sicherheitsventil seinen Ausweg ins Freie findet. Der Raum, der die H.R. aufnehmen soll, hat 30 cm Durchmesser, während der Durchmesser der H.R. nur 25 cm beträgt, so daß rings herum ein 2,5 cm breiter Raum bleibt, der mit Wasserstoffgas gefüllt ist und durch *d* nochmals geteilt wird. Die Lufträume würden sich der Spitze der H.R. vollkommen anschließen, wenn diese nicht 1 cm tiefer liegen würde. (*f*) sind Polster aus einem ganz besonders geschmeidigen Material (etwa erstarrtes Leuchtgas, das kurz vor dem Erstarren in einer Wasserstoffumgebung mittels eines Paraffinstabes zu Fäden ausgezogen oder schäumig geschlagen wurde). Zwischen den Polstern muß natürlich Platz für den entweichenden Wasserstoffdampf frei bleiben. *e* ist der Behälter für das Alkoholwasser. Es befindet sich darin ein Schwimmer *g*, über dessen Zweck wir noch sprechen werden. Der Druck in *e* beträgt 3 Atm., er wird dadurch aufrechterhalten, daß die Pumpen *m n* heißes Gas in den doppelten Boden *h* hineinpumpen, welches von hier aus durch zahlreiche kleine Öffnungen aufsteigt. Der Druck wird automatisch geregelt. Sollte er zu hoch steigen, so läßt ein Sicherheitsventil Gas durch *K* abströmen. Durch die Ventile *y* und die Röhren *o* strömt die Alkohol-Wassermischung abwechselnd in die Kammern p_1 und p_2, diese besitzen beide oben einen zweiten Ausgang nach *K* und endlich unten einen dritten nach dem Rohr *k*, welches mit dem Zerstäuber *Z* in Verbindung steht. Diese Kammern haben ebenfalls einen doppelten Boden *i*. Durch dessen Poren steigt ebenfalls Gas auf, das von *m n* kommt. Diese Kammern $p_{1,2}$ wirken als Pumpen. Die Ventile öffnen und schließen sich in der Art, daß stets die eine Kammer von *e* aus nachgefüllt wird, während die andere unter 20 bis 23 Atm. Druck das Alkoholwasser nach dem Zerstäuber pumpt. (Vor der Abfahrt sind natürlich beide gefüllt, um den Brennstoffgehalt des Apparates zu vergrößern.) Da in $p_{1,2}$ der Druck bedeutend schwankt, da der kleinste Druck für die Festigkeit des Apparates nicht mehr genügt, und auch wegen der Form dieser Kammer müssen sie starr sein, im Gegensatz zur übrigen Rakete müssen sie also durch Metallstützen ihre Festigkeit erhalten. Der Sauerstoffraum *s* steht unter einem Druck von 18 bis 21 Atm. Der Druck im Raum *A* ist um 1 Atm. geringer, trotzdem muß die Scheidewand zwischen beiden gerade verlaufen und dünn sein, daher wird sie von den Drähten *q* gehalten, welche an den Versteifungen von *p* hängen. Die obere Fläche des Sauerstoffraumes gleicht einem liegenden verlängerten Ellipsoid. Da der Querschnitt der Rakete kreisförmig ist, so reicht also der Raum p_2 an zwei gegenüberliegenden Punkten tiefer hinab; an diesen Punkten befinden sich die Ventile o_2, welche den verdünnten Alkohol von p_2 nach dem Zerstäuber bringen. Die Flüssigkeit in p_1 sammelt sich in der Mitte bei *k* an. — Der Sauerstoff muß durch Verdampfen auf dem Druck von 21 Atm. gehalten werden, er verdampft: 1. weil sich unter ihm der viel heißere Raum *A* befindet (vgl. Tafel II). Doch würde dieses allein noch nicht genügen, es muß vielmehr 2. noch durch die Pumpen *m n* heißes Gas in der angegebenen Weise hineingeblasen werden. Dieses heiße Gas enthält Wasserdampf, der bei dieser Gelegenheit Eiskristalle bildet, welche oben über dem Sauerstoff schwimmen, daher den Poren des Zerstäubers nicht schaden, aber m_1 etwas vergrößern. — Auch im Saustoffraum ist eine Schwimmvorrichtung *g*, sie hat vor allen Dingen die Aufgabe, daß der Brennstoffverbrauch mit dem Sauerstoffverbrauch Schritt hält. Durch das Zusammenwirken der Schwimmer im Alkohol und im Sauerstoffraume wird auf elektrischem Wege das Sicherheitsventil des Sauerstoffraumes sowie die Verdampfung des Sauerstoffs beeinflußt. (Es befindet sich ebenfalls bei *K*.) Fällt der Sauerstoffspiegel zu langsam, so wächst der Druck im Sauerstoffraum, wodurch mehr Sauerstoff in den Zerstäuber gespritzt wird.

Der Windkessel *W* steht mit dem verdünnten Alkohol im Zerstäuber durch das Rohr *k* in Verbindung. Er ist da: 1. damit der ganze Raum zwischen den Rohren *E* mit dem verdünnten Alkohol angefüllt ist, 2. damit hier der Druck auf einer bestimmten Höhe gehalten wird. Beides ließe sich allein durch $p_{1,2}$ nicht erreichen. Der Druck in *W* wird auch dadurch erhalten, daß die Pumpen *m n* heißes Gas hineinpumpen. Außerdem besitzt er einen Schwimmer *g*, der vor allen Dingen die Arbeit der Pumpen $p_{1,2}$ regelt. *W* liegt unter der Düse der H.R., muß daher gegen Wärmeabgabe geschützt sein. *W* ist eiförmig. Zwischen *W* und p_1 bleibt ein Raum *I*, hier befinden sich, ebenfalls gegen Wärmeschwankung geschützt, die Instrumente, die die Arbeit der A.R. regeln und registrieren. Weiter eine möglichst konstante elektrische Gleichstromquelle und eine kleine Dynamomaschine.

Die Pumpen *m n* arbeiten folgendermaßen (vgl. Abb. 101): Eine kleine Kolbenpumpe m_1 pumpt Alkohol abwechselnd in die beiden Kessel m_2, m_3 und ständig in den Kessel *n*. Die Kessel $m_{2,3}$ pumpen (ähnlich wie $p_{1,2}$ den Alkohol) Sauerstoff nach *n*. Am Boden von $m_{2,3}$ befinden sich Natriumstücke. Der Sauerstoff strömt bei geöffneten Ventilen m_4, m_5 bzw. m_6, m_7 hinein und hebt die Natriumstücke. Sind die beiden Kessel m_2 oder m_3 gefüllt, so werden diese Ventile geschlossen, und es strömt durch m_8 oder m_9 Alkohol über den Sauerstoff. Die Zündung erfolgt auf elektrischem Wege. Die Verbrennung wird durch die Anwesenheit geeigneter poröser Körper (vgl. S. 14) unterstützt[1]).

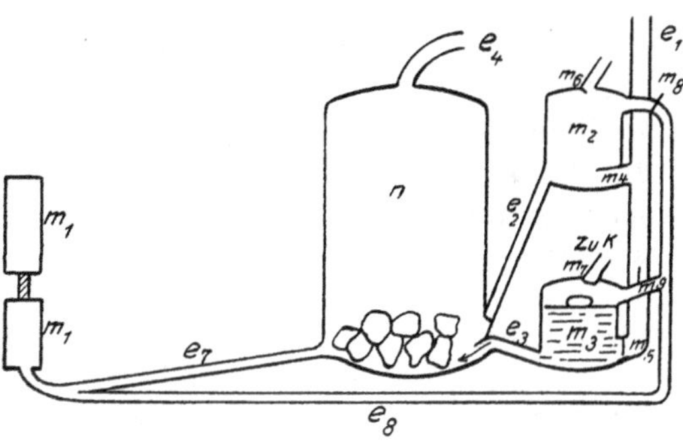

Abb. 101.

Der Ofen *O* (vgl. hierzu auch Tafel II) grenzt nicht direkt an die Mantelfläche, es befindet sich vielmehr davor noch eine dünne Wand *t*, die durch Metallstreben (nicht gezeichnet) mit der Mantelfläche verbunden ist und dadurch in der richtigen Lage gehalten wird. Zwischen *t* und der Mantelfläche fließt aus dem Zerstäuber Flüssigkeit, die hier verdampft und so die Wand des Ofens vor dem Verbrennen schützt. Der Dampf entweicht zwischen dem Zerstäuber und der Mantelfläche bei *L* in den Ofen. Dabei bleibt er im Ofen in der Nähe der Wände, bei starker Verdampfung werden also die Wände selbst vom heißen Gas wieder isoliert. Damit nicht zu viel Flüssigkeit verdampft, und die Wand *t* von oben angefangen nicht verbrennt, befindet sich bei T_1 ein Thermoelement, welches bewirkt, daß mehr Flüssigkeit zuströmt, falls hier die Temperatur zu hoch steigt. Der Raum zwischen *t* und der Mantelfläche ist an einigen Stellen weiter. Hier fließt die Flüssigkeit hinab, und hier befindet sich auch ein Schwimmer, der den Flüssigkeitszufluß hemmt, falls die Flüssigkeit zu hoch steigt, um ein Überlaufen der Flüssigkeit in dem Ofen zu verhindern. — Der Raum zwischen der Mantelfläche und der Fläche *t* ist durch eine Wand *u*, die etwas unterhalb F_m verläuft, noch einmal in zwei Teile geteilt: *Q* und *R*. Sind die Brennstoffe erschöpft, so wird erst die Flüssigkeit in *R* und dann in *Q* durch heiße

[1]) Bezüglich dieser Pumpen muß ich nun allerdings etwas bemerken. Bei den Modellen A, C und D habe ich auf diese immerhin gefährlichen und unzuverlässigen Geräte, wie man sieht, überhaupt verzichtet. Bei den Modellen B und E brachte ich sie, weil ich sonst hier ganz andere Modelle hätte beschreiben müssen. Das schien mir aber nicht der Mühe wert. Diese Modelle sind (um es drastisch auszudrücken) nicht so ganz ernst gemeint. Ich möchte daran, wie ich schon wiederholt sagte, nur die möglichen Einrichtungen einer Rakete mit flüssigen Brennstoffen zeigen. Und zu dem Zweck müssen sie nicht so gut durchkonstruiert sein, wie sie im Ernstfall sein könnten.

Gase aus $m n$ verdampft. Durch diese Anordnung wird m_1 viel geringer, als es wäre, wenn Ofen und Düse innen mit feuerfestem Material ausgekleidet wären, und das ist (nach Kap. 7) ein bedeutender Vorteil. Auch ist es dabei möglich, die Gase am Metall entlang streichen zu lassen, welches sie weniger aufhält als etwa Asbest oder Schamotte.

Die Düse der A.R. ist entweder einfach und kreisrund, wie es auf dem Plan angegeben wurde, oder sie ist in 7 oder mehr Teile geteilt, (vgl. Abb. 18), die aus einem gemeinsamen Ofen entspringen. Bei kleinen Apparaten (also bei Modell B) ist das erstere, bei größeren (vgl. Tafel IV) das letztere vorzuziehen.

Die Flossen w sind im Plan nur angedeutet. Es sind zusammen vier Systems von je zwei Flossen, die miteinander durch Querwände verbunden sind. Sie sind am Treibapparat befestigt. Die Enden lassen sich um die Achse X drehen. Beim Aufstieg sind die Flossen nach unten geklappt und bewirken auf diese Weise die Stabilisierung und auch die Steuerung, da sie von I aus bewegt werden können. Beim Abstieg klappen sie nach rückwärts und tragen so den Apparat (vgl. Abb. 102). Auf diese Weise erübrigt sich ein Fallschirm. Die Flossen nebst Zubehör wiegen 4 kg.

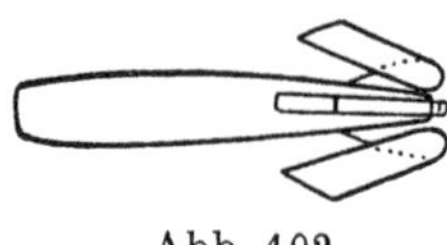

Abb. 102.

Nach dem Abwurf läßt sich der Alkohol-Wasserbehälter mit Luft füllen. Erst muß bei offenen Hähnen Luft durchstreichen, damit der Behälter getrocknet und gereinigt wird. Nachher beim Füllen muß die nötige Vorsicht walten. So muß die Luft vorher in einem Rohr durch den Sauerstoffraum strömen, damit sie sich entsprechend abkühlt. Es könnte sonst wegen der Kompressionswärme bei starkem Wasserstoffgehalt eine Explosion eintreten. Auf diese Weise ist die Raktete imstande, Luftproben herabzubringen. Dem Zeitpunkt der Füllung muß eine Marke auf einem der Registrierstreifen entsprechen. (vgl. S. 198).

Erwähnenswert ist es vielleicht noch, wie ich mir die Auffindung der niedergegangenen Raketenteile vorstelle. Der Aufstiegsort soll so gewählt werden, daß die Hilfsrakete und die A.R. ins Wasser, die H.R. in bewohnten Gegenden niedergeht. In der Außenwand befinden sich nun kreisrunde Türen, deren Ränder in die Außenwand eingreifen, wie Abb. 103 zeigt. Hinter diesen befindet sich ein Kessel, in dem ein Ballon b liegt (vgl. Abb. 104), der an einer zusammengerollten Schnur s hängt. Da der Kessel unter einem Innendruck von 9—10 Atm. steht, ist dieser Ballon ziemlich zusammengedrückt, im Freien wird er 10mal so groß. Die Türe nun bewegt sich in der Angel A (vgl. Abb. 105); auf

Abb. 103.

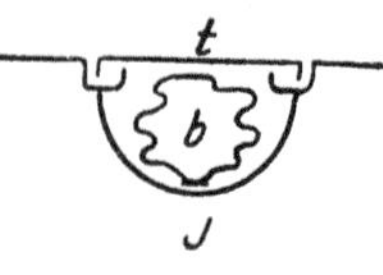

Abb. 104.

der gegenüberliegenden Seite ist sie von L bis L' zugelötet, im übrigen ist sie luftdicht verschlossen. Hinter der Lötstelle befindet sich in K eine Säure, der Raum K ist durch Querwände in Kammern eingeteilt. Diese Säure nun frißt das Lötmetall, wodurch nach einigen Stunden die Türe aufklappt, da der Innendruck größer ist, worauf der Ballen ins Freie tritt.

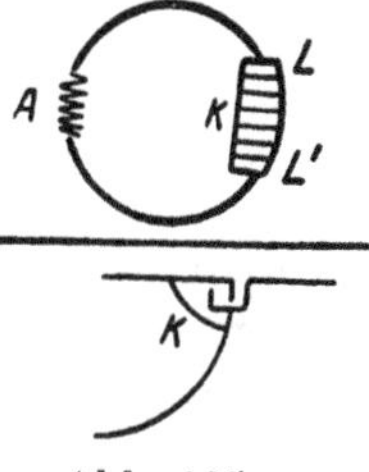

Abb. 105.

Aus dem Niedergangsort der A.R. kann man auf die Bewegung der höheren Luftschichten, hieraus weiter auf den Niedergang der H.R. schließen.

Auf der A.R. befinden sich folgende Reguliervorrichtungen und Präzisionsinstrumente:

1. Eine leistungsfähige und eine konstante elektrische Gleichstromquelle.

2. Der Steuerkreisel.

3. Die Beschleunigungsanzeiger.

4. Die Schwimmer, die den Stand des Alkohols und Sauerstoffs registrieren. Sie lösen ebenfalls elektrische Ströme aus, die zum Teil das Verhältnis zwischen Alkohol und Sauerstoff regeln, zum Teil für den unter 8 beschriebenen Apparat gebraucht werden.

5. Manometer, um die verschiedenen Innendrucke zu registrieren. Eines muß auch unter der Spitze sein.

6. Der Innendruck, der die Spitze wegblasen möchte, ist natürlich größer als der Widerstand der äußeren Luft L. Die Federn b sind also auf Zug beansprucht. Dieser Zug löst Ströme aus und wird registriert. Werden die Ströme von 5 und 6 in geeigneter Weise addiert, so geben sie ein Bild des Luftwiderstandes L.

7. Diese Ströme und jene, die dem Flüssigkeitsstand entsprechen, wirken auf Elektromagneten, die in geeigneter Weise an den Enden eines Waagebalkens (natürlich stehen sich gleichnamige Pole gegenüber) angebracht sind. Dieser verstärkt oder schwächt durch seine Stellung die Arbeit der Pumpen $m\,n$ und damit die Beschleunigung. Da nun in der Nähe der Erde das Gewicht eine lineare Funktion des Flüssigkeitsstandes ist, und da weiter $\bar{v}$ eingehalten wird, wenn $L = G$ (vgl. S. 62), bewirkt dieser Apparat, daß $\bar{v}$ eingehalten wird.

8. Gehören noch zur A.R. einige Thermographen (am besten Termoelement); eines davon steht vor der Spitze, um die Verdichtungswärme der Luft zu registrieren.

16. Kapitel.

Die Wasserstoffrakete des Modells B.

1. Allgemeines.

s_0: Bei der A.R. ist zuletzt die Beschleunigung etwas geringer, als es $\bar{v}$ entsprechen würde. So wird die Höhe, in der die A.R. die Endgeschwindigkeit erreicht, etwas größer als die Höhe, die wir nach Formel (47) erhalten würden. (Ich schätze die Höhe auf 3–6 km größer.) — Vorteile: 1. bei der A.R. wird p_0 konstant; 2. bei der H.R. darf die Querschnittbelastung geringer sein. — s_1 und $(s_1 - \bar{s}_1)$ sind bei der Einrichtung der A.R. abhängig davon, wie groß c in Wirklichkeit ist. Für $c - 1400$ m/sek finden wir: $\beta_1 = 8{,}82$ kg/m². Dem würde eine Höhe s_1 von ca. 56,2 km über dem Meer entsprechen.

p_0 ist 3 Atm. groß.

Brennstoffe: 1,36 kg Wasserstoff, 1,94 kg Sauerstoff, $T_0 = 1700°$ C.

Düsenverhältnis: $F = F_d$ (da $p_d > \beta_1$); $\varkappa = 1{,}388$. $F_d/F_m = 10{,}95$; $d = 25$ cm; $d_m = 7{,}55$ cm $d/d_m = 3{,}31$.

Auspuffgeschwindigkeit: Wir würden $c = 4400$ m/sek. finden. Aus demselben Grunde wie bei der A.R. schätze ich hier c zu klein ein: $c = 3400$ m/sek.

Der Wasserstoff steht oben unter einem Überdruck von 0,12 Atm. (dabei würde die H.R. anfangs durch den Luftwiderstand natürlich geknickt, wenn sie nicht in der A.R. stecken würde). Während der Arbeit der H.R. beträgt der Bodendruck des Wasserstoffs in der ersten Sekunde 0,11 Atm., später etwas weniger. Der Wasserstoffbehälter muß also 0,24 Atm. Überdruck aushalten können. Seine Wand könnte man dabei außerordentlich dünn lassen.

Gewicht des Wasserstoffraumes und der Spitze: 33 g.

Ofen und Zerstäuber: Länge 1,05 m; Innendruck 3 Atm.; Gewicht 0,466 kg.

Instrumente: 1,5 kg.

Pumpe, Sauerstoffring und Versteifungen: 0,5 kg.

Düse und deren Mantelfläche: 0,3 kg.

Flossen: 0,3 kg.

Fallschirm: 0,5 kg.

$m_1 = 3{,}60$ kg; $m_0 = 6{,}90$ kg; Brennstoffe: 3,30 kg.

$$\frac{m_0}{m_1} = 1{,}915; \quad \log \frac{m_0}{m_1} = 0{,}2825; \quad \ln \frac{m_0}{m_1} = 0{,}650.$$

$v_x = 3400 \cdot 0{,}650 = 2210$ m/sek.

Beschleunigung während der ersten Sekunde:

$$b_0 = 200\ \mathrm{m/sek^2}; \qquad \frac{dm}{dt} = 6{,}90\ \mathrm{kg}\cdot\frac{200\ \mathrm{m/sek^2}}{3400\ \mathrm{m/sek}} = 0{,}406\ \mathrm{kg/sek}.$$

Da der Innendruck und Mündungsdruck konstant bleiben, so bleibt auch diese Zahl konstant.

Brenndauer: $\dfrac{3{,}30\ \mathrm{kg}}{0{,}406\ \mathrm{kg/sek}} = 8{,}15$ Sekunden.

$$\int_{t_1}^{t_2} Q\cdot dt = 64{,}3\ \mathrm{m/sek}; \qquad \int_{t_2}^{\infty} L'\cdot dt = 7\ \mathrm{m/sek},$$

$$\bar{v}_1 + v_x - \int Q\cdot dt - \int L'\cdot dt = 5210 - 71{,}3 = 5{,}139\ \mathrm{m/sek}.$$

Mit dieser Anfangsgeschwindigkeit würde die Rakete rund 1960 km hoch kommen.

Mündungsdruck: $p_d = 0{,}0196$ Atm., woraus sich das Düsenverhältnis berechnet, da $p_0 = 3$ Atm. Wan findet p_d am besten aus der Formel:

$$\frac{p_d}{p_0} = \left(\frac{A_0}{A_d}\right)^x.$$

Hier ist:

$$A_d = c\cdot F_d; \qquad A_0 = \frac{dm}{dt}\cdot V_0.$$

2. Beschreibung der H.R. (Vgl. Tafel I.)

Die Spitze *a* ist ähnlich konstruiert wie bei der A.R. Sie klappt beim Abstieg auseinander, wodurch sich der Fallschirm ausbreiten kann, der sich unter der Spitze im Raume *f* befindet. Die Spitze bleibt hier übrigens nachher noch mit der H.R. verbunden. Die Spitze ist innen mit poröser Leinwand überzogen, hinter der Wasser herabfließt. Dies Wasser befindet sich bei *c* und wird von der Pumpe *e* durch ein Rohr nach der Spitze gespritzt, wo es an den Wänden herabläuft.

Die Buchstaben auf dem Plane entsprechen jenen der A.R. Der Sauerstoff ist hier in einem kreisförmigen Ring eingeschlossen ähnlich jenem auf Abb. 15, in dem er zum Verdampfen gebracht wird, worauf er durch die Rohre *E* strömt. Er steht unter einem Druck von 3,1 Atm. Der Wasserstoff wird durch die Pumpen $p_{1,2}$ auf ca. 5 Atm. Druck gebracht und umgibt die Rohre *E* von außen. Als Windkessel dient hier der Hohlraum innerhalb des Sauerstoffringes, in dem sich auch die Sauerstoffrohre verzweigen. — Ähnlich wie der Alkoholraum kann hier der Wasserstoffraum Luftproben aufnehmen, vorausgesetzt: 1. daß es dort Luft oder sonst ein Gas (Koronium?) gibt; 2. daß sich dieses Gas in Behälter füllen läßt, was man aus Gründen der Atomtheorie bestreiten kann. In den Pumpen $p_{1,2}$ liegen die Rohre, die die Heizgase bringen (i), in einer Art Filter S, welches fast bis zur Decke reicht. Grund: die Heizgase enthalten Wasser, welches sich bei Berührung mit dem Wasserstoff sofort niederschlägt. Da Eis schwerer ist als flüssiger Wasserstoff, so würden diese Eiskristalle nach unten sinken und die Poren des Zerstäubers verstopfen, wenn sie nicht im Filter zurückblieben. Aus diesem Grunde liegt auch der Abfluß aus dem Pumpenraum etwas höher als die tiefste Stelle von $p_{1,2}$, die also auf diese Weise niemals entleert wird und die im Wasserstoff trotz aller Vorsicht enthaltenen Eiskristalle sammelt (vgl. Abb. 106).

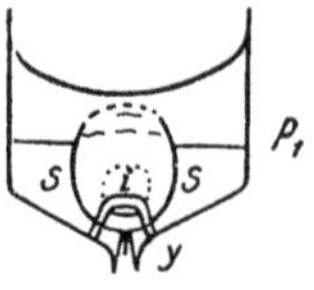

Abb. 106.

Ofen und Düsen sind hier mit flüssigem Wasserstoff umgeben. Die Flossen w sind nach dem Prinzip der Gasflossen (S. 194ff.) gebaut. Sie können an der Wand hinauf- und hinabgleiten und werden hier durch die Scharniere a, a' gehalten (vgl. Abb. 107).

Bei der Konstruktion ist darauf zu achten, daß der Abwurf bereits geschieht, während die A.R. noch arbeitet. Sonst würde Andruck nach oben eintreten. Dabei würden die Flüssigkeiten von den Austrittsventilen nach oben gehoben, und kämen nicht mehr in den Treibapparat. Auf Tafel I sind die Pumpen $m\,n$ zum Teil weggelassen, weil sie die Zeichnung verwirren würden.

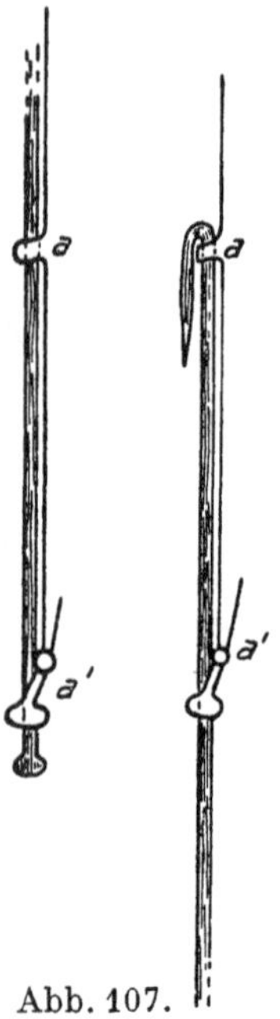

Abb. 107.

3. Präzisionsinstrumente der H.R.:

1. Eine elektrische Batterie und
2. Steuerkreisel wie bei der A. R., nur entsprechend kleiner und leichter.
3. Desgleichen Beschleunigungsanzeiger.
4. Apparate, um den Flüssigkeitsstand anzuzeigen. Diese haben hier aber nur als Registriervorrichtungen Bedeutung, denn bei der H.R. besorgen die Geschwindigkeitsregulierung lediglich
5. Die Manometer.
6. Der Druck, den die Spitze erfährt, wird wie bei der A.R. durch die Federn b aufgenommen und registriert.

Der unter 7 angeführte Apparat fällt hier fort, denn die Geschwindigkeit $\bar{v}$ wird hier nicht eingehalten.

8. Thermographen usw.
9. Auf der R.H. ist eine ähnliche Einrichtung, um die Spitze abzuwerfen, wie auf der A.R. Sie wird aber hier nicht vom Schwimmer, sondern erst beim Abstieg vom Chronometer ausgelöst.

17. Kapitel.

Diskussion der Arbeitsweise und Leistungsfähigkeit von Registrierraketen mit flüssigen Brennstoffen.

1. Die Hilfsrakete des Modells B.

Wie ich schon auf S. 197 sagte, ist es nicht ratsam, Raketen mit flüssigen Brennstoffen aus einem Geschütz zu schießen. Sie sollen des Andruckes wegen lieber mit Raketenantrieb auffahren. Andernteils ist es gut, wenn das Mod. B die günstigste Anfangsgeschwindigkeit von $\bar{v}_0$ möglichst bald erreicht, der Apparat müßte sonst zu lange gegen sein eigenes Gewicht ankämpfen. Für Raketenverhältnisse muß auch hier die Anfangsbeschleunigung immerhin groß sein. Das beste Verhältnis P/m_0 während der Anfahrt würde sich zum besten Verhältnis P/m_0 beim Einhalten von $\bar{v}$ etwa so verhalten wie 2,6:1. Um denselben Wert würde natürlich auch p schwanken, was nach dem im 5. Kap. Gesagten auch nachteilig wäre. Aus (2) lesen wir nämlich ab: Bei gegebener chemischer Zusammensetzung der ausströmenden Gase ist das Verhältnis $\frac{p_d}{p_0}$ durch $\frac{F_d}{F_m}$ gegeben. Weiter: soll $\frac{p_d}{p_0}$ kleiner werden, so muß $\frac{F_d}{F_m}$ größer werden, und aus (1) folgt: Die Auspuffgeschwindigkeit ist bei gegebenem $\frac{p_d}{p_0}$ und $\varkappa$ um so größer, je größer $p_0 \cdot V_0$ ist. $p_0 \cdot V_0$ ist von p_0 unabhängig und um so größer, je geringer von Natur aus das spezifische Gewicht des ausströmenden Gases und je höher seine Temperatur ist. Am schnellsten strömt Wasserstoff aus.

Endlich folgt noch aus (1): c wird um so größer, je kleiner wir $\frac{p_d}{p_0}$ machen können. Man kann sich hier helfen:

a) durch Düsen mit Regulierstift (vgl. Abb. 25),

b) oder indem man die A.R. noch einmal auf eine Alkoholrakete mit weiterer Düse und höherem Rückstoß stellt. Beim Modell B ist das letztere vorzuziehen. Über diese Hilfsrakete brauche ich hier nicht viel zu sagen. Wenn die A.R. des Modells B möglich ist, so ist die Hilfsrakete erst recht durchführbar. Über ihre Ausführung vgl. Abb. 108. Sie hat 1 m Durchmesser, reicht an der A.R. ungefähr bis zu den Pumpenräumen hinauf und hat 4 Einschnitte für die Flossen der A.R. Der Sauerstoff befindet sich in einem Raum a, der in die Düse der A.R. hineinpaßt. Ihre Ausführung

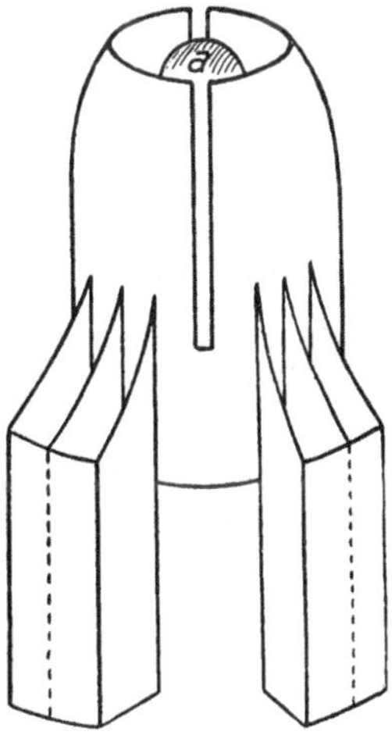

Abb. 108.

soll so einfach als möglich sein. Die Hilfsrakete wiegt gefüllt 220 kg, arbeitet 8 Sekunden lang, die Beschleunigung, die sie der A.R. erteilt, beträgt anfangs 100 m/sek², wird aber später des zu nehmenden Luftwiderstandes wegen geringer. Erwähnenswert sind vielleicht noch Ringe aus Metall, die von außen um den Alkoholbehälter der A.R. gelegt werden und aus 4, durch Haken *b* zusammengehaltenen Stücken bestehen und mit der Hilfsrakete zusammen abgeworfen werden (Abb. 109).

Abb. 109.

2. Der Aufstieg des Modells C.

Wird $\bar{v}$ eingehalten, so verläuft die Kurve, die P/m_0 als Funktion von s darstellt, für $\bar{v}_0 = 500$, $s_0 = 7000$, $c = 1700$ folgendermaßen:

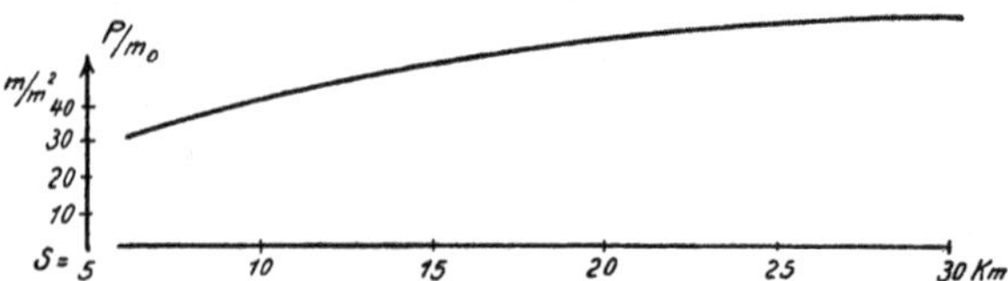

Wenn ich nun die Rakete ganz aus eigener Kraft anfahren lasse, so muß sie erst in die günstigste Geschwindigkeit hineinkommen. Dabei muß anfangs die Beschleunigung, also auch der Rückstoß und damit p naturgemäß größer sein. Lasse ich die Rakete später noch etwas hinter $\bar{v}$ zurückbleiben, so verläuft die Kurve für P und damit für p_0 folgendermaßen:

Man sieht, der Rückstoß ist hier annähernd konstant, dabei liegt die Geschwindigkeit nahe an der günstigsten Geschwindigkeit. (Dabei dauert freilich der Antrieb 18 Sekunden lang, also 10 Sekunden länger als bei Verwendung einer Hilfsrakete, und der Antrieb wird um 76 m/sek und dazu natürlich noch um $\bar{v}_0$ kleiner.) Dieser Umstand kommt uns beim Bau einfacher Registrierraketen nach Art des Mod. C sehr zu statten. Für bemannte Apparate eignet sich diese Art des Aufstieges natürlich nicht, da hier der Andruck zuletzt zu hoch würde. Bemannte Apparate müssen Regulierstifte haben.

3. Größe und Luftwiderstand.

Wir sahen, je größer die Querschnittbelastung ist, desto besser vermag die Rakete die Luft zu durchdringen. Die Querschnittbelastung ist groß

1. Wenn die Rakete absolut genommen groß, oder wenigstens lang ist.
2. Wenn das spezifische Gewicht der Brennstoffe groß ist.

Wählen wir die Rakete lang, so müssen wir sorgen, daß sie nicht durch den Luftwiderstand geknickt wird. Das können wir erreichen, a) indem wir, wie beim Modell C, die Brennstoffe oben ausströmen und die Brennstoffbehälter wie einen Schwanz herabhängen lassen.

b) Wollen wir dagegen nun die Brennstoffe unten ausströmen lassen, so müssen wir den Apparat auch entsprechend dick machen, wie ich auf S. 20 ausgeführt habe.

c) Ein weiteres Mittel, um ein günstiges Verhältnis zwischen Querschnittbelastung und Luftwiderstand zu erzielen, würde darin bestehen, die Rakete vor der Abfahrt entsprechend hoch hinaufzutragen. Dabei würde auch das Massenverhältnis günstig beeinflußt, denn die Brennstoffbehälter müßten nicht unter so hohem Druck stehen.

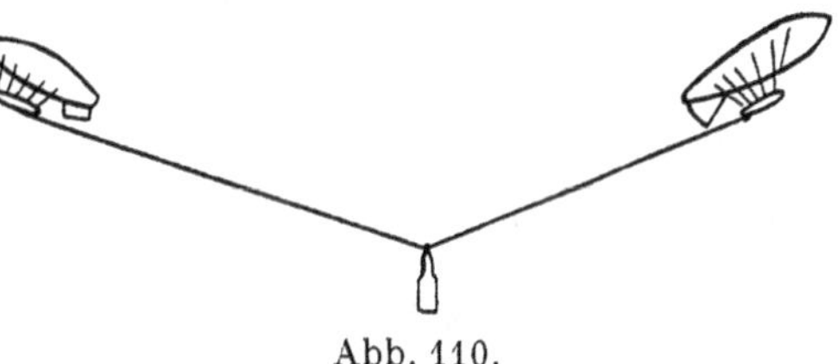

Abb. 110.

Bei Modell C und E ist dies nicht notwendig, dagegen ist Modell B so berechnet, daß es von 5500 m Höhe über dem Wasserspiegel abfahren muß. Der Apparat wird vorher — etwa an einem Seil, welches an zwei Luftschiffen hängt (vgl. Abb. 110) — auf diese Höhe gehoben. Sollte es vom Meeresspiegel abfahren, so müßte es, da hier β doppelt so groß ist, doppelt so lang, also 8mal so groß und schwer sein.

Wäre das bei F_d ausströmende Gas in beiden Fällen von gleicher Temperatur und Zusammensetzung und würde es mit der Geschwindigkeit c strömen, so würde sich das Verhältnis zwischen dem größten Querschnitt F und dem Mündungsquerschnitt F_d nicht ändern (vgl. S. 32). Es nämlich F jetzt n^2mal geringer, c soll gleich bleiben, β und p_d sind $n$mal kleiner, daher das spezifische Volumen des Auspuffgases $n$mal größer, $\frac{dm}{dt}$ ist n^3mal, das absolute Volumen n^3/nmal kleiner. F_d müßte also auch n^3mal kleiner werden (ebenso wie F).

Nun ist aber bei gleichem p_0 in Wirklichkeit $\frac{\beta_0}{p_0}$ $n$mal kleiner desgleichen $\frac{p_d}{p_0}$ (opt), (da ja P/β gleich bleibt), also wächst und F_d muß kleiner werden. Bleibt T_0 in beiden Fällen gleich, so ist die absolute Temperatur und das spezifische Volumen des Auspuffgases im zweiten Falle $n^{\frac{\varkappa-1}{\varkappa}}$ mal geringer: $\frac{F_d}{F}$ müßte also noch kleiner werden. $\frac{F_d}{F_m}$ würde größer, $\frac{F_m}{F} = \frac{F_d}{F} : \frac{F_d}{F_m}$ würde also erst recht kleiner. Dies bringt einen Vorteil: Die Brennstoffe bleiben länger im Ofen, dieser kann (absolut genommen) kürzer sein.

Wollte man sich des Vorteils: $\frac{p_d}{p_0}$ kleiner zu machen, begeben, so würde p_0 und damit das Gewicht des Treibapparates geringer. Allerdings würde dann auch c etwas kleiner, da nun bei gegebenem T weniger Kühlstoff nötig ist (vgl. S. 28). Zwischen beiden Wegen gibt es ein Optimum, das sich mit Hilfe des Kriteriums S. 41 finden läßt.

4. Vergleiche zwischen der A.R. und H.R.

Nun will ich, wenn auch nur roh, andeuten, warum sich bei sehr geringer Luftdichte die Wasserstoffrakete als überlegen erweist.

Wir sahen, daß $\frac{m_0}{m_1}$ um so größer werden kann, je kleiner β_0 wird. Bezeichnen wir mit br das Gewicht der Brennstoffe, mit m_1 das der leeren Rakete, so gilt ungefähr $\frac{b\,r}{m_1} = \frac{k}{\beta_0}$, wobei k ein Proportionalitätsfaktor ist. Nun ist bei reine Alkoholrakete die Füllung spezifisch $q$mal schwerer. Verwende ich für die A.R. große, für die H.R. kleine Buchstaben, so kann ich nach dem unter 8 Gesagten schreiben:

$$\frac{B\,r}{M_1} = q \cdot \frac{b\,r}{m_1}.$$

Weiter ist (9) in dünner Luft

$$(\bar{v}_1 - \bar{v}_0) \sim \bar{v}_x,$$

und nach (6)

$$V_x = C \cdot \ln \frac{M_1 + B\,r}{M_1} = C \cdot \ln\left(1 + \frac{B\,r}{M_1}\right) = C \cdot \ln\left(1 + q \cdot \frac{b\,r}{m_1}\right),$$

$$v_x = c \cdot \ln\left(1 + \frac{b\,r}{m_1}\right).$$

Ist $V_x < v_x$, 10 ist:

$$C \cdot \ln\left(1 + q \cdot \frac{b\,r}{m_1}\right) < c \cdot \ln\left(1 + \frac{b\,r}{m_1}\right)$$

$$\frac{\ln\left(1 + q \cdot \frac{b\,r}{m_1}\right)}{\ln\left(1 + \frac{b\,r}{m_1}\right)} < \frac{c}{C}.$$

$\frac{c}{C}$ ist eine gegebene Zahl. In diesem Falle nimmt also die Wasserstoffrakete durch das Ausstoßen aller Brennstoffe eine höhere Geschwindigkeit an. Um diese Formel zu diskutieren, beachten wir, daß für kleines $\frac{b\,r}{m_1}$:

$$\frac{\ln\left(1+q\frac{b\,r}{m_1}\right)}{\ln\left(1+\frac{b\,r}{m_1}\right)} \sim q\,.$$

Da nun $q > \frac{c}{C}$, so empfiehlt sich hier die Alkoholfüllung.
Weiter ist:

$$\frac{\ln\left(1+q\frac{b\,r}{m_1}\right)}{\ln\left(1+\frac{b\,r}{m_1}\right)} < \frac{\ln\left(1+\frac{b\,r}{m_1}\right)+\ln q}{\ln\left(1+\frac{b\,r}{m_1}\right)} = 1 + \frac{\ln q}{\ln\left(1+\frac{b\,r}{m_1}\right)}\,.$$

Hier ist $\ln q$ eine Konstante, $ln\left(1+\frac{b\,r}{m_1}\right)$ wächst von $0 - \infty$, wenn $\frac{b\,r}{m_1}$ wächst, d. h. der ganze Ausdruck nähert sich mit wachsendem $\frac{b\,r}{m_1}$, d. h. mit abnehmendem β_0 dem Wert 1, muß also einmal kleiner als $\frac{c}{C} > 1$ werden. Dies gilt natürlich erst recht für den kleineren Ausdruck

$$\frac{\ln\left(1+q\frac{b\,r}{m_1}\right)}{\ln\left(1+\frac{b\,r}{m_1}\right)};$$

die Wasserstoffrakete empfiehlt sich also aus diesem Grunde immer mehr, je kleiner β_0 wird.

In dieser Beziehung ist Abb. 44a—c lehrreich. Auf Abb. 44a erkennen wir die Abhängigkeit des größten möglichen Massenverhältnisses $\frac{\mathrm{m}_0}{\mathrm{m}_1}$ vom Druck. Nun wächst der innere Druck aber bei einer bestimmten Geschwindigkeit und bei gleicher Form proportional mit dem Außendruck. Je dünner also die äußere Luft ist, um so kleiner sind die Kräfte, die die Rakete zu knicken oder einzudrücken trachten, und um so geringer kann also der zur Prallfüllung notwendige innere Druck sein. $\frac{m_0}{m_1}$ stellt also nach Kapitel 8 eine nahezu lineare Funktion des reziproken Wertes des Luftdruckes dar. Gleichzeitig sehen wir, daß das Massenverhältnis bei der Wasserstoffrakete überhaupt und besonders anfangs viel kleiner ist. Die durchgezogene Kurve entspricht der Alkoholrakete, die gestrichelte der Wasserstoffrakete.

Abb. 44b zeigt den Zusammenhang zwischen dem Massenverhältnis und dem idealen Antrieb. Diese Kurve steigt bei der Wasserstoffrakete natürlich rascher an, da sie ja bei demselben Massenverhältnis infolge der hohen Auspuffgeschwindigkeit mehr leistet.

Da nun das größte Massenverhältnis vom äußeren Luftdruck und der ideale Antrieb vom Massenverhältnis abhängt, so hängt also der ideale Antrieb cet. par. letzten Endes vom äußeren Luftdruck ab. Abb. 44c zeigt die Abhängigkeit des idealen Antriebes vom Außendruck direkt. Wir sehen daraus, daß bei hohem Außendruck die Alkoholrakete und bei geringem die Wasserstoffrakete mehr leistet.

Diese Kurven beziehen sich aber erst auf den idealen Antrieb. Innerhalb der Atmosphäre bleibt die Alkoholrakete natürlich aus dem Grunde noch länger überlegen, weil sie durch den Luftwiderstand weniger gehemmt wird.

b) Wegen des geringen spezifischen Gewichtes der Füllung der H.R. ist der Seitendruck gering. Dies ist ein wichtiger Vorteil, weil dadurch die Beschleunigung größer werden kann (vgl. S. 90, 197) und der Antrieb weniger lange dauert.

c) Ist $m_1 = M_1$, so ist $M_0 > m_0$. Dieser Umstand bewirkt folgendes: Soll die Rakete z. B. Registrierinstrumente von bestimmtem Gewicht mitnehmen, soll sie aber andernteils durch eine andere Rakete emporgehoben werden und darum nicht zu schwer sein, so kann sich die Wasserstoffüllung bereits dann empfehlen, wenn eine Alkoholrakete von gleichem Leergewicht noch mehr leisten würde. Würden wir bei Modell B die H.R. durch eine Alkolhorakete ersetzen, die dasselbe Volumen hat, so könnte diese zwar etwas mehr leisten. Bei gleicher Gesamtleistung müßte der neue Apparat aber mindestens 5mal so schwer sein wie Modell B, und wir ersparen mit jedem kg Wasserstoff rund 200 kg Alkohol und 420 kg Sauerstoff.

d) Endlich ist noch das Verhalten der Metalle bei der Temperatur des flüssigen Wasserstoffes zu beachten. Sie werden hart und spröde (vgl. Abb. 9—11). Lege ich nun einen Würfel von 2 cm Kantenlänge auf den Tisch und lege darauf mit der Mitte einen 1 cm dicken und 50 cm langen Glasstab und versuche, die beiden Enden so weit herabzubiegen, daß sie den Tisch berühren (vgl. Abb. 111), so zerbricht der Glasstab. Mit einem Glasfaden von 0,1 mm Durchmesser (man erhält ihn, wenn

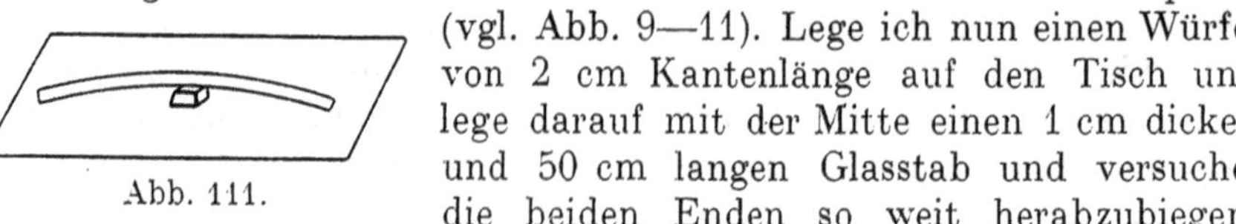

Abb. 111.

man glühendes Glas rasch auseinanderzieht), gelingt der Versuch ohne weiteres. Bei der Rakete werden nun stets infolge des wechselnden Luftwiderstandes und Innendruckes usw. Biegungen eintreten. Sie ließen sich theoretsich zwar durch richtige Berechnung der Materialstärke an jedem Punkte fast ganz vermeiden, doch würden bei der technischen Ausführung immer noch gewisse Unvollkommenheiten bestehen bleiben. Die hauptsächlichsten Biegungen stehen zur Gesamtgröße des Apparates in einem bestimmten Verhältnis, sind also bei sprödem Material um so ungefährlicher, je dünner die Wände sind.

Ist das Material vor dem Zerbrechen geschützt, so bringt die tiefe Temperatur aber auch einen Vorteil: Die Zugfestigkeit und damit $\frac{m_0}{m_1}$ wächst bedeutend. Es gibt zwar auch geschmeidige Materialien, wie reines Blei. Je weniger Biegsamkeit wir indessen verlangen, desto höhere Ansprüche können wir an die Zugfestigkeit stellen.

5. Innendruck im Ofen und Verbrennung.

Es wird möglicherweise aus dem Verbrennungsraum des Modells B Flüssigkeit mitgerissen, wodurch c kleiner wird. Dieser Übelstand wird um so geringer, je größer p wird, denn a) wächst dabei $\frac{p_0}{p_a}$, dadurch wird bei gleichem Umfang der Feuerbüchse die Gasbewegung geringer. Denn die Geschwindigkeit, mit der das Gas durch F_m strömt, ist von p_0 und p_d (fast) unabhängig, und F_m wird bei wachsendem p_0 wesentlich kleiner. Dabei verdampfen kleine Flüssigkeitstropfen besser, weil sie länger im Verbrennungsraum bleiben; b) sie verdampfen auch besser, weil dichtes Gas mehr Wärme abgibt als dünnes; c) weil sie bei hohem p_0 nicht so viel Wärme aufnehmen müssen, um zu verdunsten; d) dieselbe Menge mitgerissener Flüssigkeit beeinträchtigt die Auspuffgeschwindigkeit c bei höherem Innendruck p_0 deshalb weniger, weil dabei der Unterschied zwischen dem spezifischen Gewicht der Flüssigkeit und jenem des Gases geringer wird. D. h. durch F_m strömt das Gas mit der Geschwindigkeit c_m, die nur von $p_0 \cdot V_0$ abhängt; offenbar hindert erstens ein Flüssigkeitstropfen von bestimmter Größe einen Strom von dichterem Gas weniger als einen Strom von dünnem Gas, und zweitens wird er dabei rascher mitgerissen. Wenn wir mit p_0 bis zum höchsten kritischen Druck der Mischung gehen können, so würden uns überhaupt nur noch Temperatur und chemische Zusammensetzung des Stoffes interessieren, der durch F_m strömt, und die Frage ob er flüssig oder gasförmig ist, würde hinfällig.

6. Form des Zerstäubers.

Der Zerstäuber Z würde leichter, wenn die Flüssigkeiten so wie der Sauerstoff beim Modell B aus herabhängenden zapfenartigen Rohren herausströmen würden. Ich glaube aber (aus den im 3. Kapitel angeführten Gründen) nicht, daß die Verbrennung auf diese Weise so gründlich würde wie bei der Einbringung des Brennstoffes von der Peripherie her. Im letzteren Fall gleichen sich nämlich die Unvollkommenheiten der Verbrennung gegenseitig aus. Deshalb sah ich bei den ernstgemeinten Modellen C und D überhaupt nur Einbringung von der Seite her vor.

Übrigens ist diese Frage bei Apparaten nicht allzu wichtig, bei denen abwechselnd Sauerstoff und Brennstoff eingebracht wird, denn hier können wir die Düsen für den Stoff A im Windschatten der Düsen für den Stoff B aufstellen. Dann ist das Verbrennungsgas unter allen Umständen homogen, und es wären nur beim erstmaligen Einbringen der Flüssigkeit aus zapfenförmigen Zerstäubern in einem heißen durch eine Gasflamme erwärmten Sauerstoffstrom Schwierigkeiten zu überwinden.

Ungeschickt ist beim Modell B die gleichzeitige Verwendung von zapfenförmigen Zerstäubern und von seitlich angebrachten Zerstäuberdüsen. Da ich indessen das Modell B nicht zu bauen gedenke, sondern daran nur die wesentlichsten Einrichtungen vorführen wollte, wollte ich die Gelegenheit benützen, um beides zu zeigen.

7. Bedeutung der Pumpen.

Im Brennstoffraum soll der Druck hoch sein; in den Brennstoffbehältern aber soll niederer Druck herrschen. Die Bedeutung der Pumpen $p_{1,\ 2}$ liegt darin, daß sie diese beiden Forderungen miteinander in Einklang bringen. Die Bedeutung der Pumpen wächst mit der Größe des Apparates: große Apparate haben an und für sich die nötige Querschnittbelastung, wir können daher bei ihrem Bau mehr in die Breite gehen. Dabei wird in den Brennstoffbehältern der Innendruck geringer, der nach Kapitel 7 nötig ist, um sie starr zu erhalten. Bei Apparaten mit Querschnittbelastung über 1,1 kg/cm² ist es aber auch wichtig, daß p_0 groß wird, und zwar um so mehr, je größer die Querschnittsbelastung ist. Bei den Wasserstoffraketen verlieren die Pumpen an Bedeutung, wenn das Gewicht der mitgeführten Instrumente groß ist im Verhältnis zum Gewicht der Brennstoffbehälter. Bei der H.R. des Modells B z. B. habe ich sie nur dem Prinzip zuliebe gezeichnet, sie erhöhen den Antrieb noch nicht um 400 m/sek. Ist das Gewicht der Instrumente verhältnismäßig klein, so werden auf Wasserstoffraketen die Pumpen ganz besonders wirksam. Die Druckkammerpumpen $p_{1,\ 2}$ betrachte ich übrigens als eine ziemlich glückliche technische Lösung dieses Problems. Kolbenpumpen könnten diese Arbeit unmöglich leisten.

8. Teilung der Düse.

Ein weiterer Grund, warum bei großen Raketen $\frac{m_0}{m_1}$ (oder wenn wir darauf verzichten $\frac{p_0}{p_d}$) größer sein kann, ist folgender: Wir können bei Raketen dieser Art die Düsen teilen, und zwar in 7 oder 19 oder mehr Teile (vgl. Abb. 18). Dadurch wird die Partie von Ofen, Düse und Pumpen nicht höher als bei kleinen Apparaten. Sie fällt aber hier weniger ins Gewicht, weil ihr Verhältnis zur Brennstoffhöhe geringer ist. (Es ist für das Verhältnis $\frac{m_0}{m_1}$ dasselbe, als wäre es uns beim Modell B gelungen, Ofen, Düsen und Pumpen zu verkürzen.) Beim Modell E steckt die H.R. nicht in der A.R. drinnen, sondern liegt auf ihr auf (vgl. Tafel 4). Die obere Wand der A.R. läuft dabei in Fortsetzungen aus, die in die Düsen der H.R. hineinpassen. Eventuell ist beim Aufstieg noch eine besondere Spitze über die H.R. gezogen, die ihre Festigkeit in den unteren Luftschichten erhöht und mit der A.R. zusammen abgeworfen wird. Die Kammer I liegt hier besser über der H.R., gleich unter dem Fallschirm. Bei Modell B war der Grund, warum sie so tief gelegt wurde, hauptsächlich der, daß der Wasserstoffbehälter nicht unter dem Einfluß der Beschleunigung durchgebogen werden sollte. Dieser Grund fällt hier weg. Die Rolle der Hilfsrakete übernehmen hier Regulierstifte.

9. Start bemannter Raketen.

Zu solchen Riesenraketen kommen wir dann, wenn ein Gegenstand von bestimmtem größeren Gewicht emporgetragen werden soll, $\frac{m_0}{m_1}$ muß ja einen bestimmten Minimalwert haben; ist nun m_1 groß, so muß notwendig auch m_0 groß werden. Eine so große Rakete hat a) ihrer hohen Querschnittsbelastung wegen bereits anfangs eine sehr hohe günstige Geschwindigkeit, die sie vielleicht während der ganzen Fahrt nicht erreichen kann; b) ist hier der Innendruck in den Behältern sowieso verhältnismäßig gering; c) ist hier p_d bei der A.R. für $F_d - F$ bereits nahe bei einer Atmosphäre, wenn nicht darüber. a), b), c) waren aber nach dem auf S. 249 Gesagten die Hauptgründe für einen hochgelegenen Abfahrtsort; d. h. für diese Rakete ist es nicht so wichtig, daß der Abfahrtsort hoch liegt. Sie fährt bequemer vom Meeresspiegel ab. Wenn die Behälter prall mit Luft gefüllt sind, halten sie dem Wellenschlag gut stand. Dann liegt die Rakete flach auf dem Wasser, rückwärts sinkt sie etwas tiefer ein (vgl. Abb. 112), sie kann daher leicht von einem Schiff ins Schlepptau genommen werden, welches gleichzeitig auch die flüssigen Gase in gutisolierten Gefäßen mitzuführen hätte, da sie nur unmittelbar vor dem Aufstieg einzufüllen wären. In gefülltem Zustand nimmt der Apparat eine senkrechte Stellung ein, ist also fertig zur Abfahrt (vgl. Abb. 113). Damit sich an der H.R. kein Eis ansetzt, ist diese mit einer Hülle aus Papier zu umgeben, welches nicht an ihr haften soll und im Augenblick der Abfahrt auseinandergezogen wird. Im Augenblick, in dem diese Rakete aus dem Wasser taucht, wird sie wohl heftig schaukeln, doch tut das wohl nicht viel, da die Kreiselsteuerung sie bald zur Ruhe bringen wird.

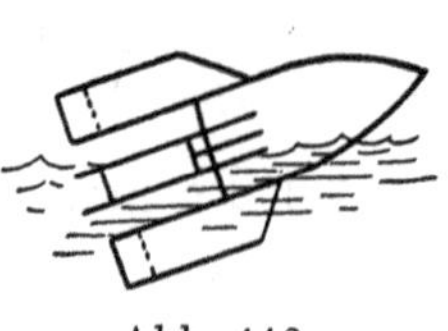

Abb. 112.

Abb. 113.

Auch das Modell C kann leicht so lang gebaut werden, daß es vom Erdboden auffliegen kann (vgl. dazu Punkt 3 dieses Kapitels). Was ich über das Emporheben mittels Luftfahrzeug geschrieben habe, das gilt also ausschließlich für das Modell B. Ich erwähne dies nur, weil in einigen Zeitungsartikeln meine Arbeit so dargestellt wurde, als solle nun jeder Apparat, auch das 288000 kg schwere Modell E mit Ballons 5000 m hochgehoben werden.

10. Raketenraumschiffe.

Wäre die Rakete nicht der Erdanziehung und dem Luftwiderstand ausgesetzt, so stände es vollkommen in unserem Belieben, wie groß wir das Verhältnis $\frac{m_0}{m_1}$ nehmen wollen. Je geringer Luftdruck und Schwere sind, um so leistungsfähiger ist die Rakete. Die Rakete ist der gegebene Apparat, um in die Planetenräume einzudringen.

11. Füllung der H.R.

Bei der Füllung der H.R. muß stets die nötige Vorsicht walten. Es muß erst der Wasserstoffbehälter auf einen inneren Überdruck gebracht werden, der sich zu dem, dem er später ausgesetzt sein wird, so verhält wie sein jetziger Elastizitätsmodul zu jenem bei der Temperatur des flüssigen Wasserstoffes. Dann muß er dadurch abgekühlt werden, daß immer mehr frischverdampfter Wasserstoff hineingepumpt wird. Erst wenn er ungefähr die Temperatur des flüssigen Wasserstoffes hat, darf dieser hineinkommen.

12. Ingangsetzung des Modells B.

15 Sekunden vor der Abfahrt wird die kleine Pumpe m_1 in Gang gesetzt. 5 Sekunden vor der Abfahrt muß die Dynamomaschine an-

laufen. Die Abfahrt erfolgt, sobald die Sauerstoff- und Alkoholmischung in A und B Feuer gefangen hat, was mit dem Zündkörper G zu erreichen ist.

13. Steighöhe.

$\sqrt{2 \cdot g_1 \cdot h_1}$ beträgt für $h_1 = r + 70$ km: 11160 m/sek, für $h_1 = r + 140$ km; 11106 m/sek. Für Höhen zwischen 70 und 140 km findet man die parabolische Geschwindigkeit hieraus durch Interpolieren. Man wird aus dem bisher Gesagten sehen, daß es möglich ist, diese Geschwindigkeit zu erreichen. Gibt beispielsweise die A.R. der H.R. einen Antrieb von 3000 m/sek (eine große Alkoholrakete gibt der H.R. aber einen Antrieb von über 4000 m/sek) und ist bei der H.R. $c = 3400$ m/sek (in Wirklichkeit dürfte aber die Auspuffgeschwindigkeit an 4300 m/sek betragen), so ist für die H.R.

$$\ln \frac{m_0}{m_1} = \frac{11000 - 3000}{3400} = 2{,}542; \qquad \frac{m_0}{m_1} = 12{,}72;$$

ein Wert, der durch nochmalige Teilung überschritten werden kann. Meine Apparate können also sehr wohl kosmische Geschwindigkeit erlangen.

14. Bewertung der Brennstoffe.

Hierüber herrscht in der Raketenliteratur bemerkenswerte Unklarheit. Verschiedene Autoren versuchen immer wieder, einfache Kriterien für die Bewertung der Brennstoffe aufzustellen. Hoefft und eine Reihe von Maschineningenieuren z. B. fragen mit Vorliebe nach dem Gehalt eines Kilogramm der Brennstoffzusammenstellung an innerer Energie, Noordung wieder meint, derjenige Brennstoff sei der beste, der im Liter die meiste Energie enthalte. Bei anderen Autoren wieder finden wir andere Bewertungsgrundsätze, auf die es sich aber gar nicht lohnt, näher einzugehen.

Zunächst nützt uns aber die Kenntnis der Brennstoffenergie allein noch gar nichts. Wir müssen auch noch wissen, wieviel von dieser Energie wir in Auspuffungsgeschwindigkeit umsetzen können. Eine Zusammenstellung von Azetylen und Sauerstoff z. B. enthält sowohl im Liter als im Kilogramm bedeutend mehr chemische Energie als etwa eine Zusammenstellung von Alkohol und Sauerstoff, der Alkohol ergibt aber trotzdem innerhalb der Atmosphäre eine höhere Auspuffgeschwindigkeit. Bei der Azetylenflamme haben wir nämlich zwei Teile Kohlensäure und einen Teil Wasserdampf. Die Kohlensäure ist nun bei derselben Temperatur mehr als doppelt so schwer wie der Waserdampf, sie müßte also wesentlich höher erwärmt werden, um dieselbe Ausströmungsgeschwindigkeit zu ergeben. Für sich allein würde sie sich auch nun ihres (eben aus ihrem höheren Molekulargewicht folgenden) geringeren Wärmeaufnahmevermögens wegen bei derselben Energiezufuhr entsprechend stärker erwärmen, aber nun ist auch noch der Wasserdampf da. Und dieser zerfällt nun bei derartig hohen Temperaturen. Dabei bindet er den größeren Teil der entstehenden Wärme wieder, so daß das Gas doch nicht so leicht ist wie das hauptsächlich aus undissoziiertem Wasserdampf bestehende Verbrennungsgas der Alkoholflamme.

Hieran würde sich auch dann nichts ändern, wenn wir die Düse unten weiter machen würden, als wir im 5. Kapitel angenommen haben. Wenn wir im luftleeren Raum eine solche stark erweiterte Düse haben, so wird wohl der Gasdruck vom Ofen bis zur Mündung stark abnehmen, und damit wird auch die Dissoziation zurückgegeben, wie seinerzeit Pirquet gezeigt hat (vgl. Ley „Die Möglichkeit der Weltraumfahrt"). Solange aber die Rakete innerhalb der Atmosphäre fährt und solange ihre Geschwindigkeit nicht größer ist als die Auspuffgeschwindigkeit, kann der Druck an der Mündung nicht unter den Druck der Außenluft herabsinken, weil der ganze Raum hinter der Rakete durch die Auspuffgase ausgefüllt wird. Dementsprechend wird hier auch der Dissoziationsgrad an der Mündung noch immer hoch sein. Wir wollen nun aber nicht die Düsenwand schmelzen, sondern hohe Auspuffgeschwindigkeiten erzielen, und wir werden daher den Alkohol dem Azetylen vorziehen.

Aus der starken Dissoziationsfähigkeit des Wasserdampfes erklärt sich auch die eigentümliche Tatsache, daß bei einem offenen Gebläse die Azetylenflamme, beim Brennen in einem geschlossenen, unter Druck stehenden Ofen dagegen die Flamme des Knallgebläses heißer ist. Die Azetylenflamme liefert nämlich zu 81,5% die schwerer dissoziierbare Kohlensäure und nur zu 18,5% Wasserdampf, dessen Dissoziation hier also nicht so stark ins Gewicht fällt wie bei der reinen Wasserdampf liefernden Knallgasflamme. Wenn man nun aber dessen Dissoziation durch höheren Druck zurückhält, so kommt der höhere Energiegehalt des Knallgases mehr zur Geltung.

Nun sagt Noordung allerdings ganz richtig: „Vorausgesetzt, daß sich die Brennstoffe gleich gut ausnützen lassen." (Eine Voraussetzung, die allerdings für die vom ihm vorgeschlagene Emulsion von Kohlenstaub in Benzin oder Benzol aus den schon beim Azetylen auseinandergesetzten Gründen nicht zutrifft.) Aber nehmen wir einmal an, das treffe für zwei verschiedene Brennstoffe zu, oder noch besser, wir wollen einmal die Brennstoffe nur im Hinblick auf die im Liter enthaltene Auspuffenergie vergleichen. Diese ist dem spezifischen Gewicht σ und dem Quadrat der Auspuffgeschwindigkeit proportional. Nach Noordung wären also zwei Brennstoffe einander gleichwertig, bei denen $\sigma \cdot c^2$ gleich ist.

Nun nehmen wir einmal einen Brennstoff an, bei dem

$$\sigma = \frac{1}{2}; \qquad c = 2828 \text{ m/sek}.$$

Hier wäre also

$$\sigma \cdot c^2 = 4 \cdot 10^6.$$

Wir wollen mit diesem Brennstoff eine einfache Rakete füllen, die das 9fache ihres Leergewichtes an Wasser fassen könnte. Wir könnten hier die Hälfte von 9 m_1, also $4^1/_2\, m_1$ von diesem Brennstoff in ihren Brennstoffbehältern unterbringen, und nach Formel (6) wäre ihr idealer Antrieb

$$v_x = 2828 \cdot \ln \frac{4\frac{1}{2} m_1 + m_1}{m_1} = 4830 \text{ m/sek}.$$

Hätten wir dagegen einen Brennstoff mit dem spezifischen Gewicht 2 und der Auspuffgeschwindigkeit 1414 m/sek, so wäre auch hier

$$\sigma c^2 = 4 \cdot 10^6.$$

Dieser Brennstoff wäre also nach Noordung dem erstgenannten gleichwertig. Von diesem Brennstoff könnten wir nun $2 \cdot 9 = 18 \cdot m_1$ in die Behälter unserer Rakete füllen, und es wäre hier:

$$v_x = 1414 \cdot \ln \frac{18\, m_1 + m_1}{m_1} = 4170 \text{ m/sek}.$$

Noch beträchtlicher wäre der Unterschied, wenn wir nicht mit einer einfachen, sondern mit einer zweistufigen Rakete arbeiten würden. — Angenommen, die leere untere Rakete sei 10mal so schwer als die leere obere, und jede fasse 9mal so viel Wasser, als sie selbst wiegt. Die großen Buchstaben sollen sich auf die untere, die kleinen auf die obere Rakete beziehen. Dann ist also beim leichteren der angenommenen Brennstoffe:

$$v_x = 4830 \text{ m/sek},$$

$$M_1 = 10\, m_1,$$

$$m_0 = 5{,}5\, m_1 = 0{,}55\, M_1,$$

$$M_1 = M_1 + 4{,}5\, M_1 = 5{,}5\, M_1,$$

$$V_x = c \cdot \ln \frac{M_0 + m_0}{M_1 + m_0} = 2828 \cdot \ln \frac{6{,}05\, M_1}{1{,}55\, M_1} = 4070 \text{ m/sek},$$

$$V_x + v_x = 8900 \text{ m/sek}.$$

Beim schwereren Brennstoff hätten wir:

$$v_x = 4170 \text{ m/sek},$$
$$M_1 = 10\, m_1,$$
$$m_0 = 19\, \text{m}_1 = 1{,}9\, M_1,$$
$$V_x = c \cdot \ln \frac{M_0 + m_0}{M_1 + m_0} = 1414 \cdot \ln \frac{18\, M_1 + M_1 + 1{,}9\, M_1}{M_1 + 1{,}9\, M_1} = 2800 \text{ m/sek},$$
$$V_x + v_x = 6970 \text{ m/sek}.$$

Wir erhalten also beim zweiten Brennstoff 1930 m/sek = 27,7% weniger als beim erstgenannten.

Der Grund, warum das Noordungsche Kriterium versagte, ist der, daß nicht

$$\sigma c^2, \text{ sondern } c \cdot \ln \frac{m_0}{m_1}$$

hätte konstant sein müssen; oder, da

$$m_0 = k\, \sigma\, m_1 + m_1,$$

wobei k (der Füllungsfaktor) eine vom Bau der Rakete abhängige Konstante bezeichnet, hätten wir das Kriterium gehabt:

$$c \cdot \ln (k \sigma + 1).$$

Nun ist der Füllungsfaktor k bei verschiedenen Raketen ganz verschieden, spezifisches Gewicht und Ausströmungsgeschwindigkeit fallen also bei verschiedenen Raketen ganz verschieden gegeneinander ins Gewicht. Es gibt also schon aus diesem Grunde kein einfaches Kriterium, welches uns auch nur im Hinblick auf den idealen Antrieb sagen würde, ob ein Brennstoff grundsätzlich vorzuziehen ist.

Noch komplizierter wird die Sache, wenn man nun auch noch die Durchdringung der Luft, die von der Größe und der Form der Rakete abhängige Querschnittsbelastung und schließlich den vom Düsenverhältnis, vom Ofendruck, von der Fahrtgeschwindigkeit und vom Druck der Außenluft abhängigen Dissoziationsgrad des Auspuffgases mit in die Rechnung setzt. Eine Probe haben wir ja schon bei der Beschreibung und der kürzlich erfolgten Gegenüberstellung der A.R. und der H.R. des Modells B bereits erhalten.

Man vergleiche doch einmal die Ungleichung

$$v_0\, c > 2\, r\, S$$

und etwa die Formeln (43) und (100). Es gibt einfach keinen Brennstoff, der bei hinreichender Variation aller Formelgrößen allen andern Brennstoffen überlegen wäre. Ein solcher müßte gleichzeitig der schwerste, energiehaltigste, am wenigsten dissoziierbare — und, wenn man die Sache praktisch durchführen soll, außerdem auch noch der billigste, haltbarste und ungefährlichste sein, und er müßte an das Baumaterial die geringsten Anforderungen stellen. Nun wird aber jeder der bekannten Brennstoffe in einigen Punkten von anderen übertroffen, und da nun diese Eigenschaften bei verschiedenen Apparaten verschieden stark gegeneinander ins Gewicht fallen, so wird beim einen Apparat der eine und beim anderen der andere Brennstoff besser entsprechen.

Das einzig Vernünftige, was der Raketenkonstrukteur hier tun kann, ist folgendes:

Er entwirft zunächst einmal in groben Zügen einen Raketenplan unter Beachtung der allgemeinen konstruktiven Grundforderungen, die sich aus der Raketentheorie ergeben und die ich z. T. in diesem Buch auch abgeleitet habe (hohes Massenverhältnis, Vermeidung von Versteifungen, geeignete Kesselpumpen, entsprechende Querschnittsbelastung usf.). Die Frage nach der Größe und der Beschaffenheit der Brennstofftanks und nach den feineren Abmessungen des Verbrennungsapparates dagegen läßt er vorderhand offen. Sodann berechnet er die Leistungsfähigkeit der oberen Rakete bei verschiedenen Brennstoffen. Hat er hier den besten gefunden, so berechnet er deren Vollgewicht und betrachtet sie nunmehr als Nutzlast der nächstgrößeren Rakete, bei der er in ähnlicher Weise verfährt. Er muß vor allen Dingen den Brennstoff für die verschiedenen Raketen gesondert prüfen, denn wir sahen schon beim Modell B, daß für die obere und die untere Rakete die Anforderungen an den Brennstoff recht verschieden sind. Oben werden wir vor allen Dingen (aber nicht ausschließlich) nach hohem Energiegehalt, unten dagegen mehr nach hohem spezifischen Gewicht streben. (Dabei kann es uns begegnen, daß wir den Brennstoff der oberen Rakete nach Durchrechnung der unteren noch einmal mit Rücksicht auf das Ganze abändern.) Zuletzt endlich werden wir den Apparat durchkonstruieren.

Noch verzwickter wird die Sache, wenn man auch den Kostenpunkt beachten muß. Der Maschineningenieur und der Wärmetechniker wird leicht geneigt sein, denjenigen Brennstoff zu wählen, der pro Kalorie am billigsten kommt. Nun geben aber die billigen Brennstoffe meist eine geringere Auspuffgeschwindigkeit, und da der Logarithmus des Massenverhältnisses der Auspuffgeschwindigkeit ungefähr umgekehrt proportional ist, so wird bei höheren Anforderungen der Massenverbrauch derart steigen, daß die Sache trotz der spezifischen Billigkeit des Brennstoffes im ganzen doch wesentlich teurer kommt. Der Aufstieg einer Rohölrakete z. B., die dasselbe leisten soll wie das Modell C, würde rund 4mal so teuer kommen.

Aber selbst dann muß man bei der Berechnung noch vorsichtig sein, wenn die Auspuffgeschwindigkeit der Brennstoffe an sich gleich hoch ist, denn hier ist auch noch der flüssige Sauerstoff zu bezahlen, wobei auch noch in Betracht zu ziehen ist, ob der Aufstieg neben der Sauerstoffabrik erfolgen soll, und wie lange die Fabrik braucht, um die erforderliche Sauerstoffmenge zu erzeugen, m. a. W. wieviel Sauerstoff unbenützt verdampft, bis daß man an die Füllung der Rakete gehen kann. — Petroleumbenzin, 40prozentiger Methyl- und 30prozentiger Äthylalkohol z. B. ergeben in der Troposphäre nahezu dieselbe Auspuffgeschwindigkeit. (In der Stratosphäre dürfte sich das Verhältnis etwas zugunsten des Benzins verschieben.) Benzin ist von diesen 3 Flüssigkeiten am billigsten, Äthylalkohol am teuersten. Also werden wir Benzin verwenden?

Wenn die Moleküle des Benzins durchschnittlich 8 Atome Kohlenstoff enthalten, so erfolgt die Verbrennung nach der Formel:

$$C_8H_{18} + 25 \cdot O = 8\,CO_2 + 9\,H_2O\,.$$

Dabei wird ein Kilogramm unserer Brennstoffzusammenstellung 22,2% Benzin und 77,8% Sauerstoff enthalten. Beim Methylalkohol hätten wir 25% Alkohol und $37^1/_2$% Sauerstoff, beim Äthylalkohol endlich hätten wir $18^1/_2$% Alkohol und $38^1/_2$% Sauerstoff. Beim heutigen Stand der Preise wäre also Holzgeist am billigsten. (Wobei auch noch in Betracht zu ziehen wäre, daß bei Alkoholverwendung die Düsenwände nicht so stark angegriffen werden, denn beim Benzin müßte man einen gewissen Sauerstoffüberschuß nehmen, um sicher zu sein, daß vom schweren Benzindampf nichts unverbrannt bleibt.) Aber nun erhebt sich auch noch die Frage, würden die heutigen Preise bei einem regen Postraketenverkehr noch bestehen bleiben. Der Methylalkohol z. B. ist heute eigentlich nur deshalb so billig, weil man ihn nicht in großer Menge verbraucht. Bei stärkerem Verbrauch dagegen würde der Preis ganz wesentlich in die Höhe gehen, so daß schließlich der in beliebiger Menge herstellbare Äthylalkohol (oder wenn man die Alkoholsteuer mit in Rechnung zieht) durch etwas Holzgeist denaturierter Brennspiritus am billigsten kommen würde.

Wenn ich trotzdem bei meinen ersten Registrier- und Fernraketen Benzin verwenden werde, so hat das seinen Grund darin, daß hier die Vorversuche bequemer und billiger sind. Erstens sind beim Benzin gewisse Fragen schon geklärt, die besonders beim Methylalkohol noch zu untersuchen wären, zweitens kann man bei den Zerstäubungs- und Verbrennungsversuchen schon an der Farbe der Flamme erkennen, ob das Benzin richtig verbrannt ist, was beim Alkohol nicht der Fall ist[1]).

15. Vereinfachungen beim Modell B.

Wir können den Ofen bedeutend vereinfachen, wenn wir weniger Wert auf hohe Endgeschwindigkeiten legen würden. Wir können den Ofen direkt an die Mantelfläche grenzen lassen, und diese einfach mit Asbest auskleiden, den wir vor dem Aufstieg anfeuchten. Eine weitere Vereinfachung bestände darin, auch die Düse einfach mit einem Stoff auszukleiden, der dem Feuer $^3/_4$ Minute lang standhalten kann.

Wollte man bei der A.R. statt der umklappbaren Flossen feste, nur mit Steuer versehene Flossen anwenden, so würde ein Fallschirm notwendig, und der Antrieb würde um weitere 100—200 m/sek herabgehen. Immerhin käme ein Apparat mit allen diesen Vereinfachungen noch über 250 km hoch. Allerdings kann uns ein solcher Apparat über die Bewegung höherer Luftschichten keinen Aufschluß geben, denn die Zeit, während welcher er die Tangentialbewegung höherer Luftschichten hat, ist gegenüber der Zeit, während welcher er die seitliche Bewegung niederer Luftschichten hat, verhältnismäßig zu klein.

Auch auf die Pumpen $p_{1, 2}$ und auf den Windkessel könnten wir verzichten, wenn wir den Alkoholwasserbehälter auf dem Drucke zwischen den Zerstäuberröhren hielten. Dabei müßten seine Wände natürlich dick werden. Wir hätten aber doch auch einen Vorteil, nämlich daß die Form der Rakete schmäler sein könnte. Bei gleichem Brennstoffverbrauch könnte also die Querschnittsbelastung größer, bei gleicher Querschnittsbelastung der Brennstoffverbrauch kleiner werden. — Wäre auch diese Vereinfachung durchgeführt, so wäre $\bar{v}_1 = 1200$ m/sek, und die Rakete käme (s_1 hinzugerechnet) noch etwas über 100 km hoch. Sie würde nunmehr weiter nichts brauchen, um zu steigen, als die Pumpen $m\,n$[2]), den Zerstäuber Z, den Alkoholbehälter mit dem doppelten Boden h und einem Manometer, welches den Zustrom der Heizgase regelt, und einem Sicherheitsventil und den Sauerstoffbehälter mit denselben Zubehörteilen. Dazu käme noch der Steuerkreisel und der vorher etwas anzufeuchtende Fallschirm und die Abwurfvorrichtung. Irgendeine Kühlung

[1]) Aus ähnlichen Gründen ist es auch bei mehrstufigen Raketen nicht möglich, einfache Kriterien für die Optimalteilung anzugeben. Wenn man die hierüber veröffentlichten Kriterien auf konkrete Fälle anwendet, so bewähren sie sich nicht. Auch hier hilft nur eines: eine Reihe von Möglichkeiten durchrechnen. Ich werde im zweiten Band ausführlich darüber schreiben.

[2]) Wie man bei den Modellen A, D und C sieht, lassen sich auch die Pumpen $m\,n$ vermeiden.

der Spitze ist hier nicht mehr nötig. Die Steig- und Falldauer dieses Apparates würde nicht ganz 6 Minuten betragen. Dabei würde er sich höchstens 10 km weit vom Aufstiegsort entfernen, also leicht zu finden sein, zumal man ungefähr wüßte, in welcher Richtung man ihn zu suchen hätte. Wir können also auch noch auf jedes Hilfsmittel für die Auffindung verzichten. Einen verhältnismäßig einfachen Apparat, der (allerdings bei 6mal größerem Brennstoffverbrauch) dasselbe leistet wie Modell B (der aber, weil er größer ist, bereits von 2—3 km Höhe abfahren kann), könnten wir auch erhalten, wenn wir drei Raketen, die derartig einfach wären, übereinander stellen würden, und zwar zu unterst eine Alkoholwasserrakete, in der Mitte eine Rakete, in der als Brennstoff flüssiges Methangas und als Kühlstoff Wasser dient, und zu oberst eine Wasserstoffrakete.

Grundsätzlich noch einfacher sind die Modelle A und C. Bei C können sogar die Flossen wegfallen.

16. Die Vorteile flüssiger Brennstoffe.

Die Vorteile flüssiger Brennstoffe vor den bisher gebräuchlichen Explosivstoffen sind folgende:

a) Die Geschwindigkeit kann geregelt werden.

b) $\frac{m_0}{m_1}$ wird größer.

c) Die Auspuffgeschwindigkeit wird (besonders bei der H.R.) größer. Erstens weil leichtere Gase ausströmen, zweitens weil durch geeignete Düsen die Treibkraft der Brennstoffe besser ausgenutzt wird, drittens weil die Düsen unter Gleichdruck stehen.

d) Der Betrieb wird ungefährlicher.

17. Die Teilung der Rakete.

Vorteile:

a) Es wird weniger totes Material mitgeschleppt.

b) Die einzelnen Raketen können ihren verschiedenen Zwecken entsprechend verschieden gebaut sein.

Als meine Erfindung sehe ich noch an: den Geschwindigkeitsregulator, die Abwurfvorrichtung, die Pumpkammer, die Verdampfung durch Einpressen feiner Flüssigkeitsbläschen. Endlich scheinen auch die Formeln (36) bis (51) und 61) bis (171) neu zu sein. Desgleichen die Untersuchung von Naturerscheinungen unter dem Gesichtspunkte des Andruckes und die Untersuchungen über das Synergieproblem.

IV. Teil.

Verwendungsmöglichkeiten.

18. Kapitel.

Verwendungsmöglichkeiten der Raketendüse für flüssige Brennstoffe auf der Erde.

Formelgrößen des 18. Kapitels.

Die Indexziffern beziehen sich auf die auf Abb. 124 durch eingeklammerte Zahlen bezeichneten Punkte.

c: Ausströmungsgeschwindigkeit.
e: Basis der natürlichen Logarithmen.
g: Fallbeschleunigung (konstant 9,81 m/sek²).
h: Höhe über dem Erdboden.
m: Masse.
p: Rücktrieb.
p_0: Ofendruck.
p_d: Mündungsdruck.
t: Zeit.
v: Geschwindigkeit.
C: der während des Totlaufens der Energie zurückgelegte Weg.
E: gesamte Energie.
H: Konstante aus (34) (7400 m).
K: Bewegungsenergie.
K': scheinbares Verhältnis $\frac{p_d}{p_0}$.
P: Energie der Lage.
β: Luftdichte.

$$\gamma = \frac{m_2 g}{v^2 \cdot \beta}.$$

Über die Geschichte der Rakete und ihre bisherigen Verwendungsgebiete werde ich im II. Bd. schreiben. Hier möchte ich nur über Anwendungsgebiete berichten, die der Rakete noch erschlossen werden können.

1. Die senkrecht aufsteigende Rakete.

a) Die Registrierrakete. Sie dient der Erforschung der höheren Luftschichten.

Die Beschleunigung einer Rakete ist so gering, daß sie empfindliche Präzisionsinstrumente mittragen kann. Mit kleinen Registrierraketen, die einfach senkrecht bis über die Grenzen der Erdatmosphäre steigen sollen, lassen sich folgende Messungen ausführen:

Die Beschleunigungsanzeiger (vgl. S. 89) geben uns ein Diagramm zwischen Andruck und Zeit, und zwar sowohl während des Aufstieges als auch während des Abstieges. Hieraus können wir dann durch Integration auf die Geschwindigkeit während eines bestimmten Zeitpunktes der Fahrt schließen. Hieraus wieder auf die während dieser Zeit innegehabte Höhe (vgl. S. 199). Dabei ergibt sich eine gewisse Kontrolle für die Angaben der Beschleunigungsanzeiger daraus, daß wir aus den Angaben während des Aufstieges und jenen während des Abstieges denselben Wert für die höchste erreichte Höhe bekommen müssen. Eine weitere Kontrolle bestände in einer Beobachtung der Rakete durch Fernrohre während der Fahrt und in der Aufzeichnung des Beobachtungswinkels[1]).

Auf einen rasch bewegten Körper wird ein Barometer infolge der Luftwirbel schwerlich den wahren Luftdruck zeigen. Auch die Angaben eines Thermometers entsprechen nicht der wahren Lufttemperatur. Dagegen fällt die leere vom Fallschirm getragene Registrierrakete unterhalb 50 km verhältnismäßig langsam, so daß man hier Druck und Temperatur der Luft direkt messen könnte. Oben fällt die Rakete natürlich trotz des Fallschirmes zu rasch. Während des Aufstieges wieder könnte man den Luftwiderstand messen, den die Raketenspitze erfährt (vgl. S. 243 Apparat Nr. 6). Natürlich müßte man auch bei den Barometerangaben während des Abstieges die Geschwindigkeit relativ zur Luft in Anschlag bringen, doch ließe sie sich durch eine Art Windrad ermitteln. (Dessen Flügel müßten natürlich fast in der Fahrtrichtung stehen, damit es sich nicht zu schnell dreht.) Durch Vergleichung der Barometerangaben während des Abstieges mit dem Luftwiderstand, den die Spitze in derselben Höhe während des Aufstieges erfahren hat, könnte man die Widerstandsziffer für Geschwindigkeiten über 100 m/sek mit großer Genauigkeit erhalten.

Die leeren Brennstoffbehälter könnten oben mit Luft gefüllt werden. Bei der Aufnahme der Luftproben werden die Kolbenstöße der Pumpe gezählt, hieraus und aus den Angaben des Manometers des Behälters ist wieder ein Schluß auf die Luftdichte möglich. Auf diese Weise wäre vor

[1]) Das läßt sich mit Zeißschen Zenitfernrohren machen.

allen Dingen festzustellen, ob die Luft oben ähnlich zusammengesetzt ist wie unten oder ob das prozentuelle Verhältnis zwischen ihren einzelnen Bestandteilen ein anderes ist; viele Astronomen und Meteorologen nehmen an, es müßte in höheren Luftschichten verhältnismäßig mehr Wasserstoff und weniger Sauerstoff sein. Es könnten sogar in den oberen Luftschichten Stoffe existieren, die auf dem Erdboden nicht zu finden sind, wie z. B. gewisse Azote und Nitrosylverbindungen, die sich nur unter dem Einfluß starker ultravioletter Strahlen bilden können und bald wieder zersetzen, oder das hypothetische Koroniumgas. Das Rohr, durch welches die Luftproben eingesogen werden, müßte dabei genau nach abwärts weisen, nur in diesem Falle wäre es möglich, aus der Fallgeschwindigkeit mit hinreichender Genauigkeit zu errechnen, welche relative Verdichtung die Luft schon vor der Röhrenmündung erfährt. Ebenso müßte die Röhre sorgfältig gekühlt werden. In einer Atmosphäre mit verhältnismäßig viel Wasserstoff nämlich würde sich dieser bei der Verdichtung mit dem Sauerstoff verbinden. Durch diese Verbrennung würde man dann ganz falsche Zahlen erhalten.

Ist dagegen dieses Rohr wirksamer gekühlt als die Luft vor dem Fallschirm, so würde nun hier die Oxydation stattfinden und die Verzögerung des Falles infolge der plötzlichen Volumzunahme der Luft vor dem Fallschirm wäre selbst die sicherste Gewähr dafür, daß die Luft vor dem Pumpenrohr nicht über das ihr zuträgliche Maß komprimiert und erwärmt wird.

Ich möchte hier auf einen Einwand eingehen: Man hat befürchtet, diese brennbare Atmosphäre könnte durch die heißen Auspuffgase der Rakete Feuer fangen, wodurch dann ganz eigenartige Katastrophen hervorgerufen würden. Jedenfalls würde wenigstens die Zusammensetzung der obersten Luftschichten dabei von Grund auf geändert und ein vielleicht nicht unbedenklicher Eingriff in die Natur verursacht. Ich will an dieser Stelle nicht weiter auseinandersetzen, warum dies auch theoretisch unmöglich ist. Daß es tatsächlich nicht geschieht, das kann man daran erkennen, daß fast täglich Meteore und Sternschnuppen diese Schicht durchschlagen, ohne daß eine Entzündung stattfindet, obwohl der Schweif dieser Gebilde doch jedenfalls wesentlich heißer ist, als die Auspuffgase meiner Rakete.

Aus den Luftwiderständen an der Spitze während des Aufstieges würden wir allerdings die Widerstandsziffer für sehr große Geschwindigkeiten zunächst nur einschließlich der Wasserstoffwirkung finden können. Doch nach verschiedenen, verschieden hohen Aufstiegen würden wir dann die eigentliche Widerstandsziffer und die Wasserstoffwirkung voneinander trennen können. (Die Wasserstoffwirkung könnte die Luft bis 4mal so dicht erscheinen lassen, als sie in Wirklichkeit ist, was übrigens nach S. 71 ff. die Leistungsfähigkeit der Rakete kaum ändert.)

Da sich all diese Größen gegenseitig stützen und ergänzen, lassen sie sich nachher auf dem Wege indirekter Rechnung recht genau bestimmen. Dabei scheint es mir ein besonders glücklicher Umstand zu sein, daß wir gerade dasjenige direkt messen, was uns beim Bau von Raketen besonders interessiert.

Während des Aufstieges werden natürlich auch Flüssigkeitszustand, Innendruck, Temperatur usw. registriert, besonders günstig scheint es mir dabei zu sein, daß man aus der Flüssigkeitsabnahme und der Beschleunigung, vermehrt um die Schwere und den Luftwiderstand, die Ausströmungsgeschwindigkeit c findet, und daß man weiter aus dem Innendruck und der Beschleunigung sozusagen ein scheinbares Verhältnis K' zwischen $\frac{p_d}{p_0}$ konstruieren kann, welches für den Rau von Raketen wichtiger ist als das wirkliche $\frac{p_d}{p_0}$. Dies erhält man übrigens auch, wenn man die Zusammensetzung, die Temperatur und den Überdruck der ausströmenden Gase mit c vergleicht und die Reibung berücksichtigt usw.

Niedergangsort: Trotzdem diese Rakete scheinbar senkrecht aufsteigt, fällt sie nicht an dem Orte nieder, von welchem sie aufgestiegen ist. Erstens beeinflussen sie die seitlich bewegten Luftschichten (die horizontale Komponente ihrer Bewegung ist so gut wie völlig gleich der seitlichen Bewegung der höheren Luftschichten). Zweitens kommt aus kosmischen Gründen eine Abweichung zustande. Infolge der Erdrotation bewegt sich die Rakete nämlich, vom Schnittpunkt des Lotes mit der Erdachse aus betrachtet, auf einem um die Himmelskugel gezogenen größten Kreis. Dieser Kreis läuft anfänglich genau von Westen nach Osten, weicht aber später gegen den Äquator zu ab, wenn nicht der Aufstiegsort selbst am Äquator lag (vgl. Abb. 114).

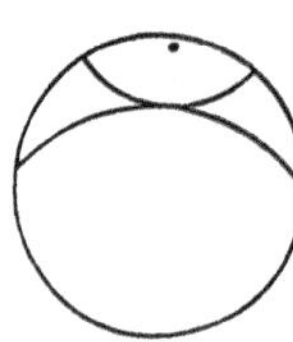

Abb. 114.

Weiterhin ist die Winkelgeschwindigkeit der Rakete in bezug auf den Erdmittelpunkt kleiner als die Winkelgeschwindigkeit des Punktes der Erdoberfläche, über welchem die Rakete sich gerade befindet. Das bedingt eine Abweichung nach Westen. In Abb. 115 verbindet der Pfeil die geographischen Punkte, über welchen die Rakete hinfliegt. Diese Kurve läßt sich leicht berechnen. Dadurch wird das Auffinden erleichtert.

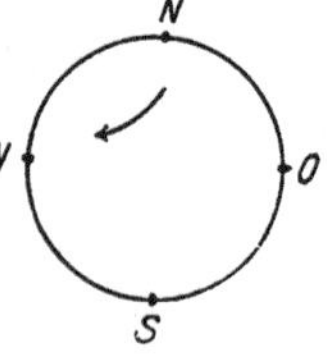

Abb. 115.

Aus dem Unterschied zwischen dem berechneten und dem wirklichen Niederfallsort findet man die Bewegung der höheren Luftschichten. Vorausgesetzt, daß die Steuerung richtig war. Diese läßt sich vorher prüfen, indem man das Modell mit demselben vorher sorgfältig gerichteten Kreisel labil unterstützt und in einen gleichmäßigen Luftstrom bringt (vgl. Abb. 85c).

Ebenso wären auch viele Fragen, die heute noch ungeklärt sind, z. B. die Frage nach der Heavyside-Schicht, nach gewissen kurzwelligen Strahlen im Sonnen- oder Sternlicht und anders mehr schon mit Hilfe solcher einfacher Registrierraketen zu beantworten.

Da man die Rakete besser dorthin senden kann, wo man sie haben will, als einen Registrierballon, so könnte man mit Hilfe der Raketen auch ungeklärte Fragen der Gewitterbildung der Entstehung barometrischer Maxima und Minima und dgl. erforschen. Es läßt sich heute natürlich nicht abschätzen, ob diese Erforschung auch zur Beherrschung der betreffenden Naturvorgänge führen wird, doch dies ist wahrscheinlich. Es war ja bis jetzt von der Erkenntnis eines Naturvorganges bis zu seiner Beherrschung in der Regel immer nur ein Schritt.

Als senkrecht aufsteigende Registrierrakete könnte natürlich nicht nur das Modell B dienen, sondern kleinere Apparate wie Modell A und C wären dafür noch besser geeignet.

b) Die Aufklärungsrakete. Man könnte eine 30—40 km hoch steigende Rakete mit einer Kinokamera ausrüsten, so daß sie das Gelände vor sich photographiert. Eine solche Rakete könnte im Kriegsfall namentlich die Fesselballons ersetzen und hätte vor diesen den Vorzug, daß der Feind sie nicht abschießen kann.

2. Die Fernrakete.

Wie ich schon auf S. 111 sagte, können solche Raketen nicht nur hoch, sondern auch weit fliegen. Über die Steuerung habe ich S. 190 bis 205 das Nötige gesagt.

Verwendungsmöglichkeiten: a) Man könnte diese Raketen mit einer photographischen Kamera ausrüsten, sie über unbekannte, schwer zugängliche Gegenden hinfliegen und diese photographieren bzw. photogrammetrisch aufnehmen lassen. Es wäre z. B. für die Erforschung des innern Afrika, des Hochlandes von Tibet, der Polarländer, Grönlands usw. schon viel gewonnen, wenn man eine vollständige photographische Aufnahme der betreffenden Gegend aus der Vogelschau hätte, diese könnte den Forschungsexpeditionen als Landkarte und vorläufiger Anhaltspunkt dienen.

b) Weiter ließen sich unbemannte Fernraketen zur Beförderung von Eilpost gebrauchen. Eine solche Rakete fliegt z. B. in weniger als einer halben Stunde von Berlin nach Neuyork. Den Niederfallsort kann man heute auf einen Umkreis von ca. 10 km Radius genau bestimmen, zumal wenn vor dem Start dem Aufstiegsort die Windverhältnisse des Ankunftsortes telegraphisch mitgeteilt worden sind.

Es könnte nun, sagen wir, auf den Hafen von Neuyork gezielt werden. Dann müßte am Ankunftsort ein Flugzeug aufsteigen, um den Niederfallsort der Rakete zu beobachten. Die Rakete kommt natürlich auf die Sekunde genau an und bildet mit ihrem Fallschirm ein weithin sichtbares Objekt. Sofern das Flugzeug die Rakete nicht selbst einbringen kann (wenn die Rakete auf dem Wasser niederfällt), so ist dies einem Wasserflugzeug natürlich ohne weiteres möglich, denn die Rakete schwimmt ja mit geleerten Brennstoffkammern gut und ist auch nach dem Verlust ihrer Brennstoffe verhältnismäßig leicht, so kann es mindestens in kurzer Zeit ihren Niederfallsort mitteilen, damit sich Postfahrzeuge hinbegeben und sie abholen.

Die Beförderungskosten werden keineswegs hoch sein. Als Treibstoff wird hier Petroleum und flüssiger Sauerstoff dienen, man kann für 1 kg dieses Treibstoffes etwa 30—40 Pf. rechnen. Rechnet man nun, daß bei einer 4000-km-Fahrt der Treibstoff das 10 fache der Nutzlast ausmacht, so erhält man hier für den Treibstoff 3—4 Pf. pro Dekagr. Nutzlast. Die gesamten Selbstkosten der Beförderung (Abnützung und Amortisation der Maschine, Bezahlung der Funktionäre, Garantien für Verluste usw. mit eingerechnet) werden meiner Schätzung nach bei ungeteilten Postraketen auf nicht ganz 1 Pf. pro Gramm, bei Doppelraketen auf 4—10 Pf. pro Gramm kommen.

Da nun eine Postrakete nach dem im 11. Kapitel Gesagten ihre Fahrt in weniger als $^1/_2$ Stunde macht, so werden die Kabel und Radiostationen ihr keine ernste Konkurrenz machen können, ganz abgesehen davon, daß die Rakete das Originalschriftstück befördert und das Briefgeheimnis wahrt.

Die Maschine an sich ist auch ziemlich billig. Es handelt sich dabei im Wesen um eine einfache Kupferschmiede-Arbeit. Außerdem kann sie bei sachgemäßer Behandlung über 100 mal aufsteigen. Ich habe z. B. bei einer richtig gebauten Knallgasdüse eine Brenndauer von 21 Minuten erreicht. Bei einer 20—30 mal so großen Raketendüse kann man diese Zahl ruhig mit 10 multiplizieren, weil hier die dynamische Kühlung (vgl. S. 28) viel wirksamer durchgeführt werden kann. Da nun eine Postrakete auf einmal höchstens 2 Minuten lang brennt, so errechnet sich hieraus die Zahl von 100 Aufstiegen.

Teuer wird an diesen Postraketen nur die Steuerungsvorrichtung sein, aber diese könnte von einer auf die andere Rakete übernommen werden.

Ich muß bei dieser Gelegenheit gegen einen groben Irrtum Valiers und Gails Stellung nehmen. Sie beschreiben im Buch „Mit Raketenkraft ins Weltenall“ S. 76/77 eine Postrakete, die einen Doppelzentner Nutzlast mitnehmen soll. Damit sie nachher bei der Landung keinen Schaden macht, soll sie vorher zerplatzen, so daß die Briefe allein an einem Fallschirm landen.

Nun wiegt aber die leere Rakete kaum so viel wie die Nutzlast. Wenn wir also bloß 50 kg Briefe geschickt hätten, anstatt 100, so hätten wir diesem nach die Rakete retten können. (Die Beförderungskosten pro Dekagr. Nutzlast wären dabei natürlich auch bei kleineren Apparaten nicht wesentlich höher, denn die Leistung einer Rakete hängt ja bei gegebener Auspuffgeschwindigkeit hauptsächlich vom Verhältnis $\frac{m_0}{m_1}$ ab, eine kleinere Rakete würde also auch entsprechend weniger Brennstoff brauchen.)

Dies übrigens nur nebenbei. Ich rechne mit einer Nutzlast von 30 kg und einem Landungsgewicht von nicht ganz 60 kg.

Wenn diese beiden Autoren weiter angeben, ein Normalbrief werde weniger kosten als 50 Mark, so ist das richtig. 20 Pfennige sind tatsächlich weniger als 50 Mark. Ich finde diese Abschätzung aber doch viel zu vorsichtig, nicht zuletzt auch im Vergleich zu der von Valier bei anderen Gelegenheiten so sehr geliebten Propagierung von Ideen.

c) Über die Verwendung der Rakete als Geschoß habe ich schon in Kapitel 13 das Nötige gesagt.

3. Das Raketenflugzeug.

Es ist in flugtechnischen Fachkreisen bekannt, daß Leistungen aber auch Abmessungen und Gewichte der Propeller-Flugzeuge schon jetzt schnell ihren Grenzen zustreben. Falls wir von der Möglichkeit einer phantastischen, alles umwälzenden Erfindung absehen, besitzt das Flugzeug in seiner heutigen Gestalt: Starre Flügel, Rumpf oder Bootsrumpf und Motor mit Schraube eine begrenzte Entwicklungsmöglichkeit. Tragflächen mit besserem Verhältnis zwischen Auftrieb und Rücktrieb sind schwer zu erwarten, Schrauben schwer zu verbessern. Eine Verbesserung der Profile und Formen der Tragflügel, der Rumpfformen und des Wirkungsrades des Motors und der Luftschrauben wirkt sich lediglich in einer Verbesserung der Flugleistung um einiges pro Mille aus. Einiges ist noch durch Weglassung ganzer Teile des Flugzeuges zu erreichen, so entsteht z. B. durch Wegwerfen des Rumpfes das „Nur-Flügel-Flugzeug“ oder „Einflügelflugzeug“ u. a. Aber auch dieses dürfte in seiner heutigen Form bereits nahe an der Grenze seiner Vervollkommnungsfähigkeit stehen.

Bloß die Flugzeuggeschwindigkeiten ließen sich noch erhöhen, wenn man die Flugbahn in höhere und dünnere Luftschichten verlegen könnte.

Allerdings eignet sich eine Luftschraube zum Antrieb solcher Flugzeuge nicht. Zunächst dürfte es nämlich schwer halten, Propeller zu bauen, die in so dünner Luft einen annehmbaren Betrag der Brennstoffenergie in Bewegung des Fahrzeuges umsetzen könnten. Auch der Bau von Motoren, die in so dünner Luft noch gut arbeiten, dürfte manche Schwierigkeiten bieten. Weiter müßte die Arbeitsleistung des Motors ins Ungeheure wachsen. Das Verhältnis zwischen Rücktrieb und Auftrieb wird nämlich bei Überschallgeschwindigkeiten schlechter, es müßte mithin der Propellerzug beim Tragen derselben Last größer sein. Da nun auch der

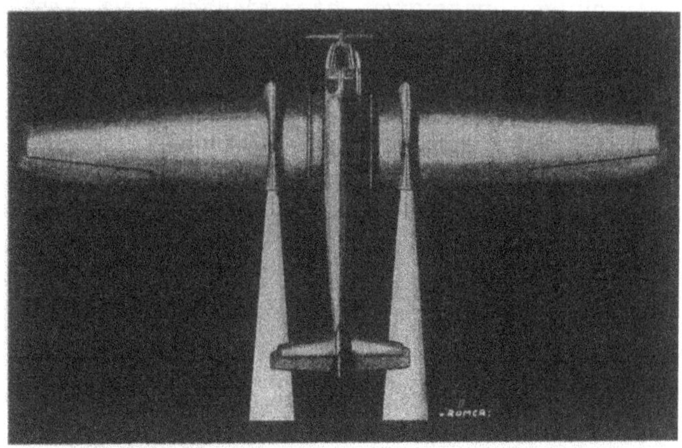

Abb. 116.
(Münchener illustrierte Presse.)

in der Sekunde zurückgelegte Weg wesentlich wachsen soll, so müßte ein solcher Motor eine ganz unheimliche Zahl von Pferdekräften aufbringen können, dies würde aber bei einem Benzinmotor natürlich ein ungeheures Gewicht bedingen.

Vor allen Dingen wird es aber der Zentrifugalkraft wegen kaum möglich sein, mit Propellern wesentlich höhere Geschwindigkeiten zu erzielen, als wir sie heute schon erreicht haben. Es läßt sich nämlich leicht zeigen, daß bei allzu großer Randgeschwindigkeit die Propellerflügel einfach abreißen müssen. Dabei spielt die Größe des Propellers gar keine, eine etwaige Materialverbesserung nur noch eine sehr geringe Rolle. Bei Luftfahrzeugen, die mehr als 550 km/st. erreichen sollen, wird man sich daher jedenfalls nach anderen Antriebsmitteln umsehen müssen.

Ein solches Antriebsmittel ist nun der in diesem Buch beschriebene Treibapparat der Flüssigkeitsraketen. Als erster hat der bekannte Erfinder Ganswindt an diese Verwendbarkeit des Raketenmotors gedacht. Seine ersten Vorschläge reichen bis 1870. Allerdings dachte Ganswindt noch daran, aus Stahlzylindern Preßluft austreten zu lassen, später dachte er an Dynamitpatronen, und hieran sowie am Widerstand

Abb. 117.
(Münchener illustrierte Presse.)

einiger Gelehrter, vgl. Bd. II, scheiterten seine Pläne. Auch die Vorschläge, die der Ing. Gaedicke machte, er veröffentlichte 1912 unter dem Decknamen Crassus im Haephestosverlag, Hamburg 26 die damals viel gelesene Schrift, „Der gefahrlose Menschenflug", scheinen in der damaligen Form noch nicht durchführbar. Gegenwärtig hat namentlich Valier viel von sich reden gemacht mit seinem Plane „Vom Flugzeug zum Weltraumschiff" (über die Entstehungsgeschichte seiner Erfindung habe ich auf S. 151 bereits einiges mitgeteilt). Valiers Plan geht dahin, erst einfache Aeroplane zu bauen, die außer der Luftschraube auch in die Tragflächen eingebaute Flüssigkeitsraketen mitführen. Sodann soll die Luftschraube ganz wegfallen, die Tragflächen sollen immer kleiner und der Bau soll immer gedrungener werden, bis daß zuletzt ein meinem Modell C ähnliches Raumschiff entsteht. (Vgl. hierzu Abb. 116—120.)

Die Pläne Valiers haben für den Laien viel Bestechendes. Der schrittweise Übergang vom Bekannten (dem Flugzeug) zum Unbekannten (dem Raumschiff) scheint das Naturgegebene zu sein. Zudem scheint bei einer vor allem praktischen Zwecken dienenden Erfindung die Be-

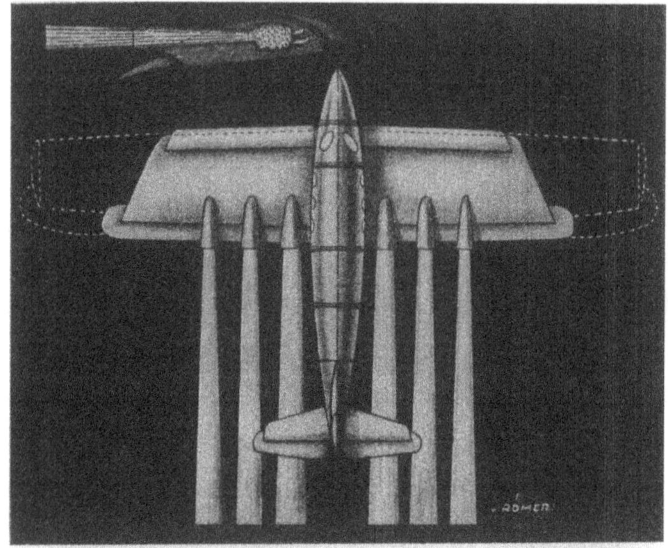

Abb. 118.
(Münchener illustrierte Presse.)

schaffung der Geldmittel für Vorversuche und Ausbau leichter zu sein als bei einem mehr wissenschaftlichen Zwecken dienenden und heute den meisten phantastisch erscheinenden reinen Raketenraumschiff.

Ich selbst schlug nicht diesen Weg ein, sondern beschränkte mich von allem Anfang an auf das aus der Registrierrakete hervorgegangene Raumschiff. Dabei ließ ich mich durch folgende Erwägungen leiten:

a) Es ist die Frage, ob der Übergang vom Flugzeug zum Raumschiff überhaupt möglich sein wird. Wie ich schon auf S. 209 ff. zeigte, erwärmt sich die Rakete bei schneller Fahrt vielleicht so stark durch die Reibung an der Luft, daß der Übergang von irdischen zu kosmischen Geschwindigkeiten bei Längsflächen innerhalb der Atmosphäre überhaupt unmöglich wird. Ich sage nicht, daß das so sein muß, ich sage nur es könnte möglich sein, daß es so ist. Es lag mir aber daran, zu beweisen, daß das Weltraumschiff sicher möglich ist. Weiter: Wenn man sich Abb. 119 und 120 genauer ansieht, so sieht man, daß dieser Apparat eigentlich weder als Flugzeug noch als Raumschiff zu gebrauchen ist. Zum Flugzeug fehlt ihm die aerodynamisch richtige Form der Tragflächen und das richtige Verhältnis der Teile zueinander. Für ein Raumschiff wieder ist die Düsenfläche zu klein (man erkennt das, wenn man ihn mit meinem Modell E, Tafel IV, oder mit meinem Modell C, Abb. 17, vergleicht). Zudem ist der Apparat für einen senkrechten Aufstieg ungünstig gebaut. Und der Apparat müßte zuerst senkrecht aus dem Wasser aufsteigen (vgl. S. 255 ff.). Die Abfahrt von einer Startschanze, wie sie auf Abb. 120b dargestellt ist, ist rein unmöglich. Andernteils wäre der Widerstand der Luft zu groß und auch die Steuerung könnte nicht gleichmäßig sein. Endlich aber könnte man an diesem Apparat schwerlich abwerfbare Brennstoffbehälter anbringen. Eine ungeteilte Flüssigkeitsrakete gelangt aber gar nicht bis in die Planetenräume, sie kann daher auch kein Raumschiff darstellen. Es ist auch bedenklich, ein bemanntes Raumschiff stets von demselben Düsenapparat tragen zu lassen, gleichviel ob es nun 200000 oder 3000 kg wiegt.

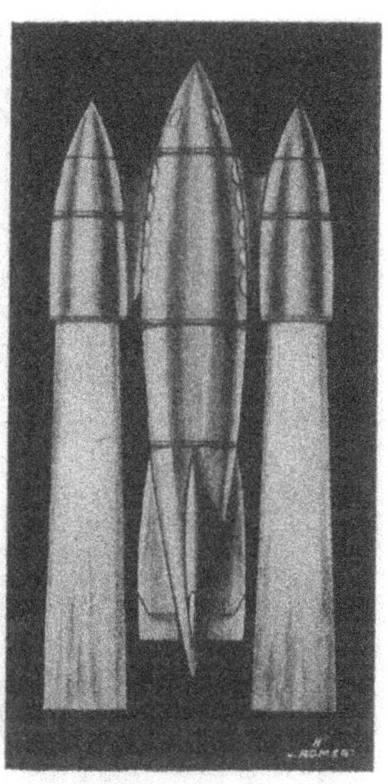

Abb. 119.
(Münchener illustrierte Presse.)

Valier hat nicht an eine Schubrakete gedacht. Dieser Apparat soll ohne Abwurf leerer Teile (!) Raumfahrten ausführen. Aber selbst wenn er an eine Raketenteilung gedacht hätte, so wäre diese Teilung bei dieser Maschine schwer durchzuführen. Den Schwanz könnte man z. B. nicht weiter teilen, da er zu kurz ist. Wenn man aber das Ganze auf eine zweite Rakete daraufsetzen wollte, so wären die Luftflossen völlig zwecklos und hinderlich. Als Gasflossen (vgl. S. 194) können sie nicht arbeiten, und Luftflossen braucht die letzte Rakete eines Raumschiffes nicht mehr, denn sie beginnt erst in Höhen über 150 km zu arbeiten.

Es ist übrigens für Valiers technische Fähigkeiten nicht gerade eine Empfehlung, daß er nach dreijähriger Beschäftigung mit diesen Dingen, nach dem Studium der Schriften von Goddard, Hohmann und mir und nach einem Briefwechsel mit mir über diese Dinge, der gut

120 Druckseiten umfassen dürfte, diese Sachen noch nicht begriffen hat (vgl. hierzu den II. Band).

Angenommen also, der Weg vom Flugzeug zum Raumschiff würde vielleicht bis zu einer Vorstufe dieses Fahrzeuges verhältnismäßig glatt und schrittweise vor sich gehen (ich werde noch zeigen, daß nicht einmal dies zutrifft), dann müßte man den Weg auf einmal gänzlich verlassen und das eigentliche Raumschiff doch lediglich auf Grund der Theorie bauen. Das Raketenflugzeug ist also gar keine Vorstufe zum Raumschiff, sondern eine Nebenerfindung, wenn es vielleicht auch praktisch brauchbar sein wird.

Abb. 120a.
(Nach einer Werbeschrift Valiers.)

Was die Sicherheit des Weges vom Flugzeug zum Weltraumschiff betrifft, so möchte ich dazu folgendes bemerken: Von einem Verbrennen meiner Rakete, die erst außerhalb der Erdatmosphäre ihre volle Geschwindigkeit erreicht und nachher mit dem Fallschirm absteigt, kann natürlich keine Rede sein. Das kann man auf Grund von Überlegungen sagen. Im übrigen ist zum Thema Sicherheit folgendes zu bemerken:

Gegenwärtig ist die Astronomie überhaupt die sicherste und am besten bekannte Naturwissenschaft. Man kann das Laien gegenüber nicht oft genug betonen. Man vergleiche etwa die Vorhersage eines Arztes über den wahrscheinlichen Verlauf einer Krankheit mit der Vorhersage über den Verlauf einer Sonnenfinsternis oder über das Erscheinen eines Kometen.

Beim Raumschiff im Weltäther sind die rechnerischen Voraussetzungen präzise gegeben und die Zusammenhänge zwischen den Naturgesetzen sind einfach und berechenbar. Auch in die Vorhersagen bezüglich der Arbeit der einzelnen Maschinenteile kommt eigentlich kein unbekanntes Element hinein. (Ausgenommen das Zerstäuben und Verbrennen der Flüssigkeit im Treibapparat. Dies ist wenigstens zum Teil noch nicht entsprechend bekannt, und darum lege ich auch auf dessen genaue Erforschung vor dem Bau der ersten Rakete so großes Gewicht.) Der Luftwiderstand bei senkrechtem Aufstieg ist durch die Beobachtung von Geschossen verhältnismäßig gut bekannt, er spielt außerdem bei größeren Raketen nur noch eine geringe Rolle. Daher werden auch meine Vorhersagen über das Raumschiff in den Planetenräumen so sicher eintreffen wie eine prophezeite Sonnenfinsternis, und meine Angaben über die technischen Einzelheiten sind in der Hauptsache etwa so zuverlässig, wie die Angaben eines Maschinenbauers über einen geplanten Lokomotiventyp.

Abb. 120b.
(Nach einer Werbeschrift Valiers.)

Beim Raketenflugzeug dagegen haben wir es mit dem Auftrieb von Tragflächen usw., also kurz mit aerodynamischen Dingen zu tun, und bei diesen sind die rechnerischen Voraussetzungen stets nur als erfahrungsmäßige Durchschnittswerte äußerst komplizierter und in ihren Einzelheiten unübersichtlicher Vorgänge gegeben. Man darf sie nicht ohne weiteres auf andere Größen- und Geschwindigkeitsverhältnisse übertragen. Daher ist eine Nichterfüllung der auf das Raketenflugzeug gesetzten Erwartungen natürlich ebenso möglich, wie sie es bei den ersten Flugzeugen war. Was wissen wir z. B. heute vom Verhalten einer Tragfläche bei Überschallgeschwindigkeiten oder von der Wärmebildung infolge der Reibung an der Luft? Der Weg über das Flugzeug zum Raumschiff scheint mir mithin nicht ein schrittweiser Übergang vom Bekannten zum Unbekannten zu sein, sondern im besten Falle ein Umweg über Unbekanntes zu Bekanntem.

Ich hütete mich daher, die Frage nach dem Raketenflugzeug mit der Frage nach der Rakete zu den Planetenräumen zu verquicken, denn wenn das Raketenflugzeug mißlingt, so braucht damit die Undurchführbarkeit der Rakete zu den Planetenräumen selbst noch lange nicht dargetan zu sein. Ich ließ auch Valier als den alleinigen Erfinder des Raketenflugzeuges gelten, obwohl ich bei der Ausarbeitung dieser Idee ebenso mitgearbeitet habe. Andernfalls würde sicher beides ununterbrochen miteinander vermengt. Ich überlasse ihm auch die ganze Verantwortung für die Propagierung dieser Idee. Ihm als Schriftsteller schadet es natürlich weit weniger, wenn sich eine seiner Ideen als undurchführbar erweist. Ich als Physiker dagegen muß mich von gewagten Behauptungen zurückhalten und danach trachten, nur solche Vorschläge zu bringen, deren Durchführbarkeit feststeht.

Gleichwohl unterstütze ich Valier bei seinen Arbeiten. Ich arbeitete ihm, da er nicht Fachmann ist, auf seine Bitte die Theorie des Raketenflugzeuges aus und berechnete ihm ein Modell u. ä. Denn wenn ich das Raketenflugzeug auch nicht als Vorstufe zum Raumschiff ansehe, so verspreche ich mir immerhin verschiedene Vorteile für den Bau des Raumschiffes von der Ausgestaltung dieser Nebenerfindung.

a) Wie ich schon sagte, ist der Treibapparat oder der Raketenmotor eigentlich der einzige Teil des Raumschiffes, dessen Arbeit wir auf Grund unserer heutigen Erfahrungen nicht restlos vorhersagen können. So weit sind wir ja natürlich auf Grund unserer Zerstäubungs- und Verbrennungsversuche an Verbrennungsmotoren gekommen, daß wir sagen können, es wird ganz sicher gehen, so oder so. Aber wie es nun am besten gehen wird, das wissen wir eben noch nicht. Dabei kann es nur erwünscht sein, wenn diese Maschine in einigen hundert Exemplaren existiert und täglich unter Beobachtung durch den Piloten arbeitet, weil dann viel mehr Erfahrungen darüber gesammelt werden und sich kostspielige Vorversuche erübrigen.

b) Auch daß man dabei über das Verhalten von Tragflächen bei Überschallgeschwindigkeit, über die Erwärmung der Wände durch Reibung, an der Luft usw. etwas erfährt, das kann uns nur erwünscht sein. Vielleicht wird sich dabei herausstellen, daß die Tragflächenlandung (vgl. S. 223ff.) möglich ist, und das wäre, wie ich daselbst zeigte, eine wesentliche Erleichterung der Raumschiffahrt.

c) Die Idee des Raketenflugzeuges ist eher imstande, die Raketensache bekannt zu machen, als die Idee der Postrakete.

Leider hat Valier meine Ratschläge nicht alle befolgt, auch seine Propagandatätigkeit scheint nicht immer glücklich gewesen zu sein. Er ist nicht besonders tief in den Stoff eingedrungen (ich werde das noch mehrfach zeigen). Wer also bloß auf Grund der Valierschen Darlegungen an der Durchführarbeit des Raketenflugzeuges oder des Raketenraumschiffes zweifeln sollte, wird gut tun, das Kind nicht mit dem Bade auszuschütten. Ich konnte wiederholt bei Ingenieuren und Physikern Bedenken gegen das Valiersche Projekt zerstreuen.

Ich möchte hier zunächst einmal zeigen, wie ich mir das Raketenflugzeug denke, dann werde ich zeigen, was Valier vorschlug und warum ich mich seinen Vorschlägen nicht anschließe. Ich kann hier nur einen allgemeinen Überblick geben. Mit genauen Einzelausführungen stehe ich aber Interessenten jeder Zeit gerne zur Verfügung.

Die Arbeitsweise des Raketenflugzeuges ist durch folgende Bedingungen gegeben:

1. Es kann viel schneller fliegen als das Propellerflugzeug.
2. Es muß aber im allgemeinen auch schneller fliegen. Nach dem auf S. 150ff. Gesagten kann es nämlich nur in diesem Falle eine halbwegs diskutable Brennstoffausnützung aufweisen.
3. Es muß daher danach trachten, rasch bedeutende Geschwindigkeiten zu erreichen.
4. Es muß den Hauptteil der Fahrt in bedeutender Höhe zurücklegen. Denn nach dem auf S. 58ff. Gesagten lassen sich bedeutende Geschwindigkeiten nur in dünner Luft erreichen.
5. Es muß daher in einer sehr steilen Kurve (ähnlich den Raketenlinien auf Abb. 72, 124) aufsteigen, um rasch in die nötige Höhe zu gelangen.
6. Die Raketendüsen müssen mithin so stark sein, daß das 2—3 fache Vollgewicht des Fahrzeuges noch daran hängen könnte. Hieraus folgt unter anderem als bedeutender Vorteil gegenüber dem Propellerflugzeug, daß das Raketenflugzeug senkrecht auf- und niedergehen und an seinen Düsen hängen kann.
7. Bezüglich des Startes und der Landung brauchen wir uns nicht sklavisch an das Vorbild des Propeller-Flugzeuges zu halten. Früher oder später müßte ja doch der sprungweise Übergang vom Aufstieg

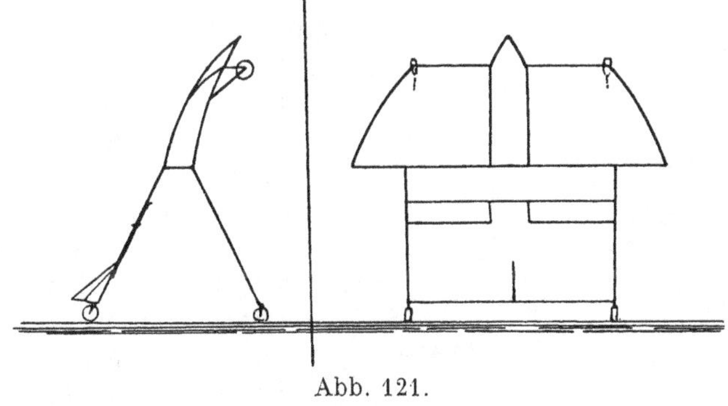

Abb. 121.

im Gleitflug zum senkrechten Aufstieg kommen. Man könnte bei kleineren Apparaten daran denken, daß das Flugzeug vor der Abfahrt auf vier Rädern steht (vgl. Abb. 121). An je einem Paar derselben könnten dann auch die Höhensteuer befestigt sein. Wenn diese Ständer lang genug sind, so kann der Apparat aus dieser Stellung aufsteigen. Während der Fahrt müßten dann die Ständer, wie auf Abb. 122 dargestellt ist, nach rückwärts gelegt werden.

Falls sich dieser Start infolge der durch die Auspuffgase erzeugten Luftwirbel nicht bewähren sollte, müßte der Aufstieg von einer Startschanze aus erfolgen, wie diese auf Abb. 123 dargestellt ist. (Man sieht, auch hier handelt es sich wieder um ein aerodynamisches Problem. Man könnte das an formähnlichen kleinen Modellen ausprobieren.) Die Startschanze steht zuletzt beinahe senkrecht. Diese Art des Aufstieges kommt bei größeren Raketenflugzeugen schon deswegen in Frage, weil es nicht möglich ist, die vier Ständer, auf denen eine solche Masse stehen soll, hinreichend leicht zu machen. Zu den Fehlern auf Abb. 120 gehört auch der, daß hier die Startschanze zu flach ist. Das gigantische Raumschiff würde am Ende der Schanze mit der Spitze nach unten stürzen. (Vorausgesetzt, daß es überhaupt bis zum Ende der Schanze käme, ohne aus dem Leim zu gehen.) Es kann übrigens am Ende der Schanze auch unmöglich schon so schnell fahren, wie dieses nötig wäre, damit es in der angegebenen Stellung schwebt. Bei ganz großen Apparaten wäre der Aufstieg aus dem Wasser am zweckmäßigsten. Das Höhensteuer mit den Ständern müßte hier durch Ketten hinabgezogen werden (vgl. Abb. 123a), diese Ketten wären auch deshalb notwendig, weil sie allein eine senkrechte Stellung des Apparates gewährleisten können, wenn die Düsen nicht gleichzeitig anspringen. Sobald alle Düsen brennen, würde sich der Apparat samt den Ketten aus dem Wasser heben, darauf wären die Ketten abzuwerfen.

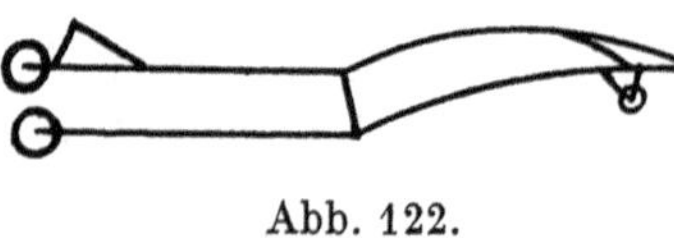

Abb. 122.

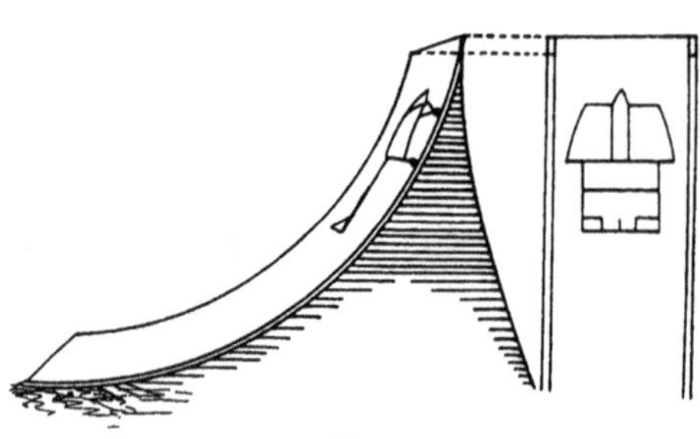

Abb. 123.

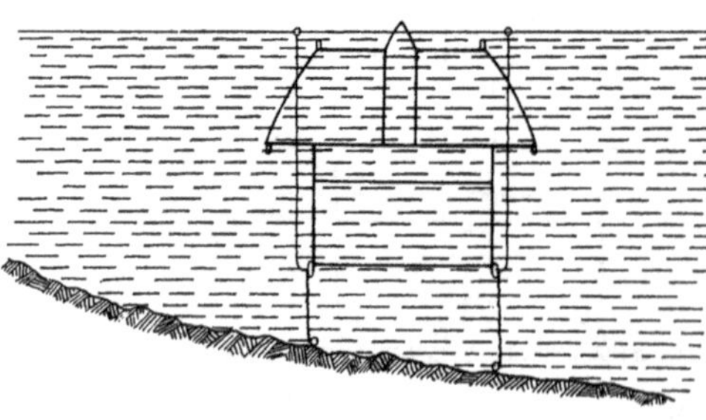

Abb. 123a.

Nicht befürworten kann ich die von Hoefft vorgeschlagene Art des Aufstieges (vgl. Bd. II). Erstens wäre nämlich hier ein vollkommen gleichmäßiges Anspringen der Düsen notwendig, zweitens würde der Apparat auch im günstigsten Fall eine Zeitlang über die Wasserfläche gleiten, dabei würden erstens größere Wellen die dünne Wand zertrümmern, und zweitens würde er überhaupt nicht auffliegen können, denn es würde im Moment, in dem er das Wasser nur noch mit der rückwärtigen Kante berührt, ein Drehmoment eintreten, welches die Spitze ins Wasser hineinschleudert.

Bei der Landung würde das Flugzeug des geringen Gewichtes wegen schon bei kleineren Geschwindigkeiten schweben, und die Landung könnte deshalb auch im Gleitflug vor sich gehen.

8. Aus der Notwendigkeit einer großen Geschwindigkeit und aus der Möglichkeit des anlauflosen Aufstieges folgt die Forderung nach stärkerer Belastung der Tragflächen und die Notwendigkeit des gedrungenen Baues. Die verhältnismäßig leichte Bauart der heutigen Propellerflugzeuge ergibt sich aus der Notwendigkeit, schon bei geringer Geschwindigkeit zu schweben. Ich schlage daher vor, das Raketenflugzeug rumpflos, im wesentlichen nur aus einer einzigen dicken Tragfläche bestehend, herzustellen. In dieser Tragfläche sollen die mit Regulierstiften versehenen Düsen, wie Abb. 25 angibt, sowie der Führerraum untergebracht sein. Die Zwischenräume sollen von den Treibstoffen ausgefüllt werden. Es ließe sich auch daran denken, die Flächen der Höhensteuer H ebenfalls mit Brennstoff zu füllen und erst diese zu verbrauchen, vgl. hierzu auch S. 195. Dabei wird der senkrechte Aufstieg erleichtert, aber die Horizontalsteuerung wird labiler als bei unbelastetem Höhensteuer. Der Führerraum soll luftdicht schließen, er soll möglichst nach allen Seiten freien Ausblick gewähren, daher soll er auch unten mit Glasplatten belegt sein. Zum Schutze kann sich darüber ein Drahtnetz befinden.

9. Bei dieser gedrungenen Bauart fällt der Arbeitsgewinn fort, den Vögel und leicht gebaute Flugzeuge aus Geschwindigkeitsdifferenzen bei böigem Winde ziehen (vgl. hierzu z. B. Wiener: Fliegerkraftlehre). Dieser Arbeitsgewinn würde aber in größeren Höhen sowieso wegfallen, denn weiter oben wird die Bewegung der Luft gleichmäßig. Außerdem ist hier das schlechtere Auftriebsverhältnis bei Überschallgeschwindigkeiten zu beachten. Ich rechne auch im besten Falle nur mit einem Gleitwinkel von 1 : 5. Der höhere Brennstoffverbrauch ist eben der Kaufpreis, den wir für die Steigerung der Geschwindigkeit bezahlen müssen.

10. Die Fahrt müßte etwa so vor sich gehen:

A. Steiler Anstieg in einer Kurve, die den auf S. 165 ff. beschriebenen Raketenlinien ähnlich ist. Die Kurve geht dabei 20 bis 40 km Höhe in eine wagrechte Linie über, dabei soll die Beschleunigung während dieses Teiles der Fahrt möglichst hoch sein. Am Schlusse dieses Wegstückes volle Geschwindigkeit von der Größenordnung der Auspuffgeschwindigkeit c.

B. Wagrechte Fahrt mit einer Geschwindigkeit, die nahe bei c liegt[1]).

C. Abstellen des Motors, Abstieg im Gleitflug.

D. Nochmalige Ingangsetzung der Düsen, Hochstellen des Apparates, Abbremsung der Geschwindigkeit und senkrechte Landung.

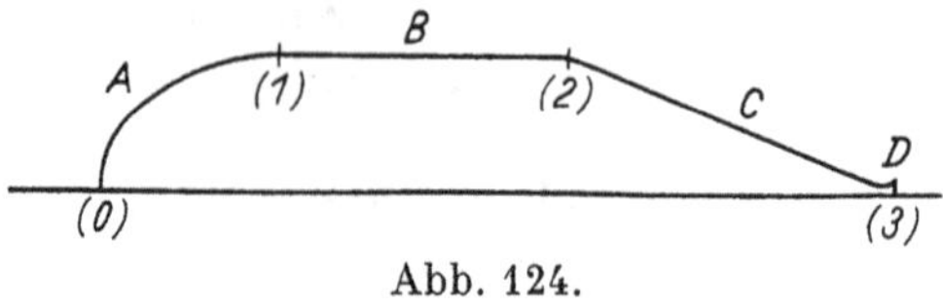

Abb. 124.

Abb. 124 zeigt schematisch die Bahn eines Raketenflugzeuges. Ich zeichnete sie nicht naturgetreu, sonst wäre sie 1. zu nieder geworden, 2. wäre das Wesen des Stückes C nicht zutage getreten. Es ist in Wirklichkeit eine krumme Linie, die sich anfangs kaum senkt. 3. wäre das Stück D unsichtbar geblieben.

11. Als Brennstoff könnte Benzin, Petroleum oder Alkohol dienen. Daneben müßte flüssiger Sauerstoff mitgeführt werden. Wollte man nämlich die atmosphärische Luft zur Verbrennung heranziehen, so müßten die hierzu nötigen Pumpen bei der geringen Dichte der Luft und bei der ungeheuren Menge des zu bewältigenden Brennstoffes viel zu groß und zu schwer ausfallen. Die Einbringung und Verbrennung dieser Stoffe würde ähnlich vor sich gehen wie bei meinen Raketen.

Die Brennstoffbehälter müßten unter Überdruck stehen. Beim gedrungenen Bau des Raketenflugzeuges könnte daher auch das Prinzip der Prallfüllung (der pneumatischen Festigkeit) in Anwendung kommen. Es ließe sich auf diese Weise fast so viel Brennstoff mitnehmen wie bei einer Flüssigkeitsrakete, etwa 5—7 mal so viel, als das übrige Gewicht ausmachen würde.

12. Bei der Berechnung des Brennstoffverbrauches gelten ungefähr folgende Richtlinien:

Auf der Strecke A ist die Beschleunigung anfangs 10 m/sek². Bei sehr großen Apparaten könnte sie auch etwas höher liegen. Bei den ins Auge gefaßten kann sie nicht größer sein, denn die Geschwindigkeit soll hier den Wert $\bar{v}$ (vgl. 8 Kapitel) nicht übersteigen. In der Höhe von 10 km wäre der Luftwiderstand (vgl. hierzu S. 122) am unangenehmsten be-

[1]) Ich habe diesen Teil der Fahrt ebenfalls untersucht, da dies Buch ja eine vollständige Theorie des Raketenflugzeuges enthalten soll, bei der auch dieser Fall nicht unberücksichtigt bleiben darf. Nach dem Synergieprinzip ist aber zu erwarten, daß das Raketenflugzeug besser arbeiten wird, wenn es die Brennstoffe, die es beim Punkt 1 noch hat, sofort unter der größten möglichen Beschleunigung verausgabt, weil es dann bei höherer Geschwindigkeit brennt. Ich werde noch darauf zurückkommen.

merkbar. Hier hätte das Flugzeug eine Geschwindigkeit von 550 m/sek, und die Fahrtrichtung wäre gegen die Horizontale um 50° geneigt. Bei diesem Aufstieg würden durch Luftwiderstand und Schwere $^4/_{10}$ des gesamten idealen Antriebes verloren gehen. Soll also die Geschwindigkeit am Ende dieser Strecke

$$v_1 = c$$

sein, so ist

$$v_x = 1{,}67 \cdot c\,.$$

Dabei muß

$$m_0 = 4{\cdot}5 \cdot m_1 \text{ sein (vgl. S. 41).}$$

Der Aufstiegsort würde auf der Landkarte 50—150 km vom Endpunkt dieser Kurve entfernt liegen. Für die Fahrt auf dieser Strecke A gelten die Formeln (135) bis (159).

Mit dem übrigen Brennstoff fährt dann das Raketenflugzeug auf der Strecke B so, daß v konstant gleich c gehalten wird. Es wird hier nur der Rücktrieb vernichtet. Gleichzeitig wird das Raketenflugzeug noch so weit gehoben, daß es stets in jener Höhe bleibt, im welcher sich das Verhältnis zwischen Rücktrieb und Auftrieb bei einer Geschwindigkeit von c km/sek am günstigsten stellt. Da die Masse ständig abnimmt, so muß es daher immer höhere Luftschichten aufsuchen, doch spielt diese Steigung von einigen km bei der Länge dieser Strecke keine nennenswerte Rolle.

Da der Rücktrieb $p = {}^1/_5$ des Gewichtes beträgt, so muß hier nach dem Impulssatz

$$p \cdot dt = \frac{1}{5} \cdot m \cdot 2 \cdot g \cdot dt = dm \cdot c \tag{190}$$

sein. Daraus folgt

$$\frac{dm}{m} = \frac{g}{5c} \cdot dt$$

oder

$$\ln \cdot \frac{m_1}{m_2} = \frac{g}{5 \cdot c} \cdot (t_2 - t_1) \tag{191}$$

bzw.

$$\frac{m_1}{m_2} = e^{\frac{g}{5 \cdot c} \cdot (t_2 - t_1)} \tag{192}$$

Die Länge der Strecke B finden wir, wenn wir $B - (t_2 - t_1) \cdot c$ nehmen.

Die Rechnungen für die Strecke C werden dadurch erleichtert, daß wir bei schweigenden Düsen den Satz von der Erhaltung der Energie gebrauchen dürfen (vgl. hierzu 12 Kapitel). Am Anfang dieser Strecke C

enthält das Raketenflugzeug die kinetische Energie $K_2 = \frac{1}{2} \cdot m_2 \cdot c^2$ und die Energie der Lage $P_2 = m_2 \cdot g \cdot h_2$, wenn h_2 die Höhe des Fahrzeuges über dem Erdboden darstellt. Die gesamte ihm innewohnende Energie ist also:

$$E_2 = K_2 + P_2 . \tag{193}$$

Wie ich schon auf S. 226 sagte, sinkt das Flugzeug bei richtiger Steuerstellung zwangsläufig so, daß es stets in der Luftschicht fährt, in der bei seiner derzeitigen Geschwindigkeit das Auftriebsverhältnis am günstigsten ist. Ist p die zum Vortrieb nötige Kraft, C der Weg, der während des Totlaufens der Energie E_2 zurückgelegt wird, so ist offenbar:

$$E_2 = p \cdot C$$

(den Weg auf der Landkarte dürfen wir hier dem tatsächlich zurückgelegten Weg gleichsetzen). Wenn wir $p = \frac{m_2 \cdot g}{5}$ setzen, so bekommen wir also

$$C = \frac{5}{m_2 \cdot g} \cdot (K_2 + P_2) . \tag{194}$$

Die Dauer der Fahrt auf dieser Strecke berechnen wir folgendermaßen:

Es ist offenbar

$$dE = - p v \cdot dt . \tag{195}$$

Weiter ist nach (193)

$$dE = dK + dP = m_2 v \cdot dv + m_2 g \cdot dh \tag{196}$$

und

$$v^2 \beta \varkappa = m_2 g . \tag{197}$$

Dabei ist $\varkappa$ irgendeine vom Bau des Flugzeuges abhängige Konstante. β ist die Luftdichte. Es folgt (197):

$$\ln \beta = \ln \frac{m_2 g}{\varkappa} - 2 \ln v .$$

Bezeichnet β_0 die Luftdichte auf der Erdoberfläche, so folgt aus (34):

$$h = H (\ln \beta_0 - \ln \beta) = H \left(\ln \beta_0 - \ln \frac{m_2 g}{r} + 2 \ln v \right) . \tag{198}$$

Daraus folgt durch Differentiation:

$$dh = 2 H \frac{dv}{v} . \tag{199}$$

Daraus folgt dann durch Elimination von dE und dh mit Hilfe von (195) und (196):

$$-p\,v \cdot dt = m_2 v\,dv + 2\,m_2 g H \frac{dv}{v}, \tag{200}$$

$$dt = -\frac{m_2}{p}\left(1 + 2g\frac{H}{v^2}\right) dv,$$

$$t_3 - t_2 = \frac{m_2}{p}\left[v_2 - v_3 + 2gH\left(\frac{1}{v_3} - \frac{1}{v_2}\right)\right]. \tag{201}$$

Wenn wir die Auspuffgeschwindigkeit $c = 1500$ m/sek ansetzen, und wenn wir das äußerste erreichbare Massenverhältnis zu $\frac{m_0}{m_2} = 7{,}2$ annehmen, und wenn wir schließlich $p = \frac{1}{5} m_2 g$ setzen, dann finden wir:

$$\frac{m_0}{m_1} = 4{,}5; \qquad \frac{m_1}{m_2} = 1{,}6\,.$$

Für die größte Fahrtweite finden wir dann:

$$A = 100\,\text{km}; \qquad B = 450\,\text{km}; \qquad C = 800\,\text{km}.$$

Die äußerste erreichbare Fahrtstrecke wäre also $A + B + C = 1350$ km. Für die Fahrtdauer würden wir erhalten:

$$t_1 - t_0 = 250\,\text{sek}\,,$$
$$t_2 - t_1 - 300\,\text{sek}\,.$$

Wenn wir für $v_3 = 50$ m/sek ansetzen, so wäre $t_3 = t_2 = 2250$ m/sek. Für $v_3 = 30$ m/sek wäre $t_3 - t_2 = 3350$ Sekunden. Diese Fahrt würde also rund eine Stunde dauern.

Wie ich schon auf S. 282 sagte, steht die Fahrt auf der Strecke B im Widerspruch mit der Forderung des Brennens bei hoher Geschwindigkeit. Wir nehmen einmal an, wir wären beim Punkt (1) unter der höchsten Beschleunigung weitergefahren, diese könnte mit Rücksicht auf die Maschine schon ganz bedeutend sein, denn das Raketenflugzeug würde bei dieser hohen Geschwindigkeit schon unter einem flachen Aufstiegswinkel rasch größere Höhen erreichen, und bei einer Höhenzunahme von 10 bis 11 km wächst ceteris paribus der Wert für $\bar{v}$ bereits auf das Doppelte, die Beschleunigung ist mithin nur noch mit Rücksicht auf die Insassen zu begrenzen.

Angenommen, die Beschleunigung betrage 30 m/sek², und wir setzen die verzögernden Einflüsse mit 2 m/sek² in die Rechnung (das ist hier vielleicht etwas zu tief gegriffen, da das Raketenflugzeug auf einer anfangs um 2° nach aufwärts geneigten Bahn fährt. Zum Ausgleich werde ich dafür aber v_2^2 nach unten abrunden). In diesem Fall ist $b_{x2} = 32\,\text{m/sek}^2$. Da nun $v_{x2} = 750$ m/sek, so wäre $v_2 - v_1 = 660$ m/sek. Es ist hier nämlich:

$$\frac{v_2 - v_1}{v_{x2}} = \frac{b_2}{b_{x2}}.$$

Es wäre also $v_2 = 2160$ m/sek und

$$t_2 - t_1 = \frac{v_2 - v_1}{b_2} = 22\,\text{sek}$$

und das Wegstück B wäre geworden:

$$B = (t_2 - t_1)\frac{v_1 + v_2}{2} = 22 \cdot 1{,}83 = 40\,\text{km}.$$

Das Flugzeug hätte noch um weitere 9—10 km steigen müssen, um bei der neuen Geschwindigkeit und bei der geringeren Masse noch immer unter den günstigsten Bedingungen zu schweben. Lag z. B. der Punkt 1 beim vorigen Beispiel 50 km hoch, so liegt also der Punkt 2 rund 60 km hoch. Die Energie der Lage beträgt mithin

$$P_2 = 600\,000 \cdot m_2\,\text{mkg},$$

die Bewegungsenergie wäre

$$K_2 = \frac{1}{2} \cdot m_2 v_2^2 = 2\,300\,000 \cdot m_2\,\text{mkg},$$

und nach (194) finden wir

$$C = \frac{2\,900\,000 \cdot 5 \cdot m_2}{10 \cdot m_2} = 1450\,\text{km}.$$

Die ganze Fahrtstrecke wäre mithin auf halbe 100 km abgerundet:

$$A + B + C = 200 + 50 + 1450 = 1700\,\text{km}.$$

Man sieht, das Raketenflugzeug kommt in diesem Falle mit derselben Brennstoffmenge weiter. Außerdem würde dieselbe Fahrtstrecke in kürzerer Zeit zurückgelegt.

Allerdings ist hier eine Bemerkung vielleicht nicht ganz überflüssig. Wir wissen nicht, wie groß bei so hohen Geschwindigkeiten die Wärmebildung infolge der Reibung an der Luft sein wird und ob wir ihrer noch Herr werden können. Eine geringfügige Wärmebildung fürchte ich nicht, sie bringt uns im Gegenteil zwei Vorteile:

1. Sie macht eine künstliche Heizung der Beobachterkammer in größeren Höhen überflüssig[1]);

2. liefert uns der Dampf des Kühlwassers einen guten Antrieb, wenn wir ihn durch die Düse ausströmen lassen. Ganz besonders angenehm ist dabei der Umstand, daß wir das Kühlwasser schon bei Zimmertemperatur verdampfen lassen können. Wir können also zwar nicht in raketentheoretischer, aber wenigstens in wirtschaftlicher Beziehung etwas Brennstoff sparen.

Eine andere Frage, deren Beantwortung ebenfalls der Zukunft überlassen werden muß, ist die, ob es die Düsen überhaupt aushalten, 9 Minuten lang zu brennen, möglicherweise wird es überhaupt darauf herauskommen, daß das Raketenflugzeug nur kurze Zeit brennt und die Düsen immer wieder einige Zeitlang rasten läßt oder daß es mit abwechselnd arbeitenden Düsen ausgerüstet werden muß.

Die Flugstrecke wächst mit dem Quadrate der Auspuffgeschwindigkeit und proportional mit dem Auftriebsverhältnis. Bei Verwendung von Petroleum würden wir auf Auspuffgeschwindigkeiten von gegen 1800 m/sek und auf Flugweiten von 2450 km kommen. Bei Verwendung von Benzin oder Äthylalkohol hätten wir gar Auspuffgeschwindigkeiten bis zu 2000 m/sek und Flugweiten bis zu 3000 km. Das wäre aber auch das Äußerste, was sich mit einem einfachen Raketenflugzeug erreichen ließe. Wenn hier und da Phantasten von einer Überquerung des Atlantischen Ozeans träumen (Valier z. B. schreibt in einem Aufruf: „Solche Maschinen würden ... Strecken wie ... von Europa nach Amerika ... bewältigen," dasselbe behauptet Hoefft von seinem R.H.V.), so ist das in das Reich der Fabel zu verweisen. Ohne Schubraketen, die später wieder abgeworfen werden, oder dergleichen Hilfsmittel läßt sich dies sicher nicht erreichen.

Wenn man weiter fahren will, so wird es vermutlich am besten sein, den ganzen Apparat aus 2 Rückstoßflugzeugen zusammenzusetzen (vgl. Tafel III, Fig. C), von denen der rückwärtige, größere (Fig. B) die Rolle der Schubrakete übernimmt, ähnlich wie die Alkoholrakete des Modells B. Wenn seine Brennstoffe erschöpft sind, so führt ihn der Hilfspilot, der seinen Platz bei *H* hat, wieder im Gleitflug zur Erde, während das vordere Flugzeug (Hauptflugzeug: Fig. A) allein weiter fliegt.

Fig. D zeigt eine Seite des Hauptflugzeuges, von dem die obere Wand entfernt und die seitlichste Düse in der Mitte durchschnitten worden

[1]) Frieren kann man hier höchstens während der letzten Viertel- bis halben Stunde vor der Landung. Hier wird es aber mit dem Frieren auch nicht so schlimm sein, denn man wird jedenfalls so fahren, daß man bei Tageslicht landet, und oberhalb 7 km hat die Sonne schon eine ziemliche Kraft.

ist. Fig. E zeigt denselben Maschinenteil im Seitenriß. P sind die Pumpkammern, sie haben hier die Form zylindrischer Röhren und dienen gleichzeitig zur Verstärkung der vorderen Kanten. O sind die Öfen, w sind die Sammel- und Zuleitungsrohre, F sind die Düsen, diese verbreitern sich zunächst transversal, bis sie einander berühren; sodann erfolgt noch vertikale Verbreiterung. Die Düsen münden mithin sämtlich in einen einzigen 3 seitig prismastichen Düsenraum, in welchem die vordere Kante des Hilfsflugzeuges hineinpaßt. Die Stangen des Hauptflugzeuges, die während der freien Fahrt die Stabilisierungsflächen zu halten haben, lassen sich, wie man sieht, bequem über den vorderen Teil des Hilfsflugzeuges legen und daselbst befestigen. Hierdurch wird eine feste Bindung ermöglicht (vgl. dagegen RH. VI oder RH. VII Bd. II.

Regulierstifte habe ich weggelassen, denn sie leisten hier dem Kriterium von S. 41 nicht Genüge.

Unschön ist hier allerdings der breite Öffnungswinkel des Düsenraumes. Ich glaube aber nicht, daß er der Rückstoßwirkung schaden wird. Wenn die Düsen in einem weiten luftleeren Raum arbeiten würden, so wäre hier wohl die Ausströmungsgeschwindigkeit um 10—20% kleiner als bei 7°-Düsen. Aber hier treten die Gase ja bloß in ein vom Raketenflugzeug geschlagenes zylinderförmiges Vakuum, an dessen Rändern sie aufgehalten werden. Sie dienen dabei geradezu den nachströmenden Gasen als Widerhalt. Fig. F zeigt, daß der Luftmantel hier eine ähnliche Rolle spielt, wie bei der Wasserstoffrakete des Modells B die weniger konvergente Verlängerung der Düse und die Gasflossen. Die Stromlinien habe ich hier nur auf gut Glück gezeichnet. Tatsächlich ist ihr Verlauf zur Zeit noch nicht bekannt. Man könnte hier übrigens diese Wirkung nach dem auf Seite 196 über Gasflossen Gesagten auch noch verstärken, wenn man die Höhensteuer bis an den Düsenrand heranführen würde. Ich halte daher diese aus konstruktiven Gründen sehr bequeme Form nicht für kontraindiziert.

Im übrigen bleibt hier aber das letzte Wort natürlich der Erfahrung mit Düsen von dieser Form vorbehalten. Wenn sie sich nicht bewähren sollten, dann bleibt immer noch die in Fig. G skizzierte Lösung möglich. Hier stehen je zwei Düsen paarweise übereinander.

Diese Form hätte allerdings den Nachteil, daß man dabei nicht so viel Brennstoff im Apparat unterbringen kann. Vielleicht kommt uns hier aber ein Umstand zu Hilfe: Ich glaube nämlich, man kann bei so langen Röhren auf den Ofen verzichten, da die Brennstoffe hier hinreichend Zeit zur Verbrennung haben. In diesem Fall wäre es das Naturgegebene, Zerstäuber, Öfen und Düsen in einem einzigen kegelförmigen Gerät F zusammenzufassen und dieses so anzubringen, wie Fig. G zeigt.

Man sieht, ich lasse die Lösung des Problems bei diesem Apparat zum Teil offen. Ich halte es nämlich für verfrüht, Konstruktionspläne im Detail auszuarbeiten, bevor man die Naturgesetze ordentlich kennt, welche man hier zu beachten hat.

Den inneren Bau des Hilfsflugzeuges habe ich hier nicht angegeben, denn wir sehen heute in diesem Punkt noch weniger klar. Im Prinzip hat man ihn sich so vorzustellen wie die Alkoholrakete des Modells E (vgl. Tafel IV).

Es ist nun allerdings die Frage, ob ein so großes und gedrungen gebautes Flugzeug wie dies Hilfsflugzeug nach Erschöpfung der Brennstoffe überhaupt noch im Gleitflug landen kann. Falls dies nicht gelingen sollte (man sieht auch hier wieder einmal, wie problematisch die ganze Idee des Raketenflugzeuges heute noch ist), könnte man natürlich an eine Fallschirmlandung mit Gegengas (wie bei der Alkoholrakete des Modells E) denken, empfehlenswerter finde ich hier allerdings die Zuhilfenahme zahlreicher kleiner unbemannter Schubraketen, welche einzeln mittels Fallschirm landen, eine Lösung, die man übrigens auch bei Raumschiffen ins Auge fassen könnte. — Natürlich müßte dann aber der Aufstiegsort gewissen Voraussetzungen entsprechen (große Wasserfläche oder wenigstens eine für den Niederfallsort der Schubrakete geeignete Gegend, große Wiese, nicht zu viel Wald- oder Gartenland usw.). Den Niederfallsort dieser Schubraketen selbst könnte man auch nur bis auf 10 km im Umkreis beherrschen, dadurch würde die Verwendbarkeit des Überseeraketenflugzeuges natürlich noch weiter begrenzt.

Ein solcher Apparat könnte den Atlantischen Ozean bequem überfliegen, und wenn vollends beim Hauptflugzeug auch flüssiger Wasserstoff zur Anwendung käme (allerdings nur n e b e n Azetylen, welches sich weiter oben besser bewähren wird als am Grunde des Luftmeeres, oder Benzin), so wäre ihm überhaupt jeder Punkt der Erde zugänglich, da er die zirkuläre Geschwindigkeit erreichen könnte.

Wenn man nicht so weit fahren will, wie ein ungeteiltes Raketenflugzeug im Höchstfalle gelangen könnte, so ist in erster Linie die Strecke B zu kürzen. Wenn sie ganz wegfällt, so ist $\frac{m_0}{m_1} = 4{,}5$, und die Flugstrecke beträgt für $c = 1500$ m/sek annähernd 1000 km.

Noch kleinere Flugstrecken werden erreicht, wenn man die Geschwindigkeit von allem Anfang an nicht bis $v = c$ hinauftreibt, dann wird besonders die während des Totlaufens zurückgelegte Strecke entsprechend kürzer.

Auch bei Raketenflugzeugen, die nicht weit fliegen sollen, wird man nach hoher Stirnflächenbelastung streben, um anfangs nicht zu viel

Brennstoff an den Luftwiderstand zu verlieren. — Das Gewicht der Motoren, die beim Schraubenflugzeug das Schwerste sind, spielt hier kaum eine Rolle, die Treibapparate sind jedenfalls sehr leicht und erhöhen das Gewicht kaum um 200—500 kg.

Ausnützung der Brennstoffe: Ein Raketenflugzeug, welches mit der Nutzlast, aber ohne Treibstoffe, zusammen 4000 kg wiegt, würde für einen Flug von 1700 km 24000 kg Treibstoffe brauchen. Wie gesagt, glaube ich, daß sich bei der eigentümlichen gedrungenen Bauart und bei der pneumatischen Festigkeit sowie beim verhältnismäßig hohen spezifischen Gewichte der Treibstoffe so viel Brenntoffe darin werden unterbringen lassen. — Beim Treibstoff kann man 1 kg Benzin auf 4—5 kg Sauerstoff rechnen. Man braucht also für den Flug 4000—4800 kg Benzin und 20000—19200 kg Sauerstoff. Dieser Brennstoff würde beiläufig auf 3000—5000 Mark kommen. Die Nutzlast könnte hier noch 600 kg betragen. Es wäre hier also pro kg Nutzlast 5—8 Mark allein für die Treibstoffe zu zahlen. In Anbetracht der schnellen Beförderung wäre das aber immerhin noch eine diskutable Summe. Bei einer 800-km-Fahrt wäre $\frac{m_0}{m_1} = 4{,}5$. Das eben beschriebene Fahrzeug könnte (falls nur genügend Raum dafür da ist) nunmehr 3200 kg Nutzlast mitnehmen neben 21200 kg Treibstoff. Dabei wäre pro kg. Nutzlast nur noch 1.20 Mark für den Treibstoff zu zahlen.

Ich würde natürlich nicht sofort ein 28000-kg-Fahrzeug bauen, wenn ich die Sache zu machen hätte (obwohl das Fahrzeug an Länge und Breite kaum größer sein würde als ein heutiger mittelgroßer Eindecker). Ich würde zuerst die Versuche über das Zerstäuben und Verbrennen von Flüssigkeiten machen (vgl. Bd II) und würde die Auspuffgeschwindigkeiten aus Raketendüsen untersuchen. Dann würde ich die Postrakete bauen, und mit dieser die nötigen Erfahrungen sammeln. Erst wenn die Postrakete zufriedenstellend arbeitet, würde ich breite, flache, dem Junkersschen Nurflügelflugzeug ähnliche Raketen bauen, um daran die nötigen Erfahrungen über das Verhalten solcher Apparate bei Überschallgeschwindigkeiten zu gewinnen.

Erst wenn alle diese Vorstufen klaglos funktionieren[1]) würde ich ein kleines führerloses und automatisch gesteuertes Modell bauen, welches

---

[1]) Man erkennt aus Abb. 124, daß das Rückstoßflugzeug wie eine Rakete aufsteigen muß (andernfalls wäre $\bar{v}c < 2\,r\,S$. Vgl. S. 65), und dabei können wir es nur bauen, wenn wir die nötigen Erfahrungen bezüglich des Aufstieges von Raketen bereits haben.

Zudem ist der Treibapparat für flüssige Brennstoffe bei Raketenflugzeugen unerläßlich. (Erstens lassen sich die nötigen Massenverhältnisse mit Pulverraketen nicht erreichen, und zweitens läßt sich eine betriebssichere Pulverrakete ebenfalls

nur den Zweck hat, den Start und die Landung von Raketenflugzeugen zu erforschen. (Länge der Ständer, Schnelligkeit des Aufstieges usw.) Nach diesem Muster würde ich dann ein großes Flugzeug bauen, welches einen Menschen mit emportragen kann und einige 50 km hoch steigt. Statt der Räder würde ich anfangs 4 Schwimmer benützen und das Ganze (damit die Schwimmer nicht zu groß sein müssen) beim Start auf ein Floß stellen. Später würde ich die Landung mit Rädern auf dem Festland probieren. Mit diesem Flugzeug würd ich vor allen Dingen das Verhalten der Tragflächen bei Geschwindigkeiten von 100 m/sek aufwärts erforschen.

Diese Erfahrungen kann man ja grundsätzlich auch auf anderem Wege erwerben. Herr Johannes Winkler, Breslau, z. B. schlug vor, die Luft mit Überschallgeschwindigkeit aus einer Trichterdüse gegen eine Tragfläche strömen zu lassen. Es geht aber natürlich nur bis zu 460 m/sek, denn schneller kann man die Luft nicht heraustreiben. Herr Doktor Busemann macht diese Versuche gegenwärtig im aerodynamischen Institut in Göttingen. Das Ergebnis ist mir aber zur Zeit noch nicht bekannt[1]).

A. B. Scherschevsky möchte unsere Kenntnis auf diesem Gebiet dadurch erweitern, daß er schwere Flugmodelle von Katapulten abschießt und in derselben Weise während des Fluges photographiert, wie man das bei Geschossen zu tun pflegt. Aus diesen Photographien kann man natürlich auch auf die auftretenden Kräfte schließen.

Immerhin glaube ich, daß man trotzdem auch die Versuche mit bemannten Modellen des Raketenflugzeuges selbst nicht wird entbehren können.

Das Raketenflugzeug mit einem Insassen würde ich dann noch so weit abändern, wie sich dies als nötig herausstellen würde. Nach diesem Muster würde ich dann sofort das 28000-kg-Fahrzeug bauen, denn ich glaube nicht an die praktische Brauchbarkeit eines Raketenflugzeuges, dessen günstigste Geschwindigkeit $\bar{v} < 400$ m/sek. Eine solche hohe günstigste Geschwindigkeit aber können wir nur erreichen, wenn das Gewicht im Verhältnis zum Profil sehr groß ist, und das kann nur bei schweren Apparaten der Fall sein. Es würde auch nicht viel helfen, die

nicht herstellen, wie die zahlreichen Raketenexplosionen dieses Jahres gelehrt haben. Vgl. hierzu auch Bd. II.) Bevor man ihn aber beim Raketenflugzeug verwendet, muß man ihm erst bei unbemannten Apparaten hinreichend erproben.

[1]) Inzwischen erfuhr ich von Messungen bei Schall- und Überschallgeschwindigkeiten (Reports of National Advisory Committee Aeronautics U. S. A. — Nr. 207, 1924 und Nr. 255, 1927). Sie wurden an dünnen Profilen veranstaltet und ergaben eine Gleitzahl bis zu $\eta = 0,1$ herab. Ich habe aber auch hier sehr vorsichtig abgeschätzt.

Tragflächen dünner zu machen, denn der Luftwiderstand hängt hier nicht nur vom Querschnitt, sondern auch vom linearen Reibungskoeffizienten an den Flügelflächen ab.[1] — Das Raketenflugzeug ist nämlich während des Aufstieges als breitgedrückte Flüssigkeitsrakete anzusehen, und wenn bei dieser $\bar{v}_1$, nicht viel größer als $\frac{2rS}{c}$ ist, so bleibt es sozusagen in der Luft stecken. Es würde dabei übrigens auch die tote Last zu groß.

Vergleiche zwischen Raketenflugzeug und Propellerflugzeug:

A. Vorteile des Raketenflugzeuges:
1. Hohe Geschwindigkeit.
2. Immense Arbeitsleistung des Motors im Vergleich zu seinem Gewicht.
3. Dadurch wird eine hohe Tragflächenbelastung ermöglicht und dadurch wieder ein gedrungener Bau.
4. Fahrt in großer Höhe, wobei die Unregelmäßigkeiten der Luftbewegung weniger ins Gewicht fallen und das Raketenflugzeug im Kriegsfalle für feindliche Waffen (und wegen seiner Geschwindigkeit auch für feindliche Raketenflugzeuge selbst) unangreifbar wird.
5. Weitgehende Unabhängigkeit vom Wetter. Dem Raketenflugzeug kann es z. B. ganz gleichgültig sein, wie das Wetter in Gegenden ist, die es überfliegen muß. Gefährlich wird ihm nur eine starke elektrische Ladung der Luft (Gewitter) am Aufstiegsort oder Nebel am Landungsort. Dagegen könnte man sich aber schützen, wenn man sich vom Landungsort das Wetter telegraphisch mitteilen läßt.
6. Das Raketenflugzeug kann an seinen Düsen hängen, es ist also gegen ein Abrutschen nach rückwärts gesichert und hat die Möglichkeit des senkrechten Aufstieges.

B. Nachteile des Raketenflugzeuges:
1. Notwendigkeit, den Führerraum hermetisch zu schließen und die Atemluft (der in der Stratosphäre vorkommenden Nitrosylverbindungen wegen) künstlich herzustellen.
2. Höhere Kosten der Fahrt.
3. Senkrechte Auffahrt mit 20 m/sek^2 Andruck.
4. Am Aufstiegs- und natürlich auch am normalen Landungsort muß flüssiger Sauerstoff aufzutreiben sein.

---

[1]) Diese Überlegung würde zwar genau genommen für Überschallgeschwindigkeiten nicht mehr gelten, doch wir haben es hier ja eben mit einem kleinen Wert von $\bar{v}$ zu tun.

Einwände gegen die Idee des Raketenflugzeuges.

Die meisten beruhen auf falschen Anwendungen des Energiebegriffs und erledigen sich nach dem im 12. Kapitel Gesagten. Von den übrigen brauche ich an dieser Stelle auch nur einen einzigen zu erwähnen. Garsaux und Major Bauer weisen darauf hin, daß ein schnellfahrendes Flugzeug des hohen Andruckes wegen keine Kurven beschreiben könne. Dem ist aber entgegenzuhalten, daß das Raketenflugzeug auch keine Kurven beschreiben muß, solange es so schnell fährt. Auch die unfreiwilligen Drehbewegungen, werden jedenfalls nur klein sein, denn es fährt oberhalb der Federwolken und hier werden kaum turbulente Luftbewegungen zu erwarten sein. Zudem ist die Luft dort so dünn, daß es einer seitlichen Luftbewegung (vgl. S. 224) oder einer ungeschickten Steuerstellung jedenfalls nur allmählich folgt. Bei der Auffahrt und der Landung kommt es wohl in dichtere und turbulente Luftschichten, aber hier ist wieder seine Geschwindigkeit nur von derselben Größenordnung wie bei den gewöhnlichen Flugzeugen. Kurz vor der Landung z. B. wird sie 200 km/st kaum übersteigen. Und bei seiner gedrungenen Bauart können ihm turbulente Luftbewegungen auch nicht so schaden wie einem leicht gebauten Propellerflugzeug. Da es zuletzt nur noch langsam fährt, kann es am Ende der Strecke c auch Kurven und Schrauben beschreiben, so daß es ebensogut wie ein Aeroplan am vorgesehenen Landungsort niedergehen kann.

Valiers Vorschläge. Ich möchte dieselben nun einer kritischen Betrachtung unterziehen.

Abb. 116 und 117 stellen Flugzeuge mit Propellern und Raketen dar. Diese Raketen können den Start des Flugzeuges erleichtern, da sie es rasch auf eine hohe Geschwindigkeit bringen. Zudem können sie von Wert sein, wenn der Motor versagt. Sie können die Gipfelhöhe des Flugzeuges bei Hochflügen um 500—1000 m vergrößern und die Fluggeschwindigkeit (allerdings auf Kosten des Aktionsradius) um einige km/st erhöhen. In Augenblicken der Gefahr stellen solche Düsen eine wirksame Hilfe für den Motor dar, vorausgesetzt, daß sie den Brennstoff nicht schon beim Start verbraucht haben (Gefahr des Abrutschens usw.).

Alles in allem stellen diese Düsen also eine angenehme Nebeneinrichtung des Fahrzeuges dar. Irgendeine Vorstufe zum Raketenflugzeug kann ich darin aber eigentlich nicht sehen. Auch unsere theoretischen Kenntnisse werden sie wohl nur wenig erweitern helfen. Das einzige, was man hier aus der Praxis lernen kann, ist die Arbeitsweise dieser Düsen (vorausgesetzt, daß der Laboratoriumsversuch vorhergegangen ist)[1]. Alles

[1] Die zahlreichen Versuche mit Pulverraketen sind wissenschaftlich überhaupt so gut wie wertlos.

andere: Vermehrung der Düsen, senkrechter Start usw. erreicht man nicht schrittweise, sondern sprungweise.

Valier denkt sich den schrittweisen Übergang nun so, daß er die brennstoffführenden Flügel nur dicker macht und die Zahl der Seitendüsen erst verdoppelt, dann verdreifacht. Dabei vergißt er nur, daß er da auf unbrauchbare Zwischenformen kommt. Abb. 118 z. B. könnte schon nicht mehr so recht nach Art der Flugzeuge starten. Ich selbst schlug Valier die Anfahrt von einer Startschanze (vgl. Abb. 123) vor, da er von dem Start, wie ich ihn auf Abb. 121 und 123a darstellte, nichts wissen wollte. Aber auch in diesem Falle würde der Brennstoffverbrauch derartig erhöht werden und die Geschwindigkeit würde so wenig wachsen (die Bauart ist nämlich noch zu leicht), daß man zweifeln darf, ob dies Fahrzeug jemals gebaut wird. Über Abb. 118 schreibt Valier: „Abermals werden die Raketenmotoren verstärkt und vermehrt, so daß der Propeller nun gänzlich fortfallen kann. Wir erhalten so das Raketenflugzeug, so genannt, weil es immer noch flugzeugartig startet und mit Hilfe von Tragflächenwirkung fliegt.“ Wie er sich den „flugzeugartigen Start“ einer Maschine denkt, die pro m^2 Flügelflächen gegen 500 kg wiegt, das ist mir allerdings nicht recht klar geworden. Aber der Start würde sich schließlich mit Hilfe einer Startschanze bewerkstelligen lassen. Doch als Raketenflugzeug ist die Maschine dann immer noch nicht recht geeignet, denn es ist hier, wie man auf den ersten Blick sieht, bei senkrechtem Aufstieg $\bar{v}_0$ kaum 100 m/sek, und wie wir sahen, ist das viel zu wenig. Ich glaube z. B. nicht, daß die Maschine auch nur 100 km weit fliegen würde. Valier denkt bei dieser Maschine an Fluggeschwindigkeiten von 500 m/sek. Natürlich kann sie so schnell fliegen, dann bleibt sie aber erst recht in der Luft stecken. Zudem ist bei $v = 500$ m/sek die Ausnützung der Treibstoffe immer noch sehr schlecht. Auf kleinere Ungeschicklichkeiten der vorgeschlagenen Konstruktionsformen erübrigt es sich wohl näher einzugehen. Valier ist ja nicht Ingenieur, er läßt sich bloß so nennen, und jeder Ingenieur könnte diese Nachteile der Konstruktion natürlich vermeiden, sie sind also unwesentlich für die Frage, ob das Raketenflugzeug möglich ist. (Ich denke hier z. B. an die Anbringung der Düsen, vgl. dagegen das auf S. 291 Gesagte. Die wirbelartige Darstellung der Auspuffgase im Ofen läßt sich mit dem Prinzip der dynamischen Kühlung schwer in Einklang bringen usw.) Über Abb. 119 und 120 habe ich bereits das Nötige gesagt.

Alles in allem kann man also sagen, das Raketenflugzeug ist kein Weg vom Flugzeug zum Raumschiff. Es ist aber eine erfolgversprechende Nebenerfindung.

In letzter Zeit hat auch Hoefft in Wien viel von sich reden gemacht mit seinen Plänen zu einem Raketenflugzeug. Ich werde über Hoeffts Vorschläge im zweiten Band im Zusammenhang berichten.

Der Idee des Raketenflugzeuges verwandt ist jene des Lufttanks. Dies ist eine große, starkwandige Kampfrakete, mit oder ohne Flügel aus Panzerplatten, die in feindliche Luftflotten hineinfliegen soll, um sie durch Geschützfeuer, Anprall, Flammen und Wirbel zu vernichten.

Da man heute schon über das Raketenflugzeug nichts Sicheres mehr sagen kann, so kann man das über eine solche Kampfrakete natürlich noch weniger. Es erübrigt sich daher an dieser Stelle, mehr zu tun, als diese Idee zu erwähnen.

Bevor ich dies Kapitel abschließe, kann ich nicht umhin zu betonen, daß sich die ersten Stufen meiner Raketenerfindung sicher rentieren werden. Was das in finanzieller Beziehung zu bedeuten hat, entnehmen wir dem populären Sammelwerk Ley's „Die Möglichkeit der Weltraumfahrt" (Hachmeister und Thal, Leipzig 1928). Der bekannte Wiener Ingenieur Guido v. Pirquet schreibt daselbst (S. 320 ff.):

„Wenn sich für die Lösung irgendeines Problems eine Methode als verwendbar erweist, wird man sie deshalb noch nicht sofort durchführen, sondern vorher auch noch eine Vergleichung mit etwaigen anderen vorhandenen Methoden vornehmen und davon jene wählen, die sich in Anbetracht von Leistung, Aufwand und Risiko als die günstigste erweist.

Hierzu muß ich noch einen kleinen Exkurs in das Gebiet der technischen Ökonomie einschalten. Wir können hierbei im allgemeinen die technischen Werke, gleichgültig ob Maschinen, Bauten, Brücken oder Straßen, Fabriken oder Verkehrsanlagen usw., in zwei große Gruppen unterteilen.

Gruppe I.

Gruppe der unteilbaren Einheiten oder der unvollendet ruinösen Werke.

Wenn z. B. ein Tunnelbau oder ein Brückenbau zwar begonnen, aber nicht vollendet werden kann, so ist der ganze Aufwand für den halben Tunnel, für die halbe Brücke, verschwendet, weil ja der Gebrauchswert einer halben Brücke, die nur bis zur Mitte eines Flusses führt, oder der Gebrauchswert eines halben Tunnels gleich Null ist.

Gruppe II.

Gruppe der teilbaren Einheiten oder der unvollendet aktiven Werke.

Wenn z. B. eine Straße in der Länge von 100 km erneuert werden soll und die Arbeit wird bei 50 km abgebrochen, so bedeutet das keine ruinöse Aufwendung für die Kosten dieser 50 km, da ja eine Besserung der Verkehrsverhältnisse in der betreffenden Gegend immerhin vorliegen wird, usw.

An der Hand dieses Gesichtspunktes der unteilbaren und der teilbaren technischen Werke wollen wir nochmals das vorliegende Problem der Weltraumschiffahrt betrachten.

Dabei müssen wir konstatieren, daß sich hierfür drei oder vier verschiedene Etappen oder Stufen unterscheiden lassen, die nacheinander erreichbar sind.

1. Das Registrieraggregat. Dabei handelt es sich um ein Projektil, das es ermöglicht, einen Registrierapparat bis zur Höhe von etwa 100—200 km emporzuschaffen und unbeschädigt — mittels Fallschirm — wieder zur Erde zurückkommen zu lassen, und zwar um ein solches Projektil, das an jedem beliebigen Punkt der Erdoberfläche verwendbar ist. Erfordernis: eine Geschwindigkeit v_a von ca. 1200 bis 1800 km/sek in der Höhe von ca. 30 km.

2. Das Fernprojektil[1]) dient zur Bewältigung weiterer Strecken der Erdoberfläche — etwa von 500 km aufwärts. Erfordernis: eine Geschwindigkeit v_a von ca. 4—7 km/sek (je nach der Reichweite des zu überspannenden Bogens).

Die Verwendbarkeit dieses Aggregats soll natürlich ebenfalls nicht an einem bestimmten Punkt der Erdoberfläche gebunden sein.

3. Das Mondaggregat soll z. B. zu einer Umfahrung des Mondes geeignet sein und bietet damit die Vorstufe zu Punkt 4. Erfordernis ca. 11 km/sek außerhalb der Atmosphäre.

4. Das bemannte Planetenaggregat. Erfordernisse ca. 12 bis 17 km/sek = v_a (siehe Abs. 1).

Wenn wir nun z. B. gefunden hätten, daß der sog. „Drouetsche Tunnelplan" zum Verlassen der Erde geeignet wäre, müssen wir uns im Sinne unserer vorhergehenden ökonomischen Studie fragen: Ist diese Lösung ein „unteilbares" oder ein teilbares technisches Werk?

Und da finden wir, daß es zur Lösung der Probleme I und II vollkommen ungeeignet wäre, da die Verwendbarkeit desselben für das Registrieraggregat, speziell für das Fernprojektil, an den örtlich festgelegten und nicht einmal schwenkbaren Starttunnel gebunden ist.

---

[1]) Ich sage absichtlich nicht „Registrierrakete" und „Fernrakete" usw., weil ich noch einmal den Versuch machen will, die Wahl der Methode offen zu lassen.

Wenn man aber nach dem *Prinzip der Stufenrakete* vorgeht, liegt die Sache ganz anders: Sie ist dann ein *teilbares technisches Werk*, sie kann auch für die Stadien I und II verwendet werden, und es kann dieser *ökonomische Vorzug der Rakete* gar nicht genug *hervorgehoben* und *unterstrichen* werden, weil dadurch die Realisierung der Rakete jedes ökonomische Risiko verliert.

Denn *jedes* dieser genannten Stadien hat bei Zugrundelegung des Raketenprinzips seinen *praktischen Wert* und macht sich also *selbst bezahlt*.

Es macht also — im Gegensatz zu unserem Beispiel vom Tunnel- oder Brückenbau, vom Standpunkt der Investitionsverzinsung — *gar nichts*, wenn man durch einige Jahre bei der Registrierrakete stehenbleibt — und dann wieder vielleicht ein paar Jahre bei der *Fernrakete* steckenbleibt, weil diese an sich abgeschlossene und *wirtschaftlich selbständige* Einheiten sind, die sich selbst bezahlt machen.

Es ist auch ferner klar, daß die *aktive* Bilanz dieser einzelnen Stadien es wesentlich erleichtert, die notwendigen experimentellen und konstruktiven Arbeiten für die Bewältigung der nächsten Stufe dnrchzuführen!

Und es soll hiermit nochmals nachdrücklichst der Appell an die Öffentlichkeit ergehen, die *Realisierung der Registrierrakete*, die tatsächlich keinerlei technische Schwierigkeiten aufweist, kräftig zu unterstützen, um so mehr als dieselbe die erste Staffel auf der kühnen Leiter zur Weltraumschiffahrt darstellt, welches Ziel *nur* auf diesem Wege, wie soeben nachgewiesen und betont wurde, ohne jedes nennenswerte ökonomische Risiko erreicht werden kann!“

Soweit *Pirquet*. In seinen Ausführungen liegt übrigens ein gewisser Vorwurf gegen *Valier*, der sogleich das kostspielige und auch in finanztechnischer Hinsicht problematische Raketenflugzeug verwirklichen möchte. Tatsächlich rentiert sich heute ja noch nicht einmal der Motorflugverkehr. — Ob sich freilich die Registrierrakete schon rentieren würde, wie *Pirquet* annimmt, das wage ich nicht zu entscheiden. *Sicher* wird sich aber die Postrakete rentieren. Man denke einmal, was das bedeutet, wenn man Briefe im Original in weniger als einer halben Stunde von Berlin nach Moskau für nicht ganz einen Pfennig pro Dekagr. oder von Europa nach Amerika für nicht ganz 8 Pfennig pro Dekagr. senden kann. Und zu den Vorversuchen, die bis dahin noch gemacht werden müßten, würde ich *bestimmt weniger* als 10000 Mark brauchen (vgl. Nachwort), während auf Anregung *Valiers* bis jetzt schon hunderttausende verpulvert worden sind, ohne daß wir dem Raketenflugzeug wesentlich nähergekommen wären.

19. Kapitel.

Das Modell E.

Formelgrößen.

$a = \frac{1}{\varepsilon}\left(1 - \frac{p}{\varrho}\right)$.

g: Fallbeschleunigung.

$g_0 = 9{,}81$ m/sek.

h: Höhe über dem Erdmittelpunkt.

p: Parameter der Bahnkurve.

s: Wegstück.

t: Zeit.

v: Geschwindigkeit der Rakete.

v_h: Restgeschwindigkeit. $v_h = \left|\sqrt{v^2 - 2gh}\right|$.

v_n: Geschwindigkeit am neutralen Punkt zwischen Erde und Mond.

$w = \operatorname{tg}\frac{\varphi}{2}$.

F: Fläche des vom Leitstrahl bestrichenen Dreiecks.

M_1: Erdmasse.

M_2: Mondmasse.

T: Absolute Temperatur.

α: Winkel zwischen der Bewegungsrichtung und der Horizontalen.

ε: Numerische Exzentrizität der Bahnkurve.

ϱ: Leitstrahl der Bahnkurve.

φ: Richtwinkel der Bahnkurve.

Bei den Ausblicken, die sich für meine Erfindung eröffnen, spricht man heute verhältnismäßig am meisten über das Projekt, eine bemannte Rakete bis zu den Planetenräumen oder gar bis auf fremde Weltkörper zu schießen, obwohl diese Frage eigentlich weniger aktuell ist als die Frage nach den Registrierraketen, nach den Raketenflugzeugen und nach den unbemannten Fernraketen.

Über die Ansprüche, die an die Größe und an die Geschwindigkeit einer bemannten Raumrakete gestellt werden müssen, habe ich bereits S. 112ff., 168ff. und S. 225ff. einiges gesagt. Tafel IV bringt ein Bild einer solchen Rakete. Die Benennung der Maschinenteile und deren Arbeitsweise wird dem Leser klar sein, wenn er die Ausführungen über das Modell B gelesen hat[1]).

[1]) Die A.R. müßte nach der Erschöpfung ihrer Brennstoffe an einem Fallschirm hängend, von einem Hilfspiloten H geführt, landen. Nun, das Papier ist ja geduldig und in diesem Buch wird dabei sicher kein Unglück geschehen. Warum ich bei diesem „Demonstrationsmodell" die Fallschirmlandung vorschlug, das habe ich auf S. 220ff.

Der hier abgebildete Apparat wäre vor der Abfahrt 288000 kg schwer. Die leere Wasserstoffrakete würde zusammen mit der Beobachterkammer, dem Fallschirm und der aus zwei Teilen zusammengesetzten, den Fallschirm bedeckenden hohlen Spitze noch 5000—7000 kg wiegen. Die Antriebsverluste durch Luftwiderstand und Schwere mitgerechnet, würde dies Modell eine Endgeschwindigkeit von 9000 m/sek erreichen, es wäre also nicht fähig, der Anziehung der Erde zu entrinnen, es wäre aber nach dem auf S. 182 über den Aufstieg auf der Synergiekurve Gesagten befähigt, so aufzusteigen, daß es nach dem Aufhören des Antriebes dauernd gleich einem Mond in einer Kreisbahn um die Erde gravitiert. Dabei würde noch genügend Brennstoff übrigbleiben, um schließlich auf einer Seite der Erde die Geschwindigkeit durch Rückstoß soweit abzubremsen, daß die Kreisbahn in eine elliptische Bahn übergeht, die auf der anderen Erdseite so tief in die Erdatmosphäre eintaucht, daß dabei der Fallschirm in Tätigkeit treten kann (vgl. hierzu Kapitel 14). Man könnte auf einem solchen Apparat vor allen Dingen die auf S. 332ff. aufgezählten Beobachtungen und Messungen machen.

Ich möchte hier bemerken, daß ich bei dem hier abgebildeten Modell an dieselbe Brennstoffzusammensetzung gedacht habe wie beim vorhin beschriebenen Modell B. Ich wollte eben zeigen, daß sich die Rakete zu den Planetenräumen auf alle Fälle bauen läßt, und sah daher eine Brennstoffmischung vor, die verhältnismäßig geringe Temperaturen ergibt. Andernfalls hätte man ja einwenden können, die Düse könne vielleicht verbrennen, und die Sache sei dann eben doch nicht möglich. In Wirklichkeit, hoffe ich, werden auch die höchsten erreichbaren Temperaturen der Rakete nicht schaden, dank des Prinzips der dynamischen Kühlung (vgl. S. 28), welches sich um so besser durchführen läßt, je größer die Düse absolut genommen ist. Über die Folgen, die eine Anwendung kräftigerer Brennstoffe hätte, habe ich bereits S. 38 das Nötige gesagt. Hier brauche ich nur noch soviel zu erwähnen, daß ein Apparat des hier abgebildeten Modells E bereits hyperbolische Geschwindigkeiten erreichen könnte und imstande wäre, den Mond und die näheren Planeten zu umkreisen (allerdings noch ohne auf denselben zu landen). Die Konstruktion würde sich nur insoweit ändern, als der Sauerstoffraum S und die Sauerstoffpumpen p_2 und p_4 verhältnismäßig größer sein müßten. Sonst bleibt alles so wie auf Tafel IV.

Ganz wesentlich leistungsfähiger wäre ein im Wesen dem Modell E ähnlicher Apparat, bei welchem statt einer Wasserstoffrakete deren zwei

---

dargelegt. Daß ich in Wirklichkeit mein möglichstes tun werde, um zu einem Tafel III oder wenigstens Abb. 98 ähnlichen Apparat zu kommen, dessen Raketen im Gleitflug landen können, das habe ich auch schon erklärt (S. 222ff.).

eingebaut wären, die noch von einer Alkoholrakete getragen werden. Das Anfangsgewicht eines solchen Apparates wäre bei gleichem Endgewicht von 5000—7000 kg ca. 4000000 kg. Dafür könnte er aber auch bis zu fremden Weltkörpern vordringen. Dabei wäre die Landung dieser A.R. allerdings ein Problem, das heute auch theoretisch noch keineswegs gelöst ist. Ich wollte nun aber beweisen, daß die Rakete zu den Planeten räumen bestimmt keine Utopie ist, und brachte daher das bestimmt realisierbare Modell E. Wir werden übrigens in der Folge sehen, daß man auch mit solchen Doppelraketen die Planetenwelt erobern kann, obwohl sie an sich nicht bis zu fremden Sternen oder gar hin- und zurückfahren können.

Wie man sieht, ist auf Tafel IV die Beobachterkammer auffallend klein. Wir müssen danach trachten, das Endgewicht so klein als möglich zu machen. Die Zeichnung Valiers (Bd. II) entspricht also keineswegs meinen Plänen.

Bevor ich nun an die wissenschaftliche Besprechung des Modells E gehe, möchte ich erst in anschaulicher Weise Raketenfahrten durch die Planetenräume schildern. Ich hoffe, die Besprechung der technischen Einzelheiten wird dem Leser nachher wesentlich verständlicher sein. Ich bringe hier zunächst einen Auszug aus einer von mir verfaßten Novelle, wo ich den Teilnehmer einer Raketenfahrt von seiner Reise um den Mond erzählen ließ:

„. . . . die Rakete sollte vom Maschineningenieur Müller geführt werden, ich sollte die astronomischen Beobachtungen ausführen.

Im Februar 1932 war die Rakete fertig, sie wurde „Luna" getauft, das ist auf Lateinisch der Mond. Zunächst ließ man sie ohne Bemannung 4200 km hoch steigen, um ihre Lenk- und Registrierapparate auszuprobieren. Alle diese Raketen sind nämlich so beschaffen, daß sie auch ohne Bemannung fahren können. Das kam so: Man hatte zuerst nur kleine Apparate konstruiert, die etwa eine Last von $^1/_2$—1 kg mitnehmen konnten. Hier konnte natürlich kein Führer mitfahren, man war daher gezwungen, Vorrichtungen zu ersinnen, mittels derer die Rakete selbständig ihren Weg finden konnte, z. B. einen Kreisel, der die Stellung der Schwanzflossen beeinflußte und dgl. mehr. . . . Diese Vorrichtungen übernahm man dann auch auf die größeren Apparate, denn es erschien ratsam, dem Führer die Sorge für vieles abzunehmen, was er auch selbst hätte ausführen können. a) Um ihm die Hände frei zu machen für astronomische Beobachtungen, b) weil die Maschine kaltblütiger und genauer arbeitet als der Mensch.

Natürlich aber kann der Führer durch den Rückstoß den Kurs jeder Zeit beeinflussen. Dieser erste unbemannte Aufstieg nun fiel zur Zufriedenheit aus, und Anfang März unternahm Müller einen Aufstieg bis

5000 km, um die Lenkbarkeit der Rakete durch den Führer auszuprobieren. ... Er suchte mich auf, um mir mitzuteilen, daß er Mitte Juni die Fahrt um den Mond zu machen gedenke.

Dann ging es an die Reisevorbereitungen. ... Um die Menschen an hohen Andruck zu gewöhnen .... bringt man sie zweckmäßig an einen Wagen, der sich an einem 200—400 m langem Metallarm im Kreis herumdreht (vgl. Abb. 55).

Mitte Juni also war ich soweit, daß ich mit der „Luna“ aufsteigen konnte. Schon Mitte Mai war ich nach Indien gefahren, denn wir sollten aus dem Indischen Meerbusen aufsteigen. Anfang Juni bekam ich die „Luna“ zum erstenmal zu sehen. Es war ein stattliches Ding, 35 m lang und 10 m im Durchmesser. Sie bestand aus einer Alkohol- und zwei Wasserstoffraketen. Sie war so eingerichtet, das sie im ganzen eine Geschwindigkeit von 15 km/sek hätte erreichen können. (Anmerkung: Heute würde ich bereits imstande sein, eine derartige Rakete in einer Länge von nur 17 m und einem Durchmesser von 7 m herzustellen, da mir inzwischen ganz wesentliche Verbesserungen eingefallen sind, auch das Modell E auf Tafel III ist ja ganz wesentlich kleiner.) Natürlich brauchte sie ja nur eine Anfangsgeschwindigkeit von nicht ganz 11 km. Aber erstens durfte sie die Geschwindigkeit ja nicht sofort, sondern erst im Laufe von 5 Minuten erreichen, dabei wurden ihr durch Luftwiderstand und Schwere über 1 km/sek wieder entzogen. Dann aber schien es auch gut, wenn sie bei erreichter voller Geschwindigkeit noch etwas Brennstoff auf Lager hatte, damit man ihren Lauf beeinflussen konnte, falls sie vom Wege abwich.

Als ich in Kalkutta ankam, wunderte ich mich über die vielen Automobile, die weder Gestank noch Lärm machten und trotz ihrer manchmal beträchtlichen Geschwindigkeit außerordentlich kleine und leichte Motore zu haben schienen.

„Ja sehen sie“, sagte Müller, „wir haben ja am oberen Brahmaputra die Werke für flüssigen Wasserstoff und Sauerstoff. Diese Automobile haben sämtlich Wasserstoffmotore ...“

„Ja, aber brauchen denn die Raketen nicht allen Wasserstoff selbst, den die Werke erzeugen?“

„Anfangs stiegen oft monatelang keine größeren Raketen auf. Damit nun unsere Wasserstoffwerke in der Zwischenzeit nicht völlig feierten, suchten wir wenigstens einen Teil des flüssigen Wasserstoffes in der Industrie unterzubringen. — Heute können wir kaum mehr der Nachfrage entsprechen. Fast jeden Monat müssen wir die Werke erweitern ...“

Am 12. Juni kam der Dampfer „Tagore“ mit den Brennstoffen für unsere Fahrt an. Wir stiegen an Bord, dann nahmen wir die „Luna“ ins Schlepptau und von tausend Glückwünschen begleitet fuhren wir ab.

Am 14. vormittags hielt der „Tagore“ und wir gingen daran, unsere Rakete zu füllen. Zunächst wurde frisch verdampfter Wasserstoff durch die Brennstoffbehälter geblasen, um sie abzukühlen. Hätte man gleich flüssigen Wasserstoff hineingefüllt, so wären die metallenen Behälter wahrscheinlich gesprungen, wie ein heißes Glas, in das man unvermittelt kaltes Wasser schüttet. Es hätte auch leicht der sogenannte Leidenfrostsche Zustand eintreten können .... Wenn man z. B. einen Metallkessel glühend macht und kaltes Wasser hineinschüttet, so bildet sich zunächst eine Dampfschichte zwischen dem Metall und dem Wasser, so daß das Wasser nicht an das Metall heran kann. Das Wasser ist daher zunächst auch nicht imstande das Metall abzukühlen. Da der Dampf ein schlechter Wärmeleiter ist, kühlt das Metall nur sehr langsam ab. Erst wenn seine Temperatur auf einen bestimmten Betrag gesunken ist, findet dann an irgendeiner Stelle eine Berührung zwischen Wasser und Metall statt. An dieser Stelle kühlt sich dann das Metall plötzlich stark ab und die Abkühlung pflanzt sich rasch über das ganze Metall fort. Das Wasser, welches nun plötzlich das Metall berühren kann, kocht dabei heftig auf, so daß es einen geschlossenen Kessel sofort auseinander treibt. Dieselbe Erscheinung beobachten wir auch, wenn wir flüssige Luft oder flüssigen Wasserstoff in ein normal warmes Metallgefäß füllen. Es wäre auch hier eine Explosion unvermeidlich gewesen, wenn wir die flüssigen Gase plötzlich in die Behälter gefüllt hätten. Um $^1/_2$11 Uhr aber war unsere Rakete von einer dicken Eisschicht bedeckt und soweit abgekühlt, daß man sie füllen konnte. Es wurden mächtige Schläuche vom Schiff zur Rakete gelegt, zuerst zur Alkoholrakete, die schon beinahe gefüllt war, als auch die Wasserstoffraketen sich zu füllen begannen. Die „Luna“, die bis jetzt flach auf dem Wasser gelegen war (vgl. hierzu Abb. 112) sank jetzt mit dem rückwärtigen Ende immer tiefer hinein, während sich die Spitze bald senkrecht nach oben richtete. (Vgl. Abb. 113.) 11 Uhr 5 Minuten war sie gänzlich gefüllt, und Müller und ich krochen in die Beobachterkammer und schlossen sie hinter uns luftdicht ab. Es war hier drinnen nicht ganz dunkel. Durch die Periskope fiel ein gewisser Lichtschein herein. Ich blickte durch eines derselben und sah gerade unsern „Tagore“, der mit Volldampf machte, daß er weiter kam. Durch die Auspuffgase der Rakete entstehen nämlich heftige Wellen, selbst Wasserhosen.

Müller machte sich an der Wand zu schaffen. Es ertönte ein schwaches metallisches Summen und eine kleine elektrische Glühbirne leuchtete auf.

Ich habe unsere Dynamomaschine in Gang gesetzt, sie wird natürlich von einem Wasserstoffmotor getrieben. So, und jetzt wollen wir unsere Steuerkreisel in Gang setzen. Er drehte an einem Schalter, sodann nahm er einen kleinen, aber äußertst präzise gearbeiteten Kreisel und verglich mit Hilfe einer Mikrometerschraube die Stellung der Steuerkreisel.

„Auf drei Bogensekunden sind sie jetzt genau, wird das genügen?“ fragte er mich.

„Wenn der Fehler vom Monde wegführt, schon. Wenn Sie aber genauer einstellen könnten, so würde das natürlich auch nicht schaden.“

Müller arbeitete wieder an den Kreiseln, nach ein paar Minuten sagte er dann: „Jetzt beträgt der Fehler beiläufig eine Bogensekunde.“

„Ich glaube, das wird auch genügen.“

Müller richtete nun auch die übrigen Instrumente. „Wann sollen wir abfahren?“ fragte er[1]).

„11 Uhr 30 Minuten 46 Sekunden muß die Rakete in einer Höhe von 1230 km eine Geschwindigkeit von 10700 m/sek haben. Läßt sich das machen?“ Müller richtete die Beschleunigungsanzeiger. „Gewiß, vielleicht helfen Sie mir ein bißchen bei den Apparaten, wir müssen um 11 Uhr 25 Minuten 30 Sekunden abfahren[2]).“

Es war jetzt 11 Uhr 15 Minuten. Nach weiteren 5 Minuten hatten wir die Apparate gerichtet und die großen Pumpen der Alkoholrakete in Gang gesetzt. Es war nur noch notwendig, das Gas im Ofen anzuzünden. Wir nahmen die Hängematte aus einer Ecke, befestigten sie in der Mitte der Beobachterkammer und legten uns darauf (Abb. 125).

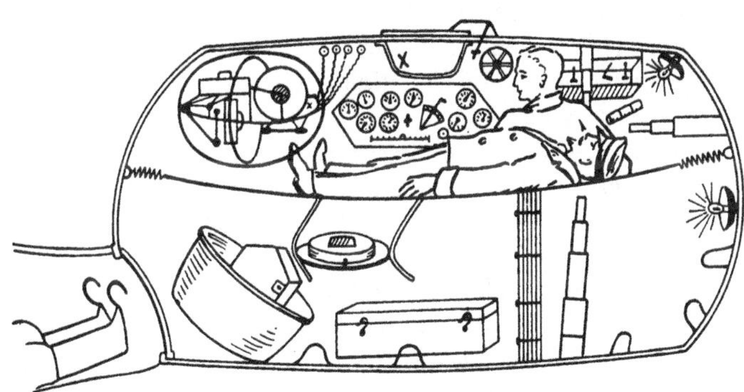

Abb. 125.

Es war eigentlich ein eigentümliches Gefühl so da zu liegen. Das Metall der Flüssigkeitsbehälter war bei der Temperatur des flüssigen

[1]) Anmerkung: Daß sich hier der Astronom bei der Maschine und der Maschinist bei der Fahrtroute nicht ordentlich auskennt, das ist ein „dramaturgischer“ Fehler. Vgl. hierzu Bd. II. In Wirklichkeit würde ich natürlich darauf dringen, daß jeder von beiden gegebenenfalls allein das Fahrzeug um den Mond führen kann. Aber dann wären ihre Gespräche dem Laien unverständlich geblieben und diese Sachen hätte ich alle selbst erklären müssen, und das wäre furchtbar langweilig geworden.

[2]) Anmerkung: Man sieht, ich kannte damals die Synergiekurve noch nicht. Heute würde ich einen solchen Aufstieg wesentlich anders beginnen.

Wasserstoffes hart wie Glas geworden. Als nun die flüssigen Gase siedeten, klang es als läuteten hundert Glocken, dazu schlugen die Wellen außen an der Rakete an und schaukelten uns. 11 Uhr 25 Minuten begannen die Gase unter uns stärker zu sieden, die Rakete zitterte, während hin und wieder eine größere Luftmenge neben ihr aufstieg. 11 Uhr 25 Minuten 24 Sekunden erfolgte ein Stoß. Die elektrische Zündung war in Tätigkeit getreten und die Rakete hob sich aus dem Wasser. Einige Sekunden darauf ein Reißen, ähnlich wie wenn auf einem Fluß die Eisdecke zerspringen würde; ein sinnreicher Mechanismus hatte die Eishülle gesprengt und ins Meer geworfen, die unsere Rakete von außen umgab. Und nun auf die Sekunde genau um 11 Uhr 25 Minuten 30 Sekunden begann unsere Rakete aus voller Kraft aufzufliegen.

Ich wurde durch den gewaltigen Andruck auf die Hängematte niedergepreßt. Es wäre jetzt kaum einem Menschen möglich gewesen, sich hier auf den Beinen zu halten. Durch das Periskop gewahrte ich ein kraterähnliches Loch am Meeresspiegel, das von einem Kranz weißen Schaumes umgeben war. Es war die Stelle, an der unsere Auspuffgase das Wasser trafen. Schon nach 25 Sekunden fuhren wir durch die Schäfchenwolken hindurch und nach einer weiteren Minute sah ich die Spitzen des Himalaja am Horizont auftauchen, obwohl wir über 1000 km entfernt waren. Nach einer Minute etwa waren die Brennstoffe der Alkoholrakete erschöpft und sie wurde abgeworfen. Mit ihr gleichzeitig die erste Hülle, die wir über die Spitze gezogen hatten.

Nun arbeitete die untere Wasserstoffrakete. Sie schlingerte ein wenig. Es war, als befänden wir uns auf dem Rücken eines riesigen Tieres, welches versuchte, sich mit uns aufzurichten. Dem Atem eines Riesentieres zu vergleichen waren auch die Töne der Pumpen, die die Brennstoffe in den Zerstäuber brachten. Einmal stießen ihre Düsen sogar ein dumpfes, heiseres Brüllen aus, daß alles in der Beobachterkammer dröhnte und klirrte. Aber Müller konnte die Sache glücklicherweise bald wieder abstellen. Dabei schimpfte er erheblich über die menschliche Unzuverlässigkeit im allgemeinen und über seinen Obermonteur im besonderen. Anständige Raketen haben nämlich nichts zu brüllen. Die dürfen höchstens ein wenig fauchen und summen wie ein alter Teekessel . . . (vgl. hierzu S. 21). Nach zwei Minuten waren auch bei dieser Rakete die Brennstoffe erschöpft, und die obere Wasserstoffrakete begann zu arbeiten. Von dieser hing mehr ab als von den beiden anderen (vgl. S. 345) . . . . . Ein Versagen der beiden anderen hätte bloß bewirkt, daß wir die Fahrt nicht hätten ausführen können und zur Erde zurückgefallen wären. Ein Versagen dieser Rakete dagegen konnte unser Leben aufs Spiel setzen. Die besten deutschen Ingenieure und Mechaniker hatten deshalb fast ein Jahr lang an ihr gearbeitet. Dafür war sie aber auch ein Meisterwerk der Technik. Sie arbeitete ausgezeichnet. Ich hatte gar nicht mehr das Gefühl, mich auf einem beschleunigt bewegten Körper zu befinden. Ich kam mir nur merkwürdig schwer und dünn vor. Nach weiteren 2 Minuten wurden hier die Brennstoffe abgesperrt, und 2 Sekunden später hörte jeglicher Andruck auf, und ich schwebte frei in der Mitte der Beobachterkammer, mit einem Gefühl, als wäre ich aus dem Halbschlafe erwacht und bemerkte, daß das, was ich für links hielt, in Wirklichkeit rechts sei, und daß ich ganz anders läge, als ich geglaubt hatte.

„So und nun versorgen wir die Hängematte und machen es uns ein bißchen bequem", sagte Müller.

Wir rollten die Hängematte zusammen und Müller setzte eine Vorrichtung in Tätigkeit, die die Spitze abwarf und Fallschirm, Beobachterkammer und Brennstoffbehälter voneinander abstreckte. Unsere Kammer hatte zahlreiche Fenster . . . .

Obwohl ich einigermaßen wußte, was ich hier oben sehen und erleben würde, war ich doch bestürzt über den Anblick, der sich mir jetzt bot. Ich schwebte frei in der Mitte der Kammer, eine geringe Schwimmbewegung genügte, mich an den Ort zu bringen wo ich hinwollte. Erst jetzt bemerkte ich eine Reihe von Lederschlingen, die allenthalben an der Wand angebracht waren. Wenn wir uns nicht daran entlang gegriffen hätten, wäre es unmöglich gewesen, einen festen Halt zu finden.

Das Sonnenlicht fiel außerordentlich grell durch die Fenster herein. Trotzdem wirkten die Fenster nicht hell, sondern dunkel, sie sahen aus als beständen sie aus tiefschwarzem Glas. Sie strahlten geradezu Kälte und Dunkelheit aus, während es dort, wo die Sonne schien, bald ziemlich heiß wurde. Es kam dies daher, daß die Sonne nicht imstande ist, den klaren Ätherraum zu erhellen[1]). Die Sonne stand als blendende Scheibe am vollkommen schwarzen Himmel. Wenn ich die Sonne eine Zeitlang durch meine Hand abgeblendet hatte, dann begann ich am Himmel nach und nach die einzelnen Sterne zu unterscheiden, schließlich leuchteten sie mir heller als in der dunkelsten Nacht. Der Himmel erschien nicht blauschwarz wie in unseren Nächten, sondern eigentümlich bräunlich, wie eine berußte Porzellanplatte. In der Nähe der Milchstraße war er etwas

[1]) Ich würde in Wirklichkeit die Fenster innen mit dünnen Milchglasscheiben bedecken, die man leicht wegnehmen könnte, wenn man hinaussehen will. Man würde dann in der Beobachterkammer ein mehr zerstreutes tagähnliches Licht bekommen, welches die Augen nicht angreift. (Ein ähnlicher Vorschlag ist übrigens auch von Noordung gemacht worden, nur möchte er dem Fenster eine linsenähnliche Form geben. Ich kann mich mit diesem letzteren Vorschlag aber nicht recht befreunden, ich glaube, man wird durch planparallele Fenster besser sehen können.) Hier verzichtete ich (ebenfalls aus „dramaturgischen" Gründen) auf die Milchglasscheiben, ich wollte dem Leser zeigen, wie es im Weltraum in Wirklichkeit aussieht.

heller als an den entfernteren Stellen. Daß er nicht ganz dunkel ist, beruht auf der Anwesenheit zahlloser, dem freien Auge nicht mehr sichtbarer Fixsterne, die bräunliche Farbe rührte davon her, daß der bläuliche Widerschein unserer Atmosphäre fehlte. Wir schienen in der Mitte einer unermeßlichen Kugel zu schweben. Auf einer Seite wölbte sich gleich einem ungeheueren Kessel die Erde. Sie nahm noch ungefähr den 3. Teil der unteren Himmelshalbkugel ein. Auf der anderen Seite brannte die Sonne, umgeben von einem eigentümlichen hellen Schein, der an ein langausgezogenes Viereck erinnerte. Es ist dies das sogenannte Tierkreislicht, welches durch winzig kleine, um die Sonne fliegende Staubkörner verursacht wird, wie man heute glaubt. Wenn ich die Sonne mit der Hand abblendete, so gewahrte ich, daß sie von eigentümlichen Strahlen umgeben war. Es ist dies die sogenannte Korona, die man auf der Erde nur bei totaler Sonnenfinsternis beobachten kann. Nicht weit von der Sonne stand wie ein rundes Milchglasfenster eine ziemlich helle Scheibe, der Mond. Er kehrte uns seine Nachtseite zu und war nur von der Erde beleuchtet. Es mußte zwei Tage dauern bis wir ihn bei Sonnenlicht beobachten konnten. Dies war das erstemal, daß ich den Neumond sah!....

Gleichwohl wollten wir die Zeit nicht ungenützt vorüber gehen lassen. Wir hatten unter dem Fallschirm einen großen Hohlspiegel, der an drei elastischen Stahldrähten, die auf Trommeln gewickelt waren, von der Beobachterkammer abgestreckt werden konnten. Er diente als Objektiv eines großen Fernrohres. Ein kleines Fernrohr in der Beobachterkammer diente als Okular. Irgendeine innen dunkle Röhre brauchten wir nicht, denn der Himmel war ja vollkommen schwarz, und schwere Stative zur Befestigung des Fernrohres brauchten wir ebensowenig, denn die einzelnen Teile hatten kein Gewicht, sie standen also gegeneinander ohne weiteres so, wie man sie haben wollte, und die mächtigen Vorrichtungen, die auf der Erde das Ganze stützen und tragen müssen, waren hier überflüssig. Das Fernrohr vergrößerte etwa 100000fach, wir konnten uns diese Vergrößerung leisten, denn es war keine flimmernde Luft da.

Müller meinte: „Es wird gut sein, wenn Sie einmal Ihren Taucheranzug anziehen und mit mir hinauskommen, damit sie sich im Raume bewegen lernen.“ Wir legten beide unsere Taucheranzüge an, sie waren aus Gummi, welches mit dünnen Reifen aus glänzendem Blech überzogen und so vor dem Zerspringen geschützt war. Das Kopfstück war zur Hälfte aus einer elastischen, durchsichtigen Masse, so daß man nach allen Seiten des Raumes freien Ausblick hatte. Auf dem Rücken trugen wir Behälter aus Preßluft. Sie reichte für ungefähr 1—1½ Stunden zum Atmen. Die ausgeatmete Luft bliesen wir durch einen Schlauch hindurch, es befand sich darin Ätzkali, welches die Kohlensäure binden sollte. Wir konnten sie auch durch eine Art Ventil ins Freie treten lassen, dann erhielten wir selbst durch den Rückstoß einen Antrieb im Gegensinne, und konnten uns so bewegen. Damit wir wieder in die Beobachterkammer zurück konnten, banden wir uns draußen an Schnüre fest. Diese Schnüre waren aus Hanf, doch es waren auch Telephondrähte hineingeflochten, so daß der Taucher mit der Person in der Kammer, oder daß in unserem Falle beide Taucher miteinander sprechen konnten, obwohl sich der Schall im luftleeren Raum nicht fortpflanzt. Müller ließ mich nun zuerst ein paar einfache Manöver ausführen, dann ließ er mich mit einigen Apparaten experimentieren, die sich noch unter dem Fallschirm befanden. Darauf erklärte er mir die äußere Einrichtung der Kammer.

„Sie sehen, die Kammer ist auf der einen Seite mit einem dünnen schwarzen Papier überzogen, welches ihr fest anliegt. Wie Sie wissen, erwärmt die Sonne den luftleeren Raum nicht, dagegen erwärmt sie die Körper, die von den Sonnenstrahlen getroffen werden, und zwar schwarze Flächen mehr als blanke. Dafür aber strahlen schwarze Flächen ihrerseits auch mehr Wärme aus. Die Sonnenwärme ist nun hierzulande nicht groß, und darum drehen wir die schwarze Fläche der Sonne zu, während wir die blanke dem Schatten zukehren. Wenn wir später einmal Reisen machen sollten, die uns in größere Nähe der Sonne bringen, so werden wir es umgekehrt machen. Wir können es auf diese Weise in unserer Beobachterkammer stets so warm haben, als wir gerade wollen. Die Fenster unserer Kammer lassen sich durch spiegelnde Blechplatten zudecken, die von innen her auf- oder zugeklappt werden. Das ist erstens, weil wir leicht eine Augenentzündung bekommen könnten, wenn wir Tag und Nacht dem hellen Sonnenlicht ausgesetzt wären. Es ist aber auch dann gut, wenn wir durch den Schatten eines größeren Weltkörpers fahren. Dann werfen wir das schwarze Papier ab und schließen alle überflüssigen Fensterläden. Herr Professor kennen doch das Prinzip der Thermosflasche?“

„Gewiß, ein spiegelndes Gefäß ist von einem luftleeren Raum umgeben, durch Leitung kann es keine Wärme abgeben, denn es ist im luftleeren Raum kein Stoff da, der die Wärme fortleiten könnte. Die Wärme könnte also nur durch Strahlung abgegeben werden. Durch Strahlung wieder wird aber auch nur sehr wenig Wärme abgegeben, denn ein spiegelndes Gefäß läßt keine Wärme ausstrahlen, und so bleibt der Inhalt warm.“

„Schön, ganz dasselbe haben wir dann auch hier. Die spiegelnde Beobachterkammer, umgeben vom luftleeren Weltraum. Nun will ich Ihnen noch die schwarze Röhre erklären, die hier in mehreren Windungen an der Schattenseite entlang läuft, und dann ebenso viele Windungen auf der Sonnenseite macht, und schließlich wieder in die Kammer zurückkehrt. Es befindet sich hier, wie Sie sehen, eine kleine Pumpe, die die Luft aus der Kammer auf der Schattenseite in die Röhre pumpt."

„Ah, das ist wohl der Luftdestillator?"

„Allerdings. Die Luft kühlt sich auf der Schattenseite ab, denn wo in den Planetenräumen die Sonne nicht direkt hinscheint, dort ist es ebenso kalt als dunkel. Nun kondensieren sich alle Verunreinigungen, die die Luft haben kann, schon bei höherer Temperatur als die Hauptbestandteile der Luft, nämlich Stickstoff und Sauerstoff. Die Verunreinigungen schlagen sich also in dieser Röhre nieder, und es gelangen nur der Stickstoff und der Sauerstoff auf die Sonnenseite. Hier erwärmen sie sich wieder auf die Zimmertemperatur. Wenn die Röhre einmal auf der Schattenseite ganz mit Verunreinigungen gefüllt ist, dann schrauben wir ganz einfach das Rohr frei und drehen es auf die Sonnenseite, dann verdampft der Inhalt und strömt aus. Jetzt schauen Sie aber bitte hinein auf unsere Uhr, ich kann sie von hier nicht sehen, wie spät haben wir es?"

„$^1/_2$1. Es wird Zeit, daß ich die Ortsbestimmung mache."

„Schön, und ich richte das Mittagessen. Also kriechen wir wieder hinein."

Die Erde hatte rasch an Größe abgenommen. Jetzt machte sie auch nicht mehr den Eindruck eines Kessels, sie machte aber auch nicht den Eindruck einer Kugel, sondern sie sah scheibenförmig aus. Beim Mond wird nämlich der Eindruck der Wölbung nur dadurch hervorgerufen, daß von gewissen Bergen, z. B. vom Kopernikus oder Tycho, gerade weiße Strahlen über einen großen Teil der Kugeloberfläche laufen und dadurch ihre Wölbung perspektivisch hervortreten lassen.

Im übrigen bot die Erde einen prachtvollen Anblick. Da die Atmosphäre im durchfallenden Lichte rot, im auffallenden dagegen blau erscheint, so schien die Erde an den Rändern intensiv rot, ringsumher aber zog sich ein feiner blauer Saum. Über den Polen schwebten als Kronen die Polarlichter. Die blauen Meere, die tiefgrünen Tropenländer, die gelben Wüsten, die schwarzen Tundren, die blaßgrünen Steppen, die weißen Polargebiete, das alles wurde noch gehoben durch den tiefschwarzen sternenübersäten Hintergrund. Dazu schwebten über dem Ganzen schneeweiße Wolken. Von hier aus sahen sie nur noch wie Staub aus, sie erinnerten an den Blütenstaub auf einer farbigen Blume.

Ich hatte indessen nicht allzuviel Zeit, mich dem Anblick hinzugeben. Ich mußte nun die Ortsbestimmungen machen, denn jetzt war die günstigste Zeit, eine Abweichung von der Bahn zu korrigieren. Ich nahm also meine Tabelle zur Hand, wo ich mir die Stellung und scheinbare Größe der Erde für jeden Augenblick unserer Fahrt ausgerechnet hatte, und stellte fest, daß die Erde genau dort zu sehen war wo wir sie sehen sollten, und daß sie die berechnete scheinbare Größe hatte. Mithin fuhren wir richtig. Dann prüfte ich die Angaben unserer Registrierapparate und stellte ihre Genauigkeit fest.

Nachher ging es ans Mittagessen. Es gab Fleckelsuppe, die wir aber nicht mit Löffeln aus einem Teller aßen, sondern durch weite Aluminiumröhren aus kugelförmigen, fast völlig geschlossenen Gefäßen saugten. Dann gab es usw.

Müller entwickelte einen gesegneten Appetit, ich aber konnte kaum einen Bissen hinunterbringen. Es war mir, als ob mich eine eiserne Hand an der Brust gepackt hätte, und mir die Speiseröhre zuhielte. Dabei fühlte ich mich aber nicht eigentlich schlecht. Im Gegenteil, so frei von Unlust, Übelkeit und Schmerzen war ich noch nie. Ich trug bei mir eine Stecknadel. Ich stach mich mit dieser. Aber wohin immer ich auch stach, ich fühlte nicht den geringsten Schmerz.

„M ja, Herr Professor, Sie nehmen am besten Skopolamin oder Bromural. Nachher versuchen Sie ein wenig zu schlafen. Das ist so die Wirkung des fehlenden Andruckes verbunden mit der Aufregung während der ersten Fahrt."

Müller steckte mir eine Pille in den Mund, dann nahm er eine Flasche mit Himbeersirup aus unserem Speisekasten, steckte sie zuerst selbst in den Mund und nahm einen herzhaften Schluck, dann wischte er zweimal mit der Hand über den Hals und steckte sie dann mir in den Mund und rief: „Jetzt schlucken Sie."

Ich schluckte und würgte was ich nur konnte, und brachte die Pille schließlich auch hinunter. Dann aber sagte ich doch: „Wissen Sie, Herr Müller, alles was recht ist, aber haben wir denn keine Becher?"

„Becher?" Müller lachte: „O ja, sogar zwei Stück. Aber wie wollen Sie einschenken?"

„Na das muß ja irgendwie gehen."

„Bitte, hier haben Sie einen Becher, und hier (warten Sie ein wenig, der Himbeersirup ist mir für dieses Experiment zu schade), hier haben Sie eine Flasche Wasser."

Ich drehte die Flasche um, es kam natürlich kein Tropfen heraus. Da wurde ich ärgerlich und schlenkerte die Flasche ein wenig. Sofort kam ein Haufen Wasser hervorgeschossen, aber ach! es blieb nicht im Glas drinnen, mit dem ich es aufzufangen suchte, sondern das Wasser sprang wieder heraus, als ob es gegen eine elastische Gummiwand gestoßen wäre. Kaum, daß ein paar Tropfen im Glas haften blieben. Das übrige Wasser bildete zahlreiche kugelförmige Tropfen, die in der Kammer herumfuhren, von den Wänden zurücksprangen, wenn auch hie und da einer hängen blieb und sich weiter zerteilten. Schließlich war die ganze Beobachterkammer wie von einem Mückenschwarm von herumfliegenden Wassertropfen erfüllt, die allmählich irgendwo hängen blieben.

„Ich muß die Tatsache anerkennen", sagte ich.

„Na ja, wer wird aber auch so stürmisch einschenken? Aber jetzt sehen Sie bitte her, Herr Professor. Fehlender Andruck hat auch sein Gutes. Aus einem Becher werden Sie noch oft genug trinken, aber was ich Ihnen jetzt zeigen will, das werden Sie vielleicht nicht so oft zu sehen bekommen."

Er befeuchtete die Finger seiner linken Hand, indem er einige Wassertropfen zerdrückte, die an seinem Anzug hingen. Dann faßte er mit der rechten die Wasserflasche und zog sie langsam und zitternd zurück, während er die Finger der linken vor den Flaschenhals hielt. Es war, als zöge er eine Wasserkugel aus der Flasche heraus. Dann öffnete er plötzlich die Hand, die Kugel blieb frei vor ihm schweben.

„Dies ist das Modell eines Weltkörpers", sagte er, dann nahm er seinen Kautschukkamm, fuhr sich einige Male durch die Haare, so daß der Kamm elektrisch wurde, dann hielt er ihn in die Nähe des Tropfens, worauf dieser in einer langgestreckten Ellipse um den Kamm lief. „Hier haben Sie die Keplerschen Planetengesetze" (Abb. 126).

Abb. 126.

Dann ging ich schlafen, d. h. ich hängte mich mit einem Arm und einem Bein in zwei Riemenschlingen an der Wand der Kammer, so daß ich ruhig hing. Die Riemen drückten mich natürlich nicht im geringsten, denn ich hatte ja kein Gewicht.

Ich schlief nicht gut. Ich träumte, ich sei ein vorsintflutliches Ungeheuer, das die Erde verschluckt hätte, und nun stieg sie mir immer wieder im Halse hinauf, so oft ich sie auch hinunterschluckte, und wenn sie mir bei der Kehle war, dann meinte ich, ich müsse ersticken. Als ich gegen 4 Uhr erwachte, fühlte ich mich gleichwohl bedeutend besser. Müller saß schon wieder in der Taucherrüstung draußen und machte Versuche mit elektrischen Strahlen. Ich muß nämlich erwähnen, daß gleichzeitig mit unserer Rakete noch eine Rakete im Weltraum flog.... Diese hatte sich nun mit uns durch Lichtsignale in Verbindung gesetzt und suchte parallele elektrische Strahlen zu erzeugen und zu uns zu senden.

Nun ging auch ich an die Arbeit. Der Mond war zwar noch nicht zu beobachten, doch gab es anderweitig genug zu tun. Ich beobachtete an diesem Tage den Mars und den Jupiter. Abends um 9 Uhr schlossen wir die Fensterläden und gingen schlafen. Das Wort „Abend“ ist allerdings nur bedingungsweise richtig, denn unsere Stellung zur Sonne hatte sich nicht geändert. Wir waren ja nicht mehr ein Teil der Erde, sondern ein selbständiger kleiner Himmelskörper. Astronomisch gesprochen war es auf unserer Sonnenseite Tag und auf der Schattenseite Nacht. Wenn ich sage „Abend“, so meine ich nur, es war jetzt an unserem Aufstiegsort Abend und wir hätten auch Abend gehabt, wenn wir nicht weggeflogen wären.

... Am Abend des dritten Tages (d. h. die Inder hatten jetzt Abend, nicht wir) waren wir dem Mond bis auf einige 50000 km nahe gekommen. Jetzt erst sahen wir eine schmale von der Sonne beschienene Sichel, die indessen bald größer und breiter wurde. Ich machte nach der Stellung des Mondes eine Ortsbestimmung, wir waren 500 km zu nahe am Mond. Der Fehler ließ sich leicht korrigieren, indem wir der Rakete einen neuerlichen Antrieb von 1,35 m/sek gaben. Wir zogen zu dem Zweck das Teleskop, Fallschirm und Spitze an die Kammer heran, dann ließen wir etwas Gas aus der Rakete ausströmen und streckten dann nachher die Teile der Rakete wieder auseinander.

Das ganze Manöver hatte kaum eine Minute gedauert.

Dennoch hinterließ es auf mich einen Eindruck, der während der ganzen Fahrtzeit bleiben sollte. Die Erde war doch die ganze Zeit unten gewesen und der Mond erst oben und dann auf der Seite. Nun war aber auf einmal der Mond unten und die Erde oben seitlich, aber es hatte sich dabei nichts gedreht! Auch ich hatte mich nicht gedreht. Es war alles beim alten geblieben und alles war die ganze Zeit über so gewesen, wie hatte ich mich nur so irren können? Es war wieder dies Gefühl des Versinkens in einen Traum, oder des Erwachens aus einem Traum. Du drehst dich nicht und die Welt dreht sich nicht, und trotzdem merkst du, daß du nicht so gestanden bist, wie du dachtest. Die Erde ist dann erst von dem Augenblick an für mich wieder „unten“ gestanden, als sich die „Luna“ nach der Landung wieder auf dem Meere schaukelte ...“

Ich lasse hier noch einige Stellen aus dem Gailschen Roman „Der Stein vom Mond“ folgen, gleichzeitig auch als Probe für den glänzenden Stil Gails und für seine Fähigkeit, sich in ungewöhnliche Situationen gut hinein zu denken und sie naturgetreu und packend darzustellen. Es handelt sich um den Besuch eines kleinen Körpers, der an der Grenze der Venusatmosphäre mit zirkulärer Geschwindigkeit gravitiert, und um die Beschreibung einer nicht ganz freiwilligen Tragflächenlandung auf der Venus. Einige Behauptungen Gails sind nicht richtig, ich werde bei dieser Gelegenheit dieselben gleich richtig stellen. Dem Wert des Buches tut das natürlich keinen Abbruch. Ich werde darüber noch im II. Bande sprechen.

„Die Verminderung des Abstandes von der Sonne machte sich fühlbar. In sengender Hitze brannten die Strahlen der an Fläche dreimal vergrößerten Glutscheibe durch die Fenster des „Ikaros" und sämtliche Insassen trugen dunkle Brillen zum Schutze der Augen vor der Überfülle an Licht[1]). Die stark reflektierende weiße Nebelschicht der Venus verstärkte die Helligkeit noch beträchtlich. Nach zwei Tagen bot Venus kaum mehr den Anblick eines am Himmel hängenden Sternes. In weitem Bogen überspannten ihre Massen das Firmament, und wenn nicht durch die Schwerelosigkeit der freien Fahrt jede Empfindung von oben und unten vernichtet worden wäre, so hätte man den Eindruck gehabt, der „Ikaros" stürze aus unendlichen Höhen schräg herab zum Festland.

Im Teleskop war der kleine umsausende Trabant längst erkannt. Mit Besorgnis hatte Korf festgestellt, daß sich ein Abstand vom Venusboden abermals verringert hatte auf kaum 150 km. Seine Kreisbahn schrumpfte schnell zusammen und war in eine feine Spirale übergegangen, die das Körperchen enger und enger an den Planeten heranführte.

Der Landungsplan stand fest. Zuerst sollte an den Venusmond angelegt werden. Mit dem großen „Ikaros", der überhaupt nicht für die Überwindung atmosphärischer Widerstände gebaut war und keine Tragflächen besaß, war es unmöglich, nahe zur Venusoberfläche hinaufzusteigen. Er sollte ähnlich wie Astropol als feste Ätherstation in einer konstanten Kreisbahn um Venus gravitieren.

Für die eigentliche Expedition war eine kleine Mondrakete als Beiboot mitgenommen worden. Dieses 8 m lange Stahltorpedo[2]) ruhte mit zusammengeklappten Tragflächen in einer besonders für diesen Zweck eingebauten und luftdicht abgeschlossenen Seitenkammer des „Ikaros", die vom Führerstande aus durch eine kleine pneumatische Tür zu erreichen war. Ein größeres Tor der Kammer führte direkt nach außen.

Die Beirakete faßte nur 3 Mann . . . .

---

[1]) Der scheinbare Durchmesser der Sonne ist auf der Venus 1,4 mal so groß als auf der Erde. Die Scheibe ist an Fläche also kaum 2 mal, jedenfalls nicht 3 mal so groß.

[2]) Ich würde eine Rakete niemals aus Stahl machen (vgl. S. 11 ff.).
Ebensowenig würde ich die Flügel zum Zusammenklappen einrichten. Ich hätte die Beirakete eher vorne oder seitlich am Raumschiff befestigt.

Immer näher rückte der Planet. Von Zeit zu Zeit maß Korf den Sehwinkel der Venussichel und berechnete daraus die Entfernung. Als der „Ikaros" auf 50000 km herangekommen war, arbeiteten die Düsen, um die Fallgeschwindigkeit zu bremsen und das Raumschiff in die Kreisbahn hineinzuzwingen.

Der seit Wochen nicht mehr gespürte Rückstoß warf alles nieder. Die Passagiere fühlten plötzlich die Schwere ihrer Glieder wieder und ächzten unter dem Andruck[1]). Doch nach wenigen Minuten schwiegen die Raketenmotore. Der „Ikaros" umkreiste frei in 45000 km Höhe den Planeten[2]). Die Venus hatte plötzlich einen zweiten Trabanten erhalten — und die Schwerelosigkeit war wiederhergestellt . . . .

Die fünf Matrosen blieben unter dem Kommande des ältesten an Bord des „Ikaros" zurück mit der strengen Weisung, die Gravitationsbahn des Raumschiffes unter keinen Umständen zu verändern.

Die Rakete wurde nochmals genau untersucht und mit Treibstoffen und Nährkonserven für fünf Tage versehen. Dann krochen Korf, Burns und Isabella durch die Lucke an der Spitze der Hilfsrakete . . . .

Langsam schob sich das schlanke Torpedo aus dem Mutterleib des Raumschiffes hervor.

Eine Weile stand es in geringem Abstand dicht neben dem „Ikaros". Da beide Schiffe der Einwirkung des nahen Gestirns frei überlassen waren, schwebten sie relativ zueinander in Ruhe und scheinbarer Gewichstfreiheit.

Die Flügel der Rakete entfalteten sich auf volle Spannweite. Einen Augenblick noch, dann fauchten die Düsen Glutgasströme in den Raum, und das Boot schoß davon, in schräger Fahrt dem festen Boden entgegen.

Dicht nebeneinander lagen die drei Menschen in den Hängematten des engen, gewölbten Führerraumes der kleinen Rakete. Die Federn spannten sich knirschend unter dem Druck der arbeitenden Raketendüsen[3]), und schwer drückte die Last des eigenen Körpergewichtes auf die der Schwere entwöhnten Passagiere.

Durch die oberen Ausguckfenster sah man die glänzende Sichel des nahen Planeten ausgebreitet. Zusehends wurde sie länger und schmäler.

---

[1]) Ich hätte es unbedingt so eingerichtet, daß die Beobachterkammer nur durch ein langes Seil mit dem Raketenkörper verbunden, während der Fahrt wenigstens zeitweilig um denselben rotiert hätte, um die Passagiere des Andrucks nicht völlig zu entwöhnen (vgl. S. 101).

[2]) Ich wäre mit dem Raumschiff bis zur Grenze der Venusatmosphäre herabgegangen.

[3]) Gemeint sind natürlich die Federn der Hängematten und der von der Raketendüse erzeugte Andruck.

„Hinauf zum blinkenden Morgenstern! In den Himmel hinein! „Es ist herrlich!" jubelte Isabella, vor Erregung bebend.

Eine Sekunde lang wandte Korf den Blick von den Hebeln und Skalen. „Sie irren, Miß Isabell! Nicht hinauf — hinab geht's, dem festen Boden entgegen — im schrägen Fall!"

„Aber dort oben schimmern doch die Nebelmeere — hoch droben — da!" Sie deutete mit der Hand durch die oberen Rundfenster, durch die helles Licht hereinflutete. Rasch fiel die Hand wieder zurück, schlug hart am Körper auf. Der Andruck machte die einfachste Bewegung zur Kraftprobe.

„Eine Täuschung! Durch die Motore hervorgerufen, die für uns immer und in jeder Lage unten liegen, sobald sie arbeiten. Nur wenn sie schweigen, dann —" [1])

Isabella schrie auf. „Was ist das? Die Welt geht unter!"

Ohne jeden Übergang war es finster geworden, als habe ein kosmisches Ungeheuer die Sonne verschlungen. Schwarz gähnten die Luken. Nichts mehr war zu sehen, und auch die Massen der Venus waren verschwunden.

Wir sind in den Schatten der Venus eingetreten, tauchen aber bald wieder heraus — bei dieser Geschwindigkeit!"

Tiefer und tiefer stürmte das Boot. Ein leises Summen ließ die Matten zittern — die Richtkreisel liefen . . .

Nach einer halben Stunde war der Schatten der Venus überwunden. Minutenlang schlossen die Passagiere die Augen vor der wiedergekehrten blendenden Helle.

Seitlich wallten jetzt die Eisnebel[2]) — wie eine senkrechte Mauer, die aus unendlicher Tiefe ansteigend bis in den Himmel ragte. Es war, als schieße das Schiff an dieser Mauer empor[3]) — immer weiter — immer höher! Weißglitzernde, nach unten sinkende Nebel, wohin das Auge schaute!

---

[1]) Es ist hier sehr anschaulich dargestellt, daß ein Planet scheinbar oben liegt, wenn der Rückstoß auf denselben hin wirkt. Diese Schilderung gibt der betreffenden Stelle natürlich einen eigentümlichen dichterischen Reiz. Ich hätte jedoch, wenn ich die Sache nicht in der Dichtung, sondern in der Wirklichkeit zu machen hätte, den Rückstoß niemals nach dem Planeten wirken lassen, sondern nur in der Tangente der Kreisbahn, so daß der Planet scheinbar seitlich gelegen wäre, und zwar hätte ich die Fahrt so weit gebremst, daß die Kreisbahn in eine elliptische übergeführt worden wäre, deren Nahpunkt in die Venusatmosphäre gefallen wäre.

[2]) Vgl. dagegen S. 405.

[3]) Der Rückstoß wirkt hier bremsend. Es geht hier die Fahrt in dem Sinne, in dem ein Lot am Faden zieht. Der Eindruck ist dann aber nicht der, daß man neben einer Wand hinauf-, sondern umgekehrt der, daß man neben der Wand hinabfährt.

... einzelne Stöße korrigierten die Fahrt. Bald preßte starker Andruck den Brustkasten zusammen, bald schnellten die drei Menschen gewichtlos von ihren Lagern.

So vergingen Stunden. Noch zweimal tauchte das den Venusball immer näher umrasende Schiff in den Schatten und wieder heraus zum Licht.

Isabella konnte den Anblick der vorübersausenden Eisnebelgebilde nicht mehr ertragen. Sie schloß die Augen.

Der schimmernde Punkt, der da vorne über dem Venusball schwebte, wurde größer.

... Korf ... sah nach dem Zeiger, der dem Stand des Außenbarometers angab. Da sehen Sie — ein fünftel Millimeter Außendruck! Wir streifen bereits den äußersten Rand der Venusatmosphäre."

„Gefahr?"

Für uns nicht. Aber für den da drüben[1]). Der Widerstand selbst der dünnsten Luftschichten kann die Bahnschrumpfung so beschleunigen, daß er rasch in dichtere Schichten gerät, und dann gibt es kein Halten mehr. Ich weiß nicht, wie weit es schon — an den wallenden Eisschwaden kann man ja keine genauen Messungen durchführen."

Immer näher kam die Rakete an den winzigen Trabanten heran. Das Fernrohr war bereits überflüssig.

„Es ist Zeit, daß wir in die Raumtaucheranzüge schlüpfen. Schnell! Bald muß ich Bremsschüsse geben, und dann kommt der Andruck."

Bleich, aber gefaßt und voller Eifer legte Isabella die unförmige Hülle aus gummiertem Leder an[2]). Burns stülpte ihr den massigen Helm mit den Luftpatronen und dem Sprechmikrophon über den Kopf und verschraubte ihn an dem metallenen Halskragen. Eine Minute darauf stak er selbst in der Ausrüstung .... Die Fernsprechkabel wurden probeweise aneinander geschlossen. Eine andere Verständigung zwischen den luftdicht eingehüllten Insassen war nicht mehr möglich.

„Alles bereit?"

Die Stimmen Isabellas und Sir Williams[3]) klangen im Hörer.

„Es bleibt dabei," sagte Korf, „sobald wir unsere Geschwindigkeit der des Trabanten völlig angepaßt haben, schlüpfen Sie beide hinaus. Es ist ganz gefahrlos. Sie gravitieren frei und schwerelos nebenher. Ich werde die Steuerung der Rakete in der Hand behalten und etwa vorkommenden Schwankungen in den Geschwindigkeiten sofort begegnen. — Hm! — Das Möndchen kann nicht mehr als 20 Meter Länge haben. — Wir müssen bremsen! Sonst schießen wir vorbei. In die Matten!"

---

[1]) D. h. für den Mond.

[2]) Vgl. dagegen S. 330.

[3]) d. i. Burns.

Die Düse lag bereits in der Fahrtrichtung. Drei-, viermal stieß der bläuliche Gasstrahl hinaus. Ganz nahe rückte der geheimnisvolle Trabant heran — doch immer langsamer verminderte sich seine Entfernung — und dann stand er still, wenige Meter seitwärts der Rakete.

Die Düsen schwiegen[1]).

Burns und Isabella krochen durch die Doppelluke hinaus.

An der Außenwand der Rakete schloß der Engländer die starken Kabel an, deren Enden am Gürtel befestigt waren und von da zum Sprechapparat in den Helm liefen.

Schwer kämpfte das Mädchen gegen den Schwindel, und eine würgende Angst erfaßte sie vor dem fürchterlichen Abgrund, der die Rakete von dem kosmischen Gebilde trennte. Burns packte sie schnell an der lederbekleideten Hand und schnellte sich mit ihr von der Stahlwand des Schiffes ab. Wie geblähte Gummiblasen schwebten die beiden unförmigen Gestalten frei hinüber. Die Kabel wanden sich wie schillernde Nattern hinterher.

Korfs Blicke wanderten hin und her zwischen den Genossen und den Zeigern der Meßinstrumente. Er sah, wie sich Burns an den zackigen Kanten des Mittelrisses festhielt, wie er in den Spalt hineinkroch und Isabella nachzog.

„Der Trabant ist hohl!" murmelte Korf vor sich hin, und wirre Gedanken und Vermutungen durchkreuzten sein Hirn . . .

Korfs Stimme tönte im Hörer.

„Zurück! Sofort! Die Luft wird dichter! Der Absturz droht!"

. . . wieder Korfs Stimme: „Zurück — um Gottes willen rasch! Bahn gestört! Wir fallen — stürzen! Keine Sekunde verlieren!"

. . . Ein grauenhaftes stummes Ringen um das Leben!

Die Wände werden heiß. Ein ganz leichter Druck nach unten macht sich fühlbar. Langsam kehrt die Schwere wieder[2]).

Ununterbrochen spricht Korf ins Mikrophon, hastig, in wahnwitziger Sorge. Die eisernen Nerven des Schwaben vibrieren.

„Zurück — sofort! Um Himmels willen! Gleich ist es zu spät — zu spät! Der Trabant stürzt ab — rasend — die Rakete mit ihm — Untergang —!"[3])

---

[1]) Die Düsen hätte man hier auch während des Arbeitens nicht gehört.

[2]) Gemeint ist hier natürlich nicht die Venusschwere, sondern der Andruck, der sich auf dem Trabanten infolge des Luftwiderstandes bemerkbar macht.

[3]) Ich wäre hier nicht in Aufregung geraten, sondern ich hätte einfach die Raketenspitze in den Spalt des Trabanten gesteckt und nachher Gas gegeben, so daß die Bewegung beschleunigt und das ganze Gebilde mitsamt der Rakete aus der Venus-

Burns läßt ab von dem Mädchen. Es ist zwecklos ohne festen Widerhalt. Er bringt sie nicht los.

„Sollen sie alle untergehen — oder nur sie allein?

Einen fürchterlichen Entschluß gilt es zu fassen!

Ein Gedanke! Das Kabel! Zurück zur Rakete! Einstemmen, dann ziehen!

Er gleitet zurück, so rasch er kann.

Draußen drückt ihn der Luftdruck zur Seite. Noch ist die Atmosphäre dünn. Die Rakete schwebt unverändert nebenher.

Ein Satz! — Burns steht zwischen den Doppeltüren — zerrt in wilder Wut an dem Kabel, an dem Tuxtla[1]) hängt.

Korf hat die Hand am Gashebel.

Die Wolkenfetzen stürzen von unten herauf. Läßt er die Rakete an, dann reißt das Kabel, und Tuxtla ist verloren.

Noch wenige Minuten — dann kommen die dichten Luftschichten, und alles ist zu Ende.

Er reißt die Innentür auf. Die Luft entweicht aus dem Raumschiff. Er achtet nicht darauf. Alles steckt in den Schutzanzügen.

Er zerrt Burns herein, faßt das Kabel. Beide ziehen daran mit aller Kraft. Das Kabel muß sich in den Rissen des Trabanten verfangen haben.

Schon umgibt weißlicher Nebel das Schiff. Die Eiswolken sind erreicht. Die Stahlwände der Rakete singen vor Hitze.

Plötzlich — drüben zischt es um den Trabanten — die Eiskruste verdampft[2]).

Und jetzt — er zerschellt! Hell glühen die Trümmer auf! Qualm zieht hinterher!

Das Kabel gibt nach. Am Ende hängt Tuxtla — das Kästchen hält sie krampfhaft in die Arme gepreßt.

Noch fünf Sekunden! Der Körper des Mädchens ist hereingezogen. Die Lukendeckel schlagen zu. Im selben Augenblick zuckt Korfs Hand zum Gashebel.

Vollgas!

---

atmosphäre herausgehoben worden wäre. Eine Rakete, die imstande ist, mit drei Personen, nur durch den Rückstoß gebremst, auf der Venus zu landen und wieder von der Venus abzufliegen, die ist auch hundertmal stark genug, sich selbst samt einem 30—40 Tonnen schweren Gebilde bei zirkulärer Geschwindigkeit einige hundert Kilometer höher zu heben. Allerdings wäre dann der eindrucksvolle dramatische Schluß verloren gegangen, wenn Korf das so gemacht hätte.

[1]) d. i. Isabella.

[2]) Ich glaube nicht, daß sich im luftleeren Raum im Abstand der Venus von der Sonne um einen Körper eine Eiskruste bilden oder auch nur halten kann.

Fünf Feuerströme stoßen nach unten — biegen sich unter dem Luftdruck zurück wie eine Kometenhaube.

Der freie Fall wird langsamer.

Tief unten verzischen die glühendenTrümmer des Venustrabanten. Das Sternchen ist nicht mehr.

Mit brennenden Augen sieht Korf hinab. Der Venusboden nähert sich in rasender Eile. Das Schiff stürzt — stürzt immer noch!

Reicht die Höhe aus, um den Fall ganz zum Stillstand zu bringen und dann wieder emporzusteigen?

Die Düsen tun ihre Pflicht — aber werden sie die wahnsinnige Absturzgeschwindigkeit bewältigen? Korfs Hirn arbeitet blitzschnell. In jeder Sekunde werden dreißig Meter Geschwindigkeit vernichtet. Drei Minuten arbeiten nun die Düsen — das macht schon fünf Sekundenkilometer Geschwindigkeit, um welche der freie Fall bisher gehemmt wurde.

Wieder späht er hinab ....

Unten breiten sich weißschimmernde Flächen aus, durchsetzt von dunkeln Linien. Genau in der Senkrechten[1]) ein schwarzer Flecken mit scharfen Rändern. Er vergrößert sich rasend.

Ein See? Wasser?

Hoffnung schimmert in den Stahlaugen des Ingenieurs. Er preßt die Lippen zusammen. Wenn er das Äußerste wagte —?

Zwei Sekunden wartet er noch — dann reißt er den Gashebel herum bis zum Anschlag.

Die Düsen knattern nicht mehr — sie heulen auf — schreien — speien donnernd kosmische Gewalten dem Festland entgegen.

Die Hängematten reißen unter dem gewaltigen Druck.

Die Lunge kann das Gewicht der Brust nicht mehr heben[2]).

Es gelingt.

Der fürchterliche Rückstoß bremst den Fall in letzter Sekunde, bringt die Rakete dicht über dem Wasserspiegel fast zum Stehen. Sachte sinkt sie über die letzten zehn Meter — wie ein herabtrudelndes Blatt.

Der Feuerstrom der Düsen faucht gierig in das Wasser. Riesige Dampfwolken brodeln auf. Dann ein klatschender Schlag.

Niemand fühlt ihn mehr. Besinnungslos — durch den ungeheuren Andruck niedergeschmettert — liegen die drei Raumfahrer am Boden.

---

[1]) Gemeint ist hier jedenfalls die Lotrichtung.

[2]) Die vordere Wand des Brustkorbes wiegt (wenigstens beim Mann und beim Mädchen) nicht über 5 kg. Die Wirkung wäre also bei einem Andruck von 6 Erdschweren höchstens so, als ob ein 25 Kg schweres Gewicht gleichmassig verteilt auf der Brust liegen würde. Dabei können die Interkostalmuskeln den Brustkorb noch heben.

Wasser leckt an den Fenstern hoch. Grünliche Vorhänge ziehen vor die Gläser. Die Düsen erlöschen im gegendrückenden Wasser."

So weit Gail.

Der Leser dürfte nun einigermaßen in die Gedankenwelt der Raumschiffahrt eingeführt sein, und ich möchte nun an die Besprechung des Modells E gehen.

Die Beobachterkammer. Die Beobachterkammer läßt sich am besten als ein in die Planetenräume gestelltes „Aquarium für Erdbewohner" kennzeichnen. So wie etwa ein Seewasseraquarium es den Meerestieern ermöglicht, fern von ihrer Heimat, in einer ganz anderen Umwelt unter Bedingungen zu leben, die fast ihre natürlichen sind, so soll auch die Beobachterkammer dem Raketenführer im Weltenraum ein Leben unter nahezu irdischen Verhältnissen ermöglichen.

Die Temperaturfrage. Man liest oft von der „Kälte des Weltraumes". Andere Autoren wieder (wie z. B. Ludwig Anton) lassen ihre Raumfahrer gerade viel unter der Hitze leiden. Die Wahrheit ist die, daß der Weltraum überhaupt keine eigene Temperatur hat. Die Wärme besteht bekanntlich darin, daß die kleinsten Teilchen eines Körpers mehr oder weniger schnell gegeneinander und durcheinander schwirren. Temperaturen kann daher nur ein Körper haben, der aus Molekülen oder Atomen besteht, nicht aber der leere Raum. Die Energie, die ein Stern dem anderen zusendet, durchwandert ihn nicht als strömende oder leitende Wärme, sondern lediglich in Form elektromagnetischer Ätherwellen. Es kann daher hier ein Körper auch nicht wie in der Luft durch Leitung oder Strömung des umgebenden Mediums auf die Temperatur etwaiger in der Nachbarschaft befindlicher Körper gebracht werden.

Die Körper, die im Weltraum fliegen, haben selbst natürlich irgendeine Temperatur, sei es auch nur die des absoluten Nullpunktes (−273 °C). Diese Temperatur hängt aber natürlich davon ab, was für Ätherwellen den Körper treffen, und welchen Bruchteil von der Ätherstrahlung er aufnimmt und zu Wärme verarbeitet, und wie leicht er endlich seinerseits wieder seine Wärme als strahlende Energie in den Weltenraum abgibt. Von zwei nebeneinander fliegenden Körpern z. B. kann der eine im Sonnenlicht glühend heiß werden, während der andere eiskalt bleibt. Sei es, daß der eine sich im Schatten des anderen befindet, sei es, daß der eine wie ein Spiegel das Licht, das ihn trifft, auf den anderen reflektiert, sei es endlich, daß die beiden Körper verschiedene Oberflächen haben.

Wenn die Sonne einen Körper aus 100—200 Millionen km Entfernung bescheint, so strahlt sie ihm infolge ihrer hohen Temperatur die

Energie in verhältnismäßig kurzen Wellen zu. Der Körper erwärmt sich nun, und beginnt seinerseits Wärme auszustrahlen, aber in langen Wellen. Das Gleichgewicht ist erreicht, wenn er ebensoviel Energie ausstrahlt, als er aufnimmt. Schwarze Körper lassen viel Energie eintreten, sie strahlen sie aber auch leicht wieder aus. Weiße Körper wieder nehmen nur wenig Wärme auf, diese aber lassen sie auch nicht so leicht wieder austreten. Wenn nun alle Körperoberflächen für kurzwellige Strahlen ebenso durchlässig wären wie für langwellige, so müßten sich z. B. alle kleinen Kugeln in den Planetenräumen bei gleicher Bestrahlung gleich stark erwärmen. (Daß auf der Erde die schwarzen Körper wärmer werden als die weißen, das beruht darauf, daß der Körper den Hauptteil der empfangenen Wärme durch Leitung an die Luft weitergibt. Dieser Teil ist aber von der Farbe nahezu unabhängig, es steht hier also beim weißen Körper demselben Wärmeverlust eine verhältnismäßig geringere Wärmeaufnahme gegenüber.) Nun gibt es Stoffe, die kurze Wellen verhältnismäßig gut durchlassen, lange dagegen nicht. (Z. B. Glas, Kohlensäure, Kochsalz.) Diese lassen dann das kurzwellige Sonnenlicht eintreten, aber die langwelligen Strahlen, die der Körper bei seiner niederen Temperatur nur aussenden kann, halten sie zurück. Ein solcher Körper muß also wärmer sein als ein absolut schwarzer Körper. (Z. B. ein Salzteich oder ein Glasbeet.) — Andere Stoffe wieder, wie Nebel, Schnee oder Jodtinktur, lassen langwellige Strahlen besser durch als kurzwellige. Diese könnten in den Planetenräumen im Erdabstand von der Sonne bis zu 50° kälter sein als ein Körper der vorher erwähnten Kategorie.

Weiter hängt viel von der Form der Körper ab. Eine Kugel empfängt das Sonnenlicht nur von einer Seite, sie selbst strahlt aber ihre Wärme nach allen Seiten frei aus. Ein langer zylindrischer Draht dagegen strahlt in der Richtung seiner Achse verhältnismäßig nur verschwindend wenig aus. Eine breite Tafel endlich hat überhaupt nur zwei Ausstrahlungsflächen, die man in der Rechnung nicht vernachlässigen darf.

Schließlich muß die Oberfläche eines Körpers nicht überall gleich hell sein. Eine Tafel oder eine Kugel z. B., die der Sonne eine schwarze Fläche zukehrt und an der Schattenseite blank ist, wird sich viel stärker erwärmen, als wenn man sie mit der blanken Hälfte der Sonne und mit der schwarzen dem Schatten zugekehrt hätte.

Wir denken uns nun eine Kugel. Sie soll so weit von der Sonne entfernt sein wie die Erde. Ihr Durchmesser sei 1,128 cm, dann wird der Lichtkreis, der sie trifft, genau 1 cm² betragen, und ihre gesamte Oberfläche beträgt 4 cm². In ihrem Innern soll sich die Wärme durch Leitung oder durch Strömung so schnell ausbreiten, daß ihre Oberfläche als gleich warm angesehen werden kann. Die Oberfläche soll alle auftreffenden Strahlen absorbieren, sie soll also absolut schwarz sein. Dann empfängt die Kugel nach Abbots Messungen, die gegenwärtig als die genauesten gelten, eine Energiemenge von

$$\frac{1}{30} \mathrm{cal\,sek^{-1} \cdot cm^{-2}}$$

(d. h. die Sonne strahlt einer Fläche von 1 cm², die senkrecht zu den Sonnenstrahlen steht, in 1 Sekunde den 30. Teil der Wärmemenge zu, die nötig ist, um 1 g Wasser von 15° C auf 16° C zu erwärmen). Beträgt die absolute Temperatur dieser Kugel T, so strahlt sie selbst nach den Untersuchungen von Stephan, Boltzmann und Kurlbaum

$$1{,}27 \cdot 10^{-12} \mathrm{cal\,sek^{-1} \cdot cm^{-2}}\, T^4 \tag{202}$$

aus. Vgl. hierzu auch S. 214ff. Je wärmer die Kugel ist, um so mehr Wärme strahlt sie aus, und wenn

$$4 \cdot 1{,}27 \cdot 10^{-12}\, T^4 = \frac{1}{30}, \tag{203}$$

so ist die Einstrahlung gerade so groß wie die Ausstrahlung, die Kugel erwärmt sich dann weder, noch kühlt sie sich ab. Hieraus folgt:

$$T = 285^0.$$

Das sind 12° C über 0. (Auf der Erde ist die Durchschnittstemperatur etwas höher, das kommt daher, daß die Erde im Innern noch warm ist, und selbst etwas zur Wärme ihrer Oberfläche beisteuert. Daß es nicht noch wesentlich wärmer ist, das liegt wohl an der Wolkendecke, in ausgedehnten Wüstengebieten, z. B. in der Sahara, ist es viel heißer.) Natürlich wird auch eine kugelförmige Beobachterkammer 12° C warm, wenn sie die strahlende Energie an allen Stellen und nach allen Seiten gleich gut durchläßt.

Bei einem langen dünnen runden Draht, dessen Achse quer zu den Sonnenstrahlen steht, ist dagegen die ausstrahlende Fläche nur $\pi = 3{,}14$-mal so groß wie die Einfallsfläche. Wir haben hier zu setzen

$$3{,}14 \cdot 1{,}27 \cdot 10^{-12} \cdot T^4 = \frac{1}{30}. \tag{204}$$

Daraus würde dann folgen

$$T = 302^0 \text{ abs.} = 29^0 \text{ C}. \tag{205}$$

Würde dagegen seine Achse zu den Sonnenstrahlen parallel stehen, so wäre die ausstrahlende Fläche ungeheuer viel größer als die einstrahlende. Seine Temperatur wäre dann besonders am Schattenende überaus tief.

Die Temperatur der eiförmigen Beobachterkammer liegt also zwischen 12° und 29° C, wenn ihre Achse quer zu den Sonnenstrahlen steht. Wenn sie in der Richtung der Sonnenstrahlen liegt, so wird sie etwas unter 12° liegen. Dies gilt aber nur, wenn die Oberfläche an allen Stellen gleich ist.

Für eine breite dünne Platte quer zu den Sonnenstrahlen wäre die einstrahlende Fläche halb so groß wie die ausstrahlende. Wir bekommen hier:

$$T = 350^0 \text{ abs.} = 77^0 \text{ C}. \tag{206}$$

Bei einer dünnen Scheibe endlich, die auf der Schattenseite hell, auf der Sonnenseite aber schwarz ist, ist der Ausstrahlungskoeffizient auf der Sonnenseite 9mal so groß als auf der Schattenseite. Es kommt also hier fast nur die vordere Wand für die Ausstrahlung in Frage, wir können hier also die einstrahlende Fläche gleich der ausstrahlenden setzen, und bekommen die Temperatur dieser Scheibe zu 147° C über 0. Dieser Wert deckt sich ungefähr mit den Werten, die man mit dem Bolometer auf der Mondoberfläche gemessen hat. Am Mondäquator ist ja während der Mittagszeit die einstrahlende Fläche auch so groß als die ausstrahlende. Auf der Erde werden die Körper in der Sonne niemals so warm, das rührt daher, daß Luftströmungen entstehen, die die erzeugte Wärme wieder fortführen. (Flimmern der Luft über sonnenbeschienenen Gegenständen.)

Würde man dagegen diese Fläche umkehren, so wäre die Wirkung so, als ob bei gleicher Farbe die ausstrahlende Fläche 10mal so groß geworden wäre als die einstrahlende, die Temperatur wäre dann nur

$$T = 235^0 \text{ abs.} = -38^0 \text{C unter } 0. \tag{207}$$

Ein völlig blanker Körper befindet sich im Weltraum in derselben Lage wie der Inhalt in einer Thermosflasche. Er kann durch Strahlung nur schwer Wärme aufnehmen oder abgeben. Es ist also nicht nötig, einen Taucheranzug gleich einer Thermosflasche mit doppelten Wänden zu versehen, wie mir das vielfach vorgeschlagen wurde, und wie auch Valier anscheinend längere Zeit beabsichtigte[1]). Auf der Erde müssen Thermosflaschen nur deshalb doppelwandig sein, damit man den Raum um das innere Gefäß herum luftleer pumpen kann. Im Weltraum ist aber sowieso jeder Körper vom luftleeren Raum umgeben, und es genügt vollkommen, den Taucheranzug aus spiegelndem Blech zu machen, um den Taucher in weitgehendem Maße vor Wärme und Kälte zu schützen.

[1]) Er hatte nämlich die eingangs im Auszug gebrachte Erzählung falsch verstanden.

Auch Hohmanns Vorschläge (die Erreichbarkeit der Himmelskörper), die Beobachterkammer betreffend, sind nicht zu Ende durchgedacht. Hohmann nimmt an, die Schattenseite der Beobachterkammer müsse 0° abs. = —273° C annehmen. Demgemäß denkt er daran, diese Wand innen mit einem starken Wärmeschutz auszukleiden, und die Beobachterkammer mit Petroleum zu heizen. Notwendig ist dies aber nicht, wie wir gleich sehen werden.

Ich denke mir die Beobachterkammer (vgl. Tafel IV, I) einfach aus 1—2 cm starkem Aluminiumblech, ohne jeden besonderen Kälteschutz. Es sollen nach allen Seiten möglichst viele Fenster aus Quarzplatten angebracht sein. Die Außenfläche soll einen spiegelnden Anstrich erhalten, und die Fenster sollen sich durch spiegelnde Platten von außen bedecken lassen. Über die eine Hälfte soll ein schwarzes Papier oder Seidentuch gespannt sein, es soll fest anliegen, so daß es seine Wärme durch Leitung an das Metall weitergibt. Im Innern der Beobachterkammer breitet sich die Wärme durch die Diffusion der Luft rasch nach allen Seiten aus. Und je nachdem, wieviel von der schwarzen oder von der blanken Hälfte wir der Sonne zukehren, können wir die Temperatur regeln. Die Spitze läßt sich auch bei Modell E abwerfen, und der Fallschirm läßt sich wie von der Kammer *I* des Beobachters abstrecken. Da *I* mit der H.R. nur durch elektrische Leitung zusammenhängt, kann *I* ebenfalls weit abgestreckt werden, wodurch der Ausblick nach allen Seiten des Raumes frei wird. (Abb. 127.) Da der Andruck fehlt, kann man den Sachen leicht jede Stellung zueinander geben.

Man kann es dabei erreichen, daß wie auf Abb. 127 die hohlen spiegelnden Innenflächen der beiden Spitzenhälften *a*, die Sonnenstrahlen ebenfalls auf die Kammer *I* werfen. Dadurch kann man auch in der Zone der Asteroiden im Innern der Kammer noch durchaus erträgliche Temperaturen erzielen. Umgekehrt kann man aber auch die Beobachterkammer in den Schatten der Spitze bringen und mit der schwarzen Seite gegen den Weltraum kehren, so daß die blanke Seite die von der Spitze noch durchgelassenen Wärmestrahlen reflektiert, und daß die schwarze Seite alles, was die blanke noch durchgelassen hat, an den Weltraum abgibt. In diesem Falle könnte man mit der Rakete an den Rand der Sonnenatmosphäre herankommen, ohne daß die Insassen unter der Hitze zu leiden hätten.

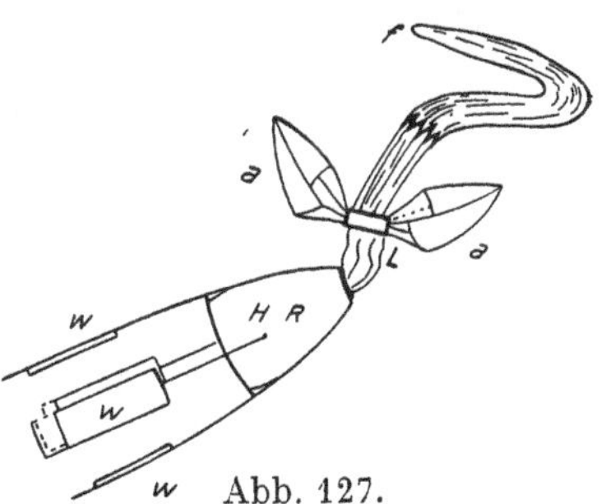

Abb. 127.

Die Behälter für die verflüssigten Gase müssen wir kühl halten. Hier haben wir also das Umgekehrte zu tun: Wir stellen sie in den Schatten der Beobachterkammer, des Fallschirms und der Spitzenhälften, lassen sie auf der Sonnenseite blank und färben sie auf der Schattenseite schwarz.

Man hat mir vorgehalten, der flüssige Wasserstoff werde trotzdem auf der Sonnenseite verdampfen und auf der Schattenseite einfrieren. Letzteres glaube ich aber nicht, da ja infolge der Diffusion fortwährend kalte und warme Flüssigkeit sich mischt. — Ich weiß nun leider nicht, wie groß die Diffusionsgeschwindigkeit des flüssigen Wasserstoffes eigentlich ist, und ob sie bei großen Raketen ausreichen wird. Es scheint auch heute noch nicht bekannt zu sein, wenigstens konnte ich es nirgends erfahren. Es liegt hier aber kein grundsätzliches Problem vor. Im schlimmsten Falle könnte man am Behälter eine Art Quirl anbringen, der die Flüssigkeit zuweilen durcheinander rührt, oder aber, man baut in die Wände eine Reihe von Elektromagneten ein, die abwechselnd eingeschaltet werden wie beim Drehstrommotor, und läßt eine mit Löchern versehene Hohlkugel aus Eisenblech oder den hier als Kugel gebauten Schwimmer des Flüssigkeitsanzeigers im Gasbehälter herumrollen.

Alle diese Untersuchungen gelten nur, solange das Raumschiff im Sonnenschein fährt. Das ist aber bei Modell E meistens der Fall, denn seine Reisen bringen es höchstens für $1^1/_2$ Stunden in den Schatten von fremden Weltkörpern.

Die Oberfläche der Beobachterkammer beträgt rund 10 m². Wenn sie spiegelt und die Fensterdeckel nach Möglichkeit geschlossen sind, so gibt sie bei einer Innenwärme von 17° C über 0 durch Strahlung in der Sekunde 45 Kal. ab. Das wäre in der Stunde 162 Kal. Soviel würde sie also durch Ausstrahlung im Schatten eines großen Weltkörpers verlieren. Dieser Wärmeverlust wäre an und für sich durch Verbrennung von 18 g Petroleum gedeckt. Nun entwickeln aber auch die Insassen bekanntlich Wärme (pro Person über 100 Kal. in der Stunde), ebenso die zur Absorption der Kohlensäure mitgeführten Alkalien, so daß man wohl überhaupt nicht wird heizen müssen. Ebensowenig braucht man eine Raumtaucherrüstung zu heizen.

Man hat mir auch vorgeworfen, die Raumtaucher würden auf der einen Seite in der Sonne braten und auf der anderen Seite gefrieren. Ich hoffe, daß der Leser schon aus diesen außerordentlich geringen Zahlen für den Wärmeverlust erkennen wird, daß sich die Schattenseite der Beobachterkammer nahezu ebenso warm anfühlen muß wie die Lichtseite.

Erst bei großen Beobachterkammern, die sehr oft in den Erdschatten treten (sagen wir bei einer Station, die dauernd um einen Weltkörper rotiert), werden vielleicht noch besondere Vorkehrungen gegen Wärmeverlust notwendig sein, indem man etwa die Wand mit einem schlechten

Wärmeleiter auskleidet. Es läßt sich durch diese Maßnahme sehr viel gewinnen, denn das Ausstrahlungsvermögen spiegelnder Flächen, fällt fast mit der 5. Potenz ihrer absoluten Temperatur.

Kurzwellige Strahlen im Weltraum. Unsere Atmosphäre läßt kurzwellige Strahlen (Lichtstrahlen jenseits des ultravioletten Spektrums sowie Röntgen- und γ-Strahlen) nur schwer durch, wie die Laboratoriumsversuche lehren. Es zeigt sich denn auch, daß das Sonnenlicht auf hohen Bergen mehr ultraviolette Strahlen enthält. Im Weltraum werden wir daher wahrscheinlich eine kräftige kurzwellige Strahlung antreffen. Ihr Energiegehalt kann nicht groß sein. Wenn z. B. Kurd Laßwitz in seinem Roman „Auf zwei Planeten" von einer ultravioletten Strahlung schreibt, die 30—40mal mehr Energie enthalten soll als das Sonnenlicht, welches bis zu uns gelangt, so sehe ich darin bloß eine dichterische Freiheit. Reflektieren könnte unsere Atmosphäre nämlich eine solche Strahlung nicht, sondern sie könnte sie bloß absorbieren, denn das Luftmeer zeigt gegen den Weltraum keine spiegelnden Oberflächen wie etwa das Wasser, sondern die Luft verliert sich allmählich im Vakuum. Die Luft würde daher auftreffende Strahlen nicht so reflektieren wie eine glasierte Tonfläche das Licht, sondern sie würde sie absorbieren wie aufgegrabenes Gartenland. Wenn aber die obersten Luftschichten eine derartige Energiemenge aufnehmen würden, dann müßte es auf der Erde ganz wesentlich wärmer sein, als es tatsächlich ist.

Die Kohlhörsterstrahlen. Es gibt nun allerdings im Weltraum eine sehr harte (d. i. kurzwellige Strahlung), die von gewissen Nebelflecken ausgesandt wird, und die die Wirkung sehr harter Röntgenstrahlen hat. Diese Strahlung selbst ist zu kurzwellig, um dem menschlichen Organismus zu schaden, sie veranlaßt indessen die getroffenen Körper zur Aussendung einer etwas längeren Strahlung, der sogenannten Sekundärstrahlung, und in bezug auf diese wurde nun allerdings die Befürchtung laut, daß der Raumschiffahrt hieraus ein unüberwindliches Hindernis erwachsen könne.

Diese Strahlung ist indessen zu schwach, um dem Menschen in nennenswertem Maße zu schaden. Die Bewohner Radium liefernder Gegenden (von den Arbeitern in Uranbergwerken und den Röntgenärzten ganz zu schweigen) sind dauernd kräftigeren γ-Strahlungen ausgesetzt ohne Schaden zu nehmen. Ich kann mich hier übrigens auf den Entdecker dieser Strahlen, Herrn Prof. Dr. Werner Kohlhörster selbst berufen, der auf eine diesbezügliche Anfrage erklärte, in dieser Strahlung jedenfalls das kleinste Hindernis für die Raumschiffahrt zu erblicken.

Das ultraviolette Licht könnte auch durch Aluminiumwände und Glasfenster nicht durchdringen. Ich wählte aber gerade deshalb

Quarzglas, um das ultraviolette Licht nicht völlig abzuhalten. Es beschleunigt nämlich 1. die Oxydation der organischen Zerfallstoffe, die durch die noch zu besprechenden Luftreinigungsapparate vielleicht nicht völlig beseitigt werden. Man kann sich davon leicht durch folgenden Versuch überzeugen:

Wenn man in einem kleinen dunklen Zimmer die Luft mit Schwefelwasserstoff, Merkaptan, verfaultem Fleisch oder dgl. verdirbt, so kann man es noch nach Wochen riechen. Läßt man dagegen in diesem Raume eine künstliche Höhensonne brennen, so ist die Luft bereits nach wenigen Minuten rein.

2. möchte ich besonders bei längeren Fahrten auf die erfrischende und blutreinigende Kraft der ultravioletten Strahlen nicht ganz verzichten. Ich habe hier sozusagen die Wahl zwischen U-Boot-Luft und Gebirgsluft, und da wähle ich natürlich die letztere.

Korpuskulare Strahlungen. Außer den elektromagnetischen Ätherwellen durchfliegen den Raum auch elektrisch geladene Atome und Elektronen. Wir können ihre Durchschlagskraft an unseren Nordlichtern messen. Wo diese Teilchen nämlich die Luftmoleküle treffen, dort bringen sie dieselben zum Leuchten, und darauf beruhen bekanntlich die Nordlichter. Sie beginnen etwa im 500 km Höhe und hören in 95 km Höhe über dem Meere plötzlich auf, als seien sie gegen eine unsichtbare Wand gestoßen. Diese Wand ist die Lufthülle der Erde. Die Wucht dieser Körperchen reicht also hin, sie bis zum fünfundneunzigsten Kilometer in die Erdatmosphäre hineinzutreiben. Würde man ihnen eine normal dichte Luftschicht entgegenstellen, so würden sie darin keine 10 cm weit vordringen. In der Höhe von 95 km steht nämlich die Luft höchstens unter einem Druck vom 200000. Teil einer Atmosphäre. Die Zahl ist eher zu hoch als zu tief gegriffen.

Daß hier korpuskulare Strahlen schon leuchten, während sie in gleich stark verdünnten Geißlerschen Röhren noch nicht zu sehen sind, das beruht darauf, daß erstens der durchlaufene Raum länger ist. Mit der Länge der Röhre wächst auch natürlich die Wahrscheinlichkeit, daß das Strahlungsteilchen auf seinem Wege ein Molekül trifft und zum Leuchten bringt. Zweitens beruht es darauf, daß der Raum viel breiter ist, so daß man schon eine Trübung sieht, die man bei einer Tiefe von 5—20 cm (viel dickere Geißlersche Röhren haben wir ja nicht) noch nicht wahrzunehmen vermag. Es ist dies dieselbe Naturerscheinung, wie wenn die Luft in einer 10 cm dicken Schicht noch klar, in einer Schicht von 80—100 km Dicke aber dunstig erscheint.

Wenn nun die untere Grenze der Nordlichter in einer Luftschicht liegt, die noch einen Druck von 0,05 kg/m³ erfährt, so ist das genau dasselbe, wie wenn die korpuskularen Strahlen bishin eine 4 cm dicke Luftschicht von normaler Dichte durchlaufen hätten. Der Weg, den sie in irgendeinem Medium zurücklegen, hängt nämlich beiläufig von der Masse des durchschlagenen Stoffes ab. Das spezifische Gewicht normaler Luft ist 1,29 kg/m³. Wenn sie 1 m hoch über einer Fläche stehen würden, so würden sie hier einen Druck von 1,29 kg/m² ausüben. Hier drückt sie aber nur mit 0,05 kg/m², dem würde eben eine Höhe von $\frac{0,05}{1,29}$ m = 4 cm entsprechen. Nun fliegen diese Elektronen natürlich nicht immer senkrecht in die Atmosphäre hinein, doch macht dieser Unterschied bei der kugelförmigen Gestalt der Erde, und bei der nach oben rasch abnehmenden Luftdichte, verhältnismäßig wenig aus. In Aluminium oder Glas würden diese Strahlen höchstens 0,0042 cm tief eindringen. Ein Zerstäuben von Glas und Aluminium ist dabei auch nicht zu befürchten. Die Geißlerschen Röhren sind nämlich in der Regel aus Glas, und ihre Elektroden sind aus Aluminium und sie halten ganz anderen Strahlungen die längste Zeit stand.

Die Luftbeschaffung. Die Luftbeschaffung könnte ähnlich geregelt werden wie bei den U-Booten. Ein anderer Weg wäre der, im allgemeinen nur den Sauerstoff zu erneuern, da ja der Stickstoff durch die Atmung nicht verändert wird, und die ausgeatmete Kohlensäure irgendwie aus der Luft zu entfernen. Man könnte den Sauerstoff dabei aus Kaliumchlorat darstellen, oder ihn unter Druck in Zylindern oder endlich in flüssigem Zustande mitnehmen, und ihn entweder von der Sonne oder mit Hilfe von Brennstoffen verdampfen lassen. Die Mitnahme flüssigen Sauerstoffes würde sich bei der Rakete am besten bewähren, denn wir führen hier sowieso flüssigen Sauerstoff in größeren Mengen mit, und können ihn im Schatten der Rakete beliebig lange aufbewahren. Ich würde übrigens den zur Atmung bestimmten Vorrat an flüssigem Sauerstoff aus hier nicht weiter zu erörternden Gründen in einem besonderen Gefäß mitnehmen. (Ich ließ es auf Tafel IV weg, um das Bild nicht zu verwirren.)

Ich würde im allgemeinen auch nur den Sauerstoff ersetzen und die Kohlensäure wegschaffen. Ich würde aber gleichwohl neben einer in der Hauptsache sauerstoffhaltigen Flüssigkeit in einem besonderen Behälter etwa halb soviel flüssigen Stickstoff mitnehmen, erstens um gelegentlich den ganzen Luftvorrat zu erneuern, zweitens um etwaigen Luftverlusten, über die wir noch zu sprechen haben, zu begegnen. Wenn wir bei Luftverlusten immer nur den Sauerstoff ersetzen wollten, so würde bald eine wenig wünschenswerte Anreicherung der Luft mit Sauerstoff stattfinden.

Die Verdampfungsapparate für die flüssige Luft müßten so eingerichtet sein, daß sie den Luftdruck im Innern der Kammer automatisch auf einer bestimmten Höhe halten und den Führer alarmieren, falls er plötzlich sinkt. Die Zusammensetzung der Luft kann der Führer bei längeren Fahrten leicht chemisch ermitteln und durch richtige Einstellung der Apparate regeln.

Die Beseitigung der Kohlensäure würde ich bei kürzeren Fahrten und im Erdschatten durch Alkalihydrate (Ätznatron, Ätzkali oder gelöschten Kalk) besorgen lassen. Diese binden die Kohlensäure nach den Formeln:

$$NaOH + CO_2 = NaHCO_3$$

und

$$2\,NaOH + CO_2 = Na_2CO_3 + H_2O\,.$$

Gleichzeitig würden diese Alkalien etwas Wasserdampf absorbieren, dies könnte man noch dadurch unterstützen, daß man etwas gebrannten Kalk dazu gibt. Diese Alkalien würden gleichzeitig das Schwefeldioxyd und die Stickstoffoxyde binden, die unter dem Einfluß des ultravioletten Lichtes aus organischen Zerfallstoffen entstehen.

Bei längerem Reisen würde ich zur Luftreinigung den schon auf S. 307 vorweg besprochenen Luftdestillator benützen. Dieser arbeitet natürlich nur im Sonnenschein, doch man fährt ja in der Regel in der Sonne. Ich möchte noch erwähnen, daß ich auch die aus dem Luftdestillator kommende Luft vor dem Eintreten in die Beobachterkammer noch durch Alkalien durchschicken würde, diese würden aber durch eine derart gereinigte Luft kaum mehr verbraucht werden.

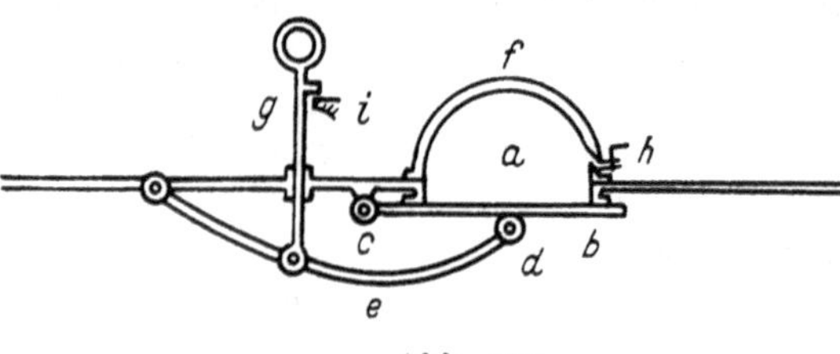

Abb. 128.

Abfälle lassen sich aus der Beobachterkammer folgendermaßen hinausbefördern (vgl. Abbild. 128). Man bringt den Gegenstand *a*, den man hinauswerfen will, vor eine Klappe *b*; diese dreht sich um das Scharnier *c* nach außen und wird durch den Bügel *e* und die Rolle *d* angedrückt. Der Bügel wird vom Griff *g* angezogen, den man am Haken *i* einhängen kann, *i* ist sodann durch einen besonderen hier nicht abgebildeten Hebel fester anzuziehen. Für gewöhnlich ist die Klappe *b* an einen Gummiring fest angepreßt. Sodann stülpt man über den Gegenstand ein schlüsselförmiges Gefäß *f*, dessen flacher Rand der Wand fest anliegt und ebenfalls mit Gummi überzogen ist. Öffnet man nun die Klappe *b*, so entweicht die Luft unter *f* nach außen und reißt gleichzeitig den Gegenstand mit sich, während die Luft im Innern der Rakete die Schüssel *b* fest an die

Wand anpreßt. Soll man die Schüssel *b* wieder abheben, so läßt man durch den Hahn *h* wieder Luft unter dieselbe treten. Die Luft strömt dabei, wie man sieht, schräg nach innen, dadurch entsteht ein Wind, mit dessen Hilfe man bei geöffneter Klappe *b* den Gegenstand auch dann noch hinausfördern könnte, wenn er an der Klappe oder an der Schüssel hängen sollte.

Felix Linke schlägt vor, Abfälle und Fäkalien überhaupt nicht in den Weltenraum hinauszuschleudern, sondern sie bis zur Landung mitzunehmen, schon weil herumfliegende Stücke bei den hohen Relativgeschwindigkeiten, mit denen wir es hier zu tun bekommen, später eine gewisse Gefahr für die Raumschiffe bedeuten können, wenn sie einmal in nennenswerter Anzahl da sind. Zumal da es nur bestimmte Bahnen sein werden, die von Raumschiffen immer wieder befahren werden, und auf denen sich dann alles ansammelt.

Nun, ich sage nicht so und nicht so, daß es nachher nicht heißt, ich hätte so oder so gesagt. Eines ist jedenfalls sicher. Der Weltraum ist groß und kann viel aufnehmen. Und es ist schließlich mehr oder weniger Sache der Weltanschauung, ob wir uns für unsere Enkel über 50000 Jahre heute schon in Unkosten stürzen wollen. In vielen näherliegenden Fragen (z. B. Verschlechterung unserer Erbmasse durch Vernunftehen, unhygienischer Lebensweise usw.) sind wir jedenfalls nicht so pedantisch. Außerdem werden z. B. Fäkalien jedenfalls infolge ihres Wasser- und Gasgehaltes im luftleeren Raum sofort in kleinste Stücke zerrissen, wir bekommen es hier also höchstens mit einem kosmischen Staub zu tun, dessen Körner zu klein sind, um einem Raumschiff zu schaden. — Ein Wiedersehen mit einer angefaulten Runkelrübe oder mit einem kaputen Steuerkreisel dagegen könnte in der Tat unbequeme Folgen haben, und es wäre tatsächlich zu überlegen, ob man solche Dinge nicht wenigstens vorher zermahlen soll. Das geht sehr leicht, wenn man sie einige Zeitlang im Schatten des Raumschiffes gehalten hat, so daß sie 273° kalt und entsprechend spröde werden.

Ernsthaft zu erwägen wäre die Abfallfrage bei den um die Erde rotierenden Beobachtungsstationen, wie ich sie im nächsten Kapitel beschreiben werde. Glücklicherweise gibt diese Auswurfvorrichtung den Gegenständen einen gewissen Antrieb mit, und man kann es wohl so einrichten, daß die Abfälle infolge ihrer Bahnstörung die Erdatmosphäre treffen und damit ihr Dasein als selbständige Himmelskörper beschließen. In den obersten Luftschichten verbrennen sie natürlich gleich Sternschnuppen zu Staub, so daß die Sache für die Menschen, die darunter wohnen, bloß ein schönes Schauspiel ohne weitere Folgen darstellt.

Raumtaucher. Auf dem fliegenden Raumschiff herrscht bei schweigendem Motor kein Andruck, und so können sich die Insassen im Taucheranzug (vgl. Abb. 129) aus der Beobachterkammer hinausbegeben und neben dem Raumschiff schweben. Die Taucheranzüge müßten einem Innendruck von 1 Atmosphäre standhalten. Ich würde sie aus dünnem, spiegelndem Blech herstellen, und im Prinzip ähnlich machen wie die heute schon im Gebrauch befindlichen Tiefseetaucherrüstungen. Statt der Hände würde ich Greifklauen anbringen, auch an den Füßen könnten Haken sein, mit denen sich der Taucher an den Vorsprüngen der Rakete, an deren Seilen oder an besonders zu diesem Zweck angebrachten Ringen festhalten kann. Im übrigen könnte aber die Taucherrüstung wesentlich leichter und dünner sein als eine Rüstung, die einem Außendruck von 10 Atmosphären standhalten soll. Die Gelenke würde ich in einen Ballon aus Leinwand einbetten, der innen mit einer dünnen Gummihaut belegt ist. Die ganze Taucherrüstung könnte man vor dem Aufstieg dadurch prüfen, daß man sie in eine etwas größere Tiefseetaucherrüstung steckt, und den Raum zwischen beiden Rüstungen durch den Luftschlauch der Tiefseerüstung evakuiert.

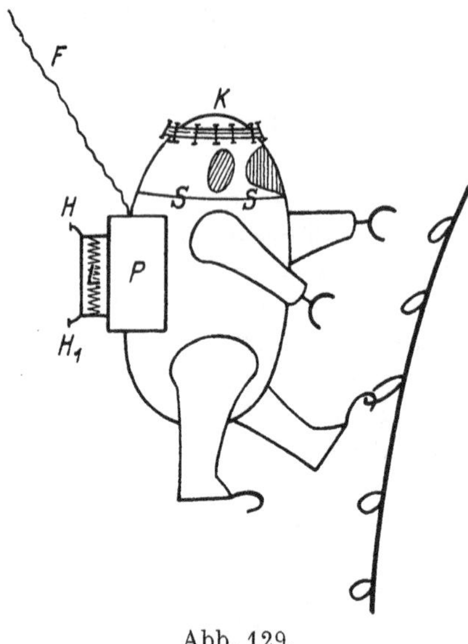

Abb. 129.

Es scheint mir hier unpraktisch, die Luft aus der Beobachterkammer dem Taucher durch einen Schlauch zuzuführen. Ich würde ihm lieber Preßluft oder flüssige Luft in einem Zylinder P mitgeben. Die ausgeatmete Luft könnte der Taucher in einen zweiten Behälter L blasen, dieser kann sich harmonikaähnlich ausdehnen und wird durch Spiralfedern unter Atmosphärendruck gehalten. Von Zeit zu Zeit kann der Taucher diesen Behälter durch die Hähne H, H_1 nach außen entleeren. Dabei entsteht ein leichter Rückstoß, der dem Taucher z. B. während des freien Fliegens eine gewisse Einflußnahme auf seine Bewegungen erlaubt. Für besondere Zwecke könnte der Taucher nach dem Vorschlage L a f f e r t s auch browningähnliche Rückstoßpistolen mitnehmen.

Übrigens soll der Taucher nicht ganz frei schweben, sondern er soll an einem Seil F an der Beobachterkammer hängen. In diesem Seil können auch Telephondrähte eingeflochten sein, denn der luftleere Raum leitet den Schall bekanntlich nicht, und es scheint mir erwünscht, wenn die Taucher mit den Personen in der Beobachterkammer sprechen können.

Im Gegensatz zu Gail möchte ich das Kopfstück nicht von außen, sondern innen vom Taucher selbst anschrauben lassen, doch es soll für alle Fälle auch noch eine Klappe K daran sein, die man von außen öffnen kann. Damit sich die Taucher hinausbegeben können, ohne daß viel Luft verloren geht, befindet sich an der Beobachterkammer ein Rohr, welches man vorne und hinten luftdicht abschließen kann (Tafel IV T). Diese dient vor dem Start auch als Zugang zu der Beobachterkammer. In dieses kriecht der Taucher bei geschlossener Außentür hinein, dann wird die Innentür geschlossen und die Luft wird in die Beobachterkammer oder in einen Preßluftbehälter aus diesem Rohr zurückgezogen, dann öffnet der Taucher die Außentür, kriecht halb hinaus und befestigt das Ende seines Leitseiles an einer zu diesem Zweck hier angebrachten Schraube. Diese Schraube enthält auch den Kontakt für den Fernsprecher. Sodann kann sich der Taucher in den Raum hinausbegeben.

Die Präzisions- und Steuerungsinstrumente des Modells E entsprechen im allgemeinen den schon auf S. 243 beschriebenen des Modells B. Über die Beschleunigungsanzeiger und über die Steuerkreisel habe ich schon S. 89 und S. 198ff. das Nötige gesagt. Über die Ortsbestimmung durch den Führer findet der Leser das Notwendige auf S. 205.

Der unter 7 beschriebene Apparat fällt hier fort, da die günstigste Geschwindigkeit $\bar{v}$ nicht eingehalten wird. Die Geschwindigkeit wird hier von einem Gewicht reguliert, welches an einer elastischen Feder hängt und den Andruck auf derselben Höhe hält. Ändert der Führer die Aufhängung dieser Feder (bei Verwendung von Quecksilberröhren den oben erwähnten Regulierwiderstand), so ändert sich die Beschleunigung.

7a. Hier muß die Wasserstoffrakete natürlich nicht einfach abbrennen, sondern sie kann vom Führer abgestellt und später wieder angelassen werden. Zu erwähnen wäre noch folgendes: Stellt der Beobachter die Brennstoffzufuhr zu den Pumpen $P_{1,\,2}$ und m, n (vgl. Tafel IV) ganz ab, so tritt freie Fahrt ein, dabei ist die Rakete keinem Andruck ausgesetzt. Da nun sowohl flüssiger Sauerstoff als auch ganz besonders flüssiger Wasserstoff die Wände des Behälters benetzt, so sammeln sich die Flüssigkeiten an den Wänden an und drängen die Dämpfe nach der Mitte (vgl. Abb. 57). Nun befinden sich die Ventile, die die Flüssigkeit nach den Pumpen bringen, ziemlich am Boden (also an der Wandung). Sie würden aber auch dann noch mit Flüssigkeit überzogen sein, wenn sie weit in das Innere hineinreichen würden. Werden diese Ventile geöffnet, so treibt der Innendruck auch bei fehlendem Andruck Flüssigkeit hindurch, nicht etwa Gas. (Anders steht es mit den Sicherheitsventilen, doch werden diese jetzt nicht gebraucht.) Die Rakete kann also auch bei freier Fahrt im Ätherraum tatsächlich jederzeit wieder in Gang gesetzt werden, der Andruck darf nur nicht in der Richtung von der Mündung nach der Spitze wirken; eine Rakete, bei der dies zu befürchten ist, muß für diesen Fall besondere Flüssigkeitsventile haben.

Zu erwähnen wären endlich noch die Periskope *p* (Tafel IV), die während des Aufstieges den freien Ausblick nach allen Seiten gestatten. Sobald die freie Fahrt beginnt, wird die Spitze, wie auf Abb. 127 dargestellt, abgeworfen und der ganze Apparat wird auseinander gestreckt, so daß der Ausblick nach allen Seiten des Raumes frei wird. Es ist dies möglich, da diese Teile ja scheinbar kein Gewicht haben, und nur durch Seile und elektrische Führungen miteinander verbunden sind.

Über die übrigen Teile des Modells E ist hier wenig zu sagen, sie entsprechen den auf Tafel I mit denselben Buchstaben bezeichneten und im 15—17. Kapitel besprochenen Maschinenteilen des Modells B.

Zweck und Aufgaben des Modells E.

a) Raumteleskop (vgl. hierzu auch S. 306).

Die astronomischen Fernrohre beruhen bekanntlich darauf, daß eine große Linse mit beträchtlicher Brennweite, das sog. Objektiv, vor dem Beobachter ein verhältnismäßig großes umgekehrtes reelles Bild von einem entfernten Gegenstande erzeugt. An dieses Bild kann dann der Beobachter mit einer als Vergrößerungsglas dienenden Linse, dem sog. Okular, beliebig nahe herankommen. — Beim Spiegelteleskop hat man statt der Objektivlinse einen Hohlspiegel, der bekanntlich von entfernten Gegenständen ebenfalls umgekehrte reelle Bilder entwirft[1]).

Auf der Erde nun stehen dem Bau astronomischer Instrumente große Schwierigkeiten entgegen. Die erste besteht darin, daß auf der Erde stets zerstreutes Licht vorhanden ist. Dieses stört, wenn man einfach zwei Linsen hintereinander, sagen wir an einen Stock befestigen wollte. Man muß die Linsen daher am vorderen und rückwärtigen Ende einer Röhre anbringen, die innen schwarz gestrichen ist.

Das wäre natürlich das Kleinste. Unangenehmer sind schon die Nachteile, die sich aus der Erdschwere ergeben. Das Fernrohr biegt sich leicht, weiter muß es auf einem starken Fuß befestigt werden. Nun gibt es aber keine absolut starren Körper, also zittern zu leicht gebaute Fernrohre stets, wenn man sie anrührt. Ferner lassen sich mit zu leicht und biegsam gebauten Instrumenten keine genauen Winkelmessungen ausführen, da sie sich unter dem Einfluß der Schwere etwas aus der Richtung biegen, die sie nach der Stellung der Aufhängungsmechanik

---

[1]) Ich schreibe diesen Abschnitt auch für Laien und bitte den Optiker vom Fach, zu entschuldigen, daß manches etwas laienhaft klingt.

einnehmen müßten. Bei sehr starken Vergrößerungen wirkt auch die Verbiegung des Rohres durch die Schwere leicht ungünstig auf die Schärfe des Bildes ein. Man wehrt diesen Übelständen ab.

1. Indem man das Gestell der Fernrohre möglichst massiv und stark macht, desgleichen das Rohr. Dadurch wird aber das Instrument natürlich sehr schwer.

2. Indem man das Fernrohr nicht zu lang macht. Kleine Körper sind bekanntlich verhältnismäßig starrer. Einen Zwirnfaden von 5 cm Länge und $^1/_5$ mm Dicke kann ich noch wagerecht ausgestreckt halten. Ein 10 m langes und 4 cm dickes Seil ist zwar diesem Zwirnfaden in der Form ähnlich, beim Versuch es wagerecht auszustrecken, hängt aber das Ende hilflos herab. Nun hängt die Länge der Fernrohre hauptsächlich von der Brennweite des Objektivs ab, die Vergrößerung ist aber gleich der Zahl, die man bekommt, wenn man die Brennweite des Objektivs durch jene des Okulars dividiert. Wenn man nun beide Brennweiten klein macht, so kommt man zu einem verhältnismäßig kurzen Instrument, welches trotzdem gut vergrößert. Dies ist aber auch eine zweischneidige Waffe. Abgesehen von allen anderen Nachteilen ist hier peinliche Genauigkeit bei der Herstellung des Instrumentes erforderlich, da ein Fehler des Objektivbildes durch das Okular bedeutend vergrößert wird. Deshalb sind auch wirklich gute Fernrohre so selten und so teuer.

Ein weiterer Nachteil der irdischen Fernrohre ist der, daß man sie stets hinter den Sternen herführen muß, und weiter der, daß man denselben Stern überhaupt nicht immer beobachten kann, wenn man will. Die Beobachtung ist abhängig von der Tageszeit, vom Wetter und von der Gegend.

Wenn man nun alle Schwierigkeiten beim Bau des irdischen Fernrohres überwunden hat, dann kommt erst noch der Hauptnachteil. Bekanntlich flimmert ein Stern infolge der irdischen Lufthülle stets ein wenig, wie man bei den Fixsternen beobachten kann. Aus diesem Grunde kann man nur bei besonders günstigen Verhältnissen mehr als 2000fache Vergrößerungen anwenden. Man sieht bei so starken Vergrößerungen einfach nichts Bestimmtes mehr. Das große Teleskop in Chikago z. B. ist für die Marskanäle „zu stark“!

Im Weltraum läßt sich nun zunächst jede Vergrößerung gebrauchen, da die Sterne nicht flimmern. Gail beschreibt in dem Roman „Der Stein vom Mond“ ein 10000fach vergrößerndes Fernrohr. Ich will den Leser mit der Bemerkung überraschen, daß Gail da noch viel zu schüchtern war. Ich hoffe auf millionenfache Vergrößerungen. Der bekannte Astronom Plaßmann hat mir hier zwar entgegengehalten, „daß . . . es noch nicht genügt, der Erdenluft entflohen zu sein, da wenigstens beim Mars, an den die meisten zuerst denken werden, sich die Eigenluft doch nicht wegschaffen läßt." Dieser Satz ist vielfach so verstanden worden, als sei jetzt noch immer eine Atmosphäre da, die durch ihr Flimmern die Beobachtung der Marsoberfläche beiläufig ebenso stark erschweren würde wie die Erdatmosphäre. Ich weiß nun nicht genau, ob Plaßmann es so gemeint hat oder nicht, die eben genannte Auffassung trifft aber jedenfalls nicht zu. Wenn sich das Fernrohr nämlich am Grunde unseres Luftmeeres befindet, und die von Sternen kommenden Strahlen werden durch die flimmernde Luft, sagen wir auch nur um $^1/_3$ Bogensekunde durcheinandergeworfen, so ist der Eindruck so, als wenn wir das Fernrohr im luftleeren Raum aufgestellt hätten, und einen Gegenstand betrachteten, dessen Punkte flackernde Bewegungen von $60 \cdot 10^6 \cdot \frac{1}{3}$, das ist mehr als 100 km Ausdehnung, ausführen. Das ist also bei besonders klarem Wetter der Fall. Befindet sich dagegen das Fernrohr im luftleeren Raum, und man blickt durch eine flimmernde Atmosphäre von 60 km Dicke auf die Oberfläche des Mars, so ist die Wirkung nur so, als ob die Punkte Flackerbewegungen von $60 \cdot \frac{1}{3} = 10\,\text{cm}$ ausführten. Es ist dieselbe Erscheinung wie die, daß man ein Bild durch ein daraufliegendes Pauspapier ganz gut betrachten kann, daß man aber nichts sieht, wenn man das Pauspapier vor das Auge hält.

Weiter ist der Hintergrund vollständig dunkel, es fällt also auch die Röhre des Fernrohres fort. Auch die Teile, die den Objektivspiegel halten sollen (es kommen hier der Größe des Objektivs wegen nur noch Spiegel in Frage), können des fehlenden Andruckes wegen viel einfacher sein. Es genügt im allgemeinen, einen großen, mäßig beschatteten parabolischen Hohlspiegel an drei Stahldrähten vom Raumschiff abzustrecken. Die Länge dieses Fernrohres spielt überhaupt keine Rolle. Wir können, wenn wir wollen, auf das Okular ganz verzichten, und ein reelles Bild des Objektivs in die Beobachterkammer projizieren lassen, meinetwegen auf eine Glasplatte, auf der wir dann mit Zirkel und Lineal unsere Messungen vornehmen können. Der Spiegel braucht also demgemäß auch nicht derartig genau ausgearbeitet zu sein. Er muß nicht einmal aus einem einzigen Stück bestehen. Er kann in mehreren Stücken zwischen dem Fallschirm verpackt und erst oben durch Taucher wieder zusammengesetzt werden. Es müssen nur die Fugen zwischen den Stücken mit einer spiegelnden Paste verschmiert werden, um die Diffraktion zu verhindern. Dieser leichten Bauart wegen ist auch die Masse dieser Fernrohre so gering, daß eine Rakete sie in die Höhe tragen kann.

Allen diesen Vorzügen des Ätherteleskopes steht eigentlich nur ein einziger Nachteil gegenüber. Die Erde gibt einem Fernrohr den festen Halt, während die Beobachterkammer der Rakete durch jede Bewegung der Insassen in Mitleidenschaft gezogen wird. Man könnte diesem Übelstande dadurch begegnen, daß man das Objektiv irgendwie an Steuerkreisel anschließt, und daß man ein Okular (oder eine Marienglasplatte) anwendet, welches nach der Art eines Seismometers befestigt wird, so daß es die Bewegungen der Beobachterkammer nicht mitmacht.

Im übrigen dürfte entgegen den Befürchtungen Plaßmanns das Einstellen, Halten und Photographieren himmlischer Objekte eher leichter sein als auf der Erde, denn die Rakete behält ja die Stellung, die man ihr einmal im Raume gegeben hat bei, solange der Motor nicht arbeitet und ist leicht mit Hilfe der auf S. 194 erwähnten Drehräder präzise auf einen Punkt einzustellen.

Größere Winkelabstände lassen sich mit Hilfe des Großbogenmessers messen, wie er gegenwärtig z. B. auf der Babelsberger Sternwarte Anwendung findet. Ein solcher Apparat wird (entgegen laut gewordenen Befürchtungen) auf der Rakete eher leichter zu handhaben sein als auf der Erde. Übrigens brauchen wir bei feineren Messungen meist nur den Winkel zwischen dem Objekt und irgendeinem nahen gegebenen Punkt, nicht aber die genaue Angabe des Objektortes in Graden, Minuten und Sekunden. Die Parallaxenbestimmungen der Fixsterne z. B. macht man auch auf der Erde nicht mit Hilfe des Horizontal- und Vertikalkreises des Fernrohres, sondern man schließt vielmehr den betreffenden Stern an einen in der Nähe sichtbaren weiten Fixstern an. Ähnlich wird man auch die Messungen über den Durchmesser von Planeten, den Abstand etwaiger fremder Planeten von ihrem Fixstern usw. durch eine relative Winkelmessung und durch Anschluß an benachbarte Fixsterne machen können.

Vollkommen werden diese Instrumente dann sein, wenn es uns gelingt, ein solches Raumteleskop auf einem Asteroiden (z. B. auf dem kleinen Planeten Eros) aufzustellen. Die Masse eines 1—2 km großen Sternes genügt nämlich schon, um dem Fernrohr einen vollkommen festen Halt zu geben, und alle unkontrollierbaren Bewegungen unter die Grenze des Wahrnehmbaren zu drücken. Andernteils ist ein solcher Asteroid doch noch so klein, daß er keine Spur von Luft festhalten kann, und daß sich seine Schwerkraft noch nicht störend bemerkbar macht. Eine Bereisung des Planeten Eros aber, der nach dem Mond der Erde am nächsten kommt, wäre für das Modell E durchaus möglich. Immerhin könnte man aber auch mit Fernrohren die nur an einer Rakete befestigt sind, bereits wertvolle Untersuchungen machen. Z. B. ob unsere Planeten bewohnt oder wenigstens bewohnbar sind, ob größere Meteoriten die Fahrt zu unseren Planeten gefährden könnten, ob fremde Fixsterne Planeten haben, ob verschiedene Objekte, die uns als einfache Sterne erscheinen, in Wirklichkeit nicht unendlich ferne Sternhaufen sind.

b) Da der Himmel vollkommen dunkel ist, genügt ein Abblenden der Sonnenscheibe, um die Umgebung der Sonne nach Belieben zu beobachten. Aus der allgemeinen Relativitätstheorie Einsteins z. B. folgt, daß das Licht von Fixsternen, die in der Nähe der Sonne stehen, durch deren Schwerefeld abgelenkt werden muß. Doch die Ablenkung ist so klein, daß es auch bei totalen Sonnenfinsternissen auf der Erde schwer hält, sie überhaupt nachzuweisen, oder gar zu sagen, ob sie nun wirklich durch das Schwerefeld der Sonne zustande gekommen ist oder aus anderen Gründen. Lenard z. B. nimmt an, sie könnten auch durch die äußerste Sonnenatmosphäre hervorgerufen werden. Wenn wir aber im vollkommen dunklen Weltraum die Umgebung der Sonne bei abgeblendeter Sonnenscheibe spektroskopisch untersuchen, und wenn wir nachher bei abgeblendeter Sonnenscheibe die Fixsterne in der Nähe der Sonne betrachten, so können wir nachher natürlich genau angeben, ob die Ablenkung des Fixsternes nur so groß ist, wie aus der genannten Atmosphäre folgen müßte, oder größer und um wieviel größer.

c) Die Sonnenkorona können wir auf der Erde nur während absoluter Sonnenfinsternis einige Minuten lang beobachten. Sie erscheint uns dann als unbeweglicher Strahlenkranz. Daß sie dies in Wirklichkeit nicht ist, das lehrt schon die Tatsache, daß sie bei jeder Sonnenfinsternis anders aussieht. Von der Rakete aus können wir die Sonnenkorona beobachten, so oft und so lange wir wollen. Dabei können wir sie natürlich erforschen und die Zusammenhänge zwischen der Sonnenkorona und den Vorgängen auf der sichtbaren Sonnenoberfläche sowie den meteorologischen Vorgängen auf der Erde feststellen.

d) Viele Physiker nehmen an, der Weltäther würde von der Erde bei ihrer Bewegung mitgerissen. Deshalb müsse z. B. der Michelsonsche Versuch mißlingen. Andere wieder bestreiten dies und erklären das Mißlingen des Michelsonschen Versuches durch gewisse Verkürzungen der Körper, die wir nur deshalb nicht wahrnehmen könnten, weil sich die Maßstäbe im selben Verhältnis verlängern oder verkürzen müssen (Lorentz, Einstein). Tomaschek aus Heidelberg hat nun versucht, auf hohen Bergen, wo der Äther vielleicht schon nicht mehr in dem Maße von der Erde mitgerissen wird, einen Ätherwind relativ zur Erde festzustellen. Bisher freilich mit negativem Erfolg. Die Frage wäre sofort geklärt, wenn man die Tomaschekschen Apparate auf einer Rakete in den Planetenraum mitnehmen würde, denn der Weltäther wird durch so kleine Massen, wie schon Oliver Lodge 1899 gezeigt hat, jedenfalls nicht mitgeführt.

e) Während der freien Fahrt ist der Apparat keinem Andruck ausgesetzt. Daher lassen sich viele physikalische und physiologische Versuche ausführen, die auf der Erde der Schwere wegen unmöglich sind.

Ich vermute z. B. aus Gründen, die ich hier nicht näher erörtern will, daß sich die Zellen der Algen oder Infusorien beim Fehlen vom Andruck gewaltig vergrößern werden. Daraus und aus dem vielleicht verschiedenen Verhalten der Zellen könnte leicht ein Einblick in die Physiologie der Zellen gewonnen werden, der auf anderem Wege nicht zu erhalten wäre.

f) Wir können feststellen, wie groß die strahlende Energie ist, die aus verschiedenen Gegenden des Himmels kommt. Schützen wir einen Körper durch glänzende Blechplatten, hinter denen wir ihn frei schweben lassen, gegen alle größere Mengen strahlender Energie (vor allen Dingen gegen die Sonnenstrahlen) und tragen wir andernteils dafür Sorge, daß seine eigene Wärme nach den kälteren Teilen des Raumes ausstrahlen kann, so können wir seine Temperatur außerordentlich nahe an den absoluten Nullpunkt heranbringen, viele 1000mal näher z. B. als die Temperatur des festen Heliums. Es ist nicht ausgeschlossen, daß dabei z. T. ganz neuartige Erscheinungen (z. B. im Verhalten der Elektronen usw.) eintreten. Mindestens wäre es der Mühe wert, diesen Versuch zu machen.

g) Bereits Gauß hat an die Möglichkeit gedacht, daß sich das Licht im Weltraum nicht geradlinig fortpflanzt oder mit den Worten Einsteins ausgedrückt, daß sich unser dreidimensionaler Raum einem vierdimensionalen eingeschrieben nicht so verhalten würde wie eine ebene Fläche im Raum, sondern vielleicht wie eine Kugelfläche im Raum. Diese Frage ist in letzter Zeit durch Einsteins allgemeine Relativitätslehre wieder angeschnitten worden. Demnach könnte es also vorkommen, daß die drei Winkel eines Dreiecks zusammen nicht 180 Grad hätten (Nichteuklidische Geometrie). Man baute für Gauß damals drei Beobachtungsstationen, die 30—50 km voneinander entfernt waren, und maß auf jeder, so gut man es konnte, den Winkel zwischen den beiden andern. Man konnte aber natürlich keine Abweichung von 180° feststellen. Mehr Aussicht auf Gelingen hätte dieser Versuch, wenn als Stationen drei Raumschiffe benützt würden, die viele Millionen Kilometer voneinander entfernt sind. Ich glaube nun zwar nicht, daß dieser Versuch gelingen wird, aber es wäre doch der Mühe wert, ihn zu machen. Nach gewissen Annahmen über die Krümmung des Raumes wäre es auch nicht ausgeschlossen, daß wir mit hinreichend scharfen Instrumenten in einem Abstand von 100 Millionen Lichtjahren unser eigenes Milchstraßensystem wiedersehen, aber am Orte, wo es vor 100 Millionen Jahren stand, und in dem Zustand, den es damals inne hatte.

i) Völlig einwandfrei könnte man die Intensität der Sonnenstrahlen und die Albedo (das ist das Rückstrahlungsvermögen) der Erde erst vom Weltraum her feststellen. Diese Feststellung wäre wertvoll weil man daraus wichtige Schlüsse auf die Eigenwärme der Erde ziehen könnte. Ebenso könnte man durch Beobachtung der Bewölkung der Erde von oben wichtige meteorologische Aufschlüsse erhalten, wie Hein gezeigt hat.

k) Ich bitte nun den Leser nicht zu erschrecken, wenn ich den heißen Boden der Parapsychologie betrete. Bekanntlich nehmen viele Psychologen und Ärzte, unter anderen auch ernst zu nehmende Forscher wie Oesterreich und Lomer an, die Suggestion, z. B. bei der Hypnose, oder die suggestive Kraft gewisser Persönlichkeiten beruhe darauf, daß vom Beeinflusser Ätherkräfte oder auch Stoffe auf den Beeinflußten ausgehen. Ob und wie weit diese Ansicht richtig ist, das will ich natürlich nicht entscheiden, denn ich arbeite ja als Physiker auf einem ganz andern Felde. Wie ich indessen von meinem Standpunkte aus die Sache ansehe, glaube ich, man wird über diese Kräfte, oder was es jetzt sind, auf der Erde schwer etwas feststellen können, selbst wenn es sie wirklich gibt. Nach der Theorie gehen ja fast von jedem Menschen solche Strahlen aus, und diese Kräfte dringen alle gleichzeitig auf die Versuchsperson ein und kreuzen und stören sich gegenseitig. Wir befinden uns m. E. etwa in der Lage eines Mannes, der neben dem Niagara steht, und mit Hilfe abgestimmter Resonatoren die Obertöne einer Violinsaite untersuchen möchte. Ob man diese Strahlen irgendwie abschirmen kann, das wissen wir noch nicht. Dagegen wäre es vielleicht nicht unmöglich, darüber etwas Positives festzustellen, wenn man den Hypnotiseur und die Versuchsperson auf einer Rakete ein paar 100000 km von der Erde wegführt.

Es dürfte nun allerdings schwer halten, Personen zu finden, die gleichzeitig brauchbare Objekte für telepathische Versuche und gleichzeitig gute Ingenieure und Raketenführer sind. Aber diese Schwierigkeit könnte man ja schließlich beheben. Es steigen einfach ein Raketenführer, ein Parapsychologe und eine Versuchsperson in der Rakete auf. Dann begibt sich der Raketenführer in den Raumtaucheranzug und fährt mit Hilfe eines kleinen, unter dem Fallschirm leicht unterzubringenden Rückstoßapparates einige 100—1000 km in den Raum hinaus, während die beiden andern experimentieren.

l) Weiter möchte ich hier Versuche erwähnen, die nur in einem großen luftleeren Raum möglich sind, z. B. das Senden von parallelem Anoden- oder Kathodenstrahlen über weite Strecken; ich werde im 22. Kapitel darüber noch einiges sagen. Dieser Versuch ist weit mehr als eine bloße wissenschaftliche Spielerei, man könnte z. B. versuchen, im Raum Sonnenkraftmaschinen aufzustellen und der Erde auf diese Weise Elektrizität zuzusenden. Weiter könnte man auf diesem Wege auch die Fahrt auf fremde Planeten ermöglichen u. a. m., wie wir im 22. Kapitel noch sehen werden.

m) Endlich könnte eine derartige Rakete bei $v_1 = 10{,}4$ km/sek Anfangsgeschwindigkeit bei Neumond um den Mond fahren und die unbekannte Seite erforschen. Man hat mir vielfach vorgeschlagen, ich solle eine unbemannte Rakete mit einem Kinoapparat ausrüsten und in dieser Weise um den Mond fliegen lassen. Letzeres aber, glaube ich, wird mißlingen, denn hier wäre die Treffsicherheit zu klein. Vgl. hierzu S. 373. Erst wenn ein Führer auf der Rakete ist und ihren Lauf fortwährend kontrolliert und korrigiert, besteht die Wahrscheinlichkeit, daß sie wohlbehalten zurückkommen wird.

Natürlich lassen sich mit Modell E noch zahlreiche andere Versuche machen, ich will aber nicht weiter darauf eingehen.

Dauer von Raumfahrten.

(Die Formelgrößen bedeuten hier dasselbe, wie im 10. Kapitel.)

A. Dauer bei senkrechter Fahrt: Ich werde oft gefragt, wie lange denn ein Raumschiff bei gewissen Fahrten unterwegs sei. Ich will daher einiges über die Fahrtdauer sagen. Erschöpfend kann ich hier die Frage nicht behandeln, in diesem Buch will ich nur beweisen, daß die Raumschiffahrt überhaupt möglich ist. Spezialfragen zu behandeln muß ich der einschlägigen Literatur überlassen. Wer sich näher für die Berechnung der Fahrtdauer interessiert, den verweise ich namentlich auf die Lehrbücher der Astronomie. Sie haben freilich den Nachteil, daß sie die Fahrtberechnungen natürlich für die Zwecke des Astronomen aufstellen (Aufsuchen von Asteroiden, Kometenbewegungen, Bahnstörungen usw.) und nicht für die besonderen Zwecke des Raumfahrers. Dieser hat also meistens noch einen Haufen Arbeit, bis er sich daraus das ihm Entsprechende zusammengestellt hat.

Bequemer sind in dieser Hinsicht die Arbeiten Hohmanns und Pirquets, die in wissenschaftlicher Hinsicht heute durchaus genügen, wenn sie auch gründlich verbessert und ergänzt werden müßten, wenn die Raumschiffahrt zur Tat werden sollte.

Ich selbst möchte hier nur soviel sagen:

1. Bei der Fahrt senkrecht nach oben mit parabolischer Geschwindigkeit folgt aus (59) und (60).

$$v_p = \sqrt{2gr} = \sqrt{2g_0\frac{r_0^2}{r}}.$$

(Die Formelgrößen bedeuten hier dasselbe wie im 10. Kapitel.)

Nun ist

$$dt = \frac{dr}{v}.$$

Wir bekommen also

$$dt = \frac{\sqrt{r} \cdot dr}{\sqrt{2 g_0 r_0^2}}$$

und

$$t = \frac{2}{3\sqrt{2 g_0 r_0^2}} \cdot \left(\sqrt{r_2^3} - \sqrt{r_1^3}\right). \tag{208}$$

Bei hyperbolischen Geschwindigkeiten und bei senkrechtem Aufstieg wird die kinetische Energie eines Körpers auch in der Unendlichkeit nicht völlig aufgezehrt, sondern er behält einen Geschwindigkeitsrest v_h. Seine kinetische Energie in der Unendlichkeit ist

$$E_h = \frac{1}{2} m v_h^2.$$

Die Arbeit, die notwendig ist, um ihn von irgendeinem Punkte seiner Bahn in die Unendlichkeit zu bringen, ist mgr, und seine kinetische Energie im ganzen ist

$$E = \frac{1}{2} m v^2.$$

Sie muß offenbar so groß sein wie die Summe dieser beiden Energien. Es ist also

$$\frac{1}{2} m v^2 = \frac{1}{2} m v_h^2 + m g r.$$

Daraus folgt dann

$$r = \frac{2 g_0 r_0^2}{v^2 - v_h^2},$$

$$dr = -\frac{4 g_0 r_0^2 v \cdot dv}{(v^2 - v_h)^2},$$

$$dt = \frac{dr}{v} = -\frac{4 g_0 r_0^2 \, dv}{(v^2 - v_h)^2}.$$

(Bei dr und dt bedeutet das Minuszeichen natürlich weiter nichts, als daß im gegebenen Falle v um so kleiner ist, je größer r oder t sind.) Wir finden durch Integration:

$$t = \frac{1}{v_h^2} \cdot \left[r_2 v_2 - r_1 v_1 - \frac{g_0 r_0^2}{v_h} \cdot \ln\left(\frac{v_2 + v_h}{v_2 - v_h} \cdot \frac{v_1 - v_h}{v_1 + v_h} \right) \right]. \tag{209}$$

Dabei bezeichnet v_1 die Geschwindigkeit am unteren Ende r_1 des betrachteten Bahnstückes, v_2 und r_2 gelten für das obere Ende und

$$v_h = \sqrt{v_1^2 - \frac{2 g_0 r_0^2}{r}}.$$

Bei elliptischen Geschwindigkeiten reicht die dem Körper innewohnende Bewegungsenergie nicht aus, um ihn bis in die Unendlichkeit zu heben. Es folgt daraus, daß

$$\frac{1}{2} m v^2 - m g r < 0 .$$

Wir können hier formal ganz ähnlich rechnen, wenn wir setzen:

$$v_e = \sqrt{\frac{2 g_0 r_0^2}{r_1} - v_1^2} .$$

Dann ist

$$r = \frac{2 g_0 r_0^2}{v^2 + v_e^2} ,$$

$$dt = \frac{4 g r_0^2}{v^2 + v_e^2} ,$$

$$t = \frac{2 g_0 r_0^2}{v_e^2} \cdot \left[\frac{v}{v^2 + v_e^2} + \frac{1}{v_e} \operatorname{arc\,tg} \frac{v}{v_e} \right] \Bigg|_{v_2}^{v_1} . \tag{210}$$

Diese Formeln (208) bis (210) gehen natürlich eine in die andere über, je nachdem, ob man die Größe, die an der Stelle von v_h bzw. v_e steht, reell, gleich Null oder imaginär annimmt.

Bei langgestreckten Ellipsen ist die Fahrtdauer nahezu dieselbe wie beim senkrechten Aufstieg. Eine Fahrt bis zu 800000 km Höhe z. B. würde 15 Tage dauern und der Abstieg ebenso lange, das Raumschiff wäre also im ganzen einen Monat unterwegs.

Bei einer Fahrt auf den Mond kann man mit großer Annäherung die Zeit so berechnen, als ob das Raumschiff geradlinig von der Erde zum Mond fliegen würde. Im Falle einer senkrechten Fahrt wäre:

$$v = \sqrt{v_h^2 + 2 g_0 r_0^2 \left[\frac{1}{r_0} - \frac{1}{r} + \frac{M_2}{M_1} \left(\frac{1}{d - r_0} - \frac{1}{d - r} \right) \right]} .$$

Dabei ist v die Geschwindigkeit am Punkt, an welchem sich die beiden Anziehungskräfte das Gleichgewicht halten. M_1 ist die Erd- und M_2 die Mondmasse, d ist der Abstand der beiden Gestirne. Die Formel

$$t = \int \frac{dr}{v}$$

führt hier auf elliptische Integrale, die man aber leicht mit Hilfe der Taylorschen Reihe auswerten kann.

Für die Fahrt mit der geringsten möglichen Anfangsgeschwindigkeit (ca. 10380 m/sek), bekommt man bei mittlerem Mondabstand

$$t = 97 \text{ Stunden } 30 \text{ Minuten},$$

also ca. 4 Tage.

Bei Geschwindigkeiten über $v_1 = 11$ km/sek kann man schon ohne nennenswerte Fehler die Formeln für elliptische, parabolische und hyperbolische Geschwindigkeiten einsetzen. Für $v_1 = 15$ km/sek würde $t = 9$ Stunden (vgl. hierzu Lorenz: „Die Möglichkeit der Weltraumfahrt", Zeitschrift d. Vereins deutscher Ingenieure 7 V 1927 und Plana: Memorie della Reale Academia d. Sc. di Torino, Ser. 2, vol. 20, 1863, pp. 1—86).

B. Fahrten auf stark gekrümmten Kurven.

Wir knüpfen hier am bequemsten an die Formeln des 10. Kapitels an. Wenn das Raumschiff z. B. auf einer Ellipse (Abb. 130) fährt, so folgt aus Formel (φ):

$$F = \frac{p^2}{1-\varepsilon^2}\cdot\left\{\frac{w\,\varepsilon}{(1+\varepsilon)\,w^2+(1-\varepsilon)} + \frac{1}{\sqrt{1-\varepsilon^2}}\cdot\operatorname{arctg}\left(\sqrt{\frac{1+\varepsilon}{1-\varepsilon}}\,w\right)\right\}_{r_1}^{r_2}. \quad (213)$$

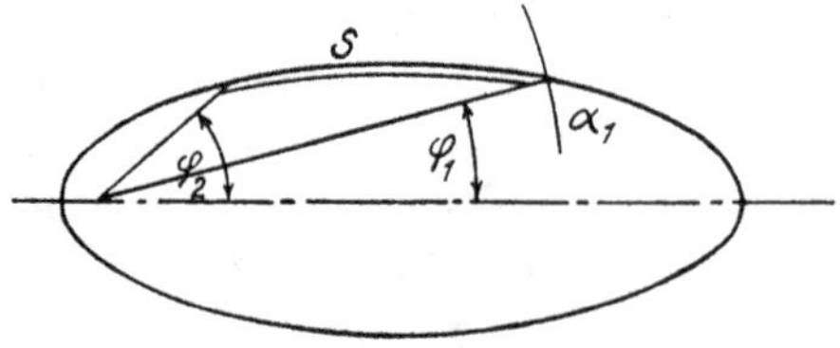

Abb. 130.

Im Falle der Hyperbel wird $\varepsilon > 1$. Wir bekommen dann aus Formel (213) nach einigen naheliegenden Umformungen:

$$F = \frac{p^2}{\varepsilon^2-1}\cdot\left\{\frac{w\,\varepsilon}{(1+\varepsilon)\,w^2+(1-\varepsilon)} \pm \frac{1}{2\cdot\sqrt{\varepsilon^2-1}}\cdot\ln\frac{w+\sqrt{\frac{\varepsilon-1}{\varepsilon+1}}}{w-\sqrt{\frac{\varepsilon-1}{\varepsilon+1}}}\right\}_{w_2}^{w_1}. \quad (214)$$

Falls die Bahnkurve eine Parabel ist, wird $\varepsilon = 1$. Wir können dann auf Formel (213) oder (214) die Methoden der unbestimmten Formen anwenden; noch bequemer rechnen wir, wenn wir dasselbe Rechnungsverfahren, welches uns im 10. Kapitel die Ellipsenfläche lieferte, auf die Parabel

$$r = \frac{p}{1 - \cos \varphi}$$

anwenden. In allen 3 Fällen erhalten wir übereinstimmend

$$F = \frac{p^2}{4}\left(\frac{1}{w} - \frac{1}{3\,w^2}\right)_{w_2}^{w_1}. \tag{215}$$

Die Fahrtdauer ist dann nach Kapitel 10

$$t = \frac{2 \cdot F}{v_1 r_1 \cos \alpha_1}.$$

Bei Raumfahrten im Planetensystem in größerem Abstande als 1000000 km von der Erde kann man den Einfluß der Erdanziehung in erster Annäherung vernachlässigen und nachträglich im Verein mit den Bahnstörungen durch die übrigen Planeten als Korrektur in die Rechnung einsetzen, wie das z. B. Hohmann tut. Man hat dann statt der erdbezüglichen Formelgrößen des 10. Kapitels die entsprechenden Werte in bezug auf die Sonne einzusetzen.

Es wäre z. B. r der Abstand vom Sonnenmittelpunkt, g die Fallbeschleunigung zur Sonne, α das Komplement des Winkels zwischen der Bahnkurve und dem zum Sonnenmittelpunkt gezogenen Fahrtstrahl usw.

Der Astronom vom Fach rechnet hier natürlich bequemer und eleganter nach den von Leverrier und Bessel aufgestellten Methoden der Bahnstörungsrechnung, die ja im Wesen auch auf den entwickelten Gedankengängen beruhen.

Beim Übergang des Raumschiffes aus einem in das andere Gravitationsfeld oder aus der einen in die andere Bewegungsart rechnet der Nichtastronom am elementarsten und sichersten, wenn er die Fahrt in kleine Abschnitte zerlegt, auf denen die Anziehungskräfte als konstant und parallel angesehen werden können. Ich werde übrigens in meinem schon erwähnten Buch über Dreikörperrechnung Methoden angeben, die hier rasch zum Ziele führen.

Eine Fahrt von der Erde zum Mars beispielsweise würde, je nach der Geschwindigkeit und Richtung der Abfahrt 3—8 Monate dauern (ich werde später eingehender darüber schreiben). Eine Fahrt bis zur Venus 2—5 Monate. Eine Fahrt im Kreise um die Erde 500 km über dem Erdboden dauert 5470 Sekunden = 1 Stunde 31 Minuten 10 Sekunden. Eine Fahrt auf einer Ellipse, deren tiefster Punkt in die Erdatmosphäre eintaucht und deren höchster einen Erddurchmesser hoch über dem Erdboden liegt, würde 4 Stunden 17 Minuten 30 Sekunden in Anspruch nehmen. Die Dauer einer Fahrt bei Neumond um den Mond wäre 5 bis 6 Tage.

Gefahren bei Raumfahrten:

Der Aufstieg ist weit weniger gefährlich, als man aufs erste meinen sollte. Man betrachte Tafel IV.

Der Führer befindet sich in der Kammer *I*; diese hat 1,5—2,5 cm dicke Wände aus Aluminium, die Fenster sind während des Aufstieges mit ähnlichen Aluminiumplatten von außen zugedeckt. Daß die Kammer platzen könnte, scheint mir ziemlich ausgeschlossen. Oberhalb der Kammer befindet sich der Fallschirm. Die Spitze kann jederzeit abgeworfen werden, worauf er sich in der Luft ausbreitet. Während des Aufstieges drohen dem Führer nur drei Gefahren:

1. Versagen der Pumpen.
2. Versagen der Steuervorrichtung.
3. Explosion.

Nun steigt der Apparat, wenn möglich, über einer großen Wasserfläche auf (schon der abgeworfenen A.R. wegen). Versagen die auf S. 239 erwähnten Pumpen, so fällt der Apparat ins Wasser; da er schwimmt, tut das nichts. —ad 2. Tritt a) ein Bruch einer Schwanzflosse, b) ein Versagen des Steuermechanismus ein, so braucht der Führer nur die Pumpen abzustellen, worauf der Apparat fällt. — ad 3. Es können vier Arten von Explosionen auftreten: a) eine Explosion im Verbrennungsraum oder im Pumpenraum der A.R. kann nur am Anfang der Fahrt eintreten. Sie ist nämlich um so mehr zu befürchten, je größer der geforderte Rückstoß (P) ist. Da die Beschleunigung nicht über einen gewissen Höchstwert hinaussteigen darf, nimmt mit dem Abnehmen der Masse auch P bald wieder ab (anfänglich wächst P wegen des zunehmenden Luftwiderstandes etwas). Nun beachte man Tafel IV. Es ist an und für sich unwahrscheinlich, daß bei einer solchen Explosion Metallteile in der Richtung nach I geschleudert werden. Diese Wirkung könnte fast nur eine Explosion in der obersten Pumpenkammer haben. Würde dieser Fall aber doch eintreten, so würden die (gefüllten) Flüssigkeitsbehälter der A.R. und der H.R. als Puffer wirken, desgleichen die starkwandigen Pumpenkammern der H.R. b) Eine Explosion der Pumpenkammern der H.R. wäre an und für sich weniger heftig wie die vorige. Dabei genügen die Flüssigkeitsbehälter der H.R. völlig als Puffer. c) Die Explosion eines Flüssigkeitsbehälters unter dem eigenen Überdruck ist erstens unwahrscheinlich und zweitens hätte er kaum schwerere Folgen für den Führer; bei der A.R. nicht, denn da schützt den Führer die H.R., bei der H.R. nicht, denn ihr Überdruck ist dazu zu gering. Ebenso wäre es für den Führer nicht schlimm, wenn etwa die H.R. durch den Gegenwind zusammengepreßt würde (was nur zu Beginn eintreten kann). Nun würde bei jeder Explosion Flüssigkeit heraustreten, die voraussichtlich Feuer fangen würde. Nun ist aber I auf der einen Seite vom anfangs feucht gehaltenen Fallschirm eingehüllt, auf der anderen Seite muß sowieso ein Wärmeschutz gegen den außerordentlich kalten flüssigen Wasserstoff sein. Solange dieser nicht selbst im Innern der H.R. brennt, schützt er selbst I sehr wirksam gegen das Feuer, brennt er aber selbst, so wird die Spitze samt I wegen der schwachen Wände der H.R. weggeblasen. Aber selbst wenn dies nicht eintreten sollte, so wird in diesem Fall (der überhaupt nur möglich ist, wenn flüssiger Sauerstoff in den Wasserstoffraum tritt) der Wasserstoff in 2—3 Sekunden aus seinem Behälter herausgetrieben und bleibt seines geringen spezifischen Gewichtes wegen hinter der Bewegung der Rakete zurück, so daß auch hieraus dem Führer kein Nachteil entstehen kann. Man sieht also, innerhalb der Erdatmosphäre drohen ihm keine anderen Gefahren als die, die sich etwa aus zu hohem Andruck ergeben könnten. Vgl. hierzu auch S. 304. Diese Gefahr ist aber nur gering. Bei der Fahrt auf der Synergiekurve erreicht der Apparat hohe Geschwindigkeiten nur in tangentialer Richtung. Falls die Triebkraft versagt, wird also ein zur Bremsung hinreichend langer Weg in der Luft zurückgelegt.

Meteorsteine und kosmischer Staub bilden zweifellos eine gewisse Gefahr für den Raumschiffer. Sie haben infolge ihrer Schnelligkeit von durchschnittlich 30—40 km relativ zum Raumschiff eine bedeutende Durchschlagskraft. Eine Sternschnuppe vom spezifischen Gewichte des Eisens z. B. würde die 1—2 cm dicke Aluminiumwand noch durchschlagen, wenn sie selbst nur 3 mm dick wäre. Ist die Gefahr nun groß, daß uns solche Sternschnuppen treffen?

Größe der Meteorsteine. Wenn man ihnen (vgl. S. 209) eine effektive Temperatur von 10000—30000° zuschreibt, so kommt man zu dem überraschenden Ergebnis, daß die Sternschnuppen, die wir in klaren Nächten sehen, im allgemeinen keine 3 cm Durchmesser haben können. Die kleinsten mit freiem Auge sichtbaren Sternschnuppen wären etwas unter $^1/_2$ cm groß.

Diese mit freiem Auge sichtbaren Sternschnuppen und Meteorsteine sind nun offenbar ziemlich selten. Es muß schon ein starker Sternschnuppenfall sein, wenn in jeder Sekunde durchschnittlich eine Sternschnuppe aufleuchten soll.

Nun überblicken wir von dem Teil der Atmosphäre, in welcher die Sternschnuppen aufleuchten, einen Kreis von mindestens 1000 km Durchmesser. Auf diesem Kreis nun wird bei einer durchschnittlichen Vorwärtsbewegung der Erde relativ zu den Sternschnuppen um 40 km in jeder Sekunde eine Sternschnuppe aufgeklaubt. Es kommt also auf den zylindrischen Raum von 1000 km Radius und 40 km Höhe eine Sternschnuppe. Um zu bestimmen, wieviel Sekunden die Rakete durchschnittlich fliegen muß, bis daß sie von einer Sternschnuppe getroffen wird, müssen wir diesen Raum durch den Raum dividieren, den der größte Querschnitt der Rakete bei einer Durchschnittsgeschwindigkeit von 40 km/sek beschreiben würde. Diese beiden Volumina verhalten sich so zueinander wie ein Kreis von 1000 km Durchmesser zum größten Querschnitt der Rakete (ca. 50 m^2). Die Rakete müßte mithin $10^{12} \cdot 0{,}78 : 50 = 1{,}6 \cdot 10^{10}$ sek = 530 Jahre lang fliegen, bis daß sie von einer Sternschnuppe getroffen würde. Die Beobachterkammer vollends, die einen größten Querschnitt von kaum 5 m^2 hat, hätte durchschnittlich nur alle 5000 Jahre Gelegenheit, mit einer sichtbaren Sternschnuppe zusammenzustoßen.

Es müßte nun allerdings der Vermutung Raum gegeben werden, daß kleinere Sternschnuppen, die wir mit bloßem Auge nicht mehr recht wahrnehmen, häufiger sind. Viel häufiger werden sie indessen auch nicht sein, denn sonst müßte man bei astronomischen Beobachtungen viel öfter Sternschnuppen sehen, als dies tatsächtich der Fall ist. Ich bleibe also bei dem, was ich schon in der 1. und 2. Auflage meines Raketenbuches sagte: Wenn ich Pech habe, so kann mich natürlich schon in der ersten halben Minute ein Meteorstein treffen. Aller Wahrscheinlichkeit nach aber kann ein Raumschiff jahrhundertelang durch die Planetenräume fliegen, ohne daß ihm dieser Unfall zustößt. In dieser Hinsicht ist die Fahrt mit dem Raumschiff jedenfalls nicht so gefährlich als etwa eine Autofahrt.

Übrigens müssen kleinere Löcher in der Wand der Beobachterkammer dem Beobachter auch noch nicht unbedingt das Leben kosten. Der Lufterneuerer hält ja automatisch den Luftdruck in der Beobachterkammer auf derselben Höhe, und er alarmiert den Führer, wenn irgendwo Luft entweicht. Der Führer kann dann das Loch leicht schließen, indem er eine Kautschukplatte darauf legt. Durch den inneren Luftdruck wird diese dann gegen das Loch gepreßt und dichtet es ab. Falls das Raumschiff im Wasser niedergehen soll, muß dann im Laufe der Fahrt diese Kautschukplatte irgendwie an der Wand befestigt werden, etwa durch Überkleben.

Über den Niedergang habe ich schon in Kapitel 14 das Nötige gesagt. Wie aus diesem Kapitel zu ersehen ist, muß eine Landung im Wasser auch nicht gefährlicher sein als eine Landung mit einem Hydroplan. Im großen ganzen kann man also sagen, daß die Raumfahrten weit weniger gefährlich sein werden als der Laie sich sie ausmalt.

Ich möchte hier noch einige Einwände gegen die Raumschiffahrt besprechen, soweit sie sich auf das bisher Gesagte beziehen.

Einer Reihe von Laien will es nicht in den Kopf, daß man so genau wissen soll, was man in den Planetenräumen vorfinden wird. Ich verweise demgegenüber auf das auf S. 276 Gesagte.

Es wird in der Literatur auch sehr oft auf eine Gefahr hingewiesen, die man kurz durch die Frage kennzeichnen könnte: „*Wird die Bedingtheit der Naturgesetze im Weltraum dieselbe sein wie auf der Erde?*“ (Deutsche Zeitung.) „Es ist nämlich nicht sicher, ob die Naturgesetze, die wir auf der Erde festgestellt haben, nun im Weltenraum auch gelten müssen.“ (S. D. Tageblatt.) „Es wäre z. B. möglich, daß ein Draht im Weltraum den elektrischen Strom nicht mehr leitet“ (*Stein*), oder daß sich Wasserstoff und Sauerstoff nicht mehr miteinander verbinden u. ä. Es ist eigentlich nur ein „Postulat der praktischen Vernunft“ (was das in naturwissenschaftlicher Hinsicht bedeutet, vgl. S. 394ff.), daß unter denselben Voraussetzungen immer und überall dieselben Folgen eintreten müssen.

Ich fürchte nun, um es gleich herauszusagen, in dieser Beziehung *gar nichts*. Die außerordentliche Sicherheit der Astronomie in der Voraussage von Naturereignissen macht es doch im höchsten Grade wahrscheinlich, daß alles im Weltall nach denselben Gesetzen geschieht. Weiter ist zu bedenken: Seit wir eine historische Überlieferung haben, hat sich die Erde im Weltraum von ihrem ursprünglichen Ort mindestens um $2^1/_2$ Billionen Kilometer entfernt, wenn man nämlich eine Geschwindigkeit des ganzen Sonnensystems von 17 km/sek der Rechnung zugrunde legt.

Zieht man aber in Betracht, daß das ganze Milchstraßensystem nach *Courvoisier* mit etwa 700 km/sek durch den Raum eilt, so haben wir seit Beginn unserer historischen Überlieferung schon mindestens 100 Billionen Kilometer zurückgelegt.

Aber die beobachteten Naturvorgänge sind immer nach denselben Gesetzen erfolgt. Ausgenommen eine (übrigens noch vielfach angezweifelte) Abnahme der Lichtgeschwindigkeit.

Noch auffallender ist die Übereinstimmung zwischen unsere Sonne und den fernsten Fixsternen. Da ist wirklich nicht anzunehmen, daß gerade die paar Millionen Kilometer, die sich das Raumschiff von der Erde entfernt, hinreichen werden, um es in eine Welt mit anderen Naturgesetzen zu bringen. Man könnte höchstens sagen, daß die Nähe der Erde eben auf den Äther, der ja nach Ansicht der meisten Physiker letzten Endes der Träger aller physikalischen Vorgänge ist, in gewissem Sinne einwirke, und daß diese Einwirkung in größerem Abstand von der Erde fehlen würde. Dem ist aber entgegenzuhalten, daß wir z. B. an den Kometen, deren Masse oft auch nicht größer ist als die eines Raumschiffes, noch rein nichts beobachtet haben, was darauf schließen ließe, daß in den Planetenräumen andere Naturgesetze herrschten als auf der Erdoberfläche. Im Gegenteil: Manche Naturgesetze (z. B. den Strahlungsdruck) hat man zuerst an den Kometen beobachtet, und erst später in den irdischen Laboratorien bestätigt, ebenso wie man auch die Lichtgeschwindigkeit und vieles andere zuerst aus astronomischen Beobachtungen gefunden hat. Es wäre also höchstens möglich, daß wir neben den Naturgesetzen, die wir heute schon kennen, noch das eine oder andere finden werden, das wir auf der Erde zu beobachten noch keine Gelegenheit hatten. An irgendeine Gefahr kann ich aber dabei nicht glauben, denn die ersten Raketen steigen ohne Bemannung; nach ihren Aufzeichnungen steigen dann bemannte Raketen zuerst nur einige hundert, dann tausend und zuletzt hunderttausend Kilometer hoch. Man stürzt sich also nicht blind in eine Gefahr, sondern man lernt die Welt, in die man da eindringt, schrittweise kennen.

Andere Autoren wieder fürchten eine Ablenkung der Rakete durch den Strahlungsdruck der Sonne. Der Strahlungsdruck der Sonne kann aber in Erdentfernung nach Maxwell und Scheiner niemals über 0,8 mg/m² steigen, auch in der Entfernung der Venus von der Sonne würde er unter 1,6 mg/m² betragen. Andernfalls müßte die uns von der Sonne zugestrahlte Energie größer sein als sie tatsächlich ist (vgl. S. 325). Nun ist die Beschleunigung der Rakete durch den Strahlungsdruck bekanntlich durch die Formel gegeben

$$\text{Beschleunigung} = \frac{\text{Kraft}}{\text{Masse}}.$$

Da nun ein Kraftgramm einem Massengramm eine Beschleunigung von 981 cm/sek² erteilt, so ist die Beschleunigung, die z. B. eine 5000 kg schwere Rakete erfährt, wenn sie der Sonnenstrahlung eine Fläche von 50 m² bietet, sicher unter $\frac{0{,}0008 \cdot 50 \cdot 981}{5000 \cdot 1000} = 0{,}00000784$ cm/sek². Das gibt an einem Tage eine Geschwindigkeitsänderung von 0,34 cm/sek², das ist eine Zahl, die geradezu verschwindet neben den Kilometer-Sekunden, mit denen wir hier rechnen müssen. Selbst wenn es sich darum handeln würde, ein Raumschiff von der Erde bis zu einem Nachbarplaneten zu schleudern, so würde die Reise kaum 100 Tage dauern. Dabei würde die Sonnenstrahlung einen Geschwindigkeitsfehler von 34 cm/sek² ergeben. Ich rechne nun, daß ein Raumschiff außer den Treibstoffen, die es zum Aufstieg und zur Landung braucht, noch so viel Treibstoff zu Korrekturzwecken mitnimmt, daß es sich eine Geschwindigkeitsänderung von 500 m/sek erteilen könnte. Damit wäre es dieser kleinen

Bahnstörung, die sich zu allem Überfluß nicht einmal linear, sondern nach Art des pythagoräischen Lehrsatzes zu seiner Geschwindigkeit addiert (vgl. S. 382) und die sich vorher in Rechnung stellen läßt, natürlich spielend gewachsen.

Andere Autoren befürchten eine Ablenkung der Rakete durch den Weltäther. Eine solche wäre für den Physiker äußerst interessant. Es ist nämlich bisher noch nicht erwiesen, daß der Weltäther einem bewegten Körper überhaupt einen Widerstand entgegensetzt. Wir beobachten zwar, daß kleine Kometen von ihrer Bahn abgelenkt werden, diese Ablenkung hat aber jedenfalls andere Ursachen. Im übrigen: Die Kometenköpfe und Meteoritenschwärme bestehen wohl nur aus weitverzetteltem Staub, und das Verhältnis zwischen ihrer Masse und der Fläche, die sie dem „Ätherstrom" bieten, ist hier jedenfalls noch ungünstiger als bei einer Rakete. Wir können hier aber niemals Ablenkungen beobachten, mit denen ein gutes Raketenraumschiff nicht leicht fertig würde.

Verschiedene Anhänger der Relativitätstheorie endlich befürchten, die Relativitätstheorie könnte meine Berechnungen über den Haufen werfen. (Ich habe meinen Berechnungen ja natürlich die klassische Mechanik zugrunde gelegt.) Ich möchte dem engegenhalten: Die von der Relativitätstheorie verlangten Deformationen am Raketenflugzeug und an seiner Bahn wären bei seiner im Verhältnis zum Licht geringen Geschwindigkeit auch absolut genommen noch so klein, daß wir sie überhaupt noch nicht messen könnten. Nun ist ja aber das Hauptmerkmal der Relativitätstheorie gerade dies, daß sich diese Deformationen im allgemeinen wieder wegheben, weil die Maße, nach denen wir messen und rechnen, im selben Grade verändert werden. Von einigen besonderen Fällen abgesehen, mit denen wir bei Fahrten in den Planetenräumen direkt noch nichts zu tun haben, erscheint dem Beobachter also alles so, wie wenn er in der absoluten Welt stehen und mit absoluten Maßen messen würde. Bewegungsvorgänge und technische Einrichtungen z. B. sind genau so zu betrachten, wie wenn es die Relativitätstheorie noch gar nicht geben würde.

Viele Autoren wieder können sich nicht vorstellen, wie man die Rakete lenken soll, wenn kein Führungsmedium da ist. Ich verweise demgegenüber einfach auf S. 4. Im allgemeinen fliegt die Rakete wie ein abgeschossenes Projektil. Abweichungen von der Bahn korrigiert sie durch den Rückstoß, und dazu braucht sie kein Führungsmedium.

Die oft mit lebhaften Farben gemalte Gefahr einer Abweichung des Raumschifffes von seiner Bahn kann ich auch nicht ernst nehmen. Die Gefahr, das Raumschiff könne im Anziehungsbereich eines fremden Weltkörpers hängen bleiben, scheidet zunächst einmal ganz aus. Wenn es den Weltkörper nicht gerade trifft, so muß es nach dem Satz von der Erhaltung der Energie aus seinem Anziehungsbereich ohne weiteres Zutun mit derselben Geschwindigkeit wieder heraustreten, mit der es in denselben eingetreten ist. Aber auch eine Ablenkung aus der Bahn fürchte ich nicht. Die Bahn wird doch mit astronomischer Genauigkeit vorher bestimmt, und Steuerungsfehler können mit derselben Genauigkeit überprüft und korrigiert werden.

Im allgemeinen also sieht man, daß die ersten Raumfahrten bei weitem nicht so gefährlich sein werden als die ersten Luftfahrten.

20. Kapitel.

Stationen im Weltraum.

Formelgrößen zum 20. Kapitel.

a: Abstand des Spiegels vom beleuchteten Punkt.
b: Beschleunigung.
c: Umlaufgeschwindigkeit.
d: Durchmesser des Sonnenbildes.
e: Vertikalkomponente des Lichtdrucks.
f: Sagittalkomponente des Lichtdrucks.
g: Fallbeschleunigung in der untersuchten Höhe.
h: Höhe des Spiegels über dem Erdboden.
p_d: Mündungsdruck.
p_o: Druck im Ofen.
r: Erdradius.
r': Spiegelradius.
$\mathfrak{s}$: Richtung nach der Sonne.
$\mathfrak{t}$: Richtung senkrecht zur $\mathfrak{s}$ — $\mathfrak{v}$-Ebene.
$\mathfrak{v}$: Richtung nach dem Erdmittelpunkt.
v: Geschwindigkeit in bezug auf den Erdmittelpunkt.
z: Zentrifugalbeschleunigung.
A: Abstand des Spiegels von der Sonne.
D: Sonnendurchmesser.
L: Lichtdruck.
R: Abstand der Erde von der Sonne.
V: Potential (ohne Lichtdruck).
V': Potential bei Lichtdruck.
α: Netzspannung infolge der Gravitationsunterschiede.
β: Präzessionsbeschleunigungen infolge der Gravitationsunterschiede.
γ, γ': Differenzen zwischen der Gravitations- und Zentrifugalbeschleunigung.

Δh, $\Delta h'$: Höhenunterschiede.
ΔV: Potentialdifferenz ohne den Lichtdruck.
$\Delta V'$: Potentialdifferenz bei Lichtdruck.
ω: Winkelgeschwindigkeit.

Man kann Raumfahrzeuge größten Maßstabes im Kreise um die Erde laufen lassen. Sie stellen dann sozusagen einen kleinen Mond dar. Sie müssen auch nicht mehr zum Niedergehen eingerichtet sein. Der Verkehr zwischen ihnen und der Erde kann durch kleinere Apparate aufrechterhalten werden, so daß diese großen Raketen (wir wollen sie Beobachtungsstationen nennen) oben immer mehr für ihren eigentlichen Zweck umgebaut werden können.

Eine solche Station könnte mit zwei Beobachterkammern ausgerüstet werden, die durch ein 10—20 km langes Drahtseil miteinander zu verbinden wären und umeinander rotierten (vgl. S. 101)[1].

Man findet in der Literatur oft die Bemerkung, die Beobachtungsstation solle in der Nähe der schwerefreien Zone zwischen Erde und Mond gravitieren. Das ist falsch. Je näher diese Beobachtungsstation an der Erde läuft, um so geringer werden die Bahnstörungen durch fremde Gestirne und um so leichter lassen sie sich wieder in Ordnung bringen. (Z. B. mit Hilfe des Druckes der Sonnenstrahlen, vgl. S. 365.) Einige Autoren dachten auch daran, die Station gerade auf den schwerefreien Punkt zwischen Erde und Mond zu stellen. Dies ist überhaupt unmöglich. Ohne die Schwerewirkung würde ein Körper im Raum seine Bahn gradlinig fortsetzen und nicht in der Nähe der Erde bleiben. Dagegen wäre es grundsätzlich möglich, die Beobachtungsstation etwas näher an die Erde heranzubringen. Und zwar bis an die Stelle, an der die Anziehungskraft der Erde durch jene des Mondes gerade so weit geschwächt ist, daß sie so groß ist wie die Zentrifugalkraft, die entsteht, wenn das Raumschiff in einem Monat um die Erde läuft. Das Raumschiff würde hier also stets zwischen Erde und Mond gravitieren. Diese Aufstellung wäre aber nicht zu empfehlen. Wenn die Beobachtungsstation nämlich aus irgendeinem Grunde von diesem Punkte nach abwärts oder aufwärts sich entfernen würde, so würde sie aus dieser Bahn

[1]) Wie ich schon an jener Stelle sagte, halte ich ein so langes Verbindungsseil aus psychologischen Gründen für notwendig. Bei kleinerem Krümmungsradius müßte bei erdähnlichem Andruck die Tourenzahl zu groß werden. Die Insassen würden daher die Drehung bemerken und seekrank werden. — Aus diesem Grunde kann ich mich dem an sich natürlich sehr hübschen Noordungschen Vorschlag eines Wohnrades von kaum 100 m Radius oder gar dem Vorschlag Ganswindts, die Beobachterkammer des Raumschiffes selbst als Drehtrommel auszubilden, natürlich noch weniger anschließen.

geschleudert werden. Die Lage ist hier also nur eine labile. Bei einer Beobachtungsstation in der Nähe der Erde dagegen ist die Lage stabil, denn es braucht hier sowohl zur Entfernung der Station von der Erde als zur Annäherung an die Erde eine Arbeitsleistung. Schließlich weise ich noch ausdrücklich darauf hin, daß ja die Zentrifugalkraft der Station an sich schon genügt, um sie am Falle auf die Erde zu hindern. Auch der Mond fällt ja nicht auf die Erde, trotzdem sich über ihm kein Körper befindet, der ihn nach oben zieht. Ich würde eine solche Station 700 bis 1200 km über dem Erdboden gravitieren lassen.

Der Zweck dieser Beobachtungsstationen wäre nun folgender:

1. Mit ihren scharfen Instrumenten könnten sie auf der Erde jede Kleinigkeit erkennen und könnten mit geeigneten Spiegeln nach der Erde Lichtsignale geben. Sie ermöglichen telegraphische Verbindung mit Orten, die infolge Betriebsstörungen vom normalen Telegraphenverkehr abgeschnitten sind. Da sie bei klarem Himmel nachts eine Kerze, tags einen Taschenspiegel bereits bemerken, wenn sie nur wissen, wo sie ihn suchen sollen, so können sie namentlich zur Verbindung von Expeditionen mit dem Heimatland, von weit vorgeschobenen Kolonien mit dem Mutterland, für die Schiffahrt usw. viel beitragen. Dadurch, daß sie unerforschte Länder und unbekannte Völker (Tibet) beobachten und photographieren, können sie natürlich auch der Erd- und Völkerkunde nützen. Ihr strategischer Wert, besonders bei Kriegsschauplätzen mit geringer durchschnittlicher Bewölkung, liegt auf der Hand; sei es, daß der Staat, dem sie gehören, selbst Krieg führt, sei es, daß er sich ihre Berichte von den Kriegführenden teuer bezahlen läßt. Bei kleinen ebenen Spiegeln, und wenn die Station nicht zu weit ist, ist das Spiegelsignal nur auf beschränktem Raume wahrzunehmen. Weiter bemerkt die Station jeden Eisberg und kann die Schiffe warnen; entweder indirekt, indem sie den Eisberg einer Seewarte meldet, die dann die telegraphische Bekanntgabe seines Ortes veranlaßt oder, wenn ihre Spiegel so stark sind, daß das Schiff sie durch die meist neblige Luft hindurch bemerkt, auch direkt. Das Unglück der Titanic von 1912 wäre z. B. auf diese Weise verhindert worden. Auch zur Rettung Schiffbrüchiger, für den Zeitungsdienst usw. können diese Stationen viel beitragen. Nungesser und Coli z. B. hätte man auf diese Weise retten können. Ebenso wahrscheinlich auch Roald Amundsen und Malmgreen.

Ich halte es auch nicht für unmöglich, das Vorrücken der barometerischen Maxima und Minima, der Windrichtung usw. an optischen Anzeichen mit Hilfe eines Fernrohres zu erkennen. Auf diese Weise könnte man fortwährend den Witterungsstand der ganzen Erde im Auge behalten. Dies würde unsere Kenntnisse der meteorologischen Vorgänge bedeutend fördern.

Weiter möchte ich hier erwähnen: Die Beobachtungsstation könnte gleichzeitig Brennstoffstation sein, denn wenn der Wasserstoff und der Sauerstoff gegen die Sonnenstrahlen geschützt werden, so halten sie sich hier beliebig lange Zeit im festen Zustand. Eine Rakete, die nun hier nachgefüllt wird und von der Beobachtungsstation abfährt, leidet unter dem Luftwiderstand gar nicht und unter der Verzögerung durch die Schwerkraft nur wenig. Ihre Beschleunigung und mithin $\frac{p_d}{p_0}$ darf sehr klein sein, wodurch nach (1) die Treibkraft der Brennstoffe gewaltig ausgenutzt wird. Wenn die Rakete niemals durch eine Atmosphäre dringt oder Andruck ausgesetzt werden soll, so liegt auch ihre Form und Festigkeit ganz in unserem Belieben; b darf beliebig klein sein (vgl. hierzu auch S. 180), und wir können die Behälter zudem aus Natriumblech machen. Dabei wird $\frac{m_0}{m_1}$ sehr groß. Zudem braucht die Rakete keine sehr hohe Anfangsgeschwindigkeit, um den Anziehungsbereich der Erde zu verlassen, denn erstens ist bei der Beobachtungsstation das Potential der Erde sowieso kleiner, zweitens muß der Antrieb dieser Rakete nur die Differenz ausgleichen, die zwischen der geforderten Endgeschwindigkeit und der Geschwindigkeit von rund 8 km/sek der Beobachtungsstation besteht. Verbinden wir z. B. eine große Kugel aus Natriumblech, die an Ort und Stelle hergestellt und mit Brennstoff gefüllt wurde, mit einer kleinen, fest gebauten Rakete, so daß diese die Brennstoffkugel vor sich herschiebt und aus dieser immer wieder nachgefüllt wird, so entsteht ein äußerst leistungsfähiger Apparat, der leicht imstande ist, bis zu einem fremden Weltkörper zu fliegen. Dort wird die Rakete nach der Oberfläche dieses Weltkörpers hinabgelassen, während die Brennstoffkugel um den betreffenden Weltkörper gravitiert und nach dem Aufstieg der Rakete wieder mit dieser verbunden wird, so daß der Apparat wieder zurückfahren kann. Hierüber später mehr.

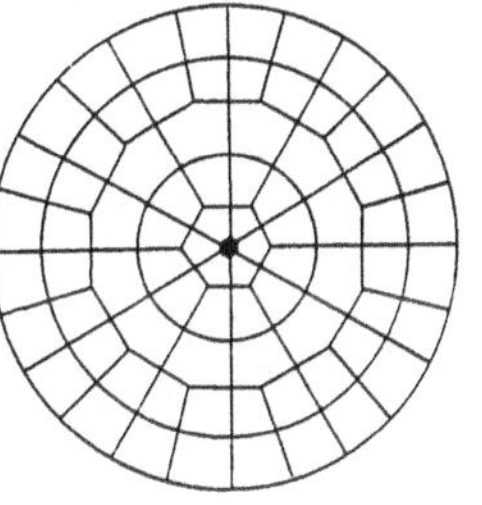
Abb. 131.

3. Man könnte ein kreisförmiges Drahtnetz (Abb. 131) durch Drehung um seinen Mittelpunkt ausbreiten. In die Lücken zwischen den einzelnen Drähten (hier übertrieben groß gezeichnet) würden bewegliche Spiegel aus leichtem Metallblech eingesetzt, so daß man ihnen von der Station aus durch elektrische Ströme jede Stellung zur Ebene des Drahtnetzes geben kann. Der ganze Spiegel würde in einer Ebene senkrecht zur Ebene der Erdbahn um die Erde gravitieren, und das Netz wäre gegen die Sonnenstrahlen um 45° geneigt (vgl. Abb. 132). Durch geeignete Stellung der einzelnen Facetten könnte man nun die ganze vom

Spiegel zurückgestrahlte Sonnenenergie nach Bedarf auf einzelne Punkte der Erde konzentrieren oder auch auf weite Länderstrecken ausdehnen, oder, wenn man keine Verwendung dafür hat, sie in den Weltraum strahlen lassen. Ist z. B. der Spiegel 1000 km weit, so hätte das Sonnenbild jeder Facette 10 km im Durchmesser[1]), würden sich alle decken, so würde die Energie auf einen Raum von 78 km² konzentriert; da die spiegelnde Fläche beliebig groß sein kann, können kolossale Wirkungen erzielt werden. Es könnte z. B. der Weg nach Spitzbergen oder nach den nordsibirischen Häfen durch solche konzentrierte Sonnenstrahlen eisfrei gehalten werden. Hätte z. B. der Spiegel auch nur 100 km Durchmesser, so könnte er weiter durch zerstreutes Licht weite Länderstrecken im Norden bewohnbar machen, in unseren Breiten könnte er im Frühjahr die gefürchteten Wetterstürze (Eismänner) und im Herbst und im Frühjahr die Nachtfröste verhindern und damit die Obst- und Gemüseernten ganzer Länder retten. Besonders bedeutungsvoll ist, daß der Spiegel nicht über einem Punkte der Erde feststeht, und daher alle diese Aufgaben gleichzeitig leisten kann.

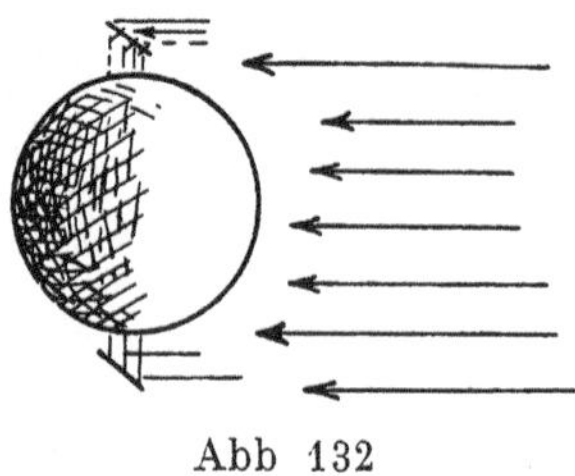

Abb 132

Bei der Frage nach dem Material dieses Spiegels müssen wir uns klar machen: 1. daß kein Sauerstoff zugegen ist, 2. daß er selbst sich nur wenig erwärmt. Er bleibt noch kälter, wenn wir ihn auf der Rückseite rauh lassen oder gar schwarz färben. Als Material würde ich Natrium vorschlagen, welches bei den betreffenden Verhältnissen das spezifische Gewicht 1, eine bedeutende Zugfestigkeit und Silberglanz besitzt. Es kann von den einzelnen Raketen in großen Stücken mitgenommen und, da es dann noch die gewöhnliche Temperatur hat, oben außerhalb der Raketen leicht zu Blech ausgewalzt oder als Draht oder Band aus der

[1]) Wir haben es hier mit einer Erscheinung, ähnlich der Dunkelkammer zu tun. Solange eine dieser Facetten kleiner als 10 km ist, liefert sie unabhängig von ihrer Größe und Gestalt ein kreisrundes Sonnenbild. Nach den Gesetzen der geometrischen Optik muß dabei das Sonnenbild von der Facette aus betrachtet mindestens ebenso groß erscheinen wie die Sonne selbst. Ist also d der Durchmesser dieses Sonnenbildes, a sein Abstand vom Spiegel, D der Sonnendurchmesser und A die Entfernung der Erde bzw. des Spiegels von der Sonne, so ist

$$\frac{d}{a} > \frac{D}{A}. \tag{216}$$

Es ist z. B. nicht möglich, das Licht eines 100000 km weiten Spiegels auf einen Raum von einem Hektar zu konzentrieren, wie das z. B. Gail im Roman „Der Stein vom Monde" beschreibt. Hier hätte der Sonnenfleck mindestens 1000 km Durchmesser. Wenn wir starke Wärmewirkungen erzielen wollen, so müssen wir vielmehr danach trachten, den Spiegel so nahe als möglich an die Erde heranzubringen.

Rakete hinausgepreßt werden. Die Aneinanderfügung der einzelnen Stücke kann von Leuten im Taucheranzug besorgt werden, desgleichen das Polieren. Hat das spiegelnde Blech die Dicke von 0,005 mm und ist die Masse der Drähte usw. ebenso groß wie die des Blechs, so wiegt das Ganze pro Quadratmeter 10 g, pro Hektar 100 kg. Beim regelmäßigen Verkehr der Raketen mit der Beobachtungsstation kostet der Aufstieg einer Rakete, die neben allem anderen 2000 kg Natrium emportragen kann, alles in allem 8000 bis 60000 Mark. Also kommt das Hektar des Spiegels im ganzen auf höchstens 3500 Mark. Rechnen wir, daß durch 1 Hektar Spiegelfläche 3 Hektar der Polarländer kultiviert würden, so sehen wir, daß wohl einmal eine Zeit kommen kann, wo dieser Spiegel und damit die ganze Erfindung rentabel wird.

Ein Spiegel von 100 km Durchmesser würde auf diese Weise höchstens auf 3 Milliarden Mark zu stehen kommen, und zu seinem Bau wären, wenn jede Woche 100000 kg Natrium hinaufgeführt würden, ca. 15 Jahre erforderlich[1]). Da nun ein solcher Spiegel leider auch hohen strategischen Wert haben könnte (man kann damit Munitionsfabriken sprengen, Wirbelstürme und Gewitter erzeugen, marschierende Truppen und ihre Nachschübe vernichten, ganze Städte verbrennen und überhaupt den größten Schaden anrichten), wäre es sogar nicht einmal ausgeschlossen, daß einer der Kulturstaaten bereits in absehbarer Zeit an die Ausführung dieser Erfindung geht, zumal sich auch im Frieden ein großer Teil des angelegten Kapitals verzinsen dürfte.

Ich muß hier etwas bemerken: Ich hätte mich in diesem Buch auf die nüchternsten physikalischen Berechnungen beschränken können. Um nun aber meiner Idee die nötige Beachtung zu verschaffen (andernfalls ist an eine Verwirklichung dieser Idee nicht zu denken), glaubte ich am Schlusse des Buches einige Zukunftsbilder zeichnen zu sollen und stellte einige phantastische Behauptungen auf. Ich habe natürlich auch hier nichts gesagt, was nach dem heutigen Stande der Wissenschaft nicht möglich wäre, und ich will nun zeigen, daß ich auch mit dieser Spiegelidee völlig auf wissenschaftlichem Boden stehe.

Bau des Spiegels:

Eine Rakete mit den nötigen Werkzeugen steigt auf und erhält oben einen seitlichen Antrieb, so daß sie in einer Ellipse um die Erde läuft. Ich will diese Drehung um die Erde „Umlauf“ nennen. Große

---

[1]) Noch wesentlich günstiger würde die Rechnung ausfallen, wenn man das Material vom Mond oder von einem Asteroiden mit Hilfe der elektrischen Raumschiffe herbeibringen könnte. Dann würde sich der Spiegel unter Umständen schon für einige hundert Millionen Mark in weniger als einem Jahre bauen lassen.

Achse senkrecht zur Ekliptik, Erdnähe im Süden 1000 km über der Erdoberfläche, Erdferne im Norden 5000 km über der Erdoberfläche (vgl. Abb. 133).

Diese Rakete, und alles in ihr und um sie, ist trotz der Nähe der Erde keinem Andruck ausgesetzt; denn die Schwerkraft wird schon in jedem Atom durch die Zentrifugalkraft kompensiert. Die einzelnen Teile der Rakete ver-

Abb. 133. Abb. 134.

halten sich zueinander also nahezu so, als ob die Erde gar nicht da wäre. Nun dreht man die Achse der Rakete senkrecht zur zukünftigen Drahtnetzebene und erteilt ihr durch Seitendüsen eine Drehung von 4—5 Touren in der Stunde um diese Achse. Ich will diese Drehung „Rotation" nennen. Läßt man nun Drähte hinaus, die mit einem Ende an der Rakete hängen (Abb. 134), so stellen sich diese infolge Fliehkraft und Luft-

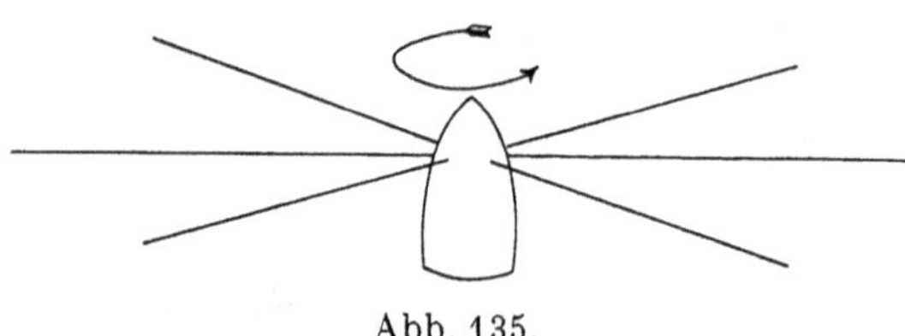

Abb. 135.

mangel binnen kurzem senkrecht zur Raketenachse, und zwar um so energischer, je länger sie sind und je größer die Tourenzahl ist (Abb. 135). Bis sie sich aufrichten, geschieht das freilich auf Kosten der Tourenzahl der Rakete, man muß da also manchmal mit den Seitendüsen nachhelfen. Schließlich soll die Tourenzahl aber auch abnehmen, wenn der Netzdurchmesser größer wird, um das Material nicht unnötig anzuspannen. Sodann können sich die Arbeiter, die hier natürlich auch nichts wiegen, an diesen Drähten entlang greifen, falls sie sich nicht lieber mit Rückstoßmaschinen bewegen, die Querdrähte ziehen usf. Die Starrheit des Netzes beruht also auf dem Fehlen einer Kraft, die es verbiegen könnte oder genauer: auf der Kleinheit dieser Kräfte im Vergleich zur Zentrifugalkraft infolge der Drehung um den Mittelpunkt. (Näheres weiter unten.)

Die Einstellung der Spiegelflächen geschieht auf elektrischem Wege (Abb. 136). Es gibt sehr viele Systeme, um z. B. an einem Zeiger B einen Ausschlag hervorzurufen, der dem Ausschlag eines Zeigers A entspricht. Ebenso ließen sich hier im Führerraum Miniaturfacetten anbringen, deren jede mit einer der wirklichen Spiegelflächen derart zusammenhängt, daß diese der Stellung der Miniaturfacette folgen muß — die elektrischen Ströme könnten im Drahtnetz fließen. — Die Sache ist hier insofern komplizierter, als es sich um zwei Drehachsen handelt, und insofern, als die Spiegelflächen ihrer Größe und Schwäche wegen (sie sollen wenig versteift sein und dürfen der Diffraktion wegen nicht zu klein sein) der Bewegung der Miniaturfacetten nicht sofort folgen können.

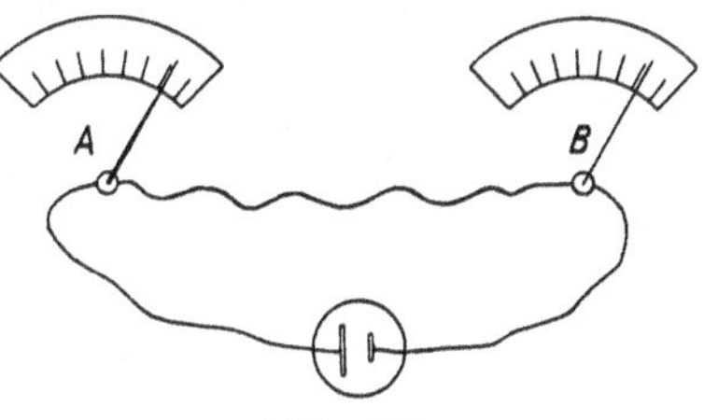

Abb. 136.

Es wird immerhin 10—15 Minuten

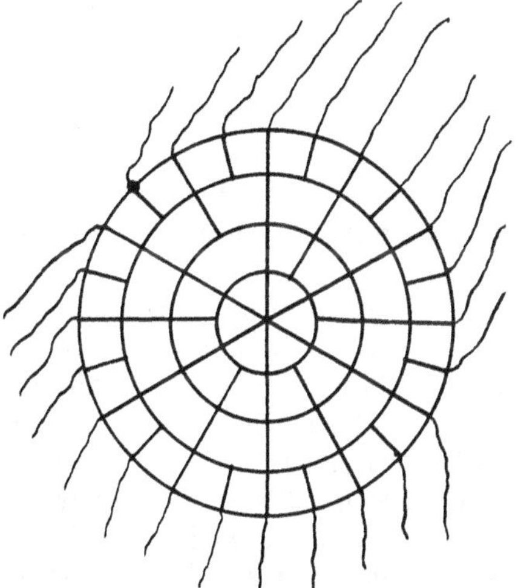

Abb. 137.

brauchen, bis sie eingestellt sind. Auch wäre dafür zu sorgen, daß sie rechtzeitig einen Antrieb ihrer Bewegung entgegen erhalten, um nicht infolge der Trägheit über das Ziel hinauszuschießen; denn ihre Trägheit ist sehr groß im Verhältnis zu den Kräften, die nur auf sie einwirken können. — Aber grundsätzlich ist dies durchführbar.

Die Stellung der Miniaturfacetten erfolgt mit der Hand; sie sind an einem ebenen Stangengitter befestigt (Abb. 137), welches so steht, wie infolge seiner Drehung das Spiegelnetz in 15 Minuten stehen wird; daneben steht ein Globus, den man so zum Gitter stellt, wie die Erde nach 15 Minuten zum Spiegel stehen wird; (Das läßt sich sehr leicht aus einer Tabelle ersehen unter Anbringung einiger sich aus Ortsbestimmungen ergebender Korrekturen. Es genügt, den Miniaturspiegel einfach von der Sonne bescheinen zu lassen — dann braucht man die Facetten nur so zu drehen, daß das reflektierte Licht die Teile des Globus trifft, die den zu bestrahlenden Gegenden entsprechen. Die noch zu besprechenden Verbiegungen des Netzes infolge Strahlungsdruck und Präzessionskräften ließen sich noch dabei berücksichtigen; entweder könnten die Gitterstangen biegsam sein und von dem Spiegelführer vorher nach Gutdünken gebogen werden (groß ist der Fehler nicht, der auf diese Weise ensteht), oder aber, es könnten sich beim Einstellungsmechanismus der Spiegelfächen Richtungskreisel befinden, nach denen sich die Spiegelflächen einstellen, wobei als Widerhalt aber natürlich nicht der Kreisel, sondern das Drahtnetz zu dienen hätte.

Bis die Spiegelflächen den Facetten folgen, dauert es 10—15 Minuten, man hat also reichlich Zeit, beim Einstellen die Sache auszuprobieren. Will man dieselbe Gegend dauernd unter Beleuchtung halten, so rückt man die Facetten von Zeit zu Zeit etwas weiter. Infolge ihrer Langsamkeit folgen die Spiegel dieser Einstellung nur allmählich, man kann also trotz der ruckweisen Bewegung der Facetten stetige Bewegung der Spiegelflächen erreichen. Dies wäre natürlich nur eine Lösungsmöglichkeit, es gibt noch hundert andere.

Der Lichtdruck beträgt nach Maxwell beim senkrechten Auftreffen der Strahlen auf eine vollkommen schwarze Fläsche in Erdentfernung 0,4 mg/m², bei einer vollkommen spiegelnden Fläche das Doppelte. Bei einer Natriumfläche, die unter einem Winkel von 45° zur Sonne steht, wird er ca. 0,5 mg/m² = 0,5 kg/km² betragen. Jedenfalls steigt er, auch wenn der Spiegel senkrecht zur Sonne steht, nicht auf 1 kg/km = 1 mg/m². Nun wiegt der Spiegel samt Versteifungen, Beobachterkammer usw. 10 gr/m². Der Strahlungsdruck erteilt ihm also eine Beschleunigung von weniger als 0,1 cm/sek². (Den genauen Wert wird man ja anläßlich der Raketenaufstiege experimentell ermitteln, es spielt dabei auch außer dem sich aus der Maxwellschen Theorie ergebenden Druck noch allerhand mit. Hier will ich nur im Prinzip zeigen, auf was es dabei ankommt. Nun steigt der Spiegel aber nicht höher als zwei Erdradien über den Erdmittelpunkt. Dabei bleibt die Fallbeschleunigung über 240 cm/sek². Aber selbst wenn er 10 Erdradien hoch stiege, wäre sie immer noch gegen 10 cm/sek², also hundertmal größer als die Beschleunigung infolge des Lichtdruckes.

Ich führe nun drei neue Bezeichnungen bezüglich der Richtung ein. Die Richtung nach der Sonne nenne ich sagittal ($\mathfrak{s}$-Richtung), die Richtung vom Spiegelmittelpunkt nach dem Erdmittelpunkt vertikal ($\mathfrak{v}$-Richtung), die Richtung senkrecht auf die $\mathfrak{s}$—$\mathfrak{v}$-Ebene transversal (t-Richtung). Zu Beginn unserer Betrachtungen nehmen wir an: Die Umlaufebene soll senkrecht auf $\mathfrak{s}$ stehen, dann bildet sie gleichzeitig die t—$\mathfrak{v}$-Ebene, die Spiegelflächen sollen zur $\mathfrak{s}$—$\mathfrak{v}$-Ebene senkrecht stehen, zu den beiden anderen Fundamentalebenen sollen sie um 45° geneigt sein, so daß das reflektierte Licht vertikal auf die Erde fällt. Wenn sich der Spiegel um die Erde dreht, so bleibt die $\mathfrak{s}$-Richtung im Raume erhalten, während sich t und $\mathfrak{v}$ in bezug auf ein festes Koordinatensystem einmal herumdrehen. Ob wir dauernd das Licht senkrecht auf die Erde werfen sollen oder ob wir das auch nur können, das ist eine Frage für sich. Ich will hier annehmen, wir können es, um dabei die einzelnen Elemente zu studieren, die die Spiegelbahn bestimmen. (Man rechnet ja auch mit imaginären Zahlen, obwohl man weiß, daß es sie nicht gibt.)

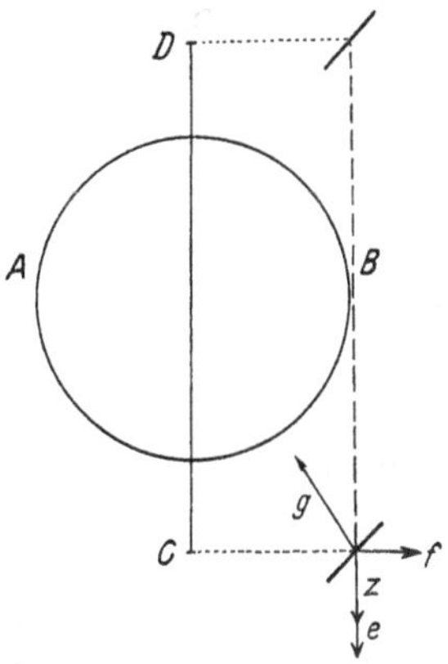

Abb. 138.

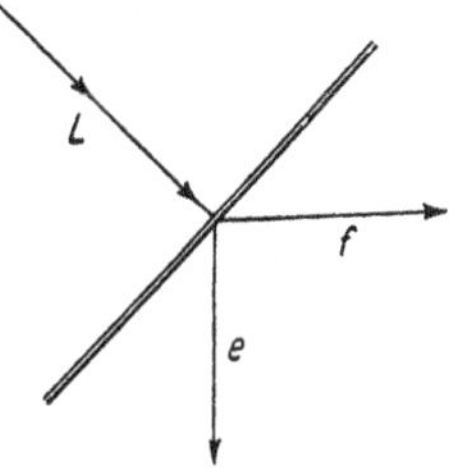

Abb. 139.

Nun sei AB (Abb. 138) die Erde. CD sei die Bahn, die die Spiegelrakete ohne Spiegel beschreiben würde (von der Seite gesehen erscheint sie als gerade Linie). Ich will zuerst annehmen, es sei ein Kreis, und dann zu komplizierteren Fällen übergehen. Der Strahlungsdruck L (Abb. 139) zerfällt in 2 Komponenten e und f, deren eine (e) den Spiegel vertikal zu heben sucht. Wir kompensieren sie, indem wir die Umlaufsgeschwindigkeit des Spiegels um 1—2 m/sek (mehr braucht es nicht) geringer nehmen, als sie sein müßte, wenn der Strahlungsdruck nicht da wäre. Es ist einfach so, als ob g um 0,01%—1% kleiner wäre, als es ist. Die zweite Komponente f drückt den Spiegel gegen den Erdschatten hin, so daß der Fahrstrahl vom Erdmittelpunkt zum Spiegelmittelpunkt nicht mehr eine Ebene, sondern einen Kegelmantel beschreibt. Dabei zerfällt g in 2 Komponenten (Abb. 138), die eine wirkt nach dem Bahnmittelpunkt hin und kompensiert die Zentrilfugalkraft z und die Lichtdruckkomponente e. Die zweite wirkt der Sonne zu und kompensiert die Lichtdruckkomponente f. Der Betrag $(r + h)\,\frac{f}{g}$, um den der Spiegel von der Sonne weggeschoben wird, ist bei der Kleinheit des Lichtdruckes f

unbeträchtlich. Von einem „Wegblasen des Spiegels, wie man es vielfach befürchtete, ist also keine Rede.

Ich schrieb, es sei einfach so, als ob g um 0,01—1% geringer würde. Daraus folgt daß der Spiegel ungefähr so gravitiert, wie er um einen Körper gravitieren müßte, der etwas über 99% der Erdmasse besitzt. Wir er z. B. durch einen Stoß in seiner Bahn gestört, so beschreibt er ein Oval, das mit großer Annäherung als Ellipse gelten kann. Ebenso läßt sich zeigen, daß f hier einfach so wirkt, als sei der Mittelpunkt dieses Körpers nicht in dem Erdzentrum, sondern 40—100 km sagittal hinter demselben gelegen.

Gehen wir nun weiter; der Spiegel soll nun in der bisherigen Art arbeiten, aber nur über der Nordhalbkugel. Wir nehmen an, wir hätten auf der Südhalbkugel nichts zu tun. Er soll wie bisher über der Südhalbkugel (aber jetzt nur unter dem Einfluß der Schwere) einen Kreis in der Richtung B—A beschreiben (vgl. Abb. 140; AB sei die Äquatorialebene sagittal gesehen); wenn er dann A passiert und zu arbeiten anfängt, wird scheinbar die Schwerkraft kleiner, für diese geringere Schwerkraft nun ist seine Geschwindigkeit zu groß, er beginnt sich zu heben und erreicht auf ungefähr elliptischer Bahn bei B' seine Erdferne auf Kosten der übermäßigen kinetischen Energie. Bei B' wieder ist seine Geschwindigkeit zu klein, um ihn dauernd auf einer Kreisbahn in dieser Höhe zu halten. (Das Nähere lehren die Gesetze der Planetenbewegung.) Selbst wenn g um den Strahlungsdruck kleiner würde, so würde er auf der geometrischen Fortsetzung dieser Ellipse nach A zurückkehren; nun aber wird g auch noch größer, weil der Lichtdruck aufhört. Die Folge ist, daß der Spiegel sich der Erde noch mehr, sagen wir bis A', nähert, wobei seine Geschwindigkeit allerdings die zirkuläre Geschwindigkeit (die er in dieser Höhe haben müßte) weit übersteigt. Die zirkuläre Geschwindigkeit von A' nach B wäre des Lichtdruckes wegen noch geringer, die Ellipse wird also von A' nach B'' noch gestreckter, als die von B' nach A' war, B'' liegt also noch weiter draußen als B', dafür würde aber die folgende Erdnähe noch näher liegen als A' usf., und das Ende wäre, daß der Spiegel entweder auf der A-Seite an den obersten Luftschichten hängen

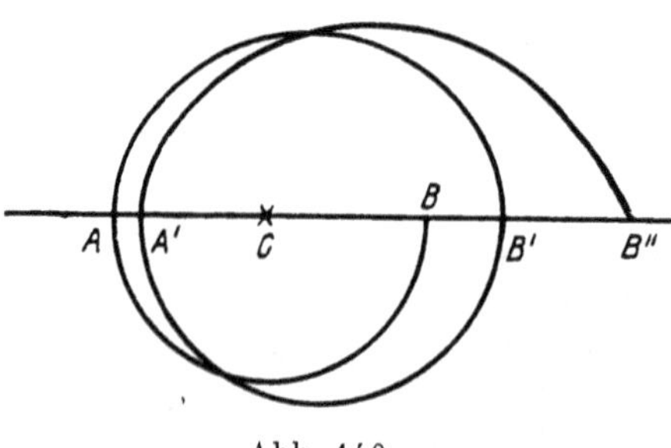

Abb. 140.

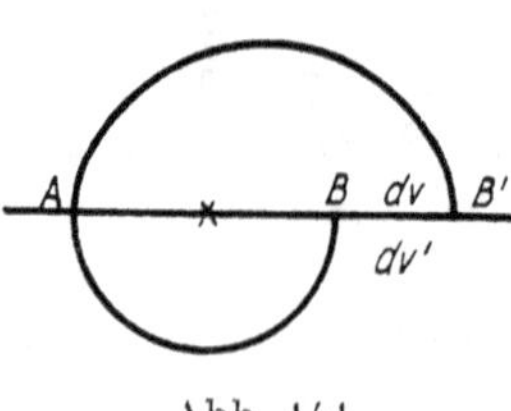

Abb. 141.

bleibt, oder daß er auf der B-Seite aus dem Schwerefeld der Erde herausfliegt.

Die ihm innewohnende Energie wächst hier bei jedem Umlauf. Man kann nämlich bei Abb. 141 auf beiden Seiten der Linie ACB von einem Potential sprechen, natürlich ändert es sich aber sprungweise beim Überschreiten dieser Linie; die Orte von gleichem Potential bilden Halbkreise zu beiden Seiten dieser Linie.

Es muß während des ganzen Laufes über der Linie ACB die Summe der kinetischen und der potentiellen Energie des Spiegels konstant bleiben, ebenso während seines Laufes unter der Linie ACB.

Demselben Höhenunterschied Δh entspricht nun über der Linie AB' eine kleinere Potentialdifferenz ($\Delta V'$), als unter dem Strich (ΔV). Hat der Spiegel die Steigung Δh von A (Erdnähe) bis B' (Erdferne) (vgl. Abb. 142) auf Kosten des Verlustes $\Delta V'$ an kinetischer Energie erkauft, so erhält er dafür mehr kinetische Energie zurück, wenn er auf dem Rückwege bei C wieder in der Höhe von A ankommt, und wenn er sich dann noch um das Stück $\Delta h'$ senkt, so gewinnt er dafür ebenfalls mehr kinetische Energie, als er verbrauchen wird, um diese Steigung auf der anderen Seite wieder zu überwinden. Er macht es also wie ein Kaufmann, der auf der einen Seite billig einkauft, auf der anderen teuer verkauft und dabei reich wird.

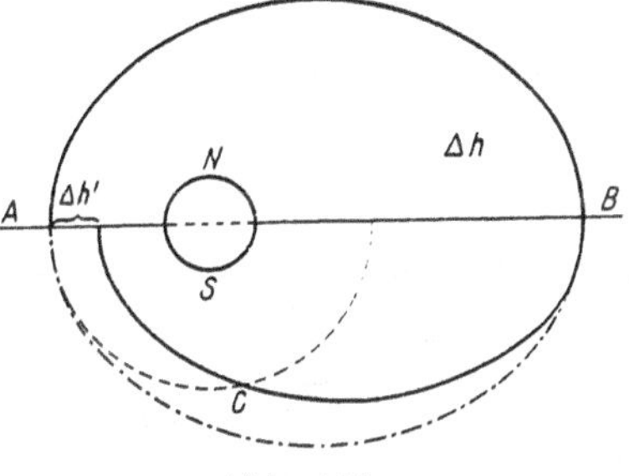

Abb. 142.

Wir können nun dagegen verschiedenes tun. Erteilen wir beispielsweise dem Spiegel bei B' eine Beschleunigung, so daß er nicht auf der gestrichelten Ellipse nach A', sondern auf der strichpunktierten nach A gelangt, und bremsen wir bei A seine Geschwindigkeit so weit, daß er im Feld der geringeren Anziehung wieder auf der Kurve AB weiterfliegt, so läßt sich dieser Zustand dauernd beibehalten. Das hätten wir z. B. in der Praxis, wenn wir die Lichtstrahlen nicht vertikal, sondern möglichst nach dem Nordpol reflektieren würden.

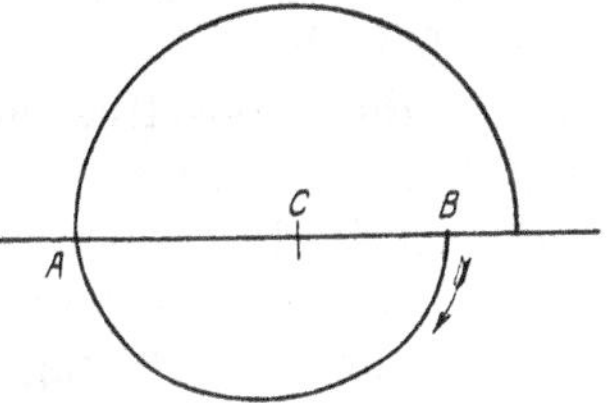

Abb. 143.

Der Energiezuwachs erfolgte beim besprochenen Beispiel, weil der Körper im schwächeren Schwerefeld aufsteigt, im stärkeren fällt. Umgekehrt wäre es, wenn er bei B in Erdnähe wäre und von B nach A steigen würde (Abb. 143). Da würde sein Energiegehalt wohl zuerst abnehmen. Die Bahnellipsen würden dabei aber immer runder werden, bis daß die Kreisform erreicht wäre, und dann würde wieder der umgekehrte Fall eintreten. Um die Bahnpunkte A und B zu halten, müßten wir auch hier bei A verzögern und bei B beschleunigen.

In ähnlicher Art erfolgt der Nachweis, daß ein Körper nicht dauernd in einem zentral orientierten Schwerefeld gravitieren kann, welches auf verschiedenen Sektoren verschieden stark ist (vgl. Abb. 144), es sei denn, daß er bei Übertritt in schwächere Sektoren verzögert, beim Übertritt in stärkere beschleunigt wird — oder aber, daß er im stärkeren Sektor so stark gehoben wird, daß damit der Schwereunterschied gerade aufgehoben wird.

Soviel über die Vertikalkomponente des Lichtdruckes bei einseitiger Spiegeltätigkeit. Die Sagittalkomponente nun wirkt bei einseitiger

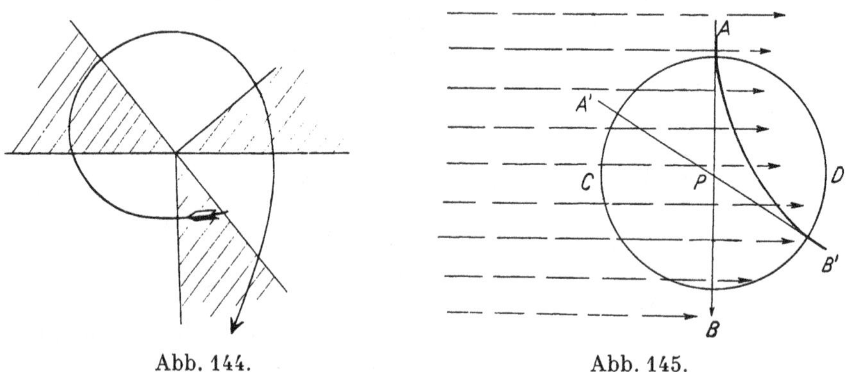

Abb. 144. Abb. 145.

Tätigkeit so, daß sie die Bahnebene um eine Achse senkrecht zur Ekliptik zu drehen sucht (Umlaufpräzession). Auf Abb. 145 bedeutet die Papierebene die Ekliptik, $ACBD$ die Erde; senkrecht zur Ekliptik gesehen AB wäre die Bahn, wenn der Strahlungsdruck nicht wirken würde. Die Pfeile bezeichnen das Geschwindigkeitsparallelogramm, AB' ist der tatsächliche Weg des Spiegels, $A'B'$ die neue Bahnebene. (Näheres bringt die Kreiseltheorie und die Lehre von den Bahnstörungen des Mondes.) Wenn wir es geschickt anfangen, so können wir hier erreichen, daß sich die Bahnebene in einem Jahr einmal um diese Achse dreht und daß sie stets senkrecht zur $\mathfrak{f}$-Richtung steht.

Ähnliche Ableitungen wie die oben genannten gelten auch für den Fall, daß der Lichtdruck nicht auf der ganzen Strecke von A—B gleichstark wirkt, sondern daß er von A bis zum Pol allmählich zu- und von P—B abnimmt. Dieser Fall entspricht der Wirklichkeit, denn das Spiegelnetz steht im allgemeinen nur über dem Pol um 45° zur Erdoberfläche geneigt, und über der heißen Zone arbeitet der Spiegel nicht. (Ein paar

Fazetten wären zur Nachtbeleuchtung großer Städte zu verwenden.) Das Bremsen bei A (Abb. 142) und die Beschleunigung bei B kann natürlich nur mit Hilfe des Lichtdruckes erfolgen. Dabei müssen die Spiegelflächen das Licht in der Transversalrichtung reflektieren. Es treten hier ebenfalls Sagittalkomponenten auf, die aber die Drehung der Bahnebene nicht völlig aufhalten können, denn sie heben ihre Wirkungen z. T. gegenseitig auf, auch wirken sie nicht so weit im Süden wie die erstgenannte Sagittalkomponente im Norden. Wir können aber die Umlaufpräzession natürlich mit Leichtigkeit völlig aufheben oder umkehren, wenn wir die Spiegelflächen im Süden senkrecht zur Sonne stellen. Wenn wir mit dem Spiegel im Süden nicht viel arbeiten wollen, so können wir hier überhaupt eine ganze Reihe von Lichtdruckmanövern ausführen, um den Umlauf und die Rotation des Spiegels nach Belieben zu ändern und ihn der Erde zu nähern oder von ihr zu entfernen.

Präzessionsbewegungen: Ich schrieb oben, bei der Spiegelmitte hielten sich Schwere und Fliehkraft schon in jedem Atom nahezu das Gleichgewicht. Das stimmt nur für die Mitte, nicht für den Rand. Ist der Spiegel 45° gegen die Erde geneigt, so ist der untere Rand bei einem Durchmesser von 100 km der Erde um ca. $25 \cdot \sqrt{2} = 35{,}3$ km näher als die Mitte, der obere ist entsprechend weiter. Nun nimmt die Erdschwere bekanntlich mit dem Quadrat des Abstandes vom Erdmittelpunkt ab, wenn also das Ganze durch die Umlauf-Fliehkraft gerade ausbalanciert ist, so bleibt für den unteren Rand ein Zug nach abwärts (γ), für den oberen ein solcher nach aufwärts (γ') übrig. Diese Kräfte bewirken z. T.

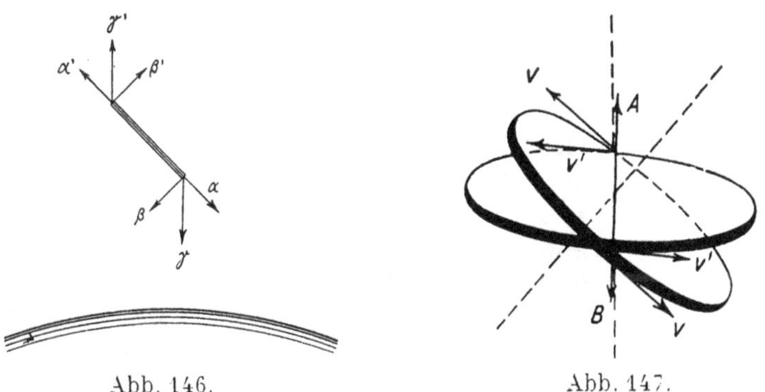

Abb. 146. Abb. 147.

eine Spannung des Netzes (α, α)', z. T. suchen sie die Netzebene senkrecht zur Erde zu stellen (β, β'). Letzteres gelingt ihnen aber wegen der Rotation des Spiegels nicht, dafür weicht die Rotationsachse ähnlich wie eine Kreiselachse senkrecht zur Kraftrichtung aus. Ich habe auf Abb. 147 die

Verhältnisse beim Kreisel dargestellt. Die Pfeile v bedeuten die Geschwindigkeit zweier gegenüberliegender Punkte auf dem Umfang. AB bedeutet den Antrieb seitens eines Kräftepaares, das die Achse aus dem Papier herausdrehen möchte. v' v' sind die resultierenden neuen Geschwindigkeiten, $C'C'$ ist die aus $v'v'$ folgende neue Achsenrichtung. Die Achse hat sich also nicht im Sinne des Kräftepaares AB, sondern quer dazu gedreht. Wir erhalten hier also eine Präzession der Rotationsachse. Die erzeugenden Kräfte sind (vergleichen mit dem Lichtdruck) beträchtlich: so wären beim vorigen Beispiel γ und γ', wenn die Spiegelmitte 1000 km über der Erdoberfläche ist, für den äußersten Punkt je gleich 11 cm/sek^2 mal der Masse, auf die sie wirken. Glücklicherweise verbiegen sie aber das Netz nicht. Sie sind der Masse, auf die sie wirken, proportional (d. h. die erteilte Beschleunigung hängt nicht von der Masse ab) weiter dem Abstand dieser Masse von der Linie, in der sich die Fliehkraft (z) infolge der Umlaufgeschwindigkeit c und die Erdanziehung g gegenseitig aufheben (d. i. angenähert die horizontale Gerade durch den Netzmittelpunkt). Dies gibt auch für jede Netzrotation, solange die Umlaufrichtung in der Netzebene liegt.

Die Aufgabe einer rationellen Spiegelführung wird es sein, darauf zu achten, daß das Netz möglichst so steht, wie es für die vorzunehmenden Arbeiten am besten ist. (Also, daß nicht eine zu beleuchtende Gegend in der Netzebene liegt, oder daß die ſ-Richtung in die Netzebene füllt und dgl. mehr.) Auch soll der Spiegel natürlich möglichst ausgiebig benützt werden.

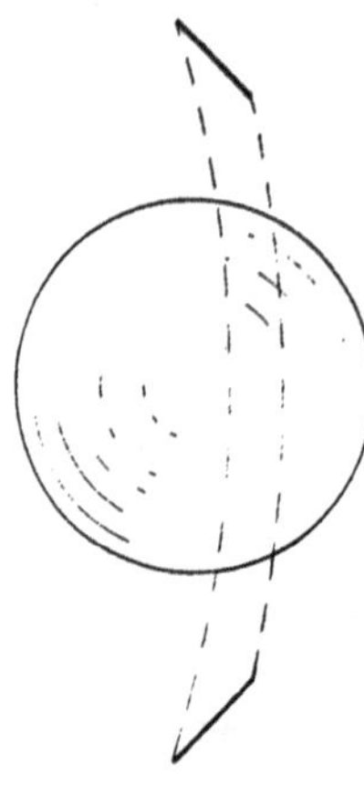

Abb. 148.

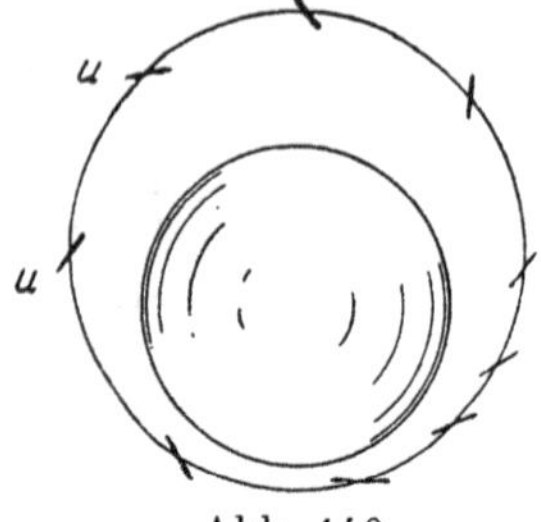

Abb. 149.

Der Gedanke liegt nun nahe, die Rotation des Spiegels so einzurichten, daß die Präzession mit dem Umlauf gleichen Schritt hält, und daß die Bahnebene stets senkrecht zu der ſ—v-Ebene und 45° zur ſ-Richtung steht (Abb. 148). Leider läßt sich dies nicht immer erreichen.

Wir können weiter das Verhältnis zwischen Präzession und Rotation ganz wesentlich beeinflussen, wenn wir dies Netz schräg oder quer zur Umlaufsrichtung stellen. Darunter braucht der Winkel des Netzes zur Sonne und zur Erde nicht zu leiden, da wir ja auch die Bahnebene entsprechend schräg zur ſ-Richtung stellen können (Abb. 149). Diese Figur zeigt die Sache übertrieben. Die ſ-Richtung fällt hier in die Bahnebene. Das ließe sich natürlich während des ganzen Jahres nicht durchführen. Auch ist die Seitenbewegung der Rotationsachse auf der Figur nicht beachtet. Das Bild zeigt aber, wie der Verlust infolge der ungünstigen Stellungen (bei *u*) dadurch wieder wettgemacht wird, daß das Netz im großen ganzen günstiger steht als bei der 45°-Führung.

Für gewisse Zwecke können auch Führungen mehr zu empfehlen sein, bei denen die Präzessions- und Rotationsdauer nicht zusammenfallen. Sie haben den Vorteil, daß man da bestimmte Gegenden stärker unter Bestrahlung nehmen kann als bei den eben beschriebenen Führungsmethoden. Diese Methoden sind überaus mannigfaltig. Beim Studium derselben hat man ein ähnliches Gefühl wie bei der Untersuchung der Frage, wie ein Schachspiel am besten zu eröffnen ist. Es liegt hier ein überaus ergiebiges Feld für Rechner, die etwas Neues bearbeiten möchten.

Alle diese Führungsmöglichkeiten möchte ich als die Gruppe der Führungen mit mechanischer Rotationspräzession zusammenfassen. Wir haben aber auch im Strahlungsdruck ein Mittel, die Rotationsgeschwindigkeit und die Rotationsachse zu beeinflussen.

Präzessionsfreie Führung.

Allen bis jetzt genannten Führungsmethoden ist nämlich eigentümlich, daß die Rotation als Funktion des Umlaufes erscheint. Es ist nun noch eine Führung möglich, bei der Netzebene, Rotationsebene und Bahnebene zusammenfallen und senkrecht zur ʃ-Richtung stehen. Die Steuerung erfolgt einzig durch den Lichtdruck, der hier ganz besonders stark ist. Abb. 150 gibt die Verhältnisse für einen 200-km-Spiegel in 800 bis 1000 km Höhe wieder; *m*, *n* ist eine zur Rotationsebene parallele Ebene durch den Erdmittelpunkt. Die Rotationsdauer ist hier gleichgültig. Wenn der Spiegel nahe über der Erde umlaufen soll, so ist diese Führung allen andern überlegen, dagegen wird sie unzweckmäßig, wenn er einige 1000 km hoch steigen soll. Das wäre aber unerläßlich, wenn der Spiegel über der einen Erdhälfte länger schweben soll als über der andern.

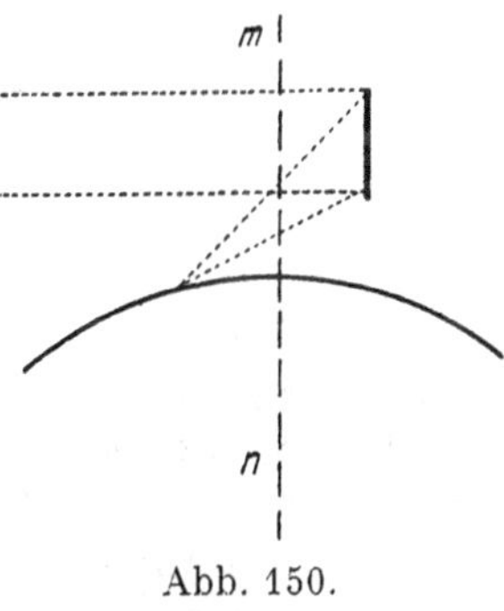

Abb. 150.

Mit Hilfe des Lichtdruckes kann man im Laufe von einigen Tagen von einer Spiegelstellung zu jeder andern übergehen.

Es wären noch einige Worte über die Netzspannung zu sagen. Sie beruht z. T. auf Zentrifugal-, z. T. auf Gravitationskräften.

Wäre nun das Verhältnis zwischen Masse und Spiegelfläche auf der ganzen Linie dasselbe, m. a. W., hätten wir eine gleichartige spiegelnde Blechfläche vor uns, so würde hier der Lichtdruck allen Punkten dieselbe Beschleunigung erteilen. Es könnten infolge des Lichtdruckes überhaupt keine Verbiegungen entstehen, und da die andern Kräfte ebenfalls keine Verbiegungen hervorrufen können, so wäre es hier nur nötig, daß überhaupt nur eine, sei es auch noch so geringe Spannung da ist. Nun befinde sich aber in der Mitte eine schwere Beobachtungs- und Führungsstation, die womöglich auch noch Anlege- und Brennstoffstation für Raketen sein soll, diese gibt dem Lichtdruck natürlich kaum nach,

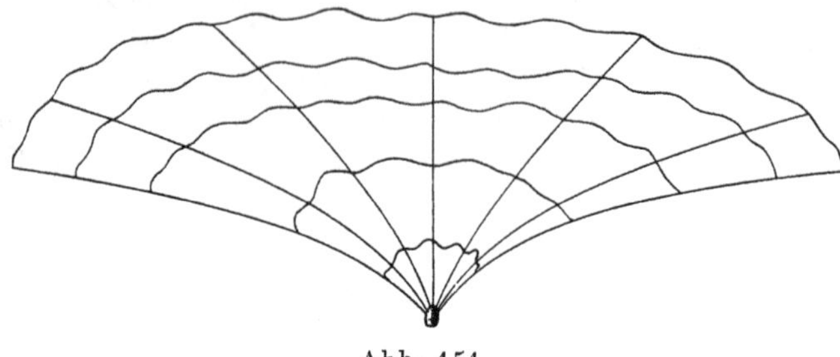

Abb. 151.

wohl aber der leichte Spiegel rings herum, und er wird so weit nach rückwärts gebogen, als das dem Kräfteparallelogramm zwischen Lichtdruck und Netzspannung entspricht (Abb. 151). Haben wir dagegen viele über

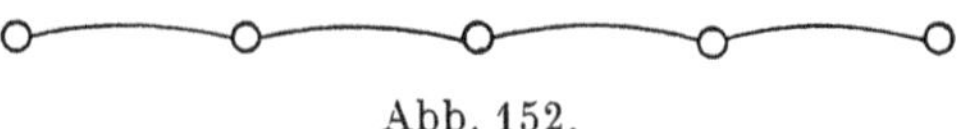

Abb. 152.

das ganze Netz verteilte Stationen (Abb. 152), so wie es bei großen Spiegeln der Fall sein wird, so ist die Verbiegung viel kleiner. Die Winkelgeschwindigkeit kann also auch kleiner sein. Das ist aber auch notwendig: der Höchstwert für ω ist dadurch gegeben, daß die Randgeschwindigkeit $r'\omega \leqq 100$ m/sek. Andernfalls müßten die Verspannungsdrähte in der Mitte dick und am Rande dünn sein, und das würde wieder Anlaß geben zu Verbiegungen durch den Lichtdruck. ω kann also bei großen Spiegeln nur klein sein.

Dies waren eigentlich alles nur einleitende Vorbemerkungen. Bezüglich der wirklichen Spiegelführung hätte ich aber nur folgendes zu sagen:

Im Süden würde man kleinere Spiegel kaum, größere fast gar nicht brauchen. Die Hauptaufgabe großer Spiegel, die Urbarmachung von Polarländern, fällt hier weg. Wollte man die Gletscher des Südpolkontinentes schmelzen, so würde dadurch der ganze Meeresspiegel in unangenehmer Weise (6—8 m) steigen. Auch werden die Menschen bis dann hoffentlich so weit sein, daß sie des Naturschutzes wegen wenigstens eine kalte Zone übriglassen. Für die Südhalbkugel und für die Tropen bliebe also auch nur die Nachtbeleuchtung großer Städte und vielleicht die Versorgung von Sonnenkraftanlagen mit mehr Licht sowie etwas Wetterbeeinflussung. Im Norden dagegen gibt es außer auf Grönland überhaupt keine derartigen Landeismassen (das Eis, welches auf dem Wasser schwimmt, darf ohne Gefahr schmelzen, wieviel es immer sei), und die grönländischen Gletscher werden bleiben wegen ihrer hohen Lage und zweitens weil es auf Grönland mehr schneien wird, wenn das Eismeer auftaut. Da nun der Spiegel hauptsächlich über der Nordhemisphäre arbeiten soll, so liegt es nahe, seine Bahn so zu legen, daß er auch hauptsächlich über der Nordhalbkugel gravitiert; das tritt nach dem II. Keplerschen Gesetz ein, wenn er auf einer Ellipse läuft, deren Erdnähe im Süden liegt. Die Erdnähe ist dadurch gegeben, daß der Spiegel auch bei unvorhergesehenen Bahnstörungen: Meteore, Unachtsamkeit des Führers, nicht vorherberechnete Einwirkung fremder Schwerefelder u.s.w., nicht in die Atmosphäre geraten soll. 1000 km Höhe werden wohl genügen. (Bei großen Spiegeln ist die Erdnähe auch dadurch gegeben, daß das Netz nicht unter dem Einfluß der Gravitationsdifferenz zerreißen soll.)

Die Erdferne ist dadurch gegeben, daß das zurückgestrahlte Licht auf der Erde noch die nötige Konzentration haben soll, um den Zweck des Spiegels zu erfüllen. Der Lichtfleck eines 6000 km hohen Spiegels z. B. kann nach (216) nicht kleiner sein als 56 km, wie gut der Spiegel auch immer arbeiten würde. Wollte man die Strahlungsenergie stärker konzentrieren (im Kriegsfall), so müßte man den Spiegel näher an die Erde heranbringen, indem man seine Umlaufsgeschwindigkeit in der Erdnähe abbremst, so daß der Spiegel auf einem Kreis nahe der Erde gravitiert, wenn man Zeit hat, durch den Lichtdruck (das würde 2 bis 3 Monate dauern), hat man nicht so lange Zeit, durch den Rückstoß. — Bei Tiefführung wäre die präzessionsfreie Führung am Platze.

Bei der eingangs beschriebenen Bahnellipse, die senkrecht zur ſ-Richtung steht, würde der Spiegel 44 Minuten südlich und 1 Stunde 51 Minuten nördlich von der Erdbahnebene stehen. Da der Lichtdruck so viel länger im Norden wirkt, so sucht er im Norden die Umlaufebene niederzulegen. Das gelingt nun aber nicht, dafür kommt eine Präzession der Umlaufsebene um die Hauptachse (Nordsüdachse) zustande, die bei richtiger Führung natürlich genau ein Jahr dauert. Weiter eine Hebung des Spiegels, die leicht durch geeignetes Abbremsen über der heißen Zone und im Süden aufgehoben wird. Das ist trotz der geringen Dauer der Fahrt im Süden möglich. Da nämlich die Geschwindigkeit hier wesentlich größer ist als im Norden, so hat hier ein kleinerer Stoß in der Bewegungsrichtung einen größeren Energiewechsel zur Folge (vgl. hierzu Kapitel 12). Die Änderung der Richtung dagegen ist gerade bei kleinen Geschwindigkeiten am stärksten. Es könnte nun leicht scheinen, als müßte der Spiegel außerordentlich dünn und leicht sein, damit der Lichtdruck derart wirken kann. Das stimmt jedoch nicht unbedingt. Bei entsprechender Führung könnte die Spiegelfläche 10—20mal so dick sein, und es würde diese Präzession der Umlaufebene im Laufe eines Jahres noch immer zu bewerkstelligen sein.

Die Bahnstörungen durch Sonne, Mond und Planeten suchen im allgemeinen nur die Umlaufebene um die Nord-Südachse zu drehen, während diese Achse selbst erhalten bleibt. In ihrer Gesamtwirkung erzeugen sie ein Präzessionsmoment, das dem Lichtdruckmoment im allgemeinen entgegengesetzt, aber kleiner ist. Bei Spiegeln, die im Verhältnis zur spiegelnden Fläche über 100mal so schwer sind als der beschriebene, könnte dies Präzessionsmoment allerdings bei geeigneter Führung größer sein als das Lichtdruckmoment. Diese Bahnstörungen sind nun überaus mannigfaltig und rechnerisch z. T. kaum mehr zu erfassen, und es könnte scheinen, als würden hieraus dem Spiegelführer unüberwindliche Schwierigkeiten erwachsen. In Wirklichkeit liegt die Sache aber so, daß er sich um kleinere Bahnstörungen überhaupt nicht zu kümmern braucht, sondern einfach im Süden den Spiegel mit Hilfe des Lichtdruckes jedesmal wieder zurecht rückt. Die Ortsbestimmung ist ebenfalls sehr einfach; und wenn nur alles übrige klappt, so glaube ich, würde man jeden sechssemestrigen Studenten der Astronomie in 2—3 Monaten so weit bringen können, daß man ihm den Spiegel ohne Sorge anvertrauen könnte.

Ich will hier einige Einwände gegen die Spiegelidee besprechen:

Z. B.: Der Spiegel würde beim geringsten Druck wie Glas zersplittern. Ich habe schon auf S. 319ff. über die Temperaturen verschiedener der Sonnenstrahlung ausgesetzter Körper gesprochen. Es wird nicht schwer halten, den Spiegel so zu färben und zu führen, daß er selbst immer eine Temperatur hat, bei der das Natrium zwar schon fest, aber immer noch elastisch ist. Durch den Erdschatten braucht er überhaupt nicht zu gehen, wie wir soeben sahen, denn der Lichtdruck bewirkt eine Jahrespräzession, die ihn immer über der Schattengrenze der Erde hält. Außerdem dürfen wir nicht vergessen, daß die Kräfte, die auf den Spiegel wirken, so gering sind, daß wir sie nur noch rechnerisch bestimmen, aber uns überhaupt nicht mehr richtig vorstellen können.

Ein weiterer Einwand wäre: Die vom Spiegel reflektierte Energie wird nicht ausreichen, um die verlangte Wirkung zu erzielen. Wir müssen da zunächst feststellen, um was für Wirkungen es sich hier handelt. Die strategischen Wirkungen kann der Spiegel unter allen Umständen erzielen. Auch das dichteste Gewölk reflektiert höchstens $^3/_4$ der auftreffenden Strahlen. $^1/_4$ wird absorbiert, und bei engster Konzentration der Strahlen genügt die hierdurch hervorgerufene Erwärmung, um in wenigen Minuten einen Wirbelsturm hervorzurufen, der die feindliche Armee vernichten kann. — Aus diesem Grunde fällt auch der Einwand, daß die Wolkenkappe, die sich über dem aufsteigenden Luftstrom bilden muß, ein weiteres Einwirken des Spiegels unmöglich macht. Aber diese Wolkenkappe würde auch aus noch einem Grunde nichts nützen: Bei Windstille bildet sie sich senkrecht über der betroffenen Gegend in 3—10 km Höhe. Bei der präzessionsfreien Spiegelführung (Abb. 150), wie wir sie im Kriegsfalle haben, fällt dagegen das Licht schräg herein. Wenn nicht Windstille herrscht, so weht in der kalten und gemäßigten Zone meistens Westwind, im Winter stärker als im Sommer, in der heißen Zone dagegen haben wir, abgesehen von den Monsunen, meist Nord-Ost bzw. Süd-Ostwind. Dieser Wind bläst nun die Wolkenkappe von der angegriffenen Gegend immer wieder fort, so daß sie für weitere Einwirkungen frei wird. (Außer wenn der Spiegel gerade in der Windrichtung hinter der Gegend steht, das kann aber bei der raschen Nord-Südbewegung des Spiegels bei präzessionsfreier Führung nur einige Minuten lang der Fall sein.)

Aber auch die Kulturaufgaben sind zu erfüllen. Wenn man z. B. den Seeweg nach einem sibirischen Hafen eisfrei halten will, so muß man diesen Weg nur so anlegen, daß er aus dem Golfstrom ungefähr in der Richtung des Winterwindes, also östlich mit 1—2 Strichen nach Norden verläuft. Man wirft dabei das Licht auf einen verhältnismäßig schmalen und kurzen, von Osten nach Westen verlaufenden Streifen, man beginnt im Osten, und rückt in dem Maße, wie sich der Himmel über dieser Stelle bewölkt, weiter gegen Westen vor. Hierbei kommt uns sehr zustatten, daß die Windrichtung und die Drehungsrichtung der Erde zusammenfallen. Hierdurch dreht sich die Erde während der Arbeit immer so wie wir sie brauchen. Nun liegt über dem geschmolzenen Meer ein Dunststreifen, der es vor weiterer Abkühlung schützt, und den der Wind nicht recht wegtreiben kann, weil er parallel zu diesem Streifen weht. Wenn der Lichtfleck die ganze Strecke entlang gewandert ist, so wird am Anfang der Dunst sich entweder niedergeschlagen haben, oder weggeblasen sein, da der Wind ja auf die Dauer nicht genau die Richtung des Schiffahrtweges einhalten wird. Dann kann man wieder von vorne anfangen. Da die Wolken die Wärme lange Zeit über der Schiffahrtsstraße festhalten, so genügt hier schon ein Spiegel von 100 km Durchmesser völlig. Man hat mir hier auch entgegengehalten, die erwärmte Luft würde einfach aufsteigen, und von der Seite würde rasch kalte Luft nachströmen und das Ganze wieder abkühlen. Erstens einmal kann aber die Luft infolge der

Rechtsabweichung gar nicht so leicht in ein strichförmiges von Osten nach Westen verlaufendes Minimum eindringen. Zweitens ist noch etwas zu bedenken: Wenn die Luft in der bestrahlten Gegend aufsteigt, so wird (wieder wegen der Rechtsabweichung) nur die Luft aus der nächsten Umgebung nachströmen können, und diese muß sich aus den höhergelegenen Luftschichten wieder ersetzen, nicht aus den seitlich davon befindlichen. Wenn aber Luft von oben nach unten gedrängt wird, so erwärmt sich diese bekanntlich. Sie wirkt wie der Föhnwind, und kühlt die betroffene Stelle gar nicht ab.

Bei der Bestrahlung eines Landstriches in einer frostklaren Nacht ist die Wirkung des Spiegels ebenfalls dadurch bedeutend, daß über der erwärmten Gegend eine Dunstschicht entsteht, die sie vor weiterer Abkühlung schützt. Der Chinookwind z. B. kann nur wehen, wenn der Luftdruck über Nordamerika und dem Stillen Ozean bedeutende Differenzen zeigt. Wenn man nun einen Streifen beleuchtet, der etwa vom 48. Breiten- und 95. Längengrad bis zum Athabascasee verläuft, und in dem Maße, als sich der Himmel bewölkt, weiter nach Westen vorrückt, so folgt auf der nordamerikanisch-kanadischen Grenze eine warme Nacht bei bedecktem Himmel. Da sich dann der Nebel bis zum nächsten Morgen niederschlägt, so hat am nächsten Morgen die Sonne Gelegenheit, die Gegend noch weiter zu erwärmen, und es folgt ein warmer Tag, dadurch ist dann das Minimum gegeben, welches die Luft über das Felsengebirge saugt und damit den Chinookwind auslöst. Wenn man umgekehrt in ähnlicher Weise den nördlichen Stillen Ozean bestrahlt, so erzielt man den Chinookwind für die Westküste Amerikas. (Vgl. hierzu Julius Hann, Lehrbuch der Klimatologie I, S. 304.)

In gleicher Weise, nur noch viel leichter, wäre die Verhinderung der Bora oder des Mistral, indem man Serbien bew. Nordfrankreich in der vorhergehenden kalten Winternacht bestrahlt. Ebenso ist auch die Entstehung der Nachtfröste zu verhindern.

Eine einige Tage hindurch fortgesetzte Bestrahlung des Kaspischen Meeres dürfte hier ein Minimum erzeugen, welches für Südrußland den Regen bringt, dabei würde das aus dem Kaspischen Meer verdampfte Wasser auch in Südsibirien zur Kondensation kommen.

Es kommen uns hier also eine Reihe von Umständen zugute, die eben schon bei verhältnismäßig geringen Mitteln die Hervorbringung von bedeutenden Wirkungen gestattet.

Ein anderer Einwand ist der, das Natriumblech werde vom kosmischen Staub oder von den kurzwelligen Sonnenstrahlen rasch seines Glanzes beraubt werden. Ich möchte darauf nur kurz antworten, daß es bei der scheinbaren Gewichtslosigkeit sehr leicht sein wird, die Spiegelfacetten gelegentlich zur Station zu bringen und nochmals durch die

Walzen laufen zu lassen, nachdem man sie zuerst mit der rauhen Seite der Sonne zugekehrt und so durch Erwärmung wieder weich gemacht hat. Man könnte auf diese Weise ohne nennenswerten Aufwand ein km^2 des Spiegels frisch polieren; ich hoffe übrigens, daß die Reflektionsfähigkeit einer solchen Spiegelfacette wenigstens 30 Jahre lang keiner Nachhilfe bedarf. Den Einwand, der Spiegel würde durch den kosmischen Staub aus seiner Bahn gedrängt werden, habe ich schon auf S. 149 entkräftet.

Zuletzt wandte man mir noch ein, ein 0,05 mm dickes Natriumblech würde das Licht durchlassen und nicht mehr reflektieren. Ich habe diesbezügliche Versuche gemacht, indem ich ein Holz unter Petroleum mit einem Stück Natrium rieb. Ich hoffe $^1/_{20}$ mm Dicke wird genügen. Ein grundsätzliches Hindernis für den Bau des Spiegels würde uns nicht erwachsen, selbst wenn man den Spiegel $^1/_2$ mm dick machen müßte, denn der Strahlungsdruck ist so groß, daß selbst in diesem Falle noch eine Präzession der Umlaufsebene um die Nord-Südachse in einem Jahre möglich wäre.

Doch genug hiervon. Es sind ja doch nur Zukunftsträume. Kühne? Kann sein, aber wir haben schon die Verwirklichung noch kühnerer Ideen erlebt. Wer hätte 1894 geglaubt, daß man ein paar Jahre später mit Röntgenstrahlen durch den Menschen hindurchsehen werde. Der Ausspruch Philanders (Medizinische Märchen): „Man wird den Menschen durchsichtig machen, wie eine Qualle“ war kühner als dieser Zukunftstraum, denn dazu mußte etwas ganz Neues gefunden werden, hier dagegen haben wir es nur mit schon bekannten Naturgesetzen zu tun. — Es werden gewiß gewaltige Energien umgesetzt werden müssen, um diese Dinge zu schaffen. Aber sind im Weltkrieg nicht hundertmal größere Energien und tausendmal größere Geldsummen verausgabt worden? Die Völker Europas verrauchen und vertrinken in einem Jahre mehr, als der ganze Natriumspiegel kosten würde. Krieg und Rauschgifte sind nun freilich ziemlich unnötige Dinge und für solche hat man bekanntlich mehr Geld übrig, als für etwas Nützliches. Aber sollte die Menschheit nicht ausnahmsweise einmal auch für aufbauende Arbeit etwas erübrigen können?

21. Kapitel.

Reisen auf fremde Weltkörper.

Formelgrößen (S. 371—380).

m: Raketenmasse.
p: Parabolische Geschwindigkeit in bezug auf die Erde.
r: Restgeschwindigkeit in bezug auf die Erde.
v: Geschwindigkeit im allgemeinen.

v_h: Restgeschwindigkeit.
v_p: Parabolische Geschwindigkeit in bezug auf die Mondoberfläche.
v_t: Tangentialgeschwindigkeit des Mondes.

Man spricht heute darüber so viel, daß ich hier auch einiges dazu sagen möchte. Ich möchte damit auch verschiedene briefliche Anfragen ausführlicher beantworten.

Es sind hier im wesentlichen zwei Fragen zu beantworten:

1. Sind Fahrten auf fremde Weltkörper (und zurück) überhaupt möglich?
2. Wenn ja, haben diese Fahrten einen Zweck?

Bei der Antwort müssen wir vor allen Dingen scharf unterscheiden zwischen Vermutungen, gesicherten Erkenntnissen und grundsätzlichen Erwägungen.

1. Der Mond.

Um eine Rakete auf den Mond zu schießen, müssen wir ihr zunächst eine Anfangsgeschwindigkeit von mindestens 10380 m/sek in einer Höhe von 230 km über dem Erdboden erteilen. Dann könnte sie, wenn richtig gezielt war, bis über den Punkt gelangen, auf dem der Mond sie gerade so stark nach der einen Seite zieht, wie die Erde nach der anderen, so daß sie nachher auf den Mond fallen würde.

Die Fahrtdauer würde dann gegen 97 Stunden betragen (vgl. S. 341). Nun muß allerdings m. E. eine Rakete, die den Mond wirklich treffen soll, eine etwas höhere Geschwindigkeit haben, und zwar aus folgendem Grunde:

Wenn p die Geschwindigkeit bedeutet, mit der die Rakete abfahren müßte um bei vollkommen richtiger Steuerung gerade noch über den neutralen Punkt hinauszukommen, und wenn v die tatsächliche Geschwindigkeit ist, und wenn $v = p$, so behält die Rakete am neutralen Punkt noch eine Restgeschwindigkeit r, die nach (120) den Wert hat:

$$r = \sqrt{v^2 - p^2}.$$

r erscheint hier als Funktion von v und wir finden durch Differentiation

$$\frac{dr}{dv} = \frac{1}{\sqrt{v^2 - p^2}}. \tag{219}$$

Dieser Ausdruck wird für lim $v = p$ unendlich. Von r hängt aber in weitgehendem Maße die Fahrtdauer ab und in der Nähe von $v = p$ würde ein Geschwindigkeitsunterschied von Millimetern in der Sekunde genügen, um in der Fahrtdauer Zeitunterschiede von Stunden hervorzurufen. Dabei wäre die Wahrscheinlichkeit, daß die Rakete den Mond überhaupt treffen würde, minimal. Da nämlich der Mond um die Erde läuft, läßt es sich nicht erreichen, daß die Rakete keine seitliche Bewegung zum Monde hat, und da er rund 1 km/sek läuft und 3500 km breit ist, läuft er in nicht ganz einer Stunde um seinen eigenen Durchmesser weiter und ist also wahrscheinlich gar nicht da, wenn die Rakete zum Stelldichein kommt, denn die Geschwindigkeitsregulatoren der Rakete werden höchstens auf tausendstel genau arbeiten, das gibt einen Fehler, der zwischen 10 und 100 m/sek liegt. Dieser Umstand würde ganz besonders schwer ins Gewicht fallen, wenn wir eine unbemannte Rakete auf den Mond schießen wollten. Bei einer bemannten Rakete ist der Führer eher in der Lage, etwaige Fehler später, wenn sie deutlich sichtbar werden, zu korrigieren. Aber auch hier wird es besser sein, wenn man dem Raumschiff mindestens eine Anfangsgeschwindigkeit von 10500 m/sek auf den Weg gibt[1]).

Dann werden die Zeitunterschiede bedeutend kleiner. Die ideale Geschwindigkeit muß nach S. 180 beiläufig 700 m/sek größer sein. Wir brauchen also zur Abfahrt von der Erde einen idealen Antrieb von 11200 m/sek. Nach dem Abschuß ihrem Schicksal überlassen, würde die Rakete dann jenseits des neutralen Punktes immer schneller fallen und schließlich den Mond mit einer solchen Geschwindigkeit treffen, daß sie jedenfalls zerstört würde. Erstens hat nämlich der Mond schon infolge seiner Bewegung um die Erde eine Geschwindigkeit, relativ zur Erde, von durchschnittlich 1025,25 m/sek. Mit dieser Geschwindigkeit (v_t) würde die Rakete also schon dann auf dem Mond auftreffen, wenn sie auf der Mondbahn relativ zur Erde ganz ruhig stehen würde. Weiter erteilt der Mond einem von sehr hoch fallenden Körper eine Geschwindigkeit $v_p = 2370$ m/sek.

Würde die Rakete auf dem schwerefreien Punkt in bezug auf den Mond gerade stillstehen, so würde sie mit dieser Geschwindigkeit auf den Mond auftreffen. Hätte sie aber schon am schwerefreien Punkt eine Geschwindigkeit v_r, so wäre die Geschwindigkeit v_s, mit der sie am Mond aufprallt nach (120) durch die Formel gegeben

$$v_s^2 = v_p^2 + v_r^2 \,. \tag{220}$$

Da nun die Restgeschwindigkeit r in bezug auf die Erde und die Tangentialgeschwindigkeit v_t in bezug auf den Mond zueinander senkrecht stehen, so ist auch

$$v_r^2 = v_t^2 + r^2 \tag{221}$$

[1]) Beim Film „Die Frau im Mond" habe ich die Anfangsgeschwindigkeit aus diesem Grunde sogar noch grösser angesetzt. (10700 m/sek.)

und nach (218) ist

$$r^2 = v^2 - p^2 .$$

Wir finden aus (218) bis (221) übereinstimmend mit (120)

$$v_s = \sqrt{v^2 - p^2 + v_t^2 + v_p^2} . \tag{222}$$

Das gibt für $v = 10500$ m/sek (die übrigen Größen sind astronomische Konstanten):

$$v_s = 3027 \text{ m/sek},$$

das sind rund 3 km/sek.

Um nun die Rakete vor dem Zerschellen zu schützen, muß man diese Geschwindigkeit kurz vor der Ankunft auf der Mondoberfläche abbremsen. Da der Mond keine Lufthülle hat, so läßt sich dies nur durch einen der Bewegung entgegenwirkenden Rückstoß erreichen. Das gäbe also einen weiteren Zuwachs an erforderlichem idealem Antrieb von 3 km/sek.

Mit diesen 3030 m/sek wäre es aber noch nicht getan. Die Rakete müßte sanft wie eine Schneeflocke niedergehen. Sie besteht ja aus dünnem Blech, welches durch die Berührung mit flüssigem Wasserstoff mindestens so spröde geworden ist wie Stahlblech bei gewöhnlicher Temperatur. Da soll nun kein Riß und kein Sprung entstehen. Man kann gewiß an der Unterseite der Rakete starke, federnde Ständer anbringen, immerhin wird man aber sehr vorsichtig landen müssen.

Nun ist zwar der Mond wahrscheinlich mit feinem Sand und Staub bedeckt, ähnlich wie die irdischen Wüsten. Bei den Temperaturunterschieden auf dem Monde (bis $+180^\circ$ wo die Sonne hinscheint und bis -273°, wo sie nicht hingelangt) müssen sprödere Gesteine so zersplittern wie ein Glas, in welches man heißes Wasser schüttet. Es ist demnach wahrscheinlich, daß die wagerechten Gegenden der Mondoberfläche von feinem Sand bedeckt sind. Ebenso wahrscheinlich ist es aber auch, daß die Auspuffgase der Rakete diesen Sand am Landungsplatz einfach beiseite blasen werden, so daß die Rakete schließlich doch am nackten Felsen ankommt. (Man muß wenigstens vorderhand mit dieser Möglichkeit rechnen.)

Ich kann mir nun nicht vorstellen, daß ein Raketenführer die Rakete bis zum letzten Augenblick frei fallen läßt und nur ganz zuletzt mit dem höchsten zulässigen Andruck abbremst, so daß sie ihre Geschwindigkeit gerade in dem Augenblick völlig verliert, in welchem sie den Boden des Mondes berührt. Wahrscheinlich wird er ihr schon wesentlich früher den größten Teil ihrer Geschwindigkeit nehmen und dann mit nahezu gleichförmiger Geschwindigkeit absteigen, die Schwerebeschleunigung fortwährend durch den Rückstoß ausgleichend, um schließlich einen Meter über dem Boden völlig anzuhalten und nun allmählich, zentimeterweise ganz herabzugehen. Der Nachteil dieses Verfahrens liegt natürlich darin, daß die Rakete sehr lange gegen ihr eigenes Gewicht ankämpfen muß, oder wie wir es im 12. Kapitel genannt haben, daß sie bei geringer Geschwindigkeit brennt.

Die Schwerebeschleunigung beträgt auf dem Mond etwa 1,62 m/sek². Wenn die erste Bremsung der Geschwindigkeit von 3027 m/sek bei einem Andruck von 35 m/sek² erfolgt, so würde diese eine Zeit von $1^1/_2$ Minuten in Anspruch nehmen (falls die Bewegungsrichtung nicht senkrecht zur Mondoberfläche steht, sogar etwas weniger). Aber die nun folgende vorsichtige Landung könnte leicht das 4—5fache dieser Zeit in Anspruch nehmen; im ganzen muß man sich für eine Brenndauer von 9 Minuten = 540 Sekunden vorsehen; das gibt bei der Fallbeschleunigung von 1,62 m/sek² einen Antriebsverlust von 873 m/sek, also immer noch so viel, wie die Geschwindigkeit einer guten Gewehrkugel.

Jetzt seien unsere Raumfahrer also glücklich auf dem Mond angekommen. Aber nun wollen sie natürlich auch wieder zurück. Das können sie nur, wenn sie ihre Rakete noch einmal anzünden, so daß sie vom Monde aufsteigen und auf die Erde fallen kann. Dieser Aufstieg wäre die genaue Umkehrung des Falles auf den Mond, denn ein Wurf nach oben ist ja physikalisch das Gegenteil des freien Falles. Wir würden also dem Betrage nach dasselbe haben, wie in Formel (131); mit andern Worten: es müßte hier die tatsächliche Geschwindigkeit des Aufstieges v_s = 3027 m/sek sein. Man kann diesmal sofort Vollgas geben. Bei einer idealen Beschleunigung von 35 m/sek wäre nach dem auf S. 169 Gesagten, bei wagerechter Anfahrt der Schwebewinkel

$$\varepsilon < \operatorname{arc} \sin \frac{1,62}{35} = 2,36^0.$$

Die Antriebsverluste während der steilen Anfahrt dürfen wir hier überhaupt vernachlässigen. Die Rakete braucht ja nur so hoch zu steigen, daß sie nicht an den Mondbergen anlangt. Es ist mithin

$$v_x < 3027 \cdot \sec 2,63^0 = 3030 \text{ m/sek}.$$

Ich brauche hier nur mit der wagerechten Anfahrt zu rechnen, denn die Rakete kann, wo immer sie steht, wagerecht anfahren, so daß sie zunächst mit zirkulärer Geschwindigkeit um den Mond einen Kreis beschreibt, in dessen Ebene die Richtung der Geschwindigkeit liegt, mit der sie abfahren müßte, um die Erde zu treffen. Sobald dann ihre Bewegung zur gewünschten Fahrtrichtung (annähernd, auf die kleineren Unterschiede gehe ich hier nicht ein) paralell ist, erhöht sie durch den Rückstoß die zirkuläre Geschwindigkeit auf die notwendigen 3027 m/sek.

Übrigens würde die Rakete auch bei senkrechtem Aufstieg wegen der geringen Mondschwere nur 160 m/sek an idealem Antrieb einbüßen.

Die Landung auf der Erde würde dann je nach der Lösung der Tragflächen- und Fallschirmfrage noch einen idealen Antrieb bis 200 m/sek erfordern.

Da nun aber der Führer nur ein Mensch ist und Ungeschicklichkeiten begehen kann, so muß er zu Korrekturzwecken noch Brennstoff für etwa 1000 m/sek mitnehmen (ich glaube dies wird sicher bei weitem genügen). Der gesamte ideale Antrieb wäre gleich der Summe der hier verlangten einzelnen Antriebe:

Aufgabe:	Idealer Antrieb:
Abfahrtgeschwindigkeit von der Erde	11200 m/sek
Abbremsung der Ankunftgeschwindigkeit auf dem Mond	3027 ,, ,,
Bremsverluste	873 ,, ,,
Abfahrt vom Mond	3030 ,, ,,
Korrekturen	1000 ,, ,,
zusammen:	$v_x = 19130$ m/sek

Wenn wir die Auspuffgeschwindigkeit $c = 4000$ m/sek setzen, so gibt das nach (6) (Kapitel 6) für diesen Apparat ein ideales Massenverhältnis von $\frac{m_0}{m_1} = 134$. Nach dem auf S. 68 Gesagten würde ein aus 3 Wasserstoffraketen zusammengesetzter Apparat, der wegen seiner Größe natürlich trotz des spezifisch leichten Gewichtes der Füllung schon die nötige Querschnittsbelastung hätte, diese Fahrt machen können. Vielleicht sogar ohne eine Raketenhülle auf dem Mond zurückzulassen.

Sollte die erste Expedition auf dem Mond Wasser in hinreichender Menge finden (man führt ja die helle Färbung einiger Mondgegenden sowie den eigentümlichen Farbwechsel am Kraterboden des Plato und anderes auf Rauhreifbildung zurück), so könnte die folgende Expeditionsrakete in den Brennstoffbehältern der letzten Rakete statt Brennstoff einen Sonnenlichtmotor, einen Wasserzersetzungsapparat, eine Kältemaschine und ein großes, wärmeundurchlässiges Gefäß mitnehmen, um sich oben die Brennstoffe zur Rückkehr selbst zu erzeugen. Diese Apparate würden dann zurückbleiben und den folgenden Expeditionen ebenfalls zur Brennstofferzeugung dienen, dafür könnten diese dann andere Werkzeuge mitbringen und nach und nach auf dem Monde eine Station ausbauen. Ich halte es allerdings nicht für wahrscheinlich, daß man in genügender Menge Wasser finden wird. In diesem Fall müßten die Raketen stets auch die Brennstoffe zur Rückkehr mitbringen und entsprechend größer sein.

Ich glaube übrigens, daß reine Brennstoffraketen gar nicht in die Lage kommen werden, jemals die Reise auf den Mond zu versuchen, ich hoffe vielmehr, daß dieses den elektrischen Raumschiffen vorbehalten bleiben wird, die ich im nächsten Kapitel beschreiben werde. Ich kann aber noch nicht ganz sicher sagen, ob man diese bauen kann, und ich habe daher meinen Untersuchungen Wasserstoffraketen zugrunde gelegt, um zu zeigen, daß die Reise auf den Mond unter allen Umständen möglich ist.

Zweck der Fahrt: Wir sahen also, daß die Fahrt auf den Mond möglich ist. Nun ist noch die zweite Frage zu beantworten: Hat diese Fahrt auch einen Zweck?

Ich kann mich da der Ansicht nicht anschließen, man solle fremde Weltkörper nur dann bereisen, wenn man dort den unsrigen ähnliche Lebensbedingungen finden würde. Am Nordpol z. B. können die Menschen auch nicht leben und doch zieht man hin und erforscht ihn. Und in den Schächten eines Bergwerkes finden wir auch nicht das, was wir über der Erdoberfläche finden, und was wir als unsere normalen Lebensbedingungen bezeichnen müssen. Aber obwohl sich in Bergwerken andere Dinge finden, ja gerade weil hier andere Dinge zu holen sind als über der Erdoberfläche, begeben sich täglich tausende von Bergleuten hin.

Von einem Besuche auf fremden Weltkörpern wäre also nur dann abzuraten, wenn wir mit unseren technischen Hilfsmitteln nicht imstande wären, uns dort überhaupt einige Stunden oder Tage lebend zu erhalten, wie z. B. auf der Sonne oder auf dem Jupiter. Dagegen können wir uns gegen die Kälte der Mondnacht durch spiegelnde Metallflächen (vgl. S. 322), gegen den Luftmangel durch Taucheranzüge und mitgeführte Luft, gegen die hohen Gesteinstemperaturen durch wärmeundurchlässige Sohlen, gegen die Hitze durch Kältemaschinen und gegen die Sonnenstrahlen durch geeignete Schirme schützen. Dies hat z. B. Herr Dr. Weber vergessen, als er daraus, daß vielleicht auf keinem unserer Nachbarplaneten den unsrigen ähnliche Lebensbedingungen sind (übrigens ist das auch noch gar nicht sicher, wie ich bald zeigen werde) den Schluß zog, ergo könne man auch nicht auf denselben landen. Wenn das so wäre, daß wir keine technischen Hilfsmittel gebrauchen dürften, so könnten wir ja nicht einmal in Europa überwintern.

Ein Besuch auf dem Monde hätte zunächst einen hohen wissenschaftlichen Wert: Wir haben es hier mit einem Weltkörper zu tun, der in der Hauptsache aus denselben Stoffen besteht wie die Erde, wenn auch die Erde im Verhältnis etwas mehr von den schwereren und der Mond etwas mehr von den leichteren Stoffen bekommen hat. Die Oberfläche des Mondes besteht mithin aus denselben Grundstoffen wie die Erdoberfläche, sie ist aber von der Einwirkung der Luft und des Wassers verschont geblieben. Durch Vergleichung beider können wir sehen, was an unserer Erdoberfläche auf die Wirkung von Luft und Wasser zurückzuführen ist, und was nicht. Weiter könnten wir auf dem Monde Bergwerksschächte und Bohrlöcher bis viermal so tief machen als auf der Erde. 1. würde die geringe Schwerkraft und die zu erwartende Härte des Gesteins verhindern, daß Bohrlöcher so leicht zusammengedrückt würden wie auf der Erde. 2. Ist der Mond innen jedenfalls nicht mehr so warm wie die Erde, und es wäre daher in den tiefen Schächten eine erträglichere Temperatur als auf der Erde. Aber ein viermal so tiefes Bohrloch wäre auf dem Mond verhältnismäßig nicht viermal, sondern 10—12mal so tief als auf der Erde, denn der Monddurchmesser ist ja dreimal kleiner. Wir könnten daraus geologische Erkenntnisse von unabsehbarer Tragweite schöpfen. Z. B. über die Ursachen für das Auftauchen und Untergehen von Festländern, über die tiefen Gründe für den Unterschied zwischen Sial und Sima u. a. Weiter: Man soll am Grunde des Kraters Eratosthenes bewegliche, dunkle Flecken beobachtet haben, aus denen man auf das Vorhandensein von Tieren schließen wollte. Pickering will ferner im Spektrum gewisser Kraterböden Spuren von Blattgrün gefunden haben. Ich glaube nun zwar nicht, daß auf dem Monde irgendwelches Leben existieren könne. Es wäre aber doch wenigstens interessant zu untersuchen, ob das Leben auch auf dieser für irdische Geschöpfe gänzlich unbewohnbaren Welt im Laufe von Jahrmillionen Fuß fassen konnte.

Zu diesen mehr theoretischen Gründen für eine Bereisung des Mondes käme auch ein praktischer, der vielleicht in 1—2 Jahrzehnten aktuell sein kann: Nach einer neueren Theorie sind die Mondkrater dadurch entstanden, daß zahlreiche größere Meteoriten auf den Mond fielen, als er bereits erstarrt war. Diese Meteoriten bestanden prozentuell aus denselben Stoffen, wie der ganze Weltkörper, also zum großen Teil aus Schwermetallen. Auch unsere Erde besteht zum größeren Teil aus Schwermetallen. Die Erdbebenforschung lehrt, daß in 1500 km Tiefe die verhältnismäßig leichte Schicht, die die Erdoberfläche bildet, plötzlich aufhört, und eine Schicht beginnt, die das spezifische Gewicht des Eisens hat. Auch auf die Erde stürzten zahlreiche Meteoriten nieder, als sie noch in der Bildung begriffen war. Aber die Erde war damals noch feurigflüssig, und die schweren Stoffe sanken nach unten. Beim Monde dagegen blieben diese schweren Stoffe in der Oberfläche stecken und hier können sie verhältnismäßig leicht abgebaut und nach der Erde geschafft werden. Es ist dabei nämlich nur die geringe Anziehungskraft des Mondes zu überwinden. Die Beförderung könnte außer mit Hilfe der Rakete auch mit Hilfe der elektromagnetischen Geschütze erfolgen, diese müßten hier nur $^1/_{16}$ so lang sein als auf der Erde, vielleicht wäre es auch nicht ausgeschlossen, Geschosse vom Monde nach der Erde zu treiben. Erleichtert würde die Aufstellung der elektromagnetischen Geschütze und der Kanonen dadurch, daß die Erde vom Mond aus gesehen immer an derselben Stelle des Himmels steht.

Selbstverständlich könnten uns auch bei dem Abbau und der Beförderung der Monderze die schon angedeuteten elektrischen Raumschiffe sehr nützen.

Ich möchte hier auch noch einige Worte über die Hörbiger-Fauthsche Welteislehre sagen, da sie vielfach mit dem Problem der Raumschiffahrt verquickt wird, wie z. B. von Valier oder Gail. Das Hörbiger-Fauthsche Buch „Glazialkosmogorie" stellt eine grandiose Gedankenschöpfung dar, und ich kann es jedem Fachmann empfehlen, sofern er in der Lage ist, es mit der nötigen Kritik zu lesen. Es bringt eine fast erdrückende Fülle von Tatsachen und Anregungen. Außerdem stellt es für den Fachmann eine wertvolle Denkübung dar, denn es zwingt ihn, darüber nachzudenken, warum er gerade unser wissenschaftliches Weltbild hat, und nicht das Hörbigersche. Dem Laien dagegen möchte ich vom Studium dieses Werkes dringend abraten, denn die Irrtümer Hörbigers sind ebenso gewaltig, wie seine Leistungen. Ich glaube z. B. nicht, daß seine Schlüsse über den Zustand und das Schicksal unseres Planetensystems auch nur für einen einzigen näheren Himmelskörper zutreffen.

Der Mond z. B. kann unmöglich völlig mit Eis bedeckt sein. Um nur einen Grund anzuführen (ich könnte gegen 10 nennen):

Wenn man irgendeine Gegend des Mondäquators mit dem Diffraktionsspektroskop und dem Bolometer untersucht, während die Sonne darüber aufgeht, so findet man, daß sie irgendeinen Prozentsatz des empfangenen Lichtes zurückstrahlt. Man kann bei jeder Spektralfarbe feststellen, einen wie großen Prozentsatz des ganzen Lichtes die in diesem Teile des Spektrums enthaltene Energie ausmacht. Wenn nun die Sonne höher steigt, so wird die Strahlung, die von der betreffenden Gegend ausgeht, reicher an infrarotem Licht (also an Wärmestrahlen). Diese Wärmestrahlung ist dann am größten, wenn die Sonne ihren höchsten Punkt am Himmel um 10—20° überschritten hat. Später nimmt sie wieder ab. Da alle Gegenden des Mondäquators diese Erscheinung in gleichem Maße zeigen, und da die Wärmestrahlung fast nur von der Höhe der Sonne über der betreffenden Gegend abhängt, so gibt es dafür m. E. nur die eine Erklärung, daß sich die betreffende Gegend unter dem Einfluß der wochenlangen durch keine Atmosphäre gemilderten Strahlung erwärmt hat. Man kann aus der Zunahme dieser infraroten Strahlung ziemlich genau auf die Temperatur der Mondlandschaft schließen und findet sie im Maximum zwischen 150° und 180° C über 0. (Vgl. hierzu M. Wilhelm Meyer „Der Mond“, Kosmos, Franckhsche Verlagshandlung, Stuttgart. Ich zitiere hier absichtlich ein populärwissenschaftliches Buch, da diese und ähnliche Tatsachen Astronomen vom Fach sämtlich bekannt sind, und ich mich mit diesen Ausführungen lediglich an den Nichtastronomen wende.) Das ist so viel, als man nach den auf S. 322 aufgestellten Formeln auch theoretisch erwarten muß. Bei einer derartigen Temperatur kann von Eis natürlich keine Rede sein. In der Nacht sinkt die Temperatur des Mondes wohl sehr tief, und es wäre dabei Gelegenheit, daß etwa vorhandenes Wasser wieder gefriert. Wenn aber Wasser in nennenswerter Menge auf dem Monde wäre, so müßten die Veränderungen auf der Mondoberfläche, wie wir sie beim Plato, Eratosthenes und an anderen Orten tatsächlich wahrnehmen können, in viel größerem Umfange auftreten.

2. Die Asteroiden.

Von S. 380—408 gebrauchte Formelgrößen:

Die lateinischen Buchstaben bezeichnen den skalaren Wert einer Geschwindigkeit, die deutschen Buchstaben bezeichnen die Geschwindigkeit als Vektorgröße:

g: Fallbeschleunigung gegen die Sonne.
r: Abstand vom Sonnenmittelpunkt.
v_1: Anfangsgeschwindigkeit in bezug auf irgendeinen Planeten.
v_p: Parabolische Geschwindigkeit in bezug auf die Erde.
v_r: Restgeschwindigkeit in bezug auf den Abfahrtplaneten.
w: Geschwindigkeit in bezug auf die Sonne.
w_t: Zirkuläre Geschwindigkeit im untersuchten Abstand von der Sonne in bezug auf die Sonne.
$\alpha = \sphericalangle \mathfrak{w}, \mathfrak{w}_t$.

Zwischen der Bahn des vierten Planeten im Sonnensystem (Mars) und des fünften (Jupiter) liegen die Bahnen zahlreicher kleiner Weltkörper, der sog. Planetoiden, Asteroiden oder kleinen Planeten. Man hat bis jetzt rund 1000 entdeckt, es gibt aber wahrscheinlich mehr. Sie sind nur so klein, daß man sie nicht mehr sehen oder photographieren kann.

Ihre Bahnen erstrecken sich über einen ringförmigen Raum, der breiter ist als der Erdbahndurchmesser. Im Durchschnitt sind die Asteroiden rund 3 Erdhalbmesser von der Sonne entfernt, doch einige kommen fast bis an die Bahn des Jupiter (5 Erdbahnhalbmesser), andere wieder bis an jene des Mars (1,5 Erdbahnhalbmesser) heran. Einer (Eros) legt sogar den größeren Teil seines Weges innerhalb der

Marsbahn zurück, so daß die Bahnen beider Weltkörper wie zwei ineinandersteckende Kettenglieder erscheinen.

Der größte Asteroid (Ceres) hat einen Durchmesser von nicht ganz 900 km; die kleinsten sind auch in den besten Fernrohren kaum noch zu sehen, sie sind sicher nur wenige Kilometer groß. Die Albedo (das ist das Verhältnis zwischen der Lichtmenge, die ein Stern reflektiert und jener, die er empfängt) ist bei den Asteroiden sehr verschieden. Bei der Ceres beträgt sie 10% , Ceres ist also der Farbe nach beinahe schwarz. Die Albedo der Vesta dagegen beträgt über 60%, die Vesta muß also eine rein weiße oder glänzende Oberfläche haben. Diese Verschiedenheit läßt darauf schließen, daß die verschiedenen Asteroiden aus verschiedenen Stoffen bestehen.

Die Massen und Anziehungskräfte der Asteroiden sind kaum bekannt; sie sind aber wegen der geringen Größe jedenfalls nur klein. So dürfte die Fallbeschleunigung auf der Ceres 50 cm/sek^2 und die parabolische Geschwindigkeit 800 m/sek wohl kaum übersteigen. Bei den kleinsten Asteroiden sind die Schwerewirkungen jedenfalls zu vernachlässigen. Ob einige Asteroiden eine Atmosphäre besitzen, ist nicht bekannt. Die Mehrzahl kann jedenfalls ihrer geringen Anziehungskraft wegen weder Luft noch Wasser festhalten. Einige Asteroiden zeigen periodische Lichtschwankungen. Man nimmt zur Erklärung an, es seien nicht Kugeln, sondern unregelmäßig geformte Splitter, die der Sonne bald breitere, bald schmälere Flächen zukehren.

Bei der Fahrt auf einen Asteroiden stehen wir insofern vor einer neuen Aufgabe, als es sich hier darum handelt, das Raumschiff in einen anderen Abstand von der Sonne zu bringen.

Wenn das Raumschiff von der Erde mit der hyperbolischen Geschwindigkeit v_1 abfährt und wenn v_p die parabolische Geschwindigkeit an dem Punkte gewesen wäre, wo der Antrieb aufhörte, so behält das Raumschiff nach (120) außerhalb des Erdschwerebereiches eine Restgeschwindigkeit in bezug auf die Erde $v_r = \sqrt{v_1^2 - v_p^2}$. Dabei hört der Bereich der Erdschwere theoretisch allerdings niemals auf, praktisch kann man ihn gleich 1 Million km ansetzen. Jenseits dieser Grenze erscheint nämlich die Anziehungskraft der Erde gegenüber der Anziehungskraft anderer Gestirne, namentlich der Sonne, so klein, daß man sie in erster Annäherung vernachlässigen kann. Auf S. 151 habe ich über eine nachträgliche Bahnstörung durch die Anziehungskraft der Erde gesprochen. Diese ist übrigens bei einer Fahrt zu einem Asteroiden im allgemeinen kleiner als bei einer Fahrt auf den Mars.

Bei diesen Fahrten beschreibt das Raumschiff eine mathematisch zwar exakt zu ermittelnde, aber überaus komplizierte Bahnkurve. Ich werde darüber ausführlicher in meiner Schrift über Dreikörperrechnungen schreiben. Besonders Pirquet und Hohmann haben indessen das Verdienst, gezeigt zu haben, daß man der Sache wenigstens näherungsweise auch mit verhältnismäßig einfachen Rechenmethoden beikommen kann.

Das Raumschiff beschreibt im Erdschwerefeld annähernd eine Hyperbel. Jenseits desselben fliegt es (vgl. auch S. 342ff.) mit einer Geschwindigkeit $\mathfrak{w}_1$ weiter, die sich vektoriell aus der Tangentialgeschwindigkeit der Erde in bezug auf die Sonne $\mathfrak{w}_t$ und der Restgeschwindigkeit des Raumschiffes v_r zusammensetzt. Unter dem Einfluß dieser Bewegung beschreibt es dann irgendeine Kegelschnittslinie, in deren einem Brennpunkt die Sonne steht. Es gelten hierfür die Berechnungen des 10. Kapitels im Verein mit dem auf S. 342ff. Gesagten, wobei für α der $\sphericalangle\, \mathfrak{w}, \mathfrak{w}_t$ zu nehmen ist.

Wenn wir den Erdbahnhalbmesser mit r_1, den Abstand des Asteroiden von der Sonne mit r_2 und die Anziehungskraft der Sonne im Erdabstand mit g_1 und im Abstand des Asteroiden mit g_2 und die Geschwindigkeit des Raumschiffes im Abstand des Asteroiden mit w bezeichnen, so ist nach (59)

$$w_1^2 - w_2^2 = 2\, g_1\, r_1^2 \cdot \left(\frac{1}{r_1} - \frac{1}{r_2}\right). \qquad (223)$$

Ist α der Neigungswinkel zur Horizontalen in bezug auf die Sonne, so ist nach (55a):

$$r_1\, w_1 \cos \alpha_1 = r_2\, w_2 \cos \alpha_2\,. \qquad (224)$$

Aus (223) und (224) folgt:

$$w_1^2 \left[1 - \left(\frac{r_1 \cos \alpha_1}{r_2 \cos \alpha_2}\right)^2\right] = 2\, g_1\, r_1 \cdot \left(\frac{1}{r_1} - \frac{1}{r_2}\right). \qquad (225)$$

Mit Hilfe dieser Formel können wir sowohl den Winkel der Bahn mit der Horizontalen in einer bestimmten Höhe r_1 oder r_2 berechnen, als auch bei gegebenem Winkel α_2 die Höhe r_2, in welcher die Bahn den betreffenden Winkel mit der Horizontalen einschließt.

Wenn wir die Bahn der Erde und des zu bereisenden Planeten als Kreise ansehen, so fährt das Raumschiff mit dem geringsten Brennstoffverbrauch, wenn es auf einer halben Ellipse fährt, welche im Perihel (das ist die Sonnennähe) die Erdbahn, im Aphel die Planetenbahn berührt. (Voraussetzung ist dabei natürlich, daß der Planet zur richtigen Zeit an der betreffenden Stelle vorbeikommt. Wir können also in dieser Weise nicht fahren, wann wir wollen.) In diesem Falle werden

$$\sphericalangle\, \alpha_1 = \sphericalangle\, \alpha_2 = 0\,. \qquad (226)$$

Das Raumschiff fährt hier zuerst der Erde vor, und seine Restgeschwindigkeit v_{r1} addiert sich einfach zur Tangentialgeschwindigkeit w_{t1} der Erde. (Zusammenziehung der Stöße S. 161!) Es ist mithin

$$w_1 = w_{t1} + v_{r1}\,. \tag{227}$$

Während nun das Raumschiff der Erde vorläuft, entfernt es sich gleichzeitig infolge der höheren Zentrifugalkraft von der Sonne. Dabei verlangsamt sich seine Geschwindigkeit (es ist dasselbe, als wenn es einen Berg hinauffahren würde). Im Aphel ist seine Geschwindigkeit kleiner als jene des Planeten, andernfalls würde es von da weiter einen Kreis beschreiben müssen, und nicht eine Ellipse. Ist w_{t2} die Tangentialgeschwindigkeit des Planeten, so ist die Restgeschwindigkeit des Raumschiffes in bezug auf den Planeten

$$v_{r2} = w_{t2} - w_2\,. \tag{228}$$

Aus (225) und (226) folgt

$$1 - \frac{r_1^2}{r_2^2} = 2 \cdot \frac{g_1 \cdot r_1}{w_1^2} \cdot \frac{r_2 - r_1}{r_2}\,.$$

Nun ist bekanntlich $w_{t1}^2 = g_1 \cdot r_1$. Es ist mithin

$$\frac{r_2^2 - r_1^2}{r_2^2} = 2 \cdot \frac{w_{t1}^2}{w_1^2} \cdot \frac{r_2 - r_1}{r_2}$$

oder

$$\left(\frac{w_1}{w_{t1}}\right)^2 = \frac{2 \cdot r_2}{r_1 + r_2}\,. \tag{229}$$

Aus (227) und (229) folgt dann

$$v_{r1} = w_t \cdot \left(\sqrt{\frac{2\, r_2}{r_1 + r_2}} - 1\right). \tag{230}$$

Aus (225), (226) und (228) finden wir in ähnlicher Weise (ebenso wie auch aus (230) bei sinngemäßer Vertauschung der Buchstaben und Vorzeichen):

$$v_{r2} = w_{t2} \cdot \left(1 - \sqrt{\frac{2 \cdot r_1}{r_1 + r_2}}\right)$$

oder da $w_{t2} = w_{t1} \cdot \sqrt{\frac{r_1}{r_2}}$:

$$v_{r2} = w_{t1} \cdot \sqrt{\frac{r_1}{r_2}} \cdot \left(1 - \sqrt{\frac{2\, r_1}{r_1 + r_2}}\right). \tag{231}$$

Wenn es sich z. B. darum handeln würde, einen in drei Erdbahnradien mit zirkulärer Geschwindigkeit gravitierenden Körper zu erreichen, so wäre nach (230) ($w_{t1} = 29{,}7$ km/sek angenommen) $v_{r1} = 6{,}55$ km/sek. Bei Zusammenziehung der Stöße [vgl. (120)] wäre $v_1 = 13{,}1$ km/sek. Der ideale Antrieb wäre dabei nicht ganz 14 km/sek. Die Ankunftsgeschwindigkeit auf dem Asteroiden wäre nach (231) $v_{r2} = 4{,}95$ km/sek.

Die Erhöhung der Restgeschwindigkeit v_{r2} durch die Anziehungskraft des Asteroiden könnte man infolge der geringen Masse der Asteroiden und der Größe der Restgeschwindigkeit in der Regel vernachlässigen. — Da die Asteroiden wahrscheinlich keine Atmosphäre haben, so müßte diese Geschwindigkeit durch Raketenkraft gebremst werden, wobei wir $v_x = v_{r2}$ ansetzen dürfen. Bei der Abfahrt wäre dann noch einmal derselbe Antrieb nach rückwärts zu geben. Für Landungs- und Korrekturzwecke müßte man noch für 1000 m/sek Brennstoff mitnehmen, ein Verfehlen wäre beim Asteroiden nicht so leicht möglich als beim Mond, denn das Raumschiff fährt hier in derselben Richtung und nicht quer zum Weltkörper, im ganzen müßte dieser Apparat also einen idealen Antrieb von rund 25 km/sek aufbringen.

Zu einer derartigen Leistung wäre nun zwar eine vierfache Wasserstoffrakete befähigt, man muß aber beim heutigen Stande der Technik zunächst noch an der Möglichkeit zweifeln, solche Raketen zu bauen.[1]) Glücklicherweise haben wir das aber auch nicht nötig. Wir können (vgl. S. 353) die Brennstoffe vor der eigentlichen Raumfahrt durch kleinere Raketen zu einer Brennstoffstation bringen, die mit zirkulärer Geschwindigkeit auf einem Kreise um die Erde fliegt. Der Kreis soll so stehen, daß die später vorzunehmende Abfahrt ihrer Richtung nach in die Kreisebene fällt.

Wenn diese Brennstoffstation in der Höhe gravitiert, in welcher die Rakete beim Aufstieg in der Synergiekurve die zirkuläre Geschwindigkeit erreicht, wenn sie also über dem Rande der Erdatmosphäre fliegt, dann bedeutet dieses Anlegen und Nachfüllen von Raketen theoretisch keinen Arbeitsverlust, denn bei der Abfahrt ist der neue Antrieb die synergetische Fortsetzung des Antriebes, der dem Brennstoff bisher erteilt worden ist. Die zirkuläre Geschwindigkeit ist gewissermaßen ein Ruhepunkt, der Aufstieg kann hier unbeschadet des Prinzips der Zusammenziehung der Stöße und der Fahrt mit möglichst hoher Beschleunigung beliebig lang unterbrochen werden.

Dabei ist es (wenigstens im Hinblick auf die Hinfahrt) nicht unbedingt nötig, daß die Brennstoffstation über dem Äquator gravitiert. Wenn die stationäre Rakete seinerzeit in der gemäßigten Zone (etwa in

[1]) Es sei denn, daß man auf den unteren Stufen zahlreiche kleinere, in Bündeln vereinigte Raketen wirken läßt, die so leicht sind, daß sie gerade noch einzeln an einem Fallschirm hängend, landen können (vgl. hierzu S. 289). Dies wurde z. B. auch beim Film „Die Frau im Mond“ (vgl. Band II) angenommen.

Deutschland) aufgestiegen war, so wird sie Kreise um den Erdmittelpunkt beschreiben, die zur Äquatorialebene um die geographische Breite des Aufstiegortes geneigt sind. Und sie wird gerade dann, wenn sie über dem Breitegrad des Aufstiegortes steht, genau von Westen nach Osten fliegen, so daß sie dann von einer Rakete in der Synergiekurve erreicht werden kann.

Nun ist freilich die Abfahrt des Raumschiffes von der Brennstoffstation nur dann die synergetische Fortsetzung der Hinfahrt und der Hinbeförderung der Brennstoffe, wenn die Brennstoffstation eben dort gravitiert, wo die Synergiekurve wagerecht verläuft. Wenn man die Station z. B., wie Noordung das vorschlägt, so hoch über der Erde aufstellt, daß sie gerade in 24 Stunden einmal um die Erde läuft, so stände sie zwar stets über dem Meridian desselben Ortes, was gewiß für den Verkehr mit der Erde große Annehmlichkeiten hätte, als Brennstoffstation dagegen wäre sie nach Kapitel 12 keineswegs am besten Platz. — Auch wenn man, wie Pirquet es vorschlägt, die Beobachtungsstation einen Erdhalbmesser hoch über der Erdoberfläche kreisen ließe, so wäre das zwar für Beobachtungszwecke sehr günstig, doch man würde einige 100 m/sek an idealem Antrieb einbüßen, wenn man diese Station auch als Brennstoffstation benützen wollte. — Einen fast ebensogroßen Verlust hätte man, wenn man die im vorigen Kapitel beschriebene Spiegelstation gleichzeitig auch als Brennstoffstation benützen wollte. Daß der Verlust hier nicht noch viel größer ist, das liegt lediglich daran, daß diese Spiegelstation stets über der Schattengrenze gravitiert, daß es also bei jedem Umlauf zwei Punkte gibt, von denen aus das Raumschiff bei Vergrößerung seiner Geschwindigkeit der Erde gerade vorauseilen oder hinter ihr zurückbleiben kann, und dabei ergeben sich die besten Fahrten zu fremden Planeten.

Es ist also synergetisch betrachtet am besten, die Brennstoffstation gesondert von der Beobachtungs- und Spiegelstation anzulegen. Immerhin ist auch dies nicht unbedingt nötig, da wir es andernfalls nur mit Antriebsverlusten von höchstens einigen 100 m/sek zu tun haben.

Dagegen würde z. B. das Anhalten einer Brennstoffkugel über einem Planeten, der eine Atmosphäre besitzt, die man zu Bremszwecken heranziehen könnte, im Gegensatz zur Abfahrt unter Benützung einer Brennstoffstation, synergetisch betrachtet, natürlich einen Energieverlust bedeuten, womit übrigens nichts gegen solche Umkreisungen gesagt sein soll.

Wenn ein Asteroid erreicht werden soll, der eine elliptische Bahn beschreibt, so findet man die Restgeschwindigkeit rechnerisch als die vektorielle Differenz zwischen der Geschwindigkeit des Raumschiffes und des Planeten. Falls man die letzteren nicht schon in irgendeinem

Jahrbuch hat, kann man sie natürlich mit Hilfe der Formeln (225) bis (229) ebenfalls leicht finden, sofern man die Bahnelemente des Asteroiden kennt.

Ich will hier nur die Formeln für die Erreichbarkeit im Perihel und im Aphel aufstellen. Bezeichnet man mit r_1 den Erdradius, mit r_2 den Perihelabstand, mit r_3 den Aphelabstand des Asteroiden, mit V_2 die Geschwindigkeit des Asteroiden im Perihel, mit V_3 seine Geschwindigkeit im Aphel, mit w_2 die Geschwindigkeit der Rakete in bezug auf die Sonne bei halbelliptischer Fahrt im Perihel, mit w_3 jene im Aphel des Asteroiden, mit v_{r2} und v_{r3} die zugehörigen Restgeschwindigkeiten in bezug auf den Asteroiden, so findet man durch sinngemäße Einsetzung in Formel (229):

$$V_2 = w_{t1} \sqrt{\frac{r_1}{r_2}} \sqrt{\frac{2 r_3}{r_2 + r_3}},$$

$$w_2 = w_{t1} \sqrt{\frac{r_1}{r_2}} \sqrt{\frac{2 r_1}{r_1 + r_2}},$$

$$v_{r2} = V_2 - w_2 = w_{t1} \sqrt{\frac{r_1}{r_2}} \left(\sqrt{\frac{2 r_3}{r_2 + r_3}} - \sqrt{\frac{2 r_1}{r_1 + r_2}} \right), \tag{232}$$

$$V_3 = w_{t1} \sqrt{\frac{r_1}{r_3}} \sqrt{\frac{2 r_2}{r_2 + r_3}},$$

$$w_3 = w_{t1} \sqrt{\frac{r_1}{r_3}} \sqrt{\frac{2 r_1}{r_1 + r_3}},$$

$$v_{r3} = V_3 - w_3 = w_{t1} \sqrt{\frac{r_1}{r_3}} \left(\sqrt{\frac{2 r_2}{r_2 + r_3}} - \sqrt{\frac{2 r_1}{r_1 + r_3}} \right). \tag{233}$$

Die Restgeschwindigkeit in bezug auf die Erde v_{r1} findet man aus (230), indem man hier für r_2 den Perihel- bzw. Aphelabstand einsetzt.

Atmosphärelose Weltkörper mit stark elliptischer Bahn sind überraschenderweise im Aphel leichter zu erreichen als im Perihel, weil dabei v_{r2} kleiner wird, während die Zunahme von v_1 nur gering ist [wegen der Pythagoräischen Addition der Geschwindigkeiten nach (120) zur bedeutenden Potentialgeschwindigkeit der Erde v_p].

Diese Fahrt auf einer halben Ellipse hat allerdings einen bedeutenden Nachteil, sie dauert sehr lange. Wenn wir mit r_1 den Erdbahnradius, mit r_2 die Entfernung des Fahrtzieles von der Sonne bezeichnen, so handelt es sich hier um eine halbe Ellipse, und es ist mithin nach dem dritten Keplerschen Gesetz:

$$t = \frac{1}{2} \cdot \left(\frac{r_1 + r_2}{2 r_1} \right)^{\frac{3}{2}} \text{Jahre}. \tag{234}$$

Im erstgenannten Falle würde z. B. die Hinfahrt allein 1 Jahr, 4 Monate und 28 Tage dauern. Dann müßten die Raumschiffer 2 Monate auf dem Asteroiden warten, bis sich eine Gelegenheit zur Rückfahrt ergeben würde, die natürlich wieder so lange dauern müßte wie die Hinfahrt. Die ganze Reise würde also 3 Jahre in Anspruch nehmen.

Dagegen hilft nur eins: Schneller fahren. Dabei ist anfänglich besonders aus dem Grunde viel zu erreichen, weil bei hoher Geschwindigkeit die Fahrtellipse stärker ansteigt und daher der Fahrtweg bedeutend abgekürzt wird. Dabei begibt man sich allerdings wieder des Vorteils der Zielsicherheit. Wird nämlich die Planetenbahn im Aphel einer Ellipse erreicht, so ist der Planet kaum zu verfehlen. Dagegen sahen wir schon beim Monde, wie leicht ein Weltkörper zu verfehlen ist, wenn die Bahn des Raumschiffes mit seiner Bewegungsrichtung einen bedeutenden Winkel bildet.

Mit den später noch zu besprechenden elektrischen Raumschiffen ließe sich die ganze Fahrt in 1—2 Monaten machen.

Wie ich schon sagte, stehen uns einige Asteroiden wesentlich näher. Eros z. B. kann uns von allen Himmelskörpern nach dem Monde am nächsten kommen. Die Fahrt auf den Eros würde bei geringstem Brennstoffverbrauch $^1/_2$ bis $^3/_4$ Jahre in Anspruch nehmen (die gesamte Reisedauer wäre etwas über drei Jahre). Die Fahrt würde einschließlich der Bremsverluste und Korrekturen im ganzen einen idealen Antrieb von 17 km/sek erfordern. Eros ist also vom Standpunkt der Brennstofffrage aus betrachtet von allen Körpern unseres Sonnensystems einschließlich des Mondes mit dem Raumschiff am leichtesten zu erreichen. Dabei könnte ein Brennstoffverbrauch von $v_x = 20$ km/sek die Reisedauer schon auf zwei Jahre abkürzen.

Zweck der Fahrt.

Ein Besuch dieser wegen ihrer Kleinheit dem Astrophysiker heute noch so gut wie unbekannten Weltkörper wäre schon an und für sich interessant und lehrreich. Dazu kommt der Wert, den kleinere Asteroiden (z. B. Eros) für die Verankerungen von Raumteleskopen haben könnten (vgl. S. 335).

In bezug auf die geologischen Ergebnisse solcher Expeditionen gilt das über den Mond Gesagte noch viel mehr. Bei den Asteroiden von weniger als 300 km Durchmesser könnte man einen Schacht bis zum Mittelpunkt vortreiben, dabei könnte man das Innere eines Weltkörpers völlig erforschen, der zwar wesentlich kleiner als die Erde ist, ihr aber trotzdem in gewisser Hinsicht noch ähnlich wäre. (Kugelform, Schichtung usw.)

Besonders hohen wissenschaftlichen Wert hätte die Erforschung der Asteroiden, weil hier alle Übergänge vom Planeten (Mars—Ceres—Pallas—Psyche usw.) bis zum Kometen (Eros—Komet Encke) und zum Meteorblock vertreten sind.

Die Frage nach einer Besiedelbarkeit der Asteroiden durch irdische Geschöpfe ist bei den Mitteln der heutigen Technik glatt zu verneinen. Dagegen wäre es nicht völlig ausgeschlossen, auf den größten Asteroiden eine eigene Lebewelt oder wenigstens Fossilien zu finden.

Die Asteroiden sind Splitter eines Planeten, die sich aus irgendeinem Grunde nicht zu einer einzigen Masse vereinigen konnten. Dabei werden einzelne auch aus jenen Stoffen bestehen, die bei den Planeten nach innen gesunken sind, zum Teil werden diese wenigstens aus dem Innern der Asteroiden leicht hervorzuholen sein. Falls sich das elektrische Raumschiff bewähren sollte, so wäre der Abbau dieser Stoffe in Erwägung zu ziehen.

3. Der Mars.

Der Mars bewegt sich in einer Ellipse um die Sonne. Die halbe große Achse seiner Bahn beträgt 1,5236914 Erdbahnhalbmesser, ihre numerische Exzentrizität beträgt 0,0933574. Wenn wir den Mars in der oben besprochenen halbelliptischen Fahrt erreichen wollen, so sind die Unterschiede in den Restgeschwindigkeiten beträchtlich, je nachdem, ob wir ihn in seinem Perihel oder in seinem Aphel erreichen wollen. Im Perihel wäre die Restgeschwindigkeit in bezug auf die Erde bei der Abfahrt $v_{r1} = 2{,}16$ km/sek (vgl. (234)) und die Restgeschwindigkeit in bezug auf den Mars bei der Ankunft wäre $v_{r2} = 3{,}27$ km/sek.

Im Aphel wären $v_{r1} = 3{,}50$ km/sek, $v_{r2} = 2{,}00$ km/sek. Da aber die Erde sowohl wie der Mars eine bedeutende Masse und daher eine hohe parabolische Geschwindigkeit haben, so tragen diese Restgeschwindigkeiten zum idealen Antrieb nur wenig bei. Dabei ist auch der Umstand nicht zu vernachlässigen, daß die beiden Weltkörper Atmosphären haben, die wir zu Bremszwecken benützen können, so daß bei der Ankunft die Restgeschwindigkeit überhaupt gleichgültig ist. Die Landung auf dem Mars dürfte auch dadurch erleichtert werden, daß es hier wahrscheinlich offene Wasserflächen gibt, wie W. Pickering mit Hilfe des polarisierten Lichtes feststellen konnte. Allerdings müssen wir damit rechnen, die letzten 400—700 m/sek dennoch durch den Rückstoß abzubremsen, denn die Marsatmosphäre ist jedenfalls ziemlich dünn. Wollten wir den Mars bereisen, wenn er bei der Ankunft des Raumschiffes im Perihel steht, so wäre bei der Abfahrt die geforderte Endgeschwindigkeit $v_1 = 11{,}3$ km/sek. Bei der Ankunft auf dem Mars wären höchstens 700 m/sek durch den Rückstoß abzubremsen, der gesamte ideale Antrieb der Hinfahrt würde einschließlich der Aufstiegsverluste von rund 700 m/sek und der für Korrekturzwecke vorzusehenden 600 m/sek 13300 m/sek betragen. — Die parabolische Geschwindigkeit beträgt beim Mars 4,96 km/sek, die Schwerebeschleunigung beträgt hier nur 3,50 m/sek^2, und die Luft ist im allgemeinen dünner, wenn sie vielleicht auch etwas höher reicht als auf der Erde. Wir werden aus diesen Gründen beim Aufstieg vom Mars nur wenig an idealem Antrieb einbüßen, vielleicht 300 m/sek. Es wäre bei der Rückfahrt $v_2 = 5{,}94$ km/sek, und wenn wir auch wieder 500 m/sek für Korrekturzwecke ansetzen, und Bremsung durch die Erdatmosphäre voraussetzen, so würden wir zur Rückfahrt höchstens $v_x = 6{,}7$ km/sek benötigen. Die ganze Fahrt würde rund 20 km/sek erfordern, das ist etwas mehr als beim Mond.

Steht der Mars dagegen im Aphel, so wäre, wie man sich leicht mittels Rechnung überzeugen kann, $v_x = 19{,}8$ km/sek.

Mit dem geringsten Brennstoffverbrauch würde man fahren, wenn man in Perihelstellung auf den Mars fahren und dort solange bleiben könnte, bis daß man aus der Aphelstellung wieder zurückkommen könnte. In der Theorie läßt sich dies angenähert erreichen, da man bei Minimalfahrt fast $^1/_2$ Marsjahr lang auf den Termin zur Rückkehr warten muß. (Ob man freilich die Brennstoffe 1 Jahr lang in flüssigem Zustand halten könnte, das ist natürlich eine ganz andere Frage.)

Beim Mars können wir übrigens leicht die Fahrtdauer abkürzen, indem wir die Geschwindigkeit erhöhen, denn bei den hohen parabolischen Geschwindigkeiten der Erde und des Mars beeinflußt schon eine geringe Erhöhung der Anfangsgeschwindigkeit die Restgeschwindigkeit bedeutend, und da wir außerdem mit Hilfe der Atmosphäre bremsen, brauchen wir denselben Antrieb nur einmal zu geben. Mit $v_x = 25$ km/sek z. B. läßt sich die Hin- und Rückfahrt zusammen schon in 4—6 Monaten bewerkstelligen, ohne daß man dabei um die Sonne fahren müßte. Besonders die Fahrtdauer von der Erde zum Mars läßt sich ohne nennenswerte Antriebserhöhung ganz wesentlich abkürzen.

Sehr erleichtert wird die Fahrt zum Mars dadurch, daß es auf dem Mars jedenfalls in hinreichender Menge Wasser gibt, und daß der Himmel meistens klar ist. Man könnte dort mit Sicherheit die schon auf S. 376 erwähnten Maschinen zur Erzeugung der flüssigen Brennstoffe aufstellen. Dabei könnte man erstens ohne Rücksicht auf die Verdampfung des Brennstoffes beliebig lange auf dem Mars bleiben, und zweitens würde man für die Rückfahrt keine Brennstoffe mitnehmen müssen. Man würde dadurch mindestens 6 km/sek ersparen. Wenn einmal eine solche Station auf dem Mars stehen sollte, dann wäre er vom Standpunkt der Brennstofffrage von allen Körpern unseres Sonnensystems am leichtesten zu erreichen.

Zweck der Fahrt zum Mars.

Was den Zweck anbetrifft, so fürchte ich, manchen Leser zu enttäuschen, der hier zu viel erwartet. Das einzige, was man mit Sicherheit versprechen kann, ist die Lösung der meisten Rätsel, die uns unser Nachbarplanet aufgibt. Die Hypothesen über den Mars werden oft mit großer Überzeugungskraft vorgebracht, und der Laie hält sie daher nur zu leicht für erwiesene Tatsachen. Demgegenüber müssen wir feststellen, daß man z. B. über die geologischen oder klimatischen Verhältnisse des Mars heute so gut wie gar nichts Sicheres weiß. Ich empfehle dem Laien hier besonders das Buch „Astrophysik" von Scheiner und Graff (Leipzig, Teubner) zur Einsichtnahme. Möglich, daß sich mit dem Betreten des Mars für die menschliche Kultur, Technik und Wissenschaft ungeahnte Entwicklungsmöglichkeiten eröffnen. Möglich auch, daß die erste Expedition auf dem Mars für Jahrhunderte die letzte bleiben wird.

Der Mars ist von der Sonne weiter entfernt als die Erde. Man kann daraus schließen, daß er aus leichteren Stoffen besteht (dies bestätigen auch die Messungen seines Durchmessers und seiner Masse) und daß er vor allen Dingen bei seiner Entstehung mehr Luft und Wasser mitbekommen hat. Der Umstand wieder, daß er nur 0,1078 der Erdmasse besitzt und älter ist, läßt erwarten, daß er einen verhältnismäßig großen Teil seiner Atmosphäre, besonders des Wassers, auch schon wieder verloren hat. Früher war man geneigt, die Atmosphäre des Mars für außerordentlich dünn zu halten (höchstens 1—2 cm Quecksilberdruck) und ihm das Wasser beinahe gänzlich abzusprechen. Der Astronom Johnstone G. Stoney z. B. leugnete das Vorhandensein von Wasser gänzlich und suchte die Erscheinungen, die für das Vorhandensein großer Flüssigkeitsmengen sprechen, auf flüssige Kohlensäure zurückzuführen. (Dabei vergaß er allerdings, daß die Kohlensäure erst bei einem Druck von mehr als 5 Atmosphären in flüssigem Zustande vorkommen kann, andernfalls geht sie aus dem festen Zustand sofort in den gasförmigen über.) Die neuesten Untersuchungen, besonders während der letzten großen Marsnähe, sprechen wieder für eine höhere und dichtere Atmosphäre und höheren Wassergehalt. Aus den mir bekannt gewordenen Forschungen habe ich den Eindruck gewonnen, daß in der Marsatmosphäre die spezifisch schwereren Gase prozentuell stärker vertreten sind als in der Erdatmosphäre, und daß auf dem Mars die Atmosphäre höher hinaufreicht als auf der Erde, daß sie aber wegen der geringen Anziehungskraft des Mars trotzdem nicht unter so hohem Drucke steht. Der Barometerstand wird etwa halb so hooh sein als bei uns.

Die Rotationsdauer des Mars beträgt $24^1/_2$ Stunden. Tage und Nächte sind also nahezu ebensolang als auf der Erde. Auch die Neigung der Achse gegen die Ekliptik entspricht nahezu den irdischen Verhältnissen.

doch sind die Jahreszeiten klimatisch stärker verschieden, da das Marsjahr fast doppelt so lang ist, als das Erdenjahr.

Die Annahme ist wohl endgültig abgetan, daß die gewaltigen Marskanäle durch denkende Wesen hergestellt worden seien. Ja es ist sogar fraglich, ob die meisten Marskanäle nicht einfach auf optischer Täuschung beruhen. In den größten Fernrohren sieht man sie schlecht, und wenn wir unsern Mond durch ein Verkleinerungsglas ansehen, so können wir darauf bei einigem guten Willen auch „Marskanäle" entdecken.

Die großen gelbroten Flächen, die man auf dem Mars sieht, sind nach Pickering Wüsten. Sie sind ausgedehnter als die irdischen Wüsten, weil es auf dem Mars nicht soviel Wasser gibt. Die grauen und blaugrünen Flächen sind nach Pickering Vegetationsgebiete. Pickering glaubt sogar im Lichte einiger dieser Stellen die Absorptionsbänder des Blattgrüns nachweisen zu können. Diese Untersuchungen sind aber schwer durchzuführen und nicht klar zu deuten. Man wird also gut tun, die Frage, ob es auf dem Mars Pflanzen gibt, vorläufig noch als ungeklärt zu betrachten.

Die Temperatur beträgt auf dem Mars bei Tag nur in den Tropen einige Grad über 0. In der Nacht sinkt sie für jeden Punkt unter $-30°$ herab. Daß es trotzdem auch in den kalten Zonen noch flüssiges Wasser gibt, das liegt wohl daran, daß die Marsmeere ihr Wasser mit der Zeit größtenteils verloren haben, und daß das Salz zurückgeblieben ist, so daß das Wasser auf dem Mars heute sehr salzhaltig ist. Starke Salzlösungen erstarren aber erst unter $-20°$.

Die tiefe Temperatur des Mars wäre an und für sich noch kein Grund gegen das Vorkommen von Pflanzen. Es gibt ja in Nordsibirien und auf dem Arktischen Archipel Pflanzen, die monatelang Temperaturen von unter $-40°$ aushalten. Dazu kommt noch eines:

Die Säfte der irdischen Pflanzen, die in kalten Gegenden leben müssen, dürfen nicht zu viel Salz enthalten. Andernfalls müßte die Zellwand infolge des osmotischen Druckes bei der Schneeschmelze zerreißen. Wenn es dagegen Marspflanzen gibt, so enthalten diese jedenfalls viel Salz. Da nun das Salzwasser wesentlich schwerer einfriert, zumal wenn es innerhalb der Zelle noch unter Druck steht, so sind die Säfte der Marspflanzen jedenfalls schon weit unter $0°$ flüssig und zu aktiver Lebensbetätigung fähig. An Licht fehlt es den Pflanzen auf dem Mars keineswegs. Wenn auch die Sonne kaum halb so groß erscheint als auf der Erde, so ist anderenteils die Luft klarer. Man hat auf dem Mars nur dünnen Nebel oder Staub, aber noch niemals richtige Wolken beobachtet.

Die Marspflanzen sind also auch bei Temperaturen schon lebensfähig, bei denen unsere Polarpflanzen noch in Winterstarre liegen. Die Vorbedingungen für eine Art Leben sind also auf dem Mars allem An scheine nach gegeben. Andernteils dürfen wir aber auch nicht vergessen, daß nicht überall, wo Leben vorkommen könnte, auch Leben vorkommen muß. In einer sterilisierten Konservenbüchse z. B. könnten Fäulnisbakterien ganz gut leben, aber es sind doch keine drinnen.

Vielleicht hält man mir hier entgegen, daß nach der Kosmospermiehypothese von Svante Arrhenius auch der Mars belebt sein müsse, wenn nur die Erde belebt ist. Svante Arrhenius sagte:

Wenn ein Planet mit geringer Anziehungskraft in der Nähe einer stark leuchtenden Sonne steht, und es schweben in der Atmosphäre dieses Planeten eingekapselte Bakterien, so muß der Lichtdruck der Sonnenstrahlen diese in den Weltraum hinausblasen. Im ganzen Weltraum müssen solche Bakterienkeime herumschweben, und die Kälte des Weltraumes würde sie nach Arrhenius nicht nur nicht töten, sondern sie gewissermaßen konservieren, so daß sie dabei viel länger keimkräftig blieben als bei normaler Temperatur. Auf die Erde müßten nach Arrhenius' Berechnungen jährlich drei solcher Bakterienkeime niederfallen[1]). Diese könnten allerdings nur in den seltensten Fällen auf der Erde lange leben, denn die irdischen Geschöpfe sind durch einen langen Kampf ums Dasein gerade den irdischen Lebensbedingungen in hervorragendem Maße angepaßt, und die fremden Einzeller würden unter ihnen ungefähr dieselbe Rolle spielen wie ein Löwe am Nordpol zwischen Eisbären, oder ein Eisbär in Afrika zwischen Löwen.

Ich will nun hier nicht alle Argumente aufzählen, die man für und gegen die Kosmospermiehypothese ins Feld geführt hat. In unserem Fall scheint es mir jedenfalls ausgeschlossen, daß das Leben auf diesem Wege von der Erde zum Mars gelangen kann. Der Strahlungsdruck der Sonne reicht nämlich heute bei weitem nicht hin, um irgendeinen Körper von der Erde wegzutreiben. Das findet man indirekt durch Berechnung des Strahlungsdruckes, und direkt durch Beobachtung der Kometenschweife. Es hält aber schwer zu glauben, die Erde sei schon bewohnt gewesen als der Druck der Sonnenstrahlen noch so groß war. Aber wenn ein solcher Keim auf den Mars ankäme, so müßte er ihn mit einer Geschwindigkeit von mindestens 5 km/sek treffen. Dabei müßte er aber in der Marsatmosphäre nach dem im 14. Kapitel Gesagten unter allen Umständen verbrennen. Aus diesem Grunde kann auch das irdische Leben m. E. nur auf der Erde selbst enstanden sein. Nun kann man für den Mars ebenso wie für die Erde eine Urzeugung annehmen; man kann sie aber natürlich auch ablehnen, wie z. B. für die Konservenbüchse.

---

[1]) Diese Zahl scheint mir übrigens zu hoch gegriffen, meiner Rechnung nach würde man der Wahrheit näher kommen, wenn man annimmt, es fällt alle 100000 Jahre einmal ein solcher Keim nieder.

Aber gesetzt den Fall, es gibt auf dem Mars Lebewesen. Welchen Weg ist dann ihre Entwicklung gegangen? Hierüber können wir noch weniger aussagen. Leute, die an Bewohner fremder Weltkörper glauben, pflegen sich diese meist mehr oder weniger den irdischen Geschöpfen ähnlich vorzustellen. Dagegen möchte ich folgendes zu bedenken geben.

Es ist wohl kaum anders möglich, als daß sich alle Lebewesen der Erde aus einer einzigen einzelligen Urform entwickelt haben.

Aber was für verschiedene Wege hat dann die Weiterentwicklung bei den verschiedenen Geschöpfen eingeschlagen! Australien weist ja ungefähr dieselben klimatischen Verhältnisse auf, wie die alte Welt, es war aber vom Festlande „nur" 2—3 Millionen Jahre abgeschnitten, und schon zeigt die australische Lebewelt ein ganz anderes Aussehen. (Gewisse Pflanzen und Vogelarten, sowie die Australneger bleiben natürlich außerhalb unserer Betrachtung, weil sie offenbar erst später eingewandert sind.) Wie verschiedene Wege das Leben gehen kann, das erkennen wir, wenn wir verschiedene Lebewesen nebeneinanderstellen. Vergleichen wir z. B. einen Menschen, eine Biene, einen Rankenfüßler, einen Bandwurm, eine Amöbe, einen Pilz, eine Flechte, ein Bärlappgewächs, ein Farnkraut, einen Gingkobaum, einen Nadelholzbaum, eine Grasart, eine Welwitschie, eine Palme oder einen Obstbaum. Dazu bedenke man noch, 1. daß die Entwicklung dieser Geschöpfe z. T. lange Zeit dieselbe war, 2. daß der Kampf ums Dasein und gewisse zufällige Katastrophen manche Entwicklung im Keime erstickten. Paradiesvögel z. B. konnten sich nur dort entwickeln, wo keine Raubtiere waren, die diesen auffällig gefärbten Tieren besonders nachstellten. Einige Kolibriarten sind durch einen Sturm an einem Tage ausgerottet worden. Als die Eiszeit kam, blieben von der Lebewelt der Tertiärzeit nur einige wenige Arten übrig. Erst wenn wir uns dies alles richtig überlegen, bekommen wir eine Ahnung, wie verschieden von unserer Lebewelt diejenige anderer Weltkörper sein wird, wo das Leben gleich von allem Anfang an andere Wege ging.

Vielleicht könnte man nun aber einwenden, daß unter ähnlichen Lebensbedingungen oft auch ganz ähnliche Formen entstehen, wenn auch der Entwicklungsgang ein grundverschiedener war. Wenn wir einen Schwertwal, einen Ichthyosaurus und einen Haifisch nebeneinanderhalten, so wird die äußerliche Ähnlichkeit jedenfalls größer sein als die zwischen einem Walfisch und einem Landsäugetier, einem Ichthyosaurus und einer Eidechse oder zwischen einem Haifisch und sagen wir, einem Seepferdchen. — Der australische Beutelwolf, ein fleischfressendes Känguruh, das auf 4 Beinen läuft, gleicht weit mehr einem wilden Hunde als einem Känguruh. Ich erinnere weiter an die Ähnlichkeit zwischen Palmen und Baumfarnen an ähnlichen Standorten, zwischen Orang-Utan und Faultier, zwischen Ameisen und Termiten, zwischen Schwalben und

Turmschwalben, zwischen Robinien und Akazien, zwischen gewissen Pflanzenblättern und Phyllokladien, zwischen Seeschnecken und Nummuliten. Auch gewisse Kakteen und Wolfsmilcharten, die an gleichen Standorten wachsen, sind sich äußerlich zum Verwechseln ähnlich. Man könnte diese Beispiele natürlich um hunderte vermehren, besonders wenn man nicht verlangt, daß das Tier im ganzen den anderen ähnlich sei, sondern wenn man schon die Ähnlichkeit einzelner Organe gelten läßt, wie z. B. die Ähnlichkeit der Grabschaufeln beim Maulwurf und bei der Maulwurfsgrille.

Ich zweifle nun freilich nicht, daß es auf fremden Weltkörpern Geschöpfe geben wird, die uns bekannten Geschöpfen sehr ähnlich sehen. (Der Entwicklungsgang dieser Geschöpfe wäre aber natürlich ein grundverschiedener von jenem unserer Formen.) Daneben wird es freilich auch Formen geben, an die wir heute ebensowenig denken können wie etwa jemand, der niemals von einer Amöbe oder einem Tintenfisch gehört hat, jemals auf den Gedanken kommen wird, daß es so etwas gibt.

Ich bezweifle nun aber trotzdem, daß es noch irgendwo im Kosmos *menschliche oder wenigstens menschenähnliche* Intelligenzen gibt.

Die Grundbedingung für die menschliche Intelligenz ist die Fähigkeit, *eigene Erfahrungen zu sammeln, selbst* etwas zu lernen und sich zu merken, was man nicht schon als fertige Kenntnis von Geburt an hat. Als Beispiele für angeborene Kenntnisse beim Menschen führe ich etwa die folgenden an:

Wenn die Zahl A größer ist als die Zahl B, und die Zahl B größer als die Zahl C, dann ist auch A größer als C. — Wenn A ein Teil von B und B ein Teil von C ist, dann ist auch A ein Teil von C. — Der gerade Weg ist der kürzeste. — Die gerade Linie hat überall dieselbe Neigung. — Gerade Linien, die dieselbe Neigung haben, können sich nicht schneiden. — Alles, was geschieht, geschieht in Raum und Zeit, und Raum und Zeit haben nirgends ein Ende. — Die Erde ist im großen ganzen ein wagerechter Teller. — Der Wille des Menschen ist frei — u. a. m.

Der Vorteil dieser ererbten Kenntnisse ist der, daß man sie erstens nicht zu lernen braucht, sondern gleich hat. Tiere, die viel ererbtes Wissen haben (z. B. Hühner), können gleich nach dem Ausschlüpfen aus dem Ei ihr Futter suchen, eine Ameise oder Termite vollends ist gleich nach dem Ausschlüpfen aus der Puppenhülle zu vollen Intelligenzleistungen befähigt. Zweitens sitzen diese Kenntnisse meist fester als das Gelernte, und man kann das Gelernte bequem daran anschließen, so daß es nicht in der Luft hängt. Diese angeborenen Kenntnisse sind nach Kant, dem ich übrigens im großen ganzen keineswegs zustimme, die Kategorien, in die man die Welt der Erscheinungen erst einordnen kann.

Der Nachteil dieser ererbten Kenntnisse ist der, daß sie sich nicht den besonderen Bedürfnissen des betreffenden Individiums anpassen und daher oft nicht nur überflüssig, sondern geradezu hinderlich sind. — Ich kann mir bei meinen astronomischen Arbeiten wohl ein Planetarium vorstellen, wo die einzelnen Sternmodelle auf unsichtbaren Schienen scheinbar frei um eine große, glänzende Kugel laufen, sobald ich aber dann die Tätigkeit eines Raumschiffes erfassen will, muß ich wieder zu anderen Vorstellungen übergehen, etwa zu einem Stück Eisen, welches an einem Magneten hängt, und nun durch den Stoß mit einem Billardstock von hier weg und an einen anderen Magneten geschnellt werden soll. Sobald ich mich in die Empfindungen der Passagiere hineindenken will, muß ich dann wieder zu anderen Vorstellungen übergehen, etwa zu einer leeren schwarzen Hohlkugel von 10—20 km Durchmesssser. Ohne „Oben" und „Unten" kann ich mir überhaupt kein solches Bild vorstellen, obwohl diese Vorstellung hier ein perfekter Nonsens ist; und wenn ich dann etwas anderes mache, dann ist die Erde für mich natürlich überhaupt kein „Himmelskörper" mehr, sondern eben die „Erde", das Gegenstück zum „Himmel". Dies ist natürlich eine beträchtliche Erschwerung für alle Arbeiten auf astronomischem Gebiet. — Nun sind wir ja in der Astronomie durch jahrhundertelange Arbeit dieser Schwierigkeiten einigermaßen Herr geworden. Die philosophische Fakultät in Turin würde heute ja dem Kolombus nicht mehr antworten: Schön, daß du an der Erde hinunterfahren kannst, das wollen wir ja noch allenfalls glauben; aber wie willst du mit dem Schiff dann wieder hinauffahren ?! Wir haben heute alle möglichen astronomischen Bilder und Schemata erfunden und eine Kasuistik ausgearbeitet, wann das eine und wann das andere zu gelten hat. — Wer möchte aber behaupten, daß z. B. unsere heutige Rechtspflege den Begriff der Kausalität bereits verdaut hätte und zwischen den angeborenen Vorstellungen der Rache und Vergeltung sowie der Willensfreiheit und der Milderungsgründe einerseits und zwischen dem Begriffe der Kausalität und den Forderungen der Verhütung des Verbrechens, der Schonung innerlich Unschuldiger, der Abschreckung und der richtigen Beeinflussung der Handlungen der Allgemeinheit stets glücklich hindurchsteuert.

Zwischen dem erworbenen und dem ererbten Wissen ist etwa derselbe Unterschied, wie zwischen der Buchdruckerkunst und der mittelalterlichen Kunst des Schneidens ganzer Tafeln. (Ich werde vielleicht später einmal in einem philosophischen Buch mehr über diese und ähnliche Dinge schreiben.) Ein weiterer Nachteil des ererbten Wissens ist der, daß es sich nur sehr langsam verändert, daß es also lange dauert, bis es eine Tierart auf dem Wege ererbten Wissens zu halbwegs erwähnenswerten Intelligenzleistungen bringt.

Erworbenes Wissen ist nun keineswegs eine derartige Notwendigkeit, wie etwa die Fischform, die Grabschaufeln oder das Fiederblatt. Hunderttausende von Arten und Millionen von Unterarten kommen ohne es aus. Wenn wir den Stammbaum der irdischen Geschöpfe ins Auge fassen, so finden wir das erworbene Wissen m. E. überhaupt nur bei einem ganz kleinen Zweige, nämlich bei den Reptilien und den Geschöpfen, die sich später aus den Reptilien entwickelt haben. Bei Regenwürmern findet man allerdings so etwas wie Erinnerungsvermögen. Es zeigt sich indessen auch bei geköpften Würmern, also haben wir es doch wohl nicht mit bewußter Verstandestätigkeit zu tun. Bei den Amphibien konnte man bis jetzt noch keine Spur davon feststellen, ebensowenig bei irgendwelchen anderen Tieren.

Daß z. B. die „kluge" Biene nicht imstande ist, sich irgend etwas zu merken und daraus ihre Schlüsse zu ziehen, das erkennt man aus folgender Beobachtung:

Wenn eine Biene durch ein halbgeöffnetes Fenster in ein Zimmer hineinfliegt, und nach dem Wegfliegen an die Fensterscheibe stößt, so müht sie sich oft stundenlang an dieser ab, ohne zu bemerken, daß sie da nicht hindurch kann, und daraus den Schluß zu ziehen, es nun mal auf einem anderen Wege zu versuchen, sagen wir auf dem Wege, auf dem sie gekommen ist. Dabei fehlt ihr keineswegs der Ortssinn. Man hat Bienen in Schachteln gepackt, diese an einem Faden im Kreise gedreht und ist mit den Bienen im Auto 5—10 km weit vom Bienenstock weggefahren. Und die Bienen fanden wieder nach Hause. In unserem Falle aber weiß die Biene offenbar nur, daß man auf dem geradesten Wege in den Bienenstock zurückkehrt, wenn man Süßigkeiten eingepackt hat und daß man überall, wo man durchsehen kann, auch durchfliegen kann, wenn man sich ein bißchen anstrengt, und aus der persönlichen Erfahrung lernt sie rein nichts.

Ähnlich niederschmetternd sind die Forschungsergebnisse über die Intelligenz der Ameisen und der übrigen wirbellosen Tiere. Ihre Erlebnisse beeinflussen ihr Wissen einfach nicht, und es fehlt ihnen offenbar jedes Erinnerungs- und Kombinationsvermögen.

Vielleicht wird hier aber jemand an den Münchener Flohzirkus oder an die Spinnendressur denken. Nun ich glaube, in diesem Fall „lernt" nur der menschliche Dompteur, nicht aber sein Schüler. Ich habe selbst einem Spinnenzüchter, der übrigens persönlich von der Intelligenz seiner schauderhaften Lieblinge fest überzeugt war, bei seinen Dressurversuchen zugesehen. Die Abrichtung bestand darin, daß er die Spinne vom Netz wegtrug, worauf sie dahin zurückkehrte, oder darin, daß er gewisse summende und pfeifende Laute hervorbrachte und mit der Hand oder einem Strohhalm gewisse Erschütterungen an einem von der Spinne gezogenen

Faden hervorbrachte; darauf glaubte diese, es sei eine Fliege und kam herbei.

Beim Flohzirkus schneidet man entweder dem Floh ein Stück seiner Sprungbeine ab, so daß er nur noch kriechen kann, und läßt ihn dann einen Wagen ziehen oder auf einem Draht entlang kriechen u. ä., oder man erreicht dies Ziel, indem man ihn in eine flache Schachtel mit Glasdeckel setzt, wo er so lange gegen das Glas springt, bis daß er vor Müdigkeit nicht mehr springen kann.

Sollen die Flöhe Sprungkunststücke machen, so erzielt man mit der Hand gewisse Licht- und Schatteneffekte, bläst den Floh an, usw. Wenn man das heraus hat, so springt jeder Floh (nicht nur der „abgerichtete“) genau so, wie man es haben will. Auch hier lernt nicht der Floh das richtige Springen, sondern der Mensch das richtige Veranlassen.

Ich will hier allerdings nicht verschweigen, daß ein so bedeutender Entomologe wie Fabre z. B. bei den Erdwespen die Fähigkeit annimmt, wenigstens in bezug auf den Ort Erinnerungen zu sammeln. Aber es scheint mir doch, daß man die Erscheinungen, die Fabre in diesem Sinne deutet, auch anders erklären könnte, zu dem ist nicht zu vergessen, daß Ortserinnerungen (ebenso wie der gesamte Ortssinn) nicht notwendig bewußte Kenntnisse darstellen müssen.

Um mir selbst die Frage klar zu machen, entwarf ich einmal die Pläne zu 2 Maschinen. Beide sollten durch ein Uhrwerk getrieben werden und sollten, wenn man sie auf irgendeiner beliebigen Kurve herumgeführt hatte, wieder auf den Punkt zurücklaufen, von welchem sie ausgegangen waren. Die eine auf dem kürzesten Wege (Ortssinn ohne Erinnerungsvermögen), die andere auf derselben Kurve, auf der sie weggeführt worden war (Aufzeichnung der Ortserinnerungen). Die letztere Maschine ist, wie sich leicht zeigen läßt, ungleich komplizierter als die erstere. Der Ortssinn ohne Erinnerungsvermögen dürfte demnach bei weitem das Einfachere sein. Das Hin- und Herfliegen der Wespen vor ihrem Loch nach dem Auskriechen, welches Fabre so deutet, daß sie sich die Umgebung desselben genau einprägen wollten, könnte man auch als ein Spiel zur Übung des erinnerungslosen Ortssinnes auffassen.

Zusammenfassend können wir also sagen: Erworbenes Wissen ist nicht eine Lebensnotwendigkeit, sondern nur eine zufällige Eigenschaft einer kleinen Gruppe von Tieren, die an Zahl der Arten oder Individuen sicher noch nicht ein Tausendstel aller Tiere ausmacht. Bei der Mannigfalt der Lebensformen ist es sehr unwahrscheinlich, daß sich diese Eigenschaft noch irgendwo im Kosmos wiederholen sollte. Es ist aus diesem Grunde auch nicht eben wahrscheinlich, daß es auf irgendeinem andern Weltkörper menschenähnliche oder wenigstens mit menschlicher Intelligenz ausgestattete Geschöpfe gibt.

Besonders Marsromane schreiben über hochkultivierte Marsmenschen. Dagegen spricht unter anderem auch der Umstand, daß diese noch nicht mit dem Raumschiff auf die Erde gekommen sind. Sie hätten ja wirklich Grund genug, auf ihren Planeten wenigstens Luft und Wasser von der Erde zu bringen. Nun ist, an der Entwicklungszeit eines Sternes gemessen, die Zeit vom Auftreten des ersten Menschen bis zum Bau des ersten Raumschiffes so überaus kurz, daß es geradezu ein Wunder wäre, wenn innerhalb eines Planetensystems die Entwicklung auf zwei Weltkörpern gerade auf demselben Punkte halten sollte.

Man könnte mir hier vielleicht entgegenhalten, daß die Marsbewohner möglicherweise vor einigen hundert Millionen Jahren Raumschiffe nach der Erde gesandt hätten, daß sie aber inzwischen ausgestorben wären. Auch dem Abendlande droht ja nach Oswald Spengler in einer nach kosmischen Begriffen unheimlich kurzen Zeitspanne der Untergang. Hier möchte ich nur soviel sagen:

Ich glaube, daß die Menschheit, wenn sie einmal so weit ist, wie wir, überhaupt nicht mehr aussterben wird. Die Wissenschaft wird sie nämlich Mittel und Wege finden lassen, alle drohenden Schädigungen abzustellen. Bei schärferem Zusehen bemerken wir ja eine Reihe von Anzeichen hierfür. (Z. B. die Bewegung für Rassenhygiene, für biologisch und hygienisch richtige Lebensführung, für die moralische Reinheit des öffentlichen Lebens, für den Nienkampschen Freybund usw. Diese letzte Idee — vgl. hierzu Nienkamp „Fürsten ohne Krone“ und „Grundlagen der Fürsten ohne Krone“ halte ich überhaupt für das Bedeutendste, was Menschen bisher erdacht haben.) Nach diesen paar Sätzen ist es natürlich mehr oder weniger Glaubenssache, ob man auf Grund solcher und ähnlicher Beobachtungstatsachen an den Untergang der Menschheit glauben will oder nicht. Ich hoffe aber gelegentlich auf ungefähr 300 Druckseiten einen zwingenden Beweis für meine Behauptung zu erbringen.

Man müßte hier auch an die Möglichkeit denken, daß die Marsbewohner wohl Raumschiffe bauen können, daß sie sich aber der hohen Schwerkraft wegen bis jetzt von der Erde fern hielten. Diese Annahme ist nun schon an und für sich unwahrscheinlich. Ganz abgesehen davon, daß man bei höherer Kultur das Wesen der Schwerkraft vielleicht ergründen und Mittel zu ihrer Bekämpfung finden könnte, hätten die Marsbewohner, wenn sie wirklich eine so hohe Kultur hätten, im Laufe von Jahrmillionen auch eine Berufskaste herausbilden können, die einen Andruck von mehr als 9,81 m/sek^2 verträgt. Schon wir Menschen können uns ja in verhältnismäßig kurzer Zeit an das 3—4fache der Erdschwere gewöhnen. — Aber auch hiervon ganz abgesehen, würde der Mars wohl anders aussehen, wenn seine Bewohner wirklich eine so hohe Kultur hätten.

Wir können nicht einmal sagen, ob eine etwaige Lebewelt des Mars einen längeren Entwicklungsgang zurückgelegt hat als die irdische Lebewelt. 1. haben wir auf der Erde selbst Beispiele genug, daß sich biologische Arten entweder kaum nach vorwärts oder auch geradezu nach rückwärts entwickelt haben. 2. aber muß die Lebewelt des Mars, selbst wenn sie absolut genommen älter ist, nicht auch relativ älter sein. Die Lebensvorgänge auf dem Mars spielen sich wahrscheinlich langsamer ab. Das ist bedingt durch den geringen Sauerstoffgehalt der Marsatmosphäre und durch die geringe Sonnenwärme, sowie durch den Umstand, daß die Schwerkraft auf dem Mars geringer ist als auf der Erde. Wenn ein Geschöpf auf dem Mars sich im Verhältnis zur Schwerkraft ebenso gewandt bewegen soll als ein irdisches Geschöpf in ähnlicher Lage, so brauchen alle seine Bewegungen nur 0,35mal so schnell zu erfolgen. Das ganze Lebenstempo könnte also ein langsameres sein, und die Lebewelt des Mars würde cet. par. in 2,4 Erdjahren nur soweit kommen als die irdische Lebewelt in einem Jahre. Dann ist noch eines nicht zu vergessen. Entwicklung kann nur dort sein, wo es Geschöpfe gibt, die sich entwickeln sollen. Je zahlreicher die Individuen sind, desto größer ist die Aussicht, daß etwas Neues entsteht. (In einer Großstadt ereignet sich z. B. mehr Neues als auf einem Dorf.) Nun ist die Anzahl der Individuen der Marswelt jedenfalls kleiner als die Zahl der irdischen Lebewesen. 1. ist die Erde größer, 2. sind auf der Erde Land und Meer in gleicher Weise bevölkert, während $^2/_3$ der Marsoberfläche Wüste sind. 3. dürften nach Gauß die Lebewesen auf dem Mars im Durchschnitt größer sein als jene auf der Erde, dabei haben auch auf gleichem Raum verhältnismäßig weniger Individuen Platz. Bei ihrer geringen Zahl ist aber die Wahrscheinlichkeit, daß eine Mutation auftritt, natürlich entsprechend kleiner. Die eigentliche australische Lebewelt hat sich ja seit der Abtrennung Australiens vom Festlande verhältnismäßig auch nicht so weit entwickelt wie die Lebewelt der übrigen Kontinente.

Wir können also mit gutem Gewissen behaupten, daß wir über die Lebewelt des Mars rein nichst aussagen können.

Der Ansicht kann ich mich nicht anschließen, der Mars sei ein uferloser Eisozean; die Meere seien offene Stellen, die Kontinente seien Eisschollen, und die Kanäle Sprünge in der Eisrinde. In diesem Falle müßte die Marsatmosphäre mehr Anzeichen für das Vorhandensein von Wasser zeigen. (Sogar die Nebel, die man häufig wahrnimmt, könnten in Wirklichkeit Staubwolken sein. Versuche, die man unternommen hat, um den Wasserdampfgehalt aus gewissen Diffraktionserscheinungen zu bestimmen, sprachen für eine außerordentliche trockene Atmosphäre.) Außerdem zeigen die Ränder der Kontinente wohl bedeutende Formänderungen, je nachdem die Jahreszeit feucht oder trocken ist, aber im ganzen scheint mir die Form und Lage der Kontinente für Eisschollen zu beständig. Die Landkarte des Mars hat sich im großen ganzen seit mindestens 70 Jahren nicht nachweislich verändert. Ganz besonders scheint mir die rote Farbe der Kontinente gegen die Welteislehre zu sprechen. Diese rote Färbung ist am zwanglosesten durch das Vorkommen von Eisenoxydhydrat zu erklären, dem auch der irdische Wüstensand seine rote Farbe verdankt. Nun könnte ja natürlich auch eine Schnee- und Eisfläche durch Eisenstaub mit der Zeit rot gefärbt werden, der, sagen wir, in der Form von Meteorsplittern darauf gefallen ist. Wenn wir es aber tatsächlich mit einer Wasser- und Eisfläche zu tun hätten, so würde sich über dieser roten Schneeschicht bald wieder Reif und Schnee niederschlagen und die rote Schicht zudecken. (Wir dürfen ja nicht vergessen, daß die Sonne den Marsäquator zur Mittagszeit sicher so stark erwärmt, daß große Wassermengen verdunsten.) Um die rote Farbe zu erklären, müßte man schon einen ununterbrochenen Regen von Eisenstaub annehmen. In diesem Falle würde aber der Weltraum um den Mars herum so viel Eisenstaub enthalten, daß er unter allen Umständen als leuchtender Ring an unserem Nachthimmel zu sehen wäre.

Wir können abschließend sagen:

Menschen werden in der Marsluft wahrscheinlich nicht atmen können. Ich will schon zufrieden sein, wenn wenigstens der Luftdruck so groß ist, daß man den Raumtaucheranzug entbehren kann, und daß die Raumschiffer nur einen Luftbehälter auf dem Rücken tragen müssen. Dieser wird sie wegen der geringen Schwerkraft glücklicherweise auch nicht sehr belästigen. Den nötigen Sauerstoff könnten sie mit Hilfe geeigneter Maschinen durch Destillation der Marsatmosphäre selbst herstellen, denn diese enthält jedenfalls Sauerstoff.

Brennstoffe für die Rückfahrt braucht das Raumschiff nicht mitzunehmen, es genügt, wenn es Maschinen mitnimmt, um die Brennstoffe auf dem Mars selbst herzustellen. Die nötigen Vorbedingungen (Sonnenschein, Salzwasser) dazu sind gegeben. Die Gesamtdauer einer Expedition beträgt 1—2 Jahre. Wegen der klaren Marsatmosphäre können die Raumfahrer mit der Erde fast die ganze Zeit über durch Lichtsignale in Verbindung bleiben, wenn nur auf einer Beobachtungsstation in der Nähe der Erde ein hinreichend großes Raumteleskop und ein hinreichend großer Spiegel ist. Diese vorausgesetzt würde auf dem Mars schon ein achtzölliges Fernrohr und ein Spiegel von 1—2 m Durchmesser genügen.

Die Raumschiffer müßten sich gegen kalte Nächte vorsehen. Lebensmittel müßten sie sich mitnehmen, denn 1. wissen wir überhaupt nicht, ob der Mars bewohnt ist, und 2. würden die Marspflanzen vermutlich wegen ihres Salz- und Kaligehaltes für die menschliche Ernährung nicht recht geeignet sein. Trinkwasser könnte man sich auf dem Mars herstellen.

Über den Zweck der Fahrt kann man heute nur so viel sagen, daß die erste Expedition die alten Streitfragen über den Mars endlich klären würde. Ob weitere Fahrten einen Zweck haben, daß wird man nur nach der ersten Fahrt sagen können. Die erste Fahrt würde sich unter allen Umständen finanziell tragen. Zunächst ist da der Prix Gusmann zu gewinnen. Mme. Gusmann vermachte vor ungefähr 20 Jahren der Pariser Akademie 100000 Franken mit der Bestimmung, daß sie demjenigen Physiker zufallen sollen, dem es gelingen wird, die Verbindung mit einem der Planeten unseres Sonnensystems herzustellen. Dabei sind nun zwar Venus und Merkur bevorzugt, aber da beide für das Raumschiff schwerer zu erreichen sind als der Mars, so wird wahrscheinlich nach der Marsfahrt der Preis ausgezahlt werden. Sofern man das Geld bald gewinnbringend anlegen würde (vorläufig soll es noch in einem Kuvert verschlossen im Tressor der französischen Akademie liegen), so würde es bis zum Zustandekommen der Marsexpeditionen die Kosten derselben jedenfalls decken. Außerdem würden bei dem großen Interesse der Allgemeinheit gerade für den Mars irgendwelche vom Mars mitgebrachte Gegenstände (seien es auch nur Luft-, Wasser- und Gesteinsproben) einen so hohen Wert repräsentieren (man könnte sie in Museen unterbringen oder an Sammler verkaufen), daß dadurch die Kosten der Fahrt bei weitem gedeckt wären.

Falls der Mars unbewohnt wäre, so würde der ersten Expedition die Aufgabe erwachsen, auf demselben Ansiedlungsversuche mit Organismen aus ähnlichen irdischen Klimaten zu machen. (Z. B. aus Zentral- und Nordasien.) Abgesehen von der grundsätzlichen Erwägung, dem Leben jeden ihm zugänglichen Platz zu erschließen, wäre es wissenschaftlich interessant zu sehen, ob und wie sich diese Lebewesen auf dem Mars akklimatisieren. Dabei wäre es auch nicht ausgeschlossen, daß sie im Laufe einiger Jahrzehnte andere Eigenschaften entwickeln, deren Studium vom wissenschaftlichen und vielleicht auch praktischen, z. B. pharmazeutischen Standpunkt von Bedeutung sein könnte.

Wäre dagegen der Mars schon bewohnt, so müßten wir im Gegenteil seine Lebewelt schonen und unverändert zu erhalten suchen. Ihre Erforschung würde für die biologischen Wissenschaften von geradezu epochemachender Bedeutung werden.

4. Die Venus.

Die Venus dürfte der schwierigste, aber auch der lohnendste Himmelskörper für den Raumschiffer sein.

An Größe und chemischer Zusammensetzung gleicht sie der Erde fast völlig (Durchmesser ca. 12,300 km). Die Atmosphäre scheint 10—20 km höher zu sein als die Erdatmosphäre. Der Luftdruck an der sichtbaren Oberfläche ist daher 2—3mal so groß als der normale Luftdruck auf der Erde. (Man hat das gefunden, indem man beobachtete, wie weit die Dämmerung auf den unbeleuchteten Teil des Planeten übergreift.)

Die Albedo beträgt 0,71—0,76: Diejenigen Gegenden der Venus, auf die die Sonne scheint, nehmen also nur 24—29% der zugestrahlten Lichtmenge auf. Die übrigen 71—76% werfen sie einfach zurück. Diese Zahl ist sehr groß, sie entspricht etwa dem Rückstrahlungsvermögen einer starken Wolken- oder Schneedecke.

Im Fernrohr erscheint uns die Venus, wenn sie gut sichtbar ist wie ein kleiner Halbmond. Wenn sie uns ganz nahe steht, dann steht sie zwischen Erde und Sonne und wir sehen sie überhaupt nicht. (Sogenannte untere Konjunktion.) Wenn sie so steht, daß sich die Sonne zwischen Venus und Erde befindet, so steht sie in der sog. oberen Konjunktion. In dieser Stellung können wir sie auch nicht beobachten. Wenn sie nahe der oberen Konjunktion steht, so erscheint sie uns als kleine Scheibe, leider ist sie dann ziemlich weit von der Erde.

Im Fernrohr zeigt die Venus dem Beobachter stets eine gleichmäßige helle weiße Fläche, an der man nicht die geringsten Einzelheiten erkennen kann. Die dunkeln Flecken, die man nach langer Beobachtung zu sehen vermeint, und die man mit schlechten Apparaten auch photographieren kann, beruhen bloß auf einer Blendungserscheinung. Sie zeigen sich an jeder hellbeleuchteten gleichmäßig weißen Kugel und verschwinden nachgewiesenermaßen um so mehr, je besser die Instrumente sind, mit denen man die Venus beobachtet. Sie ist also für den Beobachter ein recht undankbares Objekt.

Über die Temperatur der Venus läßt sich schwer etwas Bestimmtes sagen. Die Licht- oder Wärmeenergie, die die Sonne 1 cm² großen Flächen bei senkrechter Bestrahlung zusendet (die sog. Solarkonstante) ist auf der Venus 4—4,3 kal/cm² min., das ist 1,9—2mal soviel wie für die Erde. Da nun aber die Venus hiervon nur 24—29% absorbiert, während die wesentlich dunklere Erde vom Sonnenlicht 42—46% zurückhält, behält die Venus tatsächlich auch nur 0,99—1,38 soviel Energie als die Erde.

Bezeichnen wir nämlich mit $Q_{♀}$ die Wärme, die die Venus aufnimmt, und mit $Q_{♁}$ die Wärme, die die Erde aufnimmt, so ist also das Verhältnis:

$$Q_{♀} : Q_{♁} = 1{,}9 \cdot 24 : 1{,}46 \text{ bis } 2{,}29 : 1{,}42 \,.$$

Natürlich „behält“ die Venus diese Energiemenge letzten Endes ja auch nicht, sondern diese Wärme muß auch wieder ausgestrahlt werden, zusammen mit der Wärme, die der Planet aus sich selbst heraus ausstrahlt (sie dürfte, wie bei der Erde, $^1/_3$—$^1/_4$ der mit $Q_{\text{♁}}$ bezeichneten ausmachen). Die Oberfläche der Venus muß also so warm sein, daß sie diese ganze Wärmemenge in Form von Wärmestrahlen an den Raum abgibt.

Wenn nun das Rückstrahlungsvermögen der Venus für langwellige Strahlen ebenso groß wäre wie für kurzwellige, so wäre die Rechnung nach S. 321 ff. ziemlich einfach.

Enthält dagegen die dichte Atmosphäre der Venus viel Kohlensäure, so kann sie wesentlich wärmer sein als wir vorhin fanden. Ich halte nun allerdings den Kohlensäuregehalt der Venusatmosphäre nicht für groß. Ich glaube nämlich, es müßten auch auf der Venus so wie auf der Erde Gegenden sein, deren Temperatur bis 40° unter der Durchschnittstemperatur des Planeten liegt. Hier kann es sicher Pflanzen geben (wir kennen ja Algenarten, die in 60° heißen Quellen vorkommen), solche Pflanzen würden aber in kurzer Zeit den Kohlensäuregehalt der Atmosphäre herabsetzen. Dadurch würde nach dem auf S. 320 Gesagten die Temperatur im ganzen etwas herabgehen, so daß jetzt auch vorher wärmere Gegenden für das Leben erreichbar würde, welches nunmehr die Kohlensäure noch weiter binden würde, bis der Kohlensäuregehalt der Atmosphäre auf ein Minimum herabgegangen wäre.

Andere Stoffe wieder lassen sichtbares Licht schwerer durch als Wärmestrahlen, z. B. der Nebel. Die weiße Schicht, die wir auf der Venus erblicken, ist nun aber höchstwahrscheinlich Nebel, und daher wird die Wolkendecke der Venus eher kälter sein als wir oben berechneten. Ich würde den Durchschnittswert ihrer Temperatur, falls die Venus überall gleichmäßig weiß ist, mit 8—15° C annehmen.

Jetzt ist aber erst recht noch verschiedenes zu bedenken: Unsere Erdluft ist bekanntlich oben kalt, nach unten zu nimmt ihr Wärmegrad 200 zu 200 m etwa um 1° zu. Man wird diese Zahl auch bei der Venus annehmen dürfen. Die wirkliche Oberfläche des Planeten ist also jedenfalls wärmer als die Wolkendecke. Es fragt sich nur, wie tief liegt sie unter der Wolkendecke. Ich persönlich glaube 6—8 km. Allerdings wundert mich dabei, daß man auch in den stärksten Fernrohren keine Anzeichen dafür findet, daß Gebirgsketten über diese Wolkendecke emporragen. Die Venus ist ja ein verhältnismäßig junger Planet und hat wohl höhere Gebirge als die Erde.

Endlich ist noch möglich, daß das Rückstrahlungsvermögen der Venus auf der Nachtseite anders ist wie auf der Tagseite. Wäre z. B. die Nachtseite absolut schwarz, so wäre die Durchschnittstemperatur der Wolkendecke etwa 20° unter 0.

Ob sich die Venus (so wie die Erde) um ihre Achse dreht, oder ob sie der Sonne stets dieselbe Seite zukehrt wie der Mond der Erde, das weiß man heute noch nicht. S c h i a p a r e l l i nimmt das letztere an. Andere

Astronomen, namentlich Belopolski, glauben, die Venus drehe sich in 20—36 Stunden einmal um ihre Achse.

Das Klima der Venus wird sehr verschieden sein, je nachdem sie sich um ihre Achse dreht oder nicht. Kehrt sie der Sonne stets dieselbe Seite zu (vgl. Abb. 153) so steigt an der Stelle, die der Sonne gerade zugekehrt ist (ich will sie den Tagpol nennen) die Luft empor. Dabei bildet sich so wie auf der Erde in aufsteigenden Luftströmen eine dichte Wolkenschicht, während die Venusoberfläche selbst nebelfrei bleibt. Vom Nachtpol strömt dann unten die kalte Luft nach.

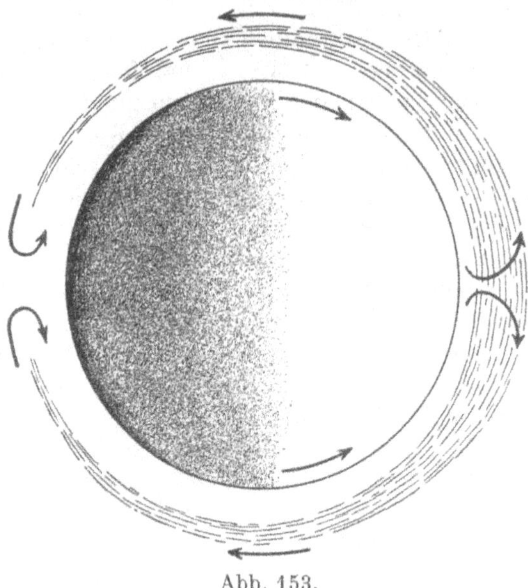

Abb. 153.

Die Kugel braucht über 200 Tage, um sich im Vergleich zum Sternenhimmel einmal um ihre Achse zu drehen. Die ablenkenden Kräfte, die bei unsern Passaten- und Monsunwinden in so hohem Grade sich bemerkbar machen, können daher auf der Venus nur gering sein, denn sie sind ja lediglich eine Folge der Rotation des Weltkörpers. Die Luft strömt einfach auf dem kürzesten Wege vom Tagpol zum Nachtpol und umgekehrt. Dabei entwickeln die oberen Luftschichten jedenfalls orkanartige Geschwindigkeiten. (Meiner Rechnung nach 400 bis 1000 km in der Stunde.)

Die vom Westwind getriebenen Schäfchenwolken unserer Breiten entwickeln im Durchschnitt 8—20 m in der Sekunde. Unsere Westwinde nun kommen dadurch zustande, daß sich die Luft am Äquator erwärmt und nach den Polen abzuströmen sucht. Dabei wird die Luft jedoch durch die Rechtsabweichung infolge der Erddrehung (durch die sog. Coriolis-Kraft) gehindert und schraubt sich nur langsam (im Laufe von 1—2 Jahren) bis zum Pole vor. Wenn aber schon diese Schäfchenwolken 8—20 m in der Sekunde zurücklegen, so kann man ermessen, was für Geschwindigkeiten auf einem Stern auftreten müssen, wo der Tagpol $1{,}9 \cdot \pi$ bis $2\,\pi$mal so viel Wärme erhält als ein Stück Äquatorgegend der Erde, wo weiter die Nachthalbkugel im Gegensatz zu unsern kalten

Zonen überhaupt keine Sonnenwärme empfängt und wo außerdem kaum eine ablenkende Kraft die geradlinige Bewegung der Luft zwischen den heißen und kalten Gegenden hindert.

Mit dieser Geschwindigkeit dürfte also die obere Luftschicht in etwa 15—50 Stunden den Weg vom Tagpol zum Nachtpol machen.

Die unteren Luftschichten werden sich wohl wesentlich langsamer bewegen, wenn jedenfalls auch da noch ein recht windiges Klima herrscht. Ich schätze, daß die Luft zur Rückkehr vom Nachtpol 10—20 Tage brauchen wird. Auf der Venusoberfläche wäre es dabei verhältnismäßig kühl, denn die Winde würden immer die kalte Luft von der Nachthalbkugel herbeibringen. Die Temperatur könnte sogar tiefer liegen als die Temperatur einer gleichmäßig weißen Kugel, die sich so weit von der Sonne befindet wie die Venus. Die Bewölkung auf der Nachthalbkugel wäre nämlich jedenfalls viel geringer als jene auf der Taghalbkugel. 1. Fällt nämlich ein Teil des mitgeführten Wasserdampfes jedenfalls schon auf der Reise als Regen nieder. 2. Führt die Luft auf der Nachthalbkugel eine absteigende Bewegung aus; auf der Erde beobachten wir aber, daß Gegenden mit aufsteigender Luftbewegung (z. B. die Kalmen) stark bewölkt sind, während Gegenden mit absteigender Luftbewegung (wie z. B. die Wüsten) blauen Himmel haben. Dabei wäre also die Albedo der Nachtseite geringer als jene der Tagseite. Es würde schwer Wärme absorbiert aber leicht ausgestrahlt. Die Wirkung wäre dieselbe, als wenn wir die Beobachterkammer unserer Rakete mit der hellen Seite gegen die Sonne und mit der dunkeln gegen den Weltraum kehren würden, oder wie wenn sich eine schöne Frau gegen die Sonnenstrahlen mit einem Schirme schützt, und sich von der Schattenseite Kühlung zufächelt.

Temperaturen unter 0° wären aber gleichwohl selten. In diesem Falle würden sich die kalten Gebiete mit einer Schnee- oder Eisdecke beschlagen. (Es gibt ja wohl auch dunkle Eisflächen, aber auf einem Wasser, über dem solche Stürme wüten wie über der Nachtseite der Venus, dort bildet sich nicht dunkles, sondern helles Eis.) Wäre nun ein hinreichend großer Teil der Nachtseite unter 0° abgekühlt, so wäre die Venus damit auf beiden Seiten gleichmäßig weiß. Dann aber könnte ihre Durchschnittstemperatur, wie wir schon sahen, nicht unter 0° liegen, sondern sie müßte nach dem Stephan-Boltzmannschen Gesetz mindestens 8—20° über 0 betragen.

Da sich die Luft in den oberen Schichten gegen die Nachtseite, in den unteren Schichten aber in umgekehrter Richtung bewegt, kommen in der Zwischenschicht Wirbel zustande, die ein zeitweiliges und unregelmäßiges Steigen und Fallen des Barometers bedingen. Diese barometrischen Schwankungen gleichen sich aber infolge des Fehlens der Coriolis-Kraft schneller aus als auf der Erde, die barometrischen Minima werden wohl auch rascher fortgetragen werden, so daß sie nicht so lange über ein und derselben Gegend liegen. Im Gegensatz zu unsern Landregen, die oft wochenlang dauern können, werden auf der Venus barometrische Depressionen selten länger als Stunden dauern.

Falls die Venus also der Sonne stets dieselbe Seite zukehrt, so würde das Klima etwa so aussehen:

Zunächst einmal große Gleichartigkeit des Klimas für denselben Punkt. Die Sonne steht immer an derselben Stelle des Himmels, der Wind bläst ununterbrochen aus derselben Richtung und mit derselben Kraft, Barometerschwankungen gleichen sich meist in Bruchteilen einer Stunde wieder aus, Tages- oder Jahreszeiten gibt es nicht.

In einer schmalen Zone um den Tagpol feuchtwarmes, tropisches Klima, windstill, stark bedeckter Himmel vielleicht mit heftigen, ununterbrochenen Gewittern.

Im übrigen ist das Klima auf der Tagseite gemäßigt, am Rand der Tagseite vielleicht 10° C, und sehr windig. Bedeckter Himmel, die Wolken beginnen 2 km über dem Boden, darunter klare Luft. Die Wolkendecke reicht etwa 6—7 km hoch. Das Sonnenlicht ist durch die Wolkendecke stark vermindert, die Beleuchtung wird so stark sein wie an einem trüben Tag auf der Erde. Jedenfalls ist es noch nicht so hell wie auf der Erde, wenn die Sonne scheint.

Die Luft ist im allgemeinen dicht, aber doch nicht so dicht, daß man darin nicht atmen könnte.

Dieses Klima wäre nun für irdische Geschöpfe, zumal der gemäßigten Zone, zuträglich, und man könnte in diesem Falle an eine Besiedlung der Venus denken. Leider aber scheint eine Drehung der Venus um eine zur Bahnebene ungefähr senkrechte Achse wahrscheinlicher. Ich glaube nämlich, daß die Anziehungskraft der Sonne nicht ausgereicht hat, um die Venus still zu halten. Allerdings kann man die gleichmäßig weiße Farbe der Venus bei Annahme einer Achsendrehung nur schwer erklären. Es müßten sich da eigentlich wolkenfreie Zonen bilden, wie z. B. auf der Erde, oder es müßten die Wolken wenigstens verschiedene Schattierungen zeigen, wie z. B. auf dem Jupiter oder auf dem Mars. Angenommen aber, die Venus drehe sich so wie die Erde um ihre Achse, so würde das Klima etwa so aussehen: Auf beiden Seiten ziemlich gleichmäßige Bewölkung, daher eine Temperatur der sichtbaren Oberfläche von 8—20° C, und eine Bodentemperatur von mindestens 45° C. Feuchtwarmes, nebliges Wetter, sehr viel Regen, häufige Gewitter (hiermit stimmt vielleicht auch das Leuchten der Nachtseite überein, welches man manchmal beobachtet).

In diesem Falle käme die Venus als Siedlungsland natürlich nicht in Frage, es sei denn, daß die Menschen späterer Zeiten einmal Mittel und

Wege finden, einen Teil der Sonnenstrahlen von der Venus fernzuhalten, etwa durch rotierende Schirme aus Natriumblech. Dagegen könnte sich eine wissenschaftliche Expedition wohl für einige Zeit (etwa durch Mitnahme von Kältemaschinen) gegen derartige Temperaturen schützen. Und ein Besuch auf der Venus hätte dann einen hohen wissenschaftlichen, ich möchte fast sagen philosophischen Wert. Man würde hier nämlich jene klimatischen Verhältnisse vorfinden, die auf der Erde herrschten als das Leben seinen Anfang nahm. Man könnte da manchen Fingerzeig erhalten zur Beantwortung von Fragen, die die Herkunft des Lebens und die Entwicklung der Tierwelt betreffen, und die unsere Versteinerungslehre heute nicht beantworten kann, da wir aus jenen ersten Tagen des Lebens keine Versteinerungen haben.

Eine letzte Möglichkeit endlich wäre die, daß die Venus sich um eine Achse dreht, daß diese Achse aber sehr stark gegen die Bahnebene geneigt ist, oder vielleicht ganz in der Bahnebene liegt. In diesem Falle wäre jedes Leben auf der Venus ausgeschlossen. Aber dieser Fall ist nicht wahrscheinlich, denn eine solche Neigung der Achse hätte nur durch eine von außen wirkende Kraft erfolgen können, und die große Regelmäßigkeit der Venusbahn spricht dagegen, daß einmal eine solche Kraft gewirkt hat.

Eine direkte Landung mittels Raketenraumschiffes wäre nur möglich, falls sich die Venus nicht um ihre Achse dreht. Im Fall einer Achsendrehung wäre vielleicht eine Landung auf hohen Bergen möglich, diese müßte man aber vorher erst finden. Es besteht nun Hoffnung mit, Hilfe einer von Baird erfundenen Methode von einem Raumschiffe, das um die Venus gravitiert, die Oberfläche derselben durch die Wolkendecke hindurch zu photographieren und auf diese Weise die Fragen über ihre Achsendrehung, Bewohnbarkeit und etwaige Landungsplätze zu beantworten.

Die Venus wäre nun an und für sich nicht schwer zu erreichen. Nach (230) wäre $v_{r1} = 2{,}5$ km/sek, und ein idealer Antrieb von 13 km/sek würde nach (120) zu ihrer Erreichung bei weitem genügen. Die Hinfahrt würde höchstens 4—5 Monate dauern. Ebenso wäre die Rückfahrt an sich verhältnismäßig leicht, $v_{r2} = 3{,}3$ km/sek, $v_{p♀} = 10{,}5$ km/sek. Für die Rückfahrt würde schon ein idealer Antrieb von 12,5 km/sek genügen.

Die Schwierigkeiten liegen hier vielmehr bei der Landung und beim Wiederaufstieg.

Die dichte Venusatmosphäre ist für Raketenraumschiffe ungünstig. Bei ihrer vielleicht hohen Temperatur macht sie das Flüssighalten der Brennstoffe beinahe unmöglich, und wir können heute auch noch rein nichst darüber aussagen, ob und mit was für Maschinen wir die Brennstoffe auf der Venus selbst herstellen könnten.

Dagegen wäre es schon bei einem idealen Gesamtantrieb von $v_x < 20$ km/sek möglich, eine Rakete im Kreise um die Venus laufen zu lassen und ihre Oberfläche nach dem Bairdschen Verfahren zu photographieren.

Über die Möglichkeit, mit einem elektrischen Raumschiff die Venus zu erreichen, werde ich im nächsten Kapitel schreiben. Alles in allem kann man also sagen, daß sich ein Besuch auf der Venus unter allen Umständen lohnen würde, daß aber bis dahin noch bedeutende astrophysikalische Forschungen zu machen und ungeheuere technische Schwierigkeiten zu überwinden sein werden.

5. Die übrigen Körper unseres Sonnensystems.

Diese sind für Raketenraumschiffe nicht mehr zu erreichen.

Merkur z. B. ist der Sonne zu nahe, und es wäre hier ein Potentialunterschied zu überwinden, dem das Raketenraumschiff nicht mehr gewachsen ist. Es wäre z. B. der gesamte ideale Antrieb bei einer Landung $v_x = 39$ km/sek, bei Umkreisung $v_x = 38$ km/sek. Das gäbe ein Minimalmassenverhältnis $\frac{m_0}{m_1} > 13200$, also eine völlig undiskutable Zahl. Mit dem elektrischen Raumschiff wäre Merkur zwar zu erreichen, es ist aber die Frage, ob man auf ihm noch landen könnte. Da er der Sonne stets dieselbe Seite zukehrt und keine Atmosphäre hat, so müssen die von der Sonne beschienenen Stellen bis 360° über 0 warm und die im Schatten liegenden Stellen unter 0 kalt sein, und es ist mehr als fraglich, ob wir mit unseren heutigen technischen Mitteln gegen so extreme Temperaturdifferenzen aufkommen könnten. Zudem würden wir auf dem Merkur vermutlich auch nichts anders finden als auf dem Mond.

Die Kometen kommen wohl gelegentlich der Erde sehr nahe, doch haben sie in diesem Falle in bezug auf die Erde eine so hohe Geschwindigkeit, daß eine Landung mit Rückstoßbremsung ausgeschlossen ist. (Ob die Kometenatmosphäre zu Bremszwecken geeignet ist, wissen wir noch nicht, es ist aber unwahrscheinlich.) Für das elektrische Raumschiff sind sie erreichbar, über den Zweck der Fahrt kann man aber nichts aussagen, da man sie zu wenig kennt.

Für das elektrische Raumschiff sind endlich noch Jupiter und seine Monde erreichbar. Für den Besuch scheidet nun Jupiter selbst von vornherein aus, schon weil er mit einer sehr dichten Atmosphäre von mindestens 400° C umgeben ist. Über die Jupitermonde können wir heute noch nichts sagen, da sie nicht genügend bekannt sind. Die drei äußersten Planeten (Saturn, Uranus, Neptun) und ihre Monde sind auch für das elektrische Raumschiff nicht mehr erreichbar, da auch die besten Maschinen so weit von der Sonne nicht mehr arbeiten können.

22. Kapitel.
Das elektrische Raumschiff.

Sobald wir einmal eine rotierende Station außerhalb der Erdatmosphäre aufgestellt haben, stören uns weder Luft noch Andruck, und wir können hier Maschinen bauen, die sich zu den Brennstoffraketen so verhalten wie ein Ozeandampfer zu einem Kahn. Wir können nämlich auf elektrischem Wege die Ausstrahlungsgeschwindigkeit auf das Doppelte bis 10fache erhöhen. Damit drücken wir nach der Formel (6) den Treibstoffverlust ganz wesentlich herab.

Wenn wir einen Pol einer Elektrisiermaschine oder eines Funkeninduktors mit einem spitzen Metallkörper verbinden, so beobachten wir bekanntlich, daß die Luft von der Spitze weggeschleudert wird. Es ist dies der sog. elektrische Wind. Wie Abb. 154, zeigt, ist er im stande, eine Kerzenflamme auszublasen.

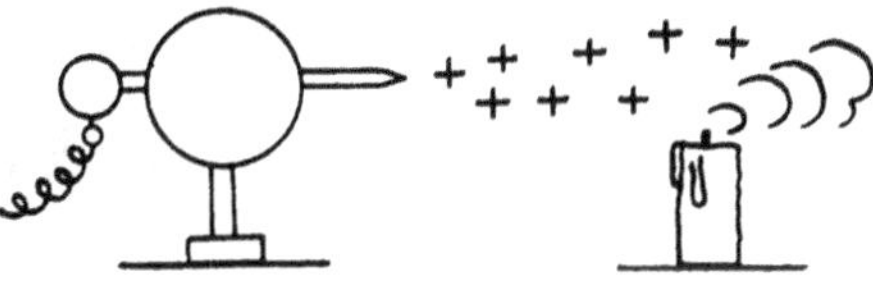
Abb. 154.

Wie ich schon auf S. 3 sagte, wirkt niemals eine Kraft auf einen Körper allein, sie wirkt stets zwischen zwei Körpern. Die elektrisch geladenen Luftmoleküle stoßen ihrerseits die Spitze mit derselben Kraft zurück, mit der sie von der Spitze nach vorwärts gestoßen werden (elektrisches Windrad). In dichter Luft bläst dieser elektrische Wind nur langsam, wenn er auch im Vergleich zur aufgewendeten Energie eine beträchtliche Stoßkraft hat. In dünner Luft dagegen ist seine Geschwindigkeit bedeutend größer, dabei nimmt allerdings seine Stoßkraft im Verhältnis zur geleisteten Arbeit ab.

Wir können das leicht verstehen: Die Arbeit der Influenzmaschine wird ja dazu verwendet, die Luftmoleküle zu laden und zu bewegen. Bewegt sich nun die Luftmasse m_1 mit der Geschwindigkeit v_1, so ist ihr Bewegungsmoment (und damit auch ihre Stoßkraft)

$$J_1 = m_1 v_1 , \tag{235}$$

die Arbeit dagegen, die notwendig ist, um sie in Bewegung zu setzen beträgt:

$$A_1 = \frac{1}{2} m_1 v_1^2 . \tag{236}$$

Haben wir die Masse m_2 und die Geschwindigkeit v_2, so ist

$$J_2 = m_2 v_2 ,$$
$$A_2 = \frac{1}{2} m_2 v_2^2 .$$

Leistet nun die Influenzmaschine in beiden Fällen dieselbe Arbeit, so ist

$$A_1 = A_2 ,$$

das heißt

$$\frac{1}{2} m_1 v_1^2 = \frac{1}{2} m_2 v_2^2 .$$

Daraus folgt:

$$m_1 v_1^2 = m_2 v_2^2$$

oder da

$$m v = J ,$$

bzw.

$$\left.\begin{aligned} J_1 v_1 &= J_2 v_2 \\ J_1 : J_2 &= v_2 : v_1 \end{aligned}\right\} . \qquad (237)$$

Man erklärt sich den elektrischen Wind heute folgendermaßen: Alle Stoffe bestehen aus Molekülen, diese aus Atomen, und die Atome aus positiven Kernen, um welche die sog. Elektronen in bestimmten kreisförmigen oder elliptischen Bahnen herumfliegen. Was diese Elektronen in Wirklichkeit sind, das wissen wir heute noch nicht recht, wir stellen sie uns in den meisten Fällen mit Vorteil wie kleine stark negativ geladene stoffliche Körperchen vor. Hängt ein Elektron zu wenig an einem Molekül, so erscheint dasselbe positiv elektrisch geladen, ist eines zu viel dabei, so erscheint es negativ.

Wenn ein Molekül zerreißt, etwa weil die Moleküle infolge der Wärme durcheinanderschwirren und aneinander anprallen, so ist oft der eine Teil negativ, der andere positiv geladen (Ionen). Solche Ionen kommen nun (meistens freilich in sehr geringer Zahl) in jedem Gas vor, auch in der Luft. In der Nähe eines stark elektrischen Körpers werden die gleichnamig geladenen Ionen weggestoßen. Nun fahren sie zwischen die übrigen ungeladenen Moleküle und reißen diese mit sich, während sie von denselben in ihrem erst sehr schnellen Lauf aufgehalten werden. Gibt es also um die Ionen herum viel Luft, so setzt sich eine große Masse in Bewegung, aber nur mit geringer Geschwindigkeit; ist dagegen die Luft dünn, so treffen die Ionen nur wenige Luftmoleküle, diesen erteilen sie dafür eine höhere Geschwindigkeit. In einer stark evakuierten (evakuieren = mit der Luftpumpe auspumpen) Glasröhre (bei weniger als $^1/_{1000}$ Atmosphäre) entwickeln die Moleküle und Atome, die vom + Pol (der sog.

Anode) fortfliegen, schon Durchschnittsgeschwindigkeiten von 50 bis 400 km/sek. Es sind dies die sog. α-, Kanal- oder auch Anodenstrahlen. Vom —Pol (der sog. Kathode) fliegen größtenteils freie Elektronen fort, die infolge ihrer geringen Masse Geschwindigkeiten bis zu 90000 km/sek und mehr erreichen (β- oder Kathodenstrahlen)[1]).

Die Rückstoßwirkung auf ein elektrisches Windrad ist nun ebenfalls um so größer, je dichter die Luft ist. Wir verstehen das, wenn wir bedenken, daß in dichter Luft die abgeschleuderten elektrisch geladenen Teilchen länger in der Nähe der Spitze bleiben, und daher mehr Zeit haben, ihre abstoßende Kraft auf die Spitze auszuüben. Dafür läßt sich bei stärkeren Verdünnungen infolge der hohen Abstoßungsgeschwindigkeiten bei demselben Substanzverlust ein wesentlich höherer Rückstoßimpuls erzeugen.

Zu erwähnen wäre noch, daß bei starker Verdünnung die Körper, aus denen Elektrizität ausströmen soll, nicht mehr spitz sein müssen; die α- und β-Strahlen gehen auch von breiten Flächen aus und laufen in diesem Falle senkrecht zur Fläche, geradlinig und parallel zueinander.

Bei völliger Luftleere lassen sich meistens keine α- oder β-Strahlen erzeugen. Es scheinen zu ihrem Zustandekommen ionisierte Moleküle unbedingt nötig zu sein. In einer völlig luftleer gepumpten Glasröhre können wir diese Strahlen nur erzeugen, wenn wir das Material der Anode oder Kathode selbst ionisieren (z. B. durch Erhitzen: Glüh-Kathode; Herstellung der Anode aus einer Mischung von geschmolzenen Salzen nach dem Verfahren von Gehrcke und Reichenheim; Hohllassen der Elektroden und Ausfüllen derselben mit irgendwelchen Gasen, die durch die Vorderwand durchsickern u. ä.).

Ist c die Geschwindigkeit der abgeschleuderten Teilchen in cm/sek, V der Spannungsunterschied der beiden Elektroden in Volt, e die von der Gasmasse m mitgeführte Elektrizitätsmenge, so gilt die Formel

$$c = \sqrt{2V \cdot \frac{e}{m}}. \qquad (238)$$

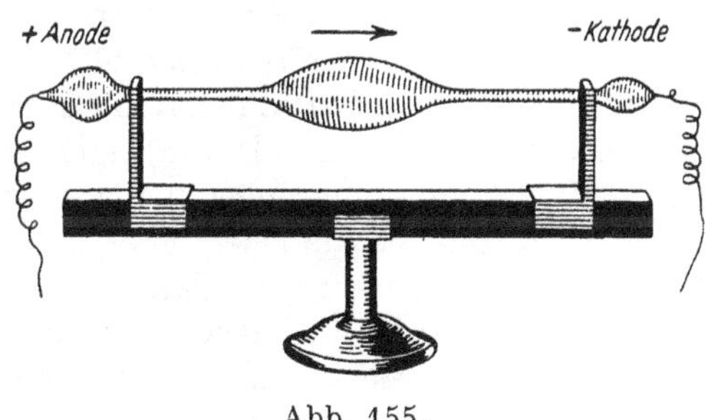

Abb. 155.

Beim elektrischen Raumschiff würde es sich nun darum handeln, die Sonnenstrahlung (diese ist ja im

[1]) Abb. 155 zeigt eine Geißlersche Röhre (ein hochevakuiertes Glasrohr), durch welches ein hochgespannter elektrischer Strom hindurchgeht. Das Leuchten beruht auf dem Zusammenprall zwischen den Luftmolekülen und den elektrisch geladenen Teilchen.

Raume recht lebhaft) zum Treiben von Dampfmaschinen zu benützen. Diese Dampfmaschinen müßten dann irgendwelche Elektrisiermaschinen antreiben, diese müßten den Strom zu einer starken elektrischen Strahlung geben, durch die das Raumschiff fortbewegt wird.

Da wir es wahrscheinlich mit einem Vakum zu tun haben, können wir unser Ziel nur mit Hilfe der oben erwähnten Hohl-, Salz- oder Glühelektroden erreichen (vgl. hierzu Abb. 156). Diejenige Elektrode, von welcher die den Rückstoß liefernde elektrische Strahlung ausgeht, müßte eine breite Fläche sein (Hauptelektrode). Vor dieser müßte eine ungleichnamige geladene Hilfselektrode aus Drahtgitter stehen. Bei der Kathode müßte so viel Gas hindurchsickern (es würde sich dabei um Chlor, Sauerstoff oder dgl. handeln), daß der Raum zwischen Hauptkathode und Hilfsanode so stark mit Gas angefüllt wäre, daß in der Hauptsache nicht schnellfliegende Elektronen, sondern ein verhältnismäßig langsamer fliegender, hauptsächlich Gasteilchen führender elektrischer Wind ausgesandt würde.

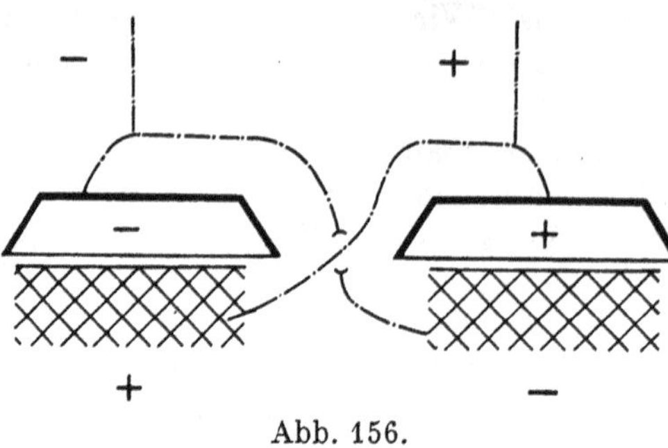

Abb. 156.

Ein reiner Elektronenstrom würde nämlich infolge der allzu hohen Geschwindigkeit der Elektronen nur viel Arbeit verschlingen, ohne einen diskutabeln Rückstoß zu liefern (vgl. (237)). D. h. wenn ein reiner Elektronenstrom überhaupt einen Rückstoß liefert. Dies ist zwar sehr wahrscheinlich, es ist aber experimentell noch nicht erwiesen und wird daher vielfach bezweifelt. Die gegen Ulinski wegen seines Elektronenstromes gerichteten Angriffe treffen mich also nicht, da ich an einen verhältnismäßig langsamen elektrischen Wind denke. Im übrigen muß ich aber die „erdbezüglichen" Einwände von Ingenieuren wegen der aus Formel (235) bis (237) folgenden geringeren Energieausnützung zurückweisen. Auf der Erde kostet uns die Energiebeschaffung im allgemeinen mehr als die Masse, hier müssen wir also Energie sparen auf Kosten der Masse. Beim elektrischen Raumschiff dagegen können wir viel leichter zur Energie gelangen als zur Masse und müssen daher danach trachten, auf Kosten der Energie Masse zu sparen[1]).

[1]) Diese Bemerkung ist übrigens rein akademisch, denn tatsächlich entspricht die von mir angestrebte Ausstrahlungsgeschwindigkeit von 10—40 km/sek nach dem auf S. 156—157 Gesagten (zufällig) auch gerade der Forderung nach der besten Gesamtausnützung der Energie, denn sie ist von der Größenordnung der Raum-

Der positive Wind könnte entweder durch eine Salzanode erhalten werden, der ein glühendes Platingitter gegenübersteht, oder durch eine mit Wasserstoff oder Natriumdampf gefüllte Hohlelektrode. — Chlor, Sauerstoff, Natrium und Mineralsalze hätten als Treibmittel den Vorzug, daß sie auch in den Gesteinen des Mondes und der Asteroiden enthalten sind, von wo sie leichter zu holen wären als von der Erde. Wasserstoff dagegen werden wir vom Mond oder von den Asteroiden schwer beziehen können, denn es gibt hier jedenfalls nur Spuren von Wasser oder Eis.

Die Maschine: Im Brennpunkt eines Hohlspiegels arbeitet ein Dampfkessel. Dieser treibt eine Dampfturbine, diese treibt eine Influenzmaschine. Der Abdampf geht durch Röhren, die im Schatten des Spiegels laufen, hier schlägt sich das Wasser nieder und wird durch Speisepumpen wieder dem Kessel zugeführt[1]).

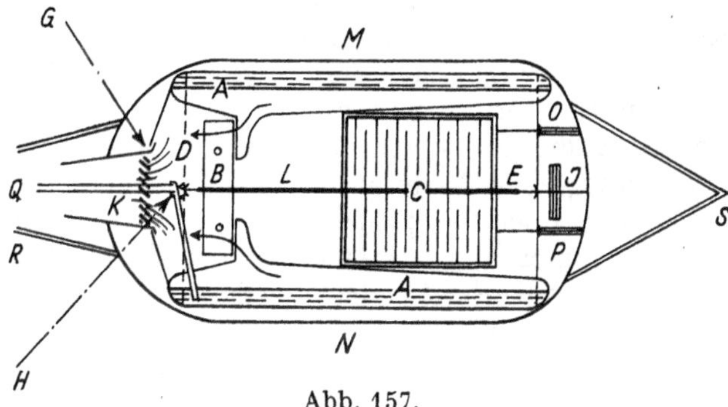

Abb. 157.

Einzelheiten: Der Kessel A (vgl. Abb. 157) hat die Form einer zylindrischen Röhre. Das Wasser nimmt nur den Raum zwischen der äußeren und der inneren Zylinderfläche ein. Das Ganze ist also so beschaffen, als ob man die Wand einer Röhre ausgehöhlt und mit Wasser gefüllt hätte. Beide Zylinderflächen sind nach Art von Abb. 37 miteinander verbunden. Ich habe auf Abb. 157 Verbindungsstücke im allgemeinen nicht gezeichnet, um die Zeichnung nicht zu verwirren. Aus diesem Grunde habe ich auch das Zuleitungsrohr für das Kühlwasser nur einfach, also eigentlich asymmetrisch gezeichnet.

Im Inneren dieses Hohlzylinders befindet sich eine Dampfturbine B, die mit einer Influenzmaschine C auf dieselbe Achse aufmontiert ist.

---

schiffgeschwindigkeiten bei interplanetarischem Verkehr, während hier $c = 4$ km/sek entschieden ungünstiger wäre.

[1]) Ich habe hier als Speiseflüssigkeit Wasser angenommen, lasse aber die Frage offen, ob sich eine andere Flüssigkeit (etwa Quecksilber) nicht besser eignen würde.

Die Influenzmaschine ist nach Art der Wommelsdorfschen Kondensatormaschine gebaut, ich möchte sie jedoch, wenn möglich, aus einem hitzebeständigeren Material herstellen, da es sonst notwendig werden würde, das Speisewasser des Kessels zu Kühlzwecken erst um diese Maschine herumzuführen, anstatt es, wie auf Abb. 157 angegeben, bei K direkt in den Kessel zu leiten. Die Achse von B und C muß nur in der Mitte so stark sein, daß sie nicht zerdreht wird. An den Enden D und E dagegen kann sie des geringen Andruckes wegen sehr dünn und biegsam sein. Hierdurch wird die Auswuchtung der schwingenden Teile (wie bei der Lavalschen Dampfturbine) wesentlich erleichtert.

Die Leiträder der Turbine und die Kondensatorenplatten der Influenzmaschine sind mit dem Kessel fest verbunden. Wenn die Turbine anläuft, so erhalten die Leiträder samt dem Kessel nach dem Satz von der Erhaltung des Schwerpunktes einen Drehimpuls im entgegengesetzten Sinne. Hierdurch wird 1. das Kesselwasser fest an die Kesselwand gepreßt. (Dieses wäre der Andruckfreiheit wegen anders nicht zu erreichen). 2. Außerdem bringt es den Vorteil mit sich, daß die relative Geschwindigkeit zwischen den rotierenden Teilen gesteigert wird, während die Zentrifugalkraft, die ja nur von der absoluten Tourenzahl abhängt, noch nicht übermäßig hohe Werte anzunehmen braucht. Ich hoffe z. B. aus diesem Grunde bei der Dampfturbine mit 1—2 Druckstufen auszukommen. 3. Wir ersparen eine Speisepumpe, die Fliehkraft genügt, um das Wasser aus K in den Kessel A zu treiben, da dessen Randgeschwindigkeit gegen 80 m/sek beträgt. 4. Die ganze Außenseite des Kessels wird im gleichen Maße von der Sonne bestrahlt, und dabei wechseln Licht und Schatten so rasch, daß wir es auf der ganzen Fläche mit nahezu gleichmäßigem Wärmeübergang zu tun haben.

Infolge der starken Zentrifugalkraft reißen sich Dampfblasen sehr leicht von der Kesselwand frei und mitgerissene Flüssigkeitsteilchen werden bald wieder niedergeschlagen, so daß der Dampf, bevor er nach B kommt, zwar gesättigt, aber leidlich trocken ist. Der Abdampf füllt den Raum zwischen B und D aus. Bei D sind Leitschaufeln angebracht, die dem Dampf seine Drehbewegung nehmen, bevor er in das Abdampfrohr Q tritt. Der Dampf, der aus der Turbine heraustritt ist „naß“, d. h. er führt zum Teil kondensiertes Wasser mit sich. Die meisten Nebeltröpfchen werden nun vom übrigen Dampf in das Rohr Q mitgeführt, ein Teil des Kondenswassers aber schlägt sich an den Leitschaufeln usw. nieder. Dieses Wasser wird zum Teil von der Fliehkraft an die Kesselwand getrieben, wo es verdampft, denn die Temperatur des Kessels liegt wesentlich höher als der Siedepunkt des Wassers bei D, zum größeren Teil kann man es auch durch geeignete spiralförmige Leitrinnen (nicht gezeichnet) direkt in das Rohr K oder wenigstens in das Rohr Q schöpfen. Ein Teil der Kesselwand kann übrigens gegen Wärmeabgabe isoliert sein. Das Rohr *Q* verläuft in einigen Wendungen im Schatten des Spiegels, wobei sich der Dampf niederschlägt. Infolge der Andruckfreiheit treibt der noch nicht kondensierte Dampf das Wasser vor sich her. Bei *K* tritt es wieder in die Maschine.

Da der Kessel rotiert, müssen die Rohre bei *G* und *H* nach holländischer Art ineinandergreifen. Diese Verbindung läuft hier ziemlich reibungslos, da sowohl der Innendruck als auch der Andruck gering ist. Noch viel kleiner ist die Reibung bei der Achse *I*, mit welcher der Kessel auf der anderen Seite an der Außenhülle befestigt ist. Immerhin läßt sich die Reibung nicht ganz beseitigen und würde bewirken, daß der Kessel seine Drehbewegung der äußeren Maschine mit der Zeit mitteilt. Wir können dem aber vorbeugen, wenn wir bei *I* eine als Motor wirkende Influenzmaschine anbringen, die auf die Achse ein der Reibung entgegengesetzt gleiches Drehmoment ausübt. Die Seite *M* der Außenhülle liegt vom Sammelspiegel abgewendet und trägt einen spiegelnden Überzug, um die vom Kessel ausgestrahlte Wärme wieder auf den Kessel zurückzuwerfen. Die Seite *N* ist dem Sammelspiegel zugekehrt und muß aus irgendeiner durchsichtigen Substanz bestehen. Diese ganz den Kessel umgebende Hülle ist notwendig, denn der Verschluß *G* wird sich wahrscheinlich nicht völlig hermetisch bewerkstelligen lassen, und wir wollen den hier austretenden Dampf nicht an den Weltraum verlieren. Durch die Hülle *M*, *N* dagegen treten nirgend rotierende Maschinenteile hindurch, diese kann man daher viel besser gegen Gasverluste schützen, und es ist nur noch nötig, daß eine Pumpe (nicht gezeichnet) den bei *G* entweichenden Dampf in das Rohr *K* zurückbringt. *O* und *P* sind Schleifkontakte zur Abnahme des elektrischen Stromes. Durch elektrische Ströme, die über ähnliche Kontakte geführt werden, kann man auch die Arbeit der Maschine steuern[1]).

R und *S* sind die Stangen, die die Maschine mit dem Spiegel verbinden. Der Gang der Maschine läßt sich dadurch regulieren, daß man die Influenzmaschine bei *I* stärker oder schwächer laufen läßt. In diesem Falle entsteht eine leichte Drehung, die den Kessel aus den Strahlen des Sammelspiegels teilweise oder vollständig herausbringt.

Abb. 158 zeigt ein elektrisches Raumschiff mit 6 Maschinen. Dieselben sind nur durch (nötigenfalls isolierte) Kabel untereinander ver-

---

[1]) Hier ist natürlich vorausgesetzt, daß die Elektrizität nicht von *O* nach *P* überströmt. Das läßt sich vielleicht schon dadurch erreichen, daß man den Raum zwischen Kessel und Hülle *M*, *N* hinreichend luftleer hält. Andernfalls könnte man die Isolierung auch folgendermaßen erreichen: Die Kontaktspitzen laufen hier am zweckmäßigsten in Quecksilberrinnen. Nun müßte man einfach über das Quecksilber noch Öl schütten und alles andere entsprechend isolieren.

bunden, so daß der Führer sie in jede beliebige Stellung zueinander bringen kann. Dies scheint mir notwendig, damit nicht eine Maschine in den Schatten oder in die elektrischen Strahlen der anderen gerät. *R* bezeichnet das eigentliche Raumschiff, um welches an einem starken Drahtseil befestigt die beiden Schwerezellen *S* rotieren. Am Raumschiff und an den einzelnen Maschinen befinden sich je zwei Elektroden.

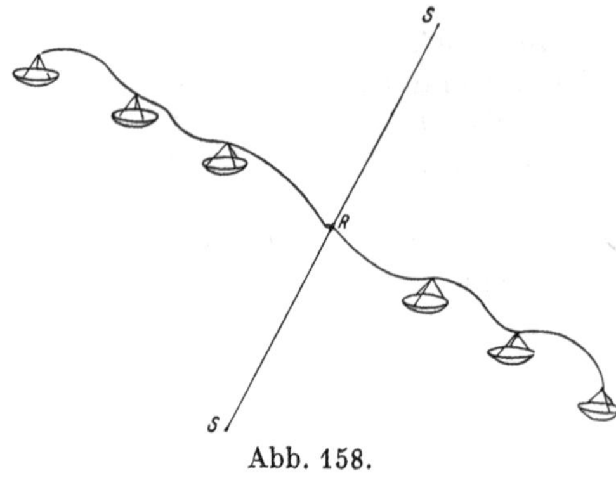

Abb. 158.

Als Elektrizitätsquelle würde ich die Influenzmaschine vorschlagen, gegenüber den Dynamos hat sie den Vorzug einer wesentlich höheren Spannung. Man müßte außerordentlich viele Gleichstromdynamos hintereinander schalten, um annähernd dieselbe Wirkung zu erzielen. Außerdem haben die Influenzmaschinen noch den Vorzug, daß ihre Spannung in weiten Grenzen von der Tourenzahl unabhängig ist.

Man könnte auch daran denken, eine Verbindung von Dynamos und Funkeninduktoren zu verwenden. Demgegenüber hat die Influenzmaschine den Vorzug: 1. Größerer Leichtigkeit. Die heute gebauten Dynamomaschinen und Funkeninduktoren sind zwar verhältnismäßig leichter als Influenzmaschinen, das liegt aber, glaube ich, nur daran, daß man bei letzteren noch nicht besondere Leichtigkeit angestrebt hat. Meiner Berechnung nach müßte es möglich sein, das Gewicht einer Influenzmaschine unter 0,2 kg pro Kilowatt herabzudrücken. 2. Liefern die Influenzmaschinen einen Gleichstrom (während die Spannung des Funkeninduktors bei jedem Hammerschlag zwischen 0 und dem Höchstpunkte wechselt). Dadurch wird die Abstoßgeschwindigkeit gleichmäßig und wir können bei demselben Substanzverlust denselben Rückstoß mit einem geringeren Energieaufwand erreichen, wodurch die Maschinen entsprechend kleiner und leichter werden.

Die Stoßwirkung ist nämlich nur dem linearen Durchschnittswert der Geschwindigkeit proportional. Um ein einfaches Beispiel anzuführen:

Habe ich zwei Gasmoleküle von der Masse 1 und erteile ich dem einen die Geschwindigkeit 0, dem anderen die Geschwindigkeit 2, so ist der gesamte Impuls:

$$0 + 1 \cdot 2 = 2.$$

Die aufzuwendende Arbeit beträgt

$$0+\frac{1}{2}\cdot 1\cdot 2^2=2.$$

Erteile ich dagegen beiden Molekülen die Geschwindigkeit 1, so ist auch hier der Impuls:

$$1\cdot 1+1\cdot 1=2.$$

Die hierzu nötige Bewegungsenergie ist aber nur

$$\frac{1}{2}\cdot 1\cdot 1^2+\frac{1}{2}\cdot 1\cdot 1^2=1.$$

Sie ist also nur halb so groß wie im vorigen Falle.

3. Infolge ihrer konstanten Spannung kann man die Influenzmaschinen sowohl parallel als auch hintereinander schalten, das ist insofern von Vorteil, als wir im ersteren Falle allerdings langsamere, aber stoßkräftige Ströme, im letzteren Falle dagegen schnelle Ströme und verhältnismäßig geringen Substanzverlust erreichen.

Ulinski, der mit einem ähnlichen Projekt hervorgetreten ist, schlägt als Antriebsquelle Thermoelemente vor, auf der einen Seite will er sie von der Sonne bescheinen lassen, während er sie auf der anderen Seite der Temperatur des Weltraumes aussetzt. Diese Thermoelemente hätten nun als Stromquelle gewiß manche Vorzüge, sie haben jedoch einen Fehler, bei welchem ich nicht weiß, ob und wie man ihn beheben könnte. Da man die nötige hohe Spannung nur erreichen kann, wenn man Millionen von Thermoelementen hintereinander schaltet, so erhalten wir hier eine äußerst lange Thermosäule, deren Enden stark geladen sind. (Ulinski rechnet mit Spannungen bis zu 250000 Volt, ich hoffe allerdings bereits mit Spannungen von 50000—100000 Volt auszukommen.) Da aber der Weltraum nun sicher kein absolutes Vakuum ist, und da die vorhandenen Gase dazu wahrscheinlich stark ionisiert sind, so fürchte ich, daß diese, eine weite Fläche bedeckende Thermosäule nach allen Richtungen elektrische Strahlen aussenden würde, so daß es gar nicht möglich wäre, die nötige Elektrizitätsmenge überhaupt an die Elektroden zu bringen. Man könnte nun allerdings auch daran denken, die Thermoelemente mit einem licht- und wärmedurchlässigen, die Elektrizität zurückhaltenden Stoff zu überziehen. Ich fürchte indessen, daß dies ihre Leistungsfähigkeit zu stark abschwächen und das Gewicht der Maschine zu sehr erhöhen würde (man bedenke einmal, was etwa zwei an die 40 Hektar bedeckenden 2—3 mm starke Glasplatten wiegen müssen). Es wäre nun freilich nicht ausgeschlossen, daß in diesem Punkt der Zufall Ulinski irgendwie zu Hilfe kommt, dann wäre (bei hinreichender Leichtigkeit) die Thermosäule den bewegten Maschinen natürlich vorzuziehen.

Größe des Antriebs: Die Maschinen leisten natürlich um so mehr, je stärker die Sonnenstrahlung ist; in der Entfernung der Venus von der Sonne könnten sie z. B. noch einmal soviel leisten als in der Nähe der Erde.

In der Entfernung der Erde strahlt die Sonne einer Fläche von einem Quadratzentimenter 2 gkal/min zu. Man könnte also mit der Wärmeenergie, die 1 m² im Laufe einer Minute erhält, 20000 g, das sind 20 Liter Wasser, um 1° erwärmen. Bei einer guten Dampfmaschine (und hier dürfen wir schon gute Dampfmaschinen voraussetzen) können wir mit einem Wirkungsgrad von 17% rechnen, d. s. pro kg/kal 72,5 mkg. Einem Quadratmeter Spiegelfläche entsprechend leistet unsere Maschine also:

$$\frac{20 \cdot 72{,}5}{60} = 24 \text{ mkg/sek}.$$

Das ist rund $^1/_3$ Ps. Die auf das m² der Spiegelfläche entfallende ausstrahlende Masse sei dm, die durchschnittliche Strahlungsgeschwindigkeit c, und der Geschwindigkeitszuwachs des Raumschiffes sei dv. Man erhält dann:

$$\frac{dv}{dt} = \frac{c}{m} \cdot \frac{dm}{dt}. \tag{239}$$

Die in einer Sekunde geleistete Arbeit (der Effekt) beträgt:

$$\frac{dA}{dt} = \frac{1}{2} \cdot \frac{dm}{dt} \cdot c^2. \tag{240}$$

Beträgt beispielsweise $c = 10000$ m/sek, so ist

$$\frac{dA}{dt} = 5 \cdot 10^7 \frac{dm}{dt} \text{ mkg/sek}.$$

Nun fanden wir die auf dem m² spiegelnder Fläche entfallenden Arbeitsanteil zu 24 mkg/sek. Es ist also pro m² Spiegelfläche:

$$\frac{dm}{dt} = \frac{24}{5 \cdot 10^7} \text{ (techn. Masseneinheiten)},$$

das sind also 4,7 Milligramm pro Sekunde und pro m² Spiegelfläche.

Nun fliegen aber beim elektrischen Wind die Gasteilchen bekanntlich nicht gleich schnell, und wir werden daher gut tun, bei einer Durchschnittsgeschwindigkeit von 10 km/sek nur $^3/_4$—$^4/_5$ dieser Zahl in unsere Rechnung einzusetzen[1]). Das wäre also 3—4 mg/sek·m². Wiegt nun das

[1]) Zumal da ein Teil der Arbeit auch durch die elektrische Aufladung verloren geht. Denn die abgeschleuderten Gase könnten infolge ihrer Ladung offenbar

Raumschiff 1 kg/m² (manchem wird diese Zahl zu niedrig erscheinen, ich gebe aber hier zu bedenken, daß man schon Dampfmaschinen unter 1 kg/Ps gebaut hat, die würden also pro m² Spiegelfläche nur etwa 300 g wiegen, die Influenzmaschine wäre vollends halb so leicht, und die Spiegel könnten ebenfalls des fehlenden Andruckes wegen außerordentlich leicht gebaut werden, es bliebe also pro m²:400 g mitzuführende Last übrig), so gelten bezüglich der Beschleunigung folgende Rechnungen:

$$\frac{dm}{dt}\cdot c = m\frac{dv}{dt}$$

oder in Zahlen

$$\frac{4}{10^6}\cdot 10^4 = \frac{dv}{dt},$$

daraus finden wir die Beschleunigung des Raumschiffes bis zu 4 cm/sek². D. h. nach einem Tage hätte das Raumschiff eine Geschwindigkeit von 3—3½ km. Den Substanzverlust finden wir nach der Formel (5)

$$\frac{m_0}{m_1} = e^{\frac{3,5}{10}} = 1{,}43; \qquad m_0 - m_1 = 0{,}43\, m_1$$

(e bedeutet hier die Basis der natürlichen Logarithmen).

Das heißt also, um diese Geschwindigkeit zu erreichen, würde das Raumschiff 43% seiner Endmasse verbrauchen. Es könnte natürlich viel mehr Treibstoffe mitnehmen, es wäre da nur im Augenblick der Abfahrt schwerer und könnte diese Geschwindigkeit nicht so rasch erreichen.

Bei einer Ausstrahlungsgeschwindigkeit von $n\cdot 10$ km/sek wäre:

$$\frac{dA'}{dt} = \frac{1}{2}\cdot\frac{dm'}{dt}\cdot n^2\cdot 10^8.$$

Da nun bei derselben Maschinenleistung

$$\frac{dA'}{dt} = \frac{dA}{dt},$$

so ist

$$\frac{dm'}{dt} = \frac{dm}{dt}\cdot\frac{1}{n^2}.$$

Die Beschleunigung würde aber nur auf $\frac{1}{n}$ sinken:

$$\frac{dv'}{dt} = \frac{dm'}{dt}\cdot c' = \left(\frac{dm}{dt}\cdot\frac{1}{n^2}\right)\cdot(n\cdot c) = \frac{1}{n}\cdot\frac{dv}{dt}.$$

auch dann noch Arbeit abgeben, wenn sie mechanisch zum Stehen gebracht würden, wenn sie also die kinetische Energie, die wir hier allein in Rechnung gesetzt haben, bereits abgegeben hätten.

In einer $n$mal so langen Zeit würde also das Raumschiff doch dieselbe Geschwindigkeit erhalten, aber bei einem bedeutend geringeren Substanzverlust. Zur Erreichung der Geschwindigkeit von $3^1/_2$ km/sek z. B. wären bei einer Ausstrahlungsgeschwindigkeit von 100 km/sek 10 Tage nötig, der Substanzverlust würde dabei aber nur 4% von m_1 betragen. Diese Berechnungen sind übrigens reichlich pessimistisch gehalten. Wenn wir beispielsweise annehmen, die Maschine wiege pro Pferdekraft nur $^1/_2$ kg = 0,05 technische Masseneinheiten (dieser Wert liegt gerade noch an der Grenze des Erreichbaren), dann erhalten wir:

$$\frac{1}{2}\cdot\frac{dm}{dt}\cdot c^2 = 75\,(\text{mkg}),$$

daraus folgt:

$$\frac{dm}{dt}\cdot c = 0{,}05\cdot\frac{dv}{dt},$$

daraus folgt:

$$\frac{dv}{dt} = \frac{3000}{c}\,(\text{m/sek}^2).$$

Für $c = 10$ km/sek zum Beispiel wäre

$$\frac{dv}{dt} = 30\,\text{cm/sek}^2,$$

für $c = 20$ km/sek:

$$\frac{dv}{dt} = 15\,\text{cm/sek}^2.$$

Diese Maschine berechtigt nun in einer Beziehung zu schönen Hoffnungen. Sie gestattet es, die Fahrt zu fremden Weltkörpern ganz wesentlich abzukürzen, und was noch wichtiger ist, diese Planeten nahezu bei jeder Konstellation aufzusuchen. Die Raketenraumschiffe dagegen können fremde Weltkörper nur bei besonders günstigen Stellungen besuchen, und eine Reise bis zum fremden Weltkörper und zurück erstreckt sich dabei fast stets über Jahre. Man könnte mit Hilfe dieser Maschine die Asteroiden, Kometen und Jupitermonde leicht bereisen und vielleicht auch besonders wertvolle Gesteinstücke nach der Erde schaffen.

An sich erleichtern sie das Bereisen der Planeten oder des Mondes aber noch nicht. Sie müssen sich wegen ihres schwachen und leichten Baues, wegen der unvermeidlichen großen Spiegel und wegen der geringen Beschleunigungsfähigkeit von den großen Weltkörpern fernhalten, ja selbst ein Anlegen auf den größeren Asteroiden (wie Ceres, Pallas oder Vesta) wäre fraglich. Bei Planetenfahrten ist aber, wie wir sahen, die Fahrt hin und zurück das Kleinste. Die Schwierigkeiten liegen in der Landung und im Aufstieg.

Ich hoffe nun aber folgendes: Ich glaube, es wird möglich sein, bei hoher Spannung, wie sie sich durch Hintereinanderschaltung der Influenzmaschinen des Raumschiffes erreichen läßt, elektrische Strahlen zu erzeugen, die auf einige 1000 km hin annähernd geradlinig und parallel verlaufen (zum Unterschied von den elektro-magnetischen Wellen, bei denen dieses natürlich unmöglich ist). Wenn diese in einen mit Metallfolie überzogenen Gitterkäfig treten, so laden sie ihn auf ein hohes Potential. Infolge ihrer großen Geschwindigkeit haben sie nach Formel (237) bei hohem Energiegehalt so gut wie gar keine Stoßkraft. Diese Strahlen können nun kleineren Raumschiffen als Energiequelle dienen. Diese Raumschiffe könnten nach Art des Raketenflugzeuges gebaut sein. Die tragenden Elektroden *c*, *d* (vgl. Abbild. 159) würden vorteilhaft an der unteren Seite der Tragfläche angebracht.

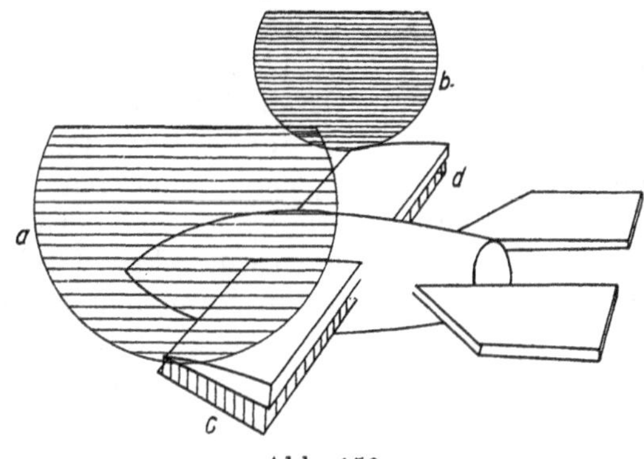

Abb. 159.

Die Empfangselektroden *a*, *b*, die natürlich die Form der obengenannten Käfige hätten, müßten so weit als möglich voneinander entfernt sein, also an den Flügelspitzen hängen, die Empfangselektroden und die aus Drahtgitter bestehenden Hilfselektroden müßten so eingerichtet sein, daß sie vor dem Eintauchen in die Atmosphäre zusammengerollt und versorgt werden könnten. Wenn man darauf ausgeht, den Mechanismus zu vereinfachen, ließe sich auch erwägen, diese Drahtgitter beim Eintauchen in die Atmosphäre einfach ihrem Schicksal zu überlassen. Ich glaube, es wird möglich sein, mit Hilfe der vom energieliefernden Raumschiff erzeugten harten und schnellen Strahlung, auf dem fahrenden Raumschiff einen verhältnismäßig langsamen aber massenhaften und stoßkräftigen elektrischen Wind zu erzeugen, und zwar einfach dadurch, daß man die Elektrode des energieliefernden Raumschiffes sehr wenig gasdurchlässig, die des fahrenden Raumschiffes aber stark gasdurchlässig herstellt und daß man die Empfangselektrode des fahrenden Raumschiffes einfach mit seiner Sendeelektrode verbindet. Nehmen wir an, das energieliefernde Raumschiff gravitierte in 3—5 Erdbahn-Halbmessern, seine Spiegel sollen eine Fläche von 10 km bedecken (wir sahen schon, daß die Herstellung so großer Spiegel aus Natriumblech im Raum weiter keine Schwierigkeiten bietet), weiter soll die ganze, von diesem Raumschiff ausgestrahlte Energie einem 10000 kg schweren

Raketenflugzeug zugute kommen (wenn wir beim Raumschiff 1 kg/m^2 Spiegelfläche rechnen, so wäre dies also der tausendste Teil des Raumschiff-Gewichtes). Dies Fahrzeug könnte bei einer Strahlungsgeschwindigkeit von 10 km/sek eine Beschleunigung von $1000 \cdot 3$ bis $1000 \cdot 4$ cm/sek^2, das sind 30—40 m/sek^2 entwickeln. Dies Raumschiff müßte als Rakete nur gerade bis über die Erdatmosphäre hinaufschnellen, sagen wir 120 km hoch. Hier würde es dann seine Drahtnetzelektroden ausspannen und könnte dann bei dieser Beschleunigung leicht an der Energiestation anlegen. In ganz ähnlicher Weise würde die Rückkehr bewerkstelligt.

Dies Raketenflugzeug stürzt bei der Landung nur von dem Augenblick an, wo es vom Raumschiff nicht mehr mit Energie versorgt werden kann bis zu dem Augenblick, wo die Erdatmosphäre es trägt. Es entstehen dabei keine Geschwindigkeiten über 1 km/sek. Es besteht also keine Gefahr, daß es verbrennt, man braucht hier demnach nicht die Fallschirmlandung, sondern man kann auch mit Tragflächen arbeiten. Man müßte dabei allerdings mit in Kauf nehmen, in 50 km Höhe 500 bis 600 m/sek der Fahrtgeschwindigkeit durch Rückstoß abzubremsen. Das würden wir aber gerne in Kauf nehmen, weil dabei die Sicherheit der Landung außerordentlich steigt. Eine Landung und ein Wiederaufstieg von der Venus oder vom Mars wäre ganz ähnlich wie ein Aufstieg von der Erde. Ein Aufstieg vom Mars würde sogar nur den 3. Teil der Brennstoffe in Anspruch nehmen. Noch einfacher wäre eine Landung auf dem Mond, wo das Raumboot bis zuletzt in den Strahlen der Energiestation bleiben könnte.

Sollte es einmal zu einem regelmäßigen Verkehr zwischen der Erde und irgendeinem anderen Weltkörper kommen, so wäre die Sache noch einfacher. Da könnte einfach um die Erde und um den betreffenden Planeten je ein solches elektrisches Raumschiff dauernd als Energiestation gravitieren und die Raketenraumschiffe würden einfach bei der Abfahrt und bei der Ankunft von der Energiestrahlung derselben in Empfang genommen und mit der nötigen Energie versorgt. Für die Fahrt brauchten sie nur so viel Brennstoffe mitzunehmen, um etwaige Bahnabweichungen, die hier aber äußerst gering wären, durch Raketenantrieb zu korrigieren. Angenommen, die Energiestation könne das Raumschiff auf eine Distanz von 42000 km noch mit Energie versorgen, dann würde dieses bei einer Beschleunigung von 30 m/sek^2 auf der Fahrt zwischen zwei Planeten eine Geschwindigkeit von $\sqrt{2 \cdot 42000000 \cdot 30} = 51000$ m/sek erreichen und beispielsweise die Strecke zwischen Venus und der Erde in 10 Tagen zurücklegen.

In der Zwischenzeit könnte die Energiestation anderweitig verwandt werden. Entweder durch Reflexion des Sonnenlichtes auf die Erde oder durch Versorgung kleinerer erdnaher Energiestationen mit elektrischer Strahlung[1]).

Noch einfacher wäre folgende Lösung:

Man läßt nur ein Raketenflugzeug den Verkehr mit der Planetenoberfläche vermitteln. Dies muß nur so stark sein, daß es sich über die Atmosphäre erheben kann. Hier wird es vom elektrischen Raumboot in Empfang genommen und weiter getragen oder entladen und zurückgeschickt. (Dies Prinzip könnte auch beim Fernverkehr von irdischen Raketenflugzeugen Anwendung finden.)

Ob das alles gehen wird, das weiß ich nicht. Es ist aber auf der Welt nichts unmöglich, man muß nur die Mittel entdecken, mit denen es sich durchführen läßt.

---

[1]) Wenn sich das Prinzip des elektrischen Raumschiffes als durchführbar erweisen sollte, dann würde es neben der Rakete und dem Solenoidgeschütz auch noch eine dritte theoretische Möglichkeit geben, die Planetenräume zu erreichen. Auf der Erde müßte eine Energiestation eine Anzahl von Influenzmaschinen betreiben. (Allerdings von mehreren Millionen Pferdestärken, und daran wird die Sache in der Praxis wohl scheitern, während z. B. außerhalb der Erde eine gleichstarke Maschinenanlage mit leichter Mühe aufgestellt werden könnte. Zudem wäre dies eine „unteilbar realisierbare" Erfindung. Vgl. Kapitel 18.) Der Strom würde in ein senkrecht aufsteigendes Kabel geleitet, welches von Kilometer zu Kilometer Vorrichtungen hat, um einen nach unten gerichteten elektrischen Wind zu erzeugen, der das betreffende Kabelstück trägt. Das obere Ende des Seiles würde über die Erdatmosphäre hinausreichen und als Bau- und Anlegestation für elektrische Raumschiffe, sowie als Energiestation für die oben beschriebenen Raumboote dienen. Der Zwischenverkehr wäre durch Aufzüge zu bewerkstelligen.

Tafel I.

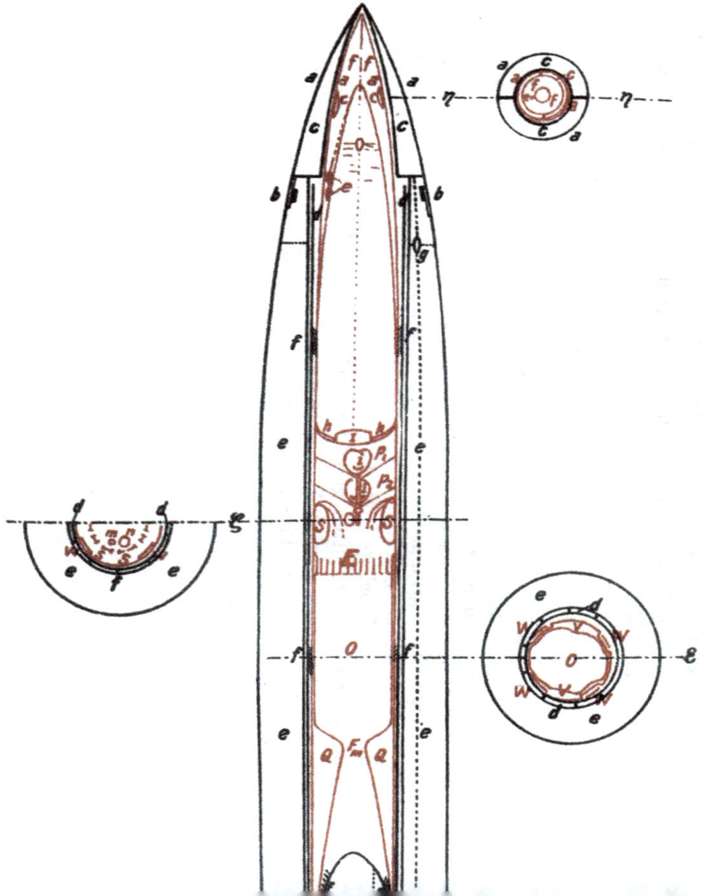

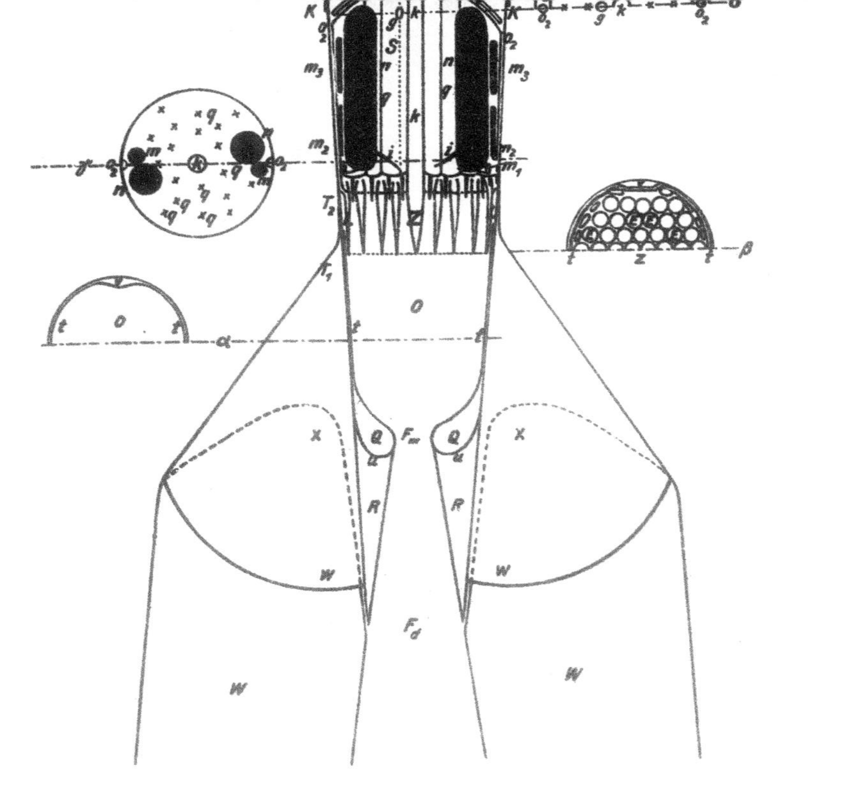

Modell B.

Oberth, Raumschiffahrt

Verlag von R. Oldenbourg, München und Berlin.

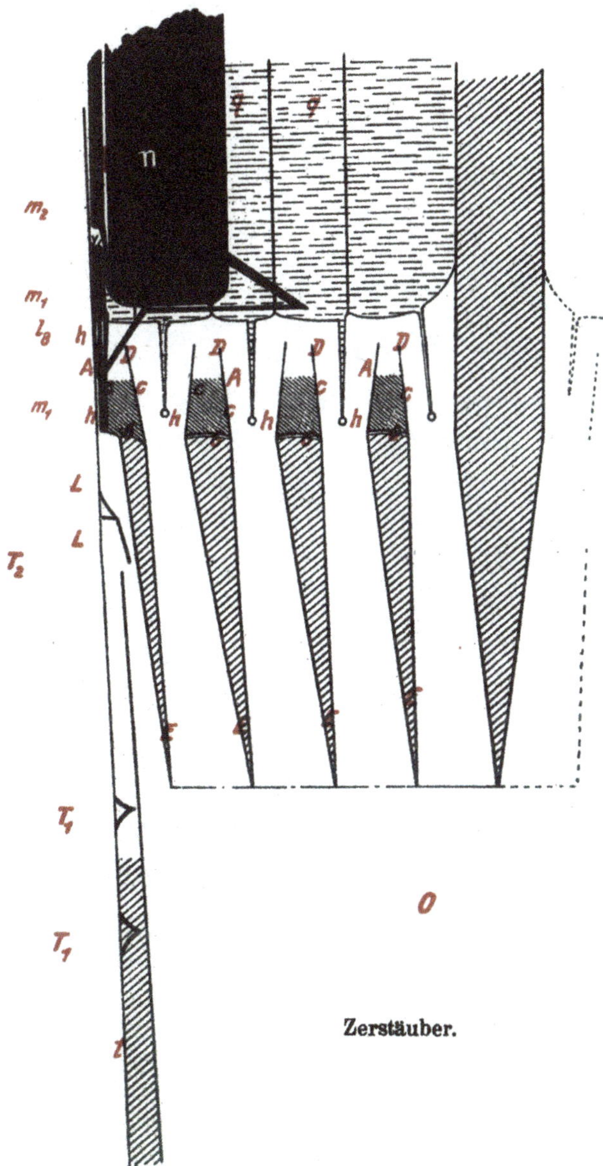

Zerstäuber.

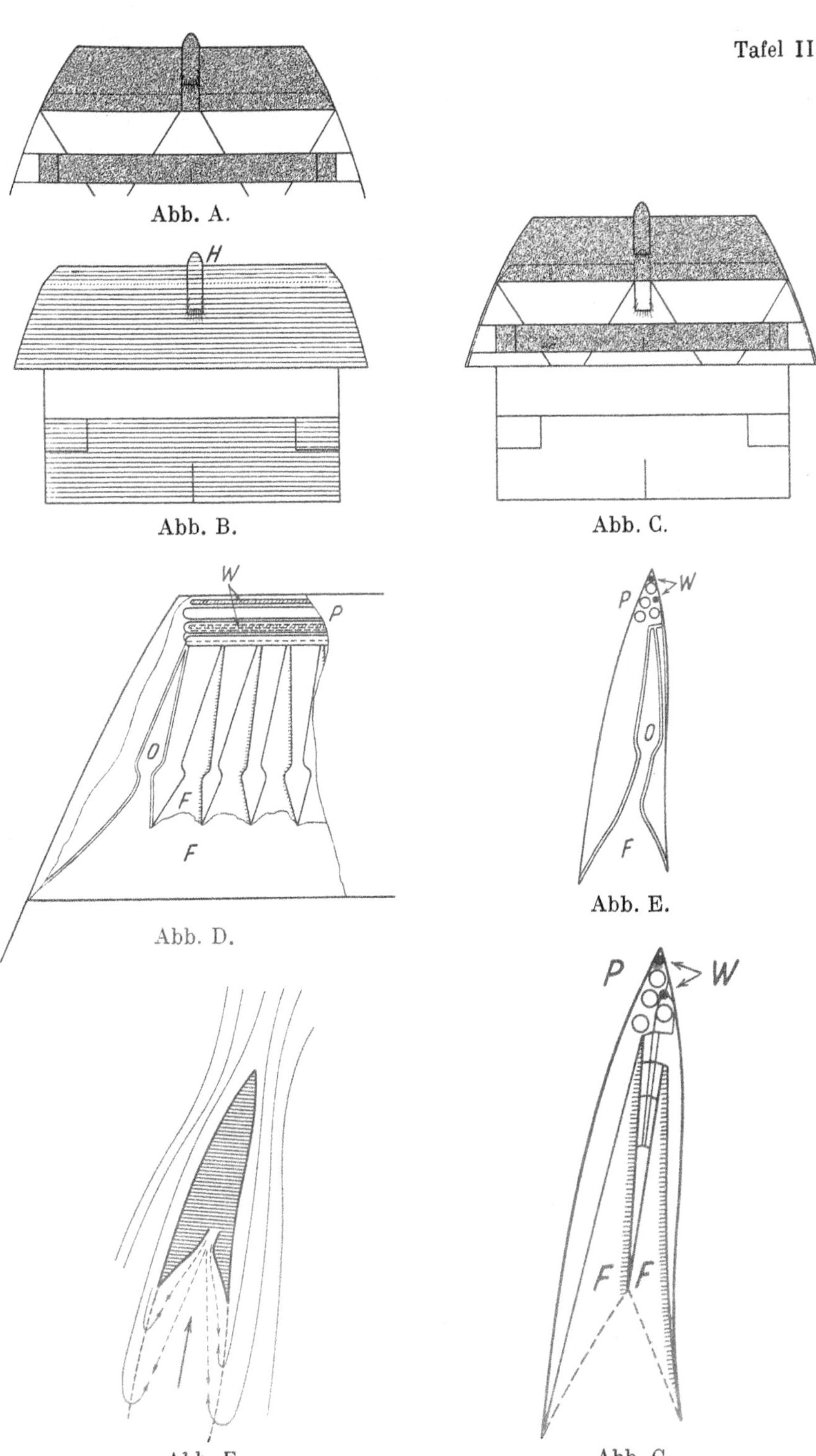

Abb. A.

Abb. B.

Abb. C.

Abb. D.

Abb. E.

Abb. F.

Abb. G.

Verlag von R. Oldenbourg, München und Berlin.

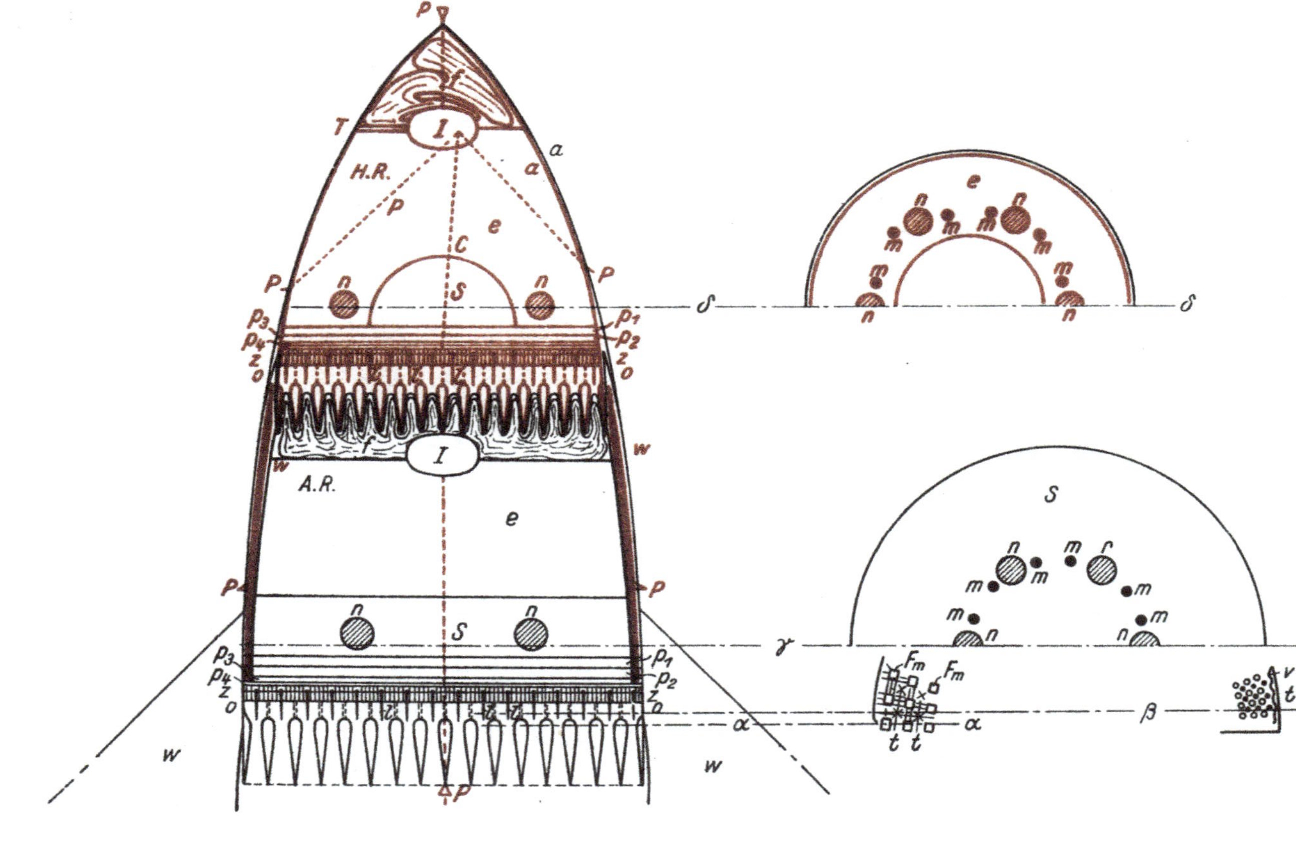

Fig. 53.

a: Spitze der A. R. und der H. R.	$p_{1,2}$: Pumpkammern für den Brennstoff.
f: Fallschirm.	$p_{3,4}$: Pumpkammern für den Sauerstoff.
T: Zugang zu I.	F_m: Kleinster Düsenquerschnitt.
e: Behälter für den Wasserstoff oder für das Alkoholwasser.	z: Zerstäuber.
S: Sauerstoffbehälter.	l: Regulierstifte.
I: Kammer für den Beobachter und für die Präzisionsinstrumente.	t: Düsenwand.
P: Periskope.	v: Zufluß hinter t und Reguliervorrichtungen für den Zufluß.
m, n: Heizgaspumpen.	w: Flossen.
	o: Ofen.

Das Rotgezeichnete bezieht sich auf die Wasserstoffrakete, das Schwarzgezeichnete auf die Alkoholrakete.

Alphabetisches Register.

www.ingramcontent.com/pod-product-compliance
Lightning Source LLC
Chambersburg PA
CBHW081501190326
41458CB00015B/5298
9783486760514